Chemisches Laboratorium.

Chemisches Laboratorium.

Anleitung

zum

Selbstunterrichte in der Chemie

von

Dr. Karl Stammer.

Erster Theil.

Gießen, 1856.
J. Ricker'sche Buchhandlung.

Vorwort.

Es ist so häufig ausgesprochen und nachgewiesen worden, daß die Naturwissenschaften jedem Gebildeten zugänglich gemacht werden müssen, daß es mir völlig überflüssig erscheint, hierüber ein Wort zu sagen. Die Mittel indessen, welche Denjenigen geboten werden, die sich mit den einzelnen Zweigen der Naturkunde bekannt zu machen wünschen, sind trotz allen unseren Zeitschriften, populären Handbüchern und trotz allen den Büchern, welche die Bezeichnung „zum Selbstunterrichte" auf ihrem Titel führen, noch ganz unzureichend. Besonders gilt das von der Chemie: mit keiner Wissenschaft ist durch solche Schriften mehr Mißbrauch getrieben worden, und in keinem Fache hat die Literatur so viel Unheil gestiftet, so viel Dilettantismus, Experimentenspielerei und vermeintliches Wissen hervorgerufen, wie in der Chemie. Freilich hält es in keiner anderen Wissenschaft so schwer, ohne Unterricht, allein durch Selbststudium etwas Gründliches und Ersprießliches zu erlernen, und von allen Wegen, welche bisher eingeschlagen worden sind, um dieses Ziel erreichen zu lassen, scheint mir in der That keiner zum Ziele führen zu können.

Die Experimente, welche zur Veranschaulichung des zu Erlernenden dienen müssen, und die das wichtigste Moment des chemischen Unterrichtes bilden, sind immer der Stein des Anstoßes gewesen. Die Einen glaubten, denselben dadurch zu umgehen, daß sie die Versuche auf ein möglichst Einfaches reduzirten und dann ausführlich beschrieben;

die Andern, indem sie als Einleitung eine sehr spezielle Beschreibung aller vorkommenden Manipulationen gaben, um dadurch später den Lernenden in den Stand zu setzen, zu experimentiren.

Gegen das erstere dieser Auskunftsmittel läßt sich einwenden, daß allzu kleinliche Experimente wenig, ja sogar, von ungeübter Hand angestellt, gar nichts beweisen können, daß sich solche Versuche nothwendig in's Unbedeutende verlieren müssen, und daß der Lernende nie in den Stand gesetzt wird, sich in vorkommenden Verlegenheiten selbst zu helfen, ja überhaupt nur selbst zu denken. Er wird dadurch nur zum Werkzeug in der Hand des Buches, denkt, sieht und handelt nur durch dasselbe, und meint am Ende, er verstände Chemie, wenn er die Worte des Buches und einige chemische Ausdrücke kennt und ein halbes Dutzend Körper gesehen hat, mit deren Namen allein der Begriff Chemie leider so vielfach verknüpft wird.

Diejenigen auf der anderen Seite, welche das zweite Auskunftsmittel gewählt haben, haben nicht bedacht, daß man Manipulationen als solche nicht lernen kann, da es für Anfänger viel zu ermüdend ist, alle diese Beschreibungen von Hülfsmitteln zu studiren, die vielleicht einmal später in Anwendung kommen sollen, und deren Zweck und Erfolg ihm nicht deutlich werden kann.

Ich habe daher in dem vorliegenden Werkchen eine ganz andere und, wie mir scheint, neue Methode versucht. Sie soll den sich selbst Unterrichtenden in den Stand setzen, alle zur gründlichen und nutzenbringenden Erlernung der Chemie erforderlichen Experimente selbst und in solcher Weise anzustellen, daß das daraus zu Folgernde auch mit Klarheit, Sicherheit und Allgemeinheit gefolgert werden könne; sie soll es ihm zugleich möglich machen, sich in schwierigen Fällen selbst Rath zu schaffen und bei vorkommenden Unfällen mit Sicherheit und Gewandtheit zu helfen. Dieses soll bewirkt werden durch gründliche Erlernung und hinreichende Einübung aller vorkommenden Manipulationen an einer bestimmten Reihe von Experimenten oder praktischen Arbeiten. Gegenstand derselben ist Darstellung von Präparaten.

Dadurch allein wird es thunlich, alle Operationen und Handgriffe, deren Kenntniß und Uebung zur Anstellung der gewöhnlichen Experimente unerläßliche Bedingung ist, nicht für sich, sondern an konkreten, mit einem Zweck — Erzeugung bestimmter, scharf gekennzeichneter Körper — verbundenen Arbeiten zu erlernen. Diese Präparate — deren Darstellung den Inhalt des vorliegenden ersten Theiles (1) dieses Werkchens ausmacht — sind so ausgewählt, daß sie, dem Arbeitenden ein nicht unbedeutendes Interesse darbietend, denselben von Stufe zu Stufe, von den allereinfachsten Manipulationen aufwärts bis zu der Herstellung aller derjenigen Apparate geleiten, welche im weiteren Verlaufe des Unterrichts erforderlich sein werden. Nur so scheint es mir ausführbar zu sein, auch ohne mündliche Unterweisung in den Stand gesetzt zu werden, wirklich instruktive Experimente vorzunehmen, und die Kunst zu erlernen, nicht allein die vorgeschriebenen, künstlich vereinfachten, sondern auch andere, weniger auf augenblickliche Zwecke berechnete Experimente anzustellen, während doch das Ermüdende einer abstrakten Beschreibung verschiedenartiger Auskunfts- und Hülfsmittel vermieden und durch die Spannung stets wechselnder und neuen Reiz gewährender Präparate ersetzt wird.

Noch einige andere Vortheile vereinigt eine solche Methode: erstens wird dadurch Gelegenheit geboten, eine Menge von sogenannten Vorbegriffen an bestimmten Beispielen zu erläutern und klar zu machen, und dadurch für den späteren Unterricht einen trefflichen Boden zu gewinnen, ohne daß der Lernende sich selbst dessen bewußt wird, daß ihm ein allgemeiner Begriff erklärt wurde. Und zweitens werden durch den nothwendigen Umgang mit vielen Stoffen deren Namen, und bis zu einem gewissen Punkte auch deren Zusammensetzung und Eigenschaften dem Lernenden bekannt. Dadurch kommt er nicht in den schlimmen Fall, plötzlich einer großen Menge völlig fremder Gegenstände und Stoffe zu begegnen, über die ihm nur der erläuternde mündliche Unterricht hinaus verhelfen könnte: er begegnet vielmehr fast bei jedem Schritte alten Bekannten, die ihm die Wanderung im großen Gebiete der Chemie erleichtern und erheitern. Wie sehr dadurch der weitere Verlauf und die Anordnung des Unterrichtes modifizirt werden muß, bedarf wohl nicht der Erwähnung.

Dies möge zur Rechtfertigung dieser neuen Methode hinreichen; im Uebrigen verweise ich auf das Buch selbst und namentlich auf den

(1) Der zweite Theil, die Betrachtung und das Studium der einzelnen Körper und ihrer Verbindungen begreifend, erscheint demnächst.

ersten Brief, den ich als ein Stück Vorrede anzusehen und etwas näher zu beachten bitte. Ich glaube überzeugt sein zu können, daß Jeder, der mit Vertrauen den in diesem Briefe vorgezeichneten Weg betritt, viele Freude und nicht unbedeutende Belohnung finden und sich am Ende desselben in das für so schwierig geltende Gebiet der Chemie auch ohne mündlichen Unterricht eingeweiht finden wird.

Die Briefform glaube ich nicht begründen zu brauchen. Sie empfiehlt sich für ein solches Werkchen als diejenige, welche der mündlichen Unterweisung am nächsten steht, schon von selbst.

Der Verfasser.

Inhalt.

1. Brief.

Allgemeine Einleitung und vorbereitende Bemerkungen. Kostenanschlag für Apparate und Materialien.

Von jeher habe ich es für eine äußerst schwierige Sache gehalten, die Chemie durch Selbststudium in so weit zu erlernen, als es nothwendig ist, damit die in derselben erworbenen Kenntnisse geistbildend, fruchtbringend und genußreich werden sollen. Deine wiederholten Bitten, dir dennoch dazu hülfreich sein zu wollen, haben mich jedoch auf eine ganz eigene Gedankenreihe gebracht, von der ich hoffe, daß sie mich eine wirkliche praktische Methode haben auffinden lassen, um dir das Gebiet dieser Wissenschaft auch ohne mündlichen Unterricht zugänglich machen zu können.

Es wird sich, wie du bald erfahren wirst, und wie auch fast Jedermann weiß, der einigermaßen eine Vorstellung von Chemie hat, vornehmlich um eigene Versuche handeln. Chemie lehren wollen, ohne Hülfe von Experimenten, wäre ein widersinniges Unternehmen. Daher ist es stets eine Hauptaufgabe des Lehrenden, dem Lernenden durch die nöthigen Experimente das Gelehrte anschaulich zu machen; da du aber eines solchen Unterrichtes entbehrst, so hast du vor allem die Kunst, Experimente anzustellen, **selbst** zu erwerben; diesen Zweck soll eine Reihe von praktischen Arbeiten erfüllen, welche du nach ganz speziellen Vorschriften unverzüglich auszuführen beginnen wirst. Dadurch wirst du nach und nach eine Fertigkeit im Experimentiren erlangen, welche zu weiterem, systematischem Lernen nicht allein sehr zweckdienlich, sondern sogar durchaus nothwendig ist, und welche dich befähigen wird, alle weiter zu beschreibenden Versuche selbst anzustellen. Doch wozu dir den Gang vorzeichnen? Folge nur genau dem, was ich dir allmälig angeben werde und verlasse dich darauf, daß es dich zum Ziele führen wird.

Du wirst fragen: wann werde ich dieses erreichen? Das läßt sich schwer bestimmen. Unsere Schüler pflegen sich in 2 oder 3 Jahren, indem sie wöchentlich zwischen 5 und 3 Stunden Unterricht haben, eine solche Grundlage chemischer Bildung zu erwerben, daß sie nach dieser Zeit im Stande sind, sich durch eigenes Studium, nach irgend welchem von den vielen ausführlichen Büchern dieses Faches und durch eigenes Experimentiren weiter fortzuhelfen, und so weit sollst du es mit Hülfe meiner Anleitung ebenfalls bringen.

Wenn ich dies nun als Maßstab nehmen soll, eine Zeit zu bestimmen, so siehst du schon gleich selbst ein, daß ich das nicht kann, weil du mir noch nicht sagen kannst, wie viel Zeit du auf Chemie verwenden wirst. Doch ist soviel sicher, daß, wenn das auch mehr sein wird, als es bei Schülern in der Regel möglich ist, du dagegen einerseits den unberechenbaren Vortheil mündlicher Unterweisung entbehrst, und andrerseits genöthigt bist, dir deine Versuche alle selbst vorzubereiten und anzustellen; es wird dies um so zeitraubender sein, als es unter dem Nachtheile einer noch erst zu erwerbenden Geschicklichkeit geschehen muß.

Fragst du ferner nach den Mitteln, deren du bedürfen wirst, um sämmtliche Versuche anzustellen, die ich dir angeben werde, so kann ich dir zwar versprechen, so viel wie möglich größere Kosten zu vermeiden, muß dich jedoch darauf aufmerksam machen, daß es keinen Weg giebt, Chemie ohne Aufwand einiger Geldmittel zu erlernen und zu betreiben, indem Versuche, wie schon gesagt, nothwendig sind und es in der Chemie fast keinen völlig kostenlosen Versuch giebt. Ich werde es mir jedoch ganz besonders angelegen sein lassen, dieselben so einfach und wohlfeil einzurichten, wie nur irgend thunlich, doch werde ich dabei die Mittel und Wege nicht unerwähnt lassen, wodurch für den Fall weniger Ersparniß und mehr Bequemlichkeit erzielt wird, wo du mehr auf dieses Studium verwenden wolltest, als ich annehmen mag.

Es wird dir demnach häufig die Wahl zwischen zwei Wegen bleiben, dasselbe Ziel zu erreichen und du magst dann jedesmal dich nach deinen Wünschen und Mitteln einrichten.

Du wirst eine Anzahl Geräthe, namentlich aus Glas und Porzellan bedürfen, und ich schicke dir einen annähernden Kostenanschlag, dem ich auch einen solchen für die zu verbrauchenden Substanzen beifüge, so weit dieselben in der ersten Reihe meiner Briefe vorkommen werden, und so weit ein solcher überhaupt gegenüber den schwankenden Preisen und verschiedenen Bezugsquellen möglich ist.

Darüber hinaus kann ich noch schwer sagen, was du weiter bedürfen wirst, indem theils bis dahin die Preise der Stoffe allzusehr dem Wechsel unterworfen sind, theils auch der Maßstab, in welchem du die Versuche anstellen wirst, alsdann mehr in deinem Belieben stehen und daher einen größeren Einfluß üben muß. Wegen aller näheren Angaben darüber verweise ich dich aber auf meine späteren Mittheilungen, indem ich dir in jedem einzelnen Falle genauer, als es jetzt thunlich wäre, Alles zu wissen Nöthige schreiben werde. Du hast daher den annähernden Kostenanschlag zu Ende dieses Briefes nur als ein Mittel zu betrachten, die Gesammtausgabe zu überschlagen, und allenfalls Alles zugleich von einer größeren Handlung kommen zu lassen.

Ich bemerke ferner, daß du nicht alle die Versuche machen mußt, welche ich dir angebe, was ich nicht verfehlen werde, dir jedesmal ausdrücklich dabei zu bemerken. Es hängt das nämlich von dem Grad der Fertigkeit ab, den du dir erworben haben wirst (was ich nicht von hier aus beurtheilen kann), so wie von den Kosten und der Zeit, die du den einzelnen Theilen widmen willst.

Da nun fast alle in dieser ersten Abtheilung vorkommenden Stoffe in den späteren Theilen benutzt werden sollen, so giebt dies einen doppelten Grund für die Unbestimmbarkeit der Gesammtkosten. Ich glaube jedoch nicht zu irren, wenn ich dir die Gesammtunkosten der Versuche in der 2. bis 3. Abtheilung auf etwa das Gleiche derjenigen der ersten Abtheilung anschlage.

Je nachdem du nun die billigste oder die theuerste Methode der Versuche im Anfange befolgt hast, werden auch die späteren Kosten dem entsprechend ausfallen. Immerhin aber bedenke, daß diese Kosten nicht so empfindlich sein werden, als sie scheinen, indem sie sich auf sehr kleine Theile und auf eine längere Zeit vertheilen.

Hüte dich wohl, die Anstellung dieser chemischen Versuche als eine leichte Spielerei und ein bloßes Vergnügen zu betrachten. Du wirst zwar jedenfalls daran sehr viele Freude haben und die Belohnung für jede Arbeit wird nicht ausbleiben, aber auch unangenehmen und langweiligen, ja anscheinend zwecklosen Beschäftigungen wirst du vielfach begegnen.

In Bezug auf die ersteren prüfe dich vor dem Beginne des ganzen Unternehmens wohl, ob du dazu Fleiß und Ausdauer besitzest, und lasse dich dann auch später weder abschrecken, noch auch mißmuthig machen, nnd in Bezug auf die letzteren verlasse dich auf mich, und sei überzeugt, daß ich keine Arbeit dir zumuthen, ja keine Unterweisung dir geben und deren Erfassung von dir verlangen werde, die nicht streng nothwendig und zweckdienlich ist.

Gehe nur nicht zu dem Folgenden über, ehe du das Vorhergehende recht verstanden und begriffen hast, und verweile lieber längere Zeit auch bei anscheinend unbedeutenden Dingen, als daß du auch über das Geringste leicht hinweggehest.

Sollten Dinge vorkommen, die du für den Augenblick noch nicht begreifen könntest, so werde ich nicht verfehlen, dir dies jedesmal zu sagen; im übrigen aber kann nichts deinem ganzen Studium verderblicher werden, als wenn du leichtfertig von einem Gegenstand zum andern hineilst, ohne dir gründliches Verständniß und sorgfältige Ausführung in jedem Puncte zur Pflicht zu machen. Es ist zwar das Gegentheil hiervon eine Hauptfreude unseres heutigen Dilettantismus, aber zugleich neben der davon unzertrennlichen Eingebildetheit sein Hauptnachtheil und die Ursache von so vieler Scheingelehrtheit.

Endlich ermahne ich dich noch zur peinlichsten Ordnung und Reinlichkeit in allen deinen chemischen Arbeiten und Beschäftigungen. Stelle nie ein Geräth oder einen Apparat bei Seite, ohne dasselbe vorher auf's Sorgfältigste gereinigt zu haben, um ihn betreffenden Falls unverzüglich gebrauchen zu können, und halte den für jeden Gegenstand bestimmten Platz auf's Gewissenhafteste inne. Es macht einen höchst unangenehmen Eindruck, wenn das unvermeidlich eigenthümliche Ansehen eines chemischen Arbeitszimmers durch Unordnung oder Unreinlichkeit für den Eintretenden abstoßend und für den Arbeitenden unbehaglich gemacht wird, und es leiden die Versuche durch nichts mehr, als durch Schmutz und durch den Aufenthalt, der die Folge jedes Mangels an Pünktlichkeit ist.

Somit gehe nochmals vor dem Beginn des Werkes mit dir sorgsam zu Rathe — dann aber frisch und muthig daran; sei versichert, daß ein großer Lohn und eine große Freude dir zu Theil wird, auch noch ehe du das Ziel erreicht hast, wenn du nur rüstig auf dem Wege dazu fortwanderst.

Im Ganzen wirst du zur Anstellung der in diesem ersten Theil vorkommenden Versuche Apparate zum Gesammtpreise von etwa 17 Thalern nach und nach anzuschaffen haben. Diese Summe wird natürlich mehr oder weniger nach den Bezugsquellen wechseln, und ich rathe dir daher, dich an folgende Angaben zu halten, wobei ich aber wiederholt auf die in späteren Briefen zu gebende nähere Beschreibung verweisen muß.

In einer gewöhnlichen Glashandlung oder einem Werkzeugladen oder von den betreffenden Handwerkern wird zu erhalten sein:

	Annähernder Preis.	
	Thlr.	Sgr.
1 Sandbad	—	10
4 bis 6 Schalen aus Steinzeug	—	15
Filtrirbrett	—	10
5 bis 6 Einmachegläser	—	20
12 Bier- und Wassergläser	—	20
Diverse Flaschen:		
2 große	—	6
4 kleinere	—	10
12 Opodeldoc- und Medizinflaschen	—	12
	3	13

	Annähernder Preis. Thlr.	Sgr.
Uebertrag . .	3	13
1 kleine Wage und Gewichte	1	—
6 Doppelreifen	—	15
2 Buch Filtrirpapier	—	5
1 Ofen	—	20
Schornstein dazu	—	10
3 Sandbäder	—	6
Triangel	—	5
1 dreikantige Feile	—	7
3 Rattenschwänze	—	7
2 große Feilen	—	12
Im Ganzen . .	7	20

(Ueber die Gegenstände 1 bis 9 siehe Brief II; 10 bis 13 Brief X; 14 bis zu Ende Brief XVII.)

Von einer Handlung chemischer Geräthschaften (z. B. Nöllner in Darmstadt, Luhme u. Comp. in Berlin, Batka in Prag u. A.) wird zu beziehen sein:

	Annähernder Preis. Thlr.	Sgr.
1 Mörser von Porzellan 4½″ Durchmesser (II) . .	—	15
4 bis 6 gläserne Trichter von 3 bis 5″ Durchmesser (II).	—	20
6 Flaschen mit eingeriebenem Stöpsel, mittelfein; Inhalt 6 bis 16 Loth (II und andere) . . .	—	14
7 Stück hessische Schmelztiegel 1 bis 4″ Durchmesser (X).	—	8
2 Stück Porzellantiegel 3½ und 6″ Durchmesser (X) .	—	8
1 Tiegelzange (X)	—	10
3 Paar Uhrgläser (XI)	—	5
8 Retorten (XII)	1	15
8 Vorlagen (XII)	1	15
1 Retortentrichter (XV)	—	4
4 Reagircylinder mit Fuß (XIV)	—	4
1½ Pfund Glasröhren (XVII)	—	15
1 Spirituslampe (XVII)	—	8
3 Gasentbindungsflaschen (XVII)	—	13
1 Retortenhalter (XVIII)	—	20
2¼ Dutzend Pulvergläser ohne Glasstöpsel, nämlich:		
1 Dutzend zu 2 Loth Inhalt	—	9
1 „ „ 6 „ „	—	13
¼ „ „ 12 „ „	—	7
Im Ganzen etwa . .	9	—

(Die römischen Zahlen in jeder Zeile deuten auf den betreffenden Brief, worin die genaueren Angaben enthalten sind.)

Bei einer vollständigeren und bequemeren Einrichtung würden noch folgende Apparate hinzukommen:

	Annähernder Preis. Thlr.	Sgr.
4 Schalen von Gesundheitsgeschirr; Inhalt 4, 8, 12, 24 Loth (II)	—	18
Filtrirgestell (II)	—	10
100 Karten	—	1
3 Hornlöffel, 4, 6, 8 Zoll lang (II)	—	8
1 Handwage mit Hornschale; Belastung ½ Pfund (II) .	2	10
4 Porzellantiegel 3½ bis 6″ Durchmesser (X) . .	—	16
3 Wulff'sche Flaschen; Inhalt ¾ Pfd., 1 Pfd., 2 Pfd. (XVII)	1	12
3 Stehkolben von 8, 12 und 30 Unzen Inhalt (XVII) .	—	22
1 Korkzange (XVII)	1	—
1 Berzeliuslampe (XX)	3	20
Kautschukhütchen (XVII)	1	—
Kautschukröhren (XVII)	—	15
Im Ganzen . .	12	12

Materialien.

Alaun ½ Pfund.
Ammoniak ½ Pfund.
Ammoniak, kohlensaures 2 Loth.
Antimonmetall 3 Loth.
Benzoeharz 4 Loth.
Blei ½ Pfund.
Bleiglätte 6 Loth.
Bleizucker 1 Pfund.
Borax 4 Loth.
Chlorbaryum 2 Loth.
Chlorcalcium 2 Loth.
Essigsäure 4 Loth.
Gummiplatte 1 Quadratfuß.
Jod ½ Loth.
Kali, chromsaures ½ Pfund.
Kali, schwefelsaures 8 Loth.
Kochsalz ½ Pfund.
Korke 3 Dtzd., 1 Dtzd. Spunte.
Kreide 1 Pfund.
Kupfervitriol ¼ Pfund.
Lackmus 2 Loth.
Magnesia, weiße 4 Loth.
Potasche ½ Pfund.
Salmiak 4 Loth.
Salpeter ½ Pfund.
Salpetersäure 1 Pfund.
Salzsäure 1 Pfund.
Schwefel 8 Loth.
Schwefelantimon 8 Loth.
Schwefelsäure 4 Pfund.
Schwerspath ½ Pfund.
Soda 1 Pfund.
Sprengkohlen 6 Stück.
Strontianit ¼ Pfund.
Weinsäure ¼ Pfund.
Wismuth 4 Loth.
Zinn ¼ Pfund.
Preis: zusammen 3 bis 4 Thaler.

2. Brief.

Arbeitszimmer. Sandbad. Abdampfschalen. Mörser. Trichter. Gläser und Flaschen von verschiedener Gestalt und Größe. Wage. Verschiedene kleinere Geräthe. Filtrirgestell.

Es ist keineswegs erforderlich, eine besondere Einrichtung in deinem Zimmer zu treffen, um es als Laboratorium benutzen zu können: für den Anfang und während ziemlich langer Zeit kannst du dein Studir-, ja sogar dein Wohnzimmer ganz unverändert lassen und viele Arbeiten darin vornehmen, die sich als recht lehrreich erweisen werden, ohne dir die Umstände zu verursachen, die erst durch spätere Versuche bedingt werden; ich werde erst dann, wenn es durchaus nothwendig ist, dir allmälig angeben, welche Vorsichtsmaßregeln du zu ergreifen und welche größeren Vorrichtungen du zu beschaffen haben wirst. Für jetzt beschränkt sich deine Aufgabe auf solche Arbeiten, die du ohne Störung in jedem Zimmer, das einen Ofen besitzt, vornehmen kannst.

Laß dir auf deinen Ofen, sei es der Stubenofen oder der Heerd deiner Küche, eine möglichst große viereckige Pfanne aus Eisenblech, mit zwei Griffen versehen, machen; dieselbe fülle etwa einen Zoll hoch mit Sand, und stelle sie auf den geheizten Ofen; nachdem der Sand getrocknet ist, zerreibe ihn durch ein Sieb, oder zerdrücke wenigstens, in Ermangelung desselben, die Klumpen mit den Händen; bringe ihn dann wieder in die Pfanne — und dein Sandbad ist fertig. Es wird dir zum Erhitzen und Eindampfen verschiedener Flüssigkeiten dienen, und hat den Vortheil, daß wenn du den Ofen nicht zu chemischen Operationen brauchen willst, du Alles zusammen abnehmen und fortsetzen kannst. Hast du nun Gelegenheit, sogenannte Abdampfschalen von Gesundheitsgeschirr (oder Porzellan) zu kaufen, so wähle dir 2 oder 3 von jeder der beistehenden Formen aus und zwar von einem Durchmesser von 4 bis 8″ im oberen Durchmesser; sie werden von Gesundheitsgeschirr, das ein billiges, zu deinem Zwecke vortreffliches Porzellan ist, etwa

Fig. 1.

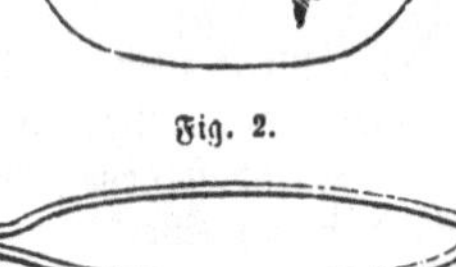

Fig. 2.

18 Sgr. kosten (1). Willst du so viel Geld nicht anwenden, so kannst du auch statt dieser Schalen gewöhnliche kleine Schüsseln von Steinzeug nehmen, die aus demselben Stoff gefertigt sind, wie die steinernen Töpfe. Man hat sie von zwei Gestalten, nämlich wie Fig. 3

Fig. 3.

Fig. 4.

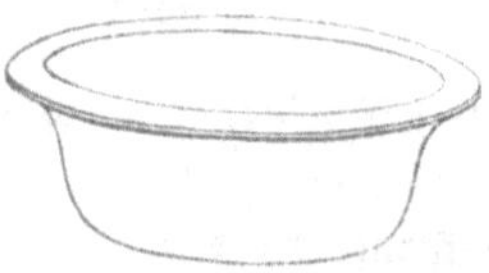

und 4 und erhält sie in den gewöhnlichen Töpferwaarenhandlungen zum Preise von einigen Silbergroschen. Die letztere Form ist praktischer als die erstere; hast du die Auswahl, so ziehe das blaugraue glatte Material dem gelblichen, rauhen vor. In jedem Falle muß die Masse auf dem Bruche porcellanartig sein und keine von der inneren Masse verschiedene Glasur zeigen. Diese Schüsseln oder Schalen nimm von verschiedener Größe bis zu 8″ Durchmesser, du kannst, da sie sehr wohlfeil sind, wohl ein halbes Dutzend kaufen. Sie halten die Erwärmung im Sandbade, und bei einiger Vorsicht auch die auf freiem Feuer trefflich aus und ersetzen für deine Zwecke die theuren porzellanenen ganz gut.

Zur Erleichterung der Arbeit ist ein Mörser sehr empfehlenswerth;

Fig. 5.

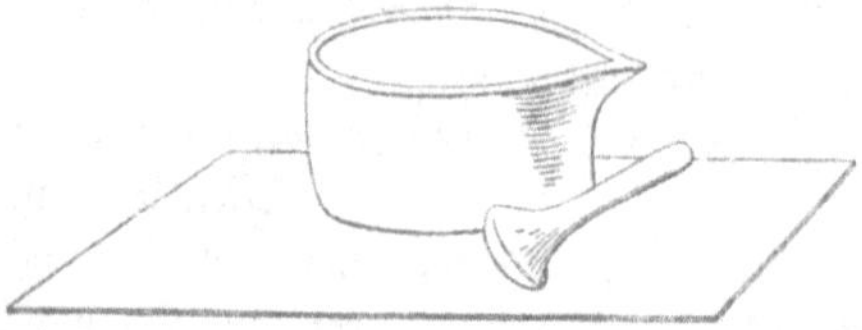

Fig. 6.

Fig. 7.

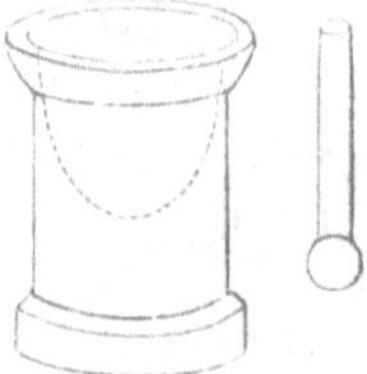

wenn du einige Silbergroschen darauf verwenden willst, so suche dir von einem Materialisten oder Porzellanhändler einen von Porzellan Fig. 5 zu verschaffen, für die meisten Fälle sind die eisernen Fig. 6 eben so anwendbar und viel billiger; ein kleiner von etwa 6″ Höhe reicht völlig aus.

Auch kannst du im Nothfalle einen von den Porzellantöpfen nehmen, die einen dicken, im Innern rundlichen Boden haben, Fig. 7;

(1) Porcellan- und Glasgegenstände erhältst du am billigsten in größeren Porcellan- und Glashandlungen; wegen derjenigen Artikel aber, welche du dort nicht finden solltest, so wie wegen aller übrigen Apparate, die du nicht in gewöhnlichen Kaufläden bekommen kannst, wirst du am besten thun, dich mit einer Handlung chemischer Geräthschaften in Verbindung zu setzen, wie z. B. mit einer der oben Seite 5 genannten Häuser, von denen du leicht ausführliche Preisverzeichnisse erhalten wirst.

sie sind bei Parfümeriehändlern und Apothekern bisweilen zu haben. Zum Stößer (Pistille) nimm einen Holzstiel, den du am unteren Ende ausbohrst, um dann in diese Höhlung mit einem festen Kitt (wovon du leicht etwas bei Jemanden, der sich mit Flicken zerbrochener Waaren beschäftigt, erhalten kannst) eine Kugel von Stein oder Eisen zu kitten. Endlich kannst du auch alles dieses entbehren, und jedesmal die zu pulvernde Substanz in ein leinenes Läppchen wickeln und dann durch Hammerschläge zerkleinern, was ich dir nächst dem eisernen Mörser wenigstens für den Anfang am meisten anrathen möchte; später wirst du freilich kaum umhin können, dir einen porzellanenen anzuschaffen.

Ferner brauchst du 2 oder 3 Trichter aus Glas von der einfachsten Form, von einem oberen Durchmesser von 3 bis 5″, Fig. 8; in einer Glashandlung findest du sie leicht um den Preis von 2 bis 5 Sgr. Beim Gebrauche werden die Trichter entweder auf Flaschen gestellt, was ich dir aber nicht sonderlich empfehlen kann, oder mittelst eigener Vorrichtungen über den betreffenden Gefäßen aufgestellt. Die einfachste und am leichtesten zu beschaffende ist diese: Laß dir dazu ein Brettchen schneiden, welches mit mehreren Löchern von verschiedenem Durchmesser versehen ist, worein diese Trichter sich bis zur Mitte einstecken lassen. Beim Gebrauche legst du das Brettchen auf ein Paar Bücher, wie es beistehende Fig. 9 zeigt,

Fig 8.

Fig. 9.

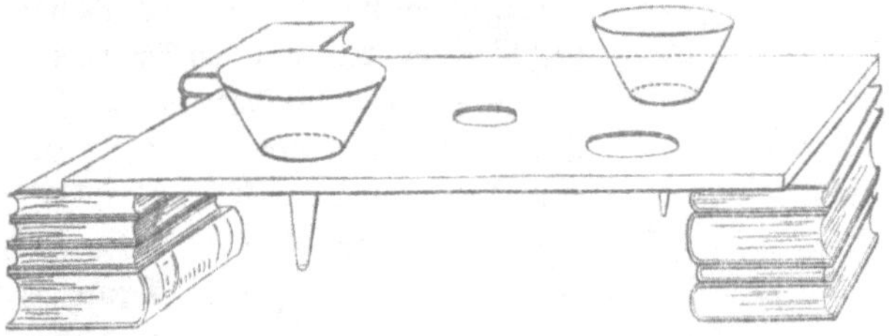

oder du läßt es dir auch von vornherein auf zwei Brettchen befestigen. Eine andere Art erläutert dir Fig. 10 (siehe die folgende Seite). Man nennt diese aus Holz gefertigte Vorrichtung einen Filtrirständer. Nach dieser Zeichnung wird jeder Schreiner sie dir verfertigen können. Der hölzerne Ring a läßt sich an dem Stab b auf und ab schieben und mittelst der Schraube c in jeder Stellung daran befestigen.

Um diese Schraube zu umgehen, kann man auch den senkrechten Stab quadratisch schneiden und den Ring mittelst eines Keiles daran festklemmen, wie dir dies die Fig. 11 (siehe die folgende Seite) zeigt. Die letztere Einrichtung ist viel wohlfeiler und eben so praktisch, wie die

Fig. 10.

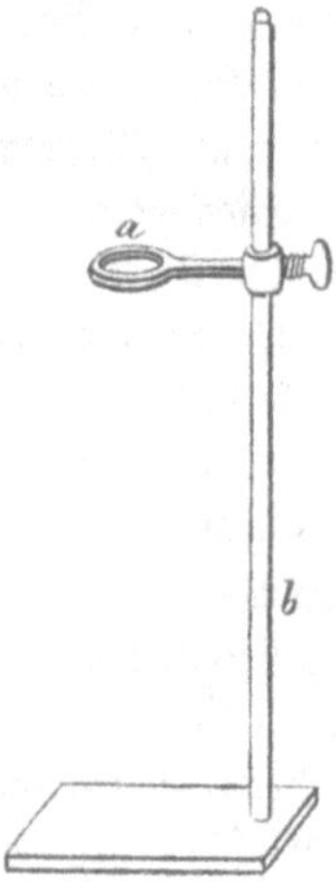

Fig. 11.

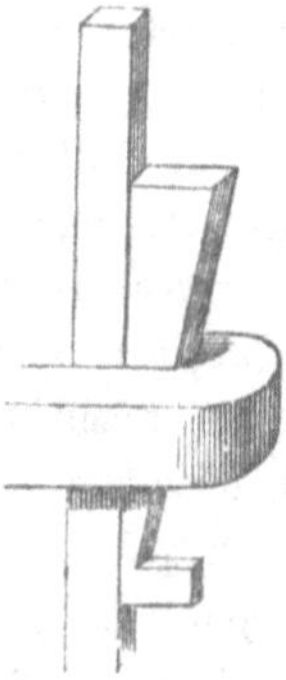

erstere. Immerhin aber bleibt das vorhin beschriebene Brettchen vorzuziehen, weil es mehrere Filtrirständer zugleich ersetzt. Zu diesen Trichtern gehören ferner einige Glasstäbe. Die etwa ½ bis 1″ breiten Abfälle, die beim Schneiden der Fensterscheiben erhalten werden, sind ganz vortrefflich; ich werde dir später sagen, wie du sie leicht in beliebige lange Stücke vertheilen kannst.

Nun bedarfst du weiter einiger mehr oder weniger cylindrischer Gläser. Die gewöhnlichen Gläser oder Flaschen, die zum Einmachen von Früchten dienen und deren Oeffnung nur wenig verengt ist, sind ganz zweckmäßig; die von grünem Glase sind eben so gut, wie die farblosen und weit billiger, so daß du für 20 Sgr. schon wenigstens 5 oder 6 Stück von verschiedener Größe kaufen kannst. Dazu füge etwa ein Dutzend Bier- und Wassergläser verschiedener Größe. Um deine kleine Sammlung von chemischen Geräthschaften zu vervollständigen, wirst du ferner eine Reihe von Flaschen verschiedener Art anzuschaffen haben. Wähle erstens einige große mit weitem Halse (ohne Glasstopfen) von etwa 6 bis 8″ Höhe, dann etwa 4 eben solche von 3 bis 4″ Höhe, dann ein halbes Dutzend sog. Opodeldocgläser (Fig. 13 u. 14) d. h. kleine Flaschen mit weitem Halse von 2 bis 3″ Höhe, alles von weißem oder doch halb weißem Glase, so wie auch ein halbes Dutzend Flaschen mit engem Halse und Glasstöpsel (Fig. 15)

Fig. 12.

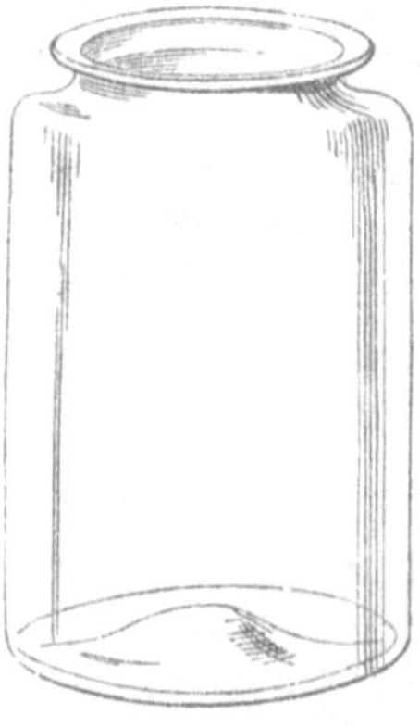

Fig. 13.

Fig. 14.

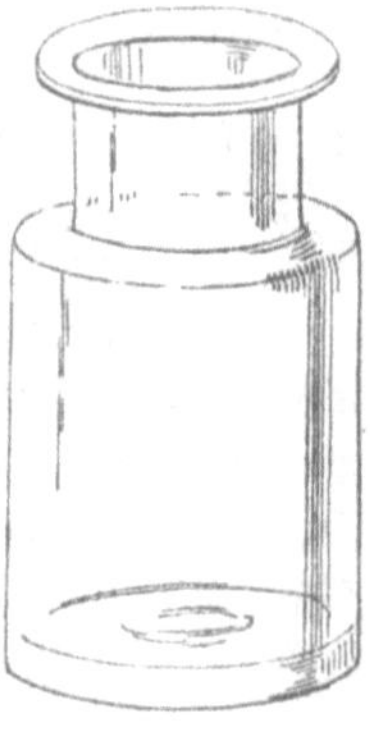

Fig. 15.

von 3 bis 8 Unzen Inhalt. Ist eine Glashütte in der Nähe deines Wohnortes, so lasse alles auf einmal von dort kommen, wodurch du wohl ⅓ der Kosten ersparen würdest. Zu mancherlei Zwecken, die du allmälig schon selbst herausfinden wirst, hast du ferner eine Anzahl Spielkarten nöthig, die zwar nicht unentbehrlich, aber doch sehr bequem sind; sie werden zum Reinigen des Mörsers, zum Mischen von Substanzen u. s. w. auch in Apotheken gebraucht und zu dem sehr geringen Preise von etwa 1 Sgr. das Hundert verkauft. Noch bequemer zu ähnlichen Zwecken sind die Löffel aus Horn, die zum Preise von 1½ bis 2½ Sgr. bei einer Länge von 4 bis 6 Zoll zu haben sind, und von denen du, wenn du diese Ausgabe, die gewissermaßen eine Luxusausgabe ist, nicht scheust, 3 bis 4 Stück gebrauchen würdest.

Fügst du nun zu dem hier aufgezählten noch einige neue Ziegelsteine und ein Buch weißes oder auch feines graues Fließpapier, so hast du alles, was du von kleineren Geräthschaften vor der Hand brauchst.

Alle vorzunehmende Operationen erfordern eine große Menge möglichst reinen Wassers. Außerdem müssen Gefäße und Hände häufig gewaschen werden, und du wirst daher wohl daran thun, irgend ein mit einem Ausflußhahn versehenes Gefäß von Blech, Steingut oder Holz an der Wand aufzuhängen, und darunter eine Bütte oder einen großen Topf anzubringen. Kannst du über eine unbeschränkte Masse Regen- oder Flußwasser verfügen, so versieh deinen Wasserbehälter stets damit; wo nicht, so mußt du wenigstens stets sorgen, einen Krug oder eine sehr große Flasche davon vorräthig zu haben. So wird es dir leicht sein, dich in allen deinen Geräthen der größten Reinlichkeit zu befleißigen und namentlich nie eine Schale, einen Trichter oder ein Glas wegzustellen oder zu einer anderen als der eben daraus entfernten Substanz zu verwenden, ohne es vorher mit gewöhnlichem und dann mit Regenwasser zu spülen. Ein Austrocknen ist alsdann nicht erforderlich.

Um die jedesmal in Arbeit zu nehmende Menge der verschiedenen Substanzen richtig zu treffen, wird eine kleine Wage erforderlich sein. Da es vor der Hand weder auf hohe Genauigkeit derselben, noch darauf ankommt, große Mengen abzuwiegen, so wirst du mit einer kleinen Kinderwage schon ausreichen, wie man sie bei Spielwaarenhändlern zu kaufen bekommt. Ich rathe dir, sie so an einem Ständer zu befestigen, der auf einem besonderen Brettchen steht, daß sie durch einen Faden auf und nieder gezogen werden und somit jeden Augenblick in Ruhe gesetzt werden kann. Figur 16 (siehe die folgende Seite) macht dir eine solche Vorrichtung deutlich. Dazu gehört eine Reihe von Gewichten, etwa von ⅛ Loth bis zu ½ Pfund.

Fig. 16.

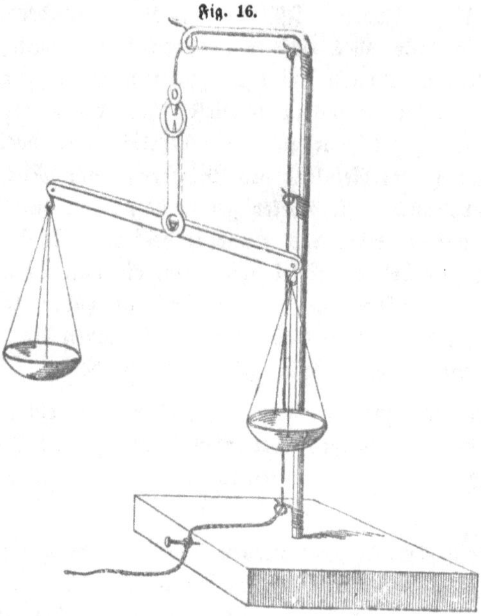

Einer sehr bequemen Vorrichtung kann ich nicht umhin, noch schließlich Erwähnung zu thun, nämlich der zum Zudecken der Schalen bestimmten Doppelreifen; willst du dir diese Erleichterung machen, so bestelle etwa bei einem Küfer mehrere $\frac{1}{2}$ bis $\frac{3}{4}$" hohe Reifen von Schachtelholz, die je 2 und 2 etwas schwierig in einander passen und etwas größer sind, als deine Schalen. Beim Gebrauche wird ein rundes Stück Fließpapier auf den größeren Reifen gelegt, das ringsum etwa 1" übersteht und dann der zugehörige kleinere Reifen hineingesteckt. So erhält man eine papierne Trommel, die einen ganz vortrefflichen Deckel für die Schalen abgiebt.

Fig. 17.

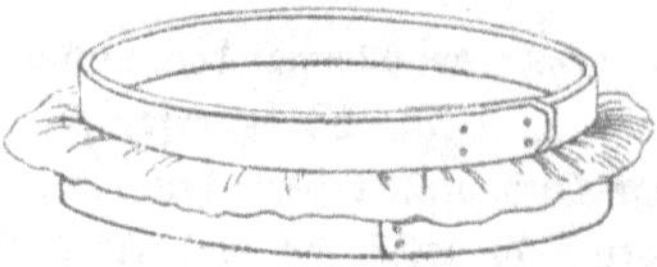

Fig. 18.

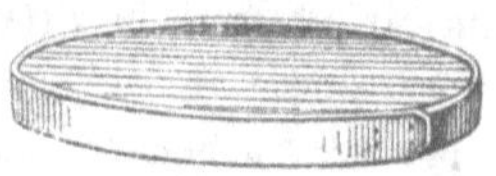

Somit wäre die erste Einrichtung vollendet, und du hinreichend ausgerüstet, eine Reihe von Versuchen anzustellen, von denen ich dir die ersten und einfachsten im nächsten Briefe beschreiben will.

---

3. Brief.

Auflösen. Filtriren (verschiedene Arten). Ausgießen. Abdampfen. Krystallisation des Kochsalzes, des Alauns.

Heute habe ich zunächst drei Operationen dich zu lehren: Auflösen, Filtriren und Abdampfen. Nimm etwa ¼ Pfund Kochsalz und löse es in Wasser auf, das zu diesem Zwecke auch Brunnenwasser sein darf. Die Auflösung geschieht unter öfterem Reiben des Salzes mit dem Wasser im Porzellanmörser, oder durch längeres Schütteln des Wassers mit dem Salze in einer deiner großen Flaschen, oder nur durch Umrühren in einem hohen Glase mit dem Glasstabe. Du wirst, wenn du das letztere thust, bemerken, daß sich in der Nähe des Salzes lange gewundene durchsichtige Streifen im Wasser zeigen; es rührt dieses von der Verschiedenheit des (obern) reineren Wassers und der (untern) salzreichen Auflösung her. Das Umrühren oder Schütteln, und, wenn erforderlich, das Zusetzen von neuem Salze muß so lange fortgesetzt werden, bis diese Erscheinung verschwindet, und zugleich die Salzmenge nicht mehr abnimmt. Ist dieser Punkt eingetreten, so ist die Lösung gesättigt, doch läßt er sich nur schwer mit völliger Genauigkeit erreichen, was übrigens auch nicht durchaus nothwendig ist.

Gleich nachher wirst du erfahren, daß bei anderen Stoffen das Auflösen unter Beihülfe von Wärme weit schneller geht. Beim Kochsalz jedoch ist es nicht merklich der Fall. Die erhaltene Auflösung ist in der Regel wegen der dem Kochsalze beigemischten Unreinigkeiten nicht völlig klar und durchsichtig; sie muß daher filtrirt werden.

Zu diesem Zwecke nimmt man ein quadratisches Stück Fließpapier und faltet es zweimal so, daß erst 2, dann alle 4 Ecken auf einander fallen; wenn man dann eine Ecke von den übrigen drei trennt, so nimmt

Fig. 19.

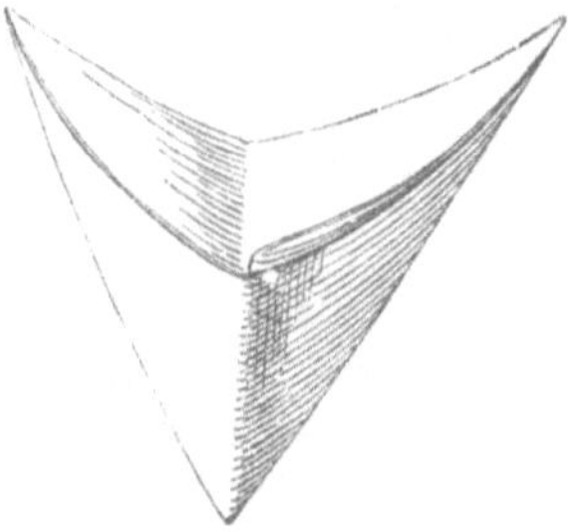

Fig. 20.

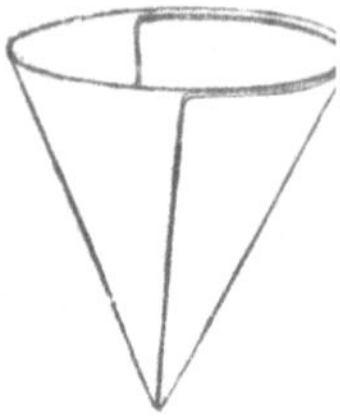

das Papier die Gestalt eines Trichters mit vorstehenden Ecken an (Fig. 19); hat man aber vor dem Oeffnen das Papier rund abgeschnitten (wohlverstanden so, daß die 4 **losen** Ecken abfallen), so bildet sich beim Oeffnen ein regelmäßiger, oben offener Kegel und das fertige Filter wird ziemlich genau und glatt in einen Trichter passen, dessen Rand es nicht völlig erreichen darf. Lege nun drei schmale Glasstäbe so in einen Trichter, daß sie etwa gleich weit von einander abstehen, bringe dann das Filtrum hinein, benetze es und filtrire nun deine Salzlösung hindurch in eine Schale. Um die Glasstäbe in der erforderlichen Länge abzuschneiden verfahre folgendermaßen: Bezeichne an den Kanten des zu theilenden Glasstabes die Endpuncte des abzutrennenden Theiles durch Einschneiden, mit den Kanten eines anderen Stabes, und brich dann herzhaft den Stab an dieser Stelle entzwei; du wirst bald die Geschicklichkeit erlangen, dies zu bewirken, ohne daß Splitter entstehen (1).

(1) Um ohne eingelegte Glasstäbe recht rasch zu filtriren, wendet man auch, namentlich in Apotheken, die sogenannten Faltenfilter an. Ich will dir hier deren Verfertigung angeben, muß aber bemerken, daß ich dir den Gebrauch derselben nicht sonderlich empfehlen kann; dieser ist auch nur auf diejenigen Fälle beschränkt, wo das auf dem Filter Zurückbleibende **nicht** gesammelt werden soll. Im Allgemeinen bewirkt das Filtriren mit Glasstäben die Klärung der Flüssigkeit eben so schnell und es reißt dabei das Papier nicht so leicht, wie beim Faltenfilter. Die Anfertigung dieses letzteren geschieht folgendermaßen: Lege ein quadratisches

Fig. 21.

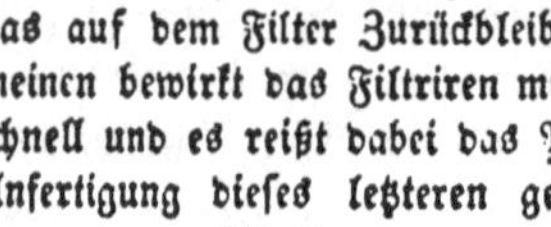

Stück Papier in Form eines Rechtecks zusammen, bilde dann die Falte C—6 durch Aufeinanderlegen von 10 und 2, öffne das gefaltete Papier wieder zum Rechteck und lege 10 auf 6 und 2 auf 6, um die Falten C—8 und C—4 zu bilden; nachdem wieder Alles auseinandergelegt, bringe C—2 auf C—4; ferner C—4 auf C—6, ebenso C—10 auf C—8 und C—8 auf C—6; so entstehen die Falten C—3, C—5, C—7 und C—9. Alle diese Falten zeigen sich, wenn das Rechteck vor dir liegt, nach rückwärts geknickt. Nun lege 2 nach hinten auf 3, um die Falte C—11 zu erzeugen, ebenso 3 nach hinten auf 4, um C—12 zu erzeugen, und so fahre fort, bis zwischen allen früheren Falten neue in der entgegengesetzten Richtung entstanden sind und das ganze Papier in Zickzack gebogen erscheint. Dasselbe wird nun

In Bezug auf das Eingießen der Lösung auf das Filter will ich dir gleich eine Regel geben, welche sich auf das Ausgießen aus weiten Gefäßen im Allgemeinen bezieht. Es fließt nämlich die Flüssigkeit nur schwer aus Schalen u. s. w., ohne an deren Außenwandung hinabzulaufen, was aber unter keiner Bedingung geschehen darf. Namentlich ist die Schwierigkeit nicht unbedeutend, wenn das Ausgießen in ein verhältnißmäßig enges Gefäß, wie z. B. in einen Trichter gegossen werden soll, und nur ein geringer Theil derselben auf einmal ausfließen darf. In solchen Fällen hilft man sich durch einen Glasstab, den man durch Eintauchen in die Flüssigkeit damit benetzt und dann an die Ausflußstelle schräg andrückt, so daß sein unteres Ende sich etwas über der Stelle befindet, wohin der Flüssigkeitsstrahl fallen soll — beim Filtriren also etwas über einen Punct der Filterwandung. Neigt man nun die Schale oder das Glas, so fließt deren Inhalt längs des Stabes herunter. Noch sicherer, obwohl etwas umständlicher ist dieses Verfahren, wenn man vorher den äußeren Rand des Ausgußgefäßes mit etwas Talg bestreicht, den man dazu in Form eines Kerzenstückchens vorräthig haben muß, das bis auf einen kleinen vorstehenden Rand in Papier gerollt und dann in eine Papierhülse gestellt, zu diesem Zwecke bei der Hand sein muß.

Fig. 23.

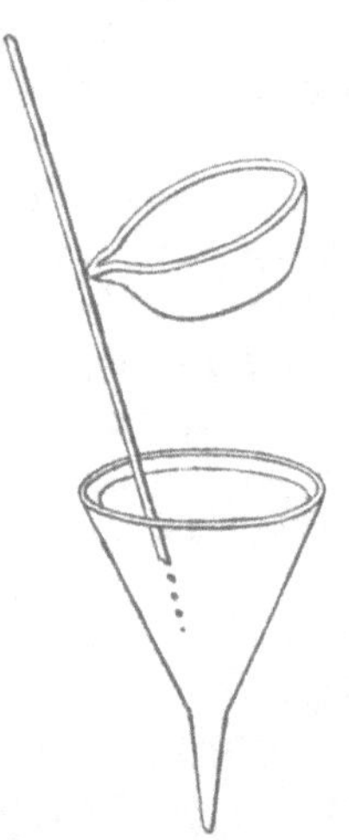

Du wirst wohl daran thun, dich durch einige Versuche mit reinem Wasser in diesem Aus- und Eingießen zu üben, das so bewerkstelligt werden muß, daß weder durch Spritzen noch durch andere Ursachen auch nur ein Tropfen verloren geht. Beim Filtriren ist ferner Sorge zu tragen, daß die untergestellte Schale so hoch steht, daß die Tropfen gleich, wenn sie sich vom Trichter trennen, die Wand der Schale berühren und nicht hoch herabfallen (weil sonst beim Fallen eines jeden Tropfens die Flüssig-

durch einen gemeinsamen Schnitt ziemlich kreisförmig abgeschnitten und das Ganze in der hohlen Hand auseinandergelegt; zwei Paar Falten erscheinen dann noch in derselben Richtung; zwischen diesen wird noch je eine neue eingebogen und das Filter dann in einen Trichter in möglichst symmetrische Ordnung gelegt.

Fig. 22.

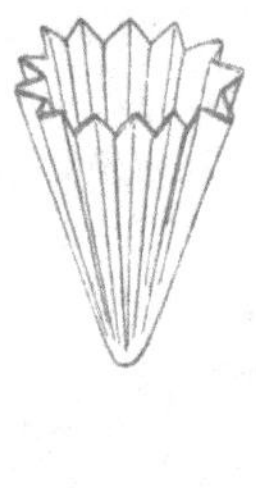

Zu bemerken ist, daß die Falten nicht allzuscharf bis zum Mittelpunkt gehen müssen, weil sonst das Papier hier leicht reißt.

Fig. 24.

keit verspritzt). Filtrirst du ohne Ständer in eine Flasche, so mußt du ein Stückchen Kordel zwischen Trichter und Flaschenhals stecken, damit die Luft entweichen kann (Fig 24), welche von der eintröpfelnden Flüssigkeit verdrängt wird. Du wirst nun gleich erkennen, ob dein Filtrirpapier brauchbar ist: Die Salzlösung muß nämlich völlig klar und nicht allzu langsam durchlaufen. Ist es nicht der Fall, und wird sie auch zum zweiten oder dritten Male aufgegossen noch nicht klar, so ist das Papier (es sei denn daß das Filter durchlöchert wäre) zu verwerfen und du mußt dich nach anderem umsehen. Die Lösung, die nach ein- oder mehrmaligem Filtriren klar geworden ist, setze nun, mit Fließpapier bedeckt, an eine warme Stelle in die Nähe des Ofens. Das Bedecken geschieht entweder mittelst der zu Ende meines vorigen Briefes beschriebenen Papiertrommel, oder mittelst eines Papierstückes, das durch einen Glasstab beschwert wird, oder endlich in folgender Weise: Schneide ein Stück Papier etwas größer, als das zu bedeckende Glas, lege es darauf, drücke es mit der einen Hand an und lege mit der anderen das Ueberstehende so in Falten (Fig. 25), daß der Rand möglichst

Fig. 25.

Fig. 26.

fest an der Wand des Gefäßes anliegt (Fig. 26). Beistehende Figur wird dir dieses Verfahren wohl hinlänglich versinnlichen, obwohl es schwer hält, brieflich etwas klar zu machen, was sich kaum anders als durch Vormachen lehren läßt.

Die auf die eine oder andere Weise vor Staub geschützte Salzlösung überlasse nun einstweilen ihrem Schicksal; während sie allmälig eine andere Gestalt annimmt, wollen wir noch ein Paar andere Stoffe in ähnlicher Weise behandeln.

II. Ein halbes Pfund Alaun pulvere mittelst eines Hammers (s. d. v. Brief) und übergieße das grobe Pulver in einer Schale mit ziemlich viel (Regen-) Wasser, erwärme das Ganze auf dem Sandbade allmälig und unter fleißigem Umrühren mit einem Glasstabe. Anfangs löst sich der Alaun nur langsam auf, so wie aber das Wasser heißer wird, wird es immer schneller gehen, weil der Alaun sich in heißem Wasser in viel größerer Menge auflöst, als in kaltem.

Hast du z. B. 8 Loth Alaun und Wasser von 20°, so brauchst du ziemlich genau 50 Loth davon zur Lösung; nimmst du aber 50 Loth siedendes Wasser, so kannst du darin 5½ Pfund Alaun, also die 22fache Menge, auflösen. Natürlich werden hiervon nach dem Erkalten der Lösung auf 20° nur noch 8 Loth aufgelöst bleiben können; die übrigen 5¼ Pfund werden sich in fester Gestalt aus der Lösung abscheiden müssen; da der Alaun dabei die ihm eigenthümliche regelmäßige Gestalt in allen Theilen annimmt, so sagt man, er krystallisire heraus. Die abgeschiedenen einzelnen Alaunkörperchen nennt man nämlich Krystalle, womit überhaupt eine Gattung von Körpern bezeichnet wird, die du allmälig noch näher kennen lernen wirst.

Ich komme auf unsere Lösung von ½ Pfund Alaun in heißem Wasser zurück. Ist sie nicht völlig klar, so muß sie filtrirt werden, nachdem zuvor Trichter und Schale an einer nicht zu heißen Stelle des Sandbades erwärmt worden sind. Es ist hierbei aber nicht außer Acht zu lassen, daß das Filtrum nicht benetzt werden darf, weil sonst der heiße Trichter durch die Berührung mit dem nassem Papier springen würde. Die völlig klare Auflösung wird endlich wohl bedeckt mit dem warmen Sandbade zur langsamen, ungestörten Abkühlung bei Seite gestellt.

Es können nun, je nach der Menge des angewendeten Wassers, verschiedene Fälle eintreten: Entweder du hast sie so getroffen, daß sie allen Alaun auch in der Kälte zu lösen im Stande ist — dann wird natürlich beim Erkalten nichts ausgeschieden werden, nichts herauskrystallisiren. Oder sie ist nur so groß, daß sie den Alaun zwar in der Hitze, nicht aber in der Kälte aufgelöst halten kann — dann muß das, was sie mehr enthält als sie beim Erkalten lösen kann, beim Abnehmen der Wärme allmälig abgeschieden werden und herauskrystallisiren.

Natürlich beträgt die abgeschiedene Menge um so mehr, je geringer die Wassermenge im Verhältniß zur Alaunmenge war. Wir werden bald sehen, wie du es dieses Mal getroffen hast. Mittlerweile magst du deine Zeit zu ein Paar weiteren Versuchen benutzen. Daß der Alaun sich nicht allein so verhält, kannst du dir wohl leicht denken. Willst du selbst die Probe machen, so stelle ein ganz ähnliches Experiment mit zwei anderen Körpern an, die du ebenfalls noch in der Folge benutzen kannst.

III. Der erste ist das gelbe chromsaure Kali, wovon du etwa 4 Loth gerade so behandeln magst, wie du es mit dem Alaun gemacht; der zweite ist Salpeter, bei dem ich dir die Anwendung einer größeren Menge, etwa eines Pfundes, empfehle. Bei allen sorge namentlich, sie recht ruhig und langsam verkühlen zu lassen, und unterdessen das Hineinfallen von Staub zu verhüten.

Ich sehe zwar, wie du den Kopf über meine kleinlichen Räthe schüttelst und lächelst, daß ich dir das so oft sage, aber diese Dinge sind nur scheinbar Nebensachen, und nicht oft genug kann man darauf aufmerksam machen. Im nächsten Briefe, sage ich dir, was wir nun weiter zu thun haben.

4. Brief.

Krystallisation des Kochsalzes, des Alauns, des Salpeters, des chromsauren Kalis. Wachsen der Krystalle.

Wenn du heute die Decken deiner verschiedenen Schalen lüftest, so werden sich die darin enthaltenen Körper unter ganz verändertem Gewande deinen Blicken darbieten; kaum wirst du glauben, daß es noch dieselben seien. In der Kochsalzlösung wirst du vielleicht noch keine weitere Aenderung wahrnehmen, als daß einzelne würfelförmige schneeweiße Körperchen auf der Oberfläche schwimmen. Warte den Verlauf ruhig ab: sie werden bald sich in eigenthümlicher Weise vergrößern. In den Lösungen der übrigen Stoffe aber wirst du, falls du sie nicht mit allzu viel Wasser versorgt hast, am Boden der Schale scheinbar fremde Eindringlinge, feste, regelmäßig geformte Körper finden. Gieße die überstehenden Flüssigkeiten jede in ein besonderes Gefäß ab, lasse den Rückstand sorgfältig abtropfen nnd spüle ihn mit ein wenig reinem Wasser ab. Beim Alaun sind die erhaltenen Körperchen entweder zu größeren Klumpen vereinigt, die an verschiedenen Punkten festsitzen, oder sie bilden eine harte, zusammenhängende Kruste, oder endlich sie stellen sich dir in Gestalt zerstreuter kleinerer Gruppen dar, die sich leicht in einzelne Körperchen trennen lassen. Diese haben stets eine von den beiden nebenbezeichneten Gestalten (Fig. 27 u. 28), sie erreichen die Größe der Figuren etwa zur Hälfte. Die Ecken und Kanten von einigen dieser Krystalle müssen sämmtlich sehr scharf und ohne Fehler ausgebildet, die Flächen glatt, spiegelnd und ohne Eindrücke von nebenliegenden Krystallen sein. Ist dies der Fall, so ist dir dein Versuch vollständig gelungen, im anderen Falle war die angewandte Wassermenge zu gering, oder die Abkühlung zu plötzlich; dann bleibt dir nichts Anderes übrig, als den Versuch zu wiederholen und die Ursache des

Fig. 27.

Fig. 28.

Mißlingens zu vermeiden zu suchen. Lasse dich diese Mühe nicht verdrießen, und sollte es dir selbst nach wiederholten Malen nicht gelingen wollen, einzelne Körper von der bezeichneten Gestalt zu erhalten, so ist stets bei dem folgenden Versuch die Quantität des Wassers zu vermehren, oder mit den erhaltenen unbrauchbaren Krystallen zugleich zu vermindern, wobei die von den Krystallen abgegossene Flüssigkeit, die Mutterlauge, natürlich immer wieder verwendet wird.

Aehnlich sind die Erscheinungen, welche das gelbe chromsaure Kali darbietet, und ähnlich das Ziel, was du auch hierbei zu erreichen suchen mußt.

Fig. 29.

Nur ist die Gestalt der Krystalle eine ganz andere; ich zeichne sie dir hier ab (Fig. 29). Beim Salpeter gelingt es nur selten, einzelne wohl ausgebildete Krystalle zu erzielen; es bilden sich immer Gruppen von langen, spitzen, hellglänzenden, nadelartigen Säulen, die mehr oder weniger strahlenförmig zusammenstehen (Fig. 30). Je größer die angewendete Menge Salpeter war, und je langsamer bei einer ziemlich geringen Menge Wasser die Abkühlung vor sich ging, desto schöner fallen diese Krystallklumpen aus; vor der Hand sind sie nicht weiter zu benutzen; lasse sie daher auf einem Ziegelstein behutsam an einem kühlen Orte und vor Staub geschützt trocknen und bringe sie dann zum Aufbewahren in eine reine Flasche.

Fig. 30.

Bei dem farblosen Alaun und bei dem gelben chromsauren Kali sollen indeß deine Versuche hier noch nicht abschließen, vielmehr sollst du daran erfahren, in welcher Weise Krystalle sich vergrößern können. Zunächst wähle von jedem der beiden Körper drei oder vier der größten und schönsten Krystalle aus, trockne sie mit Löschpapier behutsam ab, und lege sie einstweilen bei Seite. Nun suche von deinen Schalen zwei der kleinsten mit möglichst flachem Boden aus, oder nimm ein Paar etwas tiefe porzellanene Untertassen, lege in die eine die farblosen, in die andere die gelben Krystalle möglichst weit auseinander, und gieße von der gewöhnlichen Mutterlauge so viel darüber, daß sie etwa ½″ hoch davon bedeckt sind. Dann schütze die Schalen mittelst Fließpapier vor Staub und stelle sie in einen Schrank, wo sie keine Erschütterung treffen kann. Nach ein Paar Tagen wirst du bei genauerem Nachsehen finden, daß die Krystalle größer geworden — gewachsen — sind; du kannst sie nun beliebig lange fortwachsen lassen, wenn du nur Sorge trägst, daß sie stets mit reiner, gesättigter Mutterlauge mehrere Linien hoch bedeckt sind und bei gewöhnlicher Temperatur ruhig und vor Staub geschützt stehen. — Das Wachsen der Krystalle erfolgt durch Ansetzen von dünnen Lagen derselben Masse an die Oberfläche, und es umgiebt sich daher der ursprüngliche Kern mit einer immer dicker werdenden Hülle. Da sich diese jedoch an der

Fig. 31.

unteren Fläche, wo der Krystall aufliegt, nicht ansetzen kann, so siehst du leicht ein (Fig. 31), daß letztere sich verhältnißmäßig mehr vergrößern muß, als die anderen. Es wird also, wie du auch an dem hier gezeichneten Durchschnitte eines Krystalls mit seinen angesetzten Schichten sehen kannst, die ursprüngliche Gestalt verändert werden. Will man diese aber nicht beeinträchtigt sehen, so hat man nur den Krystall bisweilen umzudrehen und so jeder Fläche das stärkere Wachsthum zukommen zu lassen.

Auch kann man sich diesen Umstand zu Nutze machen, wenn man z. B. beim Alaun aus der Form 28 die Form 27 hervorbringen will.

Fig. 32.

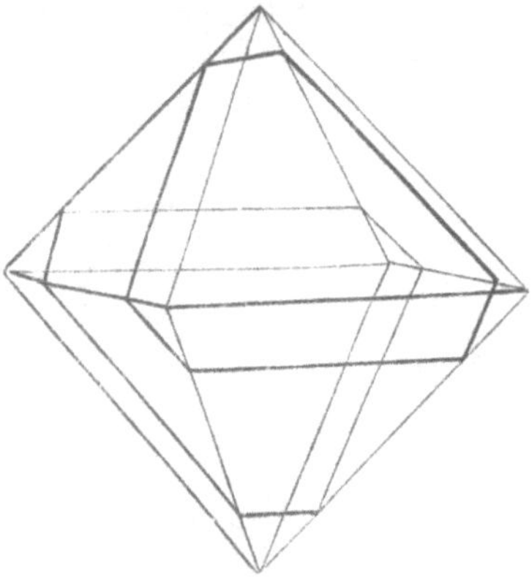

Es entsteht nämlich die letztere Gestalt aus der ersteren, wenn diese nach der Richtung der geringsten Dicke nach jeder Seite um eine starke Schichte wächst, wie du aus nebenstehender Figur ersehen wirst. Die kleinen dreieckigen Flächen müssen also größer werden, der Zuwachs der Masse aber an den großen Flächen stattfinden.

Man hat also nur die Krystalle abwechselnd auf die kleinen Flächen an der schmalen Seite zu stellen, um allmälig regelmäßige Octaeder zu erzielen. Ein solcher Versuch ist ebenso belehrend als leicht anzustellen; versäume also nicht, einige deiner Krystalle genau dem bezeichneten Verfahren zu unterwerfen, nur mußt du die Geduld haben, es mehrere Wochen lang fortzusetzen. Sollte es sich während dieser Zeit finden, daß sich in der überstehenden Mutterlauge eine Trübung zeigte, oder daß sich neben deinen wachsenden Krystallen noch neue bildeten, so ist beides sorgfältig zu entfernen, und zwar wird zuerst die Mutterlauge abgegossen. Hierauf werden die in Behandlung befindlichen Krystalle sorgfältig von den etwa neu gebildeten abgesondert und einzeln abgetrocknet, und in einer anderen Schale mit der nöthigenfalls filtrirten Mutterlauge wieder übergossen.

Für heute will ich hier schließen, denn die Erscheinungen, die du nun weiter zu beobachten hast, zeigen sich doch erst im Verlaufe einiger

Tage, und wenn ich auch heute ziemlich weit vorgegriffen habe, will ich doch nun damit aufhören. Werde mir nur nicht ungeduldig bis zu meinem nächsten Briefe, sondern wiederhole lieber den einen oder den anderen Versuch nochmals, etwa mit einem anderen Körper, wie Chilisalpeter oder Soda.

5. Brief.

Vergrößerung der Kochsalzkrystalle. Krystallisation durch rasche Verdampfung. Gestörte Krystallisation des Salpeters. Anschaffung der Materialien für die nächsten Versuche.

Was für Veränderungen chromsaures Kali und Alaun seit ihrer Lösung erlitten haben, oder noch erleiden werden, wirst du wohl hinreichend in meinem vorigen Briefe angedeutet finden, um den Verlauf der Krystallisation ohne weitere nähere Beschreibung zu beobachten.

Fig. 33.

Fig. 34.

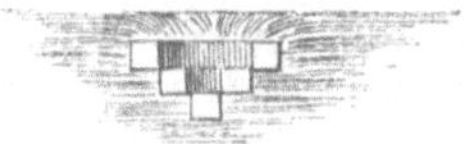

Fig. 35.

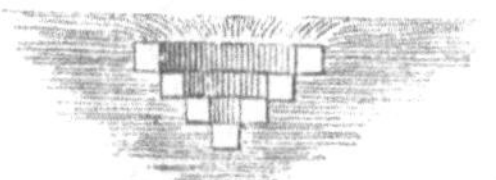

Fig. 36.

Nur über das Kochsalz habe ich noch Einiges zu bemerken. Wenn du heute darnach siehst, wirst du einige neue Krystalle in der Gestalt einfacher Würfel an der Oberfläche schwimmend oder am Boden liegend finden; andere aber werden sich in eigenthümlicher Weise vergrößert haben, nämlich durch Ansetzen ähnlicher Würfel an den Kanten des zuerst gebildeten, wodurch eine Art Näpfchen gebildet erscheint (Fig. 33), dieses umgiebt sich dann später mit einem neuen ähnlichen Kranze (Fig. 34), und so geht das Spiel noch einige Zeit weiter (Fig. 35). Warte noch einige Tage, und du wirst mehrere größere solcher Näpfchen vorfinden, die so lange zunehmen, bis endlich das Ganze zu schwer wird und untersinkt, dann zeigt jedes gar schön die bekannte Gestalt (Fig. 36) der gewöhnlichen größeren Kochsalzkrystalle.

Hast du einen solchen erhalten, so ist der Versuch beendigt und du magst den Rest der Lösung entweder als solchen in der Haushaltung verwenden lassen, wo sie z. B. zum Waschen der Butter gar trefflich ist, oder sie in einer Schale auf dem Sandbade etwas schnell zur völligen Trockene verdampfen lassen. In diesem Falle bekommst du ein schneeweißes, nicht grobes Salz, das sich, namentlich wenn es scharf erhitzt worden, im Mörser leicht sehr fein reiben läßt, worauf es dann trefflich als Tischsalz zu gebrauchen ist. Untersuchst du das bei raschem Verdampfen erhaltene feine Salzpulver durch eine Lupe, so wirst du es aus lauter kleinen Würfeln bestehend finden, welche den größeren, bei langsamer Krystallisation zu Anfang erhaltenen völlig ähnlich sind. So nehmen alle krystallisirbaren Körper unter allen Umständen ein und dieselbe Form an, wenn auch Ursachen eintreten, welche die deutliche Wahrnehmung derselben erschweren oder unmöglich machen.

Noch vielfach wirst du Gelegenheit haben, dieses zu beobachten; ein recht belehrendes Beispiel hiervon bietet z. B. folgender Versuch:

IV. Löse in der Sandhitze einige Loth Salpeter in wenig Wasser auf, bringe die Lösung in ein hohes Glas, stelle dieses (langsam und allmälig, daß es nicht springe!) in ein Gefäß mit kaltem Wasser und rühre die Salpeterlösung mit einem Glasstabe so lange um, bis sie vollständig erkaltet ist. Du wirst dann eine Menge Körperchen entstehen sehen, die in der klaren Flüssigkeit schwimmen, und sich in immer größerer Menge bilden. In der Ruhe werden sie als ein weißer Bodensatz niederfallen. Die klare Flüssigkeit gieße dann ab, spüle den Rückstand mit etwas Wasser ab, und trockne ihn durch Aufgießen auf einen mit Fließpapier bedeckten Ziegelstein. Wenn du das so erhaltene Pulver unter dem Vergrößerungsglase betrachtest, so wirst du erkennen, daß es aus kleinen Kryställchen besteht, die den großen Salpeterkrystallen, die du neulich erhieltest, vollkommen ähnlich sind; diese Krystallisation nennt man eine gestörte und das erhaltene Pulver Krystallmehl. Alle Körper, welche in warmem Wasser sich in größerer Menge lösen, als in kaltem, oder mit anderen Worten, die man durch Erkalten krystallisiren lassen kann, kann man auch durch gestörte Krystallisation als Krystallmehl erhalten.

Es gilt dies also auch vom Alaun und überhaupt von sämmtlichen Körpern, die du bisher kennen gelernt hast, mit alleiniger Ausnahme des Kochsalzes. Da die fremden Einmengungen, welche sich in den verschiedensten Substanzen vorfinden, wenn dieselben nicht mit besonderer Sorgfalt bereitet worden sind, bei einer langsamen Krystallbildung sich leicht mit ausscheiden, so pflegt man die gestörte Krystallisation nicht selten zur Reinigung der betreffenden Stoffe anzuwenden, und ich werde später noch öfter auf diese Versuche hinweisen müssen.

In meinem nächsten Briefe werde ich dir Anleitung geben, durch die einfachen Operationen des Auflösens, Filtrirens und Krystallisirens verschiedene Substanzen darzustellen. Schaffe dir mittlerweile zu diesem Zwecke folgendes an:

$\frac{1}{2}$ Pfund Strontianit,
4 Loth weiße Magnesia,
1 Pfund gewöhnliche Schwefelsäure (Vitriolöl),
4 Pfund Antimonmetall,
$1\frac{1}{2}$ Pfund Scheidewasser,
8 Loth rothes chromsaures Kali, auch doppelt-chromsaures Kali genannt,
$\frac{1}{2}$ Pfund gewöhnliche Potasche.

Dies alles wirst du in einer Material- und Farbwaarenhandlung leicht und ohne besondere Kosten haben können; die Schwefelsäure und das Scheidewasser sind in Flaschen aufzubewahren, die mit gläsernen eingeriebenen Stöpseln versehen sind (s. oben Brief 2, Fig. 15).

6. Brief.

Darstellung von salpetersaurem Strontian; Erklärung. Darstellung der schwefelsauren Magnesia; Erklärung. Darstellung des Antimonoxyds; Trocknen im Trichter.

Die nun vorzunehmende Darstellung verschiedener Präparate hat weniger den Zweck, dich die Darstellung selbst kennen zu lehren, als dich in den erlernten Operationen noch weiter zu üben.

V. Den Strontianit zerschlage mit dem Hammer in möglichst kleine Stücke, bringe sie in eine Schale und übergieße sie mit etwa 1 Pfund Scheidewasser.

Der Strontianit besteht aus einem dem gebrannten Kalke sehr ähnlichen Körper, dem Strontian, und einer Luftart, welche Kohlensäure genannt wird; das Scheidewasser ist eine Auflösung einer eigenthümlichen Flüssigkeit, die man Salpetersäure nennt, in Wasser. Diese Salpetersäure besitzt nun eine stärkere Neigung sich mit dem Strontian zu vereinigen, als die Kohlensäure: deshalb wird diese letztere durch die Salpetersäure (im Scheidewasser) vertrieben. Diese vereinigt sich an der Stelle der besiegten Kohlensäure mit dem Strontian und die Kohlensäure muß ganz bescheiden sich entfernen. Da sie eine Luftart ist, so entweicht sie unter starkem Aufwallen oder Aufbrausen, d. h. unter Entwickelung von Luftblasen, während in der Flüssigkeit die nun entstandene Verbindung der Salpetersäure und des Strontians zurückbleibt. Man benennt die Verbindung einer Säure mit irgend einem Stoff, indem man vor den Namen des letzteren den in ein Eigenschaftswort verwandelten Namen der Säure setzt, und es heißt also die Verbindung von Strontian und Kohlensäure „kohlensaurer Strontian“, welcher Ausdruck also mit Strontianit gleichbedeutend ist.

Besser würde man freilich Kohlensäure-Strontian sagen, doch der andere Name ist einmal gebräuchlich und wir wollen wenigstens einstweilen noch keine Neuerungen in der Sprache der Chemie machen, obwohl sie deren gar mannichfach bedürftig ist.

Es wird dir hiernach nicht schwer halten, den Namen der nach völliger Vertreibung der Kohlensäure entstandenen Substanz zu finden.

Da sie aus Salpetersäure und Strontian bestehen muß, so heißt sie „salpetersaurer Strontian." Wir können diese „Zersetzung" folgendermaßen darstellen:

Kohlensaurer Strontian
(Strontianit)
besteht aus

Die zugesetzte
Salpetersäure und der Strontian und **Kohlensäure**
entweicht als Gas.

verbinden sich
zu
salpetersaurem Strontian.

Der gebildete salpetersaure Strontian ist im Wasser löslich; du hast also so lange von Zeit zu Zeit und unter Umrühren Scheidewasser zuzusetzen, bis der größte Theil des Strontians bei gelindem Erwärmen verschwunden (als salpetersaurer Strontian aufgelöst) ist. Ich sage der größte Theil, denn es ist besser, es bleibt ein Theil davon unzersetzt, als es kommt zuviel „überschüssige" Säure in die Lösung. Gieße nun, nachdem du das Ganze noch etwas stärker erwärmt hast, die Flüssigkeit auf ein Filter, dampfe die klare Lösung etwa auf die Hälfte ein und lasse sie durch Erkalten krystallisiren. Aus der von den Krystallen abgegossenen Mutterlauge kannst du dann ein oder zweimal durch Abdampfen und Erkaltenlassen Krystalle bekommen. Trockne sie alle wohl ab und hebe sie in einer Flasche auf. Später werden wir ihrer bedürfen (1).

VI. Die weiße Magnesia rühre mit ziemlich viel Wasser zu einem dünnen Brei an, und setze ganz allmälig Schwefelsäure zu, bis auch nach dem Umrühren kein Aufbrausen mehr stattfindet. Es geht hier etwas ganz Aehnliches vor wie vorhin; nur besteht die weiße Magnesia aus Kohlensäure und Magnesia und wir haben daher Magnesia statt Strontian und Schwefelsäure statt Salpetersäure.

Es zersetzt sich nämlich
die weiße Magnesia
in

Die zugesetzte
Schwefelsäure Magnesia und **Kohlensäure**
entweicht als Gas.

verbinden sich
zu
schwefelsaurer Magnesia.

(1) Macht es dir Spaß, so kannst du dich schon jetzt von einer merkwürdigen Eigenschaft dieser Substanz überzeugen. Wenn man sie auf dem Ofen sorgfältig trocknet, dann fein pulvert und mit etwas Schwefelblumen mischt, so brennt diese Mischung, angezündet, mit prachtvoll purpurrother Flamme. In der That ist der salpetersaure Strontian die Grundlage aller sogenannten Rothfeuer.

Fig. 37.

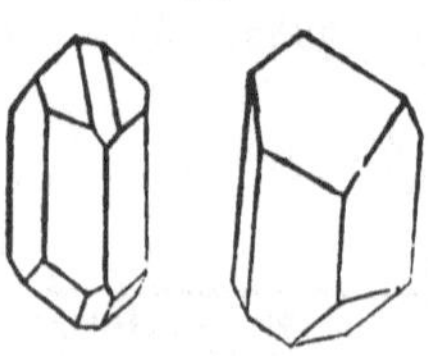

Aus der filtrirten und abgedampften Lösung erhältst du durch Abkühlung in der dir nun schon bekannten Weise Krystalle, welche die Form wie Fig. 37 zeigen; sie bestehen aus schwefelsaurer Magnesia oder Bittersalz. Warum sie so heißen, davon kannst du dich leicht durch den Geschmack überzeugen; endlich hebe sie wohl getrocknet in einer reinen Flasche auf.

VII. Das Antimonmetall schlage erst mit dem Hammer in kleine Stücke, dann pulvere diese im Mörser recht fein und übergieße das mit etwas Wasser angerührte Pulver in einer Schale mit Scheidewasser, das vorher durch Wasser auf etwa sein doppeltes Gewicht gebracht worden ist. Es werden sich rothe Dämpfe in großer Menge entwickeln; hüte dich, zuviel davon einzuathmen, denn sie riechen eigenthümlich unangenehm und sind giftig; nimm den Versuch daher lieber am offenen Fenster vor. Hat die Entwickelung der rothen Dämpfe aufgehört, so setze wieder etwas Scheidewasser zu, und so einige Zeit lang fort. Ist die Gasentwickelung allzu stark, so daß die Masse hoch aufschäumt und aus dem Gefäße zu steigen droht, so wird sie durch Zusatz von etwas Wasser gemildert; ist sie zu schwach, so wird sie durch etwas ungemischtes Scheidewasser oder durch Erwärmen verstärkt. Du wirst unterdessen bemerken, daß sich das Antimon allmälig in ein weißes Pulver verwandelt, und daß die Entwickelung der rothen Dämpfe (nöthigenfalls unter Beihülfe von Wärme) so lange fortdauert, bis sämmtliches Antimon diese Veränderung erlitten hat. Dieses weiße Pulver ist eine Verbindung des Antimonmetalls mit einem „Sauerstoff" genannten Körper, und trägt den Namen „Antimonoxyd". Der Sauerstoff, womit das Antimon sich verbunden hat, war früher in der Salpetersäure enthalten und ist derselben von dem Antimonmetall entzogen worden. Dadurch mußte natürlich ein neuer Körper aus der Salpetersäure entstehen, welcher, wie leicht ersichtlich, sauerstoffärmer ist, als diese.

Dieser Körper ist die Luftart, welche in Gestalt rother Dämpfe entweicht.

Wenn die Gasentwickelung aufgehört hat, muß das Antimonoxyd noch durch wiederholtes Aufkochen mit Wasser gewaschen werden, wonach jedesmal die Flüssigkeit durch Absitzenlassen und Abgießen von dem Pulver zu trennen ist, dann wird filtrirt, und zwar durch ein Filter, welches glatt, ohne Glasstäbe im Trichter liegt, und endlich, nachdem alles abgelaufen, noch ein Paar Mal heißes Wasser auf das auf dem Filter befindliche Pulver gegossen.

Für unsere Zwecke ist dieses nunmehr rein genug und wird auf dem Sandbade in der Weise getrocknet, daß der Trichter mit Filter und

Fig. 38.

Pulver bedeckt auf eine Blechröhre gesteckt wird, welche so weit ist, daß der Trichter darin steckt, ohne umzukippen, und so hoch, daß die Spitze desselben unten nicht vorsteht. Beistehende Figur wird dir diese einfache Vorrichtung deutlich machen.

Wenn nach einigen Tagen der Inhalt des Filters so trocken geworden, daß er sich staubig anfühlt, so wird das fertige Präparat sorgfältig vom Papier losgelöst und ist zum Aufbewahren in einem wohlgetrockneten Fläschchen bereit.

In Bezug auf das Reinigen der Präparatenflaschen sage ich dir zum Schlusse meines Briefes noch ausdrücklich, daß es sehr sorgfältig geschehen muß, worauf sie dann mit Fließpapier dergestalt auszutrocknen sind, daß die hineingebrachte Substanz auch nicht im Geringsten irgend wo haften bleibt. Ein gebogener Draht leistet dabei gute Dienste, und sollte es sich beim Einfüllen des Präparates zeigen, daß dieses noch irgendwo am Glase hängen bleibt, so ist dasselbe auszuleeren und beides, sowohl Präparat als Glas, wiederholt abzutrocknen.

7. Brief.

Aufschlüsse. Darstellung des gelben chromsauren Kalis; Erklärung. Darstellung des Chromalauns. Materialien zu den nächsten Versuchen.

Ehe ich dir heute Anleitung zu neuen Arbeiten gebe, muß ich dir die Erscheinung erklären, von der du mir geschrieben, und die dich so unangenehm berührt; nämlich das plötzliche Kleinerwerden deiner größten und das völlige Verschwinden deiner kleineren im Wachsen begriffenen Alaunkrystalle. Nur von zwei Ursachen kann dies herrühren: Es ist entweder erstens in dem Zimmer, worin die Krystalle und ihre in einer niederen Temperatur gesättigte Mutterlauge standen, eine Zeit lang so warm geworden, daß diese letzteren eine bedeutendere Menge Alaun zu lösen vermochten, die sie dann natürlich von den vorhandenen Krystallen genommen hat. Oder es war zweitens die Mutterlauge, die du zuletzt darauf gegossen, nicht völlig gesättigt. Entweder hast du sie durch bloßes Auflösen von Alaun in der Kälte bereitet, oder du hattest gar die erwärmte Lösung nicht sorgfältig so weit und vollständig erkalten und so lange stehen lassen, bis bei der gewöhnlichen Temperatur ein Theil des Alauns herauskrystallisirt war, denn, wie du leicht einsehen wirst, ist nur die Mutterlauge unzweifelhaft gesättigt, die von daraus angeschossenen Krystallen abgegossen ist.

Diese Erklärung wird dich hoffentlich befriedigen und dein Augenmerk in Zukunft auf diese Umstände gerichtet sein; deshalb fahre ich in den zunächst vorzunehmenden Manipulationen fort.

VIII. Von dem rothen chromsauren Kali mache eine kalte, möglichst concentrirte klare Lösung, auf der anderen Seite rühre die Potasche mit wenig Wasser zu einem dünnen Brei an. Ich sage absichtlich mit wenig Wasser, denn es wird so ein gewisser Grad von Reinigung der Potasche erzielt, indem durch die geringe Menge Wasser nur diejenigen

Bestandtheile der Potasche aufgelöst werden können, welche sich sehr leicht auflösen lassen. Es bleiben mithin die schwerer löslichen Bestandtheile größtentheils ungelöst zurück und die filtrirte Lösung enthält weit reinere Potasche. Diese besteht aus einer Verbindung der dir schon bekannten Kohlensäure mit einem „Kali" genannten Körper, welcher mit dem früher erwähnten Kalk und der Magnesia viele Aehnlichkeit besitzt und damit zur selben Klasse von chemischen Verbindungen gerechnet wird. Diese Lösung von kohlensaurem Kali wird nun mit der Lösung des chromsauren Kalis — ich brauche dir nicht zu sagen, daß dasselbe eine Verbindung von Chromsäure und Kali ist — so lange vermischt, bis die rothe Lösung gelb geworden ist und kein Brausen von entweichender Kohlensäure mehr stattfindet (1).

Um den hierbei vor sich gehenden Proceß zu verstehen, mußt du wissen, daß das gelbe oder sogenannte neutrale chromsaure Kali (das du wohl noch von früherher kennst) nicht eine Verbindung von Chromsäure und Kali in beliebiger Menge ist, sondern daß stets diese beiden Körper in demselben Verhältnisse darin enthalten sind; $47\frac{1}{5}$ (Gewichts-) Theile Kali sind darin nämlich genau mit $50\frac{7}{10}$ (Gewichts-) Theilen Chromsäure verbunden. Es kann aber dieselbe Menge chromsaures Kali noch einmal eben so viel Chromsäure aufnehmen, als sie bereits enthält; dadurch wird es zu rothem oder saurem chromsaurem Kali; dann nehmen also $97\frac{9}{10}$ Gewichtstheile neutrales chromsaures Kali noch einmal $50\frac{7}{10}$ Theile Chromsäure auf und verbinden sich damit zu $148\frac{3}{5}$ Theilen rothem chromsaurem Kali, welches demnach auf $47\frac{1}{5}$ Theile Kali $100\frac{2}{5}$ Theile Chromsäure enthält. Hierin ist die eine Hälfte der Chromsäure nur lose an das Kali gebunden, weshalb es auch sauer heißt, und also im Stande, in gleicher Weise wie die ihr sehr ähnliche Schwefelsäure (Präp. VI) schwächere Säuren aus ihren Verbindungen auszutreiben. Bieten wir ihr also z. B. kohlensaures Kali, so verjagt sie dessen Kohlensäure und verbindet sich mit dem Kali. Während hierbei durch Austreten der einen Hälfte der Chromsäure aus dem rothen chromsauren Kali das gelbe neutrale wieder hergestellt wird, vereinigt sich die ausgetretene Säure mit dem Kali des kohlensauren Kalis ebenfalls zu gelbem chromsaurem Kali, von welcher Substanz demnach das doppelte von derjenigen Menge erhalten wird, welche in dem sauren chromsauren Kali mit Chromsäure verbunden war. Das Ganze geht nach folgendem Schema vor:

(1) Die übrige Potaschenlösung verwahre in einer geschlossenen Flasche, wir werden ihrer später bedürfen.

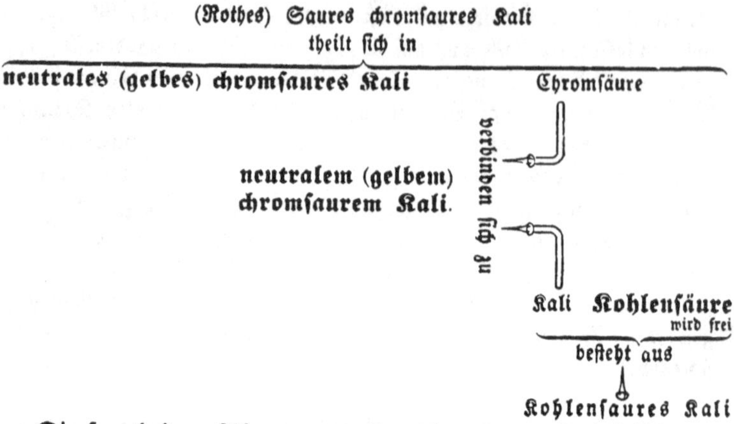

Die so erhaltene Lösung von gelbem chromsaurem Kali hast du nun nur noch einzudampfen, um beim Erkalten Krystalle von neutralem chromsaurem Kali zu erhalten.

IX. Du kannst sie zur Darstellung eines sehr schönen und interessanten Körpers benutzen. Indessen kann ich dir jetzt noch nicht die Erklärung dieser Darstellung geben, da deine chemischen Kenntnisse zu ihrem Verständnisse noch nicht ausreichen. Löse 6 Loth des so eben erhaltenen chromsauren Kalis in möglichst wenig kaltem Wasser, und gieße in diese Lösung langsam 2 Loth gewöhnliche Schwefelsäure; die Mischung wird sich stark erhitzen, wenn sie wieder erkaltet ist, so füge 4 Loth Weingeist so langsam hinzu, daß sich das Ganze nicht allzusehr erhitzt. Die Flüssigkeit wird dabei prächtig dunkel-violett werden und enthält, wenn die ganze Zersetzung fertig ist, eine Substanz, die dem dir schon bekannten Alaun in vielen Punkten sehr ähnlich ist. Man nennt sie Chromalaun und sie besitzt auch u. A. genau dieselbe Krystallform wie der gewöhnliche Alaun. Obgleich der Chromalaun in der Hitze viel leichter löslich ist, als bei gewöhnlicher Temperatur, kann man durch Verdampfen und Erkaltenlassen nicht gut Krystalle davon erzielen. Es geht nämlich der Chromalaun beim Erhitzen, noch ehe er siedet, in einen eigenthümlichen Zustand über, in welchem er nicht mehr von violetter, sondern von dunkel grüner Farbe ist, und gar nicht mehr zum Krystallisiren zu bringen ist. Dieses merkwürdige Verhalten ist auch der Grund, warum, wie ich vorhin sagte, bei seiner Darstellung zu starke Erhitzung vermieden werden muß, obwohl allerdings einige Temperaturerhöhung nicht zu umgehen ist. Du thust am besten, die Lösung bei gelinder Wärme etwas zu concentriren und sie dann mit Papier bedeckt ruhig sich selbst zu überlassen. So findest du nach einigen Tagen Krystalle von derselben Form, wie die des Alauns, die sich eben so wie diese durch Wachsen vergrößern lassen. Auch wachsen die Krystalle des einen Alauns in der Lösung des anderen fort, ganz eben so, als ob sie in ihrer eigenen Mutterlauge lägen. Es sieht z. B. recht hübsch aus, wenn man einen dunkel-violetten Chromalaunkrystall sich mit einer Schicht des farblosen Alauns überziehen läßt.

Ich bitte dich, diesen interessanten Versuch anzustellen, obwohl ich dir gestehen muß, daß es mehrere Wochen dauern wird, ehe du auch nur einigermaßen große Krystalle erhalten kannst.

Von der Mutterlauge des Chromalauns hebe für spätere Versuche die Hälfte auf, das Uebrige überlasse in einer schlecht verschlossenen Flasche seinem Schicksal; vielleicht findest du nach Monaten recht schöne Krystalle darin, denn unter diesen Umständen geht die Verdunstung so langsam vor sich, daß die beste Gelegenheit zur Entstehung von gut ausgebildeten Krystallen gegeben ist.

Wir kommen nächstens an eine dir noch neue Operation, das Ausfällen. Du wirst dabei noch einiger Cylinder oder großer Trinkgläser (Biergläser) und einiger Trichter bedürfen; besorge dir ferner noch einige Paar Blechröhren zum Trocknen der Filter über dem Sandbad (s. oben Fig. 38) und folgende Materialien: $\frac{1}{4}$ Pfund Kupfervitriol, $\frac{1}{4}$ Pfund Weinsteinsäure, 2 Loth Chlorbaryum, 2 Loth kohlensaures Ammoniak, 4 Loth Borax, $\frac{1}{2}$ Pfund Salmiakgeist (in einer Flasche mit eingeriebenem Glasstöpsel), 4 Loth Essigsäure, 4 Loth schwefelsaures Kali, $\frac{1}{2}$ Pfund Bleizucker, 1 Stück dickes Zinkblech und einige Stücke Eisenblech.

---

8. Brief.

Darstellung des Kupfers aus Kupfervitriol; Erklärung. Gewichtsverhältnisse der Vertretung von Eisen und Kupfer. Begriff des Ausdrucks „äquivalent". Darstellung von Weinstein; Erklärung. Darstellung der Borsäure; Erklärung. Chromoxydhydrat.

X. Löse den Kupfervitriol, nachdem er gepulvert worden, in viel warmem Wasser auf, und füge ein Paar Tropfen Schwefelsäure zur klaren Lösung, scheuere das Eisenblech mit Sand und Wasser blank, lege es in ein Glas und gieße die Kupfervitriollösung darüber. In demselben Augenblick, wo sich die Kupfervitriollösung und das Eisen berühren, wird sich das Eisen mit einem dünnen rothen Ueberzug von metallischem Kupfer bedecken; je länger das Eisen in der Lösung verbleibt, desto dicker wird dieser Ueberzug, und wenn Eisen genug vorhanden ist, so verschwindet alles Kupfer aus der Lösung, wodurch diese ihre blaue Farbe verliert, um eine schmutzig-grünliche anzunehmen. Das deutet uns an, daß nunmehr Eisenvitriol, dem die letztere Farbe eigenthümlich ist, in der Lösung existirt.

Es ist also dadurch, daß das Kupfer ausgefällt wurde, der Kupfervitriol in Eisenvitriol umgewandelt worden; was muß demnach weiter vorgegangen sein? Es muß sich, da der ursprüngliche Kupfervitriol kein Eisen enthält, Eisen aufgelöst haben. Du kannst dich sehr deutlich davon überzeugen, indem du dünnes Eisenblech, oder etwas feinen Eisendraht in ziemlich viel Kupfervitriollösung legst: das Eisen wird allmälig gänzlich verschwinden und Kupfer dafür ausgefällt werden. Nicht bei dem Kupfervitriol allein wird diese Erscheinung wahrgenommen: sie kommt vielmehr allen löslichen Kupferverbindungen gleichmäßig zu.

Das Eisen ersetzt oder vertritt demnach das Kupfer in seinen Verbindungen, indem es an seiner Statt in dieselben eintritt und das Kupfer ausfällt. Du kannst dir nun leicht denken, daß eine bestimmte Menge Eisen nicht eine ganz beliebige unbestimmte Menge Kupfer vertreten und ausfällen kann: vielmehr wird, wenn eine gewisse Menge des einen

Metalls in die Verbindung aufgenommen worden ist, eine ganz bestimmte Menge des anderen daraus ausgeschieden worden sein. Man hat nun den Versuch auf solche Art angestellt, daß genaue Beobachtungen über diese Verhältnisse ermöglicht wurden; dabei hat es sich gezeigt, daß stets 28 Gewichtstheile (Pfund, Loth, Unzen) Eisen genau $31\frac{7}{10}$ (1) ebensolcher Gewichtsmengen (Pfund, Loth, Unzen) Kupfer vertreten. Wenn irgend eine beliebige Kupferverbindung $31\frac{7}{10}$ Gewichtstheile (Pfund, Loth u. s. w.) Kupfer enthält, so würde dieselbe, wenn sie Eisen statt Kupfer enthielte, 28 Gewichtstheile (Pfund, Loth u. s. w.) davon enthalten müssen. Wenn man daher in dieselbe eine diesem Verhältniß entsprechende Menge Eisen legt, so wird gerade alles Kupfer ausgefällt, und gerade alles Eisen aufgelöst werden müssen. Mithin sind 28 Gewichtstheile Eisen und $31\frac{7}{10}$ Gewichtstheile Kupfer vom chemischen Standpunkte aus einander gleichbedeutend oder äquivalent; man nennt daher diese Zahlen die Aequivalente der entsprechenden Körper; wenn das Aequivalent für Eisen also 28 ist, so ist das für Kupfer $31\frac{7}{10}$; wäre das des Eisens 280, so wäre das des Kupfers 317, denn wenn $31\frac{7}{10}$ Kupfer von 28 Eisen vertreten werden, so wird auch das 10, 20, 100fache der ersten Menge durch das 10, 20, 100fache der letzteren vertreten werden müssen u. s. w.

Wir werden noch öfter auf solche Verhältnisse zurückzukommen haben. Für jetzt aber hast du das ausgefällte Kupfer nur vom Eisen loszulösen, es mit Wasser, dem etwas Schwefelsäure zugesetzt wird, abzuwaschen und zwischen Fließpapier auf dem Ofen zu trocknen; dann bewahre es für später sorgfältig auf. Aus der abgegossenen Lösung würden wir natürlich den Eisenvitriol erhalten können; allein es ist diese Substanz mit Eigenschaften begabt, die es uns unter den gegebenen Umständen unmöglich machen, sie auch nur in einigermaßen reinem Zustande zu gewinnen.

XI. Von dem Präparate IV wirst du noch eine Lösung von kohlensaurem Kali übrig haben.

Löse nun die vorher mittelst Hammer und Beutelchen zerkleinerte Weinsteinsäure in viel heißem Wasser auf und gieße die nöthigenfalls filtrirte Lösung in kleinen Portionen in die des kohlensauren Kalis; ein starkes Aufbrausen wird die nächste Folge sein. Setze Weinsteinsäure hinzu, so lange dasselbe dauert, und selbst noch etwas länger; es wird sich dann ein neuer Körper, als im Wasser nicht löslich, in Gestalt von

(1) Da ich nicht weiß, ob du mit der Decimalrechnung bekannt bist, so will ich für's erste noch mich der gewöhnlichen Brüche bedienen, bitte dich aber, so bald wie möglich dich mit dem Gebrauche der Decimalbrüche vertraut zu machen. Da dies sehr leicht ist, und nicht viel Zeit in Anspruch nehmen wird, so werde ich demnächst schon diese Art der Schreibweise anwenden.

zahllosen kleinen Körnern absondern, oder, wie man zu sagen pflegt, *niederschlagen*.

Um den hier stattfindenden Vorgang zu erklären, erinnere ich dich daran, daß das kohlensaure Kali aus Kali und Kohlensäure besteht; auch weißt du noch, daß diese durch eine stärkere Säure aus ihrer Verbindung verdrängt werden kann. Eine solche nun ist die Weinsteinsäure, welche mit dem Kali eine unlösliche (streng genommen nur eine sehr wenig lösliche) Verbindung bildet, die, wie du leicht erräthst, den Namen *weinsteinsaures Kali* trägt, aber auch unter dem gewöhnlichen Namen Weinstein bekannt ist. Die Zersetzung geht also auf ähnliche Weise vor sich, wie in den dir schon bekannt gewordenen Fällen, nämlich folgendermaßen:

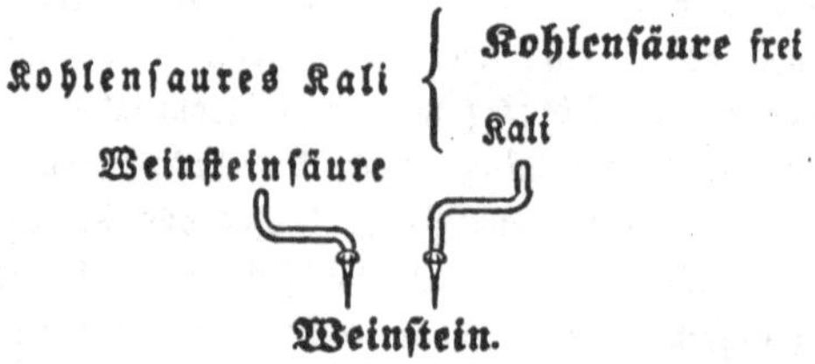

Wenn sich eine Substanz als unlöslich aus einer Lösung abscheidet, so nennt man das Abgeschiedene einen *Niederschlag*. Wir haben also nur noch den *Niederschlag* Weinstein abzufiltriren, mit etwas kaltem Wasser wiederholt auf dem Filter zu übergießen und dann über dem Sandbade zu trocknen, um das Präparat weinsteinsaures Kali (Weinstein) fertig zu haben.

XII. Von deinen früheren Krystallisationsversuchen her hast du gewiß noch etwas Borax. Nimm davon 3 Loth, löse sie in 12 Loth kochendem Wasser und füge zu der noch heißen Lösung 1 Loth Schwefelsäure. Während das Ganze erkaltet, wirst du einen weißen, glänzenden, aus sehr kleinen Krystallen bestehenden Niederschlag sich bilden und allmälig absetzen sehen. Dieser Niederschlag ist *Borsäure*. Der Borax ist nämlich *borsaures Natron*, d. h. er enthält *Borsäure* — die Substanz, die du vor dir hast — und *Natron*, einen Körper, der dem dir schon bekannten Kali sehr ähnlich ist. Die Schwefelsäure, welche zugesetzt wird, treibt die schwächere Borsäure aus, um sich mit dem dadurch frei werdenden Natron zu verbinden; wir erhalten also in Lösung *schwefelsaures Natron*, während die in der Kälte nur wenig lösliche Borsäure beim Erkalten ausfällt: nach dem Abfiltriren und Abwaschen mit etwas kaltem Wasser hast du sie nur *mit* dem Filter vom Trichter zu nehmen, in Fließpapier einzuschlagen und zwischen zwei Ziegelsteinen ein Paar Tage liegen zu lassen, um sie trocknen zu lassen und zum Aufbewahren fertig zu haben. Auf ihre Eigenschaften kommen wir später einmal wieder zurück.

XIII. Aus der Lösung des Chromalauns erhält man durch Zusatz von Salmiakgeist einen violettgrauen Niederschlag. — Stelle davon eine geringe Menge dar, sammle ihn auf einem Filter und trockne ihn über dem Sandbad. Dem Fläschchen, in welchem du es aufbewahrst, gieb die Aufschrift: „Chromoxydhydrat.“

Nächstens die Anleitung zu noch ein Paar ähnlichen Arbeiten.

9. Brief.

Darstellung der kohlensauren Magnesia; Erklärung. Darstellung des kohlensauren Baryts; Erklärung. Chromgelb. Bleibaum. Gewichtsverhältniß der Vertretung des Zinks durch Blei. Aequivalente Mengen.

Hast du die Lösung der gereinigten Potasche gut aufbewahrt, so wird sie dir nunmehr gut zu statten kommen; hast du sie aber alle verbraucht, so mußt du dir wieder in derselben Weise wie damals neue darstellen.

Löse ferner eine gewisse Menge, etwa die Hälfte, deiner schwefelsauren Magnesia (Versuch Nr. VI) auf. So wie du diese beiden Lösungen mit einander vermischest, wirst du reichlich einen weißen Niederschlag sich bilden sehen; derselbe besteht aus kohlensaurer Magnesia, und sein Entstehen rührt von einem gegenseitigen Umtausch von Kali und Magnesia her, indem das Kali mit der Säure der Magnesia, und auf der anderen Seite diese mit der Säure des Kalis sich verbindet. Aus folgendem Schema wirst du diesen Vorgang deutlicher ersehen:

Kohlensaures Kali	Kohlensäure		kohlensaure Magnesia.
	Kali	schwefelsaures Kali	
Schwefelsaure Magnesia	Schwefelsäure		
	Magnesia		

(Es soll das Zeichen : —⌢— löslich, und das Zeichen : —⌣— unlöslich, niedergeschlagen, bedeuten.)

An der Stelle von kohlensaurem Kali und schwefelsaurer Magnesia erhalten wir also kohlensaure Magnesia und schwefelsaures Kali.

Das schwefelsaure Kali bleibt, weil es löslich ist, in der Flüssigkeit. Die kohlensaure Magnesia wird als unlöslich ausgefällt. Nach dem Abfiltriren ist dieser Niederschlag auf dem Filter mehrmals mit kaltem Wasser zu übergießen (auszuwaschen), dann zu trocknen und aufzubewahren. Aus der Lösung könnten wir natürlich das schwefelsaure Kali durch Krystallisirenlassen gewinnen. Da aber hierzu keine der angewandten Substanzen, die etwa zu viel zugesetzt worden, darin enthalten sein darf, so wollen wir diese Gewinnung des Nebenproduktes auf später verschieben, wo du durch größere Uebung besser im Stande sein wirst, diese viel Genauigkeit erheischende Arbeit auszuführen.

Du vermuthest wohl selbst, daß aus dieser kohlensauren Magnesia wieder die schwefelsaure durch die Behandlung mit Schwefelsäure erhalten werden kann.

XIV. Die filtrirten Lösungen von 2 Loth kohlensaurem Ammoniak und von 1¾ Loth Chlorbaryum vermische mit einander. Es wird sich ein weißer Niederschlag bilden, welcher abzufiltriren, auszuwaschen und zu trocknen ist. Derselbe besteht aus kohlensaurem Baryt, und ist, wie die kohlensaure Magnesia im vorigen Beispiel, durch doppelte Zersetzung entstanden.

Es ist nämlich das gelöste Chlorbaryum zu betrachten als eine Verbindung einer eigenthümlichen Säure, der Salzsäure, mit einem dem Kalke und dem Strontian sehr ähnlichen Körper, dem Baryt. Salzsaurer Baryt und kohlensaures Ammoniak tauschen nun ihre Bestandtheile ganz genau so um, wie die im vorigen Beispiele angeführten Stoffe, und es entstehen also kohlensaures Ammoniak und kohlensaurer Baryt.

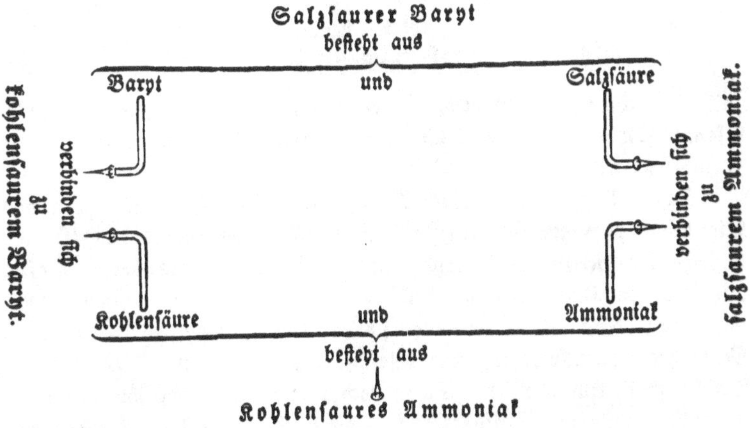

Aus dem kohlensauren Baryt kann man natürlich durch Behandeln mit Wasser und Salzsäure, wobei die Kohlensäure unter Brausen entweicht, wieder salzsauren Baryt oder Chlorbaryum darstellen, ein Versuch, den du mit einem Theil des erhaltenen kohlensauren Baryts anstellen kannst. Du wirst nach dem Abdampfen und Abkühlen ganz ähnliche Krystalle erhalten, wie die, welche du vorhin angewandt hast.

XV. Wir wollen noch eine Verbindung in derselben Weise darstellen, wie die, mit denen wir uns soeben beschäftigt haben.

Löse unter Zusatz von etwas Essigsäure den Bleizucker in Wasser auf, filtrire die Lösung, und setze, wenn sie nicht klar durchläuft, noch etwas Essigsäure zu; dann füge zu der klaren Flüssigkeit die filtrirte Lösung von gelbem (neutralem) chromsaurem Kali; wenn der entstehende prächtig gelbe Niederschlag sich völlig abgesetzt hat, so setze noch etwas chromsaures Kali zu, und wiederhole dies so oft, bis durch neuen Zusatz kein weiterer Niederschlag mehr sich bildet.

Der Bleizucker ist eine Verbindung von Essigsäure mit Bleioxyd, die Zusammensetzung des chromsauren Kalis ist dir bekannt. Beim Vermischen tritt doppelte Zersetzung ein, und es entsteht chromsaures Bleioxyd und essigsaures Kali, nach dem Schema:

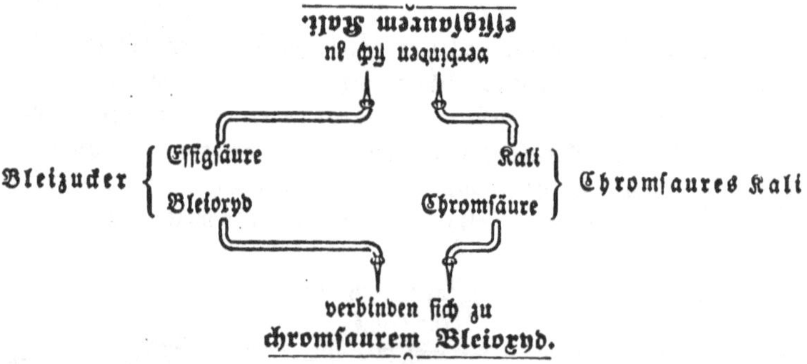

Das chromsaure Bleioxyd ist die unter dem Namen Chromgelb bekannte Farbe. Es ist wie die übrigen Niederschläge zu behandeln und aufzubewahren.

XVI. Bereite in derselben Weise, wie in Nr. XV, eine Lösung von Bleizucker, verdünne sie dergestalt mit Wasser, daß dieses das 10- bis 20fache des Bleizuckers betrage, und gieße sie in eine weiße Flasche mit so weitem Halse, daß das Zinkstück (s. Brief 8, zu Ende) hindurchgeht, binde nun dieses letztere an einen starken Faden, hänge es damit in die Mitte der Bleizuckerlösung und befestige den Faden an einen auf die Flasche zu steckenden Kork. Schon nach kurzer Zeit wirst du glänzende Metallflitter an dem Zinke bemerken, die nach und nach an Ausdehnung zunehmen und nach ein Paar Tagen endlich ein glänzendes lockeres Gewebe von Metallblättchen darstellen.

Es wird nämlich das Blei aus der Lösung abgeschieden, und zwar in Gestalt von zahllosen, wenig zusammenhängenden, krystallähnlichen

Blättchen (deren Vereinigung den Namen „Bleibaum" erhalten hat), während sich eine entsprechende Menge Zink auflöst.

Der Vorgang ist dem Ausscheiden des Kupfers durch Eisen ganz ähnlich, nur daß die Gestalt des ausgeschiedenen Metalls seiner Natur entsprechend eine andere ist.

Aus dem essigsauren Bleioxyd wird nämlich das Blei durch Zink verdrängt, und es entsteht essigsaures Zinkoxyd und metallisches Blei, welches sich auf dem noch übrigen Zink niederschlägt und dabei Krystallgestalt annimmt.

Dieses Verdrängen oder Vertreten des Blei's geschieht, ebenso wie das des Kupfers durch Eisen, in einem ganz bestimmten Verhältnisse der Gewichtsmengen beider Metalle. Denn wenn man das Zink vor und nach dem Versuche genau wägt (natürlich nach vorläufiger Entfernung aller anhängenden fremden Theile), so findet man durch den Ueberschuß des ersten Gewichts über das zweite die Menge des während des Versuches aufgelösten Zinks; wägt man ferner das abgeschiedene Blei, so zeigt sich eine Gewichtsmenge, die zu der des aufgelösten Zinks im Verhältnisse von $103\frac{7}{10}$ zu $32\frac{3}{5}$ steht, d. h. daß $32\frac{3}{5}$ Gewichtstheile Zink gerade $103\frac{7}{10}$ Gewichtstheile Blei vertreten. Nimmt man demnach eine Lösung, welche z. B. $103\frac{7}{10}$ Loth Blei enthält und hängt darein ein $32\frac{3}{5}$ Loth wiegendes Stück Zink, so wird nach einiger Zeit alles Blei ausgeschieden und dafür alles Zink gelöst sein. Demnach sind $32\frac{3}{5}$ oder 32,6 Gewichtstheile Zink chemisch gleichbedeutend, äquivalent mit $103\frac{7}{10}$ oder 103,7 Gewichtstheilen Blei.

Diese Mengen heißen daher Aequivalente und sind gerade ausreichend, sich in sämmtlichen Verbindungen gegenseitig auszutauschen, und es entsteht z. B. durch den Austritt eines Aequivalentes Blei aus einer Bleiverbindung und den Eintritt des Aequivalentes Zink stets die entsprechende Zinkverbindung mit bis zu einem gewissen Punkte ganz ähnlichen Eigenschaften.

Wenn du dich hinreichend am Anblick deines Bleibaumes erfreut hast, so ziehe ihn behutsam heraus, lege ihn in ein Gefäß, und spüle ihn mehrmals mit Wasser, dem etwas Essigsäure zugesetzt ist, und dann mit reinem Wasser ab. Endlich bringe das Blei, in Fließpapier eingeschlagen, zwischen zwei Ziegelsteine zum Trocknen, worauf das Präparat „reines Blei" fertig ist.

Aus der Flüssigkeit aber, die in der Flasche geblieben ist, und welche essigsaures Zinkoxyd enthält, kannst du dieses durch Abdampfen und Krystallisirenlassen gewinnen. Doch darf dies nur dann geschehen, wenn der Bleibaum sich einige Tage lang nicht mehr vergrößert, indeß noch ein Theil des ursprünglich angewendeten Zinkstückes übrig ist. Andernfalls hat der Prozeß der Fällung des Blei's nicht sein Ende erreicht, und die Lösung enthält noch essigsaures Bleioxyd, welches das essigsaure Zinkoxyd verunreinigen würde.

Du wirst nunmehr schon einige Uebung in den Operationen auf nassem Wege erlangt haben, und wirst also jetzt zunächst die einfachsten Operationen auf trockenem Wege kennen zu lernen haben. Dazu bedarfst du einiger neuer Apparate, von denen ich dir im nächsten Briefe sprechen werde.

10. Brief.

Beschaffung von Schmelztiegeln, Tiegelzange, Schmelzöfchen. Anleitung zu Glühoperationen. Krystallisation von Schwefel.

Die wichtigsten Apparate zu den ersten Operationen auf trockenem Wege, d. h. zum Glühen und Schmelzen verschiedener Stoffe, sind Schmelztiegel.

Fig. 39.

Du wirst leicht die sogenannten hessischen Tiegel zu kaufen finden, und erhältst eine Reihe in einander passender, einen sogenannten Satz von etwa 7 Stück, von der Höhe von 1 bis 5″ für einige Groschen. Es bleibt sich ziemlich gleich, ob sie rund sind, oder ob sie die dreieckige Gestalt zeigen (Fig. 39). Kannst du dazu Deckel von derselben Masse erhalten, so versäume nicht, dir wenigstens 2 oder 3 anzuschaffen; wo nicht, so leisten runde Stücke Eisenblech, Dachschiefer oder Stücke von Ziegelsteinen auch schon recht gute Dienste. Beim Gebrauche dieser Tiegel wirst du vor allem darauf zu achten haben, daß du sie nur mit einiger Vorsicht erhitzest und erkalten lässest, und daß beim Reinigen weder Wasser noch eine andere Flüssigkeit benutzt wird. Indessen ist der Preis derselben so niedrig, daß ein mehrmaliger Gebrauch desselben Tiegels nur selten vorkommt, und man ihn lieber zerschlägt, als daß man mit großer Mühe die darin befindlichen Stoffe entfernt, um ihn dann mit noch mehr Mühe zu reinigen.

Fig. 40.

Reinlicher im Aussehen und angenehmer in der Behandlung, auch öfter anwendbar obwohl auch zerbrechlicher und theurer, sind Porzellantiegel.

Sie kommen jetzt im Handel von nebenstehender Gestalt vor (Fig. 40); der Preis ist mäßig : mit Deckel und Untersatz kosten sie bei einer Höhe von je 2 bis 4″ nur 3½ bis 7 Sgr.

Der dazu gehörige Untersatz dient zum Niedersetzen des Tiegels, wenn er glühend aus dem Feuer genommen wird, so wie auch zum Ausgießen der geschmolzenen Substanzen.

Zu demselben Zwecke wirst du wohl thun, dir einige neue, ziemlich ebene Ziegelsteine, so wie einige Stücke blank gescheuerten Eisenblechs, an den Rändern etwas in die Höhe gebogen, zu beschaffen.

Fig. 41.

Fig. 42.

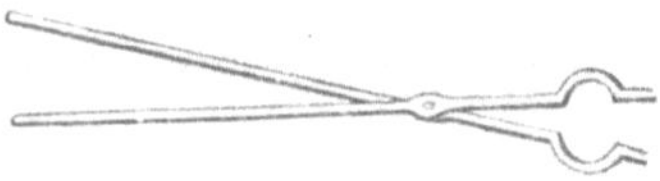

Fig. 43.

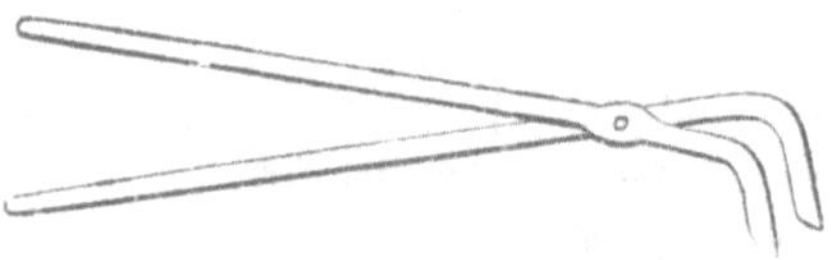

Fig. 44.

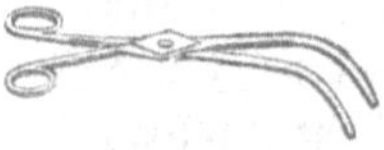

Ferner bedarfst du einer Zange zum Anfassen der heißen Tiegel; dazu reicht zwar eine gewöhnliche kleine Feuerzange im Nothfalle aus, deren Ende du in einem rechten Winkel nach unten krümmen lassen kannst (Fig. 41), bequemer aber ist eine Zange von den Formen Fig. 42, 43 und 44. Jeder Schlosser wird sie dir leicht für etwa 10 Sgr. anfertigen können. Doch liefern sie auch Handlungen chemischer Geräthschaften zu demselben Preise.

Wegen ihrer Eigenschaft, außerordentlich schwer zu schmelzen, dienen die Tiegel dazu, verschiedene Stoffe, von denen ihre Masse nicht angegriffen wird, einer hohen Temperatur auszusetzen. Um diese hervorzubringen, bedient man sich in den verschiedenen Fällen verschiedener eigens dazu construirter Oefen, doch kann man auch mit einfacheren Mitteln denselben Zweck erreichen.

Besitzest du einen Ofen oder Heerd, der mit Steinkohlen geheizt werden kann, so hast du die beste und die billigste Gelegenheit zur Erzeugung selbst sehr hoher Hitzegrade. Besonders wenn das Feuer einige Zeit gebrannt hat, und die Kohlen ohne Flamme heftig glühen, eignet es sich zum Einsetzen der Tiegel, die vorher auf dem Ofen oder über den Kohlen allmälig erhitzt und dann tief und fest zwischen die Kohlen hineingesteckt werden müssen, worauf aber das Feuer nur mit trockenen Kohlenstücken zu unterhalten ist, die reichlich bis zur Höhe des Tiegelrandes im Ofen aufzuhäufen sind.

Hast du keinen Steinkohlenofen zu deiner Verfügung, so mußt du für die Erlangung eines Holzkohlenofens Sorge tragen. Am einfachsten

Fig. 45.

dient dazu ein kleiner tragbarer Ofen von der Gestalt wie Fig. 45, wie man ihn bei den Eisenhändlern erhält; wähle einen möglichst engen, von einem Durchmesser von 6½ bis 8″, in dem der Rost recht tief liegt, und lasse dir vom Blechschmied einen Schornstein von 3″ Weite und der Gestalt wie Fig. 46 dazu machen, der

Fig. 46.

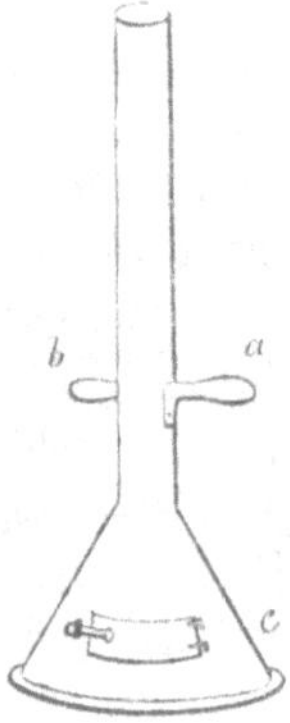

sich mittelst der Griffe a und b leicht von dem Ofen entfernen läßt, auf welchem er beim Gebrauche mittelst eines umgebogenen Randes feststeht. Während des Feuerens ist dieser Ofen entweder unter einem offenen Kamin oder an einem offenen Fenster aufzustellen, oder man läßt dessen Schornstein unter einer aus dem Kamin oder der Ofenröhre vorspringenden knieförmigen Röhre von etwas größerem Durchmesser einmünden, wie beistehende Fig. 47 es erläutert.

Fig. 47.

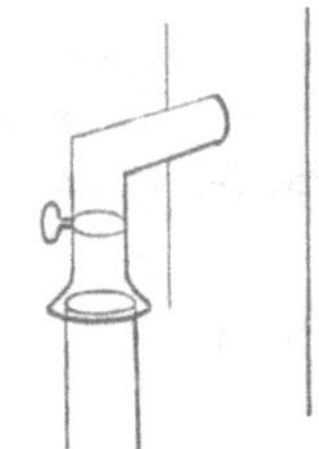

Das Heizen dieses Ofens geschieht, wie schon angedeutet, mit Holzkohlen, d. h. mit Wald- oder Köhlerkohlen. Du lässest davon am besten einige im Feuer eines gewöhnlichen Ofens glühend werden, bringst sie dann in den Schmelzofen und häufst frische Kohlen darauf; wird dann die Zugröhre aufgesetzt, so kommt die ganze Menge bald in heftige Glut. Durch Aufsetzen oder Abnehmen der Zugröhre ist es leicht, die Hitze, nachdem der Tiegel eingesetzt worden, zu vermehren oder zu mäßigen. Ebenso bewirkt die Thüre c in dem unteren Theile der Zugröhre (s. Fig. 46) beim Oeffnen eine Verminderung des Zuges und mithin der Hitze; auch wird durch dieselbe das Eintragen neuer Kohlen bewerkstelligt.

Zu den zunächst anzustellenden Experimenten brauchst du folgende Stoffe:

4 bis 8 Loth Schwefel,
2 bis 6 Loth Wismuth,
Blei- und Zinnabfälle.

Hast du dir diese wenigen Gegenstände verschafft, so magst du mit den Versuchen fortfahren.

XVII. Wir nehmen zuerst eine einfache Schmelzung vor: einige Loth Schwefel werden in einem bedeckten kleinen hessischen Tiegel bei sehr gelindem Feuer geschmolzen. Dabei geschieht es leicht, daß der

Schwefel beim Oeffnen des Deckels sich entzündet; diesem Uebelstande wirst du dann leicht durch Wiederauflegung des Deckels steuern.

Wenn der Schwefel völlig geschmolzen ist, so nimm den Tiegel aus dem Feuer und stelle ihn auf einen Ziegelstein, wo du ihn erkalten lässest, bis der Schwefel an der Oberfläche fest geworden ist; dann stoße in dieselbe ein Loch und kehre den Tiegel schnell um, damit der im Innern noch flüssige Theil des Schwefels ausfließt. Bei näherer Besichtigung des hiernach völlig erkalteten Tiegels wirst du dessen Wandungen mit einer großen Zahl nadelförmiger Krystalle bekleidet finden, die du noch deutlicher sehen kannst, wenn du den Tiegel mit einem Hammerschlage in ein Paar Stücke zerbrichst. Du wirst bemerken, daß der frisch erstarrte Schwefel bräunlichgelb und durchscheinend ist, daß er aber nach einiger Zeit hellgelb und undurchsichtig wird. Später kommen wir auf diese Erscheinung zurück, merke sie dir einstweilen.

Wenn du, anstatt die erstarrte Oberfläche zu durchstoßen und den flüssigen Schwefel auszugießen, die ganze Schwefelmenge erstarren lässest, so werden die gebildeten Krystalle nicht frei sichtbar sein, sondern es wird später Schwefel in ihren Zwischenräumen zur festen Masse gestehen. So entsteht eine glänzende krystallinische Masse, die aus unvollkommenen Krystallen besteht.

Viele schmelzbaren Körper verhalten sich ganz ähnlich, und du magst, wenn es dir Spaß macht, den Versuch mit etwa 4 Unzen Wismuthmetall wiederholen, wobei du mehr oder weniger treppenförmig auf einander gehäufte Krystalle erhalten wirst, die sich durch ihren Glanz und ihren bunten Schimmer auszeichnen.

11. Brief.

Darstellung des Rose'schen Metalls, des Chromoxyds, des Schwefeleisens. Darstellung des Schwefelbaryums; Erklärung. Darstellung des Chromoxyds in anderer Weise. Anschaffung von Uhrgläsern und blechernen Schälchen.

XVIII. Bringe 2 Loth Wismuth, 1 Loth Blei und 1 Loth Zinn in einen (hessischen) Tiegel, und setze denselben bedeckt einer nicht allzugroßen Hitze aus; die Metalle werden zusammenschmelzen, und ein Metallgemisch, eine „Legirung", bilden, bekannt unter dem Namen Rose's Metall. Während des Schmelzens ist das Metall etwas umzurühren und dann auf eine (eiserne) Schale auszugießen. Die erhaltene Legirung zeichnet sich durch die Leichtigkeit aus, mit welcher sie schmilzt, eine Leichtigkeit, welche um so merkwürdiger ist, als sämmtliche darin enthaltenen Metalle einzeln erst bei viel höherer Temperatur schmelzen. Du kannst dich leicht davon überzeugen, daß sie schon in kochendem Wasser flüssig wird. Es ist natürlich, daß eine solche Eigenschaft sie vorzugsweise geeignet machen muß, um zur Anfertigung von verschiedenen Güssen zu dienen, die in Holzformen dargestellt werden, während doch die sonst zum Gießen angewandten Metalle durch die dazu erforderliche Hitze die Holzformen verbrennen würden. So klatscht man mit dieser Legirung oder einer ähnlichen Holzschnitte ab; die Abdrücke werden äußerst scharf und genau.

XIX. Wenn du die Rose'sche Metalllegirung zum Aufbewahren in ein Fläschchen gebracht, so kannst du denselben Tiegel, nachdem er eine Zeit lang ausgeglüht worden, zu dem folgenden Präparate gebrauchen. Von dem Chromoxydhydrat, das du noch von dem Versuch Nr. XIII übrig hast, bringe etwa die Hälfte in den Tiegel, und erhitze es eine Zeit lang heftig im Ofen; nach dem Erkalten wirst du die Farbe der Masse ganz verändert und in ein schönes Grün übergegangen finden. Es besteht nämlich das Chromoxydhydrat aus Chromoxyd und Wasser, welche Zusammensetzung durch den Zusatz „Hydrat" (von ὕδωρ, Wasser) angedeutet wird. In der Glühhitze geht nun dieses Wasser weg, und es bleibt das Chromoxyd allein mit der ihm eigenthümlichen grünen Farbe zurück.

XX. Ganz etwas Aehnliches geschieht, wenn man Borax erhitzt. Derselbe enthält eine bedeutende Menge Wasser, welches in der Wärme entweicht.

Du wirst nicht umhin können, zu lachen, wenn du siehst, unter welchen komischen Formveränderungen dieses vor sich geht: Die Masse bläht sich auf und krümmt und windet sich, nach allen Seiten auswachsend, bis sie endlich, nachdem das Wasser gänzlich verschwunden ist und die Hitze gesteigert worden, zusammensinkt und zu einer klaren Flüssigkeit schmilzt. Diese stellt nach dem Erkalten ein helles farbloses Glas dar. Der Borax verliert sonach durch das Entweichen des Wassers seine Krystallgestalt; man nennt daher das Wasser, welches der krystallisirte Borax enthält, dessen Krystallwasser. Wenn man den geschmolzenen Borax in heißem Wasser löst, so nimmt er wieder Wasser auf und bildet dann nach dem Erkalten wieder ähnliche Krystalle, wie früher. Willst du dich durch den Versuch von dem Gesagten überzeugen, so sorge für einen geräumigen Tiegel, bringe den Borax in kleinen Portionen allmälig hinein und erhitze anfangs nur langsam, sonst wird er weit über die Wände des Tiegels hinaus sich aufblähen und herausfallen. Wenn du die Substanz vor dem Glühen wägst, sie nach dem völligen Schmelzen auf ein blankes Eisenblech ausgießest und wieder ihr Gewicht bestimmst, so wirst du finden, daß ein bedeutender Gewichtsverlust stattgefunden hat; er wird etwa die Hälfte der ursprünglichen Boraxmenge betragen. Genauere, mit großer Sorgfalt angestellte Versuche haben ergeben, daß der Borax 47,18 pC. Krystallwasser enthält.

Den wasserfreien Borax bewahre unter der Aufschrift „Boraxglas" auf.

XXI. Aus dem Chromgelb (Versuch Nr. XV) kann man durch Schmelzen mit Salpeter einen Körper von ähnlicher Zusammensetzung erhalten, der den Namen Chromroth trägt und, wenn er ganz nach Vorschrift dargestellt worden, eine prachtvoll rothe Farbe zeigt. Das Chromroth enthält die Chromsäure und das Bleioxyd in etwas anderen Verhältnissen, als das Chromgelb; — daher die Verschiedenheit der Farbe. Um es zu erhalten, hast du einige Loth Salpeter in einem hessischen Tiegel zu schmelzen und in die schwach glühende Flüssigkeit nach und nach einige Messerspitzen voll Chromgelb einzutragen; die Masse wird schwarzbraun werden, und du mußt Sorge tragen, daß sich die Hitze nicht über das Dunkelroth steigert. Nimm den Tiegel wenige Minuten nach dem Eintragen der letzten Menge Chromgelb vom Feuer und gieße nach einigen Augenblicken Ruhe die klare Flüssigkeit vom vorhandenen

Bodensatze ab; den Rückstand nimm nach dem Erkalten aus dem Tiegel; zerstoße und zerreibe ihn im Mörser wiederholt unter Begießen mit heißem Wasser, und sammle und trockne ihn endlich auf einem Filtrum. Du wirst ein Pulver von sehr schön scharlachrother Farbe erhalten, welches unter dem Namen „Chromroth“ aufzubewahren ist.

XXII. Um dich noch mit einer besonderen Art der Ausführung von Glühoperationen bekannt zu machen, wollen wir noch ein Präparat darstellen, welches wir überdies später vielfach gebrauchen werden: Wäge 8 Loth von dem äußerst feinen Schwefelpulver, welches unter dem Namen Schwefelblumen im Handel vorkommt, und 12 Loth Eisenfeile ab. (Letztere erhältst du leicht bei einem Schlosser; du mußt nur darauf achten, daß sie nicht mit Hammerschlag oder mit Messingfeile vermischt ist.) Mische beide Pulver wohl durcheinander, mache einen Tiegel, der etwa die Hälfte des Gemisches fassen kann, glühend, und wirf eine kleine Menge des Pulvers, etwa eine starke Messerspitze voll, hinein, wobei du eine kleine Lichtentwickelung bemerken wirst. Bedecke dann den Tiegel sorgfältig, trage nach einigen Sekunden wieder eine gleiche Menge des Pulvers ein, worauf der Tiegel wieder kurze Zeit bedeckt werden muß, und fahre so mit dem portionenweisen Eintragen und Durchglühen des Gemisches fort, bis der Tiegel etwa zu ¾ gefüllt ist, wobei du nur zu achten hast, daß nicht eher eine neue Quantität hineingelangt, als bis die ganze darin befindliche Masse bei bedecktem Tiegel völlig glühend geworden ist. Unter diesen Umständen verbindet sich das Eisen mit dem Schwefel zu Schwefeleisen, und zwar verbinden sich genau 16 Theile Schwefel mit 28 Theilen Eisen. Wir hätten daher eigentlich auf die 8 Loth Schwefel 14 Loth Eisen nehmen müssen; da es aber nicht zu vermeiden ist, daß etwas Schwefel verbrennt — woher das blaue Flämmchen rührt, das du im Tiegel häufig bemerkt haben wirst — so nimmt man besser etwas mehr Schwefel, oder etwas weniger Eisen.

Wenn das Schwefeleisen nach dem Erkalten nicht durch Umkehren und Aufstoßen des Tiegels aus demselben herauszubringen ist, so ist der Tiegel zu zerschlagen, und dann der etwas zerkleinerte Inhalt in einer sorgfältig verkorkten Flasche aufzubewahren. Die Benutzung des Schwefeleisens kannst du dir leicht deutlich machen: über ein erbsengroßes Stück davon gieße etwas Wasser und dann ein Paar Tropfen Schwefelsäure. Es wird sich sogleich ein höchst übelriechendes Gas entwickeln, welches wir später unter dem Namen Schwefelwasserstoffgas kennen lernen werden, und das sich unter anderm auch durch seine Giftigkeit auszeichnet. Ist die Operation des Glühens nicht sorgfältig ausgeführt, so entwickelt sich dieses Gas nicht sogleich, sondern entweder erst nach einigen Minuten, oder bei gelindem Erwärmen. Alsdann besitzt das Schwefeleisen zwar die richtige Zusammensetzung, aber nicht die richtige Beschaffenheit, um es zweckmäßig zu benutzen. Du würdest in diesem Falle wohl am besten thun, es ganz zu verwerfen, und die Operationen mit neuem Material zu wiederholen.

XXIII. Zwar für den Augenblick ohne besonderes Interesse, aber für spätere Präparate nothwendig ist die Darstellung des Schwefelbaryums. Es ist dies eine Verbindung des Schwefels mit dem Baryum, einem metallähnlichen, einfachen Körper. In der Natur kommt ein Mineral vor, welches außer diesen beiden noch einen dritten einfachen Stoff, den Sauerstoff, enthält. Dieses Mineral heißt Schwerspath, oder Barytspath. Wird dasselbe in fein gepulvertem Zustande mit gewissen Substanzen gemengt und geglüht, die große Neigung besitzen, sich mit dem Sauerstoff zu verbinden, so wird derselbe dem Schwerspath entzogen und es bleibt Schwefelbaryum übrig. Solche Substanzen sind Kohle und alle diejenigen Körper, welche in der Glühhitze zu Kohle werden, wie z. B. Mehl, Harz u. s. w.

Menge also recht sorgfältig und vollständig gleiche Theile Mehl und fein gepulverten Schwerspath unter einander. Letzterer ist fertig gepulvert zu einem sehr geringen Preise in Farb- und Materialhandlungen zu haben, und ich rathe dir daher, einen ziemlich großen Tiegel mit dem Gemische zu füllen, um zu allen später vorkommenden Präparaten, welche mittelst Schwefelbaryum dargestellt werden, die nöthige Menge davon zu erhalten. Den gefüllten Tiegel wirst du, wenn er einigermaßen groß ist, nicht wohl in einem anderen, als in einem Steinkohlenofen glühen können. Es wird dir nicht schwer halten, denselben einige Stunden in einem großen Stubenofen, Schmelzofen oder auch bei einem Ziegelbrande oder dergleichen unterzubringen, wo du dann nach dieser Zeit ein recht gutes Produkt erhalten wirst, welches du für jetzt nur herauszunehmen, gröblich zu zerschlagen und in einer wohlzuverkorkenden und mit einer feuchten Blase zuzubindenden Flasche aufzubewahren hast.

XXIV. Zum Schlusse dieser Versuchsreihe will ich dich noch eine andere recht hübsche Art kennen lehren, den dir schon bekannten Körper Chromoxyd darzustellen; es soll dies mehr eine Belustigung als eine Arbeit sein, und ich will daher auch die Erklärung des chemischen Vorganges weglassen, die du ohnehin nur schwer verstehen würdest.

Von dem doppelt-chromsauren Kali trockene etwas in einer Schale auf dem Sandbade, pulvere davon 5 Loth, bringe in einen Mörser ungefähr ½ Loth Salmiak (nicht mit dem Salmiakgeist zu verwechseln!) und 2 Loth Schießpulver darunter, mache durch Reiben die Mischung recht vollkommen und das Pulver recht fein, drücke dieses dann in ein kleines, etwas spitz zulaufendes Glas fest ein und stürze das Ganze auf ein

Stück Eisenblech um, wodurch die so geformte Masse aus dem Glase entfernt wird. Zünde dann den erhaltenen Kegel mittelst eines glühenden Eisens an; es wird sich eine recht artige Feuererscheinung zeigen, und ein Glühen und Sprühen durch die ganze Masse verbreiten.

Wirf, nachdem Alles vorüber, die noch glühende Masse in eine Schale mit Wasser, und filtrire das erhaltene grüne Pulver von Chromoxyd aus der entstehenden gelben Lösung ab; schließlich ist es so lange auf dem Filtrum zu waschen, bis das Waschwasser ungefärbt durchläuft. Dann wird das Pulver getrocknet und aufbewahrt.

Mit dieser Erholung wollen wir die Reihe der Präparate abschließen, welche durch einfaches Glühen dargestellt werden, und nächstens zu einer Manipulation übergehen, die dieser nahe verwandt ist, nämlich zu der Sublimation. Zum Anschaffen bestimme ich vorläufig Folgendes:

Einige Uhrgläser — etwa ein halbes Dutzend — von 1 bis 2″ Durchmesser, die so zu wählen sind, daß je zwei und zwei genau auf einander passen.

Von einem Blechschmiede lasse dir zwei oder drei runde Schalen von Eisenblech machen, die etwa 4 bis 5″ im Durchmesser haben, und mit dem etwa ½″ hohen Rand aus einem Stücke geschlagen sind. Sie dienen in den folgenden Versuchen als Sandbäder. Beim Gebrauche werden sie entweder wie das große Sandbad auf dem Stubenofen, oder auch auf dem kleinen Holzkohlenschmelzofen erhitzt. In letzterem Falle ist dazu ein Triangel aus dickem Eisendraht oder Eisen (Fig. 48) erforderlich, den dir ein Schlosser nach beistehender Zeichnung leicht anfertigen kann.

Fig. 48.

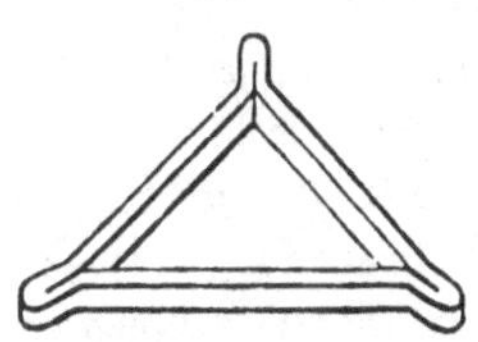

An Materialien beschaffe:

4 Loth Benzoeharz,
½ Loth Jod,
etwas Indigo und etwas Quecksilber.

---

12. Brief.

Erläuterungen. Sublimation. Benzoësäure; Jod; Indigo; Jodquecksilber. Zweierlei Krystallformen desselben Körpers. Destillation. Anschaffung von Retorten und Kolben. Retortentrichter. Aufstellung der Apparate und Materialien. Rohstoffe für die nächsten Versuche.

Die Verwunderung, welche du in deinem letzten Briefe über die auffallende Veränderung ausdrücktest, die der Borax beim Schmelzen erlitten hat, hat mich nicht überrascht; es hat mich vielmehr gefreut, daraus zu ersehen, wie eifrig du auf Alles achtest, was dir vorkommt, und wie du auf ganz richtigem Wege begriffen bist, indem du nach der Erklärung aller vorkommenden Erscheinungen forschest, ohne sie gleichgültig einem nicht näher zu untersuchenden Zufalle zuzuschreiben. Die grüne Farbe, welche du an dem Boraxglase beobachtetest, rührt ohne Zweifel davon her, daß du denselben Tiegel zum Schmelzen desselben benutzt hast, in welchem vorher das Chromoxydhydrat geglüht worden war. Ich brauche gar nicht zu fragen, ob dem also ist; ich bin fest davon überzeugt; denn das Chromoxyd färbt selbst in ganz geringer Menge alle Glasflüsse, wozu man auch den Borax rechnet, dunkelgrün, indem es sich darin auflöst. Du hast demnach den Versuch mit neuem Borax in einem völlig reinen Tiegel zu wiederholen, um einen ganz farblosen Fluß zu erzielen.

Nach dieser Erklärung kann ich sogleich zu der Operation übergehen, von det ich dir schon im vorigen Briefe sprach, zu der Sublimation nämlich. Die meisten Präparate, die wir mit ihrer Hülfe darstellen wollen, verdienen kaum diesen Namen; es sind mehr kleine Experimente, die dich einige hierher gehörige Erscheinungen kennen lehren sollen. Denn die Operationen, welche sonst erforderlich wären, würden theils zu schwierig für dich sein, theils zu viele und große Apparate erfordern, als daß ich sie dir jetzt zumuthen sollte.

XXV. Bringe das gröblich zerstoßene Benzoëharz in eine beliebige Schüssel mit flachem Boden, etwa in eine deiner steinernen Schalen oder in einen eisernen Topf, klebe oder binde über die Oeffnung ein Stück Fließpapier, forme dann aus Schreibpapier einen hohen spitzen Hut, dessen Oeffnung auf das Gefäß paßt, und binde diesen Hut darüber fest; das Ganze wird die beistehende Gestalt zeigen; dann stelle Gefäß und Hut auf das Sandbad und erhitze erst gelinde, dann allmälig etwas stärker. Ein sich im Zimmer verbreitender Duft wird sich dir bald angenehm bemerkbar machen. Er rührt von dem flüchtigen Oele des Benzoëharzes her, welches in der Hitze Gasgestalt annimmt und in die Luft übergeht. Zu gleicher Zeit wird auch ein eigenthümlicher Körper — Benzoësäure genannt — luftförmig aus dem Harze abgeschieden, der sich aber, abweichend von dem weit flüchtigeren Oele, an dem kühlen Papierhute wieder verdichtet und sich daran in Gestalt feiner seidenglänzender weißer Nadeln ansetzt. Das Fließpapier, welches über das erhitzte Gefäß gespannt ist, dient hierbei, um einige fremde Substanzen, die gleichfalls sich aus dem Benzoëharze entwickeln, zurückzuhalten. Doch sind die schönen Benzoësäurenadeln noch nicht vollkommen rein; für unseren Zweck ist dies auch nicht gerade erforderlich. Es genügt wenn du daran erkannt hast, wie feste Körper durch Erhitzen Gasgestalt annehmen und dann an kalten Gegenständen wieder verdichtet werden können. Dieser Vorgang ist es, den man „Sublimation“ nennt. Die Benzoësäure sammele mittelst einer Federfahne auf ein Papier und bewahre sie als Präparat in einem Glase auf.

Fig. 49.

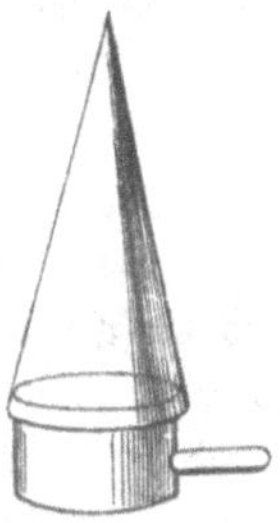

XXVI. Noch leichter kannst du die Sublimation mit einem einfachen Körper vornehmen, den du unter dem Namen Jod in einer Apotheke oder Materialhandlung bekommen wirst. Bringe davon eine ganz geringe Menge, einige Körnchen von der Größe einiger Stecknadelsköpfe, in eines deiner Gläser, welches einen ziemlich dünnen Boden hat, oder auch in eine Schale; bedecke das Gefäß mit einer Glasscheibe und erhitze es langsam und vorsichtig auf dem Sandbade. Du wirst bemerken, daß das Jod sich in eine dunkelviolette Luftart verwandelt, die, nebenbei gesagt, einen starken, stechenden Geruch besitzt. An der kalten Glasplatte wird der Joddampf wieder verdichtet, und du wirst, wenn alles Jod vom Boden des Gefäßes verschwunden ist, den Rand desselben und den Glasdeckel mit kleineren oder größeren stark glänzenden Krystallen von Jod überzogen finden, welche also durch Sublimation des angewandten Jods erhalten wurden.

XXVII. In kleinem Maßstabe kann man auch die Sublimation zwischen zwei auf einander passenden Uhrgläsern vornehmen. Lege z. B. auf ein Uhrglas etwas Indigopulver, decke es mit einem anderen zu und erwärme das Ganze behutsam auf dem Sandbade. Prachtvoll blaue, kupferroth glänzende Krystallschuppen werden sich an dem oberen Gläschen ansetzen. Sie sind aus dem Indigo sublimirt und bestehen aus einer Substanz, die einen wesentlichen Gemengtheil desselben ausmacht, deren Namen und Eigenschaften uns aber für jetzt weiter nicht kümmern sollen.

XXVIII. Ich kann dieses Kapitel nicht schließen, ohne noch ein Präparat anzuschließen, das dir viel Freude gewähren wird. Suche dir etwas Quecksilber, etwa von einem Barometermacher, zu verschaffen; nimm davon $\frac{3}{8}$ Loth und reibe dies mit $\frac{1}{2}$ Loth Jod und einigen Tropfen Weingeist so lange in einem Mörser zusammen, bis ein gleichförmiges rothes Pulver entstanden ist, das keine Quecksilberkügelchen mehr zeigt. Der Weingeist verdunstet während des Reibens und es bleibt eine Verbindung des Jods mit Quecksilber — *das Jodquecksilber* — zurück. Bewahre diese Substanz in einem wohl verkorkten Fläschchen auf und bringe einen Theil davon — etwa eine Messerspitze voll — zur Sublimation in ein Uhrglas, das mit einem gleich großen bedeckt, auf das Sandbad gestellt und behutsam erwärmt wird. Das Jodquecksilber geht alsbald in Gasgestalt über und setzt sich an dem oberen Uhrglas in *gelben* Schuppen und Nadeln an. Dies Jodquecksilber ist aber ein sehr giftiger Körper, und ich muß dir daher empfehlen, über die Uhrgläser irgend ein Glasgefäß, etwa ein kleines Cylinderglas oder ein fußloses Weinglas oder dergl. zu stürzen, damit die Jodquecksilberdämpfe nicht in's Zimmer gelangen. Auch darf der Apparat nicht eher gelüftet werden, als bis er nach seiner Entfernung vom Ofen völlig kalt geworden ist.

Du wirst dann am oberen Uhrglase, wie schon gesagt, *gelbe* Krystallblättchen finden, die entweder gleich oder nach einigen Sekunden hier und da *rothe* Flecken zeigen, die an Größe und Zahl immer mehr zunehmen. Du kannst solche rothe Flecken nach Willkür hervorrufen, wenn du die Krystalle mit einer Messerspitze oder Nadel berührst. Es ist recht artig und lustig anzusehen, wie allmälig die ganze Masse roth getigert erscheint, und die rothe Farbe endlich die gelbe gänzlich verdrängt. Machst du nun das obere Uhrglas zum unteren, so wiederholt sich die Erscheinung, und man kann das hübsche Spiel so oft treiben, als man Lust hat. Die Ursache dieser merkwürdigen Farbenveränderung ist in Kürze folgende:

Bisher wirst du bemerkt haben, daß jeder krystallisirte Körper unter allen Umständen die gleiche Krystallform besitzt. Bei dem Jodquecksilber ist dies nicht der Fall: es tritt unter zwei verschiedenen Krystallgestalten auf, und jede derselben entsteht unter gewissen Umständen. Der einen davon kommt die gelbe, der anderen die rothe Farbe zu. Sind nun durch Sublimation die gelben Krystalle entstanden, so gehen diese allmälig in die dem gewöhnlichen Zustande entsprechende andere Krystallform mit der rothen Farbe über, indem sich die einzelnen Theilchen der Krystalle verschieben und eine andere gegenseitige Lage annehmen. Diese Veränderung der Gestalt ist dem bloßen Auge nicht wahrnehmbar, mit dem Vergrößerungsglase aber läßt sie sich genau verfolgen. Es mag dir für jetzt diese Erläuterung genügen; später kommen wir vielleicht auf diesen Gegenstand noch einmal zurück.

Für heute aber will ich diese Reihe der Präparate hiermit beschließen; im nächsten Briefe wende ich mich zur Destillation, die für flüssige Körper dasselbe, was die Sublimation für feste ist. Um Destillationen ausführen zu können, wirst du zweierlei Glasgefäße bedürfen, welche unter dem Namen Retorten und Vorlagen bekannt sind. Die Retorten sind mehr oder weniger birnförmige Gefäße mit einem Halse, der schräg nach abwärts geneigt ist. Sie haben etwa die Gestalt wie beistehende Figuren:

Fig. 50.

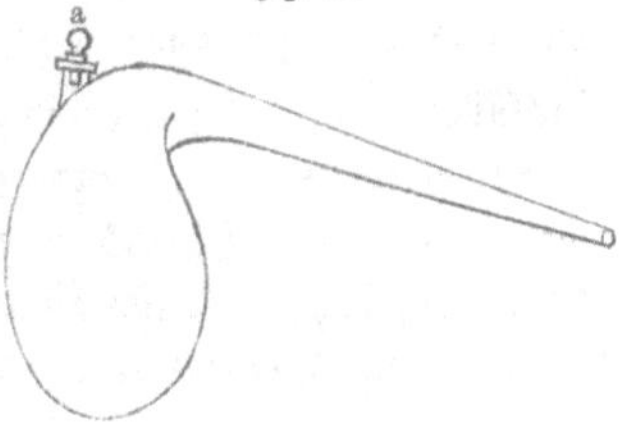

Fig. 51.

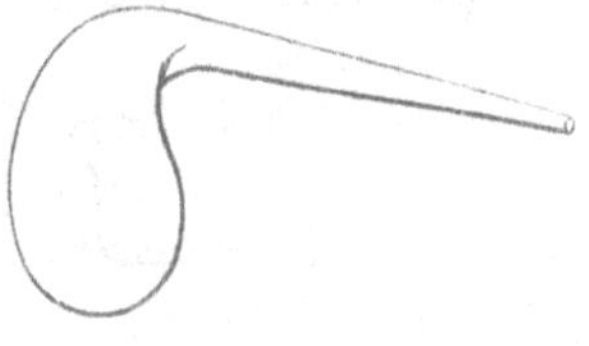

erstere heißen tubulirte: der mit einem Glas- oder Korkstöpsel zu verschließende Tubus a dient zum Einfüllen der Substanzen in die Retorte; die andern sind nicht tubulirt. In den Retorten werden die zu destillirenden Flüssigkeiten erhitzt; aufgefangen und durch Abkühlung verdichtet wird der gebildete Dampf in der Vorlage, einem kugelförmigen Glasgefäß mit gerade angesetztem Halse, in welchen der Hals der Retorte leicht hineinpassen muß. Man hat Vorlagen (Fig. 52 u. 53) mit oder ohne Tubus; letztere heißen auch Kolben.

Fig. 52.

Fig. 53.

Du wirst zwar zu den zunächst darzustellenden Präparaten nur eine oder zwei Retorten nebst Vorlagen bedürfen; da du aber jedenfalls später deren mehrere nöthig hast, so rathe ich dir, gleich eine größere Anzahl, etwa 6 bis 8 Retorten und eben so viele Vorlagen von verschiedener Größe anzuschaffen.

Von den Retorten nimm die Hälfte tubulirt, die Hälfte nicht tubulirt; erstere jedenfalls ohne eingeschliffenen Glasstöpsel; die Vorlagen nimm ohne Tubus, damit du sie auch als Kolben zu anderen Zwecken gebrauchen kannst. Folgende Anzahl wird deinem Bedürfnisse wohl auf lange Zeit entsprechen:

a. Retorten:

2 mikrochemische von ½ bis 1 Unze Inhalt,		von jeder Art eine mit, die andere ohne Tubus.
2 Retorten „ 3 Unzen Inhalt,		
2 „ „ 6 „ „		
2 „ „ 12 „ „		

b. Kolben:

Etwa dieselbe Anzahl und von derselben Größe; der Hals eines jeden muß so eng sein, daß der Hals der entsprechenden Retorte hineinpaßt.

Die Retorten werden etwa 1 bis 1½ Thlr., die Kolben ungefähr eben so viel kosten.

Billiger kannst du sie haben, wenn du sie von halbweißem Glase nimmst, wodurch etwa ⅓ des Preises erspart werden wird.

Für die nach Anleitung meines nächsten Briefes anzustellenden Versuche allein wirst du mit zwei Retorten und Kolben, von je 3 und 6 Unzen Inhalt, zusammen im Preise von etwa 15 Sgr. ausreichen.

Fig. 54.

Zum Einfüllen von Flüssigkeiten in die nicht tubulirten Retorten ist ferner ein Retortentrichter (Fig. 54) (Preis 5 bis 6 Sgr.) fast unentbehrlich; lasse ihn dir zugleich mit den Retorten kommen, oder von einem Glasarbeiter oder Barometermacher anfertigen.

Endlich ist es jetzt an der Zeit, für ein Gestell oder einen Schrank zu sorgen, um darauf deine, nunmehr immer zahlreicher werdenden Präparate und Apparate aufzustellen. Am besten ist ein niedriger Schrank, der zugleich als Tisch dienen kann; er muß dann 9″ bis 1′ höher sein, als ein gewöhnlicher Tisch. Man hat solche Schränke vielfach als Küchenschränke; du kannst dir vielleicht einen solchen leicht verschaffen. Wenn du keinen Schrank haben kannst, so wird an der Wand ein Gestell zu befestigen sein, dessen Bretter so breit sind, daß auch deine größten Schalen und Gläser darauf Platz haben; in die obersten Gefächer kommen die Retorten und Kolben zu liegen, zunächst darunter die fertigen Präparate, darunter die Rohmaterialien, und endlich ganz unten die Schalen und Gläser. Die Höhe der Gefächer muß 1 bis 2″ mehr betragen als die der höchsten Gegenstände, wofür sie bestimmt sind, doch nie unter 5″.

Bis zu meinem nächsten Briefe wirst du Zeit haben, Alles zu besorgen, und ich will daher für heute schließen.

An Materialien bedarfst du für nächstens:

4 Loth Salpeter,
3 „ Bleizucker,
2 „ Kreide und
4 „ Salmiak,
so wie einen Vorrath (1 bis 2 Pfund) Schwefelsäure.

---

13. Brief.

Allgemeine Erläuterungen. Ausführung von Destillationen: Wasser. Darstellung der Salpetersäure; Erklärung. Darstellung der Essigsäure; Erklärung. Darstellung des kohlensauren Ammons; Erklärung.

Du schreibst mir, du möchtest nicht gerne die Retorten allein kommen lassen, sondern Alles zugleich bestellen, was du etwa noch brauchen wirst, und ich solle dir daher angeben, was du im Ganzen noch nöthig haben wirst. Liebster Freund, das kann ich dir unmöglich sagen, denn ich weiß erstens nicht, ob du alle Präparate dar- und alle Experimente anstellen wirst, die ich dir beschreiben werde, und von denen du je nach deiner Geschicklichkeit und den jedesmal bereits erlangten Kenntnissen einige auslassen können wirst, und zweitens ist es mir gänzlich unbekannt, wie oft du der Elastizität deiner gläsernen und porzellanenen Gegenstände allzuviel zumuthest, d. h. wie viel du ungefähr zu zerbrechen pflegst, oder vielmehr, wie viel du zu zerbrechen beabsichtigst. So lange du mir das nicht angeben kannst, so lange kannst du auch nicht von mir verlangen, daß ich dir sage, was du im Ganzen brauchen wirst. So wird es aber nicht schwer halten, jedesmal, wenn ich dir schreibe, du sollst dir eine gewisse Anzahl Geräthe anschaffen, zugleich diejenigen zu besorgen, die du vorher zerbrochen haben solltest; denn daß du deren zerbrichst, daran zweifle ich schon deswegen nicht, weil du mir noch kein Wörtchen darüber geschrieben hast.

XXIX. Die Retorten und Kolben benutzen wir heute, wie gesagt, zur Destillation, und zwar sollst du zuerst die einfachste Destillation vornehmen, die möglich ist, nämlich die des Wassers. Fülle eine Retorte von 6 Unzen Inhalt zur Hälfte mit Brunnenwasser, und bringe dann ein Paar Stückchen Holzkohle hinein. Hast du eine tubulirte Retorte, so geschieht dieses Einfüllen durch den Tubulus, der darauf mit einem Medizinpfropfen verschlossen wird. Wo nicht, so bedienst du dich dazu

Fig. 55.

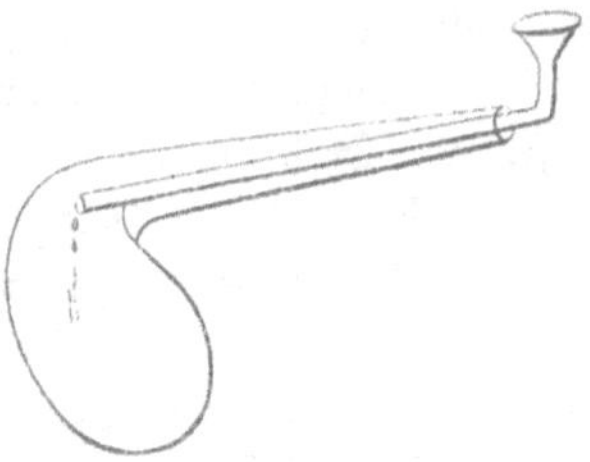

des Retortentrichters, wobei Retorte und Trichter in beistehend gezeichneter Weise gehalten werden. Nach dem Einfüllen läßt man auch die letzten Tropfen aus der Glasröhre in den Retortenbauch fallen und zieht dieselbe dann vorsichtig so heraus, daß der Retortenhals nicht benetzt wird. Stelle nun die so vorgerichtete und sorgfältig abgetrocknete Retorte auf ein kleines Sandbad, so daß die darunter befindliche Sandschichte 1 bis 3''' beträgt, häufe ringsherum den Sand etwas an und erhitze es auf dem Stuben- oder Schmelzofen (in letzterem Falle mit untergelegtem Triangel) bis zum Kochen). In der Zwischenzeit richte einen Tisch oder eine Bank so vor, daß eine darauf gestellte steinerne Schale etwas tiefer als die Retorte steht. Diese Schale muß so groß sein, daß rings um die Vorlage ein freier Raum von der Breite einer Hand übrig bleibt. In dieselbe lege einen aus gedrehtem Papier gebogenen und zusammengebundenen Ring, auf den die zur Retorte gehörige Vorlage paßt, lege die Vorlage auf den Papierkranz und stelle das Ganze so, daß der Hals der Retorte in den der Vorlage hineinreicht und denselben lose verschließt. Auf die Vorlage werden nun einige Stücke nasses Löschpapier gelegt und diese im Verlaufe der Operation durch Auftröpfeln frischen Wassers stets naß und kühl erhalten. Hast du den Waschapparat mit Hahn (Brief Nr. 2) zu Handen, so eignet sich dieser vortrefflich dazu; er wird dann so aufgestellt, daß das tropfenweise abfließende Wasser auf den höchsten Punkt des Kolbens falle; etwa wie es beistehende Figur deutlich machen soll.

Fig. 56.

Erhitze nun die Retorte so stark, daß das Wasser kocht; dabei dienen die darin schwimmenden Kohlen zur wesentlichen Erleichterung der Dampfentwickelung, indem diese sonst an den Glaswänden nur schwierig vor sich gehen und dann stoßweise erfolgen würde. Du wirst nun sehr bald bemerken, wie die Wasserdämpfe sich in der kühl gehaltenen Vorlage zu verdichten anfangen; zur Vermehrung der Verdichtung ist es gut, auch den Hals der Vorlage mit nassem Papier zu bedecken und kalt zu erhalten.

Wenn etwa die Hälfte des in der Retorte befindlichen Wassers überdestillirt ist, magst du den Versuch unterbrechen. Das Produkt „destillirtes Wasser" unterscheidet sich von dem angewandten Brunnenwasser wesentlich dadurch, daß diejenigen fremden Bestandtheile, welche in letzterem aufgelöst sind und nicht in der Siedehitze die Gasgestalt annehmen können, in dem ersteren fehlen. Du kannst dich leicht davon überzeugen, indem du auf zwei Uhrgläser Proben von beiden Wassern langsam auf dem Sandbad verdunsten lässest, wo dann das Brunnenwasser einen starken, das destillirte keinen Rückstand lassen wird. Das destillirte Wasser ist daher reiner als das Brunnenwasser, und aus diesem Grunde werden für chemische und medizinische Zwecke große Mengen Wasser destillirt, wozu aber weit weniger einfache Apparate gebraucht werden, als der so eben construirte. Doch davon ein anderes Mal. Die Natur destillirt ebenfalls große Massen Wasser, nur nicht in der Siedehitze: das Wasser der feuchten Erde, der Bäche, Flüsse, See'n und Meere geht ununterbrochen durch die Luftwärme in Gasgestalt über, und wird dann in den oberen Schichten der Atmosphäre durch die dort herrschende Kälte zu Wolken verdichtet, woher es dann als Schnee, Regen oder Hagel herunterfällt. Schnee- und Regenwasser sind daher frei von den fremden nicht flüchtigen Bestandtheilen des Brunnenwassers, und hierin erkennst du leicht den Grund, weshalb ich dir den Gebrauch des Regenwassers für deine Arbeiten anempfohlen habe.

XXX. Bringe in eine Retorte von 6 Unzen Inhalt 2 Loth Salpeter und mittelst des Retortentrichters eben so viel Schwefelsäure, oder bei Anwendung einer kleineren Retorte dem entsprechend geringere Quantitäten von beiden, und richte den Apparat so ein, wie bei dem vorigen Versuche, nur muß der Hals der Retorte, da, wo er in dem Kolbenhalse steckt, durch Umwickeln mit etwas feuchtem Papier ein wenig verdickt werden, damit beide besser aneinander schließen. Wenn du nun ziemlich stark erhitzest und die Vorlage gut abkühlst, so wird eine röthliche Flüssigkeit überdestilliren, welche wir Salpetersäure nennen. Wenn nichts mehr davon kommt, so ist der Prozeß zu unterbrechen und die erhaltene Substanz in einem Fläschchen mit eingeriebenem Glasstöpsel aufzubewahren, das vorher mit schwarzem Papier beklebt, oder schwarz angestrichen worden ist, und die Aufschrift „rauchende Salpetersäure" trägt. Der Rückstand in der Retorte wird nach deren völligem Erkalten in derselben mit Wasser übergossen und behutsam erwärmt; durch Wiederholen dieser Operation wird er bald entfernt.

Die Zersetzung während der Darstellung der Salpetersäure ist folgende:

Der Salpeter ist salpetersaures Kali, also eine Verbindung von Salpetersäure und Kali. Die Schwefelsäure ist eine stärkere Säure als die Salpetersäure und treibt dieselbe in ähnlicher Weise aus, wie wir dies schon früher kennen gelernt haben, wobei sie sich mit dem Kali zu schwefelsaurem Kali verbindet. Die Schwefelsäure selbst aber enthält eine bestimmte Menge Wasser, und hiermit verbindet sich die frei gewordene Salpetersäure zu wasserhaltiger Salpetersäure, die man rauchende nennt. Nach vollendeter Zersetzung haben wir also in der Masse neben dem gebildeten schwefelsauren Kali die (mit dem Wasser der Schwefelsäure verbundene) Salpetersäure. Beim Erhitzen verwandelt sie sich aber in Dampf, und wird so durch Destillation von dem zurückbleibenden schwefelsauren Kali getrennt, etwa nach folgendem Schema:

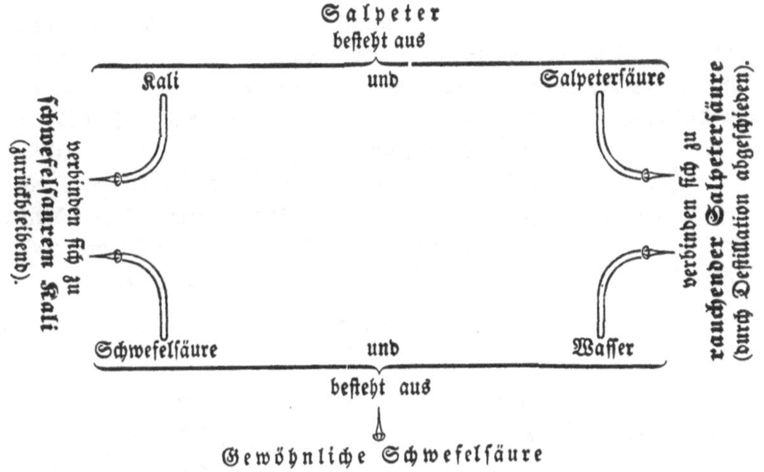

Ich habe nur noch hinzuzufügen, daß ich dich ernstlich ermahne, dich und deine Kleider vor Berührung mit der Salpetersäure sorgfältig zu hüten, da sie alle organischen Körper heftig angreift und zerstört, oder wie man zu sagen pflegt, verbrennt. Sollte dir indessen etwas derart geschehen, so empfehle ich als das beste Gegenmittel Abwaschen mit Wasser und Benetzen mit Salmiakgeist (Ammoniak), wovon du zu solchen Zwecken stets etwas vorräthig haben mußt.

Mit den erwähnten Experimenten wirst zu zwar schon ziemlich ausreichen, um dich mit der Sublimation und Destillation bekannt zu machen; willst du aber diese Versuche noch etwas weiter ausdehnen, so empfehle ich dir noch die Darstellungen von Essigsäure und von kohlensaurem Ammon.

XXXI. Um Essigsäure zu erhalten, bringst du in die kleine Retorte 3 Loth fein gestoßenen Bleizucker, übergießest denselben erst mit etwa 1 Loth Wasser und dann mit 1 Loth Schwefelsäure. Dann richte den Destillirapparat ein und erhitze so lange, bis nur noch wenig überdestillirt; das in der Vorlage Verdichtete ist Essigsäure, die du, namentlich nachdem sie mit Wasser verdünnt worden, leicht an ihrem Essiggeruch erkennen wirst. Die hier vor sich gehende Zersetzung ist eine, wie sie dir nunmehr schon geläufig ist: das essigsaure Bleioxyd — der Bleizucker — wird durch die Schwefelsäure zersetzt; Essigsäure (mit einem Theil des zugesetzten Wassers) wird verflüchtigt, und schwefelsaures Bleioxyd bleibt zurück.

Dieses ist durch wiederholtes Ausspülen mit Wasser aus der Retorte zu entfernen, die dann umgekehrt aufgehängt wird, damit alles Wasser wieder ausläuft.

Das kohlensaure Ammon — also eine Verbindung von Kohlensäure und Ammon — erhältst du durch Destillation, oder richtiger Sublimation von Salmiak und Kreide. Der Salmiak ist salzsaures Ammon, d. h. eine Verbindung von Salzsäure und Ammon, und die Kreide ist kohlensaurer Kalk. Wenn diese beiden Substanzen in gepulvertem Zustande mit einander gemischt und dann erhitzt werden, so tauschen sie ihre Bestandtheile aus, so daß sich die Kohlensäure mit dem Ammon, die Salzsäure aber mit dem Kalke verbindet. Das kohlensaure Ammon wird durch die Hitze verflüchtigt und der salzsaure Kalk bleibt als Rückstand übrig; die Zersetzung ist also etwa folgende:

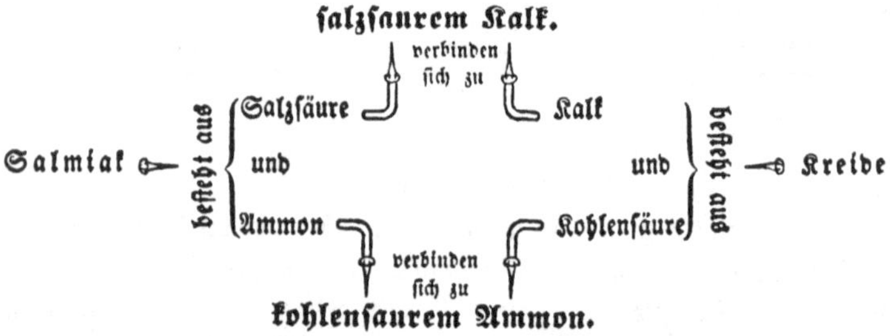

Um die Zersetzung zu bewirken, müssen beide Substanzen, und zwar im Verhältniß von 1 Theil Kreide auf 2 Theile Salmiak, fein gepulvert und gemischt einer solchen Hitze ausgesetzt werden, daß das kohlensaure Ammon, welches übrigens leicht flüchtig ist, sich sublimiren kann. Die Sublimation kannst du auf zweierlei Weise bewerkstelligen, nämlich entweder aus einer kleinen Retorte mit Vorlage, oder in zwei aufeinander gesetzten Fläschchen. Im ersteren Falle wird die Retorte ganz in Sand gehüllt und die gekühlte Vorlage möglichst dicht anschließend vorgelegt. Das erhaltene weiße Pulver ist dann aber schwer aus derselben heraus zu bekommen, und du wirst dich entweder genöthigt sehen, durch Eingießen von Regenwasser nur eine Auflösung davon zu erhalten, oder die Vorlage zu zerschlagen; ich rathe dir mehr zu dem ersteren Auskunftsmittel.

Fig. 57.

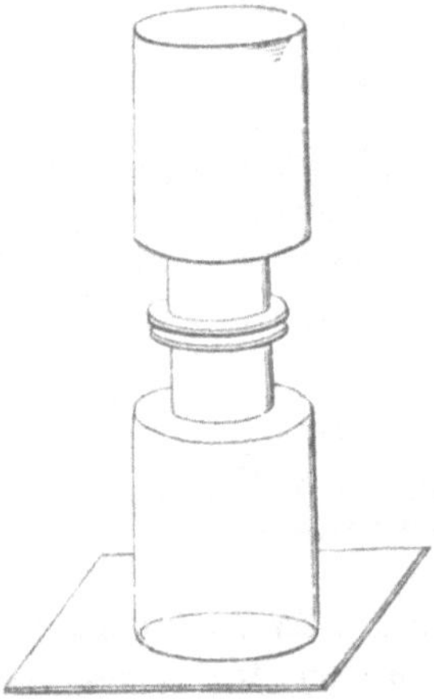

Im Falle du keine Retorte mit Vorlage anwenden willst, kannst du auch das Pulver von Kreide mit Salmiak in ein Präparatengläschen mit möglichst dünnem Boden schütten, dieses dann recht vorsichtig (damit es nicht springe) auf dem Sandbad erwärmen, und in dem Zeitpunkte, wo sich die heftig riechenden Dämpfe des kohlensauren Ammons zeigen, ein anderes Fläschchen darüber stürzen, dessen Oeffnung möglichst genau auf die des ersteren paßt (Fig. 57); nöthigenfalls werden dann beide Oeffnungen durch etwas Mehl und Wasser mit einander verbunden. In dem oberen Fläschchen verdichten sich dann die aus dem unteren sich entwickelnden Dämpfe von kohlensaurem Ammon, und es bleibt nur übrig, diesen Körper in der verkorkten Flasche entweder in fester Form, oder als Lösung in Wasser aufzubewahren. In Form größerer Krystalle ist er nicht zu erhalten.

Hiermit magst du diese Reihe von Präparaten abschließen, und wir wollen nächstens zu solchen übergehen, die die Anwendung mehrerer verschiedener Operationen erfordern. Mittlerweile hast du etwas Kupferhammerschlag und ein Pfund Soda zu beschaffen. Von ihrer Verwendung im nächsten Brief.

14. Brief.

Darstellung des Barythydrats; Erklärung. Benutzung des Rückstandes zu essigsaurem Kupferoxyd. Darstellung von phosphorsaurem Natron aus Knochen.

Durch die hier und da gegebenen Erklärungen der bei der Darstellung der Präparate stattfindenden Vorgänge hoffe ich, dich so weit vorgebildet zu haben, daß du diejenigen, welche ich dir sogleich geben werde, ebenfalls zu verstehen im Stande sein wirst. Versuche es, wenn es dir aber nicht bald gelingen sollte, so bemühe dich nicht allzusehr; denn jedenfalls kommen wir später noch einmal hierauf zurück und holen dann das etwa Versäumte nach.

XXXII. Von der das Schwefelbaryum enthaltenden Masse (Präp. XXIII) nimm etwa die Hälfte und koche sie auf dem Sandbade in einem Kolben oder in einer Schale mit nicht zu viel Wasser aus; die erhaltene Flüssigkeit filtrire durch einen vorher erwärmten Trichter in eine gleichfalls vorgewärmte Flasche mit eingeriebenem Glasstöpsel. Nach Beendigung der Filtration mußt du dich wohl hüten, den Stöpsel sofort in den Flaschenhals zu stecken; der noch heiße und mithin etwas ausgedehnte Hals würde denselben beim Erkalten so fest zusammenklemmen, daß es später nur mit großer Mühe oder gar nicht gelingen dürfte, die Flasche wieder zu öffnen. Stecke daher, bevor du den Stöpsel aufsetzest, ein schmales Stückchen Papier zwischen denselben und die Wand des Halses; ist Alles völlig erkaltet, so nimm das Papierstückchen weg und drehe den Stöpsel dann fest ein.

Von der erhaltenen Schwefelbaryumlösung wirst du etwa die Hälfte für jetzt nöthig haben; diese Quantität bringe in einem Kolben unter allmäligem Erhitzen zum Sieden, und füge feingepulverten Kupferhammerschlag hinzu. Wenn Alles eine kurze Zeit gekocht worden, so lasse das Pulver absitzen, und siehe zu, ob die Flüssigkeit noch gelb gefärbt erscheint. Ist dies der Fall, so muß unter Zusatz von etwas Kupferhammerschlag nochmals gekocht werden, bis die gelbe Farbe nach dem Absitzenlassen nicht mehr sichtbar ist. Die Zersetzung ist alsdann beendigt und die Flüssigkeit muß durch einen vorgewärmten Trichter in eine vorgewärmte Flasche mit etwas weitem Halse filtrirt werden, die mit einem guten Korkstöpsel verschlossen wird. Thue dies noch ehe die Flasche abgekühlt ist, denn die erhaltene Lösung kann, ohne eine Veränderung zu erleiden, nicht mit der Luft in Berührung bleiben. Selbst wenn man direkt den Trichter auf den Hals der Flasche aufsetzt, läßt es sich nicht vermeiden, daß durch die in derselben befindliche Luft ein Theil des Filtrats verändert und darin ein weißer Niederschlag erzeugt wird. Um dessen Menge möglichst zu verringern, wirst du wohl daran thun, das anfangs Durchgelaufene noch ein- oder zweimal auf das Filtrum zu gießen; indessen erreicht man nur bei sehr gutem, recht rasch filtrirendem und doch dichtem Papier eine völlig klare Flüssigkeit.

Nach dem völligen Erkalten der Lösung wirst du darin wasserhelle, farblose Krystalle finden; gieße die Mutterlauge in eine mit einem Glasstöpsel verschlossene Flasche und gieb dieser die Aufschrift „Barytwasser", die Krystalle aber trockene schnell zwischen Fließpapier ab und bewahre sie in einer sorgfältig verkorkten Flasche unter der Aufschrift „Barythydrat."

Die bei dieser Darstellung vor sich gehende Zersetzung ist folgende:

Der Kupferhammerschlag besteht aus Kupfer und dem mehrerwähnten Sauerstoff, sein chemischer Name ist daher Kupferoxyd, was so viel heißt wie Sauerstoffkupfer. Der Sauerstoff geht an das Baryum des Schwefelbaryums, während der Schwefel dieses letztern an der Stelle des Sauerstoffs sich mit dem Kupfer verbindet. So entsteht einerseits aus dem Kupfer und dem Schwefel Schwefelkupfer, andererseits aus dem Baryum und dem Sauerstoff Sauerstoffbaryum, oder wie man es zu nennen pflegt Baryt. Ersteres bildet ein unlösliches schwarzes Pulver, letzteres aber verbindet sich seinerseits noch mit einem Antheil des vorhandenen Wassers zu einem krystallinischen, farblosen Körper, den man Barythydrat nennt (s. oben Brief 11) und dessen Lösung in Wasser den Namen Barytwasser trägt.

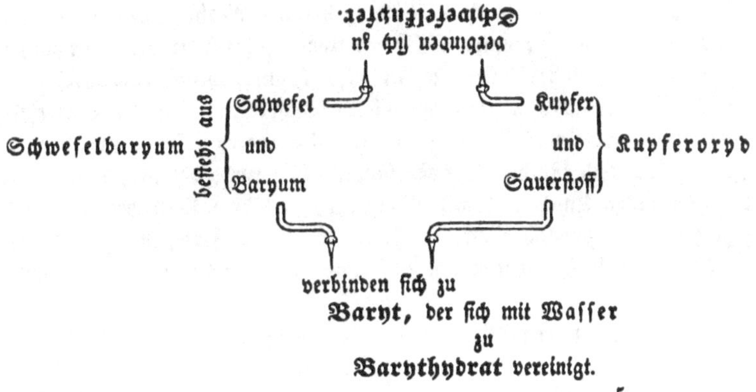

Man kann die Verhältnisse genau so treffen, daß man **nur** diese beiden Produkte erhält: es zersetzen sich nämlich genau 84,6 Theile Schwefelbaryum und 39,7 Theile Kupferoxyd zu 76,6 Theilen Baryt und 47,7 Theilen Schwefelkupfer. Da aber das Schwefelbaryum im Wasser gelöst ist und die Menge desselben daher nicht erkannt werden kann, so nimmt man zweckmäßig eine größere Quantität Kupferoxyd, als gerade nothwendig, und zwar um so viel eher, als ein Ueberschuß davon nichts schadet, sondern nebst dem gebildeten Schwefelkupfer beim Abfiltriren zurückbleibt.

XXXIII. Diesen Ueberschuß, der auf dem Filtrum gesammelt worden, kannst du noch zu einem andern recht hübschen Präparate benutzen. Gieße auf das Filtrum etwas Essigsäure (1), durchstich dann das Papier, so daß Flüssiges und Festes hindurch- und in eine unterstehende Schale laufe, spüle den Rest noch mit etwas Essigsäure nach und erhitze dann die erhaltene trübe Flüssigkeit unter Zusatz von dem etwa noch übrigen feingepulverten Kupferhammerschlag zum Sieden; dann filtrire heiß ab und verfahre wie gewöhnlich, um Krystalle durch Abkühlen zu erhalten. Wenn du die Krystallisation in einem recht flachen Geschirre unter sorgfältig verlangsamter Abkühlung und so vornimmst, daß sich nur wenig ausscheiden kann, so wirst du recht schön ausgebildete, wenn auch kleine, dunkelgrüne Krystalle erhalten. Sie zeigen beistehende Form und bestehen aus einer Verbindung von Essigsäure mit Kupferoxyd; sie sind also **essigsaures Kupferoxyd**. Wenn du einige hübsche Krystalle erhalten hast, so magst du das Uebrige als Lösung aufbewahren. Du kannst dich dann gleich mittelst eines Theils derselben davon überzeugen, daß das, was du (Brief Nr. 8) über die Abscheidung des Kupfers durch Eisen aus Kupfervitriol erfahren hast, auch für diese Kupferlösung gilt.

Fig. 58.

XXXIV. Verschaffe dir nun ein Paar Knochen und lege sie irgendwo so lange in ein Ofenfeuer, bis sie völlig weiß gebrannt sind: die so erhaltene, von aller thierischen Substanz befreite Masse besteht wesentlich aus dem dir schon bekannten Kalke und einer bisher noch nicht genannten Säure, der Phosphorsäure, sie ist also (hauptsächlich) phosphorsaurer Kalk. Wir wissen nun schon aus vielen Beispielen, daß die Schwefelsäure eine recht starke Säure ist, welche alle andern Säuren zu verjagen pflegt. So auch für die Phosphorsäure. Sie verbindet sich, wenn man die gebrannten Knochen damit übergießt, mit dem Kalke derselben und setzt somit die Phosphorsäure in Freiheit. Diese Zersetzung geht jedoch nicht augenblicklich, sondern erst nach und nach von statten, und du thust

(1) Wenn du die von Präparat Nr. XXXI aufgehoben hast, so kannst du sie hierzu verwenden.

daher wohl daran, die bis zu breiartiger Beschaffenheit mit Schwefelsäure vermischte Masse (etwa 3 Theile Knochen auf 2 Theile Säure) einen Tag stehen zu lassen und sie dann mit etwa ihrem doppelten Volumen Wasser unter der Vorsichtsmaßregel zu zerrühren, daß nichts von der sehr sauren und daher ziemlich gefährlichen Masse umhergespritzt werde. Lasse dann die festen Theile, die hauptsächlich aus schwefelsaurem Kalk bestehen, sich absetzen und gieße die möglichst geklärte Flüssigkeit in ein großes Glas. Filtriren kann man sie nicht, weil sie vermöge ihres Säuregehaltes das Papier sofort durchlöchern würde.

Diese Lösung von Phosphorsäure soll nunmehr zur Darstellung des phosphorsauren Natrons benutzt werden. Am einfachsten würde dies durch Zusatz von Natron geschehen, allein diese Substanz ist zu theuer und kann leicht durch ihre Verbindung mit Kohlensäure ersetzt werden, aus welcher diese letztere durch die Phosphorsäure ebenso verjagt wird, wie diese durch die Schwefelsäure abgeschieden wurde. Es besteht nur der wesentliche Unterschied, daß die Kohlensäure, wie du weißt (Brief 6), ein gasförmiger Körper ist, und daher gänzlich aus der Masse entweicht, während die Phosphorsäure als nicht gasförmig darin gelöst bleibt. Wir setzen also zu unserer sauren Lösung kohlensaures Natron, sogenannte Soda hinzu. Dies geschieht am besten in Gestalt eines mit etwas Wasser zerrührten Pulvers und in kleinen Quantitäten, weil sonst die heftig aufschäumende Flüssigkeit überlaufen würde; so lange wird damit fortgefahren, bis kein Aufbrausen mehr beim Zusatz neuer Quantitäten stattfindet, auch wenn das Ganze umgerührt und erwärmt wird.

Es ist also jetzt eine Lösung von phosphorsaurem Natron entstanden, die nur noch des Eindampfens und Abkühlens bedarf, um in Krystallen anzuschießen. Ich muß jedoch bemerken, daß es sehr schwer ist, genau so viel Schwefelsäure mit den Knochen zu vermischen, wie zu deren Zersetzung erforderlich ist, ja es ist sogar gut, einen Ueberschuß davon anzuwenden. Dieser Ueberschuß nun zersetzt, eben so wie die Phosphorsäure, das kohlensaure Natron, und die erzielten Krystalle werden demnach außer dem phosphorsauren auch etwas schwefelsaures Natron enthalten. Es ist eben nicht schwer, beide Körper wenigstens so weit zu trennen, wie es für unsere Zwecke hinreichen wird. Sammle die bei einer ersten und etwa einer zweiten Krystallisation abgesetzten Krystalle, und gieße den Rest der Mutterlauge unbenutzt weg. Wie viel dies sein soll, kann ich natürlich nicht angeben; es hängt theils von dem wirklich vorhanden gewesenen Ueberschuß an Schwefelsäure, theils von der Menge der abgeschiedenen Krystalle ab; etwa ¼ der concentrirten Lösung wirst du zu verlieren wohl thun. Dann lasse die gesammelten Krystalle noch einmal umkrystallisiren, d. h. löse sie in heißem Wasser, lasse durch Erkalten ein erstes Mal und dann nach dem Abdampfen noch ein zweites Mal Krystalle sich absetzen und gieße die Mutterlauge abermals fort; das so erhaltene phosphorsaure Natron ist hinreichend rein; später sollst du lernen, selbst zu untersuchen, in wie ferne diese Reinigung eine vollkommene gewesen. Hast du aber eine große Menge Knochen in Arbeit genommen und sehr viel von deinem Präparate erzielt, so ist es zweckmäßig, das Umkrystallisiren unter Entfernung des letzten Restes Mutterlauge noch mehrmals zu wiederholen.

Worauf die Reinigung durch dieses Verfahren beruht, habe ich wohl kaum nöthig, weiter auseinander zu setzen; du wirst von selbst verstehen, daß das phosphorsaure Natron leichter als das schwefelsaure krystallisirt, und daher das Letztere in größerer Menge in der Mutterlauge verbleiben muß. Das phosphorsaure Natron, welches wasserhelle, farblose, ziemlich große Krystalle bildet, verwahre unter deinen anderen Präparaten.

15. Brief.

Erläuterungen über vorkommende Schwierigkeiten. Darstellung von schwefelsaurem Bleioxyd und essigsaurem Kali. Vollständige und genaue doppelte Zersetzung durch Ausfällung. Erklärung der dabei vorkommenden Verhältnisse.

Es hat mich keineswegs verwundert, zu erfahren, daß du bei den Arbeiten, die ich dir neulich aufgegeben, auf einige Schwierigkeiten gestoßen bist, und Dinge gesehen hast, von denen ich dir kein Wörtchen geschrieben hatte. Auch gestehe ich gerne ein, daß ich auf das, was du beobachtet hast, vielleicht hätte aufmerksam machen sollen; allein ich wollte gerade, daß du dies selbst finden möchtest, und freue mich nun um so mehr, wie schon früher einmal, deines selbstständig beobachtenden Verstandes. Ich will nun der Reihe nach deine Bedenken und Anfragen beantworten.

Bei der Darstellung des Barythydrats hast du eine milchig trübe Flüssigkeit erhalten, die nicht durch Filtriren klar werden wollte. Ich habe dir schon gesagt, daß es hierbei schwer hält, völlige Klarheit zu bewirken; es verbindet sich nämlich die dir schon bekannte Luftart, die Kohlensäure, welche sich auch in der atmosphärischen Luft befindet, sehr gerne mit dem Baryt, und bildet damit ein weißes unauflösliches Pulver, dessen Darstellung auf andere Weise du heute noch kennen lernen wirst.

Ferner hat die Essigsäure den Rückstand von der vorhergehenden Zersetzung bei weitem nicht ganz lösen wollen: das Ungelöste ist das Schwefelkupfer, welches von der Essigsäure nicht verändert wird.

Bei der Vermischung der Phosphorsäure aus den Knochen mit dem kohlensauren Natron hat sich die ziemlich klar abgegossene Flüssigkeit getrübt. Du hast sehr wohlgethan, dich dadurch nicht weiter beirren zu lassen, sondern mit der nun abfiltrirten Flüssigkeit weiter zu arbeiten. Die Entstehung dieser Trübung war ganz in der Ordnung, doch ist die Erklärung derselben hier noch nicht am rechten Orte.

Endlich sind die wasserhellen Krystalle des phosphorsauren Natrons schon nach Verlauf eines Tages weiß und trübe geworden: Wenn du sie noch länger an der Luft hast liegen lassen, so wirst du sie nunmehr fast ganz zu weißem Pulver zerfallen finden. Diese Erscheinung rührt daher, daß dieser Körper eine beträchtliche Menge Wasser enthält, welches darin als Krystallwasser (s. Brief 11) enthalten ist, und beim Liegen an der Luft allmälig entweicht; das phosphorsaure Natron verliert daher seine Krystallgestalt und seine Durchsichtigkeit, indem diese Veränderung langsam von außen nach innen fortschreitet. Um eine solche übrigens unbedeutende Veränderung zu vermeiden, hast du nur die Krystalle möglichst schnell abzutrocknen und dann sehr rasch in ein wohlzuverkorkendes Fläschchen zu bringen.

Nach diesen Erläuterungen gehe ich zu einigen nunmehr vorzunehmenden Arbeiten über. Du wirst zu den nächsten derselben einige kleine Gläser zu verschiedenen Proben nöthig haben; du kannst gewiß einige kleine Branntweingläschen bekommen; sie sind zu dem betreffenden Zwecke ganz vorzüglich. Auch wird dir eine größere Menge destillirtes oder Regenwasser unentbehrlich sein; in Ermangelung des letzteren mußt du dir ersteres vom Apotheker zu verschaffen suchen; endlich hast du folgende Materialien nöthig:

7 Loth Bleizucker und
4 „ schwefelsaures Kali.

XXXV. Löse den Bleizucker, dessen du dich aus dem Brief 9 Präp. Nr. XV u. XVI erinnern wirst, unter Zusatz von einigen Tropfen Essigsäure in Regenwasser auf, filtrire diese Lösung, ebenso wie die von 3¼ Loth schwefelsaurem Kali (gleichfalls in Regenwasser), gieße einen kleinen Theil, etwa ¼ von jeder Lösung, in besondere Gläser und stelle diese vorläufig zurück. Das Uebrige wird nun in einem großen Cylinderglase vermischt, wobei ein sehr starker weißer Niederschlag entsteht. Es zersetzen sich nämlich das schwefelsaure Kali und das essigsaure Bleioxyd (der Bleizucker) gegenseitig so, daß sie ihre Bestandtheile austauschen und essigsaures Kali und schwefelsaures Bleioxyd entstehen; letzteres fällt als unlöslich aus, ersteres bleibt in Lösung. Zu dieser Zersetzung sind genau 162,7 Gewichtstheile essigsaures Bleioxyd und 87,2 Gewichtstheile schwefelsaures Kali erforderlich, bei welcher Angabe ich weder auf den Gehalt an Krystallwasser der angewandten, noch auf den der erhaltenen Substanzen Rücksicht nehme. Es besteht das essigsaure Bleioxyd genau aus 111,7 Gewichtstheilen Bleioxyd und 51 Gewichtstheilen Essigsäure, das schwefelsaure Kali genau aus 47,2 Gewichtstheilen Kali und 40 Gewichtstheilen Schwefelsäure. Beim Zusammenbringen beider Substanzen in dem angegebenen Verhältnisse verbinden sich dann ebenfalls genau die 47,2 Gewichtstheile Kali mit den 51

Gewichtstheilen Essigsäure zu 98,2 Gewichtstheilen essigsaurem Kali, und die 40 Gewichtstheile Schwefelsäure mit den 111,7 Gewichtstheilen Bleioxyd zu 151,7 Gewichtstheilen schwefelsaurem Bleioxyd, nach dem Schema:

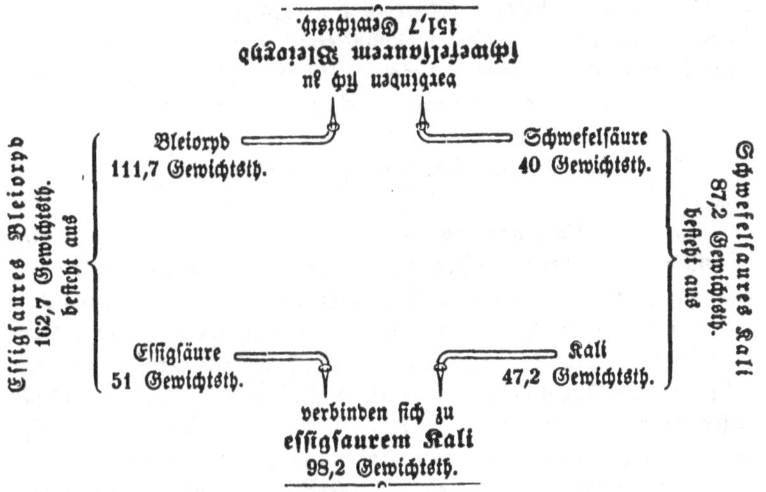

So viel von beiden Substanzen zu nehmen, daß diese Gewichtsmengen ganz genau getroffen werden, ist allerdings möglich, und es wird alsdann auch genau das erhalten, was obiges Schema angiebt, so daß nichts von den ursprünglichen Stoffen mehr übrig bleibt. Aber diese müssen dazu völlig rein und aller fremden Beimischungen bar sein; das ist aber in der Regel nicht der Fall, und deshalb ließ ich auch in meiner Vorschrift die genaue Angabe der erforderlichen Mengen weg. Hast du nun das Verhältniß so getroffen, daß du z. B. auf die oben angenommene Menge von 87,2 Theilen schwefelsaurem Kali mehr als die dazu gehörige Menge von 162,7 Theilen Bleizucker gebraucht hast, so ist es ganz klar, daß dieses Mehr keine zersetzbare Quantität des gänzlich verbrauchten schwefelsauren Kalis mehr findet, und es wird also dieses Mehr sich noch in der Lösung neben dem gebildeten schwefelsauren Bleioxyd und essigsauren Kali vorfinden müssen. In diesem Falle würde man zwar das Erstere als unlöslich leicht abscheiden können, das Letztere aber würde von dem schwefelsauren Kali nicht wohl getrennt werden können. Da es aber jetzt gerade Absicht ist, das essigsaure Kali völlig rein zu erhalten, so muß ein solcher Ueberschuß von schwefelsaurem Kali vermieden werden, und gleich sollst du erfahren, wie dies möglich ist. Nehmen wir auf der anderen Seite an, du hättest das Verhältniß umgekehrt unrichtig getroffen, d. h. auf 162,7 Gewichtstheile essigsaures Bleioxyd nicht ganz 87,2 Gewichtstheile schwefelsaures Kali genommen, so wird hiervon auch nicht genug vorhanden sein, um alles essigsaure Bleioxyd als solches völlig verschwinden zu machen; es muß demnach hiervon ein Theil übrig bleiben und in der späteren Lösung wiederzufinden sein, und zwar wird dies genau so viel betragen, wie mehr essigsaures Bleioxyd vorhanden war, als zur Zersetzung der vorhandenen Menge schwefelsauren Kalis erforderlich ist — nämlich auf 87,2 Gewichtstheile dieses letzteren 162,7 Gewichtstheile des ersteren. So z. B., wenn du nur 80 Gewichtstheile schwefelsaures Kali angewendet hättest, so würde dazu eine diesem Verhältniß entsprechende Menge Bleizucker nöthig gewesen sein und das Mehr nicht zersetzt werden können.

Es bleibt also nichts anderes übrig, als durch Versuche zu ermitteln, ob einer dieser beiden Bestandtheile überschüssig angewandt worden ist, und dies geschieht in folgender Weise: Wenn in einer Flüssigkeit schwefelsaures Kali enthalten ist, so muß ein Tropfen Bleizuckerlösung darin einen Niederschlag hervorbringen, indem sich dieser mit der seiner Menge entsprechenden Quantität schwefelsauren Kalis unter Bildung von schwefelsaurem Bleioxyd zersetzt. Filtriren wir also einen Theil der Flüssigkeit von dem vorhin erhaltenen Hauptniederschlag ab und setzen wir zu einigen Tropfen derselben etwas Bleizucker, so werden wir daran, ob wir einen Niederschlag erhalten oder nicht, erkennen können, ob diese Flüssigkeit schwefelsaures Kali enthält, oder nicht. Ist jenes der Fall, so müssen wir, um das Verhältniß auszugleichen, zu unserer Mischung noch etwas essigsaures Bleioxyd zusetzen. Umgekehrt wird ein etwaiger Ueberschuß von essigsaurem Bleioxyd in der zu diesem Zwecke abfiltrirten Lösung durch ein Paar Tropfen gelösten schwefelsauren Kalis nachgewiesen werden. Das praktische Verfahren ist demnach folgendes:

Filtrire, nachdem du die Hauptmengen beider Substanzen, wie oben gesagt, vermischt und wohl durcheinander gerührt hast, je ein kleines Pröbchen davon in zwei kleine Branntweingläschen. Verdünne nun die beiden zurückgestellten Lösungen der ursprünglichen Materialien mit etwa der vierfachen Menge Wasser und gieße ein Paar Tropfen von der einen in das eine, von der anderen in das andere Probegläschen. Im Falle zufällig in keinem von beiden ein Niederschlag hervorgebracht würde, wäre das Verhältniß ursprünglich richtig getroffen worden. Im Allgemeinen wird dies aber nicht der Fall sein. Bringt z. B. das schwefelsaure Kali einen Niederschlag hervor, so ist essigsaures Bleioxyd zu viel vorhanden, und du mußt also, um dasselbe zu zersetzen, noch schwefelsaures Kali zusetzen. Damit dies nicht leicht zu reichlich geschieht, habe ich dich dessen Lösung verdünnen lassen und du hast dich ungefähr nach der Größe des vorhin erhaltenen Niederschlages zu richten, ob du noch viel oder wenig zusetzen mußt. Das Umgekehrte ist natürlich der Fall, wenn das essigsaure Bleioxyd einen Niederschlag hervorgebracht hätte; dann ist von diesem noch zuzusetzen. Nun werden durch ein frisches Filter in zwei frische Probegläschen wieder ein Paar Tropfen filtrirt, die Probe wiederholt und danach ein neuer Zusatz der einen oder der anderen Flüssigkeit bewirkt. Wenn der erhaltene Niederschlag unbedeutender wird (er wird endlich zur bloßen Trübung), so muß die zuzusetzende Flüssigkeit mehr und mehr verdünnt werden, damit der Zusatz einer kleineren Menge möglich werde.

Mit der äußersten Geduld wirst du dieses Verfahren fortsetzen, bis die eine der beiden Substanzen auch nicht eine Trübung in einer filtrirten Probe hervorbringt, wobei du dich aber wohl hüten mußt, nicht aus Versehen die beiden Flüssigkeiten in dieselbe Probe zu gießen, denn dann würde ja jedenfalls ein Niederschlag entstehen müssen.

Schließlich wird nun, wenn in der Flüssigkeit sich keine der angewandten Substanzen mehr zeigt, das Ganze (in so weit es von den Proben übrig geblieben ist) filtrirt und der Niederschlag etwas ausgewaschen. Die erhaltene Lösung ist alsdann reines essigsaures Kali, der nach Umwechselung des untergestellten Glases völlig ausgewaschene Niederschlag reines schwefelsaures Bleioxyd.

Da das essigsaure Kali uur schwierig krystallisirt, so wirst du es vorläufig als Lösung aufbewahren. Für dieses Mal habe ich dir Arbeit genug gegeben, und ich verspare daher das Weitere zum nächsten Briefe. Bis dahin wirst du zu beschaffen haben:

1 Flasche mit eingeriebenem Stöpsel und ¼ Pfund Salzsäure.

---

16. Brief.

Darstellung von Chlorbaryum und von kohlensaurem Baryt aus dem Schwefelbaryum des vorigen Versuches. Andeutung der Beziehung zwischen einfachen Körpern und ihren Sauerstoffverbindungen. Gewichtsmengen, nach welchen die Umsetzung von Chlorbaryum und kohlensaurem Natron stattfinden. Darstellung einer Reihe von Eisenpräparaten: Eisenvitriol; schwefelsaures Eisenoxyd; Eisenoxyd.

XXXVI. Von der noch übrigen Masse des bei Nr. XIII dargestellten Schwefelbaryums vertheile etwa zwei Drittel in viel Wasser, und gieße in einer Schale etwas Salzsäure darauf: es wird sich augenblicklich eine große Menge eines sehr unangenehm riechenden und höchst giftigen Gases entwickeln, weshalb du wohl daran thun wirst, diese Arbeit im offenen Fenster oder gar im Freien vorzunehmen. Dieses Gas heißt Schwefelwasserstoff; wie es hierbei entsteht, und welches seine Zusammensetzung und seine Eigenschaften sind, wirst du später erfahren. Für heute genüge es dir zu wissen, daß, wenn sich bei Zusatz von etwas neuer Salzsäure und Umrühren nichts von diesem Gase mehr entwickelt, die Lösung kein Schwefelbaryum mehr enthält, sondern in eine solche von Chlorbaryum verwandelt worden ist, einer Substanz, welche dir noch von Nr. X her bekannt sein wird. Erhitze Alles zur völligen Austreibung alles noch übrigen Schwefelwasserstoffs, und filtrire alsdann die Substanz. Wir können nun mit derselben verfahren wie bei Nr. X mit dem damals fertig gekauften Chlorbaryum, dessen Darstellung aus dem Schwerspath du nunmehr kennen gelernt hast. Wir wollen aber nicht genau dasselbe vornehmen, wie damals, sondern dieses Mal die Lösung mit Soda ausfällen. Da die Soda kohlensaures Natron ist, so erhalten wir als Niederschlag in Folge einer der früheren ganz ähnlichen Zersetzung kohlensauren Baryt. Du wirst aber jetzt den stattfindenden Prozeß besser verstehen, als damals, und ich will ihn dir daher nochmals in streng richtiger Weise erklären, ohne den Substanzen eine Zusammensetzung beizulegen, die zwar als richtig gedacht werden kann, aber doch nicht streng genommen wirklich so ist.

Zwischen Baryt und Baryum wirst du wohl schon eine Beziehung bemerkt haben, und ich kann diese daher kurz dahin erklären, daß Baryt aus Baryum und Sauerstoff besteht. Du kannst nun schon, wenn du dieses Beispiel und einige andere zusammenstellst, den Schluß ziehen, daß Körper, deren Benennung auf **um** endigt, in manchen Verbindungen mit Sauerstoff verbunden, vorkommen. Verläßt demnach das Baryum das Chlor, womit es verbunden war, und eignet es sich Sauerstoff an, so fehlt nur noch die Kohlensäure, damit kohlensaurer Baryt entstehe. In ähnlicher Weise besteht auch das Natron aus Natrium und Sauerstoff; sein Name müßte also eigentlich Sauerstoff-Natrium, oder Natriumoxyd sein, und es wird also die Soda von Natrium, Sauerstoff und Kohlensäure zusammengesetzt.

Die ganze Umsetzung des kohlensauren Natrons und des Chlorbaryums besteht mithin darin, daß das Natrium und das Baryum ihre Plätze wechseln, das Natrium sich an der Stelle des Baryums mit dem Chlor verbindet und das Baryum mit Sauerstoff und Kohlensäure sich vereinigt, etwa nach folgendem Schema:

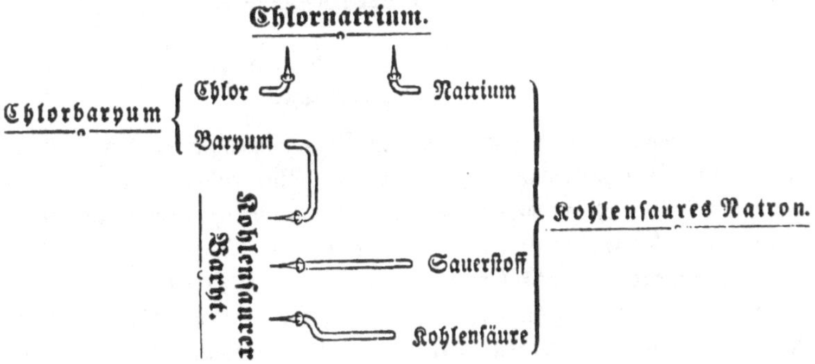

Auch hier findet in Bezug auf die Bestimmtheit der Mengen, welche sich gegenseitig zersetzen, etwas Aehnliches statt, wie in dem oben angeführten Beispiele. Es bestehen nämlich 104,1 Gewichtstheile Chlorbaryum aus 78,6 Gewichtstheilen Baryum und 35,5 Gewichtstheilen Chlor; ebenso die 53 Gewichtstheile kohlensaures Natron aus 22 Gewichtstheilen Kohlensäure, 8 Gewichtstheilen Sauerstoff und 23 Gewichtstheilen Natrium. Du wirst schon voraussehen, daß zur gänzlichen Umsetzung beider Substanzen 104,1 Gewichtstheile Chlorbaryum und 53 Gewichtstheile kohlensaures Natron erforderlich sind, daß dabei die 68,6 Gewichtstheile Baryum durch die 23 Gewichtstheile Natrium vertreten werden, und daß demnach eine Verbindung von den 35,5 Gewichtstheilen Chlor mit den 23 Gewichtstheilen Natrium — also 58,5 Gewichtstheile Chlornatrium — entsteht. An die Stelle der ausgetretenen 23 Gewichtstheile Natrium treten die 68,6 Gewichtstheile Baryum und verbinden sich mit den 8 Gewichtstheilen Sauerstoff und 22 Gewichtstheilen Kohlensäure zu 98,6 Gewichtstheilen kohlensaurem Baryt; bezeichnen wir also z. B. die genannten Gewichtsmengen Baryum mit Ba, Natrium mit Na, Chlor mit Cl, Sauerstoff mit O und Kohlensäure mit $\bar{C}$, so erhalten wir das Schema:

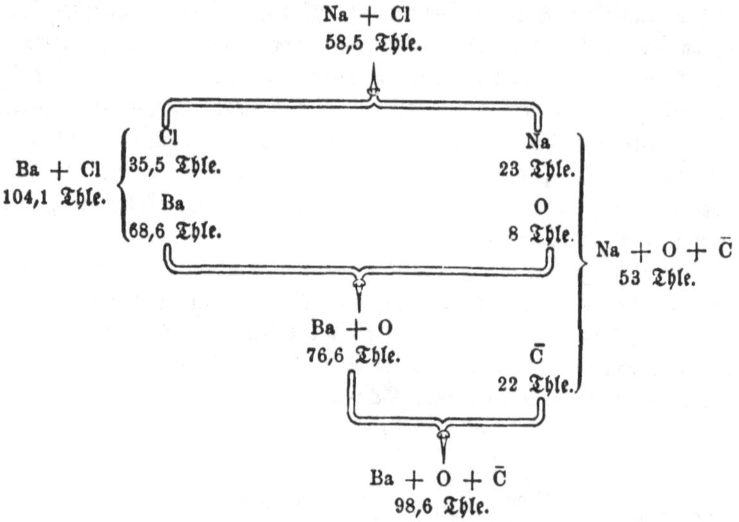

Wägt man genau die angegebenen Gewichtsmengen der beiden Substanzen ab, so erhält man auch genau einen Niederschlag von der angegebenen Menge und es bleibt die entsprechende Menge Chlornatrium in Lösung. Dieses Chlornatrium ist das gewöhnliche Kochsalz; es entsteht bei dieser Darstellung des kohlensauren Baryts als Nebenprodukt und du kannst dich davon leicht dadurch überzeugen, daß du die abfiltrirte Lösung abdampfest, wobei du dieselben Würfel erscheinen sehen wirst, die du von Präp. Nr. I her kennst. Ich mache dich jedoch darauf aufmerksam, daß das Kochsalz nur dann rein ist, wenn die obigen Verhältnisse genau getroffen werden. Zweckmäßig ist es aber, einen Ueberschuß von Soda anzuwenden, damit der kostbarere Baryt sicher vollständig erhalten wird. Alsdann ist ein wiederholtes Umkrystallisiren durch Verdunstung erforderlich, wenn man das Kochsalz rein haben will.

Der kohlensaure Baryt wird nun auf dem Filtrum öfters ausgewaschen und dann mit demselben getrocknet.

Theile ihn nach dem Trocknen in zwei Hälften und stelle aus der einen salpetersauren, aus der andern essigsauren Baryt dar. Ich brauche dir nicht zu sagen, wie: du wirst es schon selbst wissen.

XXXVII. Den Schluß dieser ganzen Reihe von Präparaten mögen einige Eisenverbindungen bilden, die du indeß, wenn du dich hinreichend in allen Manipulationen geübt glaubst, auch allenfalls weglassen kannst;

freilich mußt du dich dann bis zu meinem nächsten Briefe gedulden, ehe du deine Arbeiten fortsetzen kannst.

Du kannst dir leicht etwas (einige Loth) Abfälle von Schmiedeeisen von einem Schlosser verschaffen; Eisenfeile statt derselben zu nehmen rathe ich dir jedoch nicht, da die Einwirkung der Säuren darauf allzu heftig sein würde.

Einige Loth dieses Eisens übergieße in einer Schale mit Salpetersäure und erwärme es bei geöffnetem Fenster: es werden sich eine große Menge rother Dämpfe entwickeln, die einen sehr unangenehmen Geruch haben und der Gesundheit schädlich sind. Setze das Erwärmen und allmälige Zusetzen der Salpetersäure so lange fort, bis alles Eisen gelöst ist und füge dann zum Schluß noch etwas Salpetersäure hinzu. Hierauf wird das Ganze, wenn etwaige Trübung es nothwendig machen sollte, filtrirt (wozu aber vorher eine Verdünnung mit Wasser nöthig ist) und dann jedenfalls zur Trockene abgedampft, was du aber am besten im Freien über einem Holzkohlenfeuer thun wirst. Die eingetrocknete braune Masse muß nun endlich in einem Tiegel nicht zu stark geglüht werden. Du wirst dann ein schön rothes Pulver erhalten, das aus Eisenoxyd besteht. Dieses enthält, wie du schon am Namen erkennen wirst, Sauerstoff und Eisen. Der Sauerstoff hat das Eisen von der Salpetersäure erhalten, welche davon sehr viel enthält. Die so aus der Salpetersäure entstandene sauerstoffärmere Verbindung bildete jene rothen Dämpfe. Das gebildete Eisenoxyd aber wurde durch das Abdampfen und Glühen von Wasser und unzersetzter Salpetersäure befreit.

XXXVIII u. XXXIX. Den Rest des Eisens — doch nicht mehr als einige Loth — übergieße in einer Schale mit Wasser und setze dann Schwefelsäure hinzu. Du wirst ein heftiges Aufbrausen und einen höchst widerlichen erstickenden Geruch bemerken, weshalb auch diese Arbeit nur bei offenem Fenster oder im Freien vorgenommen werden darf. Das entweichende Gas ist Wasserstoffgas, verunreinigt durch andere, selbst von Verunreinigungen des Eisens herstammende Gase. Gebildet wird Eisenvitriol. Die Einwirkung der Schwefelsäure muß durch Erwärmen, namentlich zu Ende der Operation unterstützt werden. Wenn du ungefähr 1½ mal so viel Schwefelsäure zugesetzt hast, wie das Gewicht des Eisens beträgt, so wird nach hinreichendem Erhitzen wenig Eisen mehr übrig sein. Filtrire die Flüssigkeit dann schnell unter Benutzung eines erwärmten Trichters mit eingelegten Glasstäben, und lasse sie ruhig krystallisiren; nach einigen Stunden wirst du in der hellblauen Flüssigkeit sehr schön blaue Krystalle von Eisenvitriol finden, die nach Entfernung der Mutterlauge erst mit Wasser, dann mit etwas Weingeist abzuspülen und endlich mit Ziegelsteinen stark zu pressen sind. Die Flasche, worin du sie aufbewahrst, ist wohl zu verkorken und mit einem Stückchen feuchter Blase zuzubinden. Indessen ist die Darstellung dieses Präparates nur Nebensache, und es kommt viel mehr darauf an, viel Mutterlauge, als viele Krystalle zu erhalten. Die Mutterlauge wird mit etwas Schwefelsäure versetzt, die ungefähr halb so viel betragen soll, als schon dazu verwandt worden ist. Hast du demnach die zur Darstellung des Eisenvitriols verwandte Schwefelsäure abgewogen, so nimmst du jetzt die Hälfte dieser Menge, weniger eine solche Quantität, wie für die abgeschiedenen Krystalle ungefähr abgezogen werden muß. Ferner hast du der Lösung des Eisenvitriols auch etwas Salpetersäure zuzusetzen und endlich das Ganze zu erhitzen. Gleich bei Zusatz der Salpetersäure wirst du eine bedeutende Farbenveränderung wahrnehmen, und endlich die Flüssigkeit tief dunkelbraun oder schwarz werden sehen. Wenn diese Farbe durch Erhitzen nicht heller wird, so muß noch etwas Salpetersäure zugesetzt werden, bis die Flüssigkeit unter dem vereinigten Einfluß der Hitze und der Salpetersäure dunkelroth und klar geworden ist.

Die Lösung enthält nun schwefelsaures Eisenoxyd; sie soll uns zu einer anderen Darstellung des Eisenoxyds dienen.

Wenn man mit dem schwefelsauren Eisenoxyd Natron oder Kali zusammenbringt, so wird wegen der größeren Neigung dieser Körper, sich mit der Schwefelsäure zu verbinden, das Eisenoxyd von dieser verlassen und es entsteht schwefelsaures Natron oder Kali, während das Eisenoxyd — mit Wasser verbunden — als unlöslich ausgefällt wird. Statt reines Kali oder Natron kann man auch die Verbindungen dieser Körper mit Kohlensäure anwenden; denn da das Eisenoxyd sich mit der Kohlensäure nie verbindet, so entsteht doch immer Eisenoxyd (mit Wasser verbunden) und die Kohlensäure wird frei.

XL. Wenn du demnach in die (vorher zu verdünnende) Auflösung von schwefelsaurem Eisenoxyd eine Auflösung von kohlensaurem Natron gießest, so wirst du ein starkes Aufbrausen und die Entstehung eines schön braunen Niederschlages bemerken; den dabei stattfindenden Prozeß wird dir beifolgendes Schema veranschaulichen:

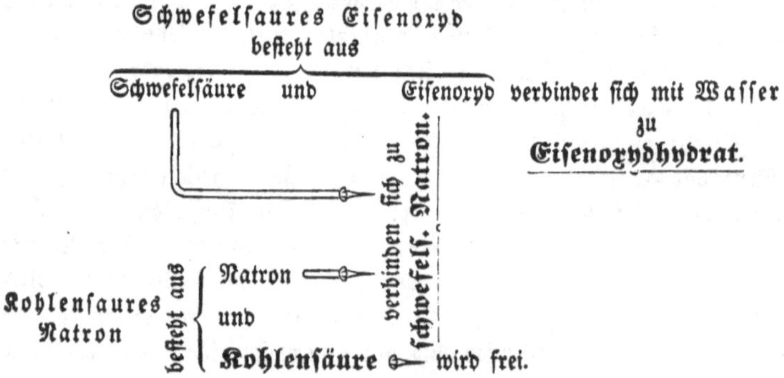

Du hast so viel Soda zuzusetzen, bis in der klaren über dem abgesetzten Niederschlag stehenden Flüssigkeit ein weiterer Zusatz keine Trübung mehr bewirkt; dann ist das Eisenoxydhydrat abzufiltriren und wiederholt (mindestens 10mal) mit heißem Wasser auszuwaschen und zu trocknen. Die von dem Papier losgelöste trockene Masse ist endlich zu pulvern und im Tiegel zu glühen. Es entweicht das Wasser und das reine Eisenoxyd bleibt zurück.

In der Mutterlauge kannst du — wenn du willst — das überschüssig zugesetzte kohlensaure Natron mittelst etwas Schwefelsäure ebenfalls in schwefelsaures umwandeln, und dann diese Substanz durch Abdampfen und Krystallisirenlassen erhalten.

Um dieses lange Schreiben endlich zu beschließen, rathe ich dir nur noch, alle diejenigen Präparate, welche du noch unter Händen hast, möglichst zu Ende zu führen, damit dieser erste Abschnitt deiner chemischen Arbeiten abgeschlossen werde, ehe du den neuen beginnst, zu dem die Vorbereitungen den Gegenstand meines nächsten Briefes bilden sollen. Selbstverständlich meine ich damit nicht etwa, daß du auch die allerletzten Krystallisationen u. s. w. abwarten sollst, ehe du weiter fortfährst, aber es sollen doch keine Hauptarbeiten mehr zurück sein, wenn eine ganz andere Art von Operationen begonnen werden wird.

17. Brief.

Anschaffung von verschiedenen Gegenständen : Glasröhren, Feilen, Spirituslampe. Gute und schlechte Korke von verschiedener Größe und Art. Kolben. Wulff'sche Flaschen. Gasentbindungsflaschen. Röhren von Guttapercha und Kautschuk. Gummiplatte.

Wir kommen nun an eine Reihe der für den experimentirenden Chemiker wichtigsten Operationen, die Bearbeitung von Korken und Glasröhren. Die Sicherheit und Genauigkeit einer großen Anzahl Experimente hängt von der richtigen Ausführung aller hierher gehörigen Operationen ab, und du wirst dich aus diesem Grunde längere Zeit ausschließlich damit zu beschäftigen haben, um die erforderliche Uebung und Gewandtheit zu erwerben.

Fig. 59.

Du bedarfst vor Allem etwa ein halbes Dutzend langer Glasröhren von verschiedenen Weiten, etwa wie sie beistehende Figuren zeigen. Ich mache dich ganz besonders darauf aufmerksam, daß du bei der Auswahl derselben nicht wesentlich von dem Verhältniß zwischen dem äußeren und inneren Durchmesser abweichen darfst; denn es kommt bei der Bearbeitung dieser Röhren sehr viel darauf an, daß die **Wandstärke** im Verhältniß zur ganzen Dicke nicht zu gering sei. Du wirst ohne Zweifel solche Glasröhren bei einem Barometermacher, oder bei einem Optikus haben können, sonst müßtest du sie aus derselben Quelle beziehen, woher du deine übrigen Glasgeräthe erhalten hast. Ferner mußt du auch noch ein Paar weitere Glasröhren haben, als die gezeichneten; es kommt dabei nicht besonders auf bestimmte Durchmesser an, aber bestelle sie alle „mit verhältnißmäßig starken Wänden und von **leicht**flüssigem Glase"; du wirst sie indeß nicht weiter als höchstens ½'' brauchen. Diese Glasröhren werden in der Regel in Stücken von 5' Länge verkauft, und du hast, wenn du sie selbst aussuchest, auch darauf zu achten, daß sie völlig rund und an allen Stellen von gleicher Dicke sind.

Fig. 60.

Fig. 61.

Fig. 62.

Fig. 63.

Um diese Röhren in Stücke von beliebiger Länge zu zerschneiden, bedarfst du einer dreikantigen Feile (Fig. 60), die vom besten Stahl sein muß, und welche du in jeder Eisenhandlung vorräthig findest. Du magst dir dann zu gleicher Zeit noch eine Anzahl Feilen anschaffen, die zu verschiedenen Zwecken gebraucht werden, und zwar: eine flache, recht grob gehauene Feile (Raspel) (Fig. 61), Länge etwa 1′; eine flache fein gehauene Feile (Fig. 62) von derselben Länge; eine Reihe runder Feilen, sogenannte Rattenschwänze (Fig. 63) von der feinsten Sorte, bis zu einem Durchmesser von $\frac{3}{8}$″, und zwar etwa 4 bis 6 Stück. Wenn du sie alle gekauft hast, so lasse dir Griffe daran machen und beschaffe dir einstweilen eine oder zwei kleine gläserne Spirituslampen (Fig. 64). Da man diese jetzt sehr leicht und wohlfeil in Glashandlungen erhalten kann, so glaube ich nicht, daß es nöthig sein wird, dir eine Anleitung zu ihrer Verfertigung zu geben. Sie werden mit Docht oder etwas gezupfter Baumwolle und mit Spiritus versehen und zum Gebrauche bereit gestellt.

Fig. 64.

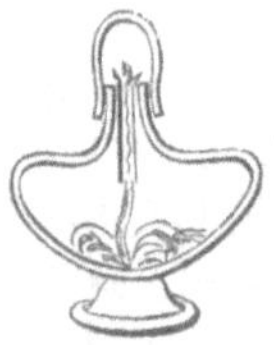

Die Feilen werden am besten in einer besonderen Schublade untergebracht, oder auch in ein flaches Kästchen gelegt, welches auf dem Tische seinen Platz hat. Weil die Rattenschwänze sehr spröd sind, und daher besonders ihre Spitzen leicht abbrechen, so wirst du wohl thun, jeden einzelnen durch die Flamme der Spirituslampe langsam ein Paar Mal hin und her zu ziehen, wodurch sie bedeutend an Sprödigkeit verlieren; da sie nur zum Feilen von Korken dienen, so bringt die gleichzeitige Verminderung der Härte keinerlei Nachtheil. Bei den andern Feilen wäre aber ein solches Verfahren nicht allein überflüssig, sondern auch nachtheilig. Ich bemerke aber gleich jetzt schon, daß wenn die dreikantigen Feilen (von denen nur die Kanten gebraucht werden) stumpf geworden sind, man sie wieder brauchbar machen kann, indem man eine der Flächen glatt schleifen läßt; es kommen dann zu beiden Seiten derselben frische Zähne zum Vorschein, und so läßt sich nach und nach fast die ganze Feile aufbrauchen, wobei natürlich immer dieselbe Fläche weiter abgeschliffen werden muß.

Endlich bedarfst du einer Anzahl Korke (einige Dutzend) von verschiedener Dicke und Größe. Die kleinsten — die sogenannten Medizinkorke — erhält man leicht in der erforderlichen Größe und Beschaffenheit; bei den größeren aber kann ich dir nicht Sorgfalt genug bei der Auswahl anempfehlen. Ein guter, wirklich brauchbarer Kork darf keine Löcher besitzen, und muß auch von allen dunklen Streifen möglichst frei sein.

Fig. 65.

Fig. 66.

Ich zeichne dir hier, so gut es gehen will, einen (Fig. 65) schlechten und einen (Fig. 66) guten Kork ab. Es hält namentlich bei den Bouteillenkorken (die man beiläufig gesagt von zwei Formen, gerade cylindrische und etwas spitz zulaufende, conische hat) oft schwer, selbst unter einer sehr großen Anzahl einige gute herauszufinden. Du wirst daher am besten thun, wenn du bei einem Großhändler von Zeit zu Zeit einzelne gute Exemplare bei Seite legen läßt, oder sie dir aus einer größeren Menge selbst aussuchst. Manchmal gelingt es, eine Gelegenheit zur Erlangung besonders guter Korke zu finden; scheue keine Mühe und keine Kosten, dies zu erreichen, denn nichts ist bei der Zusammensetzung von größeren Apparaten unangenehmer, ja sogar gefährlicher, als schlechte Pfropfen. Freilich ist es kaum möglich, ganz vollkommene zu finden, außer etwa unter den kleinen Medizinkorken, allein man hat oft schon viel Last, auch nur einigermaßen brauchbare zu erlangen. Ganz besonders zweckmäßig habe ich es gefunden, sich die Pfropfen von Champagnerflaschen zu verschaffen, die man sich in Gasthöfen leicht sammeln lassen kann. Ich habe diese schon einmal gebrauchten selbst besser gefunden, als die neuen, welche ich mir direkt aus der Champagne habe kommen lassen. Freilich sind diese nicht gerade so zu gebrauchen, wie sie an die Flasche kommen, sie müssen vorher einige Minuten in Wasser eingeweicht und dann gekocht werden. Dabei quellen sie stark auf, nehmen eine regelmäßige Form an und werden sehr elastisch; man muß sie dann aber auch gleich benutzen, oder unmittelbar vor dem Gebrauche nochmals in heißes Wasser legen. Man kann unter 4 Pfropfen stets auf mindestens einen vorzüglichen und einen zweiten ziemlich guten rechnen.

Man bedarf indessen auch noch größerer Korke: unter dem Namen „Spunde" bekommt man sie in Materialhandlungen von verschiedenem Durchmesser, obwohl selten von sehr guter Beschaffenheit; jedenfalls hast du für etwa ein Dutzend zu sorgen, deren kleinster so dick sein muß, wie der größte der anderen Korke.

An Glasgefäßen besorge dir schon jetzt, wenn du sie auch noch nicht unmittelbar nöthig hast, verschiedene Kolben ohne Tubus (s. Fig. 51),

Fig. 67. 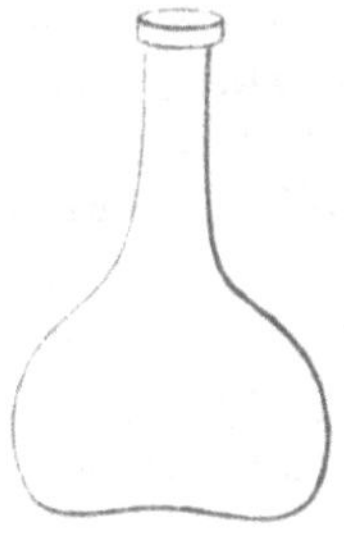 68. 

wenn du die früher angeschafften zerbrochen hast, und siehe besonders darauf, daß sie an der Mündung stark im Glase oder gar mit einem Wulste umgeben sind. Ebenso 2 bis 3 Stehkolben (Fig. 67) zum Preise von 22 Sgr. für einen Inhalt von 8 bis 30 Unzen; dieselben sind recht zweckmäßig, obwohl auch entbehrlich; ferner einige Flaschen mit weitem Halse, sogenannte Gasentbindungsflaschen (Fig. 68), von einem Inhalte von ¼ bis 1 Quart, und hast du Gelegenheit, sie billig zu erhalten, oder willst du jedenfalls das Geld daran wenden, auch einige sogenannte Wulff'sche Flaschen, d. h. cylindrische Glasgefäße mit zwei Oeffnungen (Fig. 69 bis 71), und zwar ebenfalls etwa 4 Stück von ¼ bis 1 Quart Inhalt. Der Preis derselben ist je nach den Bezugsorten sehr verschieden, und ich kann ihn dir deshalb nicht einmal annähernd angeben. Jedenfalls bemerke ich aber, daß sie nicht durchaus unentbehrlich sein werden, sondern nur eine große Erleichterung bei der Arbeit gewähren. Diese Wulff'schen Flaschen, so wie auch in vielen Fällen die Korke, werden entbehrlich durch eine Einrichtung, welche in neuester Zeit in Laboratorien vielfach Eingang gefunden hat; es sind dies die Flaschenaufsätze von geschwefeltem Kautschuk mit ein und zwei Röhrenansätzen (Fig. 72). Du würdest deren mehrere nöthig haben, nämlich von verschiedenen Größen, die du zu dem durchschnittlichen Preise von etwa 6 Sgr. pr. Stück in einer Gummi- und Guttaperchawaarenhandlung (auch direkt von Wallach in Kassel) beziehen kannst. Demnach kannst du die Anzahl davon, welche du bestellen willst, bestimmen, und nur angeben, daß du sie von diversen Größen verlangst.

Fig. 69.  Fig. 70.  Fig. 71. 

Fig. 72. 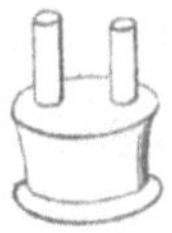

Ihren Gebrauch wirst du nach und nach schon kennen lernen. Sie sind aber, wie schon gesagt, entbehrlich, und können durch Korke und Wulff'sche Flaschen, ja auch durch jene allein ersetzt werden, wiewohl damit eine entsprechend größere Mühe und Schwierigkeit verbunden ist.

Außer den Glasröhren kommen in den chemischen Apparaten auch noch bewegliche Röhren vor. Seit den letzten Jahren kommen dieselben aus geschwefeltem Kautschuk verfertigt im Handel vor; wenn du die

Ausgabe nicht scheuest, so rathe ich dir zu etwa drei Arten, etwa von 2, 2½ und 3½''' äußerem Durchmesser. Besitzest du von jeder Art eine Röhre von etwa 2', so reichst du damit schon sehr lange aus; die Anschaffung der Röhren (gleichzeitig mit den Flaschenaufsätzen zu bewirken) würde dann etwa 12 bis 15 Sgr. kosten. Wenn du dies umgehen willst, so besorge jedenfalls ein Stück Gummiplatte (nicht geschwefelt) von etwa 1 Quadratfuß und der Dicke von dünnem Pappendeckel, wie sie im Handel vorkommen und bei Materialisten in der Regel zu haben sind. Mit einem solchen Stücke wirst du auf lange Zeit genug haben, und ich will dir nächstens die Anleitung geben, um daraus Röhren darzustellen.

Hast du nun dies Alles, oder doch das Nothwendigste davon beschafft, so ordne die einzelnen Gegenstände in Gefächer, Schubladen oder kleine Kästchen ein und beginne dann baldigst die Uebung in den einfachsten Arbeiten in Bezug auf Röhren und Korke, wovon in meinem nächsten Briefe. Mittlerweile schließe deine etwa noch nicht ganz vollendeten früheren Arbeiten völlig ab und besorge dir einige Stängelchen Sprengkohle, die du wohl in einer Apotheke wirst erhalten können.

18. Brief.

Auskunft in Betreff eines Arbeitstisches. Abzug für schädliche Dünste. Fenstertisch. Anfertigung von Sprengkohlen. Gaslampen. Retortenhalter.

Ehe ich zum eigentlichen Gegenstande meines Briefes übergehe, will ich dir über die beiden Punkte Auskunft geben, wegen deren du so angelegentlich angefragt hast.

Fig. 73.

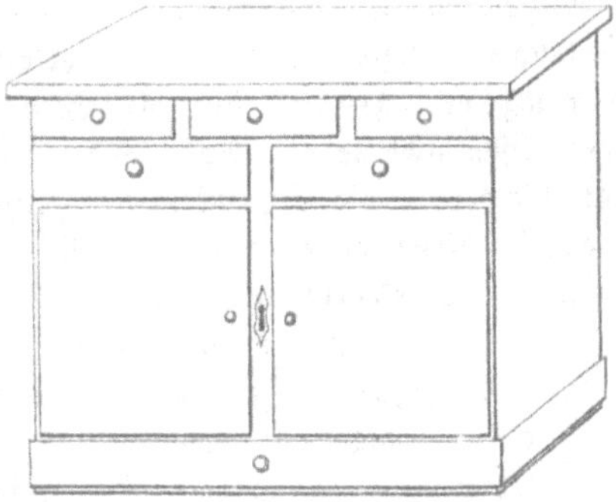

Wenn du in deinem Zimmer keine Ordnung mehr halten kannst, und die verschiedenen Geräthe u. s. w. nicht mehr gehörig zu lassen weißt, oder ihre Unterbringung in Fächern und auf Gestellen dir nicht gefallen will, so wird nichts anderes übrig bleiben, als, wenn du die Kosten nicht zu scheuen brauchst, einen chemischen Arbeitstisch machen zu lassen. Ich schicke dir hiermit die Ansicht eines solchen (Fig. 73), wie ich ihn seit Jahren im Gebrauche habe. Das Ganze kann aus Tannenholz gefertigt sein, mit Ausnahme der Platte, zu der am besten Eichen- oder Buchenholz genommen wird. Die Höhe beträgt 2′ 10″, die Länge 3 bis $3\frac{1}{2}$′, die Tiefe 16 bis 20″; danach kannst du die Eintheilung für die Schubladen leicht ersehen. Der mit zwei Thüren zu öffnende Schrank enthält eine horizontale Theilung. Wenn du diesen Tisch an die Wand stellst, so findet auf dem hinteren Theile desselben zweckmäßig ein Gestell Platz, welches die Länge des Tisches besitzt und 4 bis 5 Gefächer von 5 bis 6″ Höhe enthält.

Die Bestimmung der einzelnen Theile dieses Arbeitstisches ist nun folgende: die untere breite Schublade dient zu Glasröhren und später zu verschiedenen zusammengesetzten Theilen von Apparaten, so wie zu den hölzernen Reifen; sie kann auch entbehrt werden, wo dann diese Gegenstände an Nägel (Fig. 74), oder an ein Gestell wie Fig. 75, welches an der Wand befestigt wird, aufgehängt werden. In dem Schranke befinden sich wohlgeordnet Trichter, Cylindergläser, Schalen, und im Hintergrunde leere Flaschen; in der Schublade rechts Filtrirpapier, wovon zweckmäßig die Abschnitzel in einer besonderen Abtheilung aufbewahrt werden.

Fig. 74.

Fig. 75.

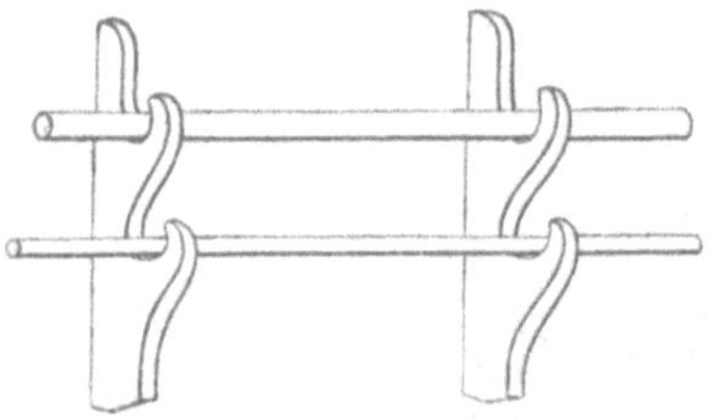

Auch die Schublade links wird mit niedrigen Zwischenwänden versehen und darin in einer größeren Abtheilung kleinere Röhrenstücke, in anderen Fächern Gummigegenstände, Korke u. s. w. untergebracht. Die drei obersten Schubladen dienen für die verschiedenen Feilen, Glasstäbe, Uhrgläser, Hammer und Zange, Tiegelzange und alle anderen kleineren Gegenstände, in einzelne Abtheilungen eingeordnet werden, welche durch Zwischenbrettchen von geringerer Höhe, als die Schubladen, zu bilden sind. Wenn der Tisch nicht an der Wand steht, so ist es sehr bequem, auch an der hinteren Seite Schrankthüren anzubringen. Der Waschapparat, wenn du einen solchen nach Brief Nr. 2 eingerichtet hast, findet am besten an einer Seitenwand des Tisches seinen Platz; natürlich ist das Holz dahinter mit Wachstuch zu bekleiden.

Wenn du nun einen solchen Tisch dir machen lassen willst -- was ich dir aber nur auf deine ausdrückliche Anfrage rathe, indem er eigentlich überflüssig und durch einen gewöhnlichen Tisch ersetzbar ist —, so wird es gut sein, den Platz für denselben in deinem Zimmer ein für alle Mal festzusetzen. Wähle dazu die Stelle an dem Schornstein, wenn anders dieselbe die nöthige Helle darbietet, und zwar aus folgendem Grunde: Bisher hast du es noch so wenig mit schädlichen Gasarten zu thun gehabt, daß du deren Einwirkung durch jeweiliges Oeffnen des Fensters oder Arbeiten im Freien entgehen konntest. Von nun ab aber wird es häufiger vorkommen, daß der Gesundheit nachträgliche Luftarten sich bei deinen Versuchen entwickeln werden. Nun ist es zwar in den meisten Fällen möglich, dieselben an ihrem Austreten in die Zimmerluft zu hindern, oder diese durch Lüften davon möglichst frei zu halten, oder endlich den ganzen Versuch im Freien anzustellen; auch werde ich dir stets die Anleitung so geben, daß einer dieser Wege dir offen stehen wird; wenn du aber bei deinen Arbeiten auch etwas auf Annehmlichkeit und Bequemlichkeit siehst und einige Ausgaben dafür nicht zu scheuen brauchst, so rathe ich dir sehr, folgende Vorrichtung über deinem Arbeits- oder einem Seitentische construiren zu lassen; sie wird zur Ableitung aller Gase, die schädlich wirklich könnten, dienen. In dem Schornstein, welcher hierzu aber gut ziehen muß, oder auch in die Stubenofenröhre (oberhalb der Klappe) lasse ein 4″ starkes Rohr aus Eisenblech in etwas schiefer Richtung einsetzen, dasselbe mag je nach deiner Bequemlichkeit 1 bis 2′ von der Wand oder der Ofenröhre abstehen; mittelst eines stumpfwinkeligen Knie's geht es in ein vertikales Rohr über, welches seinerseits sich in einen vierseitigen Trichter verlängert, der bei einer senkrechten Höhe von 1½′ eine Breite von etwa 1½′ an jeder Seite hat. Die beistehenden Figuren werden dir dies deutlich machen; bei a wird

Fig. 76.

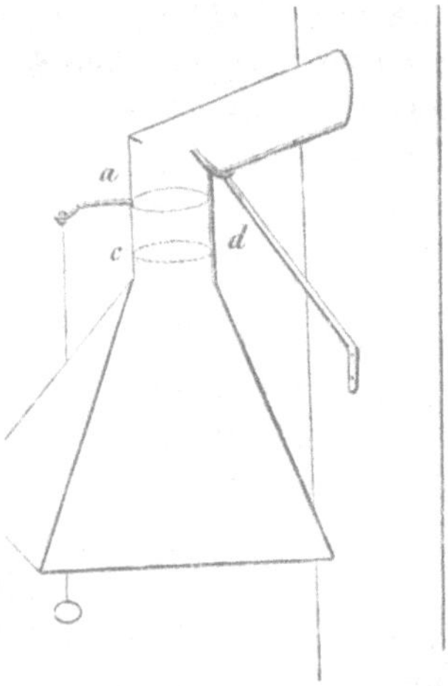

Fig. 77.

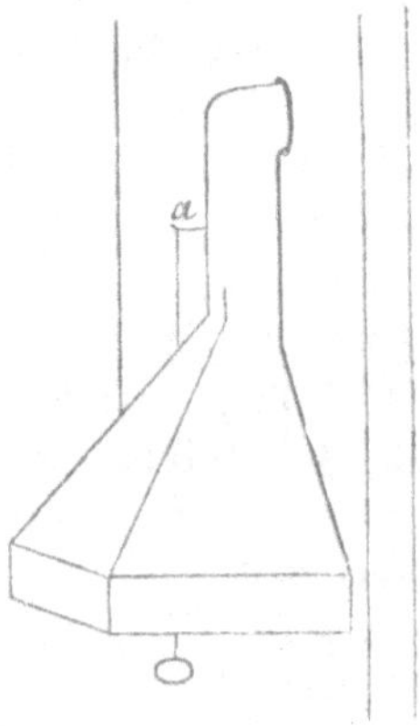

eine Klappe anzubringen sein, die mittelst eines Zuges aus Eisendraht gestellt werden kann. Die Höhe, bis zu welcher die ganze Vorrichtung über dem Tisch herabhängt, muß so getroffen werden, daß sie, ohne die Arbeit darunter zu beeinträchtigen, möglichst tief herabreiche. Freilich ist es bequemer, wenn man diesen Rauchfangmantel auf und nieder bewegen kann, doch dürfte es noch weit weniger umständlich sein, denselben nicht über dem eigentlichen Arbeitstische, sondern über einem kleinen Seitentische anbringen zu lassen.

Solltest du vielleicht diese Einrichtung bei Anwendung von Eisenblech etwas kostspielig finden und sie dennoch sehr wünschen, so kannst du sie vom Schornstein an bis zur Linie c d aus Blech, von da aus aber aus Pappendeckel, der mit schwarzem Glanzpapier überzogen ist, anfertigen lassen. Der Trichter aus Pappe, der genau in die Blechröhre passen muß, wird dann etwa mittelst einiger Stifte in dieselbe befestigt. Endlich kannst du dich auch mit noch weniger Umständen und fast ohne Kosten vor allen schädlichen Dünsten sichern: Lasse vor dem Fenster, welches deinem Arbeitstisch am nächsten steht, ein Brett anbringen, welches dessen Gesimse zu einem kleinen Tische macht. Dann lasse eine — wo möglich recht kleine — Scheibe auslösen und daraus ein bewegliches Fensterchen machen. Alle Operationen, die die Luft des Zimmers verderben würden, machst du dann da draußen, wobei sie durch das Fensterchen leicht überwacht und besorgt werden können. Größere Apparate, welche nur an ihrem Ende das schädliche Gas liefern, werden in's Zimmer gestellt und nur der letzte Theil kommt vor's Fenster, so daß die ganze Operation überwacht werden kann, ohne daß das Fenster geöffnet zu werden braucht. Für solche Fälle ist es sehr zweckdienlich, eine Scheibe ganz zu entfernen und durch Einsatzbrettchen mit verschieden gestalteten Einschnitten zum Durchlassen der Röhren zu ersetzen. (Mit diesen wenigen Worten soll eine solche Einrichtung indeß nur angedeutet sein; die Ausführung im einzelnen muß ich deinem nunmehr hoffentlich schon etwas praktischer gewordenen Verstande überlassen.)

XLI. Hiernach beeile ich mich, deine zweite Frage zu beantworten, indem ich dir, da du keine Sprengkohlen hast erhalten können, das Rezept dazu schicke.

Es werden folgende 3 Lösungen angefertigt:

1) $\frac{5}{8}$ Loth arabisches Gummi in 1 Loth Wasser,
2) $\frac{1}{8}$ „ Storax calamita in $\frac{1}{2}$ Loth Alkohol,
3) $\frac{1}{8}$ „ Benzoëharz in $\frac{1}{4}$ Loth Alkohol.

Ferner wird

4) $\frac{1}{4}$ Loth Traganthgummi mit so viel kochendem Wasser angerührt, daß die erkaltete, gallertartig aufgequollene Masse etwa den Raum von 2 Loth Wasser einnimmt.

Die Lösung 1) wird nun mit der Masse 4, wohl zusammengerührt und dann 2) und 3) zugesetzt und sorgfältig vermischt. Dann werden Holzkohlen fein gepulvert und durch ein Flor gesiebt (du kannst solche gesiebte Holzkohlen in der Apotheke erhalten) und davon $1\frac{1}{2}$ bis 2 Loth in das oben bezeichnete Gemisch unter fleißigem Durcharbeiten eingerührt. Das Ganze wird dann mit den Händen oder auch im Mörser längere Zeit geknetet oder gestoßen, bis ein Taig von hinlänglicher Consistenz erhalten wird, um daraus federkieldicke Stängelchen formen zu können, welche leicht durch Rollen zwischen zwei mit Kohlenpulver bestreuten Brettchen erzeugt werden. Diese sind nur noch langsam zu trocknen, um recht gute Sprengkohlen zu erhalten, die du bald brauchen lernen sollst.

Da nun doch einmal dieser Brief schon so lang geworden, ohne daß ich in meinem Lehrtexte fortgefahren, so mag auch die Angabe einer höchst bequemen Einrichtung hier noch zum Schlusse Platz finden. Wenn in dem Hause, in welchem du wohnst, sich vielleicht eine Gasleitung befinden sollte, so rathe ich dir sehr, statt aller anderen Lampen und Heizvorrichtungen, dir ein Paar Gaslampen auf deinem Tische anzubringen. Es ist nichts leichter, als irgendwo in die Leitung ein Bleirohr einzusetzen, welches auf dem kürzesten Wege nach der Wand über deinem Tische zu leiten ist, wo es in einem kurzen, horizontalen Messingrohre mit Hahn etwa 3″ über der Tischplatte münden soll. Die Lampen, in welchen das Gas verbrannt wird, sind, wenn damit geheizt werden soll, etwas anders construirt als die zur Beleuchtung dienenden. Du wirst am besten thun, zwei verschiedene Arten anfertigen zu lassen. Zur ersten gehört ein einfacher Lochbrenner von weiter Oeffnung. Man umgiebt denselben mit einer conischen, auf drei Füßen ruhenden Blechhülse (Fig. 78), welche in einer Höhe von 1″ über der Brenneröffnung mit einem Siebchen verschlossen ist. Das Gas mischt sich dadurch unterhalb des Siebes mit so viel Luft, daß es beim Anzünden **oberhalb** des Siebes verbrennt, ohne an kalte Körper Ruß abzusetzen. Ein Hahn außerhalb der Blechhülse dient zur genauen Regulirung des Gasstromes;

Fig. 78.

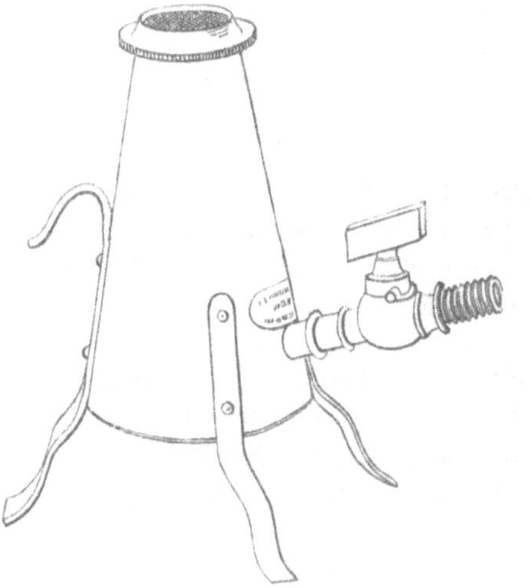

die andere Art Gaslampen unterscheidet sich von der eben beschriebenen durch die Form des Brenners, und die dadurch bedingte Größe der Blechhülse. Die Oeffnung und der Ring haben einen Durchmesser wie sie Fig. 79 (s. die folgende Seite) in natürlicher Größe zeigt, und das Sieb ist etwa ½″ breiter. Die Hitze dieser größeren Lampen wird bedeutend durch einen Schornstein erhöht, welchen man so darauf setzt, daß ein möglichst freier Luftstrom unter demselben hinein gelangen kann. Die Fig. 80 (s. die folgende Seite) zeigt dir eine solche Einrichtung verkleinert.

Diese Lampen werden mit der oben erwähnten Ausmündung der Gasleitung mittelst eines Schlauches von vulkanisirtem Kautschuk verbunden, wodurch es gestattet ist, sie auf dem Tische beliebig zu versetzen.

Fig. 79.

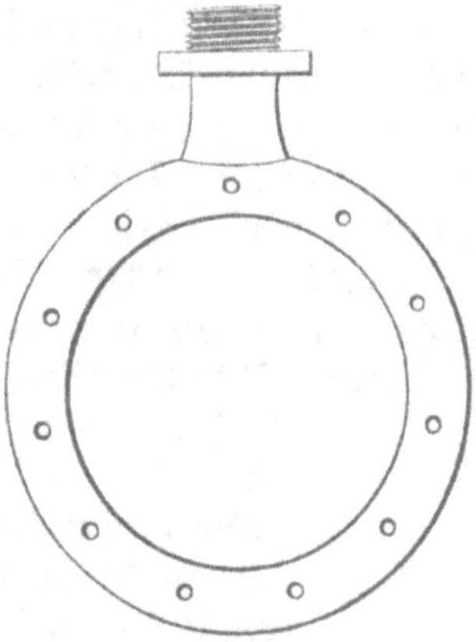

Fig. 80.

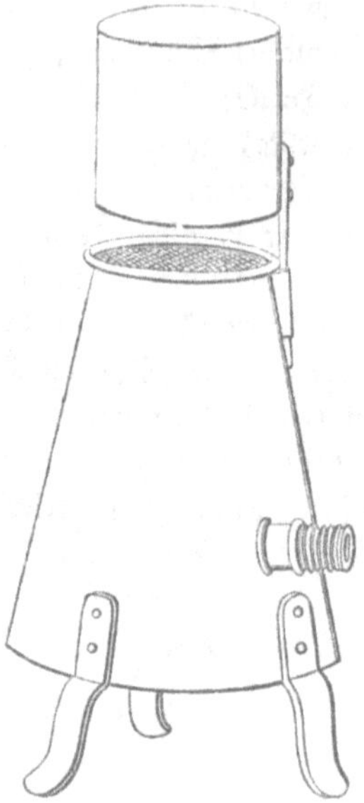

Solltest du nicht gerne jedesmal den Schlauch zugleich mit der Lampe wechseln wollen, so kannst du auch sehr leicht beide Lampen gleichzeitig mit der einen Röhrenöffnung verbinden, indem du in folgender Weise eine gabelförmige Zwischenröhre einschaltest:

Schneide aus einem Stück Guttapercharohr, die man jetzt sehr leicht erhalten kann, drei Stücke von beistehender Form (Fig. 81) und klebe sie nach geringer Erwärmung der schrägen Schnittflächen in der Lampe durch schwaches Andrücken an einander, so daß die Form (Fig. 82)

Fig. 81.

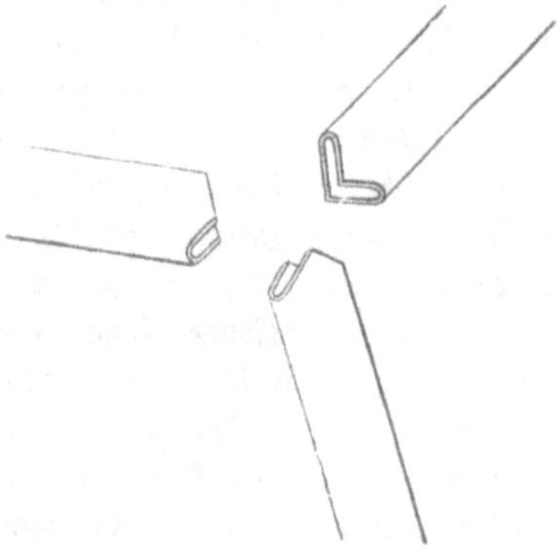

Fig. 82.

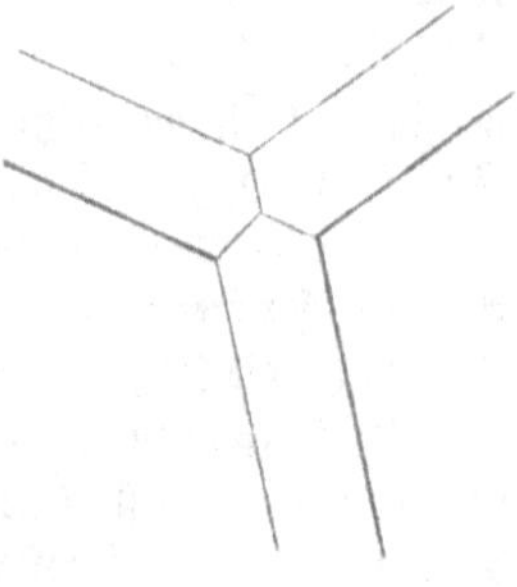

entsteht. Durch Ueberfahren der Fugen mit einem heißen Draht werden sie leicht völlig gedichtet, und nach dem Erkalten ist das Ganze recht fest und dauerhaft. Wenn du nun einen Arm dieser Gabel mit dem Röhrenansatz und die andern beiden je mit einer Lampe durch einen Schlauch verbindest, so ist die ganze Gasheizungseinrichtung fertig. Wenn du irgend Gelegenheit dazu hast, so versäume doch ja nicht, darauf Bedacht zu nehmen. Jede Spirituslampe wird dadurch ersetzt und eine sehr große Bequemlichkeit erzielt.

Fig. 83.

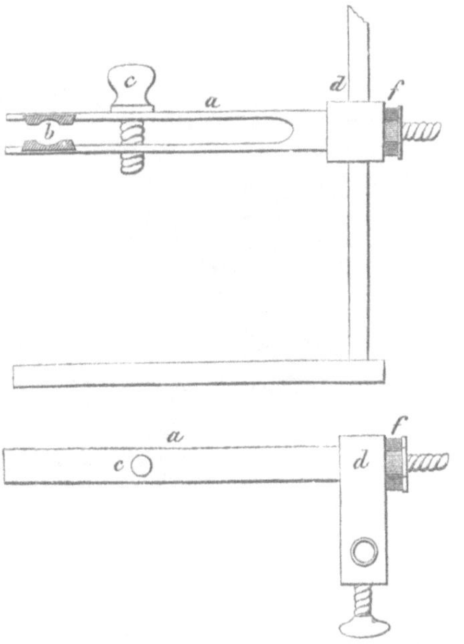

Endlich muß ich hier noch eines Geräthes Erwähnung thun, welches zwar nicht durchaus unentbehrlich ist, dessen Anschaffung ich dir aber der Bequemlichkeit seines Gebrauches wegen sehr anrathe. Es fehlte mir bisher an einer passenden Gelegenheit, davon zu sprechen, und doch kann ich es nicht länger verschieben. Ich meine einen Retortenhalter (Fig. 83). Du kannst die verschiebbare und mittelst der Schraube zu befestigende Vorrichtung auch an deinem Filtrirgestelle, wenn du ein solches hast, anbringen, oder sie auch vollständig neu anfertigen lassen. Der Haupttheil des Apparates ist eine 9 bis 12″ lange Klammer a aus Holz, mit zwei Korkstückchen b eingelegt, die sich durch die Schraube c erweitern und verengern läßt; um ihre Längsachse ist diese Klammer bei d in einem Ringe drehbar, in welchem sie mittelst einer Schraube steckt, auf die eine Schraubenmutter f paßt. Diese dient dazu, die Klammer in jeder Lage festzuhalten. Durch diese verschiedenen Schrauben wird es möglich, einer mit ihrem Halse eingeklammerten Retorte jede gewünschte Richtung, Stellung und Neigung zu geben.

Handlungen chemischer Geräthschaften verkaufen solche Retortenhalter für 20 bis 25 Sgr.

Bis zum Empfange meines nächsten Briefes wirst du genug mit

der Beschaffung und Einordnung der hier verzeichneten Geräthschaften zu thun haben, sei es nun, daß du nur das Nothwendigste, oder sei es, daß du auch das hauptsächlich zur Bequemlichkeit Erforderliche anzuschaffen beschlössest. Von der Bearbeitung des Glases und der Korke spreche ich mit dir im nächsten Briefe.

19. Brief.

Bearbeitung von Korken · Abfeilen, Proben auf dichten Schluß, Korkbohren. Durchschneiden von Röhren; Einsetzen in Flaschen. Herstellung von Spritzflaschen zur Einübung des Gelernten. Ausziehen von Glasröhren. Herstellung einer zusammengesetzten Spritzflasche, doppelte Bohrung, Glasbiegung.

Bei der Zusammenstellung von Apparaten sind, wie ich dir schon einmal gesagt habe, die guten Stopfen ein Haupterforderniß. Dazu gehört aber auch vor Allem eine gute Bearbeitung derselben, und hierauf soll daher zunächst dein Augenmerk gerichtet sein.

Lasse einige Champagnerkorke in siedendem Wasser aufweichen und wähle eine Flasche mit weitem Halse, doch so, daß derselbe für den ausgewählten Kork zu enge ist. In Ermangelung eines gebrauchten Champagnerkorks wird ein anderer, nicht durch Kochen, sondern mittelst des Hammers und zwar in folgender Weise erweicht: Lege den Kork auf eine feste Unterlage, einen Klotz, eine Bank oder dgl. und führe, unter langsamem Umdrehen, mehrere Schläge mit dem Hammer darauf, doch nicht so stark, daß dadurch bleibende Eindrücke im Korke entstehen; nach und nach wird derselbe weicher und elastischer werden (1). Nunmehr muß er durch Feilen so verkleinert werden, daß er mit einiger Mühe in die Flasche geht. Dies geschieht, wenn er viel zu dick ist, zuerst mit der Raspel, dann mit der Feile, ist aber nicht viel abzufeilen, nur mit letzterer allein.

Lege den Kork wie vorher auf den Tisch, fasse ihn der Länge nach

Fig. 84.

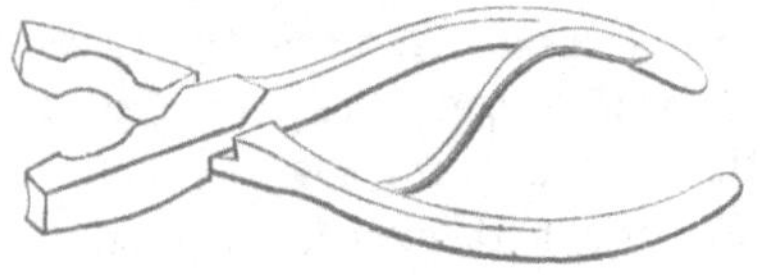

(1) Man hat auch eine Zange (Fig. 84) construirt, die dazu dient, durch Zusammenpressen des Korkes dasselbe zu bewirken; sie sind zum Preise von 1 Thlr. in den Handlungen chemischer Geräthschaften zu haben und recht bequem und zweckmäßig.

zwischen Daumen und Zeigefinger der linken Hand und führe die Raspel oder Feile unter fortwährendem Umdrehen des Korkes von der Seite dagegen; mit der Raspel wird die Hauptmasse abgenommen, mit der Feile dann so lange nachgearbeitet, bis die Oberfläche möglichst eben geworden ist. Dabei ist durch vorsichtiges Drehen dahin zu wirken, daß der Kork vollkommen rund wird, und die Richtung der Feile so festzuhalten, daß er an dem einen Ende etwas schmäler als am andern wird. Der Kork ist so vorzurichten, daß er nur mit Mühe und unter einer etwas drehenden Bewegung in die Flasche zu bringen ist.

Ist dies geschehen, so kannst du dich leicht davon überzeugen, ob er darin luftdicht schließt, oder nicht. Du brauchst nur die verkorkte Flasche mit der Mündung nach unten so in ein Gefäß mit Wasser zu halten, daß die Flaschenöffnung einige Linien untergetaucht ist, und alsdann die Flasche durch die Hand möglichst stark zu erwärmen. (Dabei ist jedoch zu bemerken, daß, wenn sie schon vorher beim Einpassen des Korkes durch die Hand erwärmt worden, sie erst wieder abgekühlt sein muß.) Die in der Flasche enthaltene Luft wird sich dann durch die Wärme auszudehnen suchen und, wenn der Pfropfen nicht völlig dicht schließt, in Blasen durch das Wasser entweichen. Ist dies auch nach einiger Zeit nicht der Fall, so kannst du den Schluß als vollkommen erachten und weiter fortfahren. Nimm den Kork aus der Flasche, schneide ihn mit einem scharfen Messer so ab, daß noch ein Stück von 1 bis 1¼" übrig bleibt, und lege ihn auf den Tisch, fasse ihn mit Daumen und Zeigefinger der linken Hand, dieses Mal aber der Breite nach, und bohre in die Mitte der dir zugekehrten Seite einen recht feinen, spitzen Rattenschwanz; wenn er einige Linien eingedrungen, so ziehe ihn heraus, und bohre dann kräftig wieder weiter fort, bis nach 2 oder 3maligem Ansetzen die Spitze der runden Feile an der entgegengesetzten Seite zum Vorschein kommt. Es muß dabei große Sorgfalt darauf verwendet werden, daß die Richtung der Feile von Anbeginn an so genommen wird, daß sie in der Mitte der anderen Seite durchkommt. Wolltest du die Richtung während des Bohrens umändern, so würde die Spitze Gefahr laufen, abzubrechen, selbst dann noch, wenn die Feile vorher, wie früher angegeben, enthärtet worden.

So wie du die Spitze des Rattenschwanzes durchstechen siehst, ziehe ihn heraus und bohre nun von der anderen Seite in ähnlicher Weise, bis ein Loch durch die Mitte des Korkes entsteht, in welches die Feile etwa bis zur Hälfte hineingesteckt werden kann. Nun erweitere es durch schnelles Hin- und Herziehen des Rattenschwanzes, während der Kork unter der flach darauf liegenden linken Hand ganz langsam auf dem Tische hin und her gerollt wird. Dadurch wird bewirkt, daß das Loch vollkommen rund bleibt, was ein Haupterforderniß ist.

Nun nimm eine Glasröhre mittlerer Dicke zur Hand und erweitere das Loch allmälig so, daß diese mit Mühe in dasselbe zu stecken ist. Besonders hast du dich noch vor dem Uebelstande zu hüten, der Anfängern leicht vorkommt, daß nämlich das Loch an den Enden weiter wird, als in der Mitte; es muß überall gleich weit und vollkommen cylindrisch sein.

Um dich nun zu überzeugen, ob es für die bezeichnete Röhre passend ist, wirst du von dieser ein Stück von etwa 3 bis 4″ abschneiden müssen. Dies geschieht in folgender Weise: Mit der Kante der dreikantigen Feile ziehe einen etwas tiefen Strich an der Stelle der beabsichtigten Theilung, was durch 2 oder 3maliges Hin- und Herziehen der Feile sehr leicht geschieht; fasse dann die Röhre mit beiden Händen so, daß die beiden Daumen sich genau an der Stelle gegen einander stemmen, die dem Feilstrich entgegengesetzt ist und zerbrich dann die Röhre herzhaft, aber mit einer Bewegung, die gleichzeitig die beiden Theile auseinander zu ziehen strebt. Du wirst sie so ohne alle Splitter vollkommen glatt und scharfkantig auf dem Bruche erhalten.

Die äußere Kante der Bruchfläche wirst du wohl thun, mit der flachen Seite der dreikantigen Feile etwas abzufeilen; dann aber versuche, das abgeschnittene Stück mit einer gleichsam schraubenden Bewegung in das Loch des Pfropfens zu bringen. Sollte dies allzu schwer gehen, so daß die Seiten des Loches dadurch leiden würden, so würde dieses noch erst zu erweitern sein; jedenfalls aber darf die Röhre nur mit großer Mühe hineinzubringen sein. Stecke sie so weit in den Kork, daß sie an der schmäleren Seite desselben einige Linien weit hervorsteht, und mache hierauf eine Probe, ob sie luftdicht darin schließt, was in ganz ähnlicher Weise geschieht, wie früher. Stecke nämlich den mit der Glasröhre versehenen Kork fest in die Flasche, bringe dann die Mündung der Röhre, aber nur diese, nicht den Pfropfen, in ein wenig Wasser und erwärme die Flasche mit den Händen (Fig. 85). Die dadurch sich ausdehnende Luft im Innern der Flasche wird durch die Glasröhre entweichen und in Blasen zum Vorschein kommen. Wenn dies geschieht, so ist der Apparat dicht und erfüllt seinen Zweck für jetzt vollkommen; es war kein anderer als der, dich mit diesen einfachen Manipulationen bekannt zu machen.

Fig. 85.

Wiederhole nun diese kleine Arbeit noch mit drei weiteren Flaschen von verschiedener Größe und mit den verschiedenen Glasröhren in deinem Besitze; nur so kann es dir gelingen, einigermaßen die nöthigste

es dir gelingen, einigermaßen die nöthigste Uebung in diesen Dingen zu erlangen, wodurch der Erfolg der weiteren Versuche allein gesichert werden kann.

Wir wollen nun gleich eine Nutzanwendung des Erlernten vornehmen, nämlich zwei Spritzflaschen darstellen, eine einfache und eine zusammengesetzte. Zu diesem Zwecke zünde die Spirituslampe an, nimm eine Glasröhre von der Größe a (Fig. 59), halte sie so mit beiden Händen über die Flamme, daß eine Stelle, die etwa 3 bis 4'' vom Ende entfernt ist, von der Hitze getroffen wird, und drehe die Röhre fortwährend zwischen den Fingern, indem du sie allmälig in den obersten Theil der Flamme herabsenkst. Hier fahre fort, die bezeichnete Stelle unter unausgesetztem Drehen zu erhitzen, indem du zugleich einen sanften Zug mit beiden Händen ausübst. Du wirst bald bemerken, wie der Durchmesser der Röhre vor der erhitzten Stelle mehr und mehr abnimmt, indem sich die erweichte Röhre verlängert. Wenn du fühlst, daß sie recht weich geworden ist, so lasse sie, ohne weiter zu ziehen, noch etwas heißer werden, nimm sie dann plötzlich aus der Flamme heraus und ziehe sie in demselben Augenblick herzhaft nach beiden Seiten auseinander. Die Röhre wird dadurch ungefähr die Gestalt wie Fig. 86

Fig. 86.

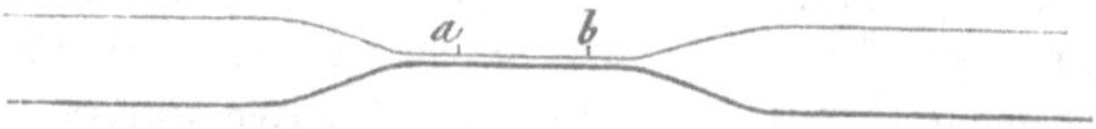

annehmen. Lege sie zum Erkalten auf den Tisch und mache dann an die Stelle a einen Feilstrich und brich die Röhre daran entzwei; dann brich auch noch das Stück zwischen a und b ab. Halte nun die abgebrochene Spitze a einige Sekunden in die Flamme, damit ihre Kanten etwas rund schmelzen, ohne daß aber die Oeffnung zugeschmolzen werde, und feile das weitere Ende dieser kleinen spitzen Röhre etwas ab. Nun wähle ein gewöhnliches, etwas großes Medizin- oder ein kleines Weinfläschchen, und richte in der oben beschriebenen Weise einen darauf passenden Kork zur Aufnahme der Röhre her, welche alsdann mittelst desselben in die Flasche luftdicht hineingesteckt wird. Dieser Apparat ist die einfache Spritzflasche (Fig. 87). Wenn du sie vor dem Einstecken des Korkes mit Wasser nicht gänzlich füllest, dann den Pfropf nebst Glasröhre fest einpressest, und das Ganze umkehrst, so wird das Wasser höchstens tropfenweise ausfließen; bläsest du nun aber in die umgekehrte Flasche Luft durch die Glasröhre, so wird nach Entfernung des Mundes ein feiner Wasserstrahl hervorspritzen, der zu manchen Zwecken, namentlich zum Auswaschen der Niederschläge auf dem Filter sehr bequem ist.

Fig. 87.

Noch zweckmäßiger hierzu ist die zusammengesetzte Spritzflasche:

Nimm irgend eine Flasche mit ziemlich weitem Halse, bereite einen Champagnerkork oder einen guten Spundkork durch Kochen oder Hämmern gut vor und bohre, nachdem er bis zum dichten Schließen der Flaschenöffnung abgefeilt worden, zwei Löcher hindurch, so daß beide etwa gleich weit unter sich und von dem Rand des Korkes abstehen; das eine dieser Löcher muß für die Röhre von der Weite a, das andere für die von der Weite b Fig. 59) passend sein (Fig. 88); beide müssen senkrecht auf den beiden Flächen des Korkes stehen.

Fig. 88.

Schneide nun von der großen Glasröhre mit der ausgezogenen Spitze ein solches Stück ab, daß dieses, in die Flasche gestellt, noch etwa 6'' daraus hervorrage, und runde beide Enden desselben in der Flamme und mit der Feile ab; alsdann bringe dieses Stück etwa 4'' von der Spitze unter denselben Vorsichtsmaßregeln wie vorhin angegeben in die Flamme der Spirituslampe, und erhitze es darin, jedoch ohne es auszuziehen, bis du fühlst, daß es biegsam geworden. Dann gieb der Röhre durch Neigung der Hände eine schwache Krümmung (Fig. 89, a)

Fig. 89.

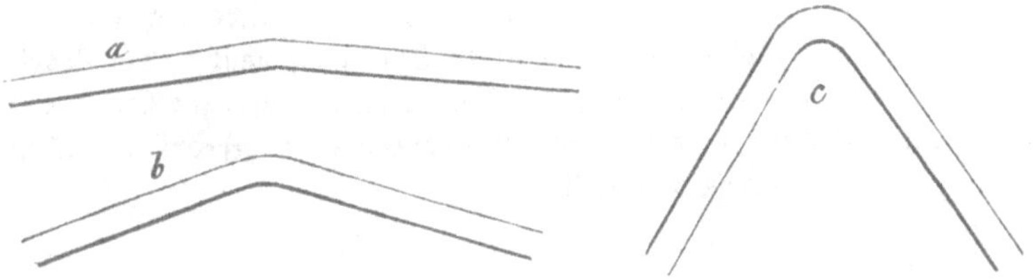

und erhitze dann die dieser Krümmung zunächst gelegene Stelle der Röhre, unter fortwährendem Umdrehen, worauf ein weiteres Krümmen b erfolgt. Nach sorgfältigem Erhitzen der angrenzenden Stelle der Röhre bewirke endlich eine letzte Krümmung, die der Röhre ungefähr die Form c giebt. Es ist wesentlich hierbei, die ganze Krümmung nur allmälig und unter fortwährendem Wechseln der erhitzten Stelle vorzunehmen, damit die Krümmung eine runde Linie und keine Ecke wird, oder gar eine Falte im Glase zeigt, in welchem Falle die Röhre sehr leicht brechen würde.

Schneide dann von der weiteren Röhre (Fig. 59, b) ein Stück von etwa 4'' ab, und biege es ungefähr in einem Drittel der Länge in einen stumpfen Winkel um, lasse die Bruchkante etwas rund schmelzen und stecke dann beide Röhren so in den Stopfen und diesen in die Flasche, wie Fig. 90 (s. die folgende Seite) es zeigt. Enthält die Flasche Wasser und bläst man in das kürzere Röhrenstück, so wird aus dem anderen ein feiner

Fig. 90.

Wasserstrahl hervorkommen, dessen Stärke und Richtung ganz in der Gewalt des Blasenden steht. Eine solche Spritzflasche dient zum Ausspülen von kleinen Glasgefäßen, Abwaschen von Krystallen, Auswaschen von Medizinflaschen u. s. w.

Doch für heute genug hiervon, das nächste Mal lehre ich dich die Construktion einer Lampe, welche eine größere Hitze giebt, als die kleine Spirituslampe.

Ich brauche wohl kaum zu erwähnen, daß du, wenn du die Gummiapparate, von denen ich im vorigen Briefe gesprochen habe, besitzest, die ganze Arbeit für den doppelt durchbohrten Kork nicht nöthig hast, sondern nur eine Flasche auszuwählen brauchst, auf welche ein Gummihütchen mit zwei Röhren unter gehöriger Spannung paßt; dann steckest du in dasselbe zwei Glasröhren, die wie angegeben gebogen sind, und mit großer Reibung in die etwas aufzuspannenden Röhrenansätze passen, worauf die Spritzflasche fertig ist.

---

20. Brief.

Spirituslampen mit doppeltem Luftzuge. Anfertigung einer solchen zum Ersatz der Berzeliuslampe und zur Uebung in den verschiedenen Manipulationen. Glassprengen.

Zur Erzeugung höherer Hitzegrade, so wie sie z. B. zum Schmelzen dickerer Röhren erforderlich sind, reicht eine kleine Spirituslampe keineswegs aus; wenn du also keine Gaslampe wie die beschriebenen hast erlangen können, so mußt du jetzt Bedacht darauf nehmen, eine Spirituslampe mit doppeltem Luftzuge dir anzuschaffen. Man hat davon verschiedene Arten; diejenige, welche ich für die zweckmäßigste halte, zeigt Fig. 91.

Fig. 91.

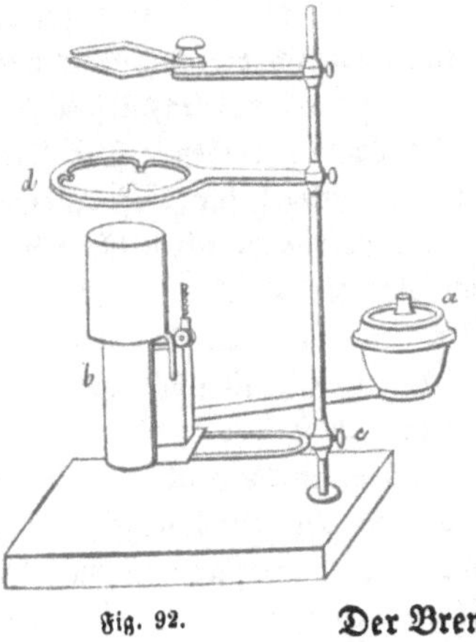

Der Spiritusbehälter a ist von dem Brenner b durch ein langes Rohr getrennt; beide stecken mittelst einer Hülse an einer Gabel, welche vermöge der Schraube c an einer beliebigen Stelle des Statives befestigt werden kann und über welche die Lampe nach vorne und hinten geschoben werden kann. Der Fuß dieses Statives ist zweckmäßig, aber nicht nothwendig mit einer Porzellanplatte bedeckt. Der Brenner b enthält einen cylindrischen, hohlen Docht, der mittelst einer Schraube beliebig hoch gestellt werden kann; über dem Dochte befindet sich ein Schornstein und über demselben der verstellbare Ring, zu welchem endlich noch einige Triangel aus Draht (Fig. 92) gehören. Eine solche Lampe erhältst du in den Handlungen chemischer Geräthschaften für den Preis von

Fig. 92.

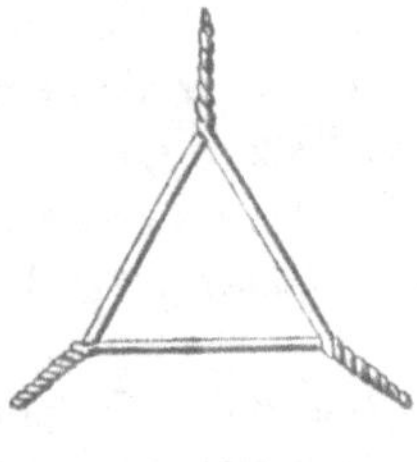

3 bis 4 Thalern; doch rathe ich dir, bei der Bestellung eine kleine Zeichnung beizufügen, damit du diese und keine andere, weniger zweckmäßige erhältst. Gewöhnlich befindet sich an solchen Lampen noch eine Schraube mit beweglicher Gabel (Figur 91 e); sollte die Lampe, welche du dir kaufen wirst, diese nicht haben, so rathe ich dir sehr, nachträglich noch diese Verbesserung anbringen zu lassen.

Fig. 93.

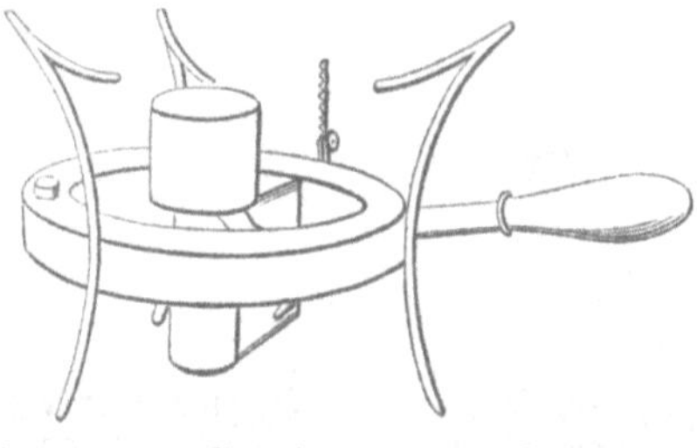

Eine andere Einrichtung dieser Spirituslampen mit doppeltem Luftzug, oder sogenannten Berzeliuslampen zeigt die beistehende Figur. Diese haben einen ringförmigen Spiritusbehälter und drei Arme zur Aufnahme von zu erhitzenden Gegenständen, und sind in manchen Fällen, namentlich für größere Schalen, wohl etwas zweckmäßiger als die vorhin beschriebenen; allein der ringförmige Spiritusbehälter in so großer Nähe der Flamme, und der Umstand, daß die Höhe der Gegenstände über der Lampe nicht verändert werden kann, sind zwei Uebelstände, welche den ausschließlichen Gebrauch solcher Lampen schwierig machen. Indessen hat man oft Gelegenheit, dieselben bei Klempnern fertig zu finden, wodurch die Umständlichkeit und die Kosten des Kommenlassens erspart werden, und in diesem Falle würde ich allerdings zu dieser letzten Art Lampen rathen. Der Preis derselben ist 2½ bis 3 Thlr. Eine allgemeine Regel für diese Lampen, die du nie außer Acht lassen darfst, und die überhaupt für alle Spirituslampen Geltung hat, will ich gleich hier dir angeben: Fülle nie neuen Spiritus in den Behälter, ehe die Lampe ausgelöscht, und wenn sie sehr heiß war, etwas abgekühlt ist; das größte Unglück könnte aus der Nichtbeachtung dieser Vorschrift entstehen. Lasse dich durch die Kosten dieser Lampe nicht abschrecken; es giebt kaum einen Apparat, der für ein Laboratorium so unentbehrlich wäre, wie eine Berzeliuslampe. Sollte aber trotz dem dein Wunsch dahin gehen, diese Beschaffung zu umgehen, so will ich dir im Folgenden eine Anleitung geben, dir selbst eine Lampe zu construiren, die, wie ich mich überzeugt habe, recht gut im Stande ist, die Berzeliuslampe zu ersetzen, und die nur ein Paar Groschen kostet. Ich bitte dich, dir eine solche selbst in dem Falle einzurichten, daß du dir eine vollkommene Berzeliuslampe anschaffst, denn es ist eine gute Uebung und du erhältst eine recht brauchbare Lampe, die dir vielfach auch neben den anderen nützlich sein wird.

Nimm eine Flasche mit ziemlich weitem Halse von einem Inhalte von etwa ¼ Quart (sie kann aus grünem Glase sein und hat am besten keinen abstehenden Rand an der Oeffnung), feile etwa 3''' oberhalb des Bodens einen tiefen Schnitt quer hinein, halte dann das in der Spirituslampe glühend gemachte Ende einer Sprengkohle an den Schnitt und erhalte die Spitze durch Blasen und Umdrehen im frischen Glühen; sehr bald wird im Glase ein Sprung in der Richtung des Feilstriches entstehen. Sollte sich derselbe auch nach einiger Zeit nicht zeigen, so wird ein Befeuchten der Stelle mittelst eines nassen Fingers ganz sicher ein Springen des Glases hervorrufen, doch wird dieses dann selten mit der erforderlichen Regelmäßigkeit bewirkt und es entstehen oft viele kleine Risse. Jedenfalls muß, wenn das Springen durch Befeuchten bewirkt werden soll, die Hitze vorher nicht gar zu stark sein; es entsteht dann eher ein einfacher Sprung. Auf welche Weise dieser aber hervorgebracht worden, so muß er nun mittelst der glühenden Sprengkohle rings um die ganze Flasche in gleicher Entfernung vom Boden geführt werden. Um die Richtung genau inne zu halten ist es gut, eine Linie mit der Feder oder mit Kreide vorzuzeichnen. Sollte der erste Sprung etwas schief ausgefallen sein, so ist diese Zeichnung in einem sanften Bogen nach der Mündung der Flasche zu in eine Kreisbahn einzuführen, welche nicht durch den Feilstrich geht. Der ganze Sprung soll nämlich den Boden der Flasche so absprengen, wie es Fig. 94 zeigt; die Beschaffenheit des abgetrennten Bodens ist dabei völlig gleichgültig, aber der Rand des größeren übrigbleibenden Stückes muß möglichst eben und namentlich durchaus ohne Sprünge sein. Sind daher **mehrere** Anfangssprünge vorhanden, so wirst du den größten davon auswählen und den ganzen Kreissprung so auszuführen haben, daß er (die Flasche umgekehrt gehalten) schließlich **unter allen** anderen Sprüngen hinweg in sich selbst verläuft; das Aufzeichnen des Striches hast du in diesem Falle also etwa nach Fig. 95 auszuführen.

Fig. 94.

Fig. 95.

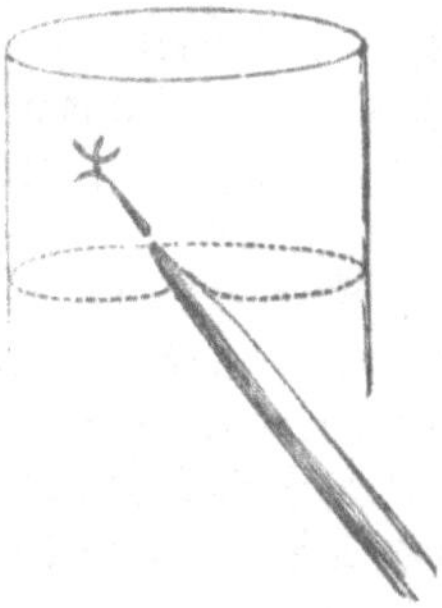

Das Sprengen selbst geschieht sehr leicht dadurch, daß man die glühende Kohle 1 bis 2''' vor das Ende des Sprunges hält und dann demselben nähert (s. beistehende Figur), wo dann der Sprung in jeder beliebigen Richtung geführt werden kann.

Es ist kaum zu erwarten, daß dir gleich das erste Mal die Sprengung ganz nach Wunsch gelingen werde; du wirst erst einige Flaschen opfern müssen, bis du einen regelrechten Schnitt erhältst; laß dich diese Mühe nicht verdrießen; je mehr Uebung und Sicherheit du hierin erlangst, desto besser ist es.

Verschaffe dir nun eine Glasröhre von etwa 6 bis 8''' äußerem Durchmesser (bei einem Barometermacher wirst du sie leicht bekommen) und schneide davon ein Stück von solcher Länge ab, daß es um einige Linien die Länge der abgeschnittenen Flasche übertrifft. Schwerlich wirst du dies durch Einfeilen und Abbrechen so fertig bringen, daß am Rande des Bruches kein Sprüngchen erscheint; deshalb rathe ich dir mehr dazu, eine tiefe Furche rings herum einzufeilen, dann diese an einer Stelle mit Sprengkohle zu erhitzen und hierauf zu befeuchten, worauf ohne Zweifel der Sprung ganz regelrecht erfolgen wird. Beim Einfeilen der Furche leistet etwas Terpentinöl, auf die Feile getropft, ganz treffliche Dienste; es wird dadurch das Einschneiden sehr erleichtert und beschleunigt.

Hast du das Glasrohr abgeschnitten, so wähle einen recht guten Stopfen aus, feile ihn mit großer Sorgfalt, bis er in den Hals der Flasche recht dicht schließt, und bohre erst mit einem mitteldicken, dann mit dem dicksten Rattenschwanze ein Loch in dessen Mitte, in welches das weite Glasrohr mit Mühe paßt; dabei ist großer Fleiß auf vollkommene Rundung des Loches zu verwenden und dann Kork und Röhre mit Kraft in den Hals zu stecken; endlich wird der Kork scharf am Rande des Glases abgeschnitten und die Glasröhre sachte so weit vorgestoßen, bis sie ebenfalls aus der Flasche nicht mehr vorragt (s. die Figur weiter unten). Um zu versuchen, ob der Kork recht dicht schließt, mußt du nun Wasser in das Glas gießen und es eine Zeit lang stehen lassen; wenn nichts durchsickert, ist Alles in Ordnung. Mittlerweile wirst du wohl thun, dich nach einem passenden Gestelle für die werdende Lampe umzusehen. Am leichtesten möchte wohl ein etwas schweres Brettchen zu beschaffen sein, welches etwas breiter als die Flasche und einen halben Zoll höher als deren Hals ist. In dasselbe lasse ein rundes Loch bohren, worein der Hals der Flasche paßt, und worin er, namentlich wenn seine Mündung umgebogen ist, mit Papier oder Pappendeckel recht fest eingepaßt wird. In die untere Seite dieses Brettchens werden zwei etwas tiefe, sich in dem Loche kreuzende Furchen gefeilt, wodurch die Luft zu der Glasröhre Zutritt erhält, wenn die Lampe auf dem Tische steht.

Nun feile einen Spund so, daß er gut in die obere Oeffnung der Lampe paßt, und bringe in seiner Mitte ein Loch an, welches so groß ist, daß die von unten vorragende Glasröhre mit einem ringförmigen Zwischenraum von 2''' Breite hineinrage; feile ferner zur Seite, möglichst nahe am Rande des Stopfens, noch ein zweites Loch zur Aufnahme einer Glasröhre von der Weite c (Figur 59) und eine der Höhe der Flasche gleichen Länge ein und stecke dann den Kork in die obere Oeffnung so hinein, daß er aus der Flasche nicht hervorsteht; er muß durch Reibung recht fest sitzen, braucht aber nicht nothwendig dicht zu schließen.

Nun schneide aus einem dünnen Stücke Messingblech mit der Scheere ein viereckiges Stück, welches zusammengerollt eine Röhre von der Weite des mittleren Loches im oberen Korke und von einer solchen Länge giebt, daß sie, bis zur unteren Fläche dieses Korkes hineingesteckt, die Glasröhre um etwa einen halben Zoll übertrifft. Diese Röhre muß so gerollt sein, daß sie durch ihren eigenen Druck an der Mündung des Loches festgehalten wird. In den Zwischenraum zwischen diese Messing- und die Glasröhre kömmt nun ein cylindrischer Docht, und auf den Kork eine dünne Messingplatte mit zwei den darin befindlichen Röhren entsprechenden Löchern. Die engere Röhre dient zum Füllen der Lampe mit Spiritus, wobei ein ganz kleiner Glastrichter sehr bequem ist, und wird außerdem mit einem kleinen Pfropfen verschlossen.

Nun fehlen nur noch ein Schornstein und ein Deckel; ersterer zur Verwahrung des Zuges und der Hitze, letzterer zur Vermeidung der Verdunstung des Weingeistes beim Nichtgebrauche der Lampe.

Den Schornstein läßt du wohl am besten von einem Blecharbeiter aus Messingblech schneiden und mit ein Paar Stiften vernieten. Er muß $1\frac{1}{2}''$ weit und $2\frac{1}{4}''$ hoch sein, und an einem Ende mit drei Streifen versehen sein, welche so gebogen sind, daß sie sich um den Spiritus-

a Fig. 96. b

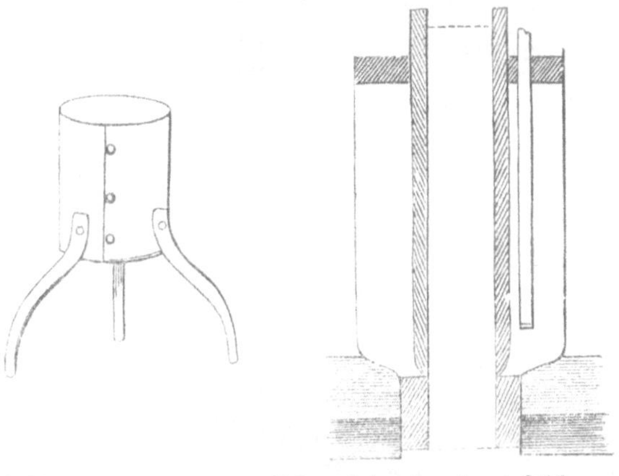

behälter festklemmen und den Schornstein in einer solchen Höhe festhalten, daß sie unten am Rande ein Paar Linien über dem oberen Rande der Dochthülse steht (Fig. 96, a). Statt dieser Blechstreifen können natürlich eben so gut drei starke Drähte dienen, doch müssen sie dann mit Hartloth angelöthet sein. Der Deckel wird aus Weißblech gefertigt und paßt ziemlich genau über den Docht und seine Hülse. Die Lampe ist nun fertig und zeigt im Durchschnitte etwa die Gestalt wie Fig. 96, b (s. die vorhergehende Seite).

Beim Gebrauche wird der Docht zur erforderlichen Höhe emporgezogen, in welcher er durch seine Reibung stehen bleiben muß, und die Flamme erscheint dann bis oberhalb des Schornsteins. Gerade in ihrem obersten Theile ist ihre größte Hitze.

21. Brief.

Anfertigung von Trichterröhren und Sicherheitsröhren. Schutz der Korke durch Guttapercha. Abschneiden großer Glasröhren. Herstellung eines Waschapparates für Gase. Proben auf seine Dichtigkeit. Anfertigung von Kautschukröhren. Verkitten undichter Apparate. Gasentwickelungsapparat. Dichtigkeitsprobe.

Um nicht später bei Anstellung verschiedener Experimente häufig aufgehalten zu werden, so wie um dich mehr und mehr in den Bearbeitungen der Glasröhren u. s. w. zu üben, wollen wir jetzt einige kleine Apparate zusammensetzen und sie für vorkommende Fälle aufbewahren.

Nimm eine weite Glasröhre (Fig. 59, c) von 10 bis 12″ Länge, erhitze das eine Ende derselben unter fortwährendem Drehen in der Flamme der Lampe mit doppeltem Luftzuge, bis es etwa auf 1″ Länge recht weich geworden, und erweitere es darauf durch Einstecken eines Vförmig gebogenen Drahtes oder einer runden, etwas dicken und kegelförmig zugespitzten Kohle, und ohne das Drehen innerhalb der Flamme zu unterbrechen, zu einem kleinen Trichter. Du wirst wohl daran thun, zwei oder drei solche *Trichterröhren*, (welche einem Retortentrichter ohne Knie gleichen) zu verfertigen. Sie dienen zum Nachgießen von Flüssigkeiten in Retorten und Flaschen, wie du später erfahren wirst.

Fig. 97.

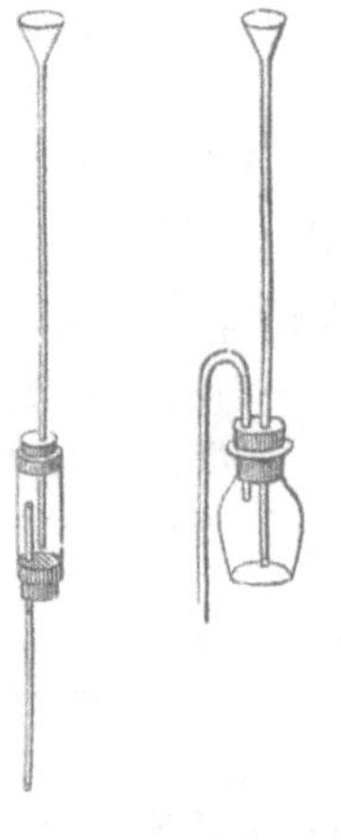

Richte ferner zwei *Sicherheitsröhren* nach diesen beiden Zeichnungen (Fig. 97) ein; du wirst dies nun schon ohne weitere Anleitung fertig bringen, wenn du dich genau an die Zeichnung hältst und für das Fläschchen rechts eine kleine, *möglichst leichte* Opodeldocflasche, für sämmtliche Röhren solche von mittlerer Weite (Fig. 59, b) nimmst. Da in diese Röhren Säuren gegossen werden sollen, so wird es sehr zweckmäßig sein, die Korke vor deren zerstörender Einwirkung zu schützen. Zu diesem Zwecke thust du am besten, sie mit Guttapercha zu überziehen. Diese Operation, die unter allen ähnlichen am besten diesen Zweck erfüllt, und die du daher in allen vorkommenden Fällen ausführen kannst, wird in folgender Weise vorgenommen:

Erweiche ein Stück rohe Guttapercha, wie du sie vom Materialisten erhältst, in heißem Wasser, und forme daraus durch Kneten ein dünnes, einer Stange Siegellack ähnliches Stück. Wenn dasselbe kalt und fest geworden, so verfahre damit zum Ueberziehen der — mit den durchgesteckten Röhren versehenen — Korke wie mit Siegellack. Stecke die Guttapercha in der Flamme einer Spirituslampe an und bringe von dem schmelzenden und brennenden Stoffe auf die ganze Oberfläche des Korkes, welche ins Innere des Apparates kommt, eine dünne Schichte. Diese wird schließlich durch Ueberfahren mit dem erhitzten Ende einer Glasröhre ausgeglichen und geglättet. Dabei ist Sorge zu tragen, daß die Guttapercha zwar alle Punkte bedeckt, aber nicht über den Rand hinausragt; in letzterem Falle würde sonst der Kork nicht mehr in das Glas passen. Auf solche Weise vorbereitete Korke werden in der Kälte selbst nicht von Vitriolöl angegriffen; dagegen können sie, ohne bald zu verderben, eine erhöhte Temperatur nicht vertragen.

Sämmtliche Trichter- und Sicherheitsröhren werden passend an der Wand aufgehängt, oder auf Nägel u. s. w. gelegt, da sie in Schubladen sehr dem Zerbrechen ausgesetzt sind; wir werden ihrer bald bedürfen.

Zum Waschen und Trocknen von Gasen bedürfen wir eines Apparates, der in größeren Laboratorien aus mehreren Wulff'schen Flaschen (Brief Nr. 17) zusammengesetzt zu werden pflegt; du sollst aber diese entbehren können, oder zu anderen Zwecken verwenden, und wir wollen daher einen anderen Apparat mit einfacheren Hülfsmitteln herrichten, der ganz denselben Zweck für unsere im kleineren Maßstabe anzustellenden Experimente erfüllen wird.

Du wirst dazu einer kleinen Quantität Sand bedürfen, der recht rein, geglüht und gesiebt sein muß. Trockne daher ein Paar Hände voll davon auf dem Ofen, siebe ihn durch das feinste Sieb, das du haben kannst, glühe ihn in einem hessischen Tiegel wohl durch, und bewahre ihn zum Gebrauche in einer Flasche auf.

Nun nimm eine Glasröhre von 5 bis 6''' Weite und einer Länge von etwa einem Fuß. Das Abschneiden erfolgt in der bekannten Weise mittelst Einfeilen und Abbrechen, oder Absprengen. Sollte dabei ein kleiner Sprung in den Rand der Röhre kommen, oder dieser auf irgend eine Weise nicht hinlänglich gerade sein, so kannst du mit einem Einschnitt im Barte irgend eines Schlüssels, der etwas weiter als die Röhre dick ist, so lange kleine Glasstückchen von deren Rand abbrechen, bis dieser hinreichend geebnet, und ohne alle Sprünge erscheint. Verschließe das eine Ende derselben mit einem Korke, fülle die Röhre mit dem geglühten Sande und verschließe das andere Ende ebenfalls.

Nun erhitze die Mitte der Röhre unter fortwährendem Drehen erst über, dann innerhalb der großen Spiritusflamme, und lasse sich die Hitze durch gleichzeitiges Hin- und Herziehen der Röhre auf eine möglichst große Stelle verbreiten. Wenn du fühlst, daß das Glas weich geworden, so biege es allmälig unter der Vorsicht um, daß möglichst alle Seiten der Flamme dargeboten und die Biegungsstelle allmälig verschoben werde. Dies setze so lange fort, bis die Röhre etwa die Form eines U zeigt, worauf sie nach und nach aus der Flamme genommen und erkalten gelassen wird. Dann nimm den Sand heraus und biege in derselben Weise noch zwei solche Röhren.

Diese Operation ist nicht ganz leicht auszuführen und erfordert viel Geduld, doch zweifle ich nicht, daß du mit einiger Ausdauer damit ganz gut zu Ende kommen wirst.

Es bleibt nun noch übrig, die drei Röhren zu einen Ganzen zu verbinden; zu diesem Ende suche sechs recht gute Medizinkorke aus, die (nach etwa vorhergegangenem Abfeilen) sehr genau in dieselben passen, und feile in sämmtliche sechs Stöpsel feine Löcher zur Aufnahme von Glasröhren des kleinsten Durchmessers; hierauf schneide von diesen solche Stücke ab, und biege sie so um, daß nach Verbindung der einzelnen Theile das Ganze die Gestalt wie Fig. 98 zeigt. Du hast dabei darauf zu achten, daß die kleinen Röhren nach innen nicht weit über die Stöpsel vorstehen. Diesen ganzen Apparat prüfe schließlich auf seine vollkommene Dichtigkeit in folgender Weise:

Fig. 98.

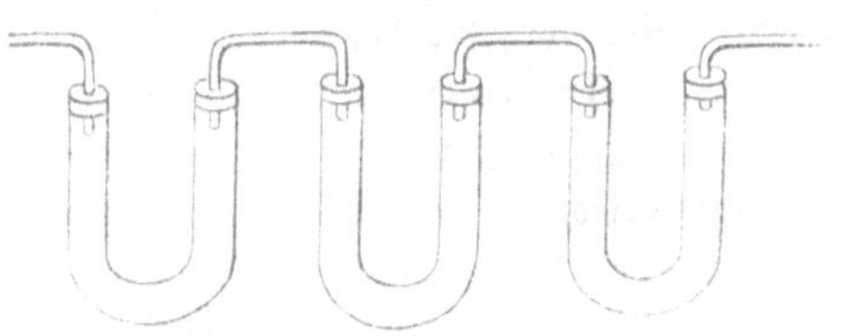

Verschließe die äußerste Röhre mit dem Finger, sauge an der entgegengesetzten recht stark, und verschließe dann schnell die Oeffnung mit der Zunge. Wenn diese daran haftet und auch nach einiger Zeit noch haften bleibt, so hat der Apparat die Dichtigkeitsprobe bestanden. Um dich noch mehr davon zu überzeugen, kannst du auch das eine Ende mit etwas Wachs verstopfen, dann eine der Röhren mit der kleinen Spirituslampe erwärmen und sehen, ob aus dem andern, welches in ein Schälchen mit Wasser eintaucht, Luftblasen entweichen. Sollte der Apparat bei einer dieser Proben sich undicht zeigen, so mußt du sorgfältig einen Stopfen nach dem andern untersuchen, und denjenigen, welcher verdächtig erscheint, durch einen neuen zuverlässigeren ersetzen. Da sämmtliche Korke mit Kraft in die Röhren eingedrückt werden müssen, so geschieht es dabei nicht selten, daß Stückchen am Rande losbrechen und so Röhrenöffnungen entstehen, in welche kein Kork, ohne Schaden zu leiden, hineingebracht werden kann. Dann ist jedesmal die Mündung in der oben bezeichneten Weise mit einem Schlüssel oder auch mittelst einer Sprengkohle abzuebenen und schließlich mit etwas Sand abzuschleifen. Ueberhaupt ist es sehr gut, wenn du alle Mündungen vor dem Einpassen der Korke durch starkes Erhitzen des Randes rund schmelzen läßt, oder sie auf einem Ziegelstein matt schleifest.

Wenn man zur Zusammenstellung der Apparate, welche zur Entwickelung der Gase und der Beobachtung ihrer Einwirkung auf andere Körper dienen sollen, nur Glasröhren gebrauchen wollte, so würden dieselben durchaus unbeweglich sein, und bei dem geringsten Stoße zerbrechen; ja es würde für viele Fälle mit großer Schwierigkeit verbunden sein, ihre Theile in ein Ganzes zu verbinden, da es denselben durchaus an Nachgiebigkeit gebrechen würde. Aus diesem Grunde schaltet man an verschiedenen Stellen bewegliche Röhren ein, und nimmt dazu entweder solche aus vulkanisirtem Kautschuk (s. Brief 19), oder man fertigt sie selbst aus gewöhnlichen Gummiplatten an. Für den Fall, daß dir von ersterer Art keine zu Gebote stehen, will ich hier die Anleitung folgen lassen, wonach die der zweiten Art sich schnell anfertigen lassen. Schneide aus der Gummiplatte (Brief 19) einen Streifen von etwa 2'' Breite, befeuchte mit dem Munde ein Stück Glasrohr, welches denjenigen gleicht, die durch die zu verfertigende Röhre verbunden werden sollen, und erhitze das Ende des Gummistreifens durch rasches Hin- und Herziehen in der Spirituslampe, bis es recht weich geworden ist. Nun lege dasselbe so um die Glasröhre, daß diese gerade umspannt wird und ein schmaler Streifen doppelt zu liegen kommt, diesen drücke mit den Fingern etwas fest und schneide dann mit einer recht reinen Scheere alles Ueberstehende ab (Fig. 99).

Fig. 99.

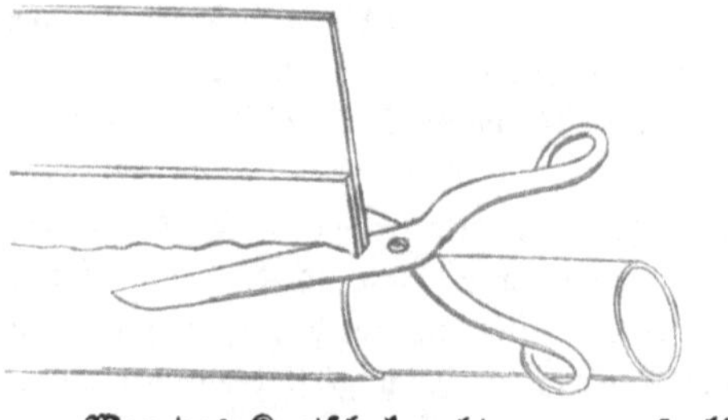

War das Kautschuk recht warm, so kleben die Schnittflächen von selbst aneinander; jedenfalls wird dies aber befördert und an allen Stellen durch Folgendes bewirkt: drücke mit den Daumennägeln die

Enden der Röhre auf der Glasröhre so gegen einander, daß die frischen Schnittflächen nicht von den Fingern berührt werden; sie kleben nur im frischen Zustande und wenn kein fremder Körper daran gekommen ist, fest aneinander. So entsteht eine Kautschukröhre, die aber noch leicht undichte Stellen enthalten kann; wiederhole daher die ganze Operation noch einmal, nachdem der schmale Streifen, der vom äußersten Ende abgeschnitten wurde, entfernt ist; dabei ist natürlich das Kautschuk wieder zu erwärmen und der neue Verbindungsschnitt dem ersten gerade gegenüber anzubringen. Schließlich wird von beiden Enden der Röhre ein Streifchen in kleinen Stücken abgeschnitten, um an dieser Stelle die beiden Schichten Kautschuk mit einander zu verbinden.

Stelle für jede der drei Hauptgrößen der Glasröhren zwei oder drei solcher Verbindungsröhren dar, und du wirst hinlängliche Geschicklichkeit erworben und einen auf eine Zeit lang ausreichenden Vorrath angefertigt haben.

Schließlich will ich dir noch die Anleitung geben, wie man Apparate, welche nicht völlig luftdicht sind, dicht machen kann, ohne die Korke gegen bessere zu vertauschen. Im Allgemeinen ist dieses Auskunftsmittel jedoch zu verwerfen, und nur da anzuwenden, wo der sehr großen Oeffnungen wegen große Spunde genommen werden müssen, welche selten einen vollkommenen Verschluß geben. In anderen Fällen ist der Kork so zu wählen und die ganze Arbeit so zu verrichten, daß von vornherein ein vollständiges Schließen bewirkt wird. Das Dichten geschieht am besten mit einem Kitt aus gestoßenen Oelkuchen und Wasser; verschaffe dir daher gesiebtes Oelkuchenpulver und verfahre alsdann nach folgender Vorschrift, die dir zugleich die Anleitung zur Herstellung eines Apparates geben soll, welchen du demnächst gebrauchen wirst.

Nimm eine ziemlich große Flasche mit weitem Halse, wähle einen möglichst passenden Spundkork und bohre darein zwei Löcher, eines zur Aufnahme einer Trichterröhre, das andere zur Aufnahme einer rechtwinkelig gebogenen ziemlich kurzen Röhre von mittlerer Weite. Gieße etwas Wasser in die Flasche, damit das Ende der Trichterröhre darin untertauche und wirf dann etwa eine Hand voll kleiner Stückchen Kreide (1) oder Marmor in das Wasser, stecke den Kork mit den Röhren in die Flasche und verbinde die kleine Röhre mittelst einer Kautschukröhre mit einer doppelt gebogenen Glasröhre. Die Befestigung der Kautschukröhre an den beiden Glasröhren geschieht am besten mit seidener Kordel und erfolgt unter sehr starkem Anziehen und mittelst einer

1) Gleich zu Anfang meines nächsten Briefes wirst du sehen, wozu diese Kreide dienen soll; für den eigentlichen Zweck ist sie überflüssig, würde aber nach dem Zukitten des Apparates nicht mehr hineinzubringen sein.

Fig. 100.

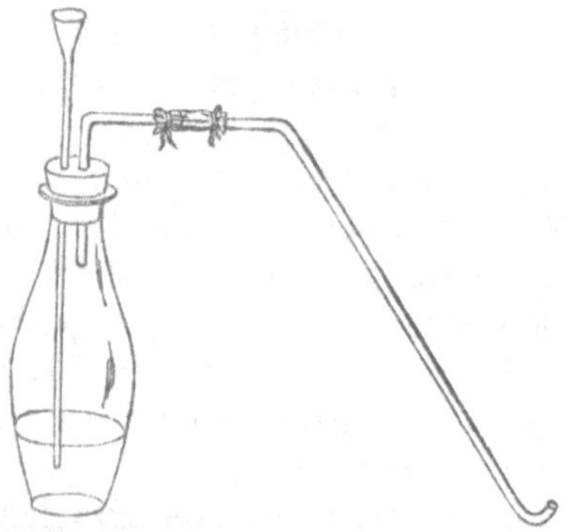

einfachen Schleife. Den ganzen Apparat zeigt dann die Fig. 100.

Ist Alles fertig, so wirst du dich leicht in der gewohnten Weise durch Erwärmen der Flasche davon überzeugen können, ob der Apparat dicht ist, oder nicht. Ich nehme als sicher an, daß das letztere der Fall sein wird; du verfährst dann folgendermaßen : mache in einer Schale aus dem Oelkuchenpulver mit Wasser einen steifen Taig, knete ihn zwischen den Fingern gut durch, und schmiere davon, unter starkem Andrücken an Stopfen und Glas und namentlich in die Fugen, eine mehrere Linien dicke Schichte über die Mündung der Flasche, über den Stopfen und zwischen die Röhren. Es muß dieselbe recht gleichmäßig darüber verbreitet und durchaus ohne Risse oder Löcher angebracht werden. Schließlich wird die ganze Oberfläche des Kittes mit den nassen Fingern ausgeglichen, und dadurch eine glatte rundliche Erhöhung über der ganzen Mündung hervorgebracht, aus welcher die Röhren recht sauber hervorsehen. Es ist leicht, zu probiren, ob der Apparat nun dicht ist, und die Arbeit darf nicht eher als beendigt angesehen werden, als bis die sich ausdehnende Luft in regelmäßigen Blasen aus der Entbindungsröhre austritt. Ein noch sichereres Kennzeichen ist folgendes : Wenn die erwärmte Flasche wieder abgekühlt ist, muß das Wasser in die Röhre hineintreten, aus welcher die ausgedehnte Luft austrat, welche durch das Erkalten sich wieder zusammengezogen hat. Merke dir genau den Punkt, bis zu welchem das Wasser *zurückgestiegen* ist; wenn es nach einigen Minuten noch genau an derselben Stelle oder gar höher steht, so ist der Apparat ganz vollkommen dicht. Im nächsten Briefe die Anleitung zur Benutzung desselben und zur Darstellung einiger neuen Präparate.

22. Brief.

Darstellung von Präparaten mittelst Gasentwickelung zur Einübung aller Arten hierher gehöriger Manipulationen. — Kohlensaurer Baryt; kohlensaurer Kalk. Erklärung verschiedener Erscheinungen.

Wir kehren heute zu dem eine Zeit lang unterbrochenen Gange von Operationen zurück, die die Herstellung von Präparaten zum Zweck haben, und wenden uns zunächst zum

XLII. kohlensauren Baryt. Nimm aus dem zuletzt zusammengesetzten Apparat die größere gebogene Glasröhre aus der Verbindung heraus und verbinde statt derselben den Apparat der drei U förmig gebogenen Röhren damit, nachdem du in jede derselben so viel Regenwasser gebracht, daß gerade die Krümmung damit angefüllt ist. Um diesen Apparat aufrecht zu stellen, wirst du am leichtesten zwei oder auch alle drei Röhren in eben so viel Wasser- oder Biergläser stellen. Die letzte derselben verbinde dann mittelst eines Kautschukrohres mit einer senkrecht zu stellenden Röhre, welche ihrerseits in ein möglichst hohes und enges Cylinderglas taucht.

In dieses letztere kommt eine Mischung von in Wasser gelöstem Chlorbaryum oder salpetersaurem Baryt (du wirst diejenige dieser Substanzen nehmen, wovon du noch am meisten übrig hast) und Salmiakgeist (Ammoniak).

Nimm von dieser Mischung aber nur wenig, da es dieses Mal nicht auf die Darstellung größerer Mengen ankommen wird. Gieße dann durch die Trichterröhre ein wenig verdünnte Schwefelsäure in die Gasentwickelungsflasche. Um die Schwefelsäure zu verdünnen, mußt du stets die Säure in das Wasser und ja nicht das Wasser in die Säure gießen, weil du sonst leicht ein Unglück haben könntest.

Wenn die Schwefelsäure zu der Kreide kommt, so tritt sofort ein starkes Aufbrausen ein. Die Ursache desselben wird dir nicht unbekannt sein, wenn du dich erinnerst, daß Kreide aus Kohlensäure und Kalk besteht und die Schwefelsäure die übrigen Säuren auszutreiben im Stande ist. Das entweichende Gas ist demnach Kohlensäure, und da es durch die durch das Wasser abgesperrte Trichterröhre nicht entweichen kann, so nimmt es seinen Weg durch die drei gekrümmten Röhren, nach dem Gemisch von Chlorbaryum und Ammoniak. Was sich in der Gasentbindungsflasche sonst noch bildet, kannst du leicht denken: es kann nur eine Verbindung von Schwefelsäure und Kalk, also schwefelsaurer Kalk sein.

Die Kohlensäure bringt, indem sie durch die Mischung von Chlorbaryum oder salpetersaurem Baryt und Ammoniak streicht, darin einen reichlichen weißen Niederschlag hervor, welcher aus kohlensaurem Baryt besteht. Hast du salpetersauren Baryt genommen, so verbindet sich nämlich, während der Baryt davon von der Kohlensäure in Beschlag genommen wird, die Salpetersäure desselben mit dem Ammoniak zu salpetersaurem Ammoniak nach dem Schema:

Salpetersaurer Baryt
theilt sich in

Ammoniak — Salpetersäure und Baryt — Kohlensäure

verbinden sich zu **salpetersaurem Ammoniak.** — verbinden sich zu **kohlensaurem Baryt.**

Um dir die Zersetzung für das Chlorbaryum klar zu machen, erinnere ich dich daran, daß wir eine Lösung von Chlorbaryum in Wasser (siehe Präp. XIV) als salzsauren Baryt betrachten können, und dann ist der Vorgang dem oben erklärten ganz entsprechend.

Wenn die Gasentwickelung nachläßt, so ist wieder etwas verdünnte Schwefelsäure zuzusetzen und mit der ganzen Operation so lange fortzufahren, bis der Niederschlag nicht mehr zunimmt, worauf er abfiltrirt, ausgewaschen und getrocknet wird. Aus der von demselben getrennten Lösung kannst du die Ammoniakverbindung durch Abdampfen gewinnen, um dich davon zu überzeugen, daß sie wirklich entstanden ist.

XLIII. Du hast nun ein ganz ähnliches Präparat in derselben Weise darzustellen, um dich noch weiter in der Construktion von Apparaten zu üben. Dabei sollst du eine andere Art Waschflasche kennen lernen, so wie eine eigenthümliche, recht sinnreiche Einrichtung an der Gasentbindungsflasche, welche zu ihrer Entleerung während der Gasentwickelung dient.

Zu der Waschflasche nimm eine kleine Gasentbindungsflasche mit ziemlich weitem Halse und bohre in den Kork derselben zunächst in schräger Richtung ein solches Loch, daß eine etwas weite Glasröhre (z. B. wie Fig. 59, c) hineinpaßt; diese muß so weit sein, daß eine engere (z. B. a) mit Leichtigkeit sich hindurchschieben läßt (siehe die gleich folgende Zeichnung des ganzen Apparates), und so lang, daß sie, wenn der Kork eingepaßt ist, noch einige Linien vom Boden absteht.

Fig. 101.

Dann bringe noch eine kleine rechtwinkelig gebogene Glasröhre in demselben Korke an, fülle die Flasche zur Hälfte mit Wasser und dichte den Kork recht sorgfältig mit Kitt; die fertige Flasche wird dann die Gestalt Figur 101 zeigen. Sie ist noch unter Anbringung einer Kautschukröhre und eines Gasleitungsrohres auf vollkommenen Schluß zu prüfen.

Nun stelle noch eine zweite Waschflasche her, welche der eben beschriebenen im übrigen vollkommen ähnlich, sich von ihr nur durch die Ableitungsröhre unterscheidet. Diese ist nämlich noch in der Weise zu biegen, daß der zweite stumpfe Winkel so getroffen wird, daß, wenn die beiden Flaschen neben einander stehen, der längere Schenkel in die weitere Röhre der anderen Flasche hineinpaßt. Schneide ihn dann so ab, daß er fast deren Boden erreicht, und also unter der weiteren Röhre hervorsieht. Die gleich folgende Zeichnung des ganzen Apparates wird dir dies noch deutlicher machen. Auch diese Flasche ist zur Hälfte mit Wasser zu füllen.

Fig. 102.

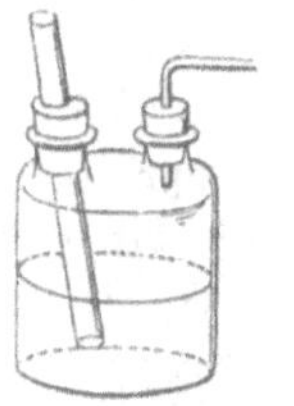

Bist du im Besitze von Wulff'schen Flaschen, so kannst du daraus diese Waschflaschen noch leichter herstellen, indem dazu jede der beiden Röhren in einer besonderen Oeffnung ihren Platz findet (Fig. 102). Flaschen, die mit solchen weiten Röhren ausgestattet sind, haben den Vorzug, daß sie stets zum Gebrauche fertig sind, und sich sehr leicht und schnell mit dem Gasentwickelungsapparat verbinden lassen, wie du gleich sehen wirst.

Zur Gasentbindung wähle eine eben solche Flasche aus, wie zum vorigen Versuche; bohre in den dazu passenden Stopfen drei Löcher, zur Aufnahme von

1) einer Trichterröhre,
2) einer Gasableitungsröhre, welche in der oben beschriebenen Weise gebogen ist, so daß, wenn das kürzere Ende im Korke steckt, das längere durch die schiefe Röhre der Waschflasche bis auf den Boden reicht, und
3) einer zweimal rechtwinkelig gebogenen Glasröhre, deren längerer Schenkel bis beinahe auf den Boden der Gasentbindungsflasche reicht.

In die Flasche bringe einige Hände voll gröblich zerstoßener Kreide und etwas Wasser, kitte den Kork, wenn nöthig ist, sorgfältig zu und stecke dann die vorstehenden schiefen Schenkel in die Waschflaschen, deren letztere mittelst einer Glasröhre mit dem Gefäße zu verbinden ist, in welcher die Flüssigkeit der Einwirkung der Kohlensäure ausgesetzt werden soll (Fig. 103).

Fig. 103.

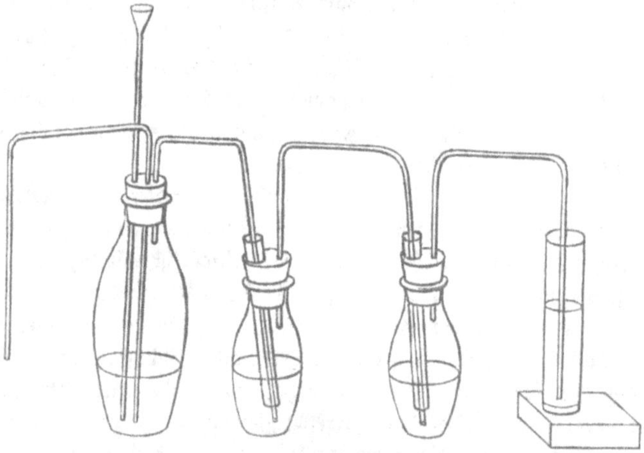

Bist du im Besitze einer größeren Wulff'schen Flasche, so ist die Einrichtung derselben leichter; jede Röhre kommt dann in eine besondere Oeffnung. In das Cylinderglas kommt nun eine Lösung von einem oder zwei Loth Chlorcalcium (nicht zu verwechseln mit Chlorkalk!), vermischt mit Ammoniak. Dann bringe mit Wasser verdünnte Salzsäure durch die Trichterröhre zur Kreide, und es wird eine heftige Gasentwickelung beginnen, in Folge deren die Gasblasen durch die beiden Waschflaschen streichen und endlich beim Durchgehen durch die oben genannte Flüssigkeit darin einen weißen Niederschlag bewirken.

Du wirst dabei bemerken, daß die Flüssigkeit in der Trichterröhre bis zu einem gewissen Punkte in die Höhe steigt, daß sie in der ersten Waschflasche in dem die engere Röhre umgebenden Raume der weiteren Röhre ebenfalls steigt, aber etwas niedriger steht, und daß an der entsprechenden Stelle in der zweiten Waschflasche ebenfalls das Wasser höher als in der Flasche selbst, aber noch niedriger als in der ersten Flasche steht. Es rührt von folgendem Umstande her: das sich entwickelnde Gas — von dem du, beiläufig gesagt, gewiß schon längst weißt, daß es Kohlensäure ist — hat beim Austritt aus der letzten Waschflasche den Druck der Flüssigkeit in dem Cylinderglas zu überwinden, um austreten zu können, und drückt daher mit derselben Kraft auch auf die Flüssigkeit im Innern dieser Flasche; da dieselbe nun nirgends anders austreten kann, so wird sie in die oben offene Röhre hineingedrückt. Dasselbe findet in den beiden andern Flaschen statt, nur ist in der ersten Waschflasche auch noch das Wasser der zweiten und in der Gasentbindungsflasche selbst das Wasser in beiden Waschflaschen und die Flüssigkeit zu überwinden, weshalb darin die Flüssigkeit am höchsten hinaufgetrieben wird.

Wechsele einmal, um dir dieses Spiel recht deutlich zu machen, während der Gasentwickelung das letzte offene Gefäß gegen ein höheres um und gieße allmälig mehr und mehr Wasser hinein, du wirst dann bemerken, daß nach und nach die Höhe der Flüssigkeit in den verschiedenen Röhren steigt, bis sie endlich, wenn die Höhe des absperrenden Wassers hinreichend groß geworden ist, aus der Röhre der ersten Waschflasche überzulaufen anfängt. Auf diese Weise kann man sehr leicht das Waschwasser erneuern. Stelle zu diesem Behufe die Waschflaschen in zwei Schalen und verschließe die letzte Gasentwickelungsröhre mit dem Finger. Sehr bald wird das Waschwasser der ersten Waschflasche ausgelaufen sein; nun schalte diese aus dem Apparate aus, was sehr leicht durch Herausziehen jeder Flasche aus der folgenden geschieht, und stecke die Gasleitungsröhre der großen Flasche direkt in die weite Röhre der zweiten Waschflasche. Beim Verschließen der letzten Röhre wird sehr bald auch diese Waschflasche ausgeleert sein.

Das Füllen der beiden Waschflaschen geschieht wieder einfach durch die weiten Röhren, auf welche zweckmäßig ein kleiner Trichter gesetzt wird.

Wenn der Apparat eine Zeit lang im Gange gewesen ist, so wird durch das Zusetzen von Salzsäure nach und nach die Flüssigkeit in der Gasentwickelungsflasche so sehr zugenommen haben, daß es zweckmäßig ist, dieselbe auszuleeren; dies geschieht in ähnlicher Weise wie vorhin: nimm die große Flasche aus der folgenden heraus und verschließe die Ableitungsröhre mit dem Finger; die Flüssigkeit wird in den beiden anderen Röhren allmälig höher steigen, bis sie endlich aus der kürzeren, nämlich der doppelt gebogenen ausfließt, weshalb ein Gefäß zu ihrer Aufnahme bereit stehen muß.

Hast du vielleicht — etwa um den früher construirten Apparat zu benutzen — in dem Gasableitungsrohr dieser Flasche eine Kautschukröhre angebracht, so kannst du auch den ganzen Apparat stehen lassen und während er im Gange ist, durch Zusammendrücken dieser Röhre das Ausfließen des Inhaltes bewirken.

Was die bei dieser Operation vorkommenden chemischen Vorgänge betrifft, so bedürfen dieselben eigentlich kaum der Erklärung, da sie denen, welche dem letzten Präparate — dem kohlensauren

Baryt — zu Grunde lagen, ganz entsprechend sind; allein ich will diese Gelegenheit benutzen, um in deine Begriffe etwas mehr Genauigkeit zu bringen, als bisher. Die aus der Kreide mittelst Salzsäure entwickelte und durch das Waschwasser von mit fortgerissener Flüssigkeit befreite Kohlensäure zersetzt, wie leicht zu denken, die Mischung von Chlorcalcium und Ammoniak unter Bildung von kohlensaurem Kalk; dabei entsteht zugleich salzsaures Ammoniak oder Salmiak.

Um dir diesen Vorgang verständlich zu machen, erinnere ich dich an das im 16. Brief Mitgetheilte: So wie der Baryt aus Baryum und Sauerstoff, so besteht der Kalk aus Calcium und Sauerstoff. Daß die Salzsäure aus Chlor und Wasserstoff besteht, weißt du ebenfalls noch, so wie du vielleicht noch daran denkst, daß Wasser aus Wasserstoff und Sauerstoff besteht. Nun tritt, wenn Wasser, Kohlensäure, Chlorcalcium und Ammoniak zusammenkommen, der Sauerstoff des Wassers an das Calcium des Chlorcalciums, um damit Kalk zu bilden, welcher sich alsdann mit der hinzugekommenen Kohlensäure zu kohlensaurem Kalk vereinigt. Dadurch wird das Chlor des Chlorcalciums und der Wasserstoff des Wassers frei und zwar genau in demjenigen Verhältnisse, in welchem sie sich zu Salzsäure verbinden müssen. Die gebildete Salzsäure tritt dann an das Ammoniak, welches zu diesem Ende zugesetzt worden und es entsteht salzsaures Ammoniak, gewöhnlich Salmiak genannt. Das Schema dieses Vorganges ist folgendes:

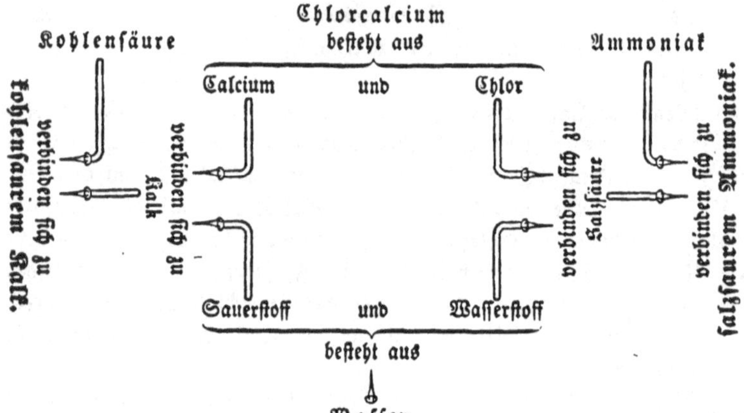

Der erhaltene kohlensaure Kalk wird schließlich, wenn der Niederschlag nicht mehr zunimmt, abfiltrirt, wiederholt ausgewaschen, wohl getrocknet und als „reiner kohlensaurer Kalk" aufbewahrt. Im nächsten Briefe fahre ich mit der Anweisung zu ähnlichen Arbeiten fort.

23. Brief.

Fortsetzung der Gasentwickelungen. Abänderung der Apparate. — Darstellung von Bleiweiß. Apparat zur Entwickelung von Schwefelwasserstoff; Darstellung von Schwefelantimon.

XLIV. Einen der Apparate, welche du bisher zur Entwickelung der Kohlensäure benutzt hast, kannst du auch noch gebrauchen, um ein anderes Präparat darzustellen. Es ist dieses jedoch nicht durchaus nöthig, und nur wenn du Zeit übrig und Lust hast, eine möglichst große Uebung in diesen Manipulationen zu erlangen, wirst du diese Arbeit vorzunehmen haben.

Den früher gebrauchten Apparat reinige in allen seinen Theilen und siehe sämmtliche Korke in Bezug auf ihre Dichtigkeit sorgfältig nach. Besser noch du setzest einen neuen Apparat zusammen, indem du dabei eine oder die andere Abänderung vornimmst. So z. B. wenn du neulich Wulff'sche Flaschen angewandt hast, so nimm dieses Mal gewöhnliche weite Flaschen und lasse in diesen die weiten auf den Boden gehenden Glasröhren weg, an deren Stelle du fest angebrachte gewöhnliche Röhren setzen wirst. In diesem Falle ist es aber durchaus nöthig, die einzelnen Flaschen mit Kautschukröhren zu verbinden, damit dem Apparate eine gewisse Beweglichkeit nicht abgehe, ohne welche er bei einem zufälligen Stoß leicht zertrümmert werden könnte, was sogar schon beim Zusammensetzen leicht geschehen würde.

Einige Abänderung würden auch diejenigen Wulff'schen Flaschen bedingen, die (s. Fig. 70) mit schief angesetzten Hälsen versehen sind; willst du solche gebrauchen, so siehst du schon selbst, daß die einzusetzende weite Glasröhre in gerader Richtung durch den Kork gehen muß, die andere engere Ableitungsröhre aber in einen stumpfen Winkel umgebogen sein muß. Im Falle du den Apparat nur mit engen Röhren construirst, ist diejenige, welche das Gas in die Waschflasche führt, erst unter einem stumpfen Winkel zu biegen, dann in den betreffenden Kork einzupassen und endlich an der anderen Seite gleichfalls unter einem stumpfen Winkel zu biegen, so daß, wenn der Kork in dem Flaschenhalse steckt, der eine Schenkel der Röhre horizontal, der andere vertikal steht und den Boden der Flasche beinahe berührt. Bei nächster Gelegenheit, wenn ich dir wieder einen Apparat zeichne, will ich eine solche Waschflasche aufnehmen, wo du dich dann überzeugen kannst, ob du mich richtig verstanden hast.

Das Präparat, welches ich dir noch zur Darstellung empfehlen kann, ist Bleiweiß. Dazu hast du in einer Lösung von Bleizucker (s. Brief 15) noch so viel Bleiglätte (Bleioxyd) aufzulösen, als sich füglich darin bei einigem Erwärmen auflösen will. Auf 1 Theil krystallisirten Bleizucker werden $1\frac{1}{2}$ Theil Bleiglätte, die dazu fein zerrieben sein muß, die richtige Menge sein; bei der Auflösung muß möglichst die Luft abgehalten werden, weshalb sie am besten in einem Kolben vorgenommen wird.

Die recht rasch — also durch ein Faltenfilter, oder durch ein Filter mit Glasstäben — filtrirte Flüssigkeit kommt dann in ein hohes Glas. Beim Hindurchleiten von Kohlensäure wird sogleich ein weißer Niederschlag entstehen, der, wenn er nicht mehr zunimmt, abzufiltriren, mit etwas Regenwasser auszuwaschen und zu trocknen ist. Er besteht aus kohlensaurem Bleioxyd, und hat den Namen Bleiweiß erhalten. Auch im Großen wird er häufig nach dieser Methode fabrizirt. Die von dem Niederschlag abfiltrirte Flüssigkeit dampfe ein und lasse sie dann erkalten; du wirst daraus wieder Krystalle von essigsaurem Bleioxyd erhalten, also wieder Bleizucker, denn dieser ist durch die Kohlensäure wenig verändert worden, die nur das dem Bleizucker zugesetzte Bleioxyd niedergeschlagen hat.

Ich brauche wohl kaum dich zur Vorsicht beim Umgange mit allen diesen Bleiverbindungen zu ermahnen: du weißt wohl, daß sie alle sehr giftig sind.

Bald schließen wir auch diese Präparatenreihe ab und damit den ganzen vorbereitenden Cursus; nur noch einen oder den andern Stoff wollen wir darstellen, damit du die Herstellung und den Gebrauch möglichst verschiedener Apparate dir zu eigen machst.

XLV. Dieses Mal sollst du zur Gasentwickelung eine tubulirte Retorte wählen, in deren Tubus eine der Fig. 97 abgebildeten Sicherheitsröhren mittelst eines Korkes sorgfältig eingepaßt wird. Dieselbe darf aber nicht tief in die Retorte hineinreichen (s. die nachstehende Figur) und nicht mit Lutum gedichtet sein. In die Retorte kommt Schwefeleisen (Präp. XXII.) in Stücken von Erbsengröße und etwas Wasser; sie wird in Verbindung gesetzt mit einer Waschflasche von irgend einer der beschriebenen Arten, wovon ich dir dieses Mal diejenige hierher zeichne, bei welcher eine Wulff'sche Flasche mit schief angesetzten Hälsen gewählt worden. Dazu gehört endlich ein Gasableitungsrohr und ein Cylinderglas. Die Retorte wirst du am einfachsten auf einen kleinen Ofen mit Triangel stellen und sie darauf mittelst einiger Drähte, oder mittelst des Retortenhalters so feststellen, wie es die beistehende Figur

Fig. 104.

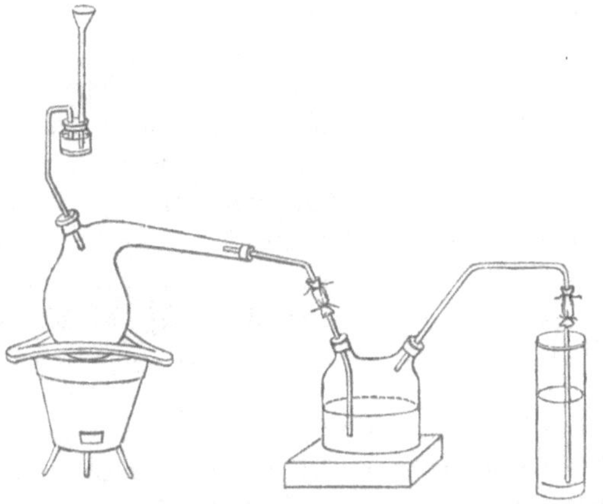

zeigt. Sie braucht im Laufe der Operation indessen nicht erhitzt zu werden. Ist der ganze Apparat fertig aufgestellt, so verschließe das Sicherheitsrohr durch Eingießen von etwas Wasser, tauche das Gasableitungsrohr in ein Schälchen mit Wasser und mache eine recht sorgfältige Probe auf die vollkommene Dichtigkeit des Apparates durch Erwärmen der Retorte mit der Hand. Es müssen dadurch Gasblasen durch das Waschwasser und durch das Sperrwasser austreten und zwar durch letzteres genau eben so viel — dem Volum nach — wie durch ersteres. Unter keiner Bedingung ist der Versuch eher zu beginnen, als bis diese Probe mit gutem Erfolge gemacht worden. Wenn die Blasen nicht sofort erscheinen, oder vor ihrem Austritt ein Zucken zeigen, verbunden mit einem allmäligen Zurücktreten des Sperrwassers in das Rohr, so ist dies schon ein Zeichen des unvollkommenen Verschlusses; es müssen dann alle Verbindungen sorgfältig untersucht und verbessert werden und der Versuch darf erst dann beginnen, wenn das Niedersteigen der Luft in beiden Glasröhren gleich beim Auflegen der Hände allmälig beginnt und sich ohne Unterbrechung oder Zuckung bis zum regelmäßigen Entweichen einiger Blasen fortsetzt. Nach dem erfolgten Abkühlen der Retorte durch Entfernung der Hände muß bei vollkommenem Verschlusse das Wasser innerhalb der Röhre so hoch steigen, daß es sich höher stellt als das Wasser außerhalb derselben. Ich wiederhole, daß du mit der größten Aengstlichkeit auf alles dieses zu achten hast, indem die geringste Nichtbeachtung nicht allein einen gänzlich verfehlten Versuch, sondern sogar durch Entweichen von schädlichen Gasen auch Unannehmlichkeiten für dich zur Folge haben würde.

Die Flüssigkeit, durch welche du dieses Mal den Gasstrom zu leiten haben wirst, mußt du erst selbst darstellen, und zwar folgendermaßen: In eine Schale bringe einige Loth feingepulvertes Schwefelantimon (Antimonium crudum des Handels) und übergieße dasselbe mit Salzsäure. Setze darauf das Ganze im Freien einer gelinden Hitze entweder einiger glühender Kohlen oder der Lampe mit doppeltem Luftzuge aus. Es wird sich alsbald ein äußerst übelriechendes, höchst giftiges Gas entwickeln, dessen du dich noch von der Probe her erinnern wirst, die du auf die Güte des Schwefeleisens (Brief 11) anstelltest. Das Schwefelantimon verschwindet allmälig und geht als Chlorantimon in die Flüssigkeit über. Wenn die Gasentwickelung aufhört und das Schwefelantimon fast ganz verbraucht ist, wirst du die Flüssigkeit in ein hohes Glas zu filtriren haben, wodurch der Strom des zu entwickelnden Gases gehen soll.

Dieses ist wieder Schwefelwasserstoff, der aus dem Chlorantimon das Schwefelantimon wieder herstellen soll. Derselbe wird aber nicht aus Schwefelantimon, sondern aus Schwefeleisen entwickelt, weil diese Operation weit leichter von statten geht. Zu diesem Zwecke bringe etwas Schwefelsäure durch den geöffneten Tubus in die Retorte und verschließe diese dann mit dem Kork und Sicherheitsrohr, in welches endlich so viel Wasser gegossen wird, wie es obige Figur zeigt. Hierdurch wird die Oeffnung der Röhre in dem Glase abgesperrt und das entwickelte Gas nimmt seinen Lauf durch das Waschwasser in das Chlorantimon, in welchem du sofort einen schön hellrothen Niederschlag erscheinen sehen wirst.

Sollte die Gasentwickelung nicht gleich nach dem Zusatze von Schwefelsäure anfangen, so beweist dies, wie ich dir schon in Brief 11 sagte, einen Fehler in der Darstellung des Schwefeleisens. Du kannst dann bestimmt die Entwickelung durch ein Paar glühende Kohlen, die du in den Ofen legst, in Gang bringen, doch ist starke Erhitzung zu vermeiden. Du wirst nun bemerken, daß das Sperrwasser in der Trichterröhre so hoch steigt, daß seine Höhe der des Waschwassers und der Chlorantimonlösung zusammengenommen gleich kommt. Es ist dies ganz natürlich, denn mit derselben Kraft, mit welcher das sich entwickelnde Gas den Druck dieser beiden Flüssigkeiten überwindet, muß es auch gegen das Sperrwasser der Sicherheitsröhre und also diese in die Höhe pressen. Daher wirst du auch finden, daß wenn nicht Wasser genug in derselben enthalten ist, es hinausgeschleudert wird, worauf das

Gas durch diese Röhre und nicht durch den Apparat entweicht. In diesem Falle hast du noch etwas Wasser durch die Trichterröhre nachzugießen, oder die Höhe der Chlorantimonlösung durch Umgießen in ein flacheres Gefäß zu vermindern. Auch kann man sich dadurch helfen, daß man zum Absperren in der Sicherheitsröhre eine schwerere Flüssigkeit wählt. Da du nach einer früheren Angabe die Korke mit Guttapercha überzogen hast, so kannst du dazu Schwefelsäure nehmen, welche weit schwerer als Wasser ist, und wovon also eine niedrigere Schicht ausreichen wird, um den Druck des Gases zu überwinden.

Dadurch gewinnst du noch den Vortheil, daß wenn die Gasentwickelung nachläßt, du nur etwas Schwefelsäure in die Trichterröhre zu gießen brauchst, um eben so viel in die Retorte fließen zu sehen; es sinkt nämlich dann schon von selbst die Flüssigkeit des langen Rohres in das Fläschchen nieder, so daß es dann nur eines geringen Zusatzes bedarf, um etwas davon in die Retorte zu drängen. Sollte das Sinken der Flüssigkeit nicht zeitig genug stattfinden, so kann es durch theilweises Herausziehen der letzten Ableitungsröhre aus ihrer Flüssigkeit nach Willkür bewirkt werden.

Den ganzen Apparat stelle entweder unter deinem Kaminmantel oder im Freien auf, oder leite wenigstens das letzte Rohr durch's Fenster und stelle die Chlorantimonlösung vor dasselbe. Ich brauche wohl weiter keine Erklärungen mehr zuzufügen: du wirst schon selbst so viel Uebung und Umsicht erlangt haben, daß du den ganzen Proceß zu Ende leiten kannst. Er ist nämlich abgeschlossen, sobald der rothe Niederschlag sich nicht weiter vermehrt. Die Gasentwickelung darf während des ganzen Verlaufes nur eine langsame und möglichst gleichmäßige sein; es darf nicht so viel Säure zugesetzt werden, daß die Blasen stürmisch und in Menge entweichen, sondern sie müssen in möglichst gleichen Zwischenräumen nicht zu rasch aufeinander folgen. Sollte durch Zugießen von Schwefelsäure und Wasser und gelindes Erhitzen die nachlassende Gasentwickelung nicht mehr erneuert werden können, so ist dies ein Beweis, daß das vorhandene Schwefeleisen verbraucht ist. Eine neue Quantität davon soll aber nicht eher in die Retorte gebracht werden, als bis diese gereinigt worden, eine Operation, die jedoch nur im Freien — an einer Pumpe — geschehen darf, wie ich dir denn überhaupt wiederhole, daß du dich bei dem ganzen Versuche mit der größten Sorgfalt vor dem Einathmen des giftigen Schwefelwasserstoffgases zu hüten hast. Wenn du alle Vorsichtsmaßregeln, die ich dir bisher angegeben habe, pünktlich befolgt hast, so hast du nichts zu fürchten, denn die geringen Mengen, denen du alsdann begegnen wirst, werden durchaus keinen Nachtheil haben können. Du solltest indessen stets das Gegengift in Bereitschaft haben, damit, wenn durch irgend einen Unfall größere

Mengen Schwefelwasserstoff in die Zimmerluft träten, du ihrer Einwirkung nicht zu sehr ausgesetzt seiest. Zu diesem Zwecke brauchst du nur auf etwas Chlorkalk, der in einer Schale bereit stehen muß, etwas verdünnte Salzsäure zu gießen. Es entwickelt sich dann ein höchst übelriechendes Gas, das Chlor, welches eben so giftig ist, wie das Schwefelwasserstoffgas, und vor dessen Einathmung du dich also ebenso zu hüten haben wirst. Auf einander aber üben beide Gase eine solche Wirkung aus, daß das eine die des andern zerstört und somit das eine als Gegengift des anderen benutzt werden kann.

Den Niederschlag vom Schwefelantimon filtrire nach Beendigung des Versuches ab, wasche ihn aus und trockene ihn langsam. Er hat dieselbe Zusammensetzung, wie das ursprünglich angewandte metallischgraue Schwefelantimon; sein davon ganz verschiedenes Ansehen verdankt es dem Umstande, daß es durchaus unkrystallinisch ist, während das natürlich vorkommende mehr oder weniger deutlich krystallisirt ist.

Der Geruch, welcher während des Abfiltrirens und Auswaschens dieses Niederschlages dein Zimmer erfüllen wird, ist zwar keineswegs angenehm, aber durchaus unschädlich, da er nur von sehr geringen Mengen des Gases herrührt, welches sich schon in der kleinsten Quantität durch seinen höchst intensiven Geruch bemerklich macht. Indessen kannst du diese Operation auch sehr zweckmäßig auf dem Tische vor deinem Fenster vornehmen.

Das nächste Mal schicke ich dir den letzten Brief dieser Abtheilung mit den letzten Präparatendarstellungen.

24. Brief.

Entwickelung von schwefliger Säure zur Darstellung von Chromalaun. Genaue Erklärung und Gewichtsverhältnisse der Entstehung von Schwefelantimon. Lackmuspapier. Aufstellung der Materialien und Präparate. Schluß des vorbereitenden Theils.

Zum Schlusse dieser Reihe von Mittheilungen, durch welche du in der Ausübung von Manipulationen die nöthige Fertigkeit erlangen solltest, möge hier noch die Anleitung zur Darstellung eines Präparates folgen, bei welchem ein etwas von dem früheren abweichender Apparat vorkommen soll.

XLVI. Fülle eine ziemlich geräumige Retorte ohne Tubus zur Hälfte mit Holzkohlenstücken und gieße dann mittelst des Retortentrichters so viel Schwefelsäure hinein, daß dieselben davon ganz durchdrungen werden.

Fig. 105.

Nun nimm eine etwas weite Glasröhre, spitze sie an einem Ende durch Abschleifen auf einem Steine mit Wasser und Sand zu (Fig. 105), biege sie in einen etwas spitzen Winkel etwa 3″ vom Ende um, und dichte dieselbe mit Sorgfalt in der Oeffnung der Retorte so ein, daß die Spitze bis in den Bauch der Retorte hineinragt (s. die nachstehende Figur). Nun wird die Retorte so auf den Ofen gestellt, daß die Röhre schief nach oben sieht und der umgebogene kürzere Schenkel senkrecht nach unten steht. Diese Richtung der Retorte muß auf irgend eine Weise, entweder durch Sand im Sandbad, oder durch einen Retortenhalter, oder auch nur durch zweckmäßiges Aufstellen auf dem Triangel bewerkstelligt werden. Der absteigende Schenkel der Röhre ist nunmehr mittelst einer Gummiröhre mit einer in einer Waschflasche befindlichen Röhre zu verbinden, und der ganze Apparat wie folgt herzurichten. Ich zeichne die Waschflasche der

Abwechselung wegen mit einem der früher beschriebenen Gummihütchen (Fig. 106); es versteht sich von selbst, daß du in Ermangelung desselben einen Kork nehmen wirst.

Fig. 106.

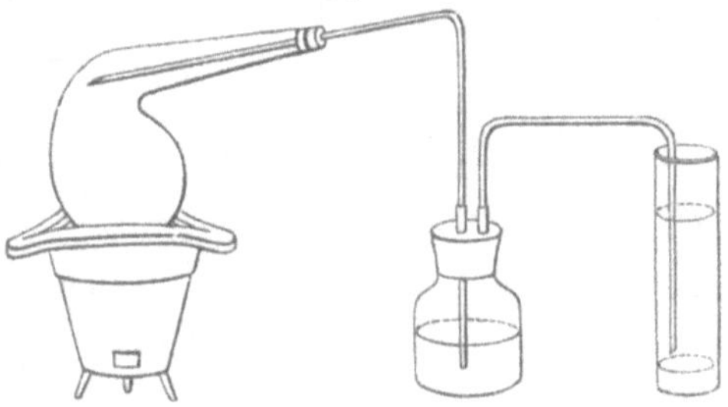

Zu bemerken ist noch, daß nur wenig Wasser in der Waschflasche befindlich sein darf und daß der Apparat so aufgestellt werden muß, daß das überschüssige Gas in's Freie entweicht.

Das sich aus der Retorte beim Erhitzen mittelst glühender Kohle entwickelnde Gas wird durch eine mit etwas Schwefelsäure versetzte Lösung von saurem chromsaurem Kali (s. Brief 7) geleitet. Du wirst dabei bemerken, daß die Farbe derselben sich allmälig in Grün oder Violett umändert. Es geht dieselbe nämlich in Chromalaun über, der, wenn die Farbe nicht weiter sich verändert, durch langsames Abdampfen in Krystallgestalt erhalten werden kann. Ich rathe dir, den Versuch nur mit einer kleinen Menge chromsauren Kali's vorzunehmen, und lieber das nach Beendigung desselben sich noch entwickelnde Gas in reinem Wasser aufzufangen. So erhältst du eine Lösung von „schwefliger Säure", die du später einmal brauchen wirst. Die Zersetzung, in Folge deren sich dieses Gas entwickelt, will ich heute nicht näher erläutern; wir kommen später darauf zurück; du wirst aber leicht bemerkt haben, daß es einen sehr erstickenden Geruch besitzt, gleich dem, welcher sich beim Verbrennen des Schwefels zeigt, und in der That ist es dasselbe Gas, welches in beiden Fällen gebildet wird.

Wenn ich nun die Processe, welche heute unter deinen Augen vorgegangen sind, nicht speziell erklären kann, so will ich dagegen noch die Erklärung der in meinem letzten Briefe beschriebenen Entstehung von Schwefelantimon nachholen.

Ich muß dazu zunächst vorausschicken, daß die Salzsäure aus zwei einfachen Körpern, dem Chlor und dem Wasserstoff besteht, weshalb ihr Name auch Chlorwasserstoffsäure ist. Wenn dieselbe in der Wärme mit Schwefelantimon zusammenkommt, so ordnen sich die vier anwesenden Stoffe anders: das Chlor geht zum Antimon, und der mit diesem verbunden gewesene Schwefel vereinigt sich mit dem Wasserstoff zu dem übelriechenden und als Gas entweichenden Schwefelwasserstoff. Das Chlorantimon bleibt in Lösung.

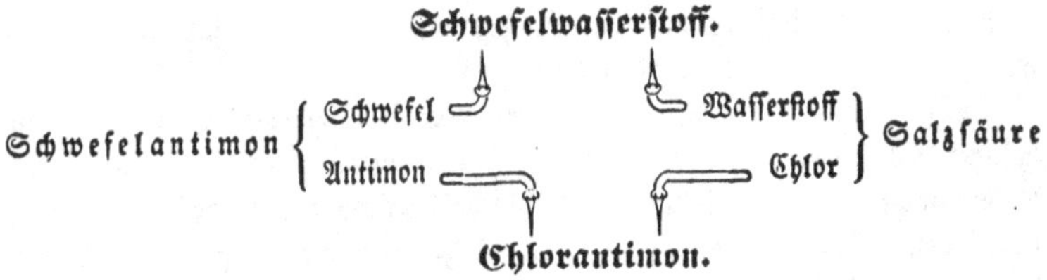

Es stehen bei diesem Vorgang, wie ich dir dies auch schon in anderen Fällen angegeben, und wie es überhaupt bei allen chemischen Vorgängen geschieht, die zersetzten und die zersetzenden Körper in einem ganz bestimmten Verhältnisse. Es werden nämlich zur Zersetzung von 177 Gewichtstheilen genau 109,5 Gewichtstheile Salzsäure verbraucht, und dabei genau 235,5 Gewichtstheile Chlorantimon und 51 Gewichtstheile Schwefelwasserstoff erzeugt. Die 117 Theile Schwefelantimon bestehen aus 129 Theilen Antimon und 3 . 16 = 48 Theilen Schwefel, die 109,5 Gewichtstheile Salzsäure aus 3 . 35,5 Theilen Chlor und 3 . 1 Theilen Wasserstoff. Es vereinigen sich dann die 129 Theile Antimon mit den 3 . 35,5 Theilen Chlor und die 3 . 16 Theile Schwefel mit den 3 Theilen Wasserstoff. So entstehen die oben angegebenen Mengen der betreffenden neuen Verbindungen. Wenn ich daher 129 Theile Antimon mit Sb (aus dem lateinischen Stibium) bezeichne, so wie 16 Gewichtstheile Schwefel mit S, 35,5 Theile Chlor mit Cl und 1 Gewichtstheil Wasserstoff mit H (aus dem lateinischen Hydrogenium), so läßt sich obige Zersetzung nebst den dabei vorkommenden Gewichtsverhältnissen folgendermaßen darstellen:

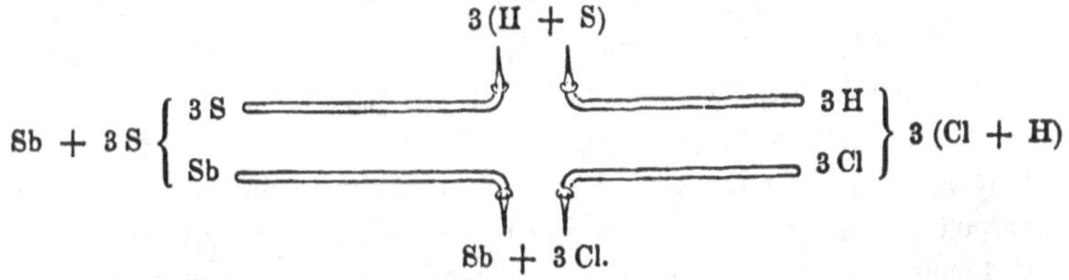

Du wirst leicht bemerken, daß man den Vorgang auch so auffassen kann, daß in dem Schwefelantimon die 3 . 16 = 48 Gewichtstheile Schwefel vertreten und ersetzt werden durch die 3 . 35,5 = 106,5 Gewichtstheile Chlor wodurch Chlorantimon entsteht, und daß ebenso in der Salzsäure die genannte Menge Chlor durch die entsprechende Menge Schwefel vertreten wird, unter Bildung von Schwefelwasserstoff. Demnach sind 3 . 35,5 Gewichtstheile Chlor **äquivalent** mit 3 . 16 Gewichtstheilen Schwefel, oder 35,5 Theile Chlor sind **äquivalent** mit 16 Theilen Schwefel. In der That zeigen diese Zahlen das Verhältniß an, in welchem sich unter allen Umständen Chlor und Schwefel ersetzen. Später wirst du hören, daß es dasselbe Verhältniß ist, in dem sich diese beiden Körper mit einander verbinden (1).

Wenn nun später beim Einleiten des Schwefelwasserstoffes in die Lösung des Chlorantimons wieder Schwefelantimon entsteht, so kannst du dir wohl leicht vorstellen, daß hierbei gerade der umgekehrte Proceß stattfindet. Ich will ihn daher, da obige Gewichtsmengen wieder vorkommen, gleich mit jenen Formeln hier andeuten:

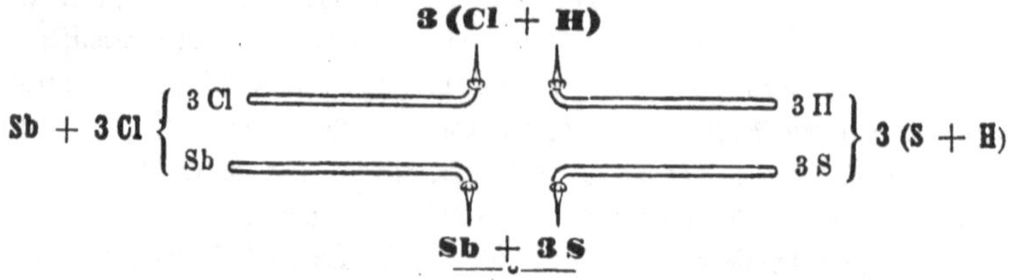

Die Quantität des erhaltenen Schwefelantimons muß daher der ursprünglich angewandten gerade gleichkommen, und man findet es bei genauen Versuchen auch so, wenn man auf die in diesem rothen Niederschlag enthaltene Menge Wasser Rücksicht nimmt.

Weitere Erörterungen dieser Verhältnisse und Erscheinungen werde ich dir in der zweiten Abtheilung meiner Briefe geben, in welcher ich dir eine Anleitung senden werde, die wichtigsten der einfachen und zusammengesetzten Körper kennen zu lernen und ihre Eigenschaften zu studiren. Heute will ich dir nur noch die Vorschrift zur Darstellung von blau und roth gefärbtem Papier geben, dessen du in der Folge sehr vielfach bedürfen wirst.

Mache aus einigen Loth Lackmus — einer blauen, im Handel in kleinen Stückchen vorkommenden Farbe — und Wasser eine dunkelblaue Lösung, filtrire dieselbe und theile sie in zwei Theile. In die eine gieße einige Tropfen verdünnte Schwefelsäure. Die Farbe wird sich in ein schönes Roth verwandeln; nun gieße von der zurückgestellten blauen behutsam so viel zu der rothen Flüssigkeit, daß diese nur eben noch roth bleibt und schon durch einen weiteren Zusatz von einigen Tropfen blau werden würde. (Solltest du so viel Säure zugegossen haben, daß die zurückgestellte blaue Lösung hierzu nicht ausreichte, so kannst du dasselbe durch eine verdünnte Lösung von etwas Soda oder kohlensaurem Kali bewirken.) Nun bringe die eben nur noch rothe Lackmustinktur in eine flache Schale, schneide einen Bogen Fließpapier in Streifen von 3″ Breite und ziehe dieselben durch die Flüssigkeit; endlich hänge sie

(1) Es lassen sich indessen diese Verhältnisse durch den obigen Versuch nicht gut nachweisen, weil die gewöhnliche Salzsäure eine Auflösung des Chlorwasserstoffs in einer wechselnden Menge Wasser ist.

auf einen ausgespannten Bindfaden und lasse sie trocknen. Dieses rothe Lackmuspapier muß recht schön roth erscheinen, sonst mußt du das Durchziehen noch einmal wiederholen, um es stärker zu färben. Es muß so empfindlich sein, daß ein Tropfen Potaschenlösung in einem Glase Wasser ein Stückchen dieses Papiers schon blau färbt.

Um blaues Papier zu erhalten, wird der rothen Lösung noch etwas mehr von der blauen, oder in Ermangelung derselben einige Tropfen Potaschenlösung zugesetzt, bis sie eben blau geworden, und hiermit in derselben Weise, wie eben gesagt, Papier gefärbt. Dieses blaue Papier muß so empfindlich sein, daß ein schmales Streifchen davon in ein Glas Wasser getaucht, worein ein Tropfen Salz- oder Schwefelsäure gegossen worden, seine Farbe in Roth umändert.

Von jedem dieser „Reagenzpapiere" schneide nach dem Trocknen ein Stück in ganz schmale Streifchen und bewahre diese in besonderen Pappkästchen zum Gebrauche auf.

Somit magst du diesen ersten einleitenden Cursus beschließen, um nächstens, dadurch vorbereitet, und zu allen vorkommenden Experimenten gerüstet, das eigentliche Studium der Chemie zu beginnen. Benutze die Zeit bis zu meinem nächsten Briefe zum Räumen, Ordnen und Putzen deines ganzen Apparates und Arbeitszimmers. Um dich bei dieser Arbeit zu unterstützen, lasse ich hier eine geordnete Liste aller derjenigen Stoffe folgen, welche du theils durch ihre Darstellung, theils durch ihre Benutzung zur Darstellung anderer kennen gelernt hast und in größerer oder geringerer Menge besitzen wirst. Du thust wohl, sie nach der Ordnung aufzustellen, in welcher ich sie hier nennen will:

Jod; Schwefel; Schwefelkrystalle.

Salzsäure; Schwefelsäure; Salpetersäure; Essigsäure; Weinsäure; Borsäure.

Ammoniak.

Salmiak; kohlensaures Ammon.

Potasche; schwefelsaures Kali; Salpeter; essigsaures Kali; gelbes chromsaures Kali; rothes chromsaures Kali; Weinstein.

Kochsalz; Soda; phosphorsaures Natron; Borax; Boraxglas.

Barythydrat; Barytwasser; kohlensaurer Baryt; Chlorbaryum; Schwefelbaryum; Schwerspath.

Chlorcalcium; kohlensaurer Kalk; Kreide.

Strontianit; salpetersaurer Strontian.

Weiße Magnesia; kohlensaure Magnesia; schwefelsaure Magnesia.
Alaun.
Chromoxyd; Chromoxydhydrat; Chromalaun.
Eisen; Eisenoxyd; Schwefeleisen; schwefelsaures Eisenoxyd; Eisenvitriol.
Metallisches Kupfer; Kupfervitriol; essigsaures Kupferoxyd.
Blei; reines Blei; Bleiglätte; Bleizucker; Bleiweiß; chromsaures Bleioxyd; Chromroth; schwefelsaures Bleioxyd.
Antimonmetall, Antimonoxyd; Schwefelantimon.
Zinn.
Wismuth; Rose's Metall.
Jodquecksilber.

Benzoë; Benzoësäure.
Indigo.
Lackmus.

Chemisches Laboratorium.

Chemisches Laboratorium.

Anleitung

zum

Selbstunterrichte in der Chemie

von

Dr. Karl Stammer.

Zweiter Theil.

Gießen, 1857.

J. Ricker'sche Buchhandlung.

Vorwort zum zweiten und dritten Theile.

Ein Blick auf das Inhaltsverzeichniß wird es rechtfertigen, daß ich auch diesem zweiten Theil einige erläuternde Worte vorausschicke: der von dem gewöhnlich eingeschlagenen ganz abweichende Gang bedarf einer kurzen Erklärung. Es zielte nämlich der Unterricht im ersten Theile zwar hauptsächlich auf praktische Vorbereitung, und die dort erworbenen Kenntnisse sollen den Lernenden namentlich zum Selbstexperimentiren für alle späteren Fälle befähigen, allein es ergab sich die Erwerbung von mancherlei speciellen Kenntnissen als ein weiterer Vortheil, obwohl nicht von solcher Bedeutung, daß dadurch die Anwendung eines jeden beliebigen Ganges gleich vortheilhaft geworden wäre.

Ferner möchte ich auf Folgendes aufmerksam machen: Es ist eine oft ausgesprochene, aber auch oft und mit Recht bestrittene Ansicht, daß ein und dasselbe Lehrbuch zugleich zum Selbstunterricht und zum Schulgebrauch dienen könne. Dies mag wohl für ganz besondere Zweige einer ihrer Hauptsache nach schon erfaßten Wissenschaft, für Aufgabensammlungen, Karten und ähnliche Werke seine Richtigkeit haben; für ein Lehrbuch irgend eines Faches aber muß es von vorn herein ein ungünstiges Urtheil erwecken, wenn der Titel dasselbe als gleichzeitig für den Selbstunterricht und für den Schulgebrauch geschrieben bezeichnet. Die Methode muß für diese beiden Fälle so wesentlich verschieden sein, daß es nur eine mangelhafte Auffassung von Seiten des Verfassers bekunden kann, wenn diese beiden Zwecke gleichzeitig im Auge behalten werden sollen. Eins von beiden, oder beide müssen nothwendigerweise verfehlt werden.

Bei dem vorliegenden Werke dagegen habe ich ganz allein die Brauchbarkeit für den Selbstunterricht im Auge behalten. Wenn ich diesen leitenden Gedanken in dem Vorwort zum ersten Theile bei dem eigenthümlichen Inhalte desselben nur zu erwähnen brauchte, so scheint es mir bei diesem zweiten und dritten Theile, die ja das Gebiet der unorganischen Chemie fast ganz umfassen, nöthig, mit Nachdruck darauf hinzuweisen, daß das Buch zum Schulunterricht **nicht** bestimmt ist.

Es sind in vielen Fällen schon so sonderbare Mißgriffe geschehen und Bücher in Schulen benutzt worden, die zu nichts weniger paßten, daß es wohl gerechtfertigt erscheint, wenn ich über diesen Punkt einige Worte gesagt habe.

Durch Festhalten an dieser Ansicht ist es aber möglich gewesen, den Stoff auf ganz andere Weise einzutheilen, als es gewöhnlich zu geschehen pflegt, weil die Rücksicht auf die Benutzung beim Unterricht in der Schule wegfiel. Namentlich habe ich danach gestrebt, mit Vermeidung eines Systems und ohne Rücksicht auf die hergebrachte Ordnung jeden Gegenstand an den vorhergehenden anzuknüpfen und die einzelnen Thatsachen so auseinander zu entwickeln, daß bei den anzustellenden Experimenten, die so viel wie möglich das Angegebene zur Anschauung bringen sollen, zu deren vollkommenem Verständniß nichts anderes als das schon Vorgekommene erfordert wird. Die ganz allmälige Erweiterung der Begriffe, die unmerklich wachsende Ausdehnung des Gesichtskreises, die gleichmäßige Vervollständigung des Wissens sind die wesentlichsten Vortheile dieser Methode, die noch durch die zugleich gegebene Möglichkeit erhöht werden, das Einschalten von Erklärungen und Auseinandersetzungen zu vermeiden, die eigentlich erst später vorkommen können.

Eine nähere Beschreibung und Rechtfertigung des sich ergebenden Ganges ist, ohne zu sehr in's Einzelne zu gehen, nicht möglich, und ich verweise daher auf das Buch selbst, indem ich bitte, nicht allein aus dem Inhaltsverzeichniß ein Urtheil bilden zu wollen, da die innere Entwickelung des Ganges und die Nothwendigkeit, mit welcher die Aufeinanderfolge der einzelnen Gegenstände bedingt werden, daraus nicht ersichtlich sein kann.

Den angedeuteten Vortheilen dieser eigenthümlichen Anordnung des Stoffes gegenüber ist es nicht zu läugnen, daß auch einige Nachtheile unvermeidlich scheinen. Es geht dadurch erstens alle sogenannte Systematik verloren, zweitens werden Wiederholungen bisweilen vorkommen müssen und drittens bleiben manche Stoffe getrennt, die in Bezug auf ihre chemischen Eigenthümlichkeiten nahe zusammen zu gehören scheinen.

Wenn man indeß diese Nachtheile näher beleuchtet, so sind sie nur unerheblich. Denn für den in der Chemie so schwierigen und bisher nur selten von gutem Erfolg begleiteten Selbstunterricht bleibt die Hauptsache immer die Erreichung eines vollkommenen und klaren Verständnisses der Sache, mit Vermeidung alles nicht streng dazu Nothwendigen, und so kleine Uebelstände, wie die unvermeidliche Wiederholung einiger Punkte, oder die Zerstreuung von Thatsachen, die man gewohnt ist, zusammenzustellen, sind von keiner großen Bedeutung. Was vollends das System anbetrifft, so will ich hier über den scheinbaren oder wirklichen Werth eines solchen auf dem heutigen Standpunkte der Wissenschaft nicht rechten, und nur bemerken, daß eine Systematisirung jedenfalls nur dann Werth hat, wenn sie nach der Beschreibung des Anzuordnenden vorgenommen wird, wodurch sie erst den Schein der Willkürlichkeit verliert, den sie nothwendig haben muß, wenn sie an der Spitze der Wissenschaft steht. Erst müssen die wichtigsten Eigenschaften und Erscheinungen im Einzelnen betrachtet werden und dann erst können mittelst der erworbenen Kenntnisse die Körper klassificirt d. h. das Gemeinsame derselben erfaßt werden. Die Angabe der allgemeinen Eigenschaften vor der Betrachtung der besonderen ist unpädagogisch, und es wird immer leichter und naturgemäßer bleiben, vom Besonderen zum Allgemeinen überzugehen, als umgekehrt. Somit wird die sogenannte Systematik erst nach der Behandlung der wichtigeren Theile der ganzen unorganischen Chemie vorkommen und dadurch zugleich Gelegenheit geboten werden, mancherlei Ergänzungen oder Zusätze zum Vorhergehenden zu geben, und die zerstreuten Begriffe zusammenzufassen, um ihre Beziehungen zu einander festzustellen.

Zu dem Verständniß der chemischen Gesetze und namentlich der Aequivalentverhältnisse ist die Berechnung von Zahlenaufgaben von größter Wichtigkeit, und ich habe daher eine gewisse Anzahl davon in der geeigneten Reihenfolge hin und wieder eingestreut (1).

(1) Diejenigen, welchen die ausgewählten Aufgaben nicht auszureichen scheinen und welche noch eine größere Menge Uebungsaufgaben zur Berechnung gegeben wünschen, mache ich auf mein Werkchen: „Sammlung chemischer Rechenaufgaben" und „Antworten und Auflösungen dazu" (Braunschweig bei Vieweg) aufmerksam.

Dieses, so wie die allmälige Entwickelung und Begründung des genannten Gesetzes, wird ohne Zweifel diesen Theil der Chemie nicht schwieriger erscheinen lassen, als die übrigen, der Anschauung zugänglicheren.

Auch will ich noch anführen, daß das Studium mancher Metalle weit weniger Schwierigkeiten bietet, als dasjenige der meisten Metalloide, und daß es daher gerechtfertigt erscheint, diese zum Theil erst nach jenen vorzunehmen, wobei allerdings eine vollständige Betrachtung alles Zugehörigen nicht möglich ist, so daß namentlich die Beschreibung der Salze erst bei den betreffenden Säuren vorkommen kann. Gewiß ist es aber kein Nachtheil, wenn die Salze der einzelnen Säuren und nicht die der Metalle zusammenstehen, wie dies öfters in dem vorliegenden Theile der Fall sein wird.

Die rationellere Betrachtung des Wasserstoffs in seiner Beziehung zu den Metallen und die damit zusammenhängende richtigere Anschauungsweise über die sogenannten Wasserstoffsäuren wird ebenfalls nur zum leichteren Verständniß beitragen können.

Möge es meinen Bemühungen gelungen sein, einen Gang aufzufinden, der mehr, als die bisher versuchten, ein leichtes Verständniß zu ermöglichen und den Lernenden ohne allzugroße Anstrengung in das Gebiet der Chemie einzuführen vermag!

Somit empfehle ich auch diesen zweiten und dritten Theil der freundlichen Nachsicht aller Derjenigen, die mit mir bemüht sind, die Chemie immer Mehren zugänglich zu machen, und zwar nicht durch Verminderung des Umfanges des zu erlernenden Stoffes, oder durch Trivialisirung der Behandlungsweise, sondern durch das Streben nach einer vollkommeneren Methode des Unterrichts.

Der Verfasser.

Voranschlag der Kosten

für die im zweiten Theile beschriebenen Versuche.

Apparate.

Die Apparate, welche früher angeschafft worden sind, werden auch für die Folge ziemlich ausreichend sein, wenn das durch Zerbrechen u. s. w. Abgehende von Zeit zu Zeit ersetzt wird. Außerdem kommen hauptsächlich zur Anschaffung:

1 galvanischer Apparat	4—6	Thlr.		
12 Reagenzcylinder	—	"	9	Sgr.
2 Kugelröhren	—	"	6	"
Kautschukröhren $\frac{1}{16}$—$\frac{1}{8}$″ Durchm. 4 Loth . .	—	"	16	"
4 kleine Kölbchen	—	"	8	"
1 Löthrohr . . . . . 10 Sgr. bis	1	"	10	"
Verschiedene Flaschen im Betrage von etwa .	1	"	27	"
Platindraht und Platinblech für 15 Sgr. bis .	1	"	—	"
Zusammen 9 Thlr. bis	11	"	16	"

Materialien.

Antimon . . .	4 Loth	Glaubersalz . .	4 Loth
Arsenik	1 "	Gyps	4 "
" weißes .	$\frac{1}{4}$ "	Jod	$\frac{1}{2}$ Drachme
Bleichkalk . . .	8 "	Jodnatrium . .	1 Loth
Bleizucker . . .	4 "	Kali, chlorsaures .	4 "
Braunstein 1 Pfd.	16 "	" kaustisches .	4 "
Chlorcalcium . .	4 "	Kalium	1 Drachme
Flußspath . . .	4 "	Kleesäure . . .	4 Loth

Kobaltkies.		Quecksilberoxyd . .	½ Loth
Kochsalz.		Salmiak	4 "
Kreide oder Marmor.		Salpeter	8 "
Kupfervitriol . . .	4 Loth	Salpetersäure . .	2 Pfd.
Mennige	2 "	Salzsäure	1 "
Natrium	½ Drachme	Schwefel	12 Loth
Nickel	4 Loth	Schwefelsäure . .	2 Pfd.
Phosphor	4 "	Soda	1 "
Platinerz.		Spiritus	½ Quart
Quecksilber . . .	1 "	Zink	2 Pfd.

Im Ganzen für 5 bis 6 Thlr.

Inhalt.

Seite

Seite

25. Brief.

Allgemeine Grundsätze. Wasser; Eigenschaften; Löslichkeit der Körper; Zersetzung durch den galvanischen Strom; Zusammensetzung.

Wir haben nunmehr, wo du die erforderliche Uebung in den chemischen Operationen, im Anstellen aller Arten von Experimenten erlangt hast, zu der Betrachtung der verschiedenen Körper überzugehen, und das Studium ihrer Eigenschaften und ihrer Beziehungen zu einander vorzunehmen.

So viel wie möglich will ich dem Grundsatze treu zu bleiben suchen, dich Alles durch eigene Anschauung kennen zu lehren; freilich ist es nicht möglich, dir die Anleitung zu allen Experimenten zu geben, die das Anzuführende beweisen würden, denn manche erfordern an Apparaten und Materialien so viel, daß es dir an Zeit und Mitteln leichtlich gebrechen würde, und du Angesichts der allzu großen Schwierigkeiten allen Muth verlieren müßtest. Ich werde aber solche Dinge, deren Bestätigung außer deinem Bereiche liegt, so viel wie möglich zu vermeiden suchen, und sie nur dann anführen, wenn sie unumgänglich nothwendig sind, indem du später alles Fehlende schon leicht in irgend einem größeren chemischen Werke nachholen kannst. Deine bis dahin erworbenen chemischen Kenntnisse werden dich dann in den Stand setzen, auch die verwickeltsten und feinsten Experimente Anderer, wenn auch nicht zu wiederholen, doch mit Aufmerksamkeit und Einsicht zu verfolgen und aus ihrem Verständniß Nutzen zu ziehen.

Wir beginnen bei unserem Studium mit demjenigen Körper, welcher uns bisher schon am häufigsten begegnete, und den wir auch in Zukunft fast bei jedem Schritte auf dem Gebiete der Chemie wieder finden werden, nämlich mit dem

Wasser.

Schon vieles hast du über die Eigenschaften des Wassers erfahren: du weißt schon, daß das flüssige Wasser im Stande ist, viele feste Körper in flüssige Form überzuführen, ein Vorgang, den wir Auflösung genannt haben; du weißt ferner, daß die Kraft, womit dies geschieht, bei verschiedenen Körpern sehr verschieden ist, und daß die meisten in der Hitze löslicher sind als in der Kälte. Ich brauche dich nur an die verschiedenen Substanzen zu erinnern, die du durch Verdunstung oder durch Erkalten hast krystallisiren lassen. Andere dagegen, welche durch Ausfällen dargestellt worden sind, haben dich gelehrt, daß es auch Stoffe giebt, welche im Wasser unauflöslich sind. Dieses letztere ist indessen dahin zu ergänzen, daß vollständige Unauflöslichkeit in Wasser außer bei den Metallen nur bei sehr wenigen Körpern vorkommt. Man pflegt aber in der Regel diejenigen, welche sehr schwer löslich sind, als unlöslich zu bezeichnen, und es hat daher die Unlöslichkeit viele Abstufungen oder Grade, welche man für diejenigen Körper, bei denen es von besonderer Wichtigkeit ist, mit großer Genauigkeit ermittelt hat.

Ferner wirst du dich erinnern, daß das Wasser bei einem bestimmten Hitzegrade kocht, in Dampfgestalt übergeht, und also destillirt werden kann. Ich ergänze dieses dahin, daß das Wasser an seiner Oberfläche bei allen Temperaturen, selbst als Eis und Schnee luftförmig werden, oder wie man sagt verdunsten kann, daß man aber nur dann sagt, es koche, wenn dieser Uebergang in die Dampfgestalt nicht allein an der Oberfläche, sondern durch die ganze Masse hindurch stattfindet. Auch weißt du, daß das Wasser gefriert, wenn es hinreichend erkaltet. Weiter kann ich mich hier auf die physikalischen Eigenschaften des Wassers nicht einlassen, sondern ich muß dich in dieser Beziehung auf eines der vielen physikalischen Lehrbücher verweisen, deren Studium ich dir herzlichst anempfehle. Nimm zunächst das Kapitel über die Wärme vor; es ist das wichtigste für das Verständniß der Chemie und du wirst nöthigenfalls auch ohne Experimente, welche bei anderen Theilen der Physik unentbehrlich sind, das darin Abgehandelte recht gut verstehen können.

Nur das will ich noch hier anführen, daß man den Punkt, wo das Quecksilber eines in schmelzendes Eis getauchten Thermometers steht, mit 0° und den, wo dasselbe, in siedendes Wasser gehalten, stehen bleibt, mit 100° bezeichnet (1), wonach der Zwischenraum zwischen beiden Punkten in 100 gleiche Theile, Grade genannt, getheilt wird, mittelst

(1) Bei dem Normaldruck der Luft, d. h. bei einem Barometerstand von 760 Millimetern.

denen die verschiedenen Temperaturen angegeben zu werden pflegen. (Es gilt dies von dem in der Chemie gebräuchlichsten Celsius'schen Thermometer; sonst sind auch noch andere Eintheilungen üblich.)

Betrachten wir hiernach die chemische Natur des Wassers. Zu dem Ende wollen wir es in seine Bestandtheile zerlegen, was am einfachsten und lehrreichsten durch einen electrischen Strom geschieht. Um die dazu nöthige Electricität zu erregen, wirst du einer galvanischen Batterie bedürfen; diese hast du dir daher zunächst herzurichten. Am kürzesten wird es sein, wenn du dir von einem Mechanikus, oder von einer Handlung physikalischer Apparate eine Kohlenzinkbatterie von drei oder vier Elementen besorgen lässest. Es kostet z. B. bei Greßler in Erfurt, oder bei Luhme u. Comp. in Berlin jedes Element (bei 5" Höhe und 2¼" Durchmesser) 1⅓ bis 1½ Thlr. Auch kannst du auf dem Buchhändlerwege von Körner's Verlag in Erfurt solche Zinkkohlenelemente zu 1 Thlr. beziehen. Letztere machen einen Theil der Apparate aus, die zu den in Krüger's „Schule der Physik" (Leipzig und Erfurt, Körner) angegebenen Experimenten erforderlich sind. Dieses Buch kann ich dir sehr zum Studium der Physik empfehlen; außer dem vorhin als besonders nothwendig Erwähnten wirst du dann das Capitel von der Electricität und namentlich der galvanischen zunächst zu studiren haben. Auf jeden Fall lasse ich hier die Erklärung der Erscheinungen, welche man electrische und galvanische nennt, aus dem Grunde weg, weil sie mich zu weit von meinem Gegenstande ablenken würde, und du sie sowohl in den genannten, wie in mehreren anderen Büchern besser und deutlicher finden wirst, als ich sie dir geben könnte.

Sollte dir aber der oben angegebene Preis von 4 bis 6 Thlrn. für drei oder vier Kohlenzinkelemente zu hoch erscheinen, so kannst du sie auch etwas wohlfeiler, und nur unter Beschaffung einzelner Theile auf anderem Wege, folgendermaßen herstellen:

Von einer der oben genannten Handlungen, oder von einem Mechanikus wirst du zu jedem Elemente einen porösen Thoncylinder von 3" bis 4" Höhe und einen dazu gehörigen Kohlencylinder zum Preise von 10 bis 15 Sgr. erhalten können. Nun suche zu jedem derselben ein Trinkglas aus, das etwa so hoch ist, wie die Thoncylinder und in welches diese mit einem Zwischenraume von ½" passen. Dann lasse von einem Blecharbeiter zu jedem Elemente ein dickes Stück Zinkblech schneiden, das zu einem Cylinder zusammengerollt, in den Zwischenraum zwischen Thoncylinder und Glas lose zu stellen ist. An dieses Zinkblech ist ein Stück Kupfer- (nicht Messing-) draht von einigen Zoll Länge anzulöthen; endlich hast du aus Kupferdraht einige Klemmen (Fig. 107, siehe die folgende Seite) zu biegen und dann die Zinkcylinder zu amal-

Fig. 107.

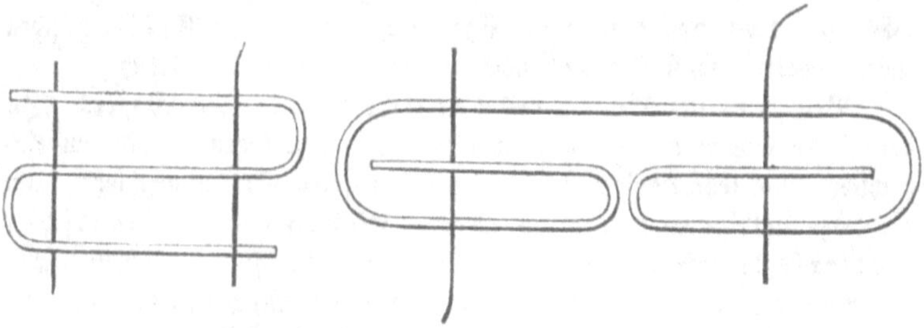

gamiren, d. h. mit Quecksilber zu überziehen; dies geschieht folgendermaßen:

Gieße in eine flache Schale oder Untertasse einige Tropfen Quecksilber und darüber etwas Wasser und einige Tropfen Schwefelsäure. Nun lege das Zink in diese Flüssigkeit und vertheile die Säure und das Quecksilber über dessen Oberfläche durch Reiben mit Papier; dabei achte darauf, daß dir die verspritzende Säure keinen Schaden zufüge, und wasche endlich das Zink, wenn es an allen Stellen durch das Quecksilber hell und blank erscheint, mit Wasser ab. Die galvanische Batterie ist nun bis auf's Zusammensetzen fertig; nun hast du noch das Gefäß herzustellen, in welchem die Zersetzung des Wassers in seine Elemente vorgenommen werden soll.

Dazu wähle einen Trichter mit einer etwas weiten Röhre aus, schneide diese dann bis auf einen halben Zoll ab und passe in das stehen bleibende Stück einen guten Kork recht dicht ein; überziehe ihn zu größerer Sicherheit innen und außen mit Guttapercha und bringe dann zwei Platindrähte hinein (siehe die Fig. 108). Du hast ohnehin später bisweilen etwas Platindraht nöthig, und wirst daher wohl thun, jetzt gleich für ½ bis 1 Thlr. anzuschaffen und dabei solchen von mittlerer Dicke auszuwählen. Schneide zwei Stückchen von 2″ bis 3″ ab und stecke dieselben, nachdem mit einer Nadel zwei Löcher vorgestochen sind, so in den Kork, daß oben und unten etwa gleiche Stücke vorragen und die beiden Drähte einen Zwischenraum von einigen Linien lassen (siehe die Fig. 108). Nun gieße etwas Wasser in den Trichter und stelle ihn auf einem Filtrirgestelle auf; sollte das Wasser etwa durchsickern, so müßtest du nach vorherigem Trocknen den Ueberzug mit Guttapercha mittelst einer heißen Glasröhre ausbessern und vollkommen dicht machen. Ist auch dieses geschehen, so fülle den Trichter zu ¾ mit Wasser, gieße etwas Schwefelsäure hinein und stelle ihn zum Gebrauche bei Seite; gleich werden wir seiner bedürfen. Er wird nun die Gestalt Fig. 108 zeigen. Nun schneide von

Fig. 108.

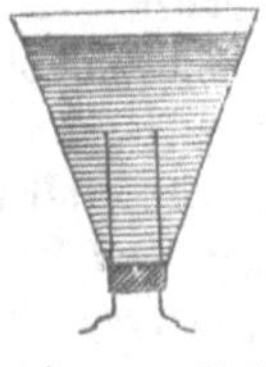

der weitesten Glasröhre in deinem Besitze zwei gleich lange Stücke von etwa 5 bis 6″ Länge ab, verschließe sie an einem Ende mittelst eines guten Korkes, der an der inneren Seite mit Guttapercha überzogen und außen glatt am Rande der Röhre abgeschnitten und dann ebenfalls mit Guttapercha überzogen werden muß, so daß namentlich die Berührungsstelle von Glas und Kork recht dicht verschlossen ist. Auf die Dichtigkeit des Schlusses hast du endlich jede Röhre durch Hineinblasen zu prüfen, während das verschlossene Ende unter Wasser taucht, wobei sich keine Bläschen zeigen dürfen.

Statt dieser Röhren kannst du auch, wenn du sie an Ort und Stelle (von einem Barometermacher, oder aus einer betreffenden Handlung) haben kannst, ein Paar sogenannte Reagircylinder nehmen, wovon du dann gleich ein Dutzend (Länge 6″, Weite ⅝″, Preis 9 Sgr.) dir besorgen wirst.

Fig. 109.

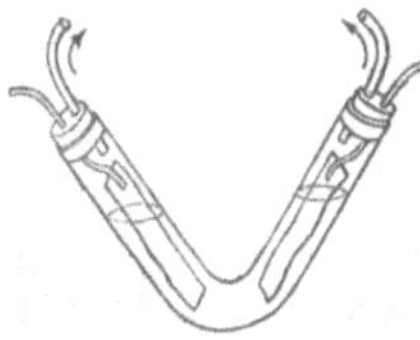

Einen anderen Apparat zur Zersetzung des Wassers, der ebenfalls recht leicht herzustellen ist, zeigt Fig. 109. Ich brauche die Construction desselben nicht näher anzugeben und bemerke nur noch, daß die beiden Gase, welche sich an den Platinblechen entwickeln werden, durch die mit Pfeilen bezeichneten Röhrchen abgeleitet und in dicht daneben aufgestellten Schälchen mit Wasser aufgefangen werden müssen, in derselben Weise, wie ich es gleich nachher für den so eben angegebenen Apparat beschreiben werde.

Nun setze die ganze Batterie folgendermaßen zusammen: In die neben einander stehenden Gläser stelle zuerst die Zinkcylinder, dann die Thon- und endlich die Kohlencylinder; dann verbinde den Kupferdraht des ersten Zinkcylinders mit dem des zweiten Kohlencylinders durch gemeinschaftliches Festklemmen in einer der oben gezeichneten Drahtklemmen; eben so den Zinkcylinder des zweiten Glases mit dem Kohlencylinder des dritten, und den Zinkcylinder des dritten mit dem des vierten; alsdann bleiben nur der Kohlencylinder des ersten und der Zinkcylinder des letzten Glases frei und ohne Berührung mit andern. Bei allen diesen Verbindungen ist mit der größten Sorgfalt darauf zu achten, daß alle Kupferdrähte da, wo sie einander berühren, durch Abfeilen recht rein und blank metallisch sind, so daß immer die Berührung nur von reinem Metall zu reinem Metall stattfindet. Endlich stelle den Apparat so auf, daß jeder der Platindrähte des Trichters mit einem feinen Kupferdrahte verbunden werden kann, was am einfachsten durch Umwickeln des (gut abgefeilten) Endes geschieht. Die Fig. 110 (siehe die folgende Seite) zeigt dir den Grundriß der vier Elemente mit ihrer Verbindung und den zwei freien Drähten; du wirst daraus die Einrichtung des Ganzen

Fig. 110.

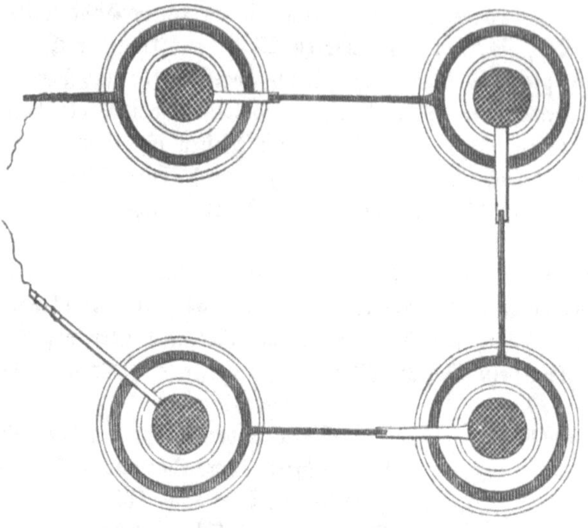

leicht ersehen. Die klar gelassenen Doppellinien bezeichnen das Glas oder die Thoncylinder, die einfach-schraffirten Theile das Zink, die doppelt-schraffirten die Kohlencylinder. Nun löse diese letzten Verbindungen wieder auf und setze die „Batterie“ folgendermaßen in Thätigkeit:

In ein großes Cylinderglas gieße fünf kleine Gläser voll Wasser, und dann ein eben solches Glas voll gewöhnliche Schwefelsäure; die ganze Mischung muß etwa so viel betragen, wie in zwei von den Trinkgläsern geht, welche du bei der Batterie angewendet hast.

Nun fülle mittelst eines Trichters die Thonzellen, ohne die Kohlencylinder herauszunehmen, mit gewöhnlicher Salpetersäure, wobei diese aber das Kupfer der letzteren nicht berühren darf. Dann fülle die Gläser, gleichfalls ohne die Thonzellen und ohne die Zinkzellen herauszunehmen, eben so hoch mit der verdünnten Schwefelsäure. In demselben Momente, wo die Berührung dieser beiden Flüssigkeiten durch die poröse Wand der Thonzellen hindurch stattfindet, erlangen die beiden freien Drahtenden ganz verschiedene Eigenschaften, wie wir dies gleich sehen werden. Man sagt, an dem einen befinde sich „positive“, am anderen „negative“ Electricität. Hast du genau nach Vorschrift verfahren, so kann der gute Erfolg nicht ausbleiben; um dich davon zu überzeugen, brauchst du nur den einen freien Kupferdraht auf eine Feile fest anzudrücken und mit dem anderen über die Feilenfläche hin und her zu reiben; eine Menge kleiner Funken — von der Vereinigung der „positiven“ und „negativen“ Electricität herrührend — wird der Beweis dafür sein, daß bei der Batterie Alles in Ordnung ist. Sollten sich diese

Funken nicht zeigen, so würdest du die Metallverbindungen nochmals nachsehen und recht innig und rein machen müssen, auch dich überzeugen, ob die oben angegebene Anordnung nirgends gestört ist, d. h. also, ob der Kohlendraht des ersten Elementes frei, sein Zinkdraht mit dem Kohlendraht des zweiten, der Zinkdraht des zweiten mit dem Kohlendraht des dritten, und der Zinkdraht des dritten mit dem Kohlendraht des vierten verbunden, und endlich der Zinkdraht des letzten frei ist; es ist endlich noch ganz besonders darauf zu achten, daß sich nirgendwo zwei Drähte anders berühren dürfen, als hier angegeben. Die geringste Abweichung hiervon würde unfehlbar ein gänzliches Mißlingen des Versuches zur Folge haben müssen. Ist nun Alles in Ordnung, und dieses durch den Funken bestätigt, so werden die freien Kupferdrähte mit den Platindrähten verbunden, unter der Vorsicht, daß sich weder die ersteren noch die letzteren unter einander im geringsten berühren. In demselben Momente, wo die Verbindung hergestellt ist, tritt in dem Wasser des Trichters eine Gasentwickelung ein, die von den beiden Drähten ausgeht. Um dieselbe noch etwas lebhafter zu machen, gieße etwas Schwefelsäure in das Wasser; dieselbe erleichtert die Gasentwickelung, ohne im Uebrigen Theil an der hier stattfindenden Zersetzung zu nehmen. Es geht nämlich hier die Zersetzung des Wassers vor sich, welche durch den hindurchziehenden electrischen Strom bewirkt wird; wir werden gleich sehen, welches die entstehenden Producte sind. Zuvor müssen wir die Gasblasen gesondert auffangen, welche sich an den beiden Drähten entwickeln. Zu dem Ende fülle eine der beiden an einem Ende geschlossenen Glasröhren mit angesäuertem Wasser aus dem Trichter ganz an, verschließe die Oeffnung mit dem Daumen, kehre die Röhre um, tauche das mit dem Finger verschlossene Ende unter die Flüssigkeit im Trichter und ziehe den Finger weg; dies Alles muß geschehen, ohne daß eine Luftblase in die Röhre kommen darf. Nun verfahre mit der anderen eben so, und stelle endlich jede derselben über eine der beiden Platindrähte, unter steter Beobachtung der nöthigen Vorsicht, damit sie ganz mit Wasser gefüllt bleiben. Die von den Drähten aufsteigenden Luftblasen werden sich nun im oberen Theile der Röhren ansammeln und das Wasser allmälig daraus verdrängen. Stelle die Röhren so, daß du sie einige Zeit sich selbst überlassen kannst, ohne daß aber ihre unteren Oeffnungen durch den Korkboden des Trichters verschlossen werden, und lasse dann den Apparat ruhig arbeiten. Unterdessen sorge dafür, daß die Electricität in der Batterie in hinreichendem, aber nicht zu starkem Maße entwickelt werde. Wenn sich bei einem Zinkblech eine starke Gasentwickelung zeigt, so ist es gut, die darin befindliche Flüssigkeit zum Theil herauszunehmen und durch Wasser zu ersetzen. Ist aber der Strom zu schwach, so daß die Gasentwickelung im Trichter nur sehr langsam geht, so kann man sie durch Zusetzen von etwas Schwefelsäure in die einzelnen Gläser, so wie auch in den Trichter verstärken.

Du wirst nun alsbald beobachten, daß das an dem einen Platindrahte entwickelte Gas nur den halben Raum von dem am anderen Drahte sich entwickelnden einnimmt, und zwar entwickelt sich an dem Drahte, welcher mit dem Zinke in Verbindung steht, die geringere Menge Gas. Wir wollen diesen das Zinkende, den Draht, welcher mit der Kohle verbunden ist, das Kohlenende nennen. Jenes nennt man auch, wie schon oben gesagt, das positive, dieses das negative Ende. Nun zieht aber, wie du vielleicht schon einmal gehört hast, jede Electricität die der anderen Art an, so daß also nach dem positiv electrischen Ende die negativ electrischen Körper gehen und umgekehrt. Wenn wir also später finden werden, daß die an beiden Enden entwickelten Gase unter sich verschieden sind, so wissen wir jetzt schon im Voraus, daß das an dem (positiven) Zinkende angesammelte electro-negativ, das am (negativen) Kohlenende angesammelte electro-positiv ist.

Was wir unter diesen Ausdrücken positiv und negativ zu verstehen haben, ist in den wenigen Worten enthalten, deren Sinn schon im Vorhergehenden eingeschlossen ist: electro-negativ heißen diejenigen Stoffe, welche von dem Zinkende, electro-positiv diejenigen, welche von dem Kohlenende einer Batterie angezogen werden und sich an demselben ansammeln.

Während du diese Zeilen liesest, wird sich hinreichend Gas in den beiden Röhren gesammelt haben, um das oben angedeutete Verhältniß schärfer beobachten zu können, und dir zugleich diejenige Menge zu liefern, welche zur Erkennung der Eigenschaften und etwaigen Unterschiede beider Gase nothwendig sind.

Zuerst wirst du nun die über dem Kohlenende befindliche Röhre behutsam von dem Draht entfernen, unter dem Wasser mit dem Daumen verschließen, herausnehmen, umkehren und an die geöffnete, nach oben gerichtete Mündung ein brennendes Hölzchen halten; unter einem kleinen Knalle wirst du das in der Röhre befindliche Gas sich entzünden und mit einer bei Täge kaum sichtbaren Flamme bis zum Spiegel des noch vorhandenen Wassers abbrennen sehen.

Nun verfahre mit der anderen Röhre genau ebenso; du wirst sofort wahrnehmen, daß das darin enthaltene Gas sich nicht entzünden läßt; verschließe schnell die Oeffnung wieder mit dem Finger, zünde ein Holzspänchen an, blase es so aus, daß noch ein glühendes Köhlchen daran bleibt, und tauche dasselbe in die auf einen Augenblick geöffnete Röhre. Deine Verwunderung wird nicht gering sein, wenn du das glimmende Spänchen in eine hell leuchtende Flamme ausbrechen siehst; wenn du es schnell herausziehst und wieder ausbläsest, so kannst du dieselbe Erscheinung nochmals beobachten, nur darf die Röhre nicht länger geöffnet sein, als durchaus nothwendig.

Daraus geht Folgendes hervor: die beiden, an den verschiedenen Enden der Batterien entwickelten Bestandtheile des Wassers sind wesentlich verschieden, indem der eine, der electro-positive, entzündlich und brennbar ist, der andere, electro-negative, sich dagegen nicht anzünden läßt, wohl aber einen glimmenden Holzspan zur hellen Flamme entzündet. Ferner wissen wir, daß der electro-positive Bestandtheil einen doppelt so großen Raum einnimmt, wie der electro-negative. Jenen, den entzündlichen, positiven, nennt man Wasserstoff, diesen, den nicht brennbaren, entzündenden, negativen, Sauerstoff. Solltest du dich noch nicht hinlänglich von dem Unterschiede der beiden Gase in der angeführten Art überzeugt haben, so wiederhole den Versuch noch einmal; andernfalls nimm alle Drahtverbindungen und überhaupt die ganze Batterie auseinander; gieße die beiden Säuren jede in eine besondere Flasche zur Aufbewahrung und weiteren Benutzung, spüle die Kohlen- und Zinkcylinder gut mit Wasser aus und trockne sie mit Löschpapier ab. Die Thonzellen aber lege einen Tag lang in frisches Wasser und lasse sie dann an der Luft trocknen.

Wenn Alles solchergestalt wohl gereinigt ist, so stelle die Batterie zu späterem Gebrauche bei Seite.

Die weiteren Eigenschaften des Sauerstoffes und des Wasserstoffes wirst du in der Folge untersuchen, wenn du größere Mengen davon darzustellen gelernt haben wirst. Für heute will ich dich nur noch über das gegenseitige Verhältniß belehren, in welchem sie im Wasser stehen. Es wird durch die Zersetzung des Wassers ganz genau ein Raumtheil Sauerstoff und zwei Raumtheile Wasserstoff entwickelt, der erstere ist aber so bedeutend schwerer als letzterer, daß ein halb so großer Raumtheil davon dennoch 8mal so viel wiegt. Nehme ich z. B. an, es habe sich 1 Kubikzoll Sauerstoff entwickelt, so müssen gleichzeitig 2 Kubikzoll Wasserstoff frei geworden sein; ein Kubikzoll Sauerstoff wiegt aber 16mal so viel wie 1 Kubikzoll Wasserstoff oder 8mal so viel, wie die demselben entsprechende Menge (2 Kubikzoll) Wasserstoff. Wenn wir also die Gewichtsmenge des Wasserstoffes, die aus irgend einer Quantität Wasser entwickelt wird, durch Eins ausdrücken, so müssen wir die in derselben enthalten gewesene Sauerstoffmenge durch Acht ausdrücken. Wir sagen demnach: das Wasser besteht aus einem Gewichtstheil Wasserstoff und acht Gewichtstheilen Sauerstoff, die zusammen natürlich neun Gewichtstheile Wasser bilden. Bezeichnen wir (1) einen Gewichtstheil

(1) Wasserstoff heißt im Lateinischen Hydrogenium.

Wasserstoff mit H, und (1) wie schon früher, 8 Gewichtstheile Sauerstoff mit O, so ist demnach die Zusammensetzung des Wassers auszudrücken durch H + O, oder wie man es abgekürzt zu schreiben pflegt, durch HO. Daraus folgt z. B. sehr einfach die Berechnung derjenigen Mengen dieser beiden Stoffe, welche in einer bestimmten Menge Wasser enthalten sind: Da auf 9 Thle. Wasser 1 Th. Wasser- und 8 Th. Sauerstoff kommen, so ist alle Mal $\frac{1}{9}$ des Gewichts des Wassers Wasserstoff und $\frac{8}{9}$ desselben Sauerstoff.

Doch mein Brief wird allzu lang — du hast da Material genug, um bis zu meinem nächsten zu studiren und zu probiren.

Anzuschaffen zu den nächsten Versuchen sind:

½ Loth Quecksilberoxyd,
4 Loth Salpeter,
2 weiße und 4 grüne Glasflaschen mit eingeriebenem Glasstöpsel,
4 Loth chlorsaures Kali,
½ Pfund Braunstein.

(1) Sauerstoff heißt im Lateinischen Oxygenium.

26. Brief.

Sauerstoff; Darstellung aus Quecksilberoxyd, Zusammensetzung dieses Körpers. Verbrennung des Schwefels in Sauerstoff. Pneumatische Wanne; Gasflaschen, Manipulationen mit Gasen. Andere Darstellung des Sauerstoffes und Versuche damit; Eigenschaften desselben.

Es wird nun zunächst darauf ankommen, etwas größere Mengen Sauerstoff und Wasserstoff darzustellen, um ihre Eigenschaften genauer kennen lernen zu können. Wir wenden uns zunächst zum

Sauerstoff.

Der Sauerstoff kann auf mancherlei Weise dargestellt werden, die du nach und nach kennen lernen wirst. Die einfachste und lehrreichste ist die aus Quecksilberoxyd. Du weißt schon, daß die Endung oxyd (s. Brief 14) eine Verbindung mit Sauerstoff bezeichnet, daß also Quecksilberoxyd aus Quecksilber und Sauerstoff besteht. Für geringen Preis erhältst du ½ Loth Quecksilberoxyd, welche Menge zu den folgenden Versuchen völlig hinreichen wird. Solltest du es aber vorziehen, diesen Körper selbst darzustellen, so kann dieses leicht auf folgendem Wege geschehen.

In ähnlicher Weise wie das Antimon (Brief 6) wird eine kleine Menge — ein dicker Tropfen reicht schon hin — Quecksilber mit Salpetersäure behandelt. Die hierbei, gerade wie damals, entweichenden rothen Dämpfe sind ein Beweis dafür, daß aus der Salpetersäure Sauerstoff zum Quecksilber geht, obwohl dabei kein weißes Pulver, sondern eine nach dem Erkalten krystallisirende Verbindung entsteht. Da es aber auf die Darstellung derselben nicht ankommt, so brauchst du die Bildung der Krystalle nicht abzuwarten, sondern kannst, sobald alles Quecksilber verschwunden ist, was durch Erhitzen zu beschleunigen sein wird, Alles zur Trockniß abdampfen und das erhaltene Pulver in einem Tiegel nicht zu stark erhitzen, bis *keine rothen Dämpfe mehr entweichen*, wovon du dich durch kurzes stärkeres Erhitzen vollkommen überzeugen mußt. Wenn dieser Punkt eingetreten ist, so wird der Rückstand die Gestalt eines mehr oder weniger ziegelrothen Pulvers haben und aus Quecksilberoxyd bestehen. Ich brauche kaum zu sagen, daß du alle diese Operationen so ausführen mußt, daß du von den entweichenden schädlichen Dämpfen nicht belästigt wirst. Nun bedarfst du einer etwa 6'' langen, an einem Ende geschlossenen Röhre; hast du keine Reagenzröhren (s. oben), so mußt du eine von deinen weiten Glasröhren in der Weingeistflamme so stark wie möglich erweichen und dann recht schnell und plötzlich ausziehen, so daß wenigstens ein Theil recht kurz in eine dünne Spitze übergeht (Fig. 111), welche sich durch kurzes Erhitzen in der Flamme

Fig. 111.

leicht abschmelzen und verschließen läßt. Nun bringe etwas Quecksilberoxyd in diese oder eine Reagenzröhre und erhitze zum schwachen Glühen, während du die Oeffnung *ganz lose* mit dem Daumen verschließest, damit die äußere Luft möglichst abgehalten werde. Nach einiger Zeit wirst du an dem der Flamme nicht ausgesetzten Theile der Röhre einen grauen Anflug bemerken, den du bei näherer Besichtigung als aus lauter kleinen Quecksilbertröpfchen bestehend erkennen wirst; wenn du nun in die Röhre, gerade wie neulich, ein nur noch glimmendes Spänchen tauchst, so wirst du dasselbe mit einem glänzenden Schein in Flammen ausbrechen sehen. Erhitze nun das mittlerweile schwarz gewordene Pulver so lange, bis es ganz in Sauerstoff, welcher entweicht, und Quecksilber, welches sich wieder verdichtet, umgewandelt ist, während du den angegebenen Versuch mit dem glimmenden Hölzchen noch mehrmals wiederholen kannst.

Es ist demnach das Quecksilberoxyd durch die Hitze in seine Bestandtheile, Quecksilber und Sauerstoff, verwandelt, oder *zersetzt* worden.

Ich bemerke beiläufig, daß 108 Gewichtstheile Quecksilber gerade 100 Gewichtstheile Quecksilber und 8 Theile Sauerstoff geben. Bezeichnen wir also 100 Theile Quecksilber mit Hg (vom lateinischen Namen Hydrargyrum), so ist die Formel für das Quecksilberoxyd HgO, wenn wir das chemische Verbundensein durch Hinweglassung aller Zeichen bezeichnen; wir können daher den ganzen Vorgang mit allen dabei vorkommenden Gewichtsverhältnissen durch die Gleichung $HgO = Hg + O$ darstellen, wobei du dir unter jedem Zeichen die eben angedeuteten Gewichtsmengen (für sämmtliche Körper dieselben: Pfund, Loth u. s. w.) vorzustellen hast.

Du wirst nun wohl schon denken, daß auch andere Körper mit erhöhtem Glanze und größerer Leichtigkeit im Sauerstoff verbrennen. Um dir dieses durch ein kleines Experiment recht anschaulich zu machen, kannst du folgenden Versuch anstellen. Bringe etwas Salpeter, etwa so viel, wie ein Fingerhut fassen mag, in eine unten geschlossene Röhre (wie zum vorhergehenden Versuche), und erhitze ihn darin erst allmälig zum Schmelzen und dann noch stärker, bis eine starke Gasentwickelung eintritt. Mittlerweile lege ein kleines Stückchen Schwefel, von der Größe einer Erbse, bereit und schlage, um dir die Finger bei diesem übrigens ganz gefahrlosen Versuche nicht zu verbrennen, ein mehrfach zusammengefaltetes Papier fest um den oberen Theil der Röhre, um diese mittelst Zusammenklemmen der freistehenden Enden festzuhalten. Wenn die Gasentwickelung aus dem geschmolzenen Salpeter etwas stark geworden ist, brauchst du nur das Stückchen Schwefel hineinzuwerfen, um ihn sofort mit einem so hellen Glanze verbrennen zu sehen, daß das Auge ihn kaum zu ertragen vermag. Die dabei entwickelte Hitze ist hinreichend, um diese Verbrennung auch dann noch zu unterhalten, wenn die Röhre aus der Flamme entfernt wird. Während des ganzen Vorganges wirst du ein heftiges Geräusch und bisweilen kleine Verpuffungen wahrnehmen. Beides ist jedoch ohne Bedeutung und ich rathe dir nur, den Versuch nicht in der unmittelbaren Nähe feuergefährlicher Stoffe anzustellen, da es häufig vorkommt, daß der untere Theil der Röhre abschmilzt und als glühende Kugel zu Boden fällt, wobei du natürlich deine Kleider etwas zu hüten hast.

Die Entwickelung des Sauerstoffes aus dem geschmolzenen Salpeter ist zu erklären hier noch nicht der Ort. Diese Methode ist zur Darstellung größerer Mengen des reinen Gases auch nicht wohl anwendbar; wir müssen dieses vielmehr in folgender Weise vornehmen.

Fig. 112.

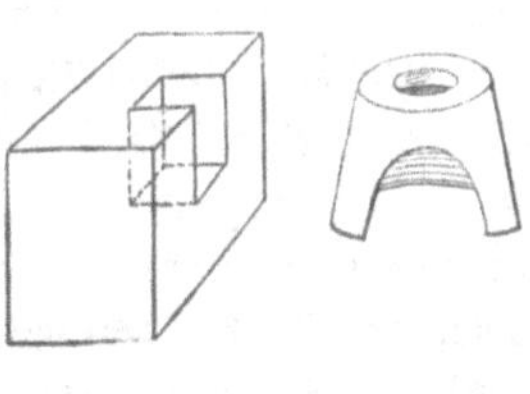

Zuerst hast du eine sogenannte pneumatische Wanne zu beschaffen. Dazu dient eine große steinerne Schale oder irgend eine blecherne oder irdene Schüssel. Lasse von einem Schreiner einen Klotz, von der Gestalt der ersten der hier bezeichneten Figuren (Fig. 112) schneiden, der durch eine Blei- oder Eisenplatte schwerer als Wasser zu machen ist, oder lasse ein Stück Blech oder Blei von der anderen Gestalt machen, oder verschaffe dir ein rechteckiges Stück Blech, welches mit zwei oder drei runden Löchern und ein Paar Füßen versehen ist, die dazu dienen, es in die oben bezeichnete Schale oder Schüssel zu stellen, und die pneumatische Wanne ist fertig.

Nun bereite einige Flaschen mit eingeriebenem Stöpsel durch Bestreichen der Stöpsel mit etwas Talg und Vertheilen desselben auf die ganze Berührungsfläche, mittelst mehrmaligen Umdrehens, zur Aufnahme von Gasen vor. Wenn der Talg überall zwischen Stopfen und Glas eine ganz dünne Schichte bildet, kann man auf vollkommenen Schluß mit Sicherheit rechnen. Du kannst dazu der Wohlfeilheit wegen zwei weiße und mehrere hellgrüne Flaschen nehmen. Die Zahl und Größe derselben richtet sich natürlich nach dem Umfange der Versuche. Wir wollen diese so vorbereiteten Flaschen kurzweg Gasflaschen nennen. Ich rathe dir nun, dich durch folgende vorläufige Versuche auf ihre Anwendung zum Experimentiren vorzubereiten: Fülle eine derselben ganz mit Wasser, verstopfe sie, ohne daß eine Luftblase darin bleibe, kehre sie dann um und öffne sie unter dem Wasser der pneumatischen Wanne, die damit bis auf einige Zoll unter dem Rand gefüllt ist. Dabei darf sich keine Luftblase an dem nach oben gerichteten Boden der Flasche zeigen. Nun stelle diese mit der Mündung über die (hölzerne oder blecherne) Brücke und richte unter deren Oeffnung eine Glasröhre. Wenn du nun in diese bläsest, so werden Luftblasen in die Flasche steigen und das Wasser daraus verdrängen. Wenn diese ganz wasserleer und luftgefüllt ist, wobei keine Blase vorbei und verloren gehen darf, so stopfe sie unter Wasser zu und nimm sie heraus, um den Versuch zur Uebung noch mit einigen anderen zu wiederholen.

Fig. 113.

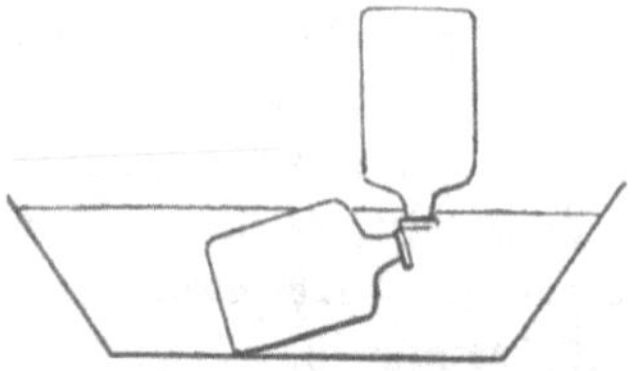

Um die in einer Flasche enthaltene Luft in eine andere überzufüllen, wird letztere mit Wasser gefüllt, dann werden beide unter Wasser geöffnet und mit ihren Mündungen so an einander gehalten, wie es beistehende Figur 113 zeigt, und dabei die luftgefüllte allmälig mehr und mehr geneigt, bis die Luft ganz oder theilweise aus der einen in die andere getreten ist. Sind die Flaschenhälse sehr enge, so leistet ein in die zu füllende Flasche gesteckter kleiner Trichter sehr gute Dienste. Endlich nimm eine mit Luft gefüllte Flasche, oder ein eben solches Cylinderglas, verschließe die Mündung unter Wasser mit einer Untertasse oder kleinen Schale, und nimm sie dabei in der Weise heraus, daß ihre Mündung stets unter das Wasser des untergehaltenen Gefäßes taucht; es wird weder Luft, noch, wenn sie auch etwas Wasser enthielt, Wasser daraus entweichen. Nun kehre sie um und ziehe die Schale hinweg. Diese Manipulation wird dir öfter vorkommen; übe dich darin, so wie in den anderen gut ein; eine gewisse Behendigkeit und Ruhe dabei wird dir später sehr zu statten kommen.

Nun zerreibe im Mörser, unter *sorgfältiger Vermeidung* des Hineinfallens von Staub oder sonstigen fremden Körpern — wodurch leicht ein großes Unglück entstehen könnte — ein oder mehrere Loth chlorsaures Kali zu grobem Pulver und füge dazu die Hälfte des Gewichtes an Braunstein; das Gemisch fülle in eine kleine Retorte ohne Tubus, an der mittelst eines Korkes oder passender eines Stückes Gummiröhre eine gebogene Glasröhre anzubringen ist (s. nachstehende Figur). Das Nähere hierüber brauche ich dir nicht anzugeben, du wirst diese Andeutungen jetzt vollkommen verstehen und danach verfahren können. Diese Retorte stelle nun so auf — entweder mittelst eines Retortenhalters, oder auf den Ofen mit Triangel — daß ihr Hals nach der Mündung zu geneigt ist (damit die etwa später frei werdende Feuchtigkeit nicht nach der heißen Retorte zurückfließe) und die Oeffnung der Röhre in das Wasser der pneumatischen Wanne taucht (Fig. 114).

Fig. 114.

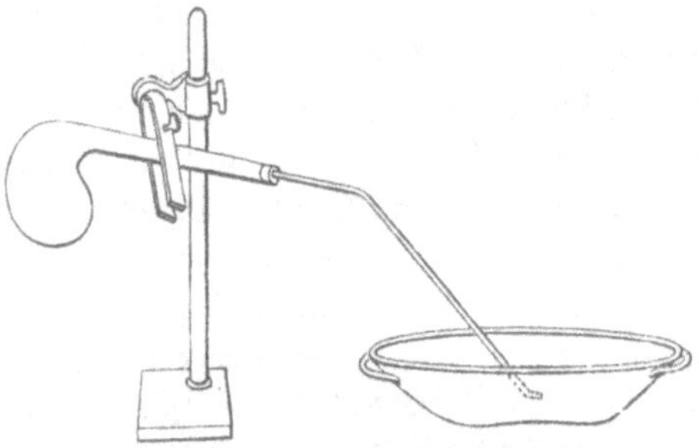

Dann erhitze die Retorte nicht zu stark; es werden sofort, von der Ausdehnung der Luft herrührend, Blasen durch das Wasser entweichen; die ersten 20 oder 30 lasse verloren gehen, dann aber nimm eine ganz mit Wasser gefüllte Gasflasche, kehre sie um, öffne den Stöpsel unter dem Wasser und stelle sie umgekehrt auf die Brücke oder den Klotz, so daß die Glasröhre unter dieselbe gebracht werden kann, und die Gasblasen, die nunmehr aus Sauerstoff bestehen, in die Flasche steigen, um daraus allmälig das Wasser zu verdrängen. Ist sie mit Sauerstoff gefüllt, so verstopfe sie unter Wasser und stelle sie bei Seite. Eben so verfahre mit den übrigen Flaschen, bis der Gasstrom nur noch sehr langsam kommt und auch durch vermehrte Hitze nicht wieder beschleunigt wird. Dann nimm die Röhre aus dem Wasser und lasse die Retorte langsam erkalten; sie ist später zu spülen und dann durch Umkehren vom Wasser zu befreien.

Auch hier werde ich die Erklärung für diese Darstellungsweise des Sauerstoffes dir noch nicht geben, da du sie erst später recht verstehen würdest, und die beiden dir gründlicher bekannten Darstellungen einstweilen vollkommen ausreichen.

Du wirst nunmehr an dem Sauerstoff wahrgenommen haben, daß er ein farbloses Gas ist; daß er keinen Geruch und keinen Geschmack besitzt, wirst du bei dieser letzten Darstellung nicht beobachten können, weil sie nicht völlig reinen Sauerstoff liefert. Die wichtigste Eigenschaft des Sauerstoffes ist die dir schon bekannte, daß er die Verbrennung unterhält. Um dir dies noch anschaulicher zu machen, wirst du den Versuch mit dem glimmenden Hölzchen in etwas größerem Maßstabe mittelst des in einer Flasche enthaltenen Gases wiederholen. Dann nimm eine andere und tauche darein eine an einem Drahte befestigte und glühend gemachte Kohle, die etwas zugespitzt und an der Spitze angezündet ist: sie wird mit lebhaftem Funkensprühen verbrennen.

Nun nimm eine etwas große weiße Flasche mit kurzem Halse, fülle sie auf die oben angegebene Weise aus deiner Vorrathsflasche mit Sauerstoff, doch so, daß noch etwas Wasser darin bleibt; dann bringe, immer unter dem Wasser der pneumatischen Wanne, eine Untertasse oder eine Porzellanschale darunter, und lasse sie einen Augenblick mit der Mündung unter Wasser darauf stehen. Nun nimm einen einen Fuß langen recht dünnen Draht (Claviersaite), rolle ihn über einem Bleistifte zu einer lockeren Spirale, befestige an das eine Ende ein Stückchen Zündschwamm, und stecke das andere iu einen Kork, der ungefähr in die Flasche paßt; dann zünde den Schwamm an, nimm die Flasche mit der Schale unter ihrer Mündung aus dem Wasser, stelle sie aufrecht auf den Tisch (wobei das noch darin enthaltene Wasser ihren Boden bedecken und das ihre Mündung sperrende Wasser des Schälchens auf den Tisch fallen wird), nimm schnell die Schale von der Mündung der Flasche und stecke den Kork mit der Spirale und dem glimmenden Schwamme hinein. Dieser wird mit hellem Lichte verbrennen und das Eisen anzünden, das mit prächtigem Glanze und lebhaftem Funkensprühen gleichfalls verbrennen wird, wobei die herabfallenden Tropfen des gebildeten Oxyds sich selbst durch die schützende Wasserschichte hindurch noch in's Glas einschmelzen werden.

Hast du nun noch viel Sauerstoff übrig, so magst du noch das lebhafte Verbrennen eines Stückchens Wachskerze, das an einem Drahte befestigt hineinzutauchen wäre, beobachten, sorge aber dafür, daß du noch etwas übrig behältst, damit du ein oder zwei Fläschchen voll für spätere Versuche bei Seite stellen kannst; den Inhalt dieser Flaschen verwahre nicht allein durch starkes Eindrehen der Stöpsel, sondern binde diese noch mittelst Bindfaden an den Hals fest, oder stelle die verschlossenen Flaschen mit ihren Mündungen in ein kleines Gefäß mit Wasser; dieser „hydraulische" Verschluß ist immer der beste.

27. Brief.

Verbrennung; Oxyde. Verbindungsgesetze. Spec. Gewicht. — Luft; Stickstoff; Eigenschaften desselben. Zusammensetzung der Luft, Löslichkeit derselben in Wasser.

Wir haben in dem Vorhergehenden so oft das Wort „Verbrennen“ gebraucht, daß du wohl schon selbst herausgefunden haben wirst, was eigentlich darunter zu verstehen ist. Wir haben nämlich immer da von einem Verbrennen gesprochen, wo sich verschiedene Körper mit Sauerstoff verbinden: es verbrennt der Schwefel, das Eisen, das Holz u. s. w. Daß sich dabei immer Wärme entwickelte, wirst du gleichfalls bemerkt haben; es ist dies eine nicht allein die Verbindung mit Sauerstoff, sondern überhaupt jede chemische Verbindung begleitende Erscheinung. Ja, es tritt diese Entwickelung von Wärme so allgemein da auf, wo sich zwei Körper chemisch verbinden, daß man die Wärmeentwickelung in zweifelhaften Fällen als einen Beweis für das Vorhandensein eines solchen Vorganges gelten lassen kann. Das Erscheinen des Lichtes ist nur eine Folge großer Wärmebildung, und hängt daher nur in so fern mit der Verbrennung zusammen, als diese diejenige chemische Verbindung ist, wobei am meisten Wärme entwickelt wird, weshalb wir sie auch da künstlich hervorrufen, wo wir Wärme erzeugen wollen. Ja es ist, außer der Sonne, die Verbrennung bei weitem die wichtigste Quelle der Wärme, indem alle anderen gegen diese von verschwindendem Werthe sind. Ich kann dich schon hier darauf aufmerksam machen, daß selbst die Wärme der Menschen und Thiere eine Folge der Verbrennung ist, indem sich die Bestandtheile der genossenen Speisen mit dem eingeathmeten Sauerstoffe verbinden, und somit Wärme erzeugt wird.

Da, wie du weißt, das Wort Oxyd die Bezeichnung einer Verbindung mit Sauerstoff ist, so wird es dir klar sein, daß das Produkt einer jeden Verbrennung ein Oxyd sein muß; man nennt daher eine Verbrennung auch eine Oxydation, was wiederum nichts anderes sagen will, als Verbindung mit Sauerstoff (Oxygenium). Bei der Verbrennung des Schwefels bildet sich also ein Oxyd des Schwefels, bei der des Eisens ein Oxyd des Eisens, und das Wasser ist also auch ein Oxyd des Wasserstoffes und kann Wasserstoffoxyd genannt werden.

Das Verhältniß, in welchem sich der Sauerstoff mit den Körpern verbindet, ist kein unbestimmtes, oder von der vorhandenen Quantität abhängendes; du kennst schon dasjenige, in welchem er sich mit dem Wasserstoff und mit dem Quecksilber vereinigt. Ich bestimme es noch näher, indem ich sage, daß es außer diesem noch ein anderes giebt; es existirt nämlich noch eine Verbindung, welche auf 1 Gewichtstheil Wasserstoff 16 Gewichtstheile Sauerstoff enthält, ihre Formel ist HO_2, indem man durch diese Ziffer andeutet, daß 2 mal 8 Gewichtstheile Sauerstoff (2 mal O) mit dem 1 Gewichtstheil Wasserstoff (H) verbunden sind. Dagegen ist es durchaus unmöglich, eine Verbindung von 1 Theil Wasserstoff mit 7, 9, 10 oder überhaupt mit einer anderen Menge Sauerstoff als den beiden genannten hervorzurufen. Dasselbe gilt für die Verbindungen aller anderen Körper mit Sauerstoff, und man sagt daher im Allgemeinen: eine bestimmte Gewichtsmenge eines Körpers kann sich nur mit 8 Gewichtstheilen oder mit einem ganzen Vielfachen dieser Menge verbinden. Man bezieht deshalb alles auf 8 Theile Sauerstoff, weil dadurch immer diejenige Menge beibehalten werden kann, welche sich mit 1 Theil Wasserstoff verbindet. So z. B. können sich 100 Gewichtstheile Quecksilber (Hg) nicht allein mit 8, sondern auch noch mit 4 Theilen Sauerstoff verbinden. Man müßte deshalb, da O einmal 8 Theile Sauerstoff bedeutet, schreiben $HgO_{\frac{1}{2}}$. Um aber die 8 Gewichtstheile Sauerstoff beizuhalten, sagt man lieber, es verbinden sich 200 Theile Quecksilber (also 2 Hg oder Hg_2) mit 8 Theilen Sauerstoff. Diese Verbindung ist also Hg_2O. Wir werden diese Schreibweise, so wie das eben ausgesprochene Gesetz ganz allgemein in der Chemie finden.

Schließlich habe ich noch etwas über die übrigen Eigenschaften des Sauerstoffes zu sagen: daß derselbe in Wasser nur wenig löslich sein kann, wirst du schon daraus entnehmen können, daß wir ihn über Wasser aufgesammelt haben, ohne daß die Größe der Blasen während ihres Durchgehens durch das Wasser sichtlich abnahm.

In Bezug auf seine Eigenschwere oder sein specifisches Gewicht magst du dir merken, daß er etwas schwerer ist als die Luft. Wenn man ein luftleer gemachtes Gefäß wägt, es hierauf mit reiner atmosphärischer Luft anfüllt und wieder wägt, so wird es an Gewicht zunehmen; wir wollen annehmen, diese Zunahme betrage 1000 Theile irgend eines Gewichtes. Wenn wir nun dieses Gefäß mit reinem Sauerstoff, statt mit Luft füllten, so würden wir finden, daß es gegen das erste Mal um 1106 Gewichtstheile zugenommen hat. Es verhalten sich also die Gewichte eines Raumtheiles Luft und desselben Raumtheiles Sauerstoff wie 1000 : 1106 oder wie 1 : 1,106. Das specifische Gewicht des Sauerstoffes ist also 1,106. Diese ganz allgemein gültige Erklärung der Bedeutung und Ermittelung des specifischen Gewichtes werde ich in Zukunft nicht wiederholen, sondern einfach die Zahlen angeben, wobei für alle Gase die Luft als Einheit gilt.

Da die Körper, wie Schwefel, Wachs, Holz, ja selbst Eisen, welche in dem Sauerstoff brennen, auch in der atmosphärischen Luft brennen, obwohl mit geringerer Heftigkeit und geringerem Glanze, so scheint es schon hiernach, als ob die Luft Sauerstoff enthalten müsse. Ich sage „es scheint", denn es ist dieses allein keineswegs ein Beweis dafür; du wirst später erfahren, daß es auch noch andere Fälle giebt, wo durch die Verbindung zweier Körper so viel Wärme frei wird, daß eine heftige Lichtentwickelung stattfindet. Wenn man nun aus der Luft denjenigen Körper fortschafft, welcher die Verbrennung bewirkt, so bleibt eine andere Luftart übrig, die ungefähr ⅘ des ursprünglichen Volumens einnimmt und Eigenschaften besitzt, die von denen der bisher uns bekannt gewordenen Gase gänzlich abweichen. Diese Luftart nennt man

Stickstoff.

Die Isolirung des Stickstoffes aus der Luft durch Wegnahme des Sauerstoffes kann geschehen:

1) dadurch, daß man die Luft durch eine Röhre strömen läßt, in welcher Eisen in Form von Draht geglüht wird, welches sich in der Hitze mit dem Sauerstoff (zu einem Oxyde des Eisens) verbindet;

2) dadurch, daß man einen sehr sauerstoffbegierigen Körper, wie z. B. Phosphor, Spiritus u. s. w. in einem abgeschlossenen Luftquantum verbrennt, und die gebildeten Oxyde auf irgend eine Art von dem übrig bleibenden Stickstoff abscheidet.

Ich will dir keine von diesen beiden Methoden empfehlen; theils sind die dabei vorkommenden Apparate allzu umständlich, theils würdest du die vollkommene Abscheidung aller fremden Stoffe noch nicht hinreichend verstehen, theils sind die Versuche, welche mit dem Stickstoff angestellt werden könnten, nicht belehrend genug, um die Arbeit zu lohnen. Du wirst es mir daher schon auf mein Wort glauben müssen, wenn ich dir sage, daß der Stickstoff ein farbloses Gas ist, das weder Geruch noch Geschmack hat, die Verbrennung nicht unterhält, selbst nicht brennt, und im Wasser so gut wie unauflöslich ist. Da der Stickstoff in der Luft enthalten ist, so folgen diese Thatsachen auch schon aus den Eigenschaften der Luft. Selbst die Eigenschaft, daß er die Verbrennung nicht unterhält, kann schon daraus gefolgert werden, daß alle Körper in der Luft weit weniger heftig brennen, als in dem Sauerstoff.

Daß aber der Körper, welcher in der Luft die Verbrennung bewirkt, Sauerstoff ist, folgt aus dem leicht anzustellenden Versuche, daß man ein Gas von ganz gleichen Eigenschaften wie die Luft erhält, wenn man Sauerstoff und Stickstoff in dem gleich bestimmter anzugebenden Verhältniß mit einander mischt, so wie aus dem Umstande, daß man aus den Körpern, welche durch Verbrennen in der Luft gebildet worden sind, den Sauerstoff wieder frei machen kann.

Um das Verhältniß zu ermitteln, in welchem die beiden Gase in der Luft gemischt sind, braucht man nur zur Abscheidung des Sauerstoffes solche Apparate anzuwenden, die ein genaues Mischen der verbrauchten Luftmenge und des übrig bleibenden Sauerstoffes erlauben. Man findet alsdann, daß, abgesehen von einigen später noch näher zu betrachtenden und nur in sehr geringer Menge vorhandenen Beimischungen, die Luft in 100 Raumtheilen besteht aus 20,9 Sauerstoff und 79,1 Stickstoff.

Da, wie oben gesagt, der Sauerstoff etwas schwerer ist, als die atmosphärische Luft, so folgt hieraus, daß der Stickstoff etwas leichter sein muß; sein specifisches Gewicht beträgt 0,9704. Daraus erhellt, daß das Verhältniß der Gewichtstheile Sauerstoff und Stickstoff in der Luft auch ein anderes sein muß, als das Raumverhältniß. Es ist in der That:

Sauerstoff	23
Stickstoff	77
	100.

In diesem Verhältnisse finden sich diese beiden Gase überall und zu allen Zeiten gemischt, und die Luft in den höchsten Höhen, zu allen Jahreszeiten und unter allen Einflüssen von Wärme, Licht, Electricität und Oertlichkeit hat noch nie ein anderes Verhältniß gezeigt. Man möchte hieraus schließen, daß die Luft eine chemische Verbindung wäre, allein viele Gründe sprechen mit aller Entschiedenheit gegen diese Annahme. Ich will dir aber nur einen anführen, da zum Verständniß der anderen mehr chemische Kenntnisse gehören, als du besitzest. Wenn man die beiden Gase in dem angegebenen Verhältnisse mischt, so entsteht, wie schon vorhin gesagt, ein der atmosphärischen Luft ganz gleiches Gemenge, ohne daß dabei Wärme entwickelt würde, wie es doch der Fall sein müßte, wenn eine chemische Verbindung, namentlich eine Verbrennung des Stickstoffes stattfände, und ohne daß einer der übrigen Umstände beobachtet werden könnte, die sonst den Vorgang der chemischen Verbindung begleiten.

Die Thatsache, daß der Stickstoff in solchen Massen und unter so vielartigen Einflüssen mit dem Sauerstoff gemengt bleibt, ohne sich mit ihm zu verbinden, deutet schon darauf hin, daß derselbe in dem Zustande, in welchem er in der Luft vorkommt, nur mit einem geringen Streben, Verbindungen einzugehen, begabt ist, und in der That kennen wir keinen Körper, der so geringe chemische Verwandtschaft zu anderen zeigte, wie gerade der Stickstoff. Es spielt derselbe denn auch überall da, wo der Luft irgend ein chemischer Einfluß zukommt, nur eine passive Rolle — mit einem Worte, er dient immer nur zur Verdünnung des Sauerstoffes und zur Mäßigung von dessen Wirkungen.

Es bleibt uns endlich noch das Verhalten der Luft zum Wasser zu erörtern. Die Löslichkeit des Sauerstoffes beträgt so viel, daß 1000 Raumtheile Wasser etwa 37 Raumthle. Sauerstoff auflösen, oder was dasselbe ist, 1000 Gewichtsthle. Wasser lösen nur $\frac{53}{1000}$ Gewichtsthle. auf (d. h. also es löst das Wasser nur nahe $\frac{4}{100}$ seines Raumes oder $\frac{1}{20000}$ seines Gewichtes). Vom Stickstoff lösen 1000 Raumtheile Wasser gar nur 18 Raumtheile, oder 1000 Gewichtstheile $\frac{23}{1000}$ (d. h. es löst nahe $\frac{2}{100}$ seines Raumes, oder $\frac{1}{50000}$ seines Gewichtes). Die Löslichkeit des Stickstoffes ist also eine viel geringere als die des Sauerstoffes, und es ist daher nicht zu verwundern, daß das Wasser, wenn ihm atmosphärische Luft dargeboten wird, verhältnißmäßig mehr Sauerstoff als Stickstoff aufnimmt, oder mit anderen Worten, daß die aus dem Wasser wieder ausgeschiedene Luft (1) eine andere Zusammensetzung hat und mehr Sauerstoff enthält, als die atmosphärische. In der That enthält sie 32 pC. Sauerstoff und 68 pC. Stickstoff.

Im Ganzen nimmt das Wasser etwa $\frac{23}{1000}$ seines Volumens an Luft auf. Ihr größerer Reichthum an Sauerstoff macht, daß z. B. die Fische trotz der geringen im Wasser gelösten Luftmenge, dennoch darin leben können, und ist zugleich ein neuer Beweis für den oben ausgesprochenen Satz, daß die Luft nur ein mechanisches Gemenge der beiden Gase ist, weil sie sonst vom Wasser unverändert aufgenommen werden müßte.

Ich will hiermit das Wenige, was sich über Stickstoff sagen läßt, abschließen; auf die Luft als solche komme ich noch einmal zurück,

(1) Wie dies geschieht, wirst du später lernen.

wenn wir auch die übrigen Beimengungen derselben werden kennen gelernt haben.

Du bedarfst für deine nächsten Versuche:
½ Drachme Kalium,
1 Pfund Zink.

---

28. Brief.

Kalium; Zersetzung des Wassers durch dasselbe. Weitere Erklärung des Begriffes „äquivalent". Entwickelung von Wasserstoff durch Kalium und Wasser, Zink und Wasser. Kali; Darstellung des Wasserstoffes; Erklärung und Anwendung auf die Aequivalentverhältnisse; Eigenschaften des Wasserstoffes; Experimente mit demselben. Bildung von Wasser. Lichtentwickelung.

Das Kalium wirst du in Gestalt von kleinen Kugeln erhalten, welche sich in einem Fläschchen mit Steinöl befinden; nimm eine davon mit einem Federmesser aus der Flüssigkeit, trockne sie auf Fließpapier recht sorgfältig ab und schneide sie mit einem Messer durch. Einen Augenblick wirst du auf der Schnittfläche einen hellglänzenden metallischen Schein wahrnehmen, der aber sofort einem bläulichen Anfluge Platz macht. Ersterer ist dem Metalle Kalium eigen, letzterer ist das Produkt der Vereinigung desselben mit dem Sauerstoffe der Luft; es ist Kaliumoxyd, oder, wie du von früher her noch weißt, Kali.

Die Begierde, mit welcher das Kalium den Sauerstoff anzieht, ist so groß, daß sie sich überall bemerklich macht, wo irgend ein sauerstoffhaltiger Körper mit Kalium zusammenkommt. Dieses ist der Grund, warum man dieses Metall unter einer Flüssigkeit aufbewahren muß, die, wie das Steinöl, keinen Sauerstoff enthält. Vermöge seiner Neigung, sich mit diesem Körper zu verbinden, zersetzt das Kalium u. A. auch das Wasser, wobei es den Wasserstoff frei macht. Die Hitze, welche durch diese seine Verbrennung frei wird, ist so groß, daß der Wasserstoff sich entzündet und verbrennt; seine Flamme wird dabei durch die Gegenwart des Kaliums violett gefärbt; ferner kommt durch die Temperaturerhöhung, welche theils durch die Verbrennung des Kaliums selbst, theils durch die des Wasserstoffes hervorgebracht wird, das entstehende Kali in glühenden Fluß und bildet eine kleine geschmolzene rothglühende Kugel, die auf dem Wasser hinrollt, bis sie endlich unter einer kleinen Explosion davon weggeschleudert wird. Worin diese Erscheinung ihren Grund hat, will ich dir ein anderes Mal erklären, da es eigentlich in die Physik gehört; jetzt will ich dich nur warnen, daß du deine Augen zu wahren hast, wenn du den Versuch anstellst, da das Kali dir sonst leicht sehr großen Schaden zufügen könnte. Den Versuch selbst aber wirst du in der Weise anstellen, daß du ein wohl abgetrocknetes kleines Stückchen Kalium auf ein großes Gefäß mit Wasser fallen läßt, wobei darauf zu achten, daß es nicht beim Fallen untertauche, daß du dich einige Schritte entfernest, wenn das Kalium auf dem Wasser befindlich ist, und daß du die Augen abwendest, wenn die Flamme erlischt, da gleich darauf die kleine Explosion zu erfolgen pflegt. Achte wohl auf die oben bezeichneten Erscheinungen, und tauche am Ende des Versuches, den du einige Male wiederholen magst, ein rothes Lackmuspapier in das Wasser des Gefäßes; es wird blau gefärbt erscheinen, eine Veränderung, die der Gegenwart des Kalis in dem Wasser zugeschrieben werden muß. Dann aber stelle diese Lösung, wenn anders du eine nicht gar zu geringe Menge Kalium verbraucht hast, zum Abdampfen und Concentriren auf den Ofen.

Wenn man die Gewichtsmengen Wasserstoff und Kalium mit einander vergleicht, welche bei der Zersetzung des Wassers auftreten, so stellt sich folgendes heraus: Um aus 9 Gewichtstheilen Wasser den darin enthaltenen 1 Gewichtstheil Wasserstoff abzuscheiden, sind 39,2 Gewichtstheile Kalium erforderlich. Diese vertreten also genau den 1 Theil Wasserstoff (H), um sich mit den 8 Theilen Sauerstoff (O) zu verbinden; es sind also 1 Gewichtstheil Wasserstoff und 39,2 Theile Kalium einander äquivalent. Wenn man also 1 das Aequivalent des Wasserstoffes nennt, so ist 39,2 das des Kaliums. Nennen wir nun 39,2 Gewichtstheile Kalium K, so wird also aus $K + HO$ nach der Zersetzung $H + KO$ und aus den 39,2 Gewichtstheilen Kalium sind geworden $39{,}2 + 8 = 47{,}2$ Theile Kali.

Wollte man demnach diejenige Menge Kalium bestimmen, die zur Darstellung einer bestimmten Menge, z. B. 4 Loth Wasserstoff auf diesem Wege erforderlich wäre, so würde man das Aequivalent dieser Menge zu berechnen haben. Da 39,2 das Aequivalent von 1 Theil Wasserstoff ist, so ist $4 \,.\, 39{,}2 = 156{,}8$ Loth das von 4 Loth Wasserstoff, oder diejenige Menge, welche die 4 Loth Wasserstoff frei machen wird. Du findest leicht, daß dadurch 188,8 Loth Kali gebildet werden würden.

Daß diese Berechnungen sich auf Raumtheile der Gase nicht unmittelbar anwenden lassen, brauche ich wohl kaum zu erwähnen; man müßte dazu erst das Gewicht derselben berechnen; doch davon ein anderes Mal.

Aus der gegebenen Berechnung leuchtet ein, daß diese Methode, Wasserstoff darzustellen, für größere Mengen nicht anwendbar ist; es wird also die Frage erwachsen, ob man den Wasserstoff des Wassers nicht durch ein anderes Metall vertreten lassen und somit befreien kann, welches die Anwendung größerer Mengen gestattete. Von den Metallen, deren geringer Preis sie hierzu geeignet macht, sind Eisen und Zink die wichtigsten. Wir haben daher zunächst den Wasserstoff mittelst eines derselben darzustellen, und nehmen, weil dadurch reineres Gas erhalten wird, Zink.

Dieses wirst du entweder in Form von Blechabfällen bei einem Zinkarbeiter, oder auch in dicken Stücken erhalten. In ersterem Falle wird es in kleine Streifen geschnitten, in letzterem muß es granulirt werden. Zu dem Ende wird es im bedeckten Tiegel geschmolzen und hierauf in einem sehr dünnen, hin und her zu führenden Strahle in einen Eimer Wasser so ausgegossen, daß es in Gestalt unregelmäßiger runder Körner erstarrt, die leicht in eine Flasche zu bringen sind; das Wasser wird abgegossen und das Zink getrocknet und zum Gebrauche aufbewahrt.

Nun richte eine Gasentwickelungsflasche wie die S. 113 des ersten Theiles beschriebene und in Figur 103 gezeichnete ein, prüfe sie auf ihren vollkommenen Schluß in der bekannten Weise und mit der allerpeinlichsten Gewissenhaftigkeit, bringe in dieselbe eine Hand voll Zink, übergieße es mit Wasser und setze durch die Trichterröhre etwas Schwefelsäure zu; es wird sich sofort ein heftiges Aufbrausen in der Flasche zeigen, welches vom Entweichen einer großen Menge Wasserstoff herrührt. Ehe du dich dessen versicherst, mußt du die Entwickelung eine Zeit lang fortdauern lassen und wohl Acht geben, daß keine Flamme in die Nähe der Gasentwickelungsröhre kommt, wodurch ein großes Unglück entstehen könnte. Unterdessen präge dir folgende Erklärung des Vorganges wohl ein:

Die Schwefelsäure, welche in den Apparat kommt, ist eigentlich schwefelsaures Wasser (s. Brief 13) oder (S. 146) schwefelsaures Wasserstoffoxyd; hier tritt nun das Zink an die Stelle des Wasserstoffes; dieser wird frei und es entsteht an der Stelle des schwefelsauren Wasserstoffoxyds schwefelsaures Zinkoxyd.

Es werden 32,6 Gewichtstheile Zink erfordert um 1 Theil Wasserstoff zu vertreten; 32,6 Thle. Zink sind also äquivalent mit 1 Th. Wasserstoff. Da auf der anderen Seite 39,2 Theile Kalium mit 1 Theil Wasserstoff äquivalent sind, so folgt daraus, daß auch 39,2 Theile Kalium und 32,6 Theile Zink einander äquivalent sein müssen; in der That giebt es viele Fälle, wo Zink und Kalium einander vertreten, und alle Mal geschieht es in diesem Verhältnisse ihrer Gewichtsmengen. Wenn wir also diejenigen Mengen Schwefelsäure, welche mit 9 Theilen Wasser verbunden sind, durch $\bar{S}$ bezeichnen, so ist die Formel der Schwefelsäure (oder des schwefelsauren Wassers), wenn wir die chemische Verbindung durch ein Komma andeuten, $\overline{S}$, OH. Bezeichnen wir nun das Aequivalent (32,6 Gewichtstheile) Zink mit Zn, so giebt:

$$\overline{S}, OH + Zn = \overline{S}, OZn + H,$$

welches demnach die Formel dieser Zersetzung ist.

Du wirst fragen, wozu die Menge Wasser dient, welche ich dich gleich anfangs zum Zink setzen ließ? Sie dient dazu, um das entstehende schwefelsaure Zinkoxyd aufzulösen, welches sonst der Berührung zwischen Zink und Schwefelsäure hinderlich sein würde. Daß diese Verbindung wirklich in nicht unbedeutender Menge entsteht (auf 1 Gewichtstheil Wasserstoff müssen 80,6 Gewichtstheile gebildet werden), kannst du daran erkennen, daß die Flüssigkeit, welche sich stark erhitzt, nach dem Erkalten Krystalle davon abscheidet, wenn nicht gar zu viel Wasser zugesetzt worden. Wirklich entwickelt sich beim Zusammenbringen von reiner Schwefelsäure und Zink kein Wasserstoff, weil sich das anfangs in sehr geringer Menge gebildete schwefelsaure Zinkoxyd als schützender Ueberzug über das Zink legt; erst beim Zusetzen des lösenden Wassers beginnt in diesem Falle die Gasentwickelung.

Bei Anwendung von Eisen treten ganz ähnliche Umstände auf: dieses vertritt den Wasserstoff, und zwar sind zum Vertreten von 1 Theil Wasserstoff 28 Theile Eisen erforderlich, die also jenen äquivalent sind. Es ist schon hieraus ersichtlich, daß 28 Theile Eisen und 32,6 Theile Zink einander äquivalent sind, wenn nicht auch außerdem sich Zink und Eisen stets in diesem Verhältnisse verträten. Gehen wir also von der Zahl 1 für den Wasserstoff aus, so haben wir hier schon die Aequivalente für mehrere Stoffe, d. h. diejenigen Mengen, die sich entweder mit diesen verbinden, oder diese vertreten können. Diese erste Zahl, von der wir ausgehen, ist völlig willkürlich, wäre sie 2, 3, 4, so müßten wir nun alle anderen Zahlen, damit das Verhältniß bleibe, mit 2, 3, 4 multipliciren. Dadurch würden aber diese Zahlen alle unnöthig vergrößert werden, so wie es sich denn herausgestellt hat, daß keine andere Grundzahl so einfache und zwar meist ganze Zahlen giebt, wie diese.

Es wird nun hinreichend Wasserstoff entwichen sein, um sicher zu sein, daß der nun sich entwickelnde nicht mehr mit Luft aus dem Apparate gemischt ist; es muß etwa das doppelte dessen entweichen, was dieser enthalten kann. Wenn du davon überzeugt zu sein glaubst, so fange in der pneumatischen Wanne ein Cylinderglas voll auf; ziehe dieses, nachdem es vollkommen gefüllt ist, aus dem Wasser, und stecke das Gas darin, die Mündung des Glases nach unten gerichtet, an; es wird ruhig mit fast gar nicht leuchtender Flamme abbrennen. Sollte dabei ein leichter Knall entstehen, so würde dies ein Beweis dafür sein, daß noch Luft in dem Wasserstoff enthalten gewesen, oder daß diese während des Herausziehens des Glases Gelegenheit gefunden hatte, hineinzutreten.

Diese Brennbarkeit des Wasserstoffes haben wir schon früher kennen gelernt; wie wird sich aber der Wasserstoff gegen brennende Körper verhalten? Dieselben müssen darin offenbar, weil die Verbrennung nur eine Verbindung mit Sauerstoff ist, verlöschen. Stecke in ein mittlerweile mit Wasserstoff gefülltes Cylinderglas, dessen Oeffnung ebenfalls nach unten gehalten wird, ein Stückchen Wachskerze, das an einem Draht befestigt und angezündet ist; es wird den Wasserstoff an seiner unteren Fläche entzünden, dann aber, wenn es ganz von Wasserstoff umgeben ist, darin verlöschen (Fig. 115); ziehst du es nun behutsam wieder heraus, so entzündet sich der Wachsstock wieder an der brennenden Wasserstoffschichte, um, zum zweiten Male in das Gas hineingetaucht, darin wieder zu verlöschen, ein Spiel, das sich wiederholt, bis aller Wasserstoff verbraucht ist.

Fig. 115.

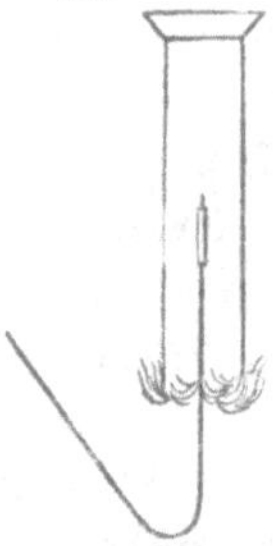

Warum halten wir bei allen diesen Versuchen die Gläser umgekehrt? Ich habe dir schon früher gesagt, daß der Wasserstoff eine sehr leichte Luftart ist. Sie ist in der That viel leichter als die atmosphärische Luft (wovon sie nur etwa den 14ten Theil wiegt), und würde in dieser aus einem oben offenen Gefäße in die Höhe steigen, um der einfallenden Luft Platz zu machen, während sie in einem nur unten offenen Gefäße lange verbleiben muß, indem sie durch den Boden am Aufsteigen gehindert wird (1). Durch folgende Versuche kann diese große Leichtigkeit des Wasserstoffes noch mehr veranschaulicht werden: Verschließe ein kleines Cylinderglas, nachdem es mit dem Gase gefüllt worden, mittelst einer Glasplatte oder einer Untertasse, nimm es aus dem Wasser, stelle es aufrecht auf den Tisch und öffne es sodann. Ein anderes Glas halte, mit dem Gas gefüllt, eine Zeit lang umgekehrt in die Luft. Dann tauche in jedes einen brennenden Körper. In dem ersten Glas wird derselbe wie in der Luft fortbrennen, weil der Wasserstoff entwichen ist, in letzterem wird er aber die Anwesenheit des Gases durch dessen Anzünden, das vielleicht mit einem kleinen Knalle erfolgen wird, nach-

(1) Um dir dieses recht klar zu machen, kannst du das entsprechende Experiment mit einer Schüssel Wasser anstellen, in welche du erst aufrecht, dann umgekehrt ein kleines Glas mit Oel untertauchst. Um letzteres bewirken zu können, muß das mit Oel gefüllte Gläschen anfangs mit einer Glasplatte oder einem Stückchen Papier verschlossen gehalten werden, damit man es umkehren kann; wenn das Ganze völlig unter dem Wasser steht, wird dann letzteres weggenommen, worauf das Oel nicht austreten wird.

weisen. Auch kannst du zwei kleine Cylindergläser (1) von gleicher Größe (etwa zwei Wassergläser, oder zwei kleine Einmachgläser), das eine mit Wasserstoff, das andere mit Luft gefüllt, behutsam mit den Mündungen auf einander stellen. War gleich anfangs der Wasserstoff oben, so wird ein brennender Fidibus auch nach einigen Minuten daselbst den Wasserstoff, und unten die Luft andeuten; war aber der mit Wasserstoff gefüllte Cylinder unten, so wird sich nach einiger Zeit dieses Gas im oberen zeigen, während der untere fast nur mit Luft gefüllt sein wird.

Fig. 116.

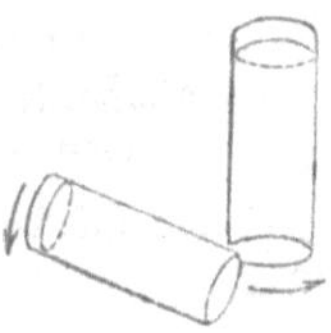

Endlich kannst du den Wasserstoff aus einem Cylinder in den anderen ausgießen, nur müssen beide dann umgekehrt gehalten und der den Wasserstoff enthaltende allmälig geneigt werden (Fig. 116), weil der Wasserstoff nicht herabfällt, sondern hinaufsteigt. Du wirst, um die zu allen diesen Versuchen nöthige Menge Wasserstoff zu erhalten, von Zeit zu Zeit Schwefelsäure und Wasser dem Apparate zusetzen müssen; ist er dadurch zu voll geworden, so muß er ausgeleert werden, was in der früher (S. 115 des ersten Theils) bezeichneten Weise geschehen kann. Sollte dabei, was aber vermieden werden kann, Luft in den Apparat gelangt sein, so ist die Gasentwickelung vor der Fortsetzung der Versuche eine Zeit lang fortzusetzen, damit wieder alle Luft entweiche, ehe der Wasserstoff benutzt wird.

Für sich verbrennt nämlich der Wasserstoff ganz ruhig, weil er nur an seiner Oberfläche, da wo er mit der Luft zusammenkommt, brennen kann. Ist er aber mit Luft gemischt, so kann die Verbrennung überall gleichzeitig vor sich gehen und geschieht dann wegen der plötzlich durch die Hitze bewirkten Ausdehnung der Gase mit einer heftigen Explosion, die noch dadurch verstärkt wird, daß sich die glühenden Gase plötzlich in der kälteren Luft wieder zusammenziehen, worauf diese in den entstehenden leeren Raum mit Heftigkeit hineinstürzt. Um dir dies anschaulich zu machen, kannst du folgenden ganz gefahrlosen Versuch anstellen: Fülle eine kleine Medicinflasche zu $\frac{2}{7}$ mit Wasser, stürze sie dann in die Wanne um, und lasse das Wasser durch Wasserstoff vollends verdrängen; die Flasche wird alsdann 2 Raumtheile Wasserstoff und 5 Raumtheile Luft enthalten. Verschließe sie unter Wasser mit einem dicht schließenden Kork, nimm sie dann heraus und umwickele sie

(1) Bei diesen Versuchen muß ich dich ganz besonders ermahnen, genau dem Wortlaute meiner Anweisungen zu folgen, und nicht z. B. einmal eine Flasche an der Stelle eines Cylinderglases zu nehmen u. s. w. Ein großes Unglück könnte die Folge sein, während du bei genauer Nachachtung meiner Vorschriften auch nicht das mindeste zu besorgen hast.

recht sorgfältig mit einem Handtuch, so daß alle Theile außer der Mündung gleichmäßig davon bedeckt sind; nimm dann ein zweites Handtuch und schlage dasselbe lose so um die Flasche, daß diese wie von einem Mantel umhüllt erscheint und nur oben die Mündung mit dem Pfropfen hervorsieht. Nun halte sie mit einer Hand durch Zusammenfassen des losen Handtuches in der Gegend des Flaschenhalses frei in die Luft, nimm einen brennenden Fidibus zur Hand, öffne den Stopfen und zünde in demselben Augenblicke das Gasgemisch in der Flasche an; es wird mit heftigem Knalle explodiren, und die Flasche in der Regel nicht zertrümmern; doch kann dies auch eben so leicht geschehen, und die angegebenen Vorsichtsmaßregeln sollen dich vor den Folgen schützen.

Noch heftiger wird die Explosion sein, wenn mit dem Wasserstoff Sauerstoff statt der Luft gemischt wird. Dazu nimmst du den von neulich noch aufgehobenen und füllst die Flasche genau zu ⅔ mit Wasserstoff und dann zu ⅓ mit Sauerstoff, was am besten bewerkstelligt wird, wenn vorher die Stelle, bis zu welcher das Einfüllen stattfinden soll, an der Flasche bezeichnet worden.

Bei der Explosion, welche jetzt viel stärker sein und die Flasche zertrümmern wird, wirst du an der Hand, die die Flasche hält, einen Stoß verspüren und dann das Handtuch mit Scherben angefüllt finden. In der That ist die Gewalt dieser Erschütterung so heftig, daß schon die stärksten Apparate dadurch zerschmettert worden sind.

Du siehst daraus, wie wichtig es war, erst dann mit dem Wasserstoff zu experimentiren, wenn du völlig überzeugt sein konntest, daß derselbe von aller Luft frei war, die in dem Apparate enthalten gewesen. Wenn dieser so beschickt worden, daß er noch einen reichlichen Strom Wasserstoff giebt, so wechsele die Ableitungsröhre gegen eine andere senkrechte um, die an ihrem Ende in eine Spitze ausgezogen ist (s. Brief 19). Nach einiger Zeit zünde den Wasserstoff an dieser Spitze an und halte dann über die entstehende Flamme ein weites Glas; du wirst dasselbe sich beschlagen sehen, und bald darauf werden sich sogar Tropfen zeigen, die an der Wand herabrinnen, und die, wie du dich leicht überzeugen wirst, aus reinem Wasser bestehen, da sie weder Geschmack noch Geruch zeigen, völlig klar und farblos sind, und beim Verdunsten in einem Uhrglas keinen Rückstand hinterlassen.

Es ist also hierdurch erwiesen, daß durch die Verbrennung des Wasserstoffes Wasser gebildet wird, wodurch das Wasser abermals für ein Oxyd des Wasserstoffes erklärt wird; du kannst dich leicht überzeugen, daß dieses reinste aller Wasser weder bei dem rothen, noch bei dem blauen Lackmuspapier eine Farbenveränderung hervorbringt.

Setze noch etwas Schwefelsäure zu der Flüssigkeit in der Flasche, damit der Gasstrom etwas stark und die Flamme etwas groß werde.

Beobachte den Mangel an Leuchtkraft bei derselben, selbst im Dunkelen, und bringe dann mittelst eines Drahtes die Spitze eines kleinen scharfen Kreidestückchens in den Rand derselben; du wirst dieses sofort hell leuchten sehen: durch die Hitze weißglühend gemacht, strahlt es ein blendendes Licht aus, und zwar am stärksten von den feinsten Punkten, die eben nur die Flamme berühren.

Eben so wird ein Stückchen Eisendraht, Kohle oder auch etwas Kohlenstaub, in die Flamme gebracht, hellleuchtend.

Am größten ist die entwickelte Hitze und mithin am hellsten das Licht der glühenden Körper, wenn der Wasserstoff in reinem Sauerstoff brennt und beide Gase genau in dem Verhältniß gemischt sind, in welchem sie sich verbinden. Ein solches Gasgemisch heißt Knallgas, Apparate, welche zu seiner gefahrlosen Anwendung dienen, Knallgasgebläse, und das Licht, welches durch Glühen von Kalk oder Kreide in der Knallgasflamme hervorgebracht wird, Drummond'sches Licht; es hat in einzelnen Fällen wegen seiner Weiße und seines sonnenähnlichen Glanzes Anwendung gefunden.

Ich brauche wohl kaum zu bemerken, daß das Verhältniß der Gewichtsmengen Sauerstoff und Wasserstoff, welche sich gerade zu Wasser vereinigen, dasselbe ist, in welchem wir sie in Wasser vorgefunden haben, nämlich 1 Gewichtstheil Wasserstoff und 8 Gewichtstheile Sauerstoff; es stimmt dies, unter Berücksichtigung ihrer verschiedenen specifischen Gewichte, genau mit dem öfter erwähnten Raumverhältniß überein.

Stellen wir nun die Resultate der vorhergehenden Versuche zusammen, so ergiebt sich folgendes:

Der Wasserstoff ist ein farbloses Gas, viel leichter als atmosphärische Luft, in Wasser nicht oder doch sehr wenig löslich; in Berührung mit brennenden Körpern entzündet er sich und verbrennt mit einer wenig leuchtenden Flamme zu Wasser, dabei entwickelt er eine so große Hitze, daß feste Körper in dieser Flamme zum hellleuchtenden Glühen kommen. Die Verbrennung und mithin das Athmen kann er nicht unterhalten. (Indessen ist er nicht giftig und wirkt nur durch den Mangel an Sauerstoff erstickend.) Von dem Wasser macht der Wasserstoff $\frac{1}{9}$ des Gewichtes aus, und zwar ist er dessen electro-negativer Bestandtheil, der durch Kalium, Zink und andere Metalle vertreten werden kann.

Der Wasserstoff ist in reinem Zustande geruchlos, doch haben wir dieses nicht nachweisen können, weil derselbe wegen der Unreinheit der angewandten Materialien auf dem befolgten Wege nicht rein erhalten werden kann.

Wir können hiermit die Betrachtung dieses Körpers abschließen, obwohl sich noch gar manche, recht unterhaltende Experimente mit demselben anstellen lassen. Indessen scheinen mir die angegebenen vollständig ausreichend, um seine Eigenschaften kennen zu lernen, und alle anderen sind für unseren Zweck überflüssig und arten meistens auf der Stufe, wo du bis jetzt stehst, in Spielerei aus.

29. Brief.

Kohlensaures Kali aus Kali und Kohlensäure; Darstellung desselben durch Glühen von weinsteinsaurem und von essigsaurem Kali. Gewinnung im Großen; Darstellung aus Asche. — Zersetzung des schwefelsauren Kalis durch den galvanischen Strom; Säuren, Basen, Salze. Verdrängung schwächerer Basen durch stärkere; Beispiel dazu. — Aequivalente Mengen der Basen in Bezug auf ihren Sauerstoffgehalt. Beziehung zwischen Wasserstoff und den Metallen und zwischen Wasser und den Säuren und Basen. — Aequivalente der Elemente und Verbindungsgesetze der verschiedenen Körper. Aequivalente der zusammengesetzten Körper. Gesetz der multiplen Proportionen; Formeln.

Ich komme auf die Kalilösung zurück, die wir auf den Ofen zum Abdampfen gesetzt haben. Sie ist jedenfalls hinlänglich concentrirt; mittelst des bei Präp. XLII angewandten Apparates leite etwas Kohlensäure hindurch, erhitze die erhaltene Flüssigkeit einige Zeit zum Sieden, und dampfe sie dann vollends bei gelinder, zuletzt bei scharfer Hitze des Sandbades in einer Porzellanschale zu völliger Trockne ein. Du wirst ein weißes Pulver erhalten, welches aus einer Verbindung des gelöst gewesenen Kalis mit der eingeleiteten Kohlensäure besteht und also kohlensaures Kali ist. Ueberzeuge dich davon, daß etwas käufliches Kali (sogenanntes „kaustisches Kali" — s. u. —) dasselbe Produkt liefert, vermische aber beide nicht mit einander, da das aus dem Kalium erhaltene jedenfalls viel reiner ist.

An der Luft stehen gelassen nimmt das kohlensaure Kali Wasser auf und **zerfließt** damit zu einer Lösung, weshalb man diesen Stoff zerfließlich nennt. Er ist demnach in Wasser sehr leicht löslich.

Rothes Lackmuspapier wird dadurch, obwohl schwächer als durch das reine Kali, gebläut. Beobachte auch, daß die entwickelte Kohlensäure das angefeuchtete blaue Papier röthet.

Bei dieser Verbindung der Kohlensäure mit dem Kali finden wir, was wir bisher stets beobachtet haben, ebenfalls wieder: es geschieht dieselbe nur nach bestimmten Gewichtsverhältnissen. 47,2 Gewichtstheile Kali (diese Zahl behalten wir bei, weil sie diejenige Menge angiebt, welche 8 Theile Sauerstoff — die Quantität, welche sich mit 1 Theil Wasserstoff verbindet — enthält) verbinden sich nämlich genau mit 22 Gewichtstheilen Kohlensäure zu 69,2 Gewichtstheilen **kohlensaurem Kali**. Unter Anwendung unserer, Seite 76 im ersten Theile gebrauchten Bezeichnungsweise für 22 Theile Kohlensäure erhalten wir also als Formel für das kohlensaure Kali:

$$\underbrace{\underbrace{\overset{K}{39{,}2}\quad\overset{O,}{8}}_{47{,}2}\quad\overset{\bar{C}}{22}}_{69{,}2\ \text{Theile.}}$$

Wie man aus dem kohlensauren Kali das weinsteinsaure darstellen kann, hast du aus Brief 8, Präp. XI glernt; wir wollen nun umgekehrt aus diesem jenes zu erhalten suchen. Daß wir es dazu nicht der Einwirkung der Kohlensäure aussetzen dürfen, ist wohl leicht einzusehen, denn, wenn die Weinsteinsäure die Kohlensäure austreibt, so kann sie selbst von dieser nicht ausgetrieben werden. Wir haben vielmehr das weinsteinsaure Kali im Porzellantiegel zu glühen, wobei es sich unter Schwärzung in kohlensaures verwandelt, welches aus der kohligen Masse durch wiederholtes Auskochen und Abdampfen der filtrirten Lösung zu erhalten ist.

Denselben Versuch stelle mit dem essigsauren Kali (Präp. XXXV) an; du wirst dasselbe Produkt erhalten.

Die Weinsteinsäure und die Essigsäure sind nämlich Stoffe, die dem Pflanzenreiche angehören, und die wir zu einer größeren Klasse von Körpern zählen, welche sämmtlich die Eigenschaft haben, daß ihre Verbindungen mit Kali in der Glühhitze zerstört werden und kohlensaures Kali als Produkt geben.

Hierauf gründet sich die Gewinnung des kohlensauren Kali's oder der Potasche im Großen. Die Pflanzen, welche das Kali in Verbindung mit Körpern aus der erwähnten Klasse enthalten, liefern durch das Einäschern ein Produkt — Asche — welches als Hauptbestandtheil kohlensaures Kali enthält. Von diesem wissen wir, daß es in Wasser sehr leicht löslich ist. Man behandelt daher die Asche mit Wasser, dampft die erhaltene Lösung zur Trockne ein und erhält so die sogenannte **rohe Potasche**, d. h. kohlensaures Kali, verunreinigt mit allen übrigen löslichen Bestandtheilen der Asche.

Stelle den Versuch mit einer Hand voll Holzasche an; du wirst ein braungefärbtes Produkt erhalten, welche Farbe von einem Rückhalt an nicht völlig zerstörten organischen Stoffen herrührt. Um diese vorher in **calcinirte** Potasche zu verwandeln, ist sie einer heftigen Glühhitze unter Zutritt von Luft auszusetzen: eine Operation, welche im Großen in besonderen Oefen vorgenommen wird, die du im Kleinen in einem schräg gestellten, offenen Porzellantiegel auszuführen haben wirst. Die erhaltene weiße, oder blaugrüne Substanz ist die gewöhnliche Potasche des Handels, deren Reinigung dir noch von früherher erinnerlich sein wird (Brief 7, Präp. VIII) und die du daher auch nicht wiederholt auszuführen brauchst. Das Produkt, welches man durch Eindampfen der auf die dort angegebene Weise erhaltenen Lösung erhält, kommt im Handel als gereinigte Potasche vor. Diese Reinigung kann bis auf einen hohen Grad von Vollkommenheit gebracht werden; um aber völlig reines kohlensaures Kali zu erhalten, muß eine der vorhin angewandten ähnliche Methode befolgt, d. h. erst reines weinsteinsaures oder essigsaures Kali dargestellt werden. Immer aber rührt alles kohlensaure Kali mittelbar aus der Pflanzenasche her, und alle Präparate, welche Kalium enthalten, ja das Kalium selbst, werden, wie wir nach und nach erfahren werden, hieraus erhalten.

Schwefelsaures Kali — eine Substanz, die wir sogleich zu unseren Versuchen nöthig haben werden — kann man in derselben Weise darstellen, wie wir (Brief VI) die schwefelsaure Magnesia dargestellt haben. Als eine in der rohen Potasche vorkommende Verbindung, die in Wasser schwer löslich ist, kann man sie auch aus dem bei der Behandlung derselben mit wenig Wasser bleibendem Rückstande durch Auskochen mit Wasser erhalten. Du thust indessen am besten, dir einige Loth zu kaufen und diese durch Umkrystallisiren zu reinigen.

Nun stelle von deiner galvanischen Batterie ein Element auf, fülle es mit Schwefelsäure und Salpetersäure wie früher angegeben und befestige an jeden Kupferdraht ein Stück Platindraht. Dann bringe in eine der U förmig gebogenen Röhren eine Lösung von schwefelsaurem Kali und färbe sie mit Lackmus blau.

Tauche dann die beiden Platindrähte in die beiden Schenkel der U förmigen Röhre, ohne daß sie einander berühren; nach einiger Zeit wirst du die Farbe sich verändern sehen. An demjenigen Drahte nämlich, welcher vom positiven Ende (Zink) der Batterie kommt, wird die Farbe in Roth umgeändert; an dem anderen Drahte bleibt die blaue Farbe bestehen; nimm nun die Drähte heraus und drehe die Röhre so um, daß jeder Draht in denjenigen Schenkel getaucht werden kann, in welchem so eben der andere Draht gewesen; du wirst hierauf nach einiger Zeit in beiden Schenkeln eine Farbenveränderung vorgehen sehen; es ändert sich nämlich die rothe Farbe in blau, die blaue in roth um.

Diese Veränderung würde nicht vor sich gehen, wenn man nicht eine Lösung von schwefelsaurem Kali, sondern völlig reines Wasser färbte und eben so behandelte.

Gleichzeitig wird sich folgende Veränderung im Geschmack bemerkbar machen: ursprünglich schmeckte die Lösung bitter und salzig; wenn aber der Strom eine Zeit lang hindurch gegangen ist, so wird sich an dem

Theile, der mit dem positiven Pole der Batterie in Verbindung stand und die rothe Farbe zeigte, ein säuerlicher, am anderen Ende aber ein fader, laugenhafter (dem der Aschenlauge ähnlicher) zeigen. Ueberzeuge dich hiervon mittelst eines auf die Zunge gebrachten Tropfens und stelle nun zum Vergleiche mit den oben erhaltenen Resultaten eine sehr verdünnte Lösung von käuflichem Kali und eine andere von Schwefelsäure her. Blaue Lackmuslösung in die erste getropft, wird blau bleiben, in der zweiten aber roth werden; rothe wird in der Säure roth bleiben, in Kali blau werden. Die Lösung der Säure wird sauer, die des Kalis laugenhaft schmecken.

Da nun in Lösungen, welche der Einwirkung eines galvanischen Stromes ausgesetzt sind, die electro-positiven Bestandtheile nach dem negativen, die negativen nach dem positiven Ende gehen, so folgt, daß das schwefelsaure Kali aus zwei Theilen besteht: nämlich aus einem electro-negativen Bestandtheile, der blaues Lackmuspapier roth färbt, und einem electro-positiven, der rothes blau färbt. Man nennt diejenigen Stoffe, welche die beiden ersten dieser Eigenschaften besitzen, Säuren, und diejenigen, welchen die beiden letzteren zukommen, Basen. Die Säure des schwefelsauren Kalis ist demnach die Schwefelsäure; seine Basis ist das Kali. Dieselben Eigenschaften kommen auch den uns schon bekannten Säuren, der Salzsäure, Kohlensäure, Essigsäure u. s. w. zu. Von den Basen haben wir erst wenige kennen gelernt, doch kannst du dich z. B. überzeugen, daß das Barytwasser (Präp. XXXII) sich dem Kali ähnlich verhält.

Die Verbindung einer Säure und einer Basis nennt man Salz. Die Lösungen sämmtlicher Salze lassen sich in der angegebenen Weise zersetzen, obgleich diese Versuche wegen mancherlei Umständen verschiedene Schwierigkeiten bieten. Alle enthalten einen electro-negativen Bestandtheil, der die blaue Lackmusfarbe röthet — die Säure —, und einen electro-positiven, der die rothe bläuet — die Basis. Wenn keine von diesen Eigenschaften bemerklich ist, heißt der Körper neutral. Die Salze sind jedoch nicht alle neutral; schon vorhin habe ich dir am kohlensauren Kali ein Beispiel gegeben, daß nicht immer Säure und Basis einander neutralisiren.

Wir werden in der Folge noch eine große Reihe von Basen und Säuren näher kennen lernen. Alle Verbindungen, die das Eigenschaftswort —saures in ihrer Benennung enthalten, sind Salze, deren Basis durch das Hauptwort benannt wird. So kennst du dem Namen nach Eisenoxyd, Zinkoxyd, Bleioxyd, Magnesia, Baryt. Du bemerkst schon an dem Namen, daß es lauter Oxyde oder Verbindungen von Sauerstoff sind — eine Eigenschaft, die den sämmtlichen Basen zukömmt.

In Bezug auf ihre Wirkungen untereinander verhalten sich die

Basen ganz ähnlich wie die Säuren: so wie hier eine schwächere von einer stärkeren ausgetrieben wird, so verdrängt auch eine stärkere Basis eine schwächere aus ihren Salzen. Du kannst dich sofort davon überzeugen: Bringe z. B. in die Lösung von schwefelsaurem Magnesiumoxyd (Präp. VI) einige Tropfen Kalilösung; du wirst sofort einen Niederschlag entstehen sehen, welcher von dem Magnesiumoxyd herrührt, das von dem Kali ausgetrieben worden, indem sich dieses an seiner Stelle mit der Schwefelsäure verbindet. Wenn du mit rothem und blauem Lackmuspapier die Lösung untersuchst, so wirst du sie noch neutral finden. Setze noch etwas mehr Kali zu: so lange noch nicht alles Magnesiumoxyd ausgefällt ist, bleibt diese Neutralität der Lösung, weil sowohl das schwefelsaure Kali, als auch die schwefelsaure Magnesia neutral sind, und das Magnesiumoxyd als unlöslich in Wasser keine Wirkung auf Pflanzenfarben äußern kann, obwohl ihre electro-positiven Eigenschaften, ihre Vertretbarkeit durch lösliche Basen und ihre Neigung sich mit Säuren zu verbinden sie als solche kennzeichnen. In demselben Momente aber, wo alles Magnesiumoxyd ausgefällt ist und noch etwas mehr Kali hinzukommt, tritt die basische Reaction des Kali's ein. Ist demnach die ganze ursprüngliche Lösung durch Lackmus roth gefärbt, so wird der Moment, wo alles Magnesiumoxyd ausgefällt ist, dadurch angezeigt, daß die Farbe in Blau übergeht und auch nach dem Umrühren blau bleibt.

Wenn du alles Magnesiumoxyd ausgefällt hast, so kannst du es auf einem Filtrum sammeln und durch Abdampfen und Krystallisirenlassen der Lösung dich überzeugen, daß diese wirklich schwefelsaures Kali enthält. Dasselbe würde geschehen sein, wenn wir schwefelsaures Zinkoxyd, Kupferoxyd u. s. w. genommen hätten.

Die Gewichtsmengen, in welchen diese Vertretungen stattfinden, sind nicht ohne Interesse und ihre Besprechung wird dir die Gesetze, wonach chemische Verbindungen und Zersetzungen entstehen, immer klarer machen.

Diejenige Menge Kali, welche 1 Aequivalent (d. h. 8 Gewichtstheile) Sauerstoff enthält, ist, wie du dich erinnern wirst, 47,2. Dadurch werden genau 20 Theile Magnesiumoxyd verdrängt; von Zinkoxyd wurden 40,6, von Kupferoxyd 39,7 Gewichtstheile verdrängt oder vertreten; daher sind diese Mengen einander äquivalent, und können sich unter einander nach denselben Verhältnissen ersetzen. Alle diese Gewichtsmengen der verschiedenen Basen enthalten aber sämmtlich dieselbe Menge Sauerstoff, nämlich 8 Gewichtstheile, woraus du ersehen wirst, daß diejenigen Mengen Basen unter einander äquivalent sind, welche dieselbe Menge Sauerstoff enthalten. Man kann sich also denken, daß wenn nach und nach in dem schwefelsauren Salz Kupferoxyd, Zinkoxyd, Magnesiumoxyd, Kali einander vertreten, der Sauerstoff der

Basis darin bestehen bleibt und nur das Metall getauscht wird. Die Formel für ein Schwefelsäuresalz eines beliebigen Basenradikals R ist im Allgemeinen :

$$\bar{S}, RO$$

und hier kann man sich für RO die äquivalenten Mengen der oben genannten Basen substituirt denken; da sie aber alle O (8 Gewichtstheile Sauerstoff) enthalten, so kann man nur R durch die äquivalente Menge der Metalle vertreten denken, also ist

$$\bar{S}, \left\{\begin{matrix} Cu \\ Zn \\ Mg \\ K \end{matrix}\right\} O$$

die Formel für diese Vertretung und ihre Resultate, wo Cu und Mg die oben bezeichnete Menge Küpfer und Magnesium bezeichnen sollen.

Daß das Wasser als Wasserstofforyd, worin der Wasserstoff durch Kalium und durch Zink vertretbar ist, ebenfalls als Basis betrachtet werden kann, ist klar; es zeigt aber nicht die Wirkung der Basen auf Pflanzenfarben. Eben so wenig aber zeigt es die der Säuren, und es kommt dem Wasser neben seiner wirklichen Neutralität doch die merkwürdige Eigenschaft zu, bald als Säure bald als Basis auftreten zu können. In Verbindung mit starken Säuren spielt es die Rolle einer Basis, indem sich diese Verbindungen als Salze zeigen, worin der Wasserstoff durch andere Metalle vertretbar ist, die aber stark saure Eigenschaften besitzen, so daß man diese Hydrate als Salze betrachten kann, in denen die sauren Eigenschaften durch die schwache Basis nur unvollkommen neutralisirt sind. Das Umgekehrte gilt für die Verbindungen des Wassers mit starken Basen, welche man als Salze betrachten kann, worin die schwache Säure (das Wasser) die basischen Eigenschaften nicht aufzuheben vermochte.

Du wirst nun schon so viel Verständniß von den Grundlehren der chemischen Verbindungen erlangt und so mancherlei Körper kennen gelernt haben, daß hier der Ort sein dürfte, diejenigen Erklärungen folgen zu lassen, welche die sämmtlichen betreffenden Gesetze klar machen und deine Anschauungsweise vervollkommnen und ausbilden werden.

Wenn wir uns einen Körper denken, der mit allen übrigen Stoffen Verbindungen einzugehen vermag — und als solchen wollen wir uns den Sauerstoff, ohne sehr von der Wirklichkeit abzuweichen, auswählen — so können wir durch Zahlen diejenigen Gewichtsmengen angeben, welche sich mit einer und derselben bestimmten Gewichtsmenge desselben verbinden müssen.

Als Ausgangspunkt wählen wir für den Sauerstoff die Zahl 8, und zwar, wie du leicht denken kannst, weil sie diejenige Gewichtsmenge andeutet, die sich mit 1 Gewichtstheil Wasserstoff zu Wasser verbindet. Diese Gewichtsmengen nun, welche wir für die einzelnen Substanzen aufstellen müssen, deuten uns, wie du nunmehr leicht erkennen wirst, zugleich an, in welchem Verhältniß sich diese Stoffe in ihrer Verbindung mit Sauerstoff vertreten. Sie zeigen aber außerdem auch noch an, in welchem Verhältnisse sie sich in allen übrigen Verbindungen vertreten; es sind die Aequivalente für alle Fälle.

Wenn sich also

8 Sauerstoff	mit	68,6	Baryum,
		103,7	Blei,
		20	Calcium,
		35,5	Chlor,
		28	Eisen,
		39,2	Kalium,
		6	Kohlenstoff,
		31,7	Kupfer,
		12	Magnesium,
		31	Phosphor,
		1	Wasserstoff,
		16	Schwefel,
		32,6	Zink

verbinden, so vertreten sich diese Stoffe auch in allen ihren Verbindungen nach diesen Verhältnissen. Für alle Stoffe hat man diese Zahlen feststellen können, sei es direct, aus ihrem Oxyde, sei es durch Untersuchung der Vertretungen.

Das schönste Gesetz der ganzen Chemie, das wichtigste möchte ich sagen der ganzen Natur ist nun folgendes:

> Diese Aequivalentzahlen zeigen endlich auch noch an, in welchem Verhältnisse sich die betreffenden Körper **untereinander** verbinden.

Das heißt: wenn sich mit 8 Theilen Sauerstoff z. B. 28 Theile Eisen oder 16 Theile Schwefel verbinden, so geschieht nicht allein die Vertretung, sondern auch die Verbindung zwischen Eisen und Schwefel ebenfalls nach dem Verhältniß 28 : 16. Dieses gilt für sämmtliche Körper, einfache, wie zusammengesetzte.

Warum das so ist, kann ich dir nicht sagen; es ist einmal so die Ordnung der Natur, und ich möchte sagen, daß dieses Gesetz, welches das einfachste ist, welches möglicherweise stattfinden könnte, die Grundlage aller Ordnung in der Natur ist. Ich könnte dir wohl noch eine weitere Erklärung desselben geben, allein ich fürchte, jetzt, ehe du durch häufige Anwendung desselben mit ihm vertraut geworden bist, deine

Begriffe eher zu verwirren, und will dieselbe auf später verschieben. Nur noch einiges habe ich hinzuzufügen.

Wenn wir von zwei Körpern noch nicht wüßten, in welchem Verhältnisse sie sich mit einander verbinden, und wir wären durch irgend einen Umstand daran verhindert, es unmittelbar zu untersuchen, so würden wir nur zu erforschen haben, welche Gewichtsmengen derselben sich mit ein und derselben durch die Aequivalentzahl ausgedrückten Menge eines Körpers (oder mit 2 äquivalenten Mengen zweier Körper) verbinden. Man kann demnach schon im Voraus bestimmen, wie die Verbindung zweier Körper zusammengesetzt sein muß, ehe man sie noch dargestellt hat. Wenn man z. B. in dieser indirecten Weise das Verhältniß ermitteln wollte, in welchem sich Schwefel und Chlor mit einander verbinden, wozu die Verbindungen beider Körper mit Calcium zu Gebote ständen; dann wäre nur zu untersuchen, wie viel Schwefel und wie viel Chlor sich mit einer gewissen Menge Calcium verbinden. Man würde dann finden, daß sich z. B. 20 Gewichtstheile Calcium sowohl mit 16 Theilen Schwefel wie mit 35½ Theilen Chlor verbinden; hieraus folgt, daß sich auch Schwefel und Chlor im Verhältniß von 16 Theilen Schwefel auf 35½ Theile Chlor mit einander verbinden. Hätte man die Verbindung nicht auf 20, sondern z. B. auf 1 Theil Calcium geprüft, so würde man natürlich $\frac{4}{5}$ Theile Schwefel und $1\frac{31}{40}$ Chlor gefunden haben; man geht aber von 20 Theilen Calcium aus, weil dieses die Menge ist, welche sich mit 8 Theilen Sauerstoff verbindet.

Ich will noch ein Beispiel anführen. Es sei die Aufgabe gegeben, das Verhältniß zu ermitteln, in welchem sich Chlor und Sauerstoff mit einander verbinden, und man soll dabei nur die Verbindung von Eisen mit Chlor und von Zink mit Sauerstoff zu untersuchen haben. Dann wird man finden, daß 28 Theile Eisen sich mit 35½ Theilen Chlor verbinden, und daß sich das Zink im Verhältniß von 32,6 zu 8 mit dem Sauerstoff verbindet. Ferner weiß man, daß 28 Theile Eisen und 32,6 Theile Zink einander äquivalent sind, indem sie sich in diesem Verhältniß vertreten. Daraus folgt dann, daß sich Sauerstoff und Chlor im Verhältniß von 8 zu 35½ verbinden, weil dieses ja die Mengen sind, welche sich mit den äquivalenten Mengen Eisen und Zink verbinden. Sauerstoff und Chlor vertreten sich also nicht allein in diesem Verhältniß, sondern verbinden sich auch danach. Es ist freilich einerlei, ob wir nun sagen: 8 Theile Sauerstoff und 35½ Theile Chlor, oder 16 Theile Sauerstoff und 71 Theile Chlor, allein man muß von irgend einer Zahl ausgehen und man bezieht daher alle diese Mengen der Gleichförmigkeit wegen auf dieselbe Quantität Sauerstoff.

Wenn sich ein zusammengesetzter Körper mit einem anderen verbindet (es verbinden sich nicht einfache mit zusammengesetzten), so geschieht dies stets nach den Verhältnissen, welche durch die Summe der Aequivalente ihrer Bestandtheile ausgedrückt wird. Wenn also z. B. gefragt wird, in welchem Verhältniß sich Kali und Wasser verbinden, so sagen wir: Kali ist = Kalium + Sauerstoff; die Summe ihrer Aequivalente ist 47,2; Wasser hat zum Aequivalent 8 + 1 = 9; also verbinden sich 47,2 Theile Kali mit 9 Theilen Wasser. Es wird dir dies nichts Neues sein, wenn du dich der in den Schematen in früheren Briefen ausgedrückten Verhältnißzahlen erinnerst, und wenn du jetzt dieselben noch einmal ansehen willst, so werden sie dir noch viel klarer und bedeutsamer erscheinen.

Man sagt daher: die Aequivalente zusammengesetzter Körper sind gleich der Summe der Aequivalente ihrer Bestandtheile.

Du weißt schon, daß man durch bestimmte Zeichen nicht allein jeden Körper, sondern zugleich auch sein Aequivalent bezeichnet. Diese Zeichen heißen Symbole oder Formeln.

Schon zu Ende meines 27. Briefes habe ich dir ein Beispiel von zwei Verbindungen desselben Körpers mit einem anderen gegeben. Es scheint dieses im Widerspruch mit dem so eben Ausgesprochenen zu stehen. Es ist das aber keineswegs wirklich so, sondern es sind vielmehr, unter Berücksichtigung der vielen Fälle, in denen sich zwei Stoffe in mehreren Verhältnissen mit einander verbinden, die genannten Gesetze dahin zu vervollständigen, daß sich ein Aequivalent eines Körpers nicht allein mit einem, sondern auch mit 2, 3, 4, 5, 7 Aequivalenten eines anderen verbinden kann, ebenso, daß sich 2 Aequivalente des einen mit 3, 5, 7 des anderen verbinden, daß aber außer diesen keine anderen Verhältnisse stattfinden. Dieses Gesetz der multiplen Proportionen ist neben den oben hervorgehobenen die Grundlage aller chemischen Vorgänge.

Da wir noch zu wenige Verbindungen kennen gelernt haben, so will ich keine Beispiele für dieses letzte Gesetz geben, bis wir sie allmälig finden werden. Schließlich will ich nur noch erwähnen, daß man in den Formeln die Mehrzahl der Aequivalente einfacher Körper durch eine Zahl hinter dem betreffenden Symbol und die Mehrzahl zusammengesetzter Aequivalente durch eine Zahl, die als Faktor davorsteht, andeutet; so z. B. heißt HO die Verbindung von 1 Aequivalent Wasserstoff mit 1 Aequivalent Sauerstoff, HO_2 diejenige von 1 Aequivalent Wasserstoff mit 2 Aequivalenten Sauerstoff; KO, HO heißt die Verbindung von je einem Aequivalent der beiden zusammengesetzten Körper, während in KO, 2HO auf 1 Aequivalent des ersteren 2 Aequivalente des zweiten zusammengesetzten Körpers enthalten sind.

Ich erinnere dich nur noch an das, was ich dir von der Bezeichnungsweise für Verbindungen zwischen einfachen und zusammengesetzten Körpern gesagt habe, und schließe mit der Erklärung folgender Formel:

$$KO, 2SO_3.$$

Diese heißt nicht allein „eine Verbindung von Kalium, Sauerstoff und Schwefel", sondern sie stellt einen Körper vor, welcher besteht

1) aus einer Verbindung von 39,2 Theilen Kalium
und 8 „ Sauerstoff,
zusammen 47,2 Theile;

2) aus einer Verbindung von 16 Theilen Schwefel
und 3 . 8 = 24 „ Sauerstoff,
zusammen 40 Theile,

und zwar sind in diesem Körper 47,2 Theile des ersteren mit 2 . 40 oder 80 Theilen des zweiten verbunden, und es werden durch diese Formel im Ganzen 127,2 Theile vorgestellt.

Das Alles liegt in den wenigen Zeichen!

Für die nächsten Versuche wirst du folgende Substanzen bedürfen, und davon, wenn du nicht mehr hinreichend besitzen solltest, gleich die beistehenden größeren Mengen anzuschaffen haben, welche für die späteren Versuche ebenfalls ausreichen werden: $\frac{1}{4}$ Drachme Natrium, 1 Pfund Soda, 1 Pfund Salzsäure, 1 Pfund Schwefelsäure und 4 Loth Glaubersalz. Die Säuren wirst du wie immer in Flaschen mit Glasstöpseln aufbewahren.

30. Brief.

Natrium; Bezug auf Kalium; Natron; Natronhydrat; kohlensaures Natron, Krystallwasser, Verwitterung. Darstellung von Kochsalz (und Wasser) aus Natron oder kohlensaurem Natron und Salzsäure; Wiederherstellung der Säure hieraus; Entstehung von schwefelsaurem Natron dabei. Ableitung der Zusammensetzung des Kochsalzes und der Salzsäure aus dem Vorhergehenden.

Du schreibst mir, daß du noch nicht ganz die Gesetze und deren Erklärungen verstehest, welche den Gegenstand meines letzten Briefes bildeten. Ich verwundere mich nicht darüber, bin aber überzeugt, daß wenn du noch einmal aus meinen früheren und meinen letzten Briefen diejenigen Stellen nachliesest, welche von den vorkommenden Gewichtsverhältnissen handeln, und welche ich absichtlich als Beispiele wählte, woran du dir die Regeln und Gesetze selbst nochmals nachträglich klar machen kannst, dir ein besseres Verständniß aufgehen wird.

Lasse es dich aber nicht verdrießen, wenn es dir Mühe kostet, lies meine letzten Erörterungen recht aufmerksam wiederholt durch und denke reiflich und öfters darüber nach. Die Sache ist so sehr einfach, daß man sie meist weiter sucht, als sie wirklich liegt; allmälig wird es dir immer noch deutlicher werden, und dazu werden spätere gelegentlich vorkommende Beispiele und Erklärungen noch mehr beitragen. Heute will ich zu der Betrachtung eines anderen Metalls übergehen, welches sowohl für sich, als auch in seinen Verbindungen mit dem Kalium die größte Aehnlichkeit hat, ich meine das

Natrium.

Es ist etwa zum selben hohen Preise wie jenes zu haben, und ich will dir daher die damit anzustellenden Experimente nicht als unumgänglich nothwendig anrathen. Das Natrium ist ein weiches Metall von ganz demselben silberweißen Ansehen, wie das Kalium, das jedoch seinen Glanz an der Luft nicht gar so schnell wie dieses verliert; dadurch zeigt es schon sein etwas geringeres Vereinigungsstreben, oder wie man sagt, seine geringere Affinität zum Sauerstoff an, die auch noch durch folgenden Versuch bestätigt wird. Wenn man Natrium auf Wasser wirft, so zersetzt es dasselbe sehr schnell, indem es sich in Natriumoxyd verwandelt, das sich alsdann im Wasser löst; die dabei entwickelte Hitze ist aber nicht so groß, daß der frei werdende Wasserstoff sich entzündet. Nur wenn man die Abkühlung dadurch verhindert, daß man das Natrium durch untergelegtes Löschpapier am Umherfahren auf der Oberfläche des Wassers hindert, entzündet sich der Wasserstoff.

So wie demnach das Natrium mit geringerer Verwandtschaft zum Sauerstoff begabt ist, so ist auch seine Affinität zu anderen Körpern etwas, obwohl auch nicht bedeutend geringer. Dasselbe gilt vom Oxyde des Natriums in Bezug auf das Kali. Dasselbe ist die stärkste aller Basen, mit alleiniger Ausnahme des Kalis. Die Formel des Natriumoxyds oder

Natrons

ist NaO, das Aequivalent des Natriums ist 23; also ist das des Natrons 31; diese 31 Gewichtstheile sind also 47,2 Gewichtstheilen Kali gleichbedeutend, ja in ihren chemischen Wirkungen fast völlig gleich. Man sollte demnach glauben, weil zur Verbindung mit derselben Menge Säure weit weniger Natron als Kali erfordert wird, dieses letztere müßte stärker sein; allein solche Schlüsse sind von den Aequivalenten nicht erlaubt, da sich die Größe der Affinität nach ganz anderen Umständen richtet und schon allein mit der Temperatur ganz bedeutend wechselt.

Das Natron vereinigt sich mit dem Wasser zu Natronhydrat, NaO, HO, welches als kaustisches Natron im Handel vorkommt. Wir werden später seine Darstellungsweise und dann auch seine Eigenschaften kennen lernen; es wirkt, wie schon oben angedeutet, etwa so wie das kaustische Kali (KO, HO) und fast ebenso wie reines Natron, weil die starke Basis Natron durch die Gegenwart des Wassers nicht geschwächt wird. Es wird überall da angewandt, wo entweder eine starke Anziehung auf eine Säure ausgeübt, oder eine andere Basis verdrängt oder abgeschieden werden soll. Das Natron wird jetzt allmälig häufiger zu diesem Zwecke benutzt, als das Kalium, weil es billiger und leichter rein dargestellt werden kann.

Das aufgelöste oder das trockene Natronhydrat kann eben so, wie das Kali, in das Kohlensäuresalz übergeführt werden, welches ebenfalls eine basische Reaction auf rothes Lackmuspapier zeigt. Wie das kohlensaure Kali wird es aber nicht auf diese Weise dargestellt. In der Asche der Seepflanzen und Strandgewächse ist das kohlensaure Natron, wie in der der Landpflanzen das kohlensaure Kali enthalten, und wird auch zum Theil daraus gewonnen. Indessen wird die bei weitem größere Menge auf eine ganz andere künstliche Weise erhalten, wie du später erfahren sollst. Man nennt das kohlensaure Natron auch Soda. Diese unterscheidet sich auch äußerlich von der Potasche, indem sie, wie du dich erinnern wirst, schön krystallisirt; sie zieht an der Luft keine Feuchtigkeit an, sondern zerfällt im Gegentheil zu einem lockeren Pulver. Schon im ersten Theile, S. 48 habe ich mit dir von Krystallwasser gesprochen; die Soda enthält davon sehr viel und verliert dasselbe an der Luft; mit demselben muß sie auch ihre Krystallgestalt einbüßen; man nennt diese Erscheinung „Verwittern“.

Mit 31 Gewichtstheilen Natron sind 22 Gewichtstheile Kohlensäure verbunden, also ist das Aequivalent des kohlensauren Natrons 53; in der krystallisirten Soda finden sich mit dieser Menge 90 Gewichtstheile Wasser vereinigt oder es befinden sich auf 1 Aequivalent kohlensaures Natron 10 Aequivalente Krystallwasser, weshalb wir die Formel zu schreiben haben

$$NaO, \bar{C} + 10HO.$$

Beim Erwärmen schmilzt, wie man zu sagen pflegt, das Salz in seinem Krystallwasser, d. h. das Wasser trennt sich von dem kohlensauren Natron und reicht vollkommen hin, dasselbe in der Wärme aufzulösen. Stelle den Versuch mit käuflicher Soda an; beim weiteren Abdampfen scheidet sich wasserärmeres Salz aus, das endlich wasserfrei wird; läßt man die Masse vorher erkalten, so erstarrt das Ganze krystallinisch.

Das Aequivalent des wasserhaltigen Salzes, d. h. diejenige Menge, welche ein Aequivalent des reinen enthält, wiegt $53 + 90 = 143$. Daraus berechnet sich der Procentgehalt der krystallisirten Soda an Wasser durch den Schluß:

143 Theile enthalten 90 Theile Wasser,
1 Theil enthält $\frac{90}{143}$ Theile Wasser,
100 Theile enthalten also $100 . \frac{90}{143}$ Theile Wasser;

es enthält also die Soda 62,9 pC. Wasser. Wie wichtig diese Berechnungen sind, wird dir daraus klar sein, daß hiernach, und weil das Wasser keinerlei Wirkung hat, 143 Gewichtstheile krystallisirte Soda nur den Werth von 53 Gewichtstheilen wasserfreier haben, oder daß man in derselben nur 37,1 pC. werthvolle Bestandtheile hat. Der Rest, das Wasser, hat nur in so fern Bedeutung, als die dadurch bedingte Krystallform eine Garantie für die Reinheit der Waare bietet, welche bei der Pulvergestalt des wasserfreien Salzes auf mancherlei Weise verfälscht werden könnte.

Ebenso wie das kohlensaure enthält auch das schwefelsaure Natron 10 Aequivalente Krystallwasser. Dieses wie überhaupt alle Natronsalze kann man durch Behandeln des kohlensauren mit der betreffenden Säure leicht erhalten. Ueberzeuge dich davon für das Schwefelsäure- und das Phosphorsäuresalz, und beobachte bei ersterem den Verwitterungsproceß, wie du ihn bei dem letzteren schon früher beobachtet hast. Auf die Darstellung dieser Stoffe im Großen und ihren übrigen Eigenschaften kommen wir später noch einmal ausführlich zurück.

Zu einer Lösung von kaustischem Natron setze etwas Salzsäure bis zur genauen Neutralisation der Flüssigkeit, d. h. so weit, bis ein weiterer Tropfen Säure eingetauchtes Lackmuspapier roth färbt; dampfe dann die Flüssigkeit erst schnell, dann langsam ein und beobachte und sammele die gebildeten Krystalle. Du wirst schon während ihrer Entstehung aus ihrer Gestalt die Ueberzeugung gewinnen, daß sie aus Kochsalz bestehen.

Aehnlich verfahre mit einer Lösung von Soda; nachdem durch den Zusatz von Salzsäure auch beim Umrühren keine Kohlensäure mehr entweicht, wirst du die ursprünglich basisch reagirende Flüssigkeit neutral finden. Sie wird anfangs noch sauer von der eingeschlossenen Kohlensäure sein, und die Probe ist daher erst nach der gänzlichen Entfernung derselben durch Erwärmen anzustellen. Dann aber lasse sie krystallisiren und du wirst ebenfalls Kochsalz erhalten.

Hieraus kannst du mit einiger Wahrscheinlichkeit schließen, daß das Kochsalz salzsaures Natron sei; du wirst aber wohl beachten müssen, daß wir durch Zusammenbringen von Natron(hydrat) und Salzsäure nicht unmittelbar Kochsalz, sondern nur eine Lösung erhalten haben, welche Kochsalz beim Verdampfen geliefert hat. Es wäre also eben so gut möglich, daß durch Zusammenbringen dieser beiden Körper eine Kochsalzlösung, also Kochsalz und Wasser hervorgebracht würde. In der That werden wir dieses später bestätigt finden. Für jetzt wissen wir so viel, daß aus Natron und Salzsäure Wasser und Kochsalz erhalten werden kann; wir müssen also auch aus Kochsalz und Wasser wieder die Salzsäure erhalten können. Da, wie du weißt, die Salzsäure die Kohlensäure verjagt, so müssen wir uns nach einer stärkeren Säure umsehen, welche die Salzsäure wieder frei machen könnte; als solche liegt uns die Schwefelsäure am nächsten.

Bringe demnach in eine Retorte etwa ¼ Pfund Salz, vermische dasselbe mit seinem halben Gewichte Wasser und dann mit eben so viel Schwefelsäure und destillire im Sandbade in einen Kolben über, nach der dir noch von früher her (s. Präp. XXIX) erinnerlichen Methode. Wenn du nun die erhaltene Flüssigkeit mit der Salzsäure vergleichest, so wirst du an dem Geruche, an den weißen Nebeln, die davon aufsteigen, und an der Eigenschaft, auch in sehr verdünntem Zustande die Lackmustinktur schön roth zu färben, erkennen, daß es Salzsäure ist.

Hieraus sollst du ersehen, daß man durch Erhitzen mit Schwefelsäure und Wasser aus dem Kochsalz Salzsäure erhalten kann. Der Proceß, welcher hierbei vorgeht, wird dir aus Folgendem klar werden:

Den Rückstand in der Retorte löse, wenn sich keine Salzsäure mehr entwickelt, in heißem Wasser vollends auf und lasse ihn krystallisiren; du wirst Krystalle von großer Durchsichtigkeit erhalten, die aus schwefelsaurem Natron bestehen, wie du dich leicht überzeugen kannst, wenn du diese Verbindung direct aus Natron und Schwefelsäure darstellen willst, oder auch nur, wenn du diese Krystalle mit käuflichem schwefelsaurem Natron (Glaubersalz) vergleichest; wie diese werden sie in trockener Luft sehr bald verwittern.

Nun erinnere ich dich daran, daß die Schwefelsäure als schwefelsaures Wasserstoffoxyd betrachtet werden muß, worin der Wasserstoff durch Metalle vertretbar ist. Es hat also während der Entstehung der Salzsäure einfach ein Austausch des Wasserstoffes der Schwefelsäure gegen das Natrium des Kochsalzes stattgefunden, wodurch das schwefelsaure Natron entstanden ist. Da wir nun außer dem Kochsalz und Wasser nur Schwefelsäure zusammengebracht hatten, so folgt, daß die entwichene Salzsäure nur den Wasserstoff der Schwefelsäure, die Elemente des Wassers und denjenigen Bestandtheil des Kochsalzes enthalten kann, der uns bisher noch fremd war. Wendet man bei dem ganzen Verfahren kein Wasser an, sondern nur Schwefelsäure und Kochsalz, so erhält man eine Gasart, die die Eigenschaften der Salzsäure besitzt, und ganz identisch mit derselben wird, wenn man sie in Wasser löst. Du kannst dich schon jetzt leicht davon überzeugen, obwohl wir erst später auf diese Versuche eingehen werden. In ein kleines Kölbchen bringe etwas Kochsalz und concentrirte Schwefelsäure, verschließe es schnell mit einem bereitgehaltenen Stopfen mit eingesetztem Gasableitungsrohr (Fig. 117) und überzeuge dich durch den Geruch und durch die Wirkung auf befeuchtetes Lackmuspapier, daß sich Salzsäure entwickelt. Wenn du etwas davon in eine so dünne Schichte Wasser leitest, daß diese nur eben den Boden eines Glases bedeckt, so erhältst du eine Lösung, die der der gewöhnlichen Salzsäure ganz entspricht.

Fig. 117.

Es ist also für die Bestandtheile der reinen Salzsäure unter den obigen das Wasser zu streichen, und sie besteht nur aus Wasserstoff und dem zweiten Bestandtheil des Kochsalzes. Es stimmt dieses genau damit überein, daß Natriummetall mit Schwefelsäure zusammengebracht daraus den Wasserstoff frei macht, der also nebst noch einem gewissen Stoffe in der Salzsäure befindlich sein muß. Wollen wir ihn hieraus erhalten, so müssen wir sie entweder durch die galvanische Batterie zerlegen, oder wir müssen den Wasserstoff an irgend einen Körper binden, wodurch sein Begleiter in Freiheit gesetzt wird. Da der erste Versuch sich wegen mancher ihn begleitender Uebelstände nicht gut ausführen läßt, so sind wir auf den zweiten angewiesen; wir werden denjenigen Stoff wählen, für welchen der Wasserstoff eine große Affinität besitzt, den Sauerstoff; doch müssen wir denselben unter einer anderen Gestalt darbieten, als in freier Form, da er sich so nicht den Wasserstoff herauszuholen vermag. Wir wählen dazu einen Körper, welcher so viel Sauerstoff enthält, daß er davon unter gewissen Umständen einen Theil abgiebt. Diesen Körper, seine Bestandtheile und seine Eigenschaften haben wir zunächst näher kennen zu lernen. Wir wenden uns im nächsten Briefe zu diesem Studium.

Wir werden dazu bedürfen:

1 Pfund Braunstein und etwas Terpentinöl, da du von den übrigen vorkommenden Substanzen noch genug haben wirst.

31. Brief.

Mangan; Oxydationsstufen; Benennung derselben; Braunstein, Zersetzung desselben durch Glühhitze; Erklärungen dazu; Zersetzung durch Schwefelsäure, Darstellung des Sauerstoffes. Entziehung des Wasserstoffes der Salzsäure auf diesem Wege; Darstellung und Eigenschaften des Chlors durch Experimente veranschaulicht. Verbindung des Chlors mit Wasserstoff. Bleichen mit Chlor. Synthese des Kochsalzes, der Salzsäure.

Es giebt ein Metall, welches in den meisten Beziehungen dem Eisen sehr ähnlich ist, eine ähnliche graue Farbe und eine ähnliche Schwere besitzt. Dieses Metall, welches das Eisen fast überall begleitet und auch ebenso vom Eisen begleitet wird, heißt

Mangan.

Es findet sich nie im reinen Zustande, sondern stets in Verbindung mit Sauerstoff und kann aus seinen Oxyden nur mit großer Mühe dargestellt werden. Es ist eben so schwer schmelzbar wie das Eisen, ist etwas dehnbar, läßt sich feilen, aber nicht hämmern. An der Luft überzieht es sich wie das Eisen mit einem braunen Roste. Schon bei gewöhnlicher Temperatur zersetzt es das Wasser unter Abscheidung von Wasserstoff, dessen Stelle es vertritt, und unterscheidet sich hierdurch wesentlich vom Eisen, welches das Wasser nur in der Glühhitze zu zersetzen vermag. Aus allen diesen Eigenschaften geht das große Vereinigungsstreben des Mangans zum Sauerstoff hervor. Es bildet mit demselben mehrere Oxydationsstufen, deren verschiedene Namen uns als Typus für die Benennung der verschiedenen Oxyde aller Körper dienen können. Es verbinden sich nämlich 27,6 Gewichtstheile (1 Aequivalent) Mangan mit 8, mit 12, mit 16, mit 24 und mit 28 Gewichtstheilen; also mit 1, $1\frac{1}{2}$, 2, 3 und $3\frac{1}{2}$ Aequivalenten Sauerstoff. Um die halben Aequivalente zu vermeiden, sagt man aber für die zweite und die letzte Verbindung: 2 . 27,5 Theile oder 2 Aequivalente Mangan verbinden sich mit 2 . 12 Theilen oder 3 Aequivalenten und mit 2 . 28

oder 7 Aequivalenten Sauerstoff. Die Formeln dieser Oxyde sind also, wenn man Mangan mit Mn bezeichnet:

$$MnO;\ Mn_2O_3;\ MnO_2;\ MnO_3;\ Mn_2O_7.$$
$$(MnO_{1\frac{1}{2}})\qquad\qquad(MnO_{3\frac{1}{2}})$$

Die beiden ersten sind Basen, die beiden letzten Säuren. Da sämmtliche Basen Verbindungen mit Sauerstoff sind, so nennt man sie überhaupt auch Oxyde, in welchem Falle dieses Wort aber eine weit engere Bedeutung hat, als in dem bisher dir bekannten Sinne; es steht dann den Säuren, die man auch wohl Acide genannt hat, entgegen. Demnach tragen also MnO und Mn_2O_3 den Namen Manganoxyd; um sie nun von einander zu unterscheiden, hat man demjenigen dieser beiden Körper, welcher den geringeren Sauerstoffgehalt besitzt, den Namen Oxydul gegeben, und dem anderen mit dem höheren Sauerstoffgehalt den Namen Oxyd belassen.

Du siehst also, daß dem Worte Oxyd in der That dreierlei Bedeutungen zukommen, was sehr für die große Unvollkommenheit unserer chemischen Benennungsweise spricht. Es heißt nämlich Oxyd eine Verbindung mit Sauerstoff, ferner diejenige Verbindung mit Sauerstoff, welche eine Basis ist, und endlich diejenige von mehreren basischen Oxyden desselben Körpers, welche den größeren Sauerstoffgehalt hat. In letzterem Fall beobachtet man indessen die Regel, das Wort nur in unmittelbarer Verbindung mit dem Namen des Metalls zu brauchen.

Die beiden Mangansäuren unterscheidet man dadurch, daß man diejenige, welche am meisten Sauerstoff enthält, Uebermangansäure nennt.

Zwischen den Basen und den Säuren steht noch MnO_2, eine Verbindung, die weder das eine noch das andere ist, die man daher indifferent nennt. Da sie mehr Sauerstoff als die Oxyde enthält, nennt man sie Ueber- oder Super- oder Hyperoxyd.

Wir haben also folgende Reihenfolge von Verbindungen:

Manganoxydul MnO	Mangansuperoxyd MnO_2	Mangansäure MnO_3
Manganoxyd Mn_2O_3		Uebermangansäure Mn_2O_7.

Da das (feste) Mangan, wie überhaupt alle Metalle, als Vertreter des Wasserstoffes, entschieden electro-positiv, und der (gasförmige) Sauerstoff der electro-negativste aller Körper ist, so wirst du es sehr natürlich finden, daß die größte Vereinigungskraft dieser beiden Körper sich in derjenigen Oxydationsstufe findet, welche am wenigsten Sauerstoff enthält, und daß diese Kraft mit der Zunahme von Sauerstoff abnimmt. Es werden daher diese Oxyde um so leichter zersetzt, oder sie sind um so unbeständiger, je mehr Sauerstoff sie enthalten. Natürlich sind sie auch um so electro-negativer, weshalb dann auch die unteren Stufen basisch oder positiv, die oberen sauer oder negativ sind. Das dazwischen stehende Superoxyd ist keines von beiden.

Die beiden Oxyde bilden mit Säuren, die Säuren mit anderen Basen Salze; im freien Zustande sind sie aber sämmtlich von geringem Interesse; auf die Salze des Manganoxyduls kommen wir gelegentlich zurück; auch diejenigen der Säuren wollen wir später noch betrachten. Für jetzt beschäftigt uns das Superoxyd, welches sich in der Natur in großen Mengen als Braunstein oder Pyrolusit findet, und welches uns zur Darstellung aller anderen Manganverbindungen dienen wird.

Der Braunstein krystallisirt in länglichen, grau metallischen Prismen; er bildet meist stahlgraue krystallinische Massen, die beim Zerreiben ein grauschwarzes Pulver geben; er findet sich sehr häufig mit anderen Erzen des Mangans gemengt.

Ein Theil des Sauerstoffes ist im Mangansuperoxyd mit geringerer Kraft an das Mangan gebunden, als der übrige. Schon beim starken Glühen entweicht der erstere und es bleibt Mangan mit weniger Sauerstoff verbunden zurück. Mache den Versuch in einer geschlossenen Glasröhre, oder auch in einem engen, bedeckten Tiegel; nach einiger Zeit wirst du den Sauerstoff an der bekannten Erscheinung mit dem glimmenden Holzspänchen erkennen. Es bleibt hierbei aber weder Manganoxyd, noch Manganoxydul zurück, sondern es verliert 1 Aequivalent Braunstein von den darin enthaltenen 16 Theilen Sauerstoff auch beim heftigsten Glühen nur $^{16}/_{3}$ Theile. Um dieses Verhältniß, welches dir etwas gesetzwidrig erscheinen wird, auf eine gerade Aequivalentenzahl zurückzuführen, siehst du gleich, daß wir Alles verdreifachen müssen; dann verlieren:

3 Aeq. Braunstein 16 Theile oder 2 Aeq. Sauerstoff,

d. h. $3\,MnO_2$ verlieren $2\,O$, und da in $3\,MnO_2$ oder Mn_3O_6 im Ganzen $6\,O$ enthalten waren, so bleibt Mn_3O_4 übrig.

Dies mag dir noch immer gegen unser früher ausgesprochenes Gesetz zu sprechen scheinen, allein die Untersuchung dieses Körpers hat bewiesen, daß er nicht als eine selbstständige Verbindung zu betrachten ist, sondern daß sich darin sowohl Manganoxydul, wie Manganoxyd befindet, welche sich beide daraus darstellen lassen. Wirklich enthält:

MnO	Mangan	1 Aeq.	
	Sauerstoff		1 Aeq.
Mn_2O_3	Mangan	2 Aeq.	
	Sauerstoff		3 Aeq.
Mn_3O_4	zusammen Mangan 3 Aeq. und Sauerstoff 4 Aeq.,		

oder, wie man es zu schreiben pflegt, es ist

$$Mn_3O_4 = MnO + Mn_2O_3.$$

Wir können demnach die beschriebene Zersetzung folgendermaßen anschaulich machen:

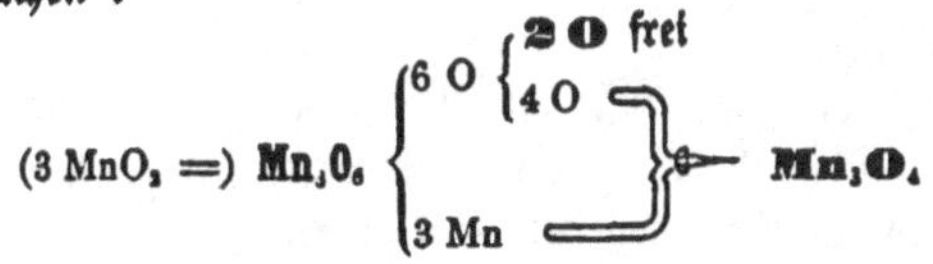

oder, unter Berücksichtigung der Bestandtheile des Mn_3O_4

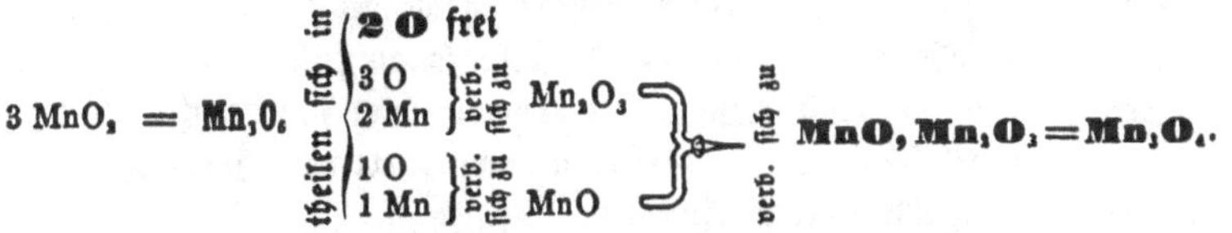

Auch kann man diesen Vorgang durch folgende Gleichung ausdrücken:

$$3\,MnO_2 = Mn_3O_4 + O_2.$$

Ihrer Zusammensetzung entsprechend trägt diese Verbindung den Namen Manganoxyd-oxydul.

Wenn man den Braunstein mit Schwefelsäure behandelt, so spaltet sich ebenfalls der Sauerstoff in einen Theil, welcher bei dem Mangan verbleibt, und einen anderen, welcher frei wird. Es entsteht aber alsdann Manganoxydul, das mit der Schwefelsäure als schwefelsaures Manganoxydul zurückbleibt, und es wird also auf jedes Aequivalent Braunstein 1 Aequivalent Sauerstoff frei, nach dem Schema:

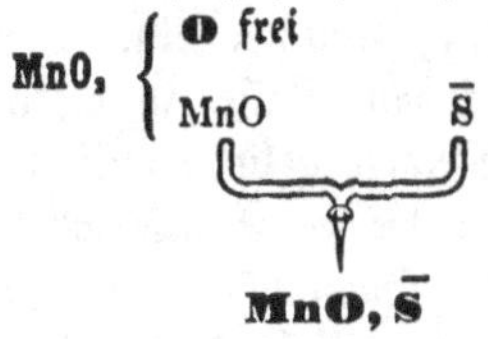

Du wirst, um dieses nachzuweisen, einen Apparat gebrauchen, der demjenigen gleich ist, in welchem du den Sauerstoff aus dem chlorsauren Kali dargestellt hast. In die Retorte bringe einige Loth Braunstein und Schwefelsäure, erhitze das Gemisch, fange nach einiger Zeit das entweichende Gas über Wasser auf und überzeuge dich, daß es Sauerstoff ist. Wenn die Gasentwickelung, zu deren Bewirkung übrigens eine ziemlich starke Hitze erforderlich ist, nachläßt, so ist die Retorte aus dem Apparate auszulösen und deren Inhalt nach dem Erkalten mit Wasser auszuziehen, der filtrirte Auszug aber einstweilen aufzubewahren; wir werden ihn später nöthig haben.

Daß du statt der Retorte auch einen kleinen Kolben mit rundem Boden nehmen kannst und das zu erhitzende Gefäß in ein Sandbad zu stellen sein wird, brauche ich wohl kaum zu erwähnen.

Willst du, was nach dieser Methode recht gut geht, möglichst reinen Sauerstoff darstellen, und zugleich eine reine Lösung von schwefelsaurem

Manganoxydul erhalten, so hast du vor seiner Anwendung den Braunstein ein paar Mal mit Salpetersäure auszukochen, dann auszuwaschen und zu trocknen.

Du siehst hieraus, daß das Mangansuperoxyd die Hälfte seines Sauerstoffes leicht abgiebt. Diese Eigenschaft benutzen wir jetzt zur Entziehung des Wasserstoffes der Salzsäure.

Um dies zu bewirken und die Eigenschaften des entstehenden Körpers kennen zu lernen, wirst du einen Apparat anwenden, der dem eben benutzten völlig ähnlich ist; nur muß derselbe so aufgestellt und die Röhre so gebogen werden, daß diese zuletzt etwa 1′ lang senkrecht absteigt, damit die Gasflaschen mittelst derselben unmittelbar und ohne Anwendung des Wassers gefüllt werden können.

Die Retorte ist zu ¼ mit käuflicher (oder mit der aus dem Kochsalz erhaltenen) Salzsäure zu füllen und dann eben so viel Braunstein hinein zu bringen, der Hals mit einem um ein Hölzchen gewickelten Stücke Papier zu reinigen und hierauf der ganze Apparat so aufzustellen, daß die Retorte im Zimmer befindlich ist und erwärmt werden kann, während die Gasleitungsröhre außerhalb des Fensters auf den Boden einer der Gasflaschen mündet. Vor dem Beginne des Versuchs ist der Apparat unter Befolgung der früher gegebenen Regeln auf's Gewissenhafteste auf seine Dichtigkeit zu prüfen. Die Gasflaschen müssen alle durch Austropfenlassen und mittelst eines Tuches sorgfältig ausgetrocknet und mit Talg versehen sein, damit das darin zu sammelnde Gas weder mit Luft noch mit Wasser in Berührung bleibe.

Nun erwärme die Retorte gelinde mittelst einiger glühender Kohlen oder einer kleinen Lampe; du wirst alsobald den Bauch und Hals derselben und später auch die Gasflasche, und zwar von unten anfangend, blaßgrün erscheinen sehen; diese Farbe rührt von dem aus der Salzsäure nach dem Entziehen des Wasserstoffes übrig bleibenden Körper her, welcher entweicht und den Namen

Chlor

von seiner grünen Farbe (von χλωρος, grünlichgelb) trägt. Da dasselbe im Wasser sehr löslich ist, so kann es nicht wohl in derselben Weise aufgefangen werden, wie der Sauerstoff und der Wasserstoff; sondern wir benutzen seine Schwere, welche die der Luft übertrifft, um die Flaschen zu füllen. Natürlich geht das nicht ohne Verlust an Chlor von statten; doch hat derselbe, da er im Freien stattfindet, nicht viel zu sagen.

Wenn die erste Flasche bis zu ihrer Mündung gleichmäßig blaßgrün erscheint, so vertausche sie gegen eine andere, wobei du dich aber sorgfältig vor dem Einathmen des Chlors zu hüten hast, da dieses Gas eine sehr schädliche Einwirkung auf die Athmungswerkzeuge und die

Schleimhäute ausübt, und in großer Menge genossen sogar tödtlich werden kann. So viel aber brauchst du von chlorhaltiger Luft einzuathmen dich nicht zu scheuen, daß du mit dem Geruche dieses Körpers genau bekannt wirst; in so geringen Mengen wirkt es nicht schädlich, doch hüte dich vor dem nicht mit Luft vermischten Chlor! Ein unangenehmes Kratzen im Halse und ein heftiger Husten sind die ersten Anzeichen seines schädlichen Einflusses; frische Luft, Einathmen von ammoniak- oder schwefelwasserstoffhaltiger Luft (letztere durch Uebergießen von Schwefeleisen mit Wasser und Schwefelsäure zu bereiten), oder auch von Wasserdämpfen sind die besten Gegenmittel.

Die Aufsammlung des Chlors kann auch über warmem Wasser geschehen, in welchem es nicht löslich ist; alsdann wird eben so verfahren wie beim Sauerstoff und Wasserstoff; allein die eben bezeichnete Methode, welche vor dem Fenster zu operiren gestattet, ist immer vorzuziehen.

Hast du mehrere Flaschen mit Chlor gefüllt, so überzeuge dich noch von der Löslichkeit desselben in Wasser dadurch, daß du das austretende Gas in eine mit Wasser gefüllte Flasche leitest; du wirst bemerken, daß die Blasen beim Durchstreichen durch die Höhe des Wassers sehr an Größe abnehmen. Setze die Entwickelung so lange fort, bis die Regelmäßigkeit des Entweichens aufhört und die Blasen mit einem eigenen Stoßen und theilweisen Zurücktreten des Wassers in das Rohr austreten. Dann muß die Röhre schnell aus dem Wasser genommen, hierauf erst das Feuer entfernt und die Retorte zum Abkühlen vors Fenster gebracht werden. Ihre Reinigung erfolgt später im Freien. Die Flasche mit der Lösung des Chlors in Wasser (Chlorwasser) verstopfe gut und bewahre sie vorläufig an einem völlig dunkelen Orte auf. Du hast bei dieser Darstellung des Chlorwassers mit Sorgsamkeit darauf zu achten, daß das Wasser nicht in die Glasröhre zurücksteigt; sowie diese Erscheinung eintritt, ist, wenn sie nicht durch stärkeres Erhitzen sofort wieder verschwindet, die Röhre aus dem Wasser zu entfernen und der Versuch so lange zu unterbrechen, bis die Retorte nach dem Erkalten und Reinigen neu beschickt ist. Es muß alsdann jedesmal der Apparat wieder auf vollkommenen Schluß geprüft werden, da möglicherweise der Kork gelitten haben könnte, und bei einem undichten Apparate das entweichende Chlor sehr lästig wird.

Im Ganzen mußt du sorgen, mindestens 4—5 mittelgroße Flaschen und 3 weiße Medicinfläschchen Chlor und eine nicht zu kleine Flasche Chlorwasser zu erhalten. Geht die Entwickelung noch weiter fort, so kannst du auch noch ein paar Cylindergläser damit füllen, die zu dem zweiten und dritten Experimente sehr bequem sind; bis zum Gebrauche sind sie mit einer Glasplatte zu bedecken, die das Chlor auf einige Minuten am Entweichen zu hindern vermag.

Wir wenden uns zum näheren Betrachten der Eigenschaften dieses höchst merkwürdigen und wichtigen Körpers.

Seine Farbe und sein Geruch, sowie seine Löslichkeit im Wasser sind dir jetzt schon hinreichend deutlich geworden. Um sein Verhalten gegen brennende Körper zu untersuchen, hast du nur ein angezündetes Stückchen Wachskerze in die Flasche zu bringen: es wird darin nicht verlöschen, sondern mit einer trüben und stark rußenden Flamme zu brennen fortfahren. Daß dieses keine eigentliche Verbrennung ist, versteht sich bei der Abwesenheit des Sauerstoffes von selbst: es ist nur eine von starker Wärmeentwickelung und mit Lichterzeugung verbundene Vereinigung des Chlors mit dem Wasserstoff des Brennmaterials, während sich der darin gleichfalls enthaltene Kohlenstoff, der sich mit dem Chlor nicht verbindet, als Ruß ausscheidet. Dasselbe läßt sich noch deutlicher mit Terpentinöl zeigen: tauche ein Stück mit dieser Flüssigkeit getränktes und angezündetes Papier an einem langen Draht in das Chlor; es wird unter starkem Ruße mit röthlicher Flamme und unter Entwickelung von unerträglich riechenden Produkten brennen.

Sowie hier der Wasserstoff des brennenden Körpers, so verbinden sich auch manche Metalle unter starker Wärme- und Lichtentwickelung mit dem Chlor: pulvere im Mörser etwas Antimonmetall und lasse von dem feinen Pulver nach und nach in das Chlor fallen; es wird sich unter Erglühen und unter Bildung von weißen Dämpfen (Chlorantimon) damit verbinden.

Dasselbe geschieht, wenn man unächtes Blattgold (dünngeschlagenes Messing) an einem Drahte in das Chlor taucht.

Das noch übrige Chlor wirst du nun zu folgenden Versuchen verwenden, dich dabei aber vor dem Einathmen des Chlors sehr zu hüten haben.

In eine Flasche bringe etwas Lackmustinktur; sie wird beim Schütteln sogleich erbleichen. Aus einer Flasche mit weitem Halse gieße das Chlor in ein offenes Glas aus (wobei aber beide auf Armeslänge von dir entfernt zu halten sind), gerade wie man eine Flüssigkeit ausgießt. Daß es sich ausgießen läßt, erkennst du an der Farbe und an dem Gelblichwerden von etwas Lackmustinktur, die in das Glas gebracht wird.

Hast du vielleicht etwas Natrium, so bringe dasselbe an einem Drahte in Chlor: es wird sich damit unter Funkensprühen verbinden. Durch Ausspülen des Gefäßes mit Wasser wirst du eine Kochsalzlösung erhalten. In Ermangelung von Natrium thut Kalium dieselben Dienste, nur bildet sich Chlorkalium, welches aber in seinem Aeußeren und seinen sonstigen Eigenschaften dem Chlornatrium sehr ähnlich ist.

Ein blaues oder rothes Stück Kattun wird befeuchtet und mittelst des Stöpsels in eine mit Chlor gefüllte Flasche gehängt; es wird, wie die Lackmustinktur, nach einiger Zeit gebleicht erscheinen.

Endlich treibe aus einer Medicinflasche die Hälfte des Chlors durch behutsames Eingießen von heißem Wasser aus, verstopfe die Flasche, kehre sie in die pneumatische Wanne um und fülle die Flasche vollends mit Wasserstoff aus einem unterdessen bereit gestellten Apparate, verstopfe sie wieder und umwickele sie mit derselben Vorsicht, wie ich es früher für das Knallgas angegeben, mit zwei Tüchern, verfahre genau wie damals und du wirst sehen, daß sich das Gemenge von Wasserstoff und Chlor eben so wie damals entzünden läßt und die Verbindung beider Körper unter einer heftigen Explosion stattfindet.

Das Ganze muß rasch und nicht unter dem Einfluß des grellen Sonnenlichtes geschehen. Die andere Medicinflasche mit Chlor fülle durch ein ähnliches Verfahren ebenfalls halb mit Wasserstoff und halb mit Chlor, verstopfe sie wohl und wirf sie aus dem Zimmer, in welches die Sonne nicht scheinen darf, in einen von der Sonne beschienenen Theil des Hofes oder Gartens, so daß sie noch in der Luft plötzlich aus dem Schatten in den grellen Sonnenschein übergeht; sie wird in demselben Momente mit einem heftigen Knalle zerplatzen. Natürlich hast du zu diesem Experimente einen recht sonnigen Tag zu wählen, denn das Einleiten des Wasserstoffes darf nur unmittelbar vor der Benutzung der gefüllten Flasche zur Explosion geschehen.

Endlich fülle auch die dritte Medicinflasche wie die beiden anderen, und stelle sie verstopft an einen hellen Ort des Zimmers, wohin aber nicht die Sonnenstrahlen fallen. Dann gieße auch etwas Chlorwasser in eine andere weiße Flasche und stelle diese neben jene, während der Rest stets an einem dunkelen Orte aufzubewahren oder mit schwarzer Farbe oder schwarzem Papier zu überziehen ist.

Absichtlich habe ich von allen den beobachteten Erscheinungen keine Erklärung geben wollen, um den Gang dieser Experimente, welche in ununterbrochener Reihenfolge angestellt werden müssen, nicht zu stören und aufzuhalten. Ich werde daher diese Erläuterungen in meinem nächsten Briefe nachholen.

30. Brief.

Fortsetzung; andere Darstellung des Chlors. Chlormetalle, Salzbildner, Haloid- und Amphidsalze, Haloidsäuren. Erklärung ihrer Darstellung. Eigenschaften der Salzsäure. Zersetzung derselben durch den galvanischen Strom.

Wenn ich dir im Folgenden von den Eigenschaften des Chlors spreche, so wirst du darin die Erklärung und den Grund für alle gesehenen Erscheinungen finden, so wie du in diesen für das, was du jetzt lesen wirst, die Belege sehen sollst; du wirst bei den einzelnen Punkten dir diejenigen Experimente vergegenwärtigen, welche dieselben betreffen.

Die Zersetzung, in deren Folge das Chlor frei wird, ist aus dem früher Gesagten klar. Das Mangansuperoxyd verliert die Hälfte seines Sauerstoffes an den Wasserstoff der Salzsäure; dadurch wird aus ersterem Manganoxydul, während aus letzterer das Chlor frei wird; das Manganoxydul aber vereinigt sich, in Folge seiner großen Neigung sich mit Säuren zu verbinden, mit einem anderen Theil der Salzsäure zu salzsaurem Manganoxydul. Du wirst mir erwiedern: die Salzsäure existirt ja nicht mehr, da sie in Chlor und Wasserstoff zerfallen ist. Darin würdest du Recht haben, wenn eine solche Zersetzung in einem Augenblicke abgeschlossen wäre, allein während aus einem Theil Salzsäure Chlor und Wasserstoff wird, bleibt ein anderer Theil noch unverändert, und mit diesem verbindet sich dann das Manganoxydul, welches während der Zersetzung des ersteren sich bildete, und so geht es fort, bis die eine Hälfte der Salzsäure zerlegt und die andere mit dem Manganoxydul verbunden ist, welche zwei Thätigkeiten fast gleichzeitig geschehen. Die Zersetzung ist also folgende:

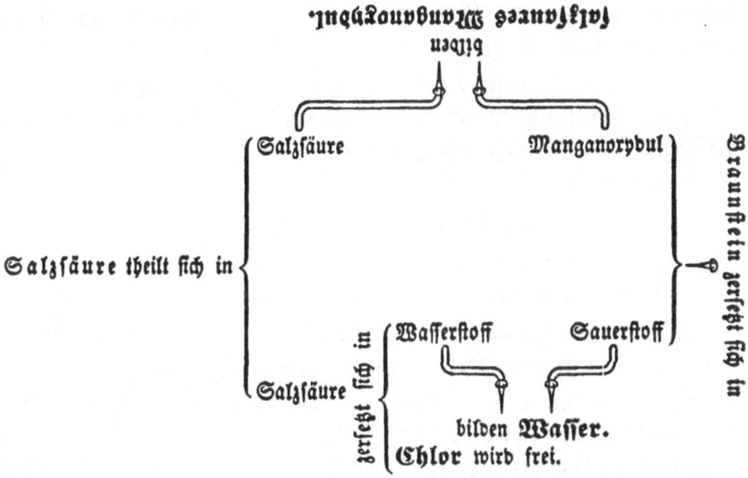

Da aus 1 Aequivalent Braunstein 1 Aequivalent Manganoxydul wird, so ist zur Bindung desselben auch 1 Aequivalent Salzsäure erforderlich, während ein anderes Aequivalent Salzsäure zersetzt werden muß, um das 1 Aequivalent Wasserstoff für das 1 Aequivalent Sauerstoff des Braunsteins zu liefern. Wir haben daher die Zersetzung uns folgendermaßen darzustellen; die untergesetzten Zahlen sind die Aequivalentzahlen:

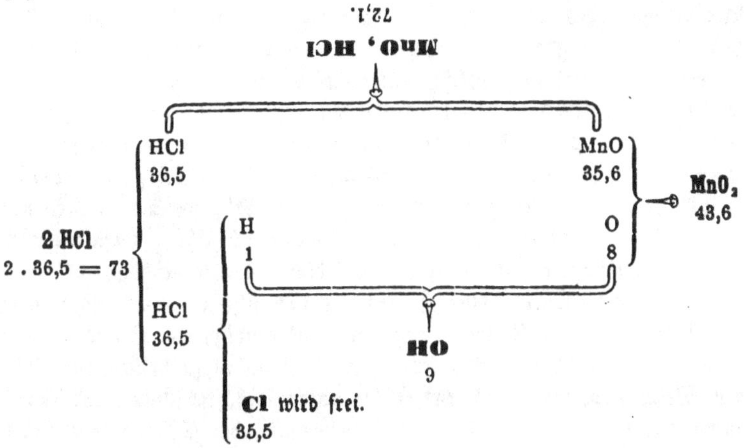

Es sind demnach zur Darstellung von 35,5 Gewichtstheilen Chlor erforderlich: 43,6 Theile Braunstein und 73 Theile Salzsäure; es werden als Nebenprodukt erhalten: 9 Theile Wasser und 72,1 Theile salzsaures Manganoxydul.

Das specifische Gewicht des Chlors ist 2,44, d. h. es wiegt nahe $2\frac{1}{2}$mal so viel, wie sein gleiches Volumen Luft. Die Löslichkeit des

Chlors beträgt so viel, daß sich bei der gewöhnlichen Temperatur in einem Raumtheile Wasser 2,5 Raumtheile Chlor lösen.

Die Verwandtschaft des Chlors zu den meisten übrigen Stoffen ist sehr groß, namentlich ist die zu dem Wasserstoff ausgezeichnet; die Verbindung der beiden Gase geht vor sich:

1) durch Anzünden,

2) durch den Einfluß des Lichtes, und zwar

a) unter den directen Sonnenstrahlen mit Explosion;

b) bei gewöhnlichem Tageslicht langsam.

Im Dunkeln können beide Gase unverbunden neben einander bestehen.

Das Produkt dieser Verbindung ist die Salzsäure; wir kennen sie schon längst und werden ihre Eigenschaften noch weiter studiren. Die Verwandtschaft des Chlors zum Wasserstoff ist so groß, daß es denselben sogar dem Wasser unter gewissen Umständen entzieht. Unter dem Einfluß des Sonnenlichtes entsteht aus dem Chlorwasser sehr schnell, am gewöhnlichen Tageslichte langsam Salzsäure, während der Sauerstoff des Wassers entweicht. Wir werden dies später noch nachweisen können. Das Chlor wirkt auf die Pflanzenfarben zerstörend ein, weshalb sie durch dasselbe gebleicht werden. Zum Theil rührt diese Wirkung von dem Entziehen des Wasserstoffes her, was eine gänzliche Zersetzung der Farbstoffe zur Folge hat. Diese Eigenschaft kommt auch noch manchen Verbindungen des Chlors zu, weshalb diese, so wie das Chlor selbst, zum Bleichen in großem Maßstabe angewendet werden. Es bildet sich hierbei stets Salzsäure, welche später auf die zu bleichenden Stoffe eine sehr schädliche Wirkung ausübt, wenn das Chlor längst, weil gasförmig, entwichen ist. Dies ist der Grund, warum man beim Bleichen mit Chlor mit großer Sorgfalt den gebleichten Stoff wiederholt mit Wasser auszuwaschen hat. Es gilt dies auch für den Fall, wo man im Kleinen Flecken, z. B. Obst- oder Tintenflecken, durch Chlor zerstören will. Wendet man dasselbe in Gestalt von Chlorwasser oder auch als Gas (wobei die betreffende Stelle zu befeuchten ist) an, und läßt man die Berührung nicht länger dauern, als nothwendig, so ist, wenn hinreichend ausgewaschen wird, für den Stoff nichts zu befürchten. Mit den Metallen verbindet sich das Chlor unter lebhafter Licht- und Feuerentwickelung. Das Produkt heißt Chlormetall oder Chlorür oder auch Chlorid. So z. B. ist das Chlornatrium ein Natriumchlorür, die Verbindung mit Antimon aber trägt den Namen Antimonchlorid, indem dieses Metall sich in zwei Verhältnissen mit dem Chlor verbindet; dasjenige Chlorantimon, welches am meisten Chlor enthält, heißt dann Chlorid, dasjenige mit dem geringeren Chlorgehalt Chlorür; es entsprechen diese Namen also dem Oxyd und Oxydul.

Das Chlor kann noch auf eine andere Weise dargestellt werden. Erinnere dich, daß wir den Wasserstoff der Schwefelsäure durch das Natrium des Kochsalzes vertreten ließen, daß wir das frei gewordene Chlor an den Wasserstoff gebunden erhielten und daß wir dasselbe von diesem dann wieder durch den Sauerstoff des Braunsteins gebunden haben, wodurch das Chlor wieder frei wurde. Wir können also unmittelbar aus dem Kochsalz das Chlor erhalten, wenn wir den Wasserstoff gleich anfangs an Sauerstoff, und zwar am besten an den des Braunsteins binden. Diesen können wir, wie du weißt, aus demselben durch Erhitzen mit Schwefelsäure frei machen. Wir haben also eine zweifache Zersetzung einzuleiten: erstens haben wir Kochsalz mit Schwefelsäure und zweitens Braunstein mit Schwefelsäure zu behandeln, beides muß gleichzeitig geschehen; dann wird nicht die Salzsäure und auch nicht der Sauerstoff frei, sondern im Momente des Entstehens bilden diese beiden Chlor und Wasser. Es geht hieraus auch das Verhältniß der anzuwendenden Bestandtheile hervor, nämlich 1 Aequivalent Kochsalz, 1 Aequivalent Braunstein und für jedes 1 Aequivalent, oder im Ganzen 2 Aequivalente Schwefelsäure. Ich brauche dir nun die Wirkung dieser Stoffe nicht weiter auseinander zu setzen: als Produkte erhalten wir Chlor, Wasser, schwefelsaures Natron und schwefelsaures Manganoxydul:

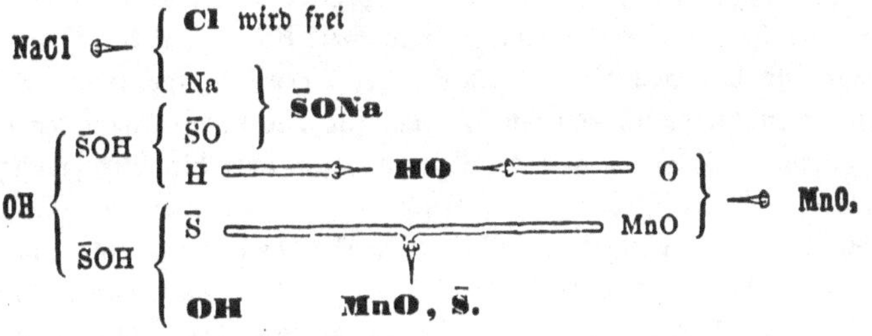

Wenn du dir unter jedem Buchstaben die dadurch bezeichneten Gewichtsmengen der betreffenden Körper denkst, so erhältst du die erforderlichen Gewichtsverhältnisse. Mache die Probe, ob auch die Summe der angewandten Stoffe an Gewicht gleich der Summe der erhaltenen ist, wenn du für das dir noch unbekannte $\bar{S}$ die Zahl 40 annimmst.

Mache endlich den Versuch selbst, indem du die berechneten Mengen mischest und in einer Retorte gelinde erwärmst; du wirst einen recht regelmäßigen Strom Chlor erhalten. Es ist für die Anwendung im Großen diese Methode aus zwei Gründen der früher beschriebenen vorzuziehen; denn erstens ist es natürlicher, aus dem Kochsalz gleich das Chlor zu erhalten, als erst noch gezwungen zu sein, die Salzsäure darzustellen und dann mittelst dieser das Chlor zu erzeugen; und zweitens wirst du bemerken, daß man nur aus je 2 Aequivalenten Salzsäure

1 Aequivalent Chlor erhält, wenn man diese mit Braunstein zusammenbringt; da nun zur Gewinnung eines jeden Aequivalentes Salzsäure ein Aequivalent Kochsalz gehört, so erhellt, daß man bei dieser Methode aus je 2 Aequivalenten Kochsalz immer nur 1 Aequivalent Chlor, also gerade nur die Hälfte des darin enthaltenen gewinnt. Obiges Schema zeigt aber, daß nach der letzteren Methode aus jedem Aequivalent Kochsalz auch 1 Aequivalent Chlor erhalten wird, daß also nichts davon nuentwickelt bleibt. Geht aber bei der anderen Methode wirklich etwas verloren, oder wo kommt das nicht gewonnene Aequivalent Chlor hin?

Ich überlasse die Lösung dieser Frage deinem Scharfsinn.

Daß wir aus Natrium und Chlor durch einfaches Zusammenbringen Kochsalz erhalten können, hast du entweder selbst versucht, oder doch aus meiner Mittheilung entnehmen können. Früher haben wir aber auch aus Salzsäure und Natron oder kohlensaurem Natron Kochsalz erhalten — wie hängt dies zusammen, und ist nicht doch etwa im Kochsalz Salzsäure zugegen?

Die Verbindungen des Chlors, so wie die einiger anderer Körper, die wir bald kennen lernen werden, mit den Metallen, bilden eine ganz eigene Klasse von Körpern, deren Hauptglied und Musterbild das Chlornatrium ist. Da dieser Körper nun von Alters her den Namen Salz trägt, so hat man diesen Namen, der eigentlich eine andere Art Verbindungen (s. oben) bezeichnet, auch für alle diese Verbindungen beibehalten. Es bilden also die Chlormetalle und die Verbindungen der anderen hierher gehörenden Körper (Jod, Fluor, Brom, Cyan) mit den Metallen eine eigene Klasse von Salzen, denen man zum Unterschied von den übrigen den Namen „kochsalzähnliche Salze" oder „Haloidsalze" (vom griechischen ἅλς Salz) gegeben hat. Die ganze Klasse der dem Chlore ähnlichen Körper heißen demnach Salzbildner oder Halogene. Diese Haloidsalze unterscheiden sich wesentlich von den übrigen dadurch, daß sie keine Säure, ja nicht einmal Sauerstoff enthalten. Du wirst dich erinnern, daß jene sowohl in der Säure, wie in der Basis Sauerstoff enthalten; man hat sie deswegen auch zum Gegensatz von den Haloidsalzen Amphidsalze, d. h. beiderseitige Salze (von ἀμφι, auf beiden Seiten) benannt. Indessen, wenn man in den Haloidsalzen auch keine Säure wahrnehmen kann, so wissen wir doch, wenigstens vom Chlornatrium, daß man dasselbe mittelst einer Säure und einer Basis erhalten, so wie daß man daraus eine Säure darstellen kann. Diese Säure aber enthält keinen Sauerstoff; es ist also wiederum eine andere Art Säure als diejenige, die wir früher so genannt haben. Es folgt hieraus, daß es auch Säuren giebt, die keine Oxyde sind. Sie enthalten alle Wasserstoff; man hat sie daher Wasserstoffsäuren genannt, ein Name der aber grundfalsch ist. In den Sauerstoffsäuren (electro-negativen Oxyden) ist nämlich der Sauerstoff das säuernde Princip (derjenige Körper, welcher der Verbindung die electro-negativen Eigenschaften ertheilt); in der Salzsäure und den Säuren derselben Art (die aus Haloïdsalzen zu erhalten sind) kann aber der electro-positivste aller Körper, der Wasserstoff, diese Wirkung nicht ausüben. Der Unterschied zwischen einem Haloïdsalz und der zugehörigen Säure (wie z. B. zwischen NaCl und HCl) ist aber einfach der, daß in der letzteren Wasserstoff an der Stelle des Metalls befindlich ist. Dadurch wird allerdings der Körper ein saurer, d. h. er schmeckt sauer und reagirt sauer auf Pflanzenfarben; das Electro-negative darin aber ist Chlor oder ein anderer Salzbildner, und man sollte sie daher Säuren der Salzbildner nennen; wir nennen sie deshalb Haloïdsäuren und verstehen unter diesen „kochsalzähnlichen Säuren" solche Haloïdsalze, die statt eines wirklichen Metalls Wasserstoff enthalten.

Um nun wieder auf unser Thema zurückzukommen, bemerke ich ein für allemal, daß, wenn eine solche wasserstoffhaltige und sauerstofffreie Säure mit einer (sauerstoffhaltigen) Basis zusammenkommt, der Wasserstoff und Sauerstoff sich zu Wasser vereinigen. Auf der einen Seite bleibt der Salzbildner, auf der anderen das Metall übrig und diese treten zu einem Haloïdsalz zusammen, welches in dem gebildeten und dem sonst etwa vorhandenen Wasser gelöst bleibt. So giebt z. B.

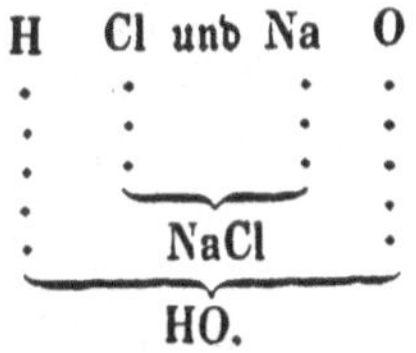

Du wirst dich erinnern, daß wir umgekehrt auch schon früher einmal ein in Wasser gelöstes Chlormetall als das salzsaure Metalloxyd betrachtet, und diese Vorstellung späterhin berichtigt haben (Brief 24); denn es ist ja NaCl und HO eben so viel wie NaO und HCl, indem man sich den Wasserstoff als zum Chlor, den Sauerstoff als zum Natrium gehörig denkt.

Die Darstellung der Salzsäure hast du also nunmehr so zu erklären: das Wasser der Schwefelsäure zersetzt sich, der Wasserstoff tritt an die Stelle des Natriums und bildet mit dem Chlor Salzsäure, der Sauerstoff tritt an das Natrium des Salzes zu Natron, welches mit der wasserfrei gewordenen Schwefelsäure verbunden als schwefelsaures Natron zurückbleibt. Das Schema ist demnach folgendes:

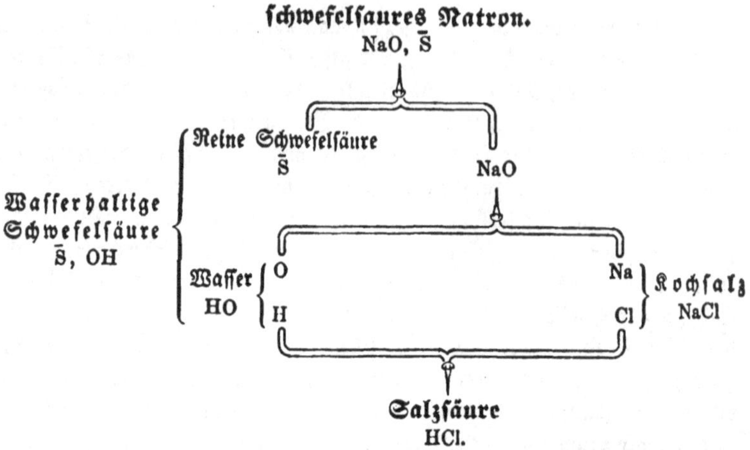

Du siehst hieraus zweierlei: 1) ohne Wasser kann die Zersetzung nicht vor sich gehen und 2) dasjenige Aequivalent Wasser, welches in der Schwefelsäure enthalten ist, reicht hierzu gerade aus.

Einen Beleg für diesen Ausspruch findest du wirklich in der Thatsache, daß wasserfreie Schwefelsäure und trockenes Kochsalz gar nicht auf einander wirken, daß aber obige Zersetzung in dem Augenblicke beginnt, wo man das fehlende Wasser hinzubringt.

Du hast nun zunächst eine größere Quantität Salzsäure darzustellen, um ihre Eigenschaften kennen zu lernen. Richte den hier gezeichneten Apparat ein und achte dabei genau auf die Länge der Röhren, und auf die Tiefe, bis zu welcher sie in das Wasser tauchen. Die Größe des Apparates richtet sich nach der Menge Säure, die du darstellen willst (Fig. 118, siehe die folgende Seite).

Es wird dir, da du später noch öfter reine Salzsäure nöthig haben wirst, sehr nützlich sein, wenn du wenigstens sorgest, daß du 4 bis 8 Loth davon erhältst; sie sammelt sich im reinen Zustande in der Waschflasche an, was dort noch durchgeht, löst sich in der letzten Flasche. Die aus dem Kolben mitgerissenen fremden Bestandtheile setzt sie in der ersten, leer gebliebenen Waschflasche an, die deshalb leer gelassen wird, damit sie das etwa bei einem mangelhaften Gange zurücksteigende Wasser der anderen aufnehmen könne. Sie muß, damit sie sich nicht zu sehr erhitze, gleich anfangs in eine Schale mit Wasser gestellt werden.

In den Kolben bringe etwa ½ Pfund Salz und ¼ Pfund Wasser und setze dann allmälig ½ Pfund Schwefelsäure zu. Hat die Gasentwickelung nachgelassen, so ist der Kolben so zu erhitzen, daß sie einen recht gleichmäßigen und nicht zu schnellen Verlauf nimmt. Wenn nach einiger Zeit die Gasblasen auch in der zweiten Flasche nicht mehr ganz absorbirt werden, wohl aber in etwas vorgehaltenem Wasser gänzlich sich

Fig. 118.

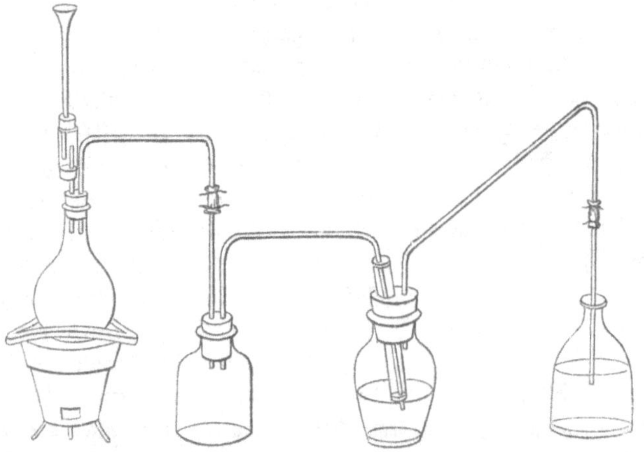

auflösen, dann trockne die Röhre wieder ab und leite das nun entweichende Gas in einige wohl getrocknete Gasflaschen, so wie in eine etwas große Medicinflasche. Den Augenblick, wo dieselben ganz angefüllt sind, kannst du nun zwar nicht, wie beim Chlor, an der Farbe erkennen, da die Salzsäure, wie du siehst, ein farbloses Gas ist; du wirst dich auf deine Muthmaßung und die starke Röthung eines blauen Lackmuspapierstreifens, an die Mündung gehalten, verlassen müssen; auch pflegen sich, wenn die Flaschen gefüllt sind, starke weiße Nebel zu zeigen. Dann verschließe die Flaschen sorgfältig, nimm den Apparat rasch auseinander und lasse ihn im Freien erkalten, worauf der Kolben mit viel Wasser zu spülen, der Inhalt der zweiten und der letzten Flasche als „reine Salzsäure" in einer Flasche mit Glasstöpsel aufzubewahren ist.

Eine sehr hervorstechende Eigenschaft des Salzsäuregases wirst du bereits bemerkt haben, nämlich seine Löslichkeit in Wasser; diese ist die Ursache, weshalb die Röhre in der Waschflasche nicht tief in's Wasser eintauchen darf, indem sich sonst die Salzsäure zu vollständig auflösen nnd man sogar Gefahr laufen würde, daß das Wasser in der Röhre zurückstiege, um dem kommenden Gase entgegenzueilen. Taucht aber die Röhre nicht tief ein, so kann nicht viel Wasser darin emporsteigen, indem dann sehr bald die Mündung ganz vom Wasser befreit wird. Diese Anziehungskraft von Salzsäure und Wasser ist es auch, welche die weißen Nebel beim Austritt des Gases in die Luft veranlaßt. Das Gas zieht die Feuchtigkeit dieser letzteren an; die entstandene wasserhaltige Säure ist aber nicht gasförmig, sondern flüssig und scheidet sich daher in Gestalt sehr feiner Tröpfchen aus der Luft ab, deren Vereinigung den Nebel bildet, welchen du beobachtet haben wirst. Um dir diese große Begierde des Wassers nach Salzsäure noch anschaulicher zu machen, brauchst du nur eine der mit dem Salzsäuregas gefüllten Flaschen unter Wasser zu öffnen; dieses wird mit großer Schnelligkeit in die Flasche steigen und darin nur denjenigen Raum unerfüllt lassen, den die etwa noch nicht ganz verdrängt gewesene Luft einnahm. Wenn gar keine Luft mehr in der Flasche gewesen war, so kann es selbst vorkommen, daß durch die Heftigkeit des einströmenden Wassers die Flasche zerschlagen wird. Ein recht hübsches Experiment beweist ebenfalls diese große Löslichkeit: suche einen auf die große mit Salzsäure gefüllte Flasche passenden Stöpsel aus und bringe in diesem eine eben solche Röhre an, wie wir sie in der einfachen Spritzflasche (Brief 19) gebraucht haben, mit dem Unterschied, daß die spitze Oeffnung nach innen und bis etwas weiter als zur Mitte der Flasche reichen muß. Du kannst ruhig den Kork in die Flasche einpassen; wenn du diese Operation nicht gar zu langsam machst, wird von dem schweren Salzsäuregas nicht viel in die leichtere Luft entweichen. Wenn du nun die Flasche umgekehrt in Wasser tauchst (Fig. 119), wird dieses anfangs nur langsam in der Röhre emporsteigen, dann aber, wenn einige Tropfen übergelaufen sind, in einem raschen und hell sprudelnden Strahl in die Flasche stürzen und diese anfüllen. Wenn diese recht trocken und ganz mit reiner Salzsäure angefüllt war, gelingt der Versuch sehr schön, doch hast du dich zu hüten, während der Absorption an die Flasche zu stoßen, da sie dadurch leicht zerschmettert werden kann. Es wird nämlich, wenn die ersten Tropfen in das Innere gelangen, durch die Absorption des Gases an der ziemlich großen Wasseroberfläche ein luftverdünnter Raum gebildet, in welchen dann das Wasser mit großer Gewalt durch den Druck der äußeren Luft hineingetrieben wird.

Fig. 119.

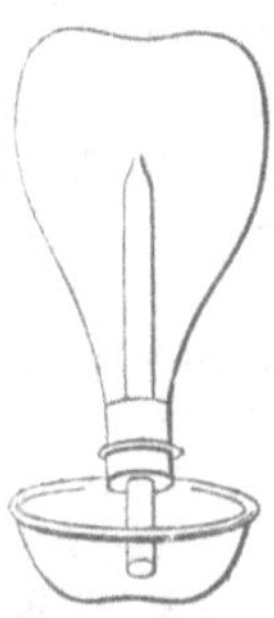

Die auf die eine und die andere Weise erhaltenen Lösungen des Salzsäuregases in Wasser zeigen einen sauren Geschmack und stark saure Reaction auf blaues Lackmuspapier, wie das auch nicht anders zu erwarten stand.

Dasselbe wirst du beobachten, wenn du den Inhalt der beiden dem Tageslichte früher ausgesetzten Flaschen untersuchest, deren eine Chlor und Wasserstoff, die andere Chlorwasser enthalten hatte. Das im Dunkeln aufbewahrte Chlorwasser wird dagegen das Lackmuspapier bleichen, zum Beweis, daß noch fortwährend Chlor und keine Salzsäure vorhanden ist.

Eine andere Quantität Salzsäure ist auf das Verhalten derselben gegen brennende Körper mittelst einer Kerze zu prüfen; diese wird darin, ohne das Gas anzuzünden, verlöschen, was dir unter Anderem beweisen wird, wie wesentlich verschieden die Eigenschaften einer chemischen Verbindung und eines bloßen Gemenges zweier Körper sind.

Den stechenden Geruch der Salzsäure wirst du längst bemerkt haben; sie wirkt sehr schädlich und auf alles Organische zerstörend ein; ein kleiner grüner Zweig wird darin sofort welken und absterben.

Da die reine Salzsäure Gasgestalt besitzt, so kannst du leicht denken, daß die gewöhnliche „Salzsäure“ eine mehr oder weniger concentrirte Lösung von Salzsäuregas ist. Je stärker sie raucht, desto concentrirter ist sie; wenn das Wasser völlig gesättigt ist, so hat es etwa sein 400faches Volumen Salzsäuregas aufgenommen; dadurch vergrößert es sein eigenes Volumen um etwa ⅓ und nimmt an specifischem Gewichte ab.

Die gasförmige Salzsäure wird von vielen Metallen unter Substitution ihres Wasserstoffes durch das Metall zersetzt. Es entsteht also so ein Haloïdsalz, oder, wenn du willst, das Chlorür des Wasserstoffes verwandelt sich in das eines Metalls und der gasförmige Wasserstoff entweicht. Dasselbe geschieht, wenn man gewisse Metalle mit Salzsäurelösung (die wir in Zukunft wieder kurzweg Salzsäure nennen wollen, da der viel gebrauchte Name flüssige Salzsäure falsch ist) behandelt, nur geht alsdann das gebildete Salz in Lösung.

Mache den Versuch mit Zink und mit Eisen; in beiden Fällen wirst du Wasserstoff erhalten, an seiner Brennbarkeit leicht erkenntlich, und später durch Verdampfung der Lösung und Erkaltenlassen die Krystalle der Chlorüre darstellen können.

Einige von den vielen Chlorüren haben wir schon jetzt noch etwas näher kennen zu lernen, und zwar zunächst das Kochsalz. Ich spreche davon im folgenden Briefe, doch muß ich erst noch eine Bemerkung einschalten, die sich auf die Salzsäure und alle Chlormetalle gemeinschaftlich bezieht. Dieselben besitzen nämlich, wie du schon vielfach Gelegenheit zu beobachten hattest, keineswegs die bleichende Eigenschaft des Chlors; dennoch kommt diese dem darin enthaltenen Chlor noch immer zu und ist nur für so lange versteckt, wie dieses mit dem Metall oder dem Wasserstoff verbunden ist. Um dies recht augenfällig zu machen, kannst du folgenden hübschen Versuch anstellen.

Pulvere ein Stück Indigo von der Größe einer Nuß, übergieße das erhaltene Pulver mit 2 Loth Schwefelsäure und erwärme das Ganze gelinde auf dem Sandbad. Mittlerweile richte deine galvanische Batterie her, bringe alle Drähte in Ordnung, fülle die gebogene Zersetzungsröhre mit etwas verdünnter Salzsäure und beschicke hierauf die Batterie mit den beiden zugehörigen Säuren. Dann verbinde die einzelnen Theile wie bei der Zersetzung des Wassers, und färbe die Salzsäure dunkelblau mittelst einiger weniger Tropfen von der Indigolösung in Schwefelsäure. Dann tauche die an beiden Poldrähten befestigten Platindrähte in die Röhre mit der blau gefärbten Salzsäure. Du wirst sofort an beiden sich Gasblasen entwickeln sehen und sehr bald wird an der einen Seite die blaue Farbe erbleichen und endlich ganz verschwinden. Siehe nach, an welchem Pole dies geschieht — es muß der Zinkpoldraht sein, also der vom electro-positiven Pole ausgehende. Also ist es der electro-negative Bestandtheil der Salzsäure, welcher die Farbe des Indigo's zerstört hat, was nicht die Salzsäure und nicht einmal die noch stärkere Schwefelsäure vermocht hatte, eine Kraft, die aber, wie wir wissen, dem Chlor zukommt.

Dasselbe ließe sich für die Chlormetalle nachweisen, doch treten hier untergeordnete Zersetzungen ein, die den Erfolg des Experimentes, oder doch die daraus zu ziehenden Schlüsse, stören würden.

33. Brief.

Eigenschaften und Gewinnung des Kochsalzes; Anwendung. Chlorkalium; Chlormangan. Atomistische Theorie und Erläuterung der chemischen Gesetze mit Hülfe derselben. Atomgewichte und Aequivalente. Aufgaben als Anwendung.

Die Krystallform und Löslichkeitsverhältnisse des Kochsalzes, so wie die verschiedenen Methoden, es in größeren oder kleineren Krystallen zu erhalten, werden dir noch von den früheren Versuchen her erinnerlich sein; seine Zusammensetzung ist dir nunmehr gleichfalls bekannt; wir wollen uns daher jetzt mit seinen übrigen Eigenschaften näher bekannt machen.

In einem offenen hessischen Tiegel erhitze etwas Kochsalz: es wird unter heftigem Knacken und Knistern weit hinausgeschleudert werden; dieses sogenannte Verknistern rührt von dem Umstande her, daß zwischen den einzelnen Theilchen der Krystalle geringe Mengen von Mutterlauge mechanisch eingeschlossen werden, welche, beim Erhitzen verdampfend, dieselben zersprengen. Dasselbe ist so stark, daß man nicht im Stande ist, im offenen Tiegel das Salz zum Glühen zu bringen, weil vorher alles mit großer Gewalt weggeschleudert wird, so daß man selbst das Gesicht davor zu hüten hat.

Nun verschließe den Tiegel und erhitze zum starken Glühen; hüte dich aber wohl, später noch Kochsalz hineinzubringen, es könnte dir so heftig ins Gesicht geworfen werden, daß du einen Unfall zu besorgen hättest. In der hellen Rothglühhitze wirst du das Salz zur klaren, hellen, dünnen Flüssigkeit schmelzen sehen, die nach dem Erkalten krystallinisch erstarrt. Noch etwas stärker erhitzt geht das Salz in Gasgestalt über, was du an den weißen Dämpfen bemerken kannst, die sich alsdann an der Mündung des geöffneten Tiegels zeigen; sie rühren von wieder verdichtetem Kochsalzdampf her, der sich aber nur in offenen Gefäßen bildet.

Das Kochsalz findet sich in der Natur entweder in Gestalt von festen Bänken oder Flötzen, oder als Lösung. Wenn die Flötze reines Salz führen und der Bearbeitung zugänglich sind, so wird das Steinsalz bergmännisch gewonnen; so namentlich in Wieliczka in Galizien und in Cardona in Spanien. Wo aber die Unzugänglichkeit des Salzlagers ein solches Verfahren nicht gestattet, da muß man es aus den Lösungen gewinnen, die entweder schon von Natur an diesen Orten hervorquellen, oder die durch Bohren künstlich hervorgerufen werden. Aus diesen Salzsoolen erhält man das Salz durch Verdampfen; wenn dieselben zu viel Wasser enthalten, so pflegt man dieses nicht allein durch Erhitzen auf freiem Feuer zu bewirken, sondern die Soole erst durch Gradiren zu concentriren. Dies besteht darin, daß man sie über hohe, aus Dornen und Reisig errichtete Wände herabfallen läßt, wo dann durch die vermehrte Berührung mit der Luft an der sehr vergrößerten Oberfläche die Verdampfung des Wassers bei gewöhnlicher Temperatur stattfindet; erst wenn die schwachen Salzlösungen auf diese Weise auf einen weit höheren Gehalt gebracht worden sind, werden sie in sehr großen flachen Schalen über dem Feuer eingedampft und zum Krystallisiren gebracht.

Auch im Meerwasser kommt das Kochsalz als Lösung vor; der Gehalt desselben ist sehr verschieden je nach der Oertlichkeit; es enthält das Meer etwa 3,5 pC. an festen Bestandtheilen, die aber nicht allein aus Kochsalz, sondern auch noch in geringeren Mengen aus mehreren anderen Salzen bestehen.

Das Meerwasser wird in warmen Ländern in großen flachen Behältern, sogenannten Salzgärten, der Verdunstung an der freien Luft ausgesetzt und so die größere Menge des Kochsalzes gewonnen; ein Theil davon nebst dem größten Theil der fremden Salze bleibt in der letzten Mutterlauge, die man entweder ins Meer zurückfließen läßt, oder auf verschiedene Weise auf die darin noch befindlichen Stoffe verarbeitet. In kalten Ländern concentrirt man das Meerwasser auch durch Gefrierenlassen, wo sich dann die größte Menge des Wassers als Eis abscheidet, während das übrige als starke Salz-Lösung zurück bleibt, die auf freiem Feuer zur Krystallisation gebracht wird.

Reines Kochsalz bleibt selbst an feuchter Luft unverändert; ein geringer Gehalt an gewissen, namentlich an Magnesia-Salzen aber theilt ihm die Eigenschaft mit, Feuchtigkeit anzuziehen, ja, bei größeren Mengen dieser Salze, sogar zu zerfließen. Sowohl das Salz vieler Soolen als das des Meerwassers ist reich an fremden Salzen, die ihm dann diese unangenehme Eigenheit und nebenbei einen bitteren stechenden Geschmack mittheilen, während der des Kochsalzes ein rein salziger ist. Das Kochsalz wird nicht allein als Würze zu Speisen, zum Einsalzen von Fleisch u. s. w. (1) in großer Menge gebraucht, sondern es dient auch, wie schon früher angedeutet, zur Darstellung einer großen Anzahl von Verbindungen, deren Radikal das Natron ist. Zu diesem Behufe wird zuerst durch Behandeln mit Schwefelsäure das schwefelsaure Natron fabricirt und hierbei die Salzsäure in enormer Masse als Nebenprodukt gewonnen. Das Speciellere dieses Verfahrens, so wie die weitere Umwandlung des Glaubersalzes in Soda werden wir später näher erörtern. Von dem

Chlorkalium

KCl

hast du dir nur zu bemerken, daß es wie das Kochsalz in Würfeln krystallisirt, einen eben solchen Geschmack zeigt, sich von demselben aber wesentlich dadurch unterscheidet, daß mit der Temperatur seine Löslichkeit im Wasser zunimmt. Gewonnen wird es aus der Mutterlauge des Meersalzes, aus derjenigen der Soda, die man aus der Asche der Meerpflanzen erhält (Varec-Soda) und aus einem bei der Seifensiederei fallenden Nebenprodukte, dem Seifensiederfluß. Seine Anwendung ist nur eine beschränkte; es dient zur Darstellung des Alauns und zur Umwandlung des salpetersauren Kalkes in Salpeter.

Das Mangan bildet mit dem Chlor mehrere Verbindungen, von denen das Manganchlorür, MnCl, durch Abdampfen der bei der Darstellung des Chlors erhaltenen Lösung (S. 180) und Erkaltenlassen derselben erhalten werden kann. Es krystallisirt, wenn der Braunstein rein war, in farblosen oder rosarothen Krystallen, die 4 Aequivalente Wasser enthalten und im Wasser sehr leicht löslich sind.

Alle übrigen Chlorverbindungen des Mangans haben die Eigenthümlichkeit, daß sie beim geringsten Erwärmen unter Abgabe von Chlor zu Chlorür werden.

Wir werden nun zu der Betrachtung der Verbindungen des Chlors mit dem Sauerstoff übergehen; zuvor aber will ich deinen wiederholten Wunsch erfüllen und dir noch eine andere Erklärung für die Gesetze der

(1) Man rechnet einen durchschnittlichen Verbrauch von 12 Pfund auf den Kopf.

chemischen Verbindungen geben, die vielleicht im Stande ist, durch den Anschein von wirklicher Begründung derselben sie dir faßlicher und klarer zu machen.

Wenn man sich irgend einen Körper in immer kleinere und kleinere Theilchen zertheilt denkt, so sind zwei Fälle denkbar: entweder diese Theilbarkeit geht in's Unendliche und jedes auch noch so kleine Theilchen ist doch immer noch theilbar, oder die Theilbarkeit ist begränzt und man kommt zuletzt auf Theilchen, die nicht mehr sich theilbar denken lassen. Da dem beschränkten menschlichen Geiste die Vorstellung der Beschränktheit immer natürlicher und leichter ist, als die des Unendlichen, Unbeschränkten, so hat man die letzte dieser Vorstellungsweisen gerne als die wahrscheinlichste angenommen, und es ist dieses die Hypothese der Atome. Atome nennt man nämlich diese untheilbaren Theilchen der Körper; das Wort heißt nichts weiter als dieses. Natürlich gilt dies nur von der mechanischen, nicht von der chemischen Theilung, und wenn wir daher zunächst von den chemisch ebenfalls nicht weiter zersetzbaren, einfachen Körpern sprechen, so sind diese Atome eben das einfachste, was sich denken läßt.

Nun sind in Bezug auf die Atome wiederum zwei Vorstellungen möglich: entweder die Atome aller, auch der verschiedensten Körper haben alle dasselbe Gewicht, oder sie haben bei jedem Körper ein anderes. Die letztere Vorstellung ist die natürlichere, und man nimmt daher an, daß zwar alle Atome desselben Körpers gleiche Größe und gleiche Schwere haben, daß aber den Atomen eines jeden Körpers eine bestimmte und von der der übrigen mehr oder minder verschiedene Schwere zukommt. Diese Schwere nennt man das Atomgewicht des Körpers. Daß dieselbe so klein sein muß, daß wir sie selbst mit unseren kleinsten Gewichten nicht wägen und bestimmen können, kannst du wohl denken; aber eben so natürlich ist es, daß wir diese Gewichtsverschiedenheit ausdrücken können durch Zahlen, welche dann irgend ein außerordentlich kleines Gewicht, das wir weder herstellen können, noch zu benennen brauchen, vorstellen. Wenn z. B. ein Atom Wasserstoff eins wiegt, so wiegt ein Atom Sauerstoff acht, ein Atom Eisen 28, ein Atom Chlor $35\frac{1}{2}$ derselben Gewichte, mögen diese so klein sein und heißen wie sie wollen, mögen sie darstellbar sein oder nicht.

Nehmen wir nun für den Augenblick an, wir kenneten die Atomgewichte aller Körper, später würde es sich dann darum handeln, eine Methode zu finden, sie wirklich zu bestimmen. Nun denkt man sich eine chemische Verbindung zweier Körper dadurch entstehend, daß sich ihre beiderseitigen Atome neben einander lagern (unter einem blos mechanischen Gemenge denkt man sich nur eine Nebeneinanderlagerung größerer Theilchen dieser Körper, welche man Moleküle genannt hat) und dann sich einander so innig anziehen, daß sie nicht durch eine mechanische Thätigkeit, sondern nur durch diejenige Art von Kräften, die wir chemische zu nennen pflegen, wieder getrennt werden können. Ob dabei ein Atom in das andere eindringt und sie so in einander übergehen, können wir nicht wissen und dürfen es uns auch nicht einmal so vorstellen, weil wir die Atome als untheilbar annehmen.

Es entsteht also z. B. die Verbindung von Wasserstoff und Sauerstoff durch Nebeneinanderlagerung von einem Atom Wasserstoff und einem Atom Sauerstoff; etwa so:

und es würde dieses Schema ein Atom Wasser vorstellen. Natürlich wäre es eben so gut möglich, daß sich eine andere Gruppirung unter anderen Atommengen bildete; allein wir nehmen hier, wie immer, wenn nichts dagegen spricht, das Einfachste als das Wahrscheinlichste an. Wenn demnach mehrere Atome Wasser entstehen sollen, so müssen sich eine gleiche Anzahl Atome Wasserstoff und Sauerstoff aneinander lagern, und wenn wir z. B. annehmen, daß ein Loth Wasser aus einer Million Wasseratomen bestehe, so müssen wir uns dasselbe aus der Nebeneinanderlagerung von einer Million Wasserstoff- neben eben so viele Sauerstoff-Atome entstanden denken. Da wir nun das Gewicht von einem Wasserstoff- und einem Sauerstoffatome als in dem Verhältniß von 1 : 8 stehend angenommen haben, so muß dieses Verhältniß sich auch in allen Wassermengen wieder vorfinden, d. h. es müssen sich Wasserstoff und Sauerstoff in diesem Verhältniß verbinden. Die Ansicht von den Atomen und ihren Eigenschaften ist dabei eben nur eine Ansicht, eine Hypothese; da aber die Erscheinungen wirklich so sind, wie sie nach derselben sein müßten, so erhält sie dadurch, daß die Thatsachen alle mit ihr stimmen, einen sehr hohen Grad von Wahrscheinlichkeit. Es geht dies nun noch viel weiter.

Natürlich kann auch ein Atom eines Körpers sich mit mehreren eines anderen vereinigen, wodurch dann die verschiedenen Verbindungen entstehen müssen; so wären also z. B., wenn

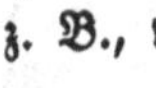

das Manganoxydul vorstellt, das Mangansuperoxyd und die Mangansäure so zu denken:

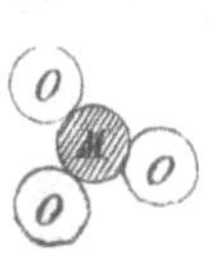

Wenn 1 Atom Mn 27,6 wiegt und 1 Atom O 8, so sind hierdurch die betreffenden Verbindungen richtig dargestellt; es fehlen dann aber noch die von 27,6 Mangan mit 12 und mit 28 Sauerstoff; da wir keine halben Atome denken können, so müssen wir uns diese Verbindungen, Oxyd und Uebermangansäure, etwa so vorstellen:

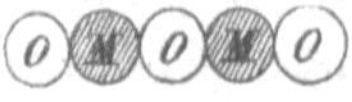

und

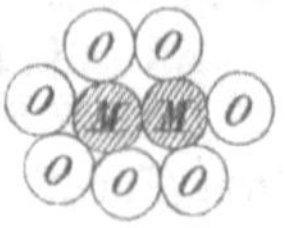

Mit dieser Untheilbarkeit der Atome sind also alle anderen Verhältnisse, welche zwischen den durch die Atomgewichtszahlen ausgedrückten liegen, ausgeschlossen und somit nur das Gesetz der einfachen Multiplen begründet, oder vielmehr es beweist die Thatsache, daß dieses Gesetz sich überall bewahrheitet, daß unsere Hypothese richtig ist.

Aus dieser folgt auch noch das andere Gesetz, nämlich das der Verdrängungsverhältnisse. Wenn in einer Verbindung ein Atom durch das eines anderen Körpers vertreten wird, so kann dies nur nach dem Gewichtsverhältnisse der Atomgewichte stattfinden, und es muß also z. B., wenn in

das H mit dem Gewichte 1 durch K mit dem Gewichte 39,2 verdrängt wird,

entstehen, das Gewicht 47,2 haben, 39,2 Kalium verbraucht und 1 Wasserstoff frei werden. Denn was für ein Atom Wasser gilt, muß auch für ein bestimmtes, aus einer gewissen, obwohl unbekannten Anzahl Atomen zusammengesetztes Quantum Wasser gelten. Da nun in der That solche Vertretungen in den bestimmten, durch die Aequivalentzahlen ausgedrückten Verhältnissen stattfinden, und nur und immer in diesen, so folgt, daß unsere Annahme, daß den Atomen die Gewichte zukämen, die durch die Aequivalente vorgestellt werden, in der That richtig sei.

Endlich erklärt unsere Theorie auch das Gesetz, daß das Aequivalent einer Verbindung gleich ist der Summe derjenigen ihrer Bestandtheile; denn wenn sich z. B. Wasser und Kali verbinden, so muß man sich dies so vorstellen, daß

und

sich aneinander lagern; da nun 1 Atom Kalium 39,2 und 1 Atom Sauerstoff 8 wiegt, so muß 1 Atom der beiden vereinigten Atome 47,2 wiegen, während 1 Atom Wasser 9 wiegen muß; es kann also die Verbindung der beiden Körper nur stattfinden nach dem Verhältniß 47,2 : 9 oder (39,2 + 8) : (1 + 8), d. h. mit anderen Worten nach unserem oben genannten Gesetze.

Du siehst, alle die schönen und einfachen Gesetze chemischer Verbindungen stimmen mit dieser Theorie auf's Beste überein. Wenn dieser Umstand auf der einen Seite die Theorie sehr wahrscheinlich macht, so dient auf der anderen diese letztere sehr zur Veranschaulichung und Verdeutlichung der Gesetze, was du wohl hoffentlich empfinden wirst, und ich glaube kaum, daß du noch irgend welche Zweifel oder Schwierigkeiten haben kannst, sondern daß du, wenn du einmal mit dieser ganz neuen und dir völlig fremden Sache etwas vertrauter geworden, alle hierher gehörigen Erscheinungen auf's beste und schnellste begreifen mußt.

Ich werde, da wir die Uebereinstimmung des Atoms mit den Aequivalenten kennen gelernt haben, in Zukunft beide Ausdrücke abwechselnd und ohne Unterschied gebrauchen, wodurch dir gewiß allmälig noch mehr Leichtigkeit in diesen Dingen erwachsen wird.

Ein paar Rechenaufgaben werden noch mehr dazu beitragen:

Es soll z. B. gefragt sein, wie viel Kalium erforderlich wäre, um 5 Loth Wasser vollständig zu zersetzen?

Der Schluß, der zur Antwort führen soll, ist nun folgendermaßen zu ziehen:

Um das Wasser zu zersetzen, muß aller Wasserstoff durch Kalium vertreten werden: 9 Loth Wasser enthalten 1 Loth Wasserstoff,

1 Loth Wasser also $\frac{1}{9}$,

5 „ „ „ $\frac{5}{9}$ Loth Wasserstoff.

1 Atom Wasser wird aber vertreten durch 1 Atom Kalium, d. h. 1 Gewichtstheil durch 39,2; es werden also die $\frac{5}{9}$ Loth Wasserstoff $\frac{5}{9} . 39,2$ oder $21\frac{7}{9}$ Loth Kalium erfordern.

Oder man kann auch folgendermaßen schließen: zu 1 Aequivalent Wasser ist bei der Zersetzung durch Kalium 1 Aequivalent dieses Metalls erfordert, d. h. auf 9 Loth Wasser braucht man 39,2 Loth Kalium, auf 1 Loth also $\frac{39,2}{9}$ und auf 5 Loth $\frac{5 . 39,2}{9}$, oder obige Menge.

Gleichzeitig lassen sich noch einige andere Punkte aus den gegebenen Mengen bestimmen, nämlich:

1) die Menge Kali, welche sich bildet;

2) die Menge Kalihydrat, welche in Lösung kommt.

Ich überlasse es dir, diese Aufgaben zu lösen.

Ich wende mich in meinem nächsten Briefe zu den Sauerstoffverbindungen des Chlors.

An Materialien brauchst du zu den nächstens vorkommenden Experimenten nichts weiter, als was du schon besitzest; von Geräthschaften erwähne ich ebenfalls nichts, da ich voraussetze, daß du von Zeit zu Zeit den Abgang, den dein Vorrath durch Zerbrechen erleidet, ersetzen wirst.

34. Brief.

Verbindungen des Chlors mit Sauerstoff. Chlorsaures Kali; Darstellung und Eigenschaften; Experimente damit. Unterchlorigsaures Kali.

Das Chlor verbindet sich in fünf Verhältnissen mit dem Sauerstoff; diese Verbindungen sind:

1) die unterchlorige Säure	. .	ClO
2) die chlorige Säure	. . .	ClO_3
3) die Unterchlorsäure	. . .	ClO_4
4) die Chlorsäure	. . . .	ClO_5
5) die Ueberchlorsäure	. . .	ClO_7.

Wir haben hier fünf Säuren und es müssen dieselben daher noch durch mehrere Bezeichnungsweisen, als wir früher kannten, unterschieden werden. So dient die Endsilbe -ige und die Vorsilbe Unter- und Ueber- in der Weise, welche obige Liste zeigt, und die ich wohl nicht weiter zu erläutern nöthig habe.

Wir wollen die wichtigsten Eigenschaften dieser Verbindungen kennen lernen und gehen dabei von dem

chlorsauren Kali

aus. Um dasselbe in geringer Menge darzustellen, hast du eine kleine Chlorentwickelungs-Retorte mit dem Apparate der U förmigen Röhre zu verbinden (Fig. 120, siehe die folgende Seite). Willst du etwas mehr von dem Salze haben, so mußt du dagegen eine größere Retorte mit ein paar Waschflaschen beliebiger Construction verbinden.

Wenn der zusammengestellte Apparat alle Proben auf dichten Schluß ausgehalten hat, wird die Retorte mit 1 Theil Braunstein und 1 Theil Kochsalz beschickt und durch die Sicherheitsröhren nach und nach 2 Theile Schwefelsäure zugegossen. In die erste Waschflasche oder Röhre kommt etwas Wasser, in die andere eine heiße starke Lösung von Kalihydrat,

Fig. 120.

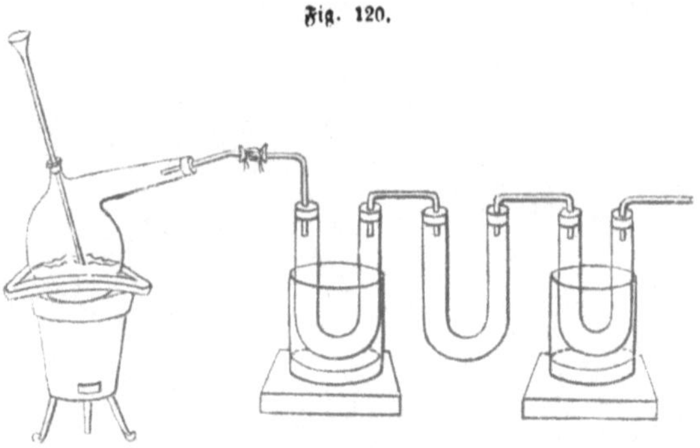

Natürlich kommt der Apparat wenigstens theilweise vor das Fenster zu stehen und wird gelinde erwärmt. Du wirst alsdann bemerken, daß das sich entwickelnde Chlor in der zweiten und dritten Röhre fast gänzlich absorbirt wird und daß sich darin krystallinische Blättchen abscheiden.

Der Vorgang ist folgender:

Ein Theil des Chlors verbindet sich mit dem Kalium, welches sich dazu von dem Sauerstoff trennt, zu Chlorkalium. Der frei werdende Sauerstoff begiebt sich zu dem übrigen Chlor und vereinigt sich damit zu Chlorsäure, welche mit noch unzersetztem Kali zu chlorsaurem Kali zusammentritt. Da das Chlor in der Chlorsäure 5 Atome Sauerstoff in Beschlag nimmt, so müssen 5 Atome Kali zersetzt werden, um diese Menge zu liefern, weshalb auch 5 Aequivalente Chlorkalium gebildet werden.

Die entstehende Säure verbindet sich ebenfalls im Moment ihres Entstehens mit 1 Aequivalent Kali, so daß wir hiervon noch 1 Aequivalent, also 6, zur Darstellung dieser Zersetzung nöthig haben. Diese findet also statt wie folgt:

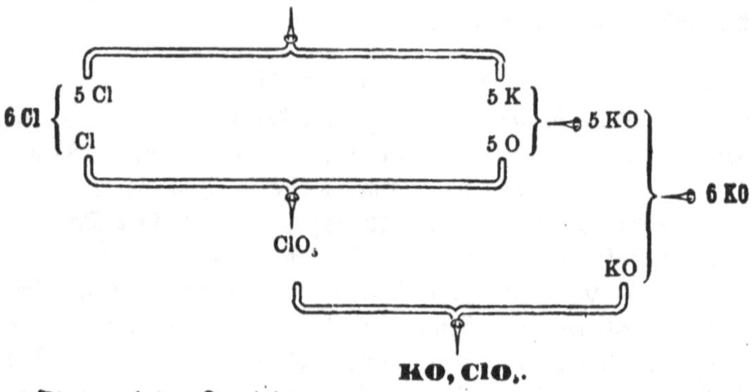

Oder nach der Formel:

$$5\,KO + 5\,Cl = 5\,KCl + KO,\,ClO_5.$$

Das Hydratwasser des Kalihydrats habe ich absichtlich weggelassen, um die Sache nicht noch mehr zu verwickeln. Du wirst an diesen wie an allen Schematen gleich sehen, welche Stoffe die ursprünglichen, welche die erzeugten sind, und welche Klammern eine Zertheilung, welche eine Vereinigung andeuten.

Du ersiehst aus diesem Schema, daß hier ein merkwürdiges Mißverhältniß zwischen dem eigentlichen Produkte und dem Nebenprodukte stattfindet, da man 5 Aequivalent von dem letzteren erhält! Die Gewichte derselben sind, wie du leicht erkennst, folgende:

213 Gewichtstheile Chlor liefern 373,5 Theile Chlorkalium und nur 122,7 Theile chlorsaures Kali. Dazu braucht man 283,2 Theile Kali (abgesehen vom Wasser). Letztere Zahl folgt sowohl aus der Formel, als auch durch Subtraction des Chlors von der Summe der zu erhaltenden Substanzen. Bei Berechnungen dienen diese beiden Arten der Ausrechnung allemal zur Controlle, wodurch sich zeigen muß, ob kein Fehler in der Aufstellung der Gewichtsmengen der erforderlichen und der erhaltenen Substanzen geschehen ist.

Das chlorsaure Kali scheidet sich, weil es schwer löslich ist, schon während des Durchleitens von Chlor aus der Flüssigkeit ab; es wird nach dem völligen Erkalten abfiltrirt, mehrmals mit kaltem Wasser abgewaschen und aus heißem Wasser umkrystallisirt; dann bleibt das noch anhängende Chlorkalium in der Mutterlauge, von der der letzte Rest zu verwerfen ist.

Die erhaltenen Krystalle von chlorsaurem Kali sind in Fließpapier und zwischen zwei Ziegelsteinen auszupressen und in einer verschlossenen Flasche aufzubewahren. Wir kommen gleich auf die Eigenschaften dieses Salzes zurück.

Aus dem chlorsauren Kali kann man durch ein ziemlich verwickeltes Verfahren die Chlorsäure in Gestalt einer syrupdicken Lösung in Wasser erhalten, die sich nicht weiter concentriren läßt, weil sich die Chlorsäure schon bei 40° zersetzt und sich in zwei Säuren spaltet, nämlich in Ueberchlorsäure, die in der Lösung bleibt, und in chlorige Säure, welche entweicht. Denn

$$2\,ClO_5 = ClO_7 + ClO_3.$$

Die Chlorsäurelösung röthet anfangs das blaue Lackmuspapier, bleicht es aber später wie Chlorwasser.

Nicht allein bei der Erwärmung, sondern auch bei Berührung mit oxydirbaren Körpern zeigt die Chlorsäure eine große Neigung, sich zu zersetzen und namentlich ihren Sauerstoff ganz oder theilweise abzugeben; diese Eigenschaften behält sie auch, obwohl in geringerem Grade, in ihren Verbindungen bei. Das chlorsaure Kali zersetzt sich schon beim Erhitzen unter Abgabe des sämmtlichen darin enthaltenen Sauerstoffes.

Sowohl die Chlorsäure als das Kali verlieren denselben und es bleiben daher nur Chlor und Kalium als Chlorkalium zurück:

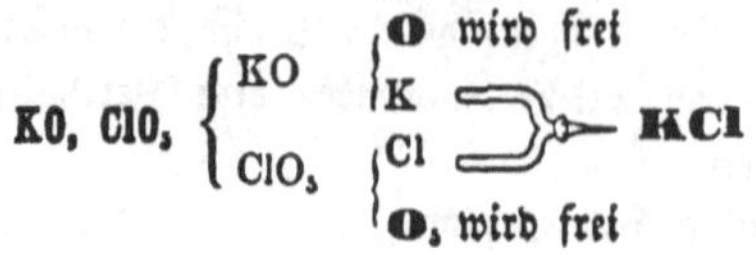

Schreiben wir die Formel des chlorsauren Kali's $KClO_6$, so ist diese Zersetzung noch leichter zu verstehen, indem dann durch Entfernung dieser 6 Sauerstoff nur Chlorkalium entsteht. Diese Zersetzung hast du schon bei der Darstellung des Sauerstoffes kennen gelernt; nur haben wir damals das Salz mit Braunstein vermischt. Nimm etwas von dem eben dargestellten chlorsauren Kali und erhitze es in einer geschlossenen Glasröhre (Reagenzcylinder) (1) zum Schmelzen. Die alsdann beginnende Sauerstoffentwickelung ist auf dem bekannten Wege nachzuweisen und somit die wirkliche Entstehung von chlorsaurem Kali auf die oben angewandte Weise darzuthun. Wenn du mit einer nicht zu kleinen Menge operirst, so wirst du bemerken, daß die anfangs dünnflüssige Masse, nachdem die Gasentwickelung eine Zeit gedauert hat, plötzlich dickflüssig und endlich ganz taigartig wird, wo dann die Gasentwickelung ganz aufhört. Erst beim Erhöhen der Temperatur wird sie wieder dünnflüssig und es beginnt alsdann die Entwickelung des Sauerstoffes wieder. Bemerke einstweilen die Thatsache, die Erklärung gebe ich dir später.

Die Ursache, weshalb ich dich bei der Darstellung des Sauerstoffes das chlorsaure Kali mit dem Braunstein mengen ließ, war nicht etwa die, daß der Braunstein sich ebenfalls zersetzen und Sauerstoff liefern sollte: unter diesen Umständen erleidet er vielmehr keinerlei Veränderung. Allein es wird die Temperatur, bei welcher sich das chlorsaure Kali zersetzen kann, durch die alleinige G e g e n w a r t des Braunsteins sehr bedeutend erniedrigt, so daß dazu nicht einmal Glühhitze erfordert wird; zugleich ist der Strom des entstehenden Sauerstoffes so stark, daß die ganze Zersetzung in äußerst kurzer Zeit vollendet ist, und man hat nicht mit all' den Uebelständen zu kämpfen, die aus dem Taigigwerden des Salzes entstehen, indem nicht einmal eine Schmelzung eintritt. Der Braunstein bleibt dabei so völlig unverändert, daß man, nach vollendeter Zersetzung, das Chlorkalium mit Wasser auslaugen und den zurückbleibenden Braunstein wiederholt benutzen kann, wovon du, wenn du jene Masse noch besitzest, selbst dich zu überzeugen Gelegenheit hast.

Worin aber diese Wirkung des Braunsteins ihren Grund hat, ist uns gänzlich unbekannt; sie gehört zu einer sehr großen Klasse von

(1) Deren du nun gewiß eine Anzahl von etwa 6 — 12 angeschafft haben wirst.

Wirkungen, die sich dadurch characterisiren, daß die Körper, welche sie veranlassen, selbst keinerlei Theil an der vorgehenden Zersetzung oder Thätigkeit nehmen, sondern am Ende des chemischen Processes ganz dieselbe Natur besitzen, wie zu Anfang. Man hat sie mit dem Namen Contactwirkungen oder katalytische Kräfte belegt, ohne dadurch irgend etwas anderes, als eben einen Namen für die Sache gefunden zu haben. Auch noch andere Körper verhalten sich eben so gegen das chlorsaure Kali, so z. B. Kupferoxyd u. s. w.

Um nun die Ueberzeugung zu gewinnen, daß die Chlorsäure auch in ihren Salzen sehr leicht ihren Sauerstoff abgiebt, hast du folgende Experimente entweder mit dem selbst dargestellten, oder mit einigen Loth käuflichem chlorsaurem Kali anzustellen. Dabei aber warne ich dich ein für alle Mal, diese Substanz nur für sich und nie mit anderen zugleich zu pulvern oder zu reiben, und die Mischung mit anderen stets nur mit der Hand oder mit einem Kartenblatte vorzunehmen. Die Nichtbeachtung dieser Maßregel würde die schlimmsten Folgen haben können.

Auf einen Haufen glühender Kohlen wirf etwas chlorsaures Kali; du wirst die Kohlen in dem entwickelten Sauerstoff mit lebhaftem Funkensprühen verbrennen sehen.

Mische etwas fein gepulvertes chlorsaures Kali auf einem Bogen Papier mit nicht ganz eben so viel Schwefelblumen, streue das Gemisch auf einen Ziegelstein und zünde es mit einem glühenden Eisen an; es wird mit einem hellglänzenden Lichte abbrennen.

Ein ähnliches Gemisch, nur mit weniger Schwefel, bereite mit derselben Vorsicht; bringe dann eine starke Messerspitze voll davon in ein Papierstückchen, falte dies wohl zusammen, lege es auf einen Ambos oder einen Stein und schlage aus der gehörigen Entfernung mit dem Hammer darauf: es wird mit einem heftigen Knalle, dessen Stärke von der angewandten Menge abhängt, explodiren. Hast du den Versuch erst mit einer sehr geringen Menge angestellt, so magst du ihn mit größeren Quantitäten wiederholen; du wirst dann selbst ermessen können, was du deinen Ohren zutrauen kannst.

Zuweilen explodirt das Gemisch nur schwach oder gar nicht; dann muß das Verhältniß der beiden Bestandtheile geändert werden; hüte dich aber dabei, es wieder in den Mörser zu bringen! Dieser muß vielmehr sorgfältig gereinigt und der zuzusetzende Körper für sich gepulvert und dann mit der Hand dem Gemenge zugesetzt werden.

Wie gefährlich das Mischen im Mörser wäre, kannst du an folgendem Versuche sehen:

Nimm eine ganz kleine Menge, nur etwa eine Federmesserspitze voll des explodirenden Gemisches und reibe dasselbe, nachdem es auf dem

Boden des Mörsers vertheilt worden, im Mörser hin und her; es werden eine Reihe von kleinen Explosionen entstehen, die heftigem Peitschengeknall gleichen. Wenn der Effect nicht stark genug ist, und auch sich durch starkes Andrücken des Pulvers an die Mörserwandung nicht verstärken läßt, so kannst du wohl noch etwas Mischung zusetzen, mußt sie aber gleich auf den ganzen Boden vertheilen, denn es entstehen sonst leicht so heftige Explosionen, daß du dir Hände und Gesicht verbrennen kannst. Solltest du den Versuch einmal so lange fortsetzen, daß sich der Mörser erhitzte, so ist neues Pulver erst nach dem Erkalten zuzusetzen, weil es sonst heftig explodiren könnte.

Daß alle diese Erscheinungen durch die plötzliche Zersetzung des chlorsauren Kali's und Abgabe des Sauerstoffes an den brennbaren Körper verursacht werden, wirst du wohl selbst erkannt haben. Eben darauf beruht auch folgender Versuch.

In ein etwas Spiritus enthaltendes Schalenstück bringe ein dickes Stückchen chlorsaures Kali, lasse dann in eine an beiden Seiten offene Glasröhre durch Eintauchen in Schwefelsäure und Verschließen des oberen Endes mit dem Finger einige Tropfen dieser Säure eintreten und sie dann wieder durch Lüften des Fingers unmittelbar auf das feste Salz unter den Alkohol ausfließen (Fig. 121); es wird eine lebhafte Zersetzung und in Folge derselben Entzündung des Alkohols stattfinden. In ähnlicher Weise läßt sich ein Gemisch von Zucker und chlorsaurem Kali durch Auftröpfeln der Schwefelsäure entzünden.

Fig. 121.

Endlich kann man auch den Phosphor unter dem Wasser entzünden; ich will dir diesen Versuch aber erst später beschreiben, wenn du zugleich die übrigen Experimente mit diesem Körper anstellen wirst.

Die

Ueberchlorsäure

wird gewöhnlich aus dem überchlorsauren Kali erhalten, welches sich beim Erhitzen des chlorsauren erzeugt. Es ist nämlich dieses Salz, welches die taigige Beschaffenheit der geschmolzenen Masse zu einer gewissen Zeit während der Sauerstoffentwickelung verursacht. Es zersetzt sich das chlorsaure Kali zunächst in Chlorkalium und überchlorsaures Kali, unter Entweichen von nur 4 Atomen Sauerstoff:

$$2\,(KO,\ ClO_5) = KCl + KO,\ ClO_7 + 4\,O;$$

erst bei stärkerem Erhitzen entweichen die übrigen 8 Atome Sauerstoff.

Sowie diese Erscheinung schon die größere Beständigkeit des überchlorsauren Kali's erweist, so zeigt sich auch sonst die Ueberchlorsäure als weit weniger der Zersetzung ausgesetzt. Indessen bietet sie uns kein weiteres Interesse dar. Eine viel wichtigere Oxydationsstufe ist die

unterchlorige Säure,

welche man auf verschiedene Weise, sowohl in Gestalt einer Lösung, als auch in wasserfreiem Zustande als orangenrothes Gas darstellen kann; bei einer Temperatur von — 20° bildet sie eine tief rothe Flüssigkeit. Wir interessiren uns jedoch ebenfalls nicht für die Säure, sondern nur für ihre Salze, und zwar für ihre Verbindung mit Kalk, die wir später noch betrachten werden, und für das

unterchlorigsaure Kali.

Dieses kannst du in demselben Apparate darstellen, der für das chlorsaure Kali gedient hat; zur Beschickung desselben wird nur eine kalte und verdünnte Lösung von Kali oder kohlensaurem Kali genommen, und dieselbe bei dem Einleiten des Chlors bisweilen durch kaltes Wasser abgekühlt. Bei Anwendung von Kali ist die Zersetzung nun folgende:

Ein Atom Kali giebt an ein Atom Chlor den Sauerstoff ab, welches damit die unterchlorige Säure giebt, die mit einem nicht zersetzten Atom Kali zu unterchlorigsaurem Kali zusammentritt. Das aus dem Kali frei gewordene Kalium verbindet sich mit einem anderen Atom Chlor zu Chlorkalium; demnach verstehst du folgendes Schema leicht:

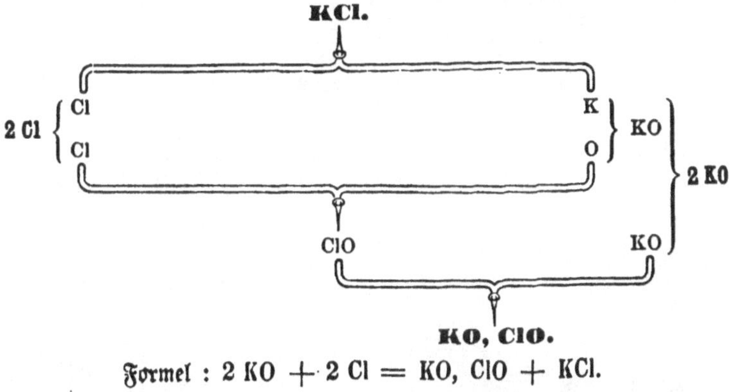

Formel: $2\,KO + 2\,Cl = KO, ClO + KCl.$

Du siehst, daß diese Zersetzung von der, welche bei der Entstehung des chlorsauren Kali's vorgeht, wenig verschieden ist, nur daß sie andere Produkte liefert, was ganz allein durch den Umstand bedingt wird, daß zu der einen Darstellung concentrirte Lösungen und Wärme angewandt werden müssen, während die andere verdünnte Lösungen erfordert und jede Erwärmung sie solchergestalt stört, daß dadurch unvermeidlich das chlorsaure Kali entsteht. Schon aus diesem Grunde kann man die erhaltene Lösung von unterchlorigsaurem Kali nicht concentriren und ist dieses Salz überhaupt nicht in fester Form zu erhalten.

Sowohl das unterchlorigsaure Kali als überhaupt alle Salze dieser Säure haben die Eigenschaft, Pflanzenfarben zu bleichen, wovon du dich in derselben Weise wie früher überzeugen wirst. Wenn wir den Kalk werden kennen gelernt haben, so kommen wir auf diesen Punkt noch näher zurück, indem die Anwendung des unterchlorigsauren Kalkes eine weit wichtigere ist, als die des Kalisalzes, welches den Namen Javelli'scher Lauge trägt und nur im Kleinen zum Reinigen und Fleckentilgen angewandt wird.

Die übrigen Säuren des Chlors bieten theils ein zu geringes Interesse dar, theils ist ihre Darstellung mit zu viel Schwierigkeiten und Gefahr verbunden; wir wollen sie daher ganz mit Stillschweigen übergehen und uns zu denjenigen Stoffen wenden, die ich schon ein paar Mal als dem Chlore sehr ähnlich erwähnt habe, nämlich zu Jod und Brom. An Materialien hast du anzuschaffen:

Eine geringe Menge, etwa ½ Drachme Jod und etwas Jodnatrium (etwa 1 Loth).

35. Brief.

Jod. Eigenschaften. Jodkleister. Jodverbindungen. Jodnatrium. Brom. Gewinnung von Jod und Brom. Aufgaben.

Jod.

Von dem Präparat XXVI im 12. Briefe her wirst du dich noch der äußeren Eigenschaften des Jods erinnern. Ich brauche dich nur auf das damals Gesehene zu verweisen, um dir zu sagen, daß das Jod ein grau metallisch glänzendes Ansehen hat, daß es sich leicht verflüchtigen läßt und dabei ein purpurviolettes Gas darstellt, welches sich an kalten Körpern in Gestalt stark glänzender Krystallblättchen verdichtet. Auch des starken, stechenden Geruchs, der mit dem des Chlors Aehnlichkeit hat, wirst du dich erinnern. Leicht kannst du dich ferner davon überzeugen, daß das Jod die Haut auf einige Zeit gelb färbt, und daß es überhaupt auf organische Körper zerstörend einwirkt, wovon der Korkstöpsel eines Jod enthaltenden Fläschchens sehr bald Zeugniß ablegen wird.

Von der Schwere des Joddampfes wirst du ebenfalls sehr leicht eine Vorstellung erhalten: du brauchst denselben nur, wie schon früher das Chlor, aus einem Glas in das andere zu gießen; selbstredend müssen beide Gläser erwärmt sein. Der Joddampf ist mehr als 8 mal schwerer als die Luft. Das Jod ist schon bei gewöhnlicher Temperatur flüchtig. Das beweist sowohl sein Geruch als auch die Farbe des Stöpsels.

Das Jod ist in Alkohol leicht, in Wasser nur wenig löslich. Eine Lösung in Weingeist wird daher durch Zusatz von Wasser getrübt, indem das gelöst gewesene Jod ausgefällt wird. Etwas Jodlösung (in Alkohol) bewahre als „Jodtinktur“ auf.

Eine sehr merkwürdige Eigenschaft des Jods ist die, daß es mit Stärkekleister eine blaue Verbindung bildet. Bereite eine geringe Menge hiervon durch Kochen von einer Messerspitze voll Mehl mit Wasser, füge nach dem Erkalten ein Paar Tropfen Jodtinktur hinzu: du wirst eine prachtvolle blaue Farbe erscheinen sehen, die bei nur etwas größeren Mengen oder bei starker Concentration fast schwarz erscheint. Diese Farbe erscheint nicht, so lange die Kleisterflüssigkeit noch heiß ist; wenn du daher etwas von der schwarzblauen Verbindung in heißes Wasser gießest, so wirst du sehr überrascht sein, eine völlig farblose Flüssigkeit zu erhalten. Nach dem Erkalten erscheint sie natürlich wieder blau. Man benutzt diese Eigenschaft des Jods zur Nachweisung desselben; ist dasselbe im freien Zustande, so hat sie natürlich keine Schwierigkeiten; ist es jedoch mit anderen Stoffen, namentlich Metallen, verbunden, so wird es von dem Kleister nicht angezeigt. Alsdann muß es erst für sich abgeschieden werden. Die Mittel, wodurch dieses bewirkt wird, sind dieselben, wodurch das Jod im Großen aus seinen Verbindungen gewonnen wird.

Es hat nämlich das Jod, wie ich schon mehrfach angedeutet habe, sehr viel Aehnlichkeit mit dem Chlor, und es gilt dies namentlich von seinen Metallverbindungen, den Jodüren oder Jodmetallen, welche, wie du dich erinnern wirst, zur Klasse der Haloidsalze gehören. Indessen ist die Affinität des Chlors zu den übrigen Körpern stärker, als die des Jods, und es wird daher das Jod aus seinen Verbindungen durch Chlor ausgetrieben und abgeschieden.

In der Natur findet sich das Jod sehr häufig, obwohl stets nur in geringen Mengen und zwar meist als Jodnatrium.

Dieses Salz kommt namentlich in der Asche der Seepflanzen, dem schon mehr erwähnten Kelp, so wie in vielen Salzsoolen vor. Die Mutterlaugen dieser letzteren enthalten oft bedeutende Mengen davon. Daraus wird das Jod durch Einleiten von Chlor abgeschieden. Im Kleinen kannst du dir diesen Proceß dadurch veranschaulichen, daß du in eine Lösung von Jodnatrium etwas Chlorwasser gießest; ist nicht zu viel Wasser zugegen, so wird sich das Jod in feinen Blättchen ausscheiden. Etwas Stärkekleister wird von der Jodnatriumlösung nicht verändert, wenn anders diese Substanz rein war; beim Hinzusetzen von Chlorwasser aber wird sofort die blaue Farbe zum Vorschein kommen.

Auch durch Behandlung von Jodnatrium mit Braunstein und Schwefelsäure erhält man Jod, wie aus dem Chlornatrium das Chlor, und es kann diese Methode auch zur Darstellung des Jods benutzt werden. Mit dem Wasserstoff vereinigt sich das Jod zu Jodwasserstoffsäure, die mit der Salzsäure viel Aehnlichkeit hat; sie kann jedoch aus Jodnatrium durch Erhitzen mit Schwefelsäure nicht erhalten werden, da der Wasserstoff (der eine weit geringere Affinität zum Jod besitzt, als zum Chlor) im Momente der Entstehung des Jodwasserstoffes aus der Schwefelsäure Sauerstoff aufnimmt, sich damit zu Wasser verbindet und das Jod dadurch frei macht. Wenn du etwas Jodnatrium mit Schwefelsäure übergießest, so wirst du dunkelroth-violette Dämpfe von Jod entweichen sehen, und wenn du zu Jodnatriumlösung mit etwas Kleister einige Tropfen Schwefelsäure setzest, so wird, gerade wie bei der Anwendung von Chlorwasser, die blaue Farbe der „Jodstärke" zum Vorschein kommen.

Was von dem Jodnatrium gesagt worden, gilt für das Jodkalium gleichfalls.

Auch mit dem Sauerstoff bildet das Jod Verbindungen, die den entsprechenden des Chlors sehr ähnlich sind.

Das Jod ist ein starkes Gift.

Die Jodverbindungen und das freie Jod finden in der Medicin, ferner in der Daguerreotypie und Photographie, so wie bei einigen chemischen Vorgängen eine häufige Anwendung, doch stets nur in geringer Menge. Das

Brom

steht in allen Beziehungen zwischen Jod und Chlor. Während Chlor ein Gas, Jod ein fester Körper ist, bildet das Brom bei gewöhnlicher Temperatur eine braune Flüssigkeit, die bei — 7° fest wird und bei 63° siedet. Außer dem Quecksilber ist dies der einzige einfache flüssige Körper. Der Geruch des Broms, welches auch bei gewöhnlicher Temperatur schon verdampft, ist sehr scharf, dem des Chlors ähnlich. Es ist giftig und wirkt, auf die Haut gebracht, stark ätzend.

Seine Verbindungen sind denen des Chlors und Jods ähnlich; an Affinität wird es vom Chlor übertroffen, übertrifft jedoch das Jod. Dem entsprechen die Aequivalente: $Cl = 35{,}5$; $Br = 80$; $J = 127{,}1$. Merkwürdig ist, daß das Aequivalent des Broms fast ganz genau in der Mitte steht. Wenn man in eine Lösung von Jod- und Brommetallen Chlor leitet, so wird erst alles Jod abgeschieden und dann erst, wenn gar kein Jodür mehr vorhanden ist, die Brommetalle zersetzt und das Brom frei gemacht. Darauf beruht zum Theil die Darstellung des Broms aus den Mutterlaugen gewisser Salinen, worin es stets mit dem Jod zugleich vorkommt. Die Anwendung des Broms entspricht der des Jods.

Zu dieser Klasse von Körpern gehört noch ein vierter, das Fluor; wir kommen aber erst später auf denselben zurück.

Ehe ich in der Betrachtung der einfachen Stoffe und ihrer Verbindungen weiter fortfahre, will ich, um dich in der Anwendung der chemischen Verbindungsgesetze zu üben und zu befestigen, hier noch ein Paar Uebungsaufgaben folgen lassen, die du zum Muster ähnlicher Berechnungen nehmen magst.

Es sei die Frage zu lösen, wie viel chlorsaures Kali erforderlich ist, um 5 Loth Sauerstoff darzustellen:

Vergegenwärtigen wir uns die Formel dieses Processes, nebst den dabei auftretenden Gewichtsmengen, so wissen wir, daß

$$\underbrace{\underbrace{K\ O}_{\underbrace{39{,}2\ \ 8}_{47{,}2}},\ \underbrace{Cl\ O_5}_{\underbrace{35{,}5\ \ 40}_{75{,}5}}}_{122{,}7.} = \underbrace{K\ Cl}_{74{,}7} + \underbrace{6\ O}_{\underbrace{6\ .\ 8}_{48}}$$

Die untergesetzten Zahlen sind die Atomgewichte oder Aequivalente; wir ersehen daraus, daß man aus 122,7 Gewichtstheilen chlorsaurem Kali 48 Gewichtstheile Sauerstoff erhält; man braucht also

zu 48 Loth Sauerstoff 122,7 Loth chlorsaures Kali

„ 1 „ „ $\frac{122{,}7}{48}$ „ „ „

und folglich „ 5 „ „ $\frac{5\ .\ 122{,}7}{48} = 12{,}78$ Loth chlors. Kali.

Als Nebenprodukt fällt Chlorkalium.

Wie viel?

Frage. Wie viel Braunstein ist erforderlich, um durch Glühen allein 10 Kubikfuß Sauerstoff darzustellen?

Auflösung. Da unsere Aequivalentzahlen nur Gewichte bedeuten, so ist diese Frage nicht unmittelbar zu lösen, sondern wir haben die 10 Kubikfuß erst in Gewichte zu verwandeln, d. h. auszurechnen, wie viel sie wiegen.

1 Kubikfuß Luft wiegt, so lehrt die Erfahrung, $\frac{11}{4}$ Loth; das specifische Gewicht des Sauerstoffes ist 1,1057; es wiegt also 1 Kubikfuß Sauerstoff $\frac{11\ .\ 1{,}1057}{4} = 3{,}0407$ Loth. Die 10 Kubikfuß wiegen also 30,407 Loth. Nun giebt uns die Gleichung der in Rede stehenden Zersetzung

$$\underbrace{3\ \underbrace{MnO_2}_{43{,}6}}_{130{,}8} = Mn_3O_4 + \underbrace{2\,O}_{16}$$

an, daß zu 16 Loth Sauerstoff 130,8 Loth Braunstein erforderlich seien; zu 1 Theil sind also $\frac{130{,}8}{16}$ und zu 30,407 Loth endlich $\frac{30{,}407\ .\ 130{,}8}{16}$ Loth Braunstein nöthig.

Was wird als Nebenprodukt erhalten und wie viel?

Frage. Wie viel Braunstein ist gerade erforderlich, um mit 4 Pfund Salzsäure (als wasserfrei betrachtet) Chlor zu erzeugen? Wie viel Chlor wird erhalten?

Auflösung. Die Formel fordert 1 Aequivalent Braunstein (43,6 Gewichtstheile) auf 2 Aequivalent Salzsäure (73 Theile), denn

$$\underbrace{MnO_2}_{43,6} + \underbrace{2\,\underbrace{HCl}_{36,5}}_{73.} = Cl + MnCl + HO$$

Auf 73 Theile Salzsäure braucht man also 43,6 Theile Braunstein.

Auf 1 Theil Salzsäure braucht man also $\frac{43,6}{73}$ Theile Braunstein.

Auf 4 Pfd. Salzsäure braucht man also $\frac{4\ .\ 43,6}{73}$ Pfd. Braunstein u. s. w.

Die Quantität des erhaltenen Chlors kann auf verschiedene Weise gefunden werden, nämlich wie folgt:

Bei Anwendung von 73 Theilen Salzsäure erhält man 35,5 Chlor.

" " " 1 Theil " " " $\frac{35,5}{73}$ "

" " " 4 Theilen " " " $\frac{4\ .\ 35,5}{73}$ "

u. s. w., oder durch ähnliche Schlüsse aus der eben gefundenen Menge Braunstein.

Die Antwort erfolgt natürlich in Pfunden; wird nach dem Volumen des erzeugten Chlors gefragt, so müssen die gefundenen 1,945 Pfund in Kubikfuß verwandelt werden; dies geschieht folgendermaßen:

1 Kubikfuß Luft wiegt $\frac{11}{4}$ Loth, 1 Kubikfuß Chlor (specifisches Gewicht 2,45) $\frac{2,45\ .\ 11}{4} = 6,737$ Loth.

So oft also 6,737 Loth in den gefundenen 1,945 Pfund enthalten sind, so viel Kubikfuß Chlor sind dies. 1,945 Pfund sind 62,24 Loth, und folglich 9,2 . . Kubikfuß.

Die Menge von Manganchlorür, welche als Nebenprodukt erhalten wird, kann man berechnen:

1) aus der angewandten Salzsäuremenge,
2) aus der angewandten Braunsteinmenge,
3) aus dem erhaltenen Chlor,
4) aus der Differenz zwischen den angewandten Substanzen und dem erhaltenen Chlor und Wasser.

Selbstredend müssen alle vier Methoden dasselbe Resultat geben; die Schlußfolge für die beiden ersten ist genau dieselbe wie in unseren bisherigen Auflösungen.

Ich schließe den Brief; du hast Arbeit genug bis zu meinem nächsten; ich sende dir dann die fehlenden Antworten mit.

An Materialien für die nächsten Experimente bedarfst du:

etwas Zink,

etwas Blei,

4 Loth Bleizucker,

eine größere Menge, etwa 1 Pfund, Salpetersäure,

2 Loth Mennige,

wofür du demnächst zu sorgen hast, wenn du nicht noch von früheren Versuchen das eine oder andere in hinreichender Menge übrig hast.

36. Brief.

Zink; Verweisung auf das früher darüber Vorgekommene; Eigenschaften; Zinkoxyd. Zersetzung des Wassers; Zinkoxydhydrat. Ausfällen desselben. — Blei; Verweisung auf die Darstellung des Bleibaums; Eigenschaften und Oxyde des Blei's, Darstellung derselben. Antworten und Aufgaben.

Wir haben in dem Vorhergehenden schon öfter von dem

Zink

gesprochen, und die Leichtigkeit, mit welcher es den Wasserstoff aus dem Wasser verdrängen kann, ist wirklich ein Grund, seine Eigenschaften in nicht allzu großer Entfernung von diesem Körper zu betrachten. Du weißt schon, daß diese Verdrängung sowohl aus der Schwefelsäure, wie aus der Salzsäure geschieht. Aus der Menge Wasserstoff, die durch eine gewogene Menge Zink aus der einen oder anderen dieser Säuren frei gemacht wird, kann man das Aequivalent des Zinks bestimmen; man hat es zu 32,6 gefunden.

Du weißt ferner schon, daß das Zink schmelzbar ist, und wie man es zum Behufe seiner Verwendung zur Wasserstoffdarstellung körnt. Reines Zink ist bläulich-weiß, und zeigt auf dem Bruch große glänzende Krystallblätter. Es ist bei gewöhnlicher Temperatur brüchig, wird in einer 100° etwas übersteigenden Hitze so dehnbar, daß es sich leicht zu Platten und Blech auswalzen läßt, bei einer Temperatur von 200° aber wird es so spröde, daß man es in einem auf diese Temperatur erhitzten Mörser pulvern kann. Diese Versuche lassen sich in kleinem Maßstabe und ohne andere Hülfsmittel, als dir zu Gebote stehen, nicht wohl anstellen und ich beschränke mich daher darauf, dir die Thatsachen einfach mitzutheilen.

Von dem Verhalten des Zinks in höherer Temperatur kannst du dir durch Erhitzen desselben in einem Tiegel im Schmelzofen leicht eine Anschauung verschaffen. Es schmilzt in der Rothglühhitze und geht bei noch stärkerem Erhitzen in Dampfform über; die Dämpfe aber verbrennen an der Luft mit bläulicher Flamme und es bildet sich nichtflüchtiges, weißes Zinkoxyd. Wenn du zu dem Versuche einen geräumigen Tiegel wählst und denselben schief in's Feuer stellst, so kannst du größere Mengen des Oxyds, welches in Flocken sich in der Luft verbreitet, an den Tiegelwänden sammeln; die alten Chemiker nannten es lana philosophica. Du wirst bemerken, daß das Zinkoxyd in der Hitze gelb erscheint, nach dem Erkalten aber schneeweiß ist. Es wird in ähnlicher Weise im Großen dargestellt, um als Anstreichefarbe statt des giftigen Bleiweißes benutzt zu werden (Zinkweiß). Natürlich sind die Vorrichtungen zum Verflüchtigen des Zinks, zum Verbrennen des Dampfes und zum Aufsammeln des Oxydes viel vollkommener als bei dem so eben angestellten Versuche, welcher nur eine geringe Menge liefert. Daß das Zinkoxyd nicht flüchtig ist, erkennst du daran, daß es sich sonst nicht in dem glühenden Tiegel und unmittelbar nach dem Verbrennen, ja selbst als Ueberzug des geschmolzenen Zinks zeigen würde. Durch Bestimmung derjenigen Menge Zink, welche im Zinkoxyd mit 8 Gewichtstheilen Sauerstoff verbunden ist, erhält man ebenfalls das Atomgewicht des Zinks.

Das Zink oxydirt sich auch bei gewöhnlicher Temperatur; es überzieht sich mit einem grauen Häutchen, welches man als ein Unteroxyd — Suboxyd — des Zinks betrachtet, weil es weniger Sauerstoff als das Oxyd enthält, und das so dicht ist, daß es die untere Metallschichte vor Oxydation schützt. Es wird deshalb das Zink vielfach angewandt zum Decken der Häuser und zu mancherlei Geräthen, die der Einwirkung von Luft und Feuchtigkeit ausgesetzt sind; doch darf man es nicht zu Speisegeräthen brauchen, da es sich bei Gegenwart von Säuren sehr leicht oxydirt und giftige Salze liefert.

Das Zink ist sehr electro-positiv und wird in Berührung mit den meisten anderen Metallen noch viel electro-positiver; deshalb oxydirt sich Zink, welches mit Eisen in Berührung ist, vorzugsweise rasch und verhindert dadurch, daß es den Sauerstoff für sich in Anspruch nimmt, die Oxydation des Eisens, doch findet seine eigene Oxydation nur an der Oberfläche statt, es sei denn, daß irgend welche mechanische Ursachen das gebildete Häutchen immer wieder entfernten.

Auch bei Gegenwart von Kali (oder Natron) zersetzt das Zink das Wasser; es findet diese Zersetzung jedoch erst in der Siedehitze statt; das gebildete Oxyd löst sich in dem Kali auf, mit welchem es eine lösliche Verbindung bildet, deren Entstehung natürlich auch so zu erklären ist, daß in KO, HO, das H durch Zn vertreten wird.

Den Versuch kannst du mit etwas Zinkfeile leicht anstellen, die in einer Retorte mit Kalilösung gekocht, Wasserstoff entwickelt, welcher über Wasser in der pneumatischen Wanne aufgefangen sich leicht an seinen Eigenschaften, wie du weißt, erkennen läßt.

Bringt man das Zink mit Eisen in Berührung, so geht diese Wasserstoffentwickelung schon bei gewöhnlicher Temperatur vor sich, was du am leichtesten durch Uebergießen von Zink- und Eisenfeile mit Kalilösung erkennen wirst. Das Zinkoxydkali aus der Lösung abzuscheiden, ist mit Schwierigkeiten verbunden, weshalb du hier den Versuch abschließen magst.

Zink mit Salzsäure übergossen giebt Chlorzink, ZnCl, in Lösung. Dampft man diese ein, so geht das Wasser unter allmäliger Steigerung des Siedepunktes theilweise in Dampfgestalt fort und man erhält endlich eine Masse, die kein Wasser mehr verliert, sondern sich unverändert von 250° an bis zur Zersetzung erhitzen läßt, die mit der Glühhitze eintritt und als deren Produkt Salzsäure entweicht, während Zinkoxyd sich bildet und zu dem noch unzersetzten Zinkchlorür tritt, um damit eine Verbindung zu bilden. Diese besteht also aus dem Chlorzink + der Basis Zinkoxyd und heißt deshalb basisches Zinkchlorür. Den Umstand, daß das Zinkchlorür sich in so hohen Temperaturen unverändert erhitzen läßt, benutzt man, um andere Körper längere Zeit bestimmten hohen Hitzegraden auszusetzen.

Außerdem erfährt das Chlorzink eine Anwendung im Großen, indem es zum Tränken des Holzes angewandt wird, welches dadurch lange Zeit vor Fäulniß bewahrt wird.

Hast du nicht von früheren Versuchen her noch etwas Chlorzink in Lösung, so bereite ein wenig davon und setze dazu etwas Kalilösung. Du wirst einen weißen Niederschlag erhalten; dieser rührt von der Vertretung des Zinks durch das Kalium her, indem Chlorkalium und Zinkoxydhydrat entsteht; letzteres fällt als unlöslich aus:

$$KO, HO + ZnCl = ZnO, HO + KCl.$$

Eine solche Vertretung läßt sich durch ein Schema nur schlecht darstellen:

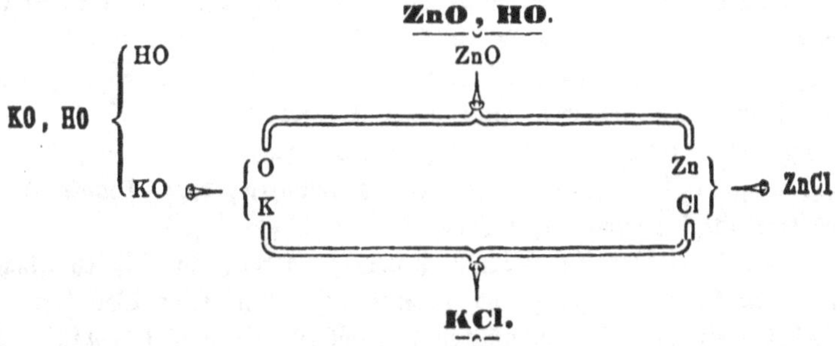

Da das Zinkchlorür in seiner Lösung auch als salzsaures Zinkoxyd betrachtet werden kann, so kann man auch die Zersetzung so denken, als ob die stärkere Basis — das Kali — die schwächere aus ihrer

Verbindung austreibe, und diese unter Aufnahme von Wasser ausgefällt werde.

$$\left.\begin{array}{l} ZnO, HCl \left\{\begin{array}{l} ZnO \ldots\ldots\ldots \\ HCl \end{array}\right. \\ KO, HO \left\{\begin{array}{l} KO \\ HO \ldots\ldots\ldots \end{array}\right. \end{array}\right. \quad \left.\begin{array}{l} HCl \\ KO \end{array}\right\} \underbrace{KO, HCl = KCl + HO} \quad \left.\right\} \underbrace{ZnO, HO}$$

Setze zu dem Niederschlag noch etwas mehr Kali, so wirst du ihn verschwinden sehen: das Kali bildet ja, wie wir wissen, eine lösliche Verbindung mit dem Zinkoxyd. Wie das Chlorzink verhalten sich sämmtliche (lösliche) Zinkoxydsalze.

Die Darstellung des Chromoxydhydrats (S. 37 des ersten Theils) beruhte auf demselben Principe der Ausfällung einer Basis durch eine stärkere; das Ammoniak wirkte in ähnlicher Weise wie das Kali; auch für das Zink können wir Ammoniak anwenden, doch kann ich, da du das Ammoniak noch nicht näher kennst, hier keine Erklärung dafür geben. Hast du den Niederschlag des Zinkoxydhydrats wieder aufgelöst, so kannst du ihn durch Zusatz von einer Zinkchlorürlösung wieder hervorrufen; filtrire ihn ab, wasche ihn gut aus und glühe ihn — das Produkt ist Zinkoxyd.

Mittelst Zink hast du (Präp. XVI) aus dem essigsauren Bleioxyd reines

Blei

dargestellt. Du wirst dich noch erinnern, daß wir darin ein Mittel gesehen haben, das Aequivalent (oder Atomgewicht) des Bleies zu bestimmen. Wir nahmen damals anscheinend willkürlich das des Zinks zu $32\frac{3}{5}$ an; du weißt jetzt, weshalb ich gerade diese Zahl wählte; dann weißt du auch, daß wir unter dieser Voraussetzung für Blei, dessen Zeichen Pb (plumbum) ist, 103,7 gefunden haben. Auch wirst du dich des krystallinischen Ansehens des Bleies erinnern; daran knüpfe ich die weitere Beschreibung dieses Metalls.

Das Blei hat eine bläulich-grauweiße Farbe, auf frischen Flächen einen starken Metallglanz und zeichnet sich durch seine Weichheit und Dehnbarkeit aus; sein specifisches Gewicht ist sehr groß (11,445). An der Luft überzieht es sich mit einem grauen Häutchen, welches aus Suboxyd Pb_2O besteht und die weitere Einwirkung der Luft verhindert. Das Blei schmilzt schon bei 325°; es bedeckt sich dabei zuerst mit einer grauen Haut von Bleisuboxyd, die sich aber bei erhöhter Temperatur und hinreichendem Luftzutritt in Bleioxyd verwandelt. Der Versuch ist leicht anzustellen: Etwas Blei wird in einem geneigt stehenden Porzellantiegel geschmolzen und auf das stark erhitzte Metall mit einer langen Röhre oder einem Blasebalg Luft geblasen. Ist die Temperatur dabei hoch genug, so schmilzt das Bleioxyd und erstarrt dann beim Erkalten zu einer gelblichen oder röthlichen, leicht zerreiblichen Masse; war das Bleioxyd aber nicht geschmolzen, so stellt es ein gelbes Pulver dar; das geschmolzene wie das nicht geschmolzene Bleioxyd wird im Großen dargestellt und kommt im Handel vor, ersteres unter dem Namen Glätte, letzteres unter dem Namen Massicot. Es wird dir leicht gelingen, es unter beiderlei Gestalt zu erhalten; es ist aber meist mit etwas Blei gemengt; das Trennen von demselben lohnt nicht der Mühe, da wir es noch auf anderen Wegen darstellen lernen werden. Bei der Oxydation des Bleies verbinden sich 103,7 Theile mit 8 Theilen Sauerstoff, daher ist die Formel des Oxydes PbO.

In Berührung mit Luft und Wasser überzieht sich das Blei bald mit weißem Bleioxydhydrat, welches im Wasser etwas löslich ist. Da alle Bleisalze giftig sind, so sind also bleierne Wasserleitungen immer gefährlich. Allerdings giebt es Umstände, die namentlich bei sehr hartem Wasser und bei großen Wassermengen eintreten, unter denen diese Gefahr verschwindend ist; auf die nähere Erörterung dieser Verhältnisse kann ich jedoch hier nicht eingehen.

Die Anwendung des Bleies ist eine sehr vielfältige; ich erwähne nur die zur Bedachung von Gebäuden, zu Siedepfannen und anderen Geräthen in chemischen Fabriken, zu Röhren aller Art und zu einer großen Zahl von Präparaten, die wir nach und nach kennen lernen werden. Es beruht diese Anwendung des Metalls auf dem großen Widerstande, den das Blei der Einwirkung der Luft und der meisten Säuren entgegensetzt. Wir werden dies noch nach und nach erfahren.

Außer den beiden angeführten Oxyden bildet das Blei auch ein Superoxyd PbO_2, dessen Darstellung ich dich bitte vorzunehmen, da sie ein recht interessantes Beispiel von der Wirkungsweise des Chlors bildet. Vermische 4 Theile Bleizucker (in Lösung) mit der Lösung von $3\frac{1}{2}$ Theilen krystallisirter Soda; es wird durch die Ausfällung von kohlensaurem Bleioxyd eine weiße breiige Masse entstehen. Nun stelle unter Befolgung aller meiner früheren desfallsigen Vorschriften einen Chlorentwickelungsapparat her, leite das unter Anwendung von Kochsalz entwickelte Chlor erst durch eine Waschflasche mit Wasser und dann in ein cylindrisches Gefäß mit der erwähnten Mischung. Du wirst nach einiger Zeit einen braunen Niederschlag entstehen sehen, der nach und nach zunimmt, so daß endlich der weiße ganz verschwunden ist. Der braune

Niederschlag ist Bleisuperoxyd. Das Chlor verbindet sich nämlich mit dem Natrium des Natrons und macht daher den Sauerstoff frei, der sich zum Bleioxyd begiebt und sich damit zu Bleisuperoxyd vereinigt. Es wirkt also das Chlor mittelbar oxydirend. Natürlich muß die Kohlensäure frei werden und entweichen; das gebildete Chlornatrium kommt neben der frei gewordenen Essigsäure in Lösung.

Man pflegt indessen das Bleisuperoxyd auch auf andere Weise aus einer Verbindung desselben mit dem Bleioxyd darzustellen, welche den Namen Mennige trägt.

Wenn man das Bleioxyd bei einer gewissen Temperatur der Berührung mit Luft längere Zeit hindurch aussetzt, so nimmt es Sauerstoff auf und verwandelt sich in Mennige. Der Versuch läßt sich im Kleinen nicht gut ausführen, weil die Mennige in etwas höherer Temperatur schon wieder Sauerstoff abgiebt und sich wieder in Bleioxyd verwandelt. Die Mennige zeigt nicht immer dieselbe Zusammensetzung, weshalb sie keine einfache Verbindung von Blei mit Sauerstoff sein kann. Man kann sie als eine Verbindung von Bleioxyd mit Bleisuperoxyd betrachten und da sie meistens der Formel Pb_4O_5 entspricht, als $3 PbO + PbO_2$ ansehen. Sie findet sich im Handel unter der Form eines rothen Pulvers, welches als Malerfarbe dient. Nimm einige Loth davon, koche sie mit Salpetersäure wiederholt aus und wasche den Rückstand mit kochendem Wasser. Du wirst ein braunes Pulver erhalten, das aus Bleisuperoxyd besteht, während sich aus der klaren Lösung nach dem Abdampfen Krystalle von salpetersaurem Bleioxyd abscheiden. Es spricht dieser Versuch, den du anzustellen nicht versäumen darfst, sehr für die Richtigkeit der oben ausgesprochenen Ansicht über die Zusammensetzung der Mennige.

Von dem Bleioxyd wirst du zu einem in meinem nächsten Briefe zu beschreibenden Versuche eine kleine Quantität in folgender Weise darzustellen haben.

Erhitze nämlich etwas Bleiweiß, welches du vor nicht langer Zeit (Präp. XLIV) dargestellt hast, im Porzellantiegel zum Glühen; es entweicht dann die Kohlensäure und etwas Wasser, und es bleibt das Oxyd rein zurück.

Zum Schluß dieses Briefes gebe ich dir die Antworten für die nicht gelösten Aufgaben des letzten Briefes.

1) 7,78 Loth Chlorkalium,

2) 218,17 Loth Manganoxydoxydul,

3) 3,4 Loth Manganchlorür.

Endlich lasse ich noch einige Aufgaben zur selbstständigen Lösung folgen:

1) Wie viel Blei ist zu oxydiren, um a) 111,7 Loth, b) 1 Centner Bleiglätte zu erhalten?

2) Wie viel Sauerstoff muß eine gewisse Menge Bleioxyd aufgenommen haben, wenn a) 28 Pfund 6$\frac{3}{4}$ Unzen, b) 100 Kilogr. Mennige gebildet worden sind?
3) Wie viel Mennige ist erforderlich zur Darstellung von a) 119,7 Loth, b) 5 Pfund Bleihyperoxyd.

Fig. 122.

Zu den im nächsten Briefe vorkommenden Versuchen lasse dir von einem Barometermacher ein Paar Kugelröhren (Fig. 122) mit einem Kugeldurchmesser von etwa 1″ verfertigen. Handlungen chemischer Geräthschaften liefern sie zu 3 Sgr. das Stück.

37. Brief.

Stelle folgenden Apparat zusammen:

Fig. 123.

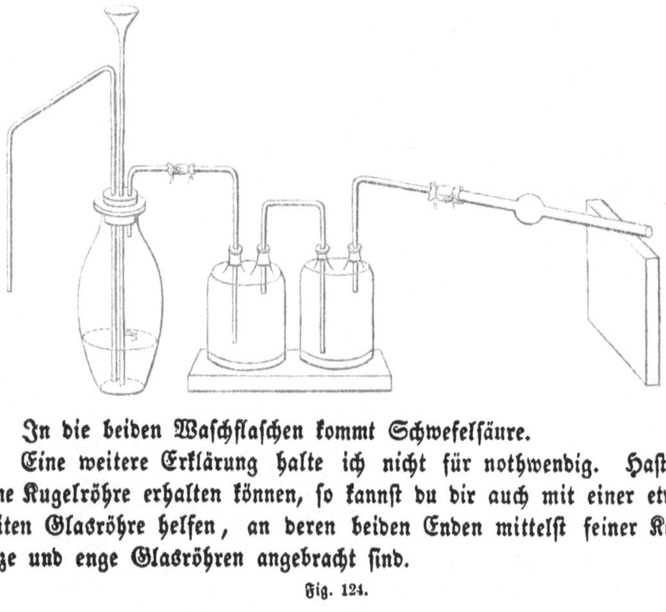

In die beiden Waschflaschen kommt Schwefelsäure.

Eine weitere Erklärung halte ich nicht für nothwendig. Hast du keine Kugelröhre erhalten können, so kannst du dir auch mit einer etwas weiten Glasröhre helfen, an deren beiden Enden mittelst feiner Korke kurze und enge Glasröhren angebracht sind.

Fig. 124.

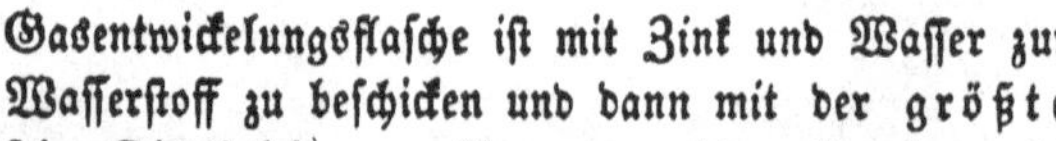

Die Gasentwickelungsflasche ist mit Zink und Wasser zur Entwickelung von Wasserstoff zu beschicken und dann mit der größten Sorgfalt auf seine Dichtigkeit zu prüfen, zu welchem Zwecke an seinen Enden eine Kautschukröhre mit gebogenem Glasrohr, die in ein Schälchen mit Wasser taucht, anzubringen, und dann die Gasentwickelungsflasche mit der Hand zu erwärmen ist, u. s. w.

Nun bringe in die Kugelröhre etwas Bleioxyd, verbinde sie wieder mit dem Apparate und gieße etwas Schwefelsäure zum Zink, um die Gasentwickelung einzuleiten. Lasse sie fortdauern, bis du sicher bist, daß alle atmosphärische Luft aus dem ganzen Apparat entfernt und durch Wasserstoff ersetzt ist. Dieses wirst du wenigstens annähernd daran erkennen können, daß die Gasblasen, welche aus dem vorhin angeführten Ableitungsrohr über dem Wasser in dem eben angeführten Schälchen entweichen, beim Anzünden ohne Knall mit ruhiger Flamme abbrennen. Geschieht dies, so kannst du ruhig sein, daß alle Luft entfernt ist. Dann erhitze mit der kleinen Spirituslampe gelinde die Stelle, wo das Bleioxyd befindlich ist; du wirst alsobald an den kälteren Theilen der Röhre sich Wasser verdichten sehen. Damit dieses sich nicht ansammele, zurückfließe und die Röhre sprenge, erhitzt man auch den äußersten Theil derselben zweckmäßig mit derselben Lampe; dabei entzündet sich der Wasserstoff und wenn der Apparat noch Luft enthielte, würde er Gefahr laufen zersprengt zu werden, weshalb man bei der Dichtigkeitsprobe nicht vorsichtig, beim Warten mit dem Erhitzen nicht geduldig genug sein kann.

Die Wasserstoffentwickelung und das Erhitzen des Bleioxyds wirst du so lange fortzusetzen haben, bis du metallische Kügelchen in diesem letzteren erscheinen siehst, oder wenn du willst, bis alles in Blei umgewandelt worden. Der dabei stattfindende Vorgang ist sehr einfach und dir gewiß schon lange deutlich: der Wasserstoff entzieht dem Bleioxyd seinen Sauerstoff und bildet damit Wasser, welches gasförmig entweicht, während das metallische Blei zurückbleibt. Dieser Vorgang der Zurückführung eines Oxyds in ein Metall (oder in anderen Fällen auch in eine niedrigere Oxydationsstufe) nennt man Reduction. Als reducirende Körper sind natürlich diejenigen besonders wirksam, die sich durch eine starke Affinität zum Sauerstoff auszeichnen, und der Wasserstoff wird deshalb unter den Reductionsmitteln eine Hauptstelle einnehmen.

Auf die Menge des gebildeten Wassers im Vergleich mit der angewandten Menge Bleioxyd und dem verbrauchten Wasserstoff brauche ich dich wohl kaum aufmerksam zu machen; nur so viel will ich bemerken, daß man diesen Vorgang benutzen kann, um daraus die Zusammensetzung des Wassers zu ermitteln. Wenn man nämlich das Gewicht des angewandten Bleioxydes und des erhaltenen Bleies kennt, so ergiebt der Unterschied dasjenige des im Wasser enthaltenen Sauerstoffes; wird dann ferner der Apparat so eingerichtet, daß man das gebildete Wasser vollständig sammeln und wägen kann, so ergiebt der Unterschied zwischen dessen Gewicht und dem des Sauerstoffes dasjenige des hinzugetretenen Wasserstoffes. Es wird sich das Verhältniß von 8 Theilen Sauerstoff auf 1 Theil Wasserstoff herausstellen müssen.

Sehr viele Metalloxyde werden eben so reducirt, so z. B., wie du nächstens sehen wirst, das Oxyd des Eisens.

Chlorblei.

In einem kleinen Kolben mit Gasleitungsrohr erhitze etwas Bleiabfälle oder Bleifeile mit Salzsäure zum Kochen. Das entweichende Gas leite in ein Gefäß mit Wasser; es wird sich durch seine Brennbarkeit als Wasserstoff ausweisen; wenn kein Gas mehr kommt, so ist die Röhre aus dem Wasser und der Apparat auseinander zu nehmen und die heiße Lösung von dem rückständigen Blei abzugießen. Du wirst bemerken, daß dieselbe sofort während des Erkaltens einen weißen krystallinischen Niederschlag fallen läßt; wenn sich derselbe nach dem gänzlichen Erkalten gut abgesetzt hat, so gieße die überstehende Flüssigkeit ab und wasche den krystallinischen Rückstand mit einigen Tropfen kalten Wassers ab; er besteht aus Chlorblei. Du siehst hieraus, daß dieses in der Hitze leichter löslich ist als in der Kälte, und wenn du versuchst, es jetzt ganz aufzulösen, so wirst du finden, daß du dazu sehr viel kaltes Wasser nöthig hast, daß das Chlorblei also in der Kälte sehr schwer löslich ist; natürlich ist zu diesem, wie zu allen derartigen Versuchen Regenwasser (oder destillirtes Wasser) zu nehmen, da das Brunnenwasser Stoffe enthält, die mit den Bleilösungen Niederschläge geben.

Nun stelle dir, wenn du von früherher keine Lösung von essigsaurem Bleioxyd mehr haben solltest, eine solche in derselben Weise wie damals her und bringe in dieselbe etwas Salzsäure; du wirst sofort einen weißen krystallinischen Niederschlag entstehen sehen, der aus Chlorblei besteht, indem sich dieses in der Mischung bildet und so schwer löslich ist, daß es in der vorhandenen Wassermenge nicht aufgelöst bleiben kann und größtentheils ausgefällt wird; nur so viel bleibt in Lösung, wie das vorhandene Wasser lösen kann. Die Gleichung, welche diese Zersetzung ausdrückt, ist, wenn ich Essigsäure mit $\bar{A}$ bezeichne:

$$PbO, \bar{A} + HCl = PbCl + HO + \bar{A}.$$

In eine kleine Menge der ursprünglichen Lösung von essigsaurem Bleioxyd gieße etwa die 10fache Menge Wasser und setze darauf Salzsäure zu; es wird kein Niederschlag entstehen. Warum nicht? Weil nunmehr das vorhandene Wasser zur Lösung des Chlorbleies ausreicht.

Schwer lösliche Körper werden also dann nicht ausgefällt, wenn sie in hinreichend *verdünnten* Lösungen entstehen und Niederschläge schwer löslicher Substanzen entstehen nur in concentrirten Lösungen. Der nothwendige Concentrationsgrad hängt natürlich von dem Grad der Schwerlöslichkeit ab. Sowohl in der Lösung des essigsauren Bleioxyds wie in der des Chlorbleies wirst du durch Kalilösung einen Niederschlag erhalten; derselbe ist dem entsprechenden der Zinksalze ähnlich zusammengesetzt und besteht aus Bleioxydhydrat. Er ist wie jener im Ueberschusse löslich, doch weit schwieriger, und du wirst es schon deswegen nicht gut dir veranschaulichen können, weil das kaustische Kali nur selten rein ist.

Aus dem Bleioxydhydrat kann man natürlich durch Glühen Bleioxyd erhalten.

Wir kommen später noch auf die Verbindungen des Bleies und des Bleioxyds mit denjenigen Körpern zurück, die du noch nicht näher kennst, und wenden uns nun zum

Eisen.

In demselben Apparate, in welchem du das Bleioxyd reducirt hast, wirst du zunächst auch das Eisenoxyd zu reduciren haben, wovon du (Präp. XL) früher eine hinreichende Menge bereitet haben wirst. Vorher wird der Wasserstoffapparat durch seine Entleerungsröhre mittelst Zudrückens der ersten Kautschukröhre ausgeleert und dann frisches Wasser und Schwefelsäure zugesetzt, worauf die Erhitzung des Eisenoxyds in kurzer Zeit beginnen darf. Dieselbe wirst du aber nur mäßig vornehmen, da sich das Eisenoxyd schon in niederer Temperatur reduciren läßt. Wenn kein Wasser mehr kommt, so ist so lange die Erhitzung zu unterbrechen, bis das Ende der Röhre kalt geworden ist, und dann das Eisenoxyd etwas stärker zu erhitzen; setzt sich dann wieder Wasser an, so muß die Erhitzung wieder eine Zeit lang fortgesetzt werden, was so oft zu wiederholen ist, bis sich an der erkalteten Röhre auch kein Anflug von Wasser mehr zeigt. Dann ist die Wasserstoffflamme auszulöschen und die Kugelröhre auszulösen. Sie enthält nunmehr schwarzes, pulveriges Eisen; versuche es, dasselbe in ein anderes Gefäß zu schütten: es wird, namentlich wenn es etwas hoch durch die Luft fällt, schon bei gewöhnlicher Temperatur mit hellem Funkensprühen verbrennen und wieder zu dem braunrothen Oxyde werden, welches du zur Reduction gebraucht hast. Diese große Affinität des Eisens zum Sauerstoff ist die Ursache, weshalb man dasselbe in dem pulverförmigen Zustande, in welchem man es durch Reduction erhält, nicht aufbewahren und kaum seine Eigenschaften studiren kann. Bei größerer Hitze sintert es zwar etwas zusammen und wird weniger leicht oxydirbar, allein es bietet dann nicht das praktische Interesse dar, weil es nur auf großen Umwegen in diesem Zustande zu erhalten ist. Reines Eisen besitzt eine fast silberweiße Farbe, einen schuppigen, zuweilen krystallinischen Bruch und ist sehr politurfähig. Es ist weicher als gewöhnliches Schmiedeeisen, auch hämmerbarer, aber weniger fest als dasselbe. Es ist entweder unschmelzbar, oder doch so schwer schmelzbar, daß es als unschmelzbar betrachtet werden kann.

Das Eisen, welches im gewöhnlichen Leben angewendet wird, ist kein reines Eisen, sondern enthält Kohle in verschiedenen Mengen; wir werden sowohl die Darstellung als die verschiedenen Eigenschaften der einzelnen Eisenarten später betrachten, wenn du besser im Stande sein wirst, dem dabei vorkommenden etwas verwickelten Processe zu folgen. Die chemischen Eigenschaften des Eisens sind mit denen des meisten Schmiedeeisens so gut wie identisch, wenn es auch seine physikalischen nicht sind, und mit diesen haben wir uns zunächst zu beschäftigen. Es wird also das Folgende für das reinste Eisen gelten, welches wir praktisch kennen, und das wir in Gestalt von feinem Klavierdraht erhalten und anwenden werden.

Mit dem Sauerstoff bildet das Eisen drei Verbindungen, die eine, das Eisenoxyd, kennst du schon; eine andere enthält weniger Sauerstoff und heißt Eisenoxydul, die dritte, von geringer Wichtigkeit, enthält mehr Sauerstoff und heißt Eisensäure. Wenn Eisen mit Schwefelsäure behandelt wird, so wird 1 Gewichtstheil Wasserstoff von 28 Theilen Eisen vertreten und es entsteht also eine Verbindung von 28 Theilen Eisen mit 8 Theilen Sauerstoff, oder

$$FeO;$$

sie heißt Eisenoxydul; in der zweiten sind 28 Eisen mit 12 Sauerstoff verbunden, oder 2 . 28 Eisen mit 3 . 8 Sauerstoff; es ist diese das dir schon bekannte Eisenoxyd

$$Fe_2O_3;$$

die dritte, die Eisensäure, hat die Formel

$$FeO_3.$$

Wenn man das Eisen an trockener Luft oder in luftfreiem Wasser auch noch so lange liegen läßt, so verändert es sich nicht; mit Luft und Wasser oder Feuchtigkeit aber gleichzeitig in Berührung überzieht es sich mit Rost, d. h. mit Eisenoxydhydrat. Hat das Rosten einmal begonnen, so geht es viel schneller weiter, weil das Eisen in Bezug auf den Rost sehr electropositiv ist und mit demselben ein galvanisches Element bildet, wodurch es den Sauerstoff mit größerer Gewalt anzieht. Verhindert wird das Rosten durch die Gegenwart von kohlensaurem Kali oder Natron, so wie durch einen Ueberzug mit Stoffen, die noch leichter Sauerstoff anziehen, als Eisen, wie Kohle, Zink. Befördert wird das Rosten durch Gegenwart von Säuren, Chlormetallen (Kochsalz) und durch Metalle, die in Bezug auf Eisen electronegativ sind, wie z. B. das Zinn. Zum Rothglühen erhitzt, bedeckt sich das Eisen mit einer schwarzen Oxydhaut, die beim Schlagen mit dem Hammer abspringt (Hammerschlag); sie besteht aus einer Verbindung von Eisenoxydul und

Eisenoxyd in wechselnden Verhältnissen; eine solche Verbindung entsteht auch, wenn man Wasserdampf über glühendes Eisen leitet, wobei alsdann Wasserstoff erhalten wird. Dieser sehr lehrreiche Versuch ist in dem Falle nicht schwer anzustellen, wo man einen Flintenlauf und einen Ofen, um denselben glühend zu machen, zur Disposition hat. Ich will ihn aber nicht näher beschreiben, da die dabei zu beobachtenden Vorsichtsmaßregeln eine weitläufige Auseinandersetzung erfordern, und du weiter nichts sehen würdest, als eine mit großem Aufwande bewirkte Wasserstoffentwickelung. Merke dir indeß die interessante Thatsache, daß das metallische Eisen dem Wasserdampf den Sauerstoff entzieht und Wasserstoff frei macht, während der Wasserstoff dem Eisenoxyd den Sauerstoff entzieht und so Wasser und Eisen entstehen. Freilich treffen wir in beiden Fällen nicht dieselben Oxyde an.

Du weißt schon, daß Eisen mit Schwefelsäure schwefelsaures Eisenoxydul bildet; du wirst wohl von den Krystallen (Präp. XXXVIII) noch einige übrig haben, sonst stelle von neuem etwas dar, beeile die Arbeit so, daß die Luft mit der Lösung möglichst wenig in Berührung kommt und erhitze von den erhaltenen Krystallen einige in einem Porzellantiegel; du wirst Wasserdampf entweichen und die Krystalle sich entfärben sehen. Wenn du sie nach dem Erkalten mit Wasser befeuchtest, so wird die Masse wieder blaugrün, wobei eine eintretende Erhitzung erkennen läßt, daß das Wasser in chemische Verbindung mit dem Eisensalze tritt. Dieses enthält demnach Krystallwasser, und zwar in jedem Aequivalent Eisenvitriol 7 Aequivalente Wasser.

Einen Theil der Mutterlauge lasse an der Luft stehen, in einen anderen bringe einige Tropfen Kalilösung. Es wird sich ein graulichblauer Niederschlag ausscheiden, der aus Eisenoxydulhydrat besteht, das schon im Moment seiner Entstehung Sauerstoff aufgenommen und sich theilweise in Oxyduloxydhydrat verwandelt hat. Reines Oxydulhydrat ist weiß; wenn du es erhalten willst, so mußt du einen noch unveränderten, möglichst blauen Krystall aussuchen, denselben in vorher ausgekochtem Wasser auflösen, das Kali ebenfalls in ausgekochtem Wasser lösen, und vor dem Vermischen der beiden Lösungen zu der ersteren etwas von der Lösung der schwefligen Säure, die du von Präp. XLVI her noch haben wirst, zusetzen. Beim Vermischen der etwas verdünnten Lösungen wirst du dann einen weißen Niederschlag erhalten (alle diese Operationen führst du am besten in Reagircylindern aus, welche die Anwendung kleiner Quantitäten der Substanzen gestatten und sich leicht in der Weingeistflamme erhitzen lassen); dieser besteht im Augenblicke des Entstehens aus Eisenoxydulhydrat, oxydirt sich aber sehr schnell und wird, wie oben gesagt, erst blaugrau und endlich, indem er sich ganz in Oxydhydrat verwandelt, braun; bei wiederholtem Umgießen der Flüssigkeit wirst du diese Veränderung sehr bald wahrnehmen; aber auch schon beim bloßen Stehen an der Luft erscheint bald eine braune Haut und endlich ein eben solcher Niederschlag.

Diese große Neigung, sich weiter zu oxydiren, ist die Ursache, daß das Eisenoxydul nur mit den größten Schwierigkeiten rein zu erhalten ist, weshalb diese Versuche sich nicht für dich eignen; auch würden sie kein besonderes Interesse haben. In seinen Verbindungen mit Säuren oxydirt sich das Eisenoxydul ebenfalls sehr bald in Berührung mit der Luft, noch schneller bei Gegenwart von Oxydationsmitteln. Du brauchst nur eine Lösung von Eisenvitriol an der Luft stehen zu lassen, um dich davon zu überzeugen. Sie wird bald ganz grün und endlich gelblichbraun werden, indem sich zugleich allmälig ein gelber Niederschlag bildet. Das schwefelsaure Eisenoxydul oxydirt sich nämlich zu schwefelsaurem Eisenoxyd; allein das Eisenoxyd bedarf mehr Schwefelsäure zur Verbindung, als das Eisenoxydul, woraus es entstanden, und wenn man keine Schwefelsäure züsetzt, so muß also ein Theil des Eisenoxyds, aus Mangel an Schwefelsäure, sich abscheiden; dabei bleibt es aber mit einer geringen Menge der Säure verbunden, so daß das abgeschiedene gelbbraune Pulver nicht aus reinem Eisenoxydhydrat besteht, sondern noch etwas Schwefelsäure enthält. Man nennt eine solche Verbindung ein basisches Salz.

Zwei Atome Eisenoxydul Fe_2O_2 werden nämlich durch Aufnahme von 1 Atom Sauerstoff zu einem Atome Oxyd Fe_2O_3. In dem Oxydulsalz waren mit 2 Atomen Oxydul nur 2 Atome Säure verbunden; das aus jenem entstandene eine Atom Oxyd verlangt aber 3 Atome Säure, und es muß also noch ein Atom anderswoher genommen werden. Nun muß also entweder, wie wir dies früher (Präp. XXXIX) bei der künstlichen Oxydation durch Salpetersäure gethan haben, noch Schwefelsäure zugesetzt werden, oder es scheidet sich, in Ermangelung derselben, ein Theil der Basis aus, wie oben gesagt.

Ein ähnliches Verhalten zeigen alle Eisenoxydulsalze, von denen du das Chlorür durch Behandeln von Eisenabfällen mit Salzsäure unter der Bedingung, daß immer überschüssiges Eisen vorhanden ist, darstellen und daran ähnliche Erscheinungen wie an dem Eisenvitriol wahrnehmen magst. Das Eisenchlorür enthält ebenfalls Krystallwasser, es hat die Formel:

$$FeCl + 4\,HO.$$

Das Eisenchlorid, welches wir in der Folge bisweilen brauchen werden, ist in fester Form nur schwer zu erhalten; die Lösung erhält man leicht durch Auflösen des Eisenoxydhydrats in Salzsäure, oder durch Auflösen von natürlich vorkommendem Eisenoxyd (Blutstein), doch ist darauf zu achten, daß kein Ueberschuß von Säure vorhanden sein darf. Daß das Eisenchlorid auch aus dem Chlorür durch Erhitzen mit Salpetersäure und Salzsäure erhalten werden kann, geht schon aus der Betrachtung hervor, daß das Eisenchlorid in seiner Lösung in Wasser als salzsaures Eisenoxyd angesehen werden kann. Der Versuch ist leicht anzustellen; ich empfehle dir denselben, jedoch nur in kleinem Maßstabe.

Zum Schlusse dieses Briefes die Antwort auf die letzten Aufgaben:

1) a. 103,7 Loth. b. 102 Pfund 3,89 Loth.

2) a. $\frac{1}{2}$ Pfund. b. 1759,01 Gr.

3) a. 454,8 Loth. b. 19 Pfund,

und noch einige Fragen zur Uebung:

Um wie viel muß eine Röhre schwerer geworden sein, welche Eisendraht enthält, über welchen in der Glühhitze Wasserdampf geleitet wird, wenn a. 3 Loth, b. $1\frac{7}{8}$ Unzen Wasserstoff erhalten worden sind?

Wie viel Eisen ist angegriffen worden, wenn sich a. 89 Loth, b. 4,35 Unzen Rost gebildet hat? Wird das Eisenstück dabei leichter oder schwerer? Um wie viel?

Außer etwas Kupfer (in Gestalt von Blechabfällen) und etwa 4 Loth Kupfervitriol bedarfst du zu den nächsten Versuchen keine neuen Materialien.

38. Brief.

Kupfer; Eigenschaften, Oxyd, Verhalten zu Säuren u. s. w. Kupferoxyd, Darstellung, Reduction durch Wasserstoff; Kupferoxydul, Darstellung und Eigenschaften. Legirungen des Kupfers. Antworten, Aufgaben und Auflösungen.

Du weißt schon, daß das

Kupfer

aus seinen Lösungen durch das Eisen verdrängt und metallisch ausgefällt wird, daß hierbei 31,7 Gewichtstheile desselben durch 28 Theile Eisen vertreten werden, und daß demnach das Aequivalent des Kupfers Cu = 31,7 ist.

Die Farbe des Kupfers ist nicht kupferroth, sondern gelbroth; die kupferrothe des gewöhnlichen Kupfers rührt von einem Ueberzug eines Oxydes her, und es erscheint erst des Kupfers eigene heller rothe Farbe, wenn man es mit etwas Salpetersäure (und dann mit Wasser) abwäscht; mache den Versuch und merke dir dann die eigenthümliche Farbe dieses Metalles.

Die Dehnbarkeit, Festigkeit und Biegsamkeit des Kupfers sind bekannt; sein specifisches Gewicht beträgt 8,8. In der Rothglühhitze schmilzt es; in der Weißglühhitze verbrennt es mit grüner Flamme.

Beim Schmelzen absorbirt das Kupfer Sauerstoff, der beim Erstarren zum Theil entweicht, aber im Augenblicke des Festwerdens noch nicht ganz entwichen ist und daher das Kupfer blasig macht. Dieses ist der Grund, warum man das Kupfer nicht für sich allein zu Gußwaaren benutzen kann, sondern dazu nur Gemische (Legirungen) von Kupfer und Zink verwendet.

Das Kupfer bildet mit dem Sauerstoff mehrere Oxyde, von denen uns nur zwei näher beschäftigen sollen: das K u p f e r o x y d u l Cu_2O und das K u p f e r o x y d CuO.

Schon bei gewöhnlicher Temperatur überzieht sich das Kupfer, namentlich wenn es Pulvergestalt hat, an der Luft mit einem dünnen, kupfer- oder purpurrothen Häutchen von Kupferoxydul; mehr noch geschieht dies bei nicht allzustarkem Erwärmen. Völlig blank polirtes Kupfer ist dieser anfangenden Oxydation nur beim Erwärmen ausgesetzt. In der Glühhitze überzieht sich das Kupfer mit einer schwarzbraunen Schichte von Kupferoxyd. Der feine Oxydulüberzug widersteht der Einwirkung der Luft und der Säuren sehr gut und wird daher auf verschiedene Weise künstlich erzeugt (rothe Bronze).

An feuchter Luft hält sich das Kupfer unverändert, nur wenn dieselbe — wie es freilich meist der Fall ist — eine schwache Säure (wie Kohlensäure) enthält, überzieht es sich mit einem grünen Ueberzug, welcher eine Verbindung des Kupferoxydhydrats mit dieser Säure ist (Grünspan). Schwache Säuren, wohin auch die Salzsäure und verdünnte Schwefelsäure gehören, wirken nur dann auf das Kupfer, wenn der Sauerstoff gleichzeitig Zutritt hat. In diesem Falle entstehen die entsprechenden Salze. Fast alle frischen Pflanzenstoffe enthalten Säuren; diese können also, wenn sie in kupfernen Geschirren an der Luft stehen, die Bildung von Kupfersalzen veranlassen, welche bekanntlich sämmtlich der Gesundheit nachtheilig sind. Wo man also kupferne Kochgeschirre verwendet, da soll man mit großer Sorgfalt auf deren Reinigung vor dem Gebrauch (von etwa gebildetem Grünspan) und darauf achten, daß die Speisen darin nicht stehen bleiben; während des Kochens wird durch den Wasserdampf die Luft abgehalten und also die Bildung von Kupfersalzen unmöglich.

Durch einen kleinen Versuch kannst du dich leicht davon überzeugen: In eine Schale bringe etwas Wasser zum Kochen, dem einige Tropfen Salzsäure oder Essigsäure zugesetzt worden. Dann lege eine vorher mit Salpetersäure und dann mit Wasser recht blank geputzte und gut abgespülte Kupfermünze hinein; nach dem Kochen wirst du die Flüssigkeit farblos und die Münze unverändert finden. Wenn du sie aber nur so in der sauren Flüssigkeit liegen lässest, daß sie zum Theil herausragt und die Luft sie berührt, so wirst du sie schon nach wenigen Stunden theilweise verändert und eine grüne Masse an den Berührungspunkten mit der Flüssigkeit entstanden finden. Vertheilst du diesen künstlich erzeugten Grünspan in der Flüssigkeit, so wird dieselbe sich grün färben, einen herb metallischen Geschmack zeigen und dann auf hineingehaltenes Eisen einen rothen Ueberzug von Kupfer absetzen.

Wie die Oxydation des Eisens, so wird auch die des Kupfers durch die Gegenwart des Kochsalzes befördert.

Kupferoxyd
CuO

erhält man außer in der angegebenen Art (durch Glühen des Kupfers), welche es nicht ganz frei von Oxydul liefert, auch durch Oxydation des Kupfers mittelst Salpetersäure in derselben Weise, wie du die Darstellung der Antimonsäure und des Quecksilberoxyds gelernt hast, und ich bitte dich, den Versuch, wenn auch in kleinem Maßstabe, anzustellen; auch darfst du nicht versäumen, durch Glühen von Kupferdrehspähnen unter Zutritt von Luft das Oxyd herzustellen; durch Benetzen mit Salpetersäure und wiederholtes Glühen kannst du dabei leicht jede Spur von Oxydul in Oxyd verwandeln.

Daß Kupfervitriol schwefelsaures Kupferoxyd ist, weißt du schon; es ist dasjenige Kupfer-Salz, welches am leichtesten zu haben ist und welches daher zur Darstellung aller anderen Kupferpräparate dient.

In eine nicht zu geringe Menge einer filtrirten Lösung von Kupfervitriol tröpfele so lange Kalilösung, bis der Niederschlag sich nicht mehr vermehrt; er ist blau, sehr voluminös und besteht aus Kupferoxydhydrat. Filtrire etwa die Hälfte davon ab und wasche dasselbe gut mit kaltem Wasser aus. Unterdessen erhitze das Uebrige in einem Kolben zum Sieden; du wirst sehr verwundert sein, die blaue Farbe allmälig schwinden und einer schwarzen Platz machen zu sehen. Du kennst die schwarze Farbe des Kupferoxyds — dieses ist die Substanz, welche du vor Augen hast; sie ist aus dem Hydrat dadurch entstanden, daß das Wasser desselben während des Kochens ausgeschieden wurde. Diese Ausscheidung von Wasser aus einer im Wasser befindlichen Substanz ist sehr merkwürdig; sie ist vom Wasser unabhängig und nur durch die Temperatur bedingt, wie du dich leicht dadurch überzeugen wirst, daß das vorhin abfiltrirte Hydrat, wenn es zwischen Ziegelsteinen trocken gepreßt worden, schon bei sehr gelindem Erhitzen schwarz und in Oxyd verwandelt wird.

Du wirst bemerken, daß das auf nassem Wege bereitete Kupferoxyd viel feiner, als das auf trockenem Wege erhaltene ist, welches dagegen eine krystallinisch-körnige Beschaffenheit zeigt.

Die Reduction des Kupferoxyds mittelst Wasserstoff wirst du in dem schon zweimal gebrauchten Apparate noch weit leichter bewirken können, als die des Eisens, und dabei ein schön rothes Pulver erhalten, das, nach dem völligen Erkalten im Wasserstoffstrom an die Luft gebracht, schon unter dem Fingernagel, besser aber unter einem Polirstahl den schönsten Glanz und selbst etwas Zusammenhang annimmt, sich aber schnell oxydirt und zu Kupferoxydul wird.

Das reducirte Kupfer mische auf's sorgfältigste mit einem solchen Gewichte Kupferoxyd, daß ein Aequivalent von jedem genommen wird, bringe das Gemisch in einen Porzellantiegel und erhitze es, bedeckt, zum schwachen Glühen. Nach dem Erkalten ist die ganze Masse gleichmäßig roth geworden und besteht aus

Kupferoxydul
Cu_2O.

Um dieses in noch anderer Weise zu erhalten, verfahre folgendermaßen: Zu einer kleinen Menge Kupfervitriollösung setze etwas Zucker (am besten Milchzucker oder Traubenzucker, wenn du diesen bekommen kannst) und füge dann Kalilösung zu. Ist hinreichend Zucker vorhanden, so entsteht hierbei kein Niederschlag, oder der entstandene löst sich wieder in einer etwas größeren Menge des Fällungsmittels auf; die Flüssigkeit theile nun in zwei Theile: die eine lasse in einer verschlossenen Flasche stehen, die andere erwärme gelinde; es wird sich in letzterer ein erst gelbes, dann schön rothes krystallinisches Pulver, in jener nach einigen Tagen eben solches, jedoch noch besser krystallisirtes Kupferoxydul ausscheiden.

Das Kupferoxydul findet sich auch natürlich als Rothkupfererz; es ist alsdann krystallisirt und zeigt eine cochenillerothe Farbe und einen ausgezeichneten Glanz. Beim Zusammenschmelzen mit Glas oder Glasflüssen ertheilt es diesen eine rubinrothe Farbe, weshalb man es zum Rothfärben des Glases benutzt. Es ist in den meisten Säuren nicht unzersetzt löslich, sondern zerfällt in Oxyd, welches sich mit der Säure verbindet, und Kupfer, welches sich abscheidet. In der Salzsäure löst es sich indeß zu Kupferchlorür, Cu_2Cl. Wenn du den Versuch machst, so wirst du vermuthlich eine dunkel gefärbte Flüssigkeit erhalten; das Chlorür ist farblos, aber es geht an der Luft sehr bald in Chlorid, $CuCl$, über, welches der Lösung die braune Farbe ertheilt.

Das Kupferchlorid, durch Lösen von Kupferoxyd in Salzsäure dargestellt, bildet eine grüne Flüssigkeit (aus der man auch durch Erkaltenlassen Krystalle erhalten kann).

Es entsteht dieses Salz auch bei der Einwirkung von Salzsäure auf Kupfer, in Gegenwart der Luft.

Durch Zusammenschmelzen von Kupfer mit Zink erhält man Legirungen dieser beiden Metalle, die je nach dem Verhältnisse derselben eine verschiedene Farbe und verschiedene Eigenschaften haben. Das gewöhnliche Messing enthält z. B. 70 % Kupfer und 30 % Zink; es ist zum Guß sehr brauchbar, härter als Kupfer, widersteht dem Einfluß der Luft besser und läßt sich leicht bearbeiten.

Rothes Messing (Tombak, Similor u. s. w.) enthält mehr Kupfer (z. B. 85 Kupfer 15 Zink). Auch mit anderen Metallen legirt sich das Kupfer leicht, so mit dem Zinn zu Bronze. Wir sprechen später davon.

Schließlich noch die Auflösungen zu den letzten Aufgaben und einige neue.

Du meinst, die beiden ersten ließen sich nicht lösen, so lange ich dir nicht die Formel der entstehenden Eisenverbindung gegeben hätte; das ist nicht richtig geschlossen, denn es bleibt sich völlig gleich, in welcher Verbindung der Sauerstoff zurückgeblieben ist; er macht das Eisen und mithin die dasselbe enthaltende Röhre um sein Gewicht schwerer, und es findet sich dieses sehr leicht, wenn man bedenkt, daß es das Achtfache des entwichenen Wasserstoffes betragen muß; die Antworten sind also für

a. 24 Loth; b. $14\frac{3}{8}$ Unzen.

Die Antworten auf die zweite Aufgabe hast du mit

a. 56 Loth und b. 2,74 Unzen

richtig gefunden; der zweite Theil wird folgendermaßen beantwortet:

Da das Eisen Sauerstoff und Wasser aufnimmt und der Rost nicht entfernt worden ist, so muß es um diese Substanzen schwerer geworden sein; das Wieviel findet sich am schnellsten durch die Subtraction des Gewichtes des Eisens von dem des Rostes. Der Unterschied muß Sauerstoff und Wasser sein.

Es sei nun folgende Aufgabe gestellt:

Wie viel Kupfer ist in Salpetersäure zu lösen, um nach dem Abdampfen und Glühen $125\frac{75}{817}$ Pfund Kupferoxyd zu erhalten?

Diese Aufgabe will ich dir, um es für spätere ähnliche möglich zu machen, auflösen:

Du wirst vermuthlich wieder wissen wollen, welches die Zusammensetzung und das Atomgewicht der Salpetersäure, sowie die Formel des Processes ist; allein du brauchst nur zu bedenken, daß mit dem Kupfer vorgehen kann, was immer will, stets aus einem Aequivalent Kupfer ein Aequivalent Kupferoxyd wird, und daß mithin die ganze Frage lautet: wie viel Kupfer ist zur Darstellung von der geforderten Menge Oxyd erforderlich, wenn man zu $39\frac{7}{10}$ Pfund $31\frac{7}{10}$ Pfund Kupfer nöthig hat? Die Antwort wirst du finden = 100 Pfund.

Ich füge noch folgende Aufgaben hinzu:

1) Wie viel Kupfer muß in Arbeit genommen werden, um nach der Darstellung von Kupfervitriol und dem Ausfällen mit Zucker und Kali

a. $71\frac{3}{8}$ Pfund; b. 1 Pfund

Kupferoxydul zu erhalten?

2) Wenn ein Eisenstab um

a. 4 Loth; b. 14,8 Loth

dadurch schwerer geworden ist, daß er in einer Flüssigkeit lag, die Kupferchlorid in Lösung enthielt: auf wie viel von dieser Substanz deutet dieses?

An Materialien für die nächsten Versuche brauchst du etwas Kreide, reinen Kalkstein oder Marmorstücke; etwas Chlorcalcium, kohlensaures Ammoniak und chlorsaures Kali wirst du wohl noch haben.

39. Brief.

Verhältniß der Basen unter einander. Calcium; Kalk; gebrannter und ungebrannter Kalk; Verhalten des Kalkes zu Wasser und zu Kohlensäure. Ausfällung des kohlensauren Kalkes unter den verschiedenen Umständen. Löslichkeit und sonstige Eigenschaften der Kohlensäure. Synthese derselben.

Wir haben im Vorhergehenden zwei sehr starke Basen kennen gelernt, die alle übrigen, welche wir nachher betrachtet haben, auszutreiben im Stande waren; du wirst nicht übersehen haben, daß jene, die stärkeren, in Wasser löslich, diese, die schwächeren, unlöslich sind. Die Metalle, deren Oxyde die ersteren bildeten, waren von geringem specifischem Gewichte und von solcher Affinität zum Sauerstoff, daß sie sich an der Luft und im Wasser schon bei gewöhnlicher Temperatur oxydirten; Eigenschaften, die den Radicalen der übrigen Oxyde ganz fremd sind. Du kannst wohl denken, daß es in der Natur, in welcher wir nirgends Klassen, die schroff getrennt wären, sondern immer Uebergänge finden, auch Uebergänge zwischen diesen Metallen und ihren Oxyden geben muß.

Als dasjenige Metall, welches schon in manchen Beziehungen zu den (schweren) letztbetrachteten Metallen hinneigt und sich doch in vielen anderen noch sehr an Kalium und Natrium anschließt, finden wir das

Calcium,

dessen Oxyd, der Kalk, in seinen Verbindungen mit Säuren einen der verbreitetsten Bestandtheile unserer Erde ausmacht. Die Zusammensetzung der Kreide kennst du schon; auch weißt du, daß die Kohlensäure daraus durch stärkere Säuren verjagt werden kann. Ein anderer Versuch aber ist besser geeignet, ihre Zusammensetzung dir klar zu machen.

Bringe in deinem Schmelzöfchen eine Schicht Kohlen in Gluth, lege dann darauf eine Schichte schwarzer Kohlen mit einigen nußgroßen Stücken reiner Kreide, oder noch besser Marmor (wovon man oft Abfälle von Bildhauern u. s. w. erhalten kann), dann wieder eine Schichte Kohlen und einige Stückchen desselben Minerals, so viel der Ofen enthalten mag, setze die Röhre auf und lasse das Ganze in gehörige Gluth kommen und ruhig ausbrennen. Nach dem Erkalten nimm die gebrannten Kreide- oder Marmorstückchen aus der Asche, reinige sie davon und bewahre sie zu den damit vorzunehmenden Experimenten in einer wohlverschlossenen Flasche auf.

Lege nun neben einander auf ein Stück rothes Lackmuspapier ein Stückchen des ungeglühten und ein Stückchen des geglühten Steins, und befeuchte beide mit einem Tropfen Wasser; die Farbe wird unter dem letzteren blau werden, unter dem ersteren nicht.

Folglich ist die Kreide durch das Glühen in eine Basis verwandelt worden; sie besteht nunmehr aus einem Oxyde. Die Säure, mit welcher sie verbunden war, muß entwichen sein. Dieses wird durch folgende Versuche bestätigt: ein größeres Stück von beiden übergieße mit sehr wenig Wasser: das geglühte erhitzt sich stark, das andere nicht — ersteres verbindet sich mit dem Wasser, letzteres nicht —; wir wissen, daß sich auch Kali und Natron ähnlich verhalten.

Mit einer Säure übergossen wird das ungeglühte brausen, das geglühte nicht; beide werden sich aber erhitzen. Dies beweist, daß die Säure, welche mit dem Oxyd verbunden war, gasförmig war, und daß sie beim „Brennen" entweicht. Wickele endlich von geglühter und von ungeglühter Kreide ein Stückchen in ein Papier oder Läppchen und lege sie bei Seite; bald wirst du das eine Stück Papier mürbe geworden, das andere unverändert finden. Also ist der gebrannte Kalk kaustisch, ähnlich wie Kali und Natron, eine Eigenschaft, die der ungebrannte Stein, der folglich milde ist, nicht zeigt.

Daß in dem gebrannten Kalk keine Kohlensäure mehr enthalten ist, folgt daraus, daß dieselbe nicht beim Uebergießen mit Säure entweicht. War die Kreide oder der Marmor rein, so haben wir also nach dem Brennen reinen Kalk. In demselben kann man mittelst des galvanischen Stroms die Existenz eines Metalls, des Calciums, nachweisen, welches eine hellgelbe Farbe, starken Metallglanz und große Dehnbarkeit besitzt. Es hält sich kurze Zeit in trockener Luft, ohne sich zu oxydiren; es zersetzt das Wasser, ohne den Wasserstoff zu entzünden. Es ist im Kalk mit dem Sauerstoff im Verhältniß von 20 : 8 verbunden und sein Aequivalent ist also 28 (außerdem existirt noch ein Calciumhyperoxyd CaO_2).

Das Calciumoxyd, oder der Kalk, stellt sich als eine nicht krystallinische (amorphe) Masse dar, die in keiner Hitze schmelzbar ist.

Mit dem Wasser vereinigt es sich zu dem Kalkhydrat, einem trockenen, stäubenden Pulver. Da dasselbe nach der Formel CaO, HO zusammengesetzt ist, so nehmen 28 Theile Kalk nur 9 Theile Wasser auf, um sich chemisch damit zu verbinden; um dieses Hydrat darzustellen wirst du also den gebrannten Kalk mit nur wenig Wasser übergießen. Kannst du größere Stücke Kalk erhalten, so wirst du im Dunkelen selbst ein schwaches Erglühen beim Begießen mit sehr wenig Wasser beobachten. Bei Anwendung von etwa halb so viel Wasser wie Kalk tritt eine solche Erhitzung ein, daß man, wenn der Kalk recht frisch gebrannt ist, an demselben Schießpulver und Schwefelhölzchen entzünden kann, ein Versuch, der um so interessanter anzustellen ist, als die Hitze durch kaltes Wasser hervorgebracht wird!

Das Wasser tröpfelst du dabei am besten mit der Spritzflache auf und du wirst bemerken, daß der Kalk dabei sehr bedeutend an Volumen zunimmt und daß viel Wasser durch die Hitze verdampft. Es wird dir nicht schwer fallen, die Menge des zugesetzten Wassers so zu treffen, daß gerade das Hydrat als völlig trockenes Pulver entsteht und daß ein auch noch so geringer weiterer Zusatz die staubige Trockne aufhören und die Masse etwas feucht werden läßt. Man nennt diese Operation das Löschen des Kalkes und das Kalkhydrat gelöschten Kalk. Nun setze noch mehr Wasser zu; es verwandelt sich das Kalkhydrat in einen feinen Kalkbrei, bei weiterem Wasserzusatz in Kalkmilch, d. h. in eine etwas dicke Flüssigkeit, in welcher das Kalkhydrat suspendirt ist. Hebe den größeren Theil davon in einer gut verschlossenen Flasche mit Glasstöpsel auf und füge zu dem Rest noch mehr Wasser; es wird dir zwar nicht gelingen, die Flüssigkeit ganz klar und also den Kalk ganz gelöst zu erhalten, allein in der abfiltrirten Flüssigkeit werden wir später die Gegenwart des Kalkes nachweisen. Er ist nämlich etwa in seiner tausendfachen Menge Wasser löslich. Diese Lösung nennt man Kalkwasser; filtrire die Flüssigkeit direct in eine Flasche, die sich wohl verstopfen läßt, und bewahre sie einstweilen auf.

Von dem gebrannten Kalk lege ein Stück frei in eine Schale an die Luft; nach ein paar Tagen wirst du finden, daß es zerfallen ist, als ob es gelöscht worden wäre. Nimm dann einen Theil davon und erhitze ihn in einer Glasröhre; das sich an den kälteren Stellen verdichtende Wasser wird dir zeigen, daß diese Voraussetzung richtig war. Uebergieße dann einen anderen Theil mit Salzsäure; das Aufbrausen wird dir zeigen, daß außer Wasser auch Kohlensäure aufgenommen worden, zugleich zum Beweise, daß diese sich in der Luft befinden muß.

Endlich giebt dies auch noch davon Zeugniß, daß die Verwandtschaft des Kalkes zum Wasser und zur Kohlensäure eine starke sein muß; es bestätigt sich diese Thatsache auch durch die vielfache Anwendung, welche vom Kalke gemacht wird, um sowohl Wasser als Kohlensäure aufzunehmen.

Das Verhalten von Kohlensäure und Kalk gegen einander soll uns noch weiter beschäftigen; es wird später dazu dienen, die Gegenwart des einen dieser Körper durch den anderen nachzuweisen.

Damit wir die Kohlensäure zu jeder Zeit haben können, hast du den Apparat (Fig. 125) herzustellen, wobei du aber auch eine Waschflasche weg-

Fig. 125.

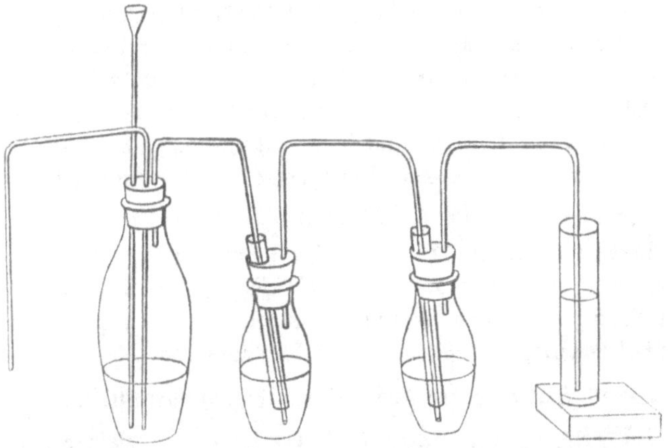

lassen kannst. In die Gasentbindungsflasche kommt, wie du wohl denken wirst, Kreide und Wasser; durch die Trichterröhre ist verdünnte Schwefelsäure zuzusetzen. Du wirst bemerken, daß die Kohlensäure sich als ein farbloses Gas von schwach säuerlichem Geschmack entwickelt. Feuchtes blaues Lackmuspapier wird von ihr geröthet, nimmt aber, an der Luft getrocknet, die blaue Farbe wieder an, weil die gasförmige Säure wieder entweicht.

Leite einige Blasen von derselben durch Kalkwasser; du wirst einen weißen Niederschlag entstehen sehen; da der Kalk zur Kohlensäure große Verwandtschaft hat, so kann dieser nur von der Verbindung beider herrühren, und es zeigt sich also hierdurch, daß der kohlensaure Kalk unauflöslich ist; nun setze das Hindurchleiten der Kohlensäure fort, du wirst erstaunt sein, zu finden, daß der Niederschlag wieder verschwindet.

Wie mag es kommen, daß derselbe Körper, welcher die Entstehung eines Niederschlages hervorbrachte, ihn auch wieder verschwinden macht? Die Thatsache wird dich nicht so sehr befremden, wenn du daran denkst, daß wir schon mehrere Körper durch Ausfällung erhalten haben, die in einem Ueberschuß des Fällungsmittels löslich waren. So auch hier. Die in Wasser überschüssig sich auflösende Kohlensäure läßt den gefällten kohlensauren Kalk sich wieder auflösen. Stelle von dieser Lösung etwas mehr dar, damit du sie in zwei Theile theilen und mit jedem einen besonderen Versuch anstellen kannst. Die eine Hälfte lasse längere Zeit in einer mit Papier lose bedeckten Schale an der Luft stehen: nach einigen Stunden, oder am anderen Tage wirst du die Lösung sich trüben sehen. Die andere Hälfte erhitze in einem Kolben zum Kochen: es wird ebenfalls ein Niederschlag entstehen; dieser hat zwar ein ganz anderes Ansehen, als der zuerst gefällte kohlensaure Kalk, ist aber doch nichts anderes; nur war der zu Anfang sich bildende in feinerem Zustande im Wasser vertheilt und machte dasselbe daher milchig trübe, der jetzt erschienene aber ist wegen der schnelleren Bildung körnig und daher weniger ausgedehnt und scheidet sich besser von der Lösung ab. Lasse ihn sich absetzen, gieße die klare Flüssigkeit ab und überzeuge dich, daß die Kohlensäure beim Aufgießen von Säure unter Brausen entweicht.

Aus dem Allen geht hervor, daß die Kohlensäure mit dem Kalke eine Verbindung bildet, die in Wasser zwar unlöslich ist, sich aber in solchem Wasser auflöst, welches überschüssige Kohlensäure enthält, aus dieser Lösung aber durch Stehen an der Luft oder durch Kochen wieder abgeschieden wird, weil hierbei die Kohlensäure entweicht.

Dieses Verhalten der Kohlensäure ist ganz charakteristisch.

Du wirst dich von Präp. XLIII her erinnern, daß wir den kohlensauren Kalk auch aus Chlorcalcium unter Zusatz von Ammoniak erhalten haben. Das Ammoniak wirkte dabei gerade wie eine Basis, indem es sich mit der Salzsäure verband. Es wird dir nicht schwer halten, einzusehen, weshalb wir eine solche Substanz, statt deren wir auch Kali oder Natron hätten nehmen können, zusetzen mußten. Soll sich die Kohlensäure mit dem Kalke verbinden, so muß, wie du von damals her dich noch erinnern wirst, Salzsäure frei werden. Salzsäure aber und kohlensaurer Kalk können nicht zusammen bestehen, indem dann wieder salzsaurer Kalk (Chlorcalcium) und Kohlensäure entstehen würden. Um dieses zu verhindern muß ein Stoff zugesetzt werden, der die Salzsäure in Beschlag nimmt, und dazu wählt man natürlich eine Basis. Daß das Ammoniak die Stelle einer solchen vertritt, habe ich schon oben gesagt. Es führt uns dieses natürlich darauf, daß wir statt Kohlensäure und einer Basis auch die Verbindung beider oder das Kohlensäure-Salz hätten nehmen können. Du wirst dich sehr leicht überzeugen, daß durch Vermischen von zwei Lösungen von kohlensaurem Kali oder Natron und von Chlorcalcium ein Niederschlag von kohlensaurem Kalk erzeugt wird. Wenden wir einstweilen, bis wir die Zusammensetzung der Kohlensäure kennen gelernt haben, das früher gebrauchte Symbol für dieselbe an, so ist das Schema für diesen Vorgang:

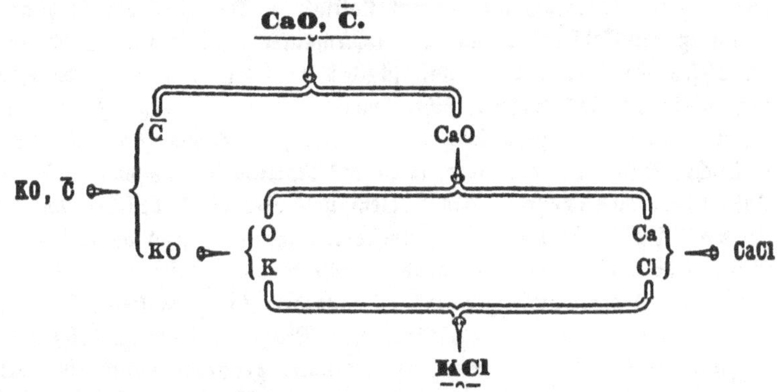

oder, wenn wir das Chlorcalcium mit seinem Lösungswasser als salzsauren Kalk betrachten:

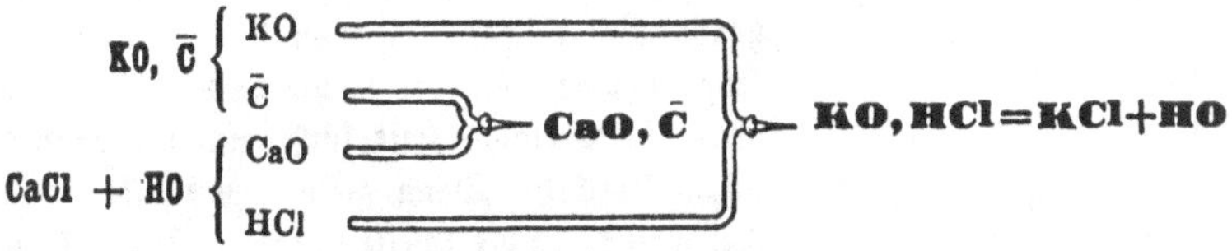

Wenn du den Versuch mit etwas größeren Mengen anstellen willst und die Zersetzung genau ausführst, in bekannter Weise, so wirst du aus der Lösung das Chlorcalcium durch Krystallisation erhalten können.

Wir haben im Vorhergehenden schon mehrfach Gelegenheit gehabt, die Löslichkeit der Kohlensäure im Wasser zu beobachten; um dir eine noch bessere Anschauung davon zu geben, brauchst du dieselbe nur in ein Glas zu leiten, welches so mit Wasser gefüllt ist, daß das Gas eine weite Strecke hindurchstreichen muß; du wirst finden, daß die Blasen unten viel größer sind als oben, daß die Flüssigkeit nach einiger Zeit blaues Lackmus röthet und hineingegossenes Kalkwasser trübt. Auch kannst du ein verschließbares Fläschchen auf die gewöhnliche Weise, aber unter Benutzung eines starken Stroms, mit Kohlensäure füllen und dann die Mündung in frisches Wasser untertauchen; dieses wird dann allmälig in der Flasche in die Höhe steigen; wenn du diese nun unter Wasser verstopfest, herausnimmst und schüttelst, so wird nach dem Wiederöffnen unter Wasser dieses schneller hineinsteigen, indem sich ein Theil des Gases beim Schütteln gelöst hat. Wenn man mit reinem Gase operirt, gelangt man durch Wiederholung dieser Manipulationen dazu, die Flasche ganz mit Wasser zu füllen. Wir kommen auf den Grad der Löslichkeit der Kohlensäure in Wasser noch einmal später ausführlicher zurück.

Es knüpft sich an diese Versuche die Betrachtung der übrigen Eigenschaften der Kohlensäure sowohl als des kohlensauren Kalkes; auch bleibt uns noch das Studium der anderen Kalksalze. Da aber die bisherige Kenntniß der Kohlensäure und des kohlensauren Kalkes ausreichend ist, um dieses Gas von anderen unterscheiden zu können, und ich dasselbe nicht gerne dir noch mehr vorführen möchte, ehe du mit seiner Zusammensetzung bekannt bist, so wollen wir uns erst hiernach umsehen. Du hast vielleicht schon aus der Aehnlichkeit des Namens geschlossen, daß die Kohlensäure möglicherweise aus Kohlen- und Sauerstoff bestehen könnte. In der That ist sie eine Verbindung von beiden (1), was du folgendermaßen sehr leicht nachweisen kannst. Fülle drei Gasflaschen mit Sauerstoff. Zur Gasentwickelung kannst du entweder eine ganz kleine Retorte, oder auch eine Reagenzröhre (Fig. 126) nehmen, in die unter gelindem Druck ein Kork mit gebogener Glasröhre eingepaßt ist.

Fig. 126.

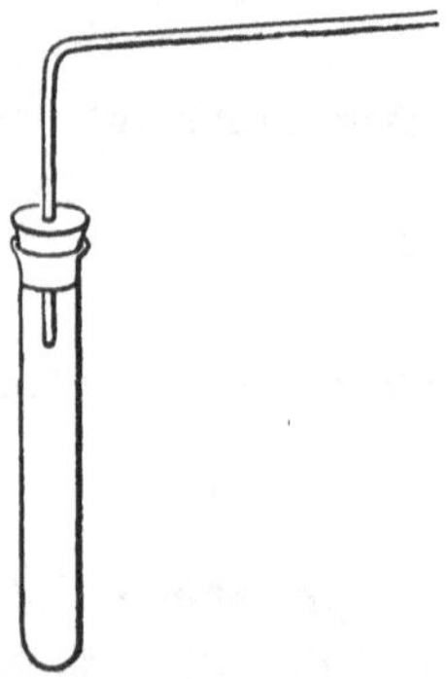

Dann bringe mittelst eines gebogenen Drahtes in zwei Gasflaschen eine kleine glühende Kohle und lasse die Verbrennung so lange dauern, bis die Kohle verlischt, in die dritte halte einige Zeit lang ein brennendes Wachskerzchen. Dann gieße in die erste etwas Kalkwasser, in die zweite etwas kaustische Kalilösung, in die dritte eine mit Ammoniak versetzte Lösung von Chlorcalcium. Die erste und die letzte Lösung wirst du sofort, namentlich beim Umschütteln, trübe werden sehen. Bei der zweiten wirst du nach dem Schütteln nur mit Mühe den Kork öffnen können, weil die Kohlensäure größtentheils vom Kali aufgenommen und also keine Luft mehr vorhanden ist, die der äußeren atmosphärischen das Gleichgewicht hielte. Beim Zusatze von Chlorcalciumlösung entsteht in dem so gebildeten kohlensauren Kali der weiße Niederschlag von kohlensaurem Kalke.

Es beweist das Alles, daß durch Verbrennung von Kohle in Sauerstoff Kohlensäure entsteht, denn daß im Wachse Kohle enthalten ist, haben wir schon damals erfahren, als dasselbe unter Kohleabscheidung in Chlor brannte.

Daß wir auch statt Sauerstoff die atmosphärische Luft zur Verbrennung der Kohle hätten benutzen können, versteht sich wohl von selbst; indessen brennt sie darin schlecht fort und du thust daher wohl, wenn du

(1) Was die Kohle ist, das ist für den Augenblick zu wissen nicht weiter nöthig; es genüge dir, dir darunter gewöhnliche Holzkohle und zwar einen einfachen Körper vorzustellen.

diesen Versuch machen willst, die leichter brennende Sprengkohle anzuwenden. Diese Versuche führen uns zur näheren Betrachtung der Kohle an und für sich; wir wollen daher, ehe wir weiter fortfahren, diesen Körper etwas näher kennen lernen.

Außer etwas Fernambukholz wirst du für nächstens nichts anzuschaffen haben, da du alles Uebrige gewiß noch in hinreichenden Mengen hast.

40. Brief.

Kohlenstoff. Darstellung der Kohle aus Holz; Aschenbestandtheile derselben; Steinkohlen, Kohks, Ruß. Eigenschaften der Kohle, Knochenkohle; Graphit, Diamant; Nachweisung des Kohlenstoffs in der Kohlensäure.

Wir haben schon so oft von der

Kohle

gesprochen, daß es nunmehr wohl an der Zeit ist, zu erfahren, was für eine Art von Körper dieses ist. Die Kohle oder der Kohlenstoff ist, wie der Wasserstoff, Sauerstoff u. s. w., ein *einfacher Körper* oder ein Element, d. h. ein solcher, den man auf keinerlei Weise in *verschiedenartige* Bestandtheile zu zerlegen bisher im Stande gewesen ist. Der Kohlenstoff bildet den Hauptbestandtheil aller thierischen und pflanzlichen Stoffe und kann aus denselben, obwohl nicht unmittelbar chemisch rein, durch Erhitzen unter Abhaltung der Luft dargestellt werden.

Es besteht nämlich z. B. das Holz hauptsächlich aus Kohlenstoff, Wasserstoff und Sauerstoff, welche in einer Art mit einander verbunden sind, über welche wir noch keine nähere Kenntniß haben erlangen können. Wenn man diese Substanz der Hitze aussetzt, oder, wie man zu sagen pflegt, der trockenen Destillation unterwirft, so ordnen sich die Elemente anders an und man erhält mehrere Produkte von verschiedener Natur.

Dieses Experiment, welches im Großen zum Zwecke der Gewinnung dieser Produkte sehr vielfach angestellt wird, läßt sich auch im Kleinen leicht machen: Nimm eine Reagenzröhre, bringe an das geschlossene Ende derselben so viel Streichhölzchen, an denen vorher die Zündspitzen mit dem Schwefel abgebrochen sind, wie *neben einander* darin Platz finden, und halte die Röhre mittelst eines zusammengefalteten und um das obere Ende gelegten Papiers in eine Spiritusflamme, so daß das Holz allmälig erhitzt wird.

Du wirst zuerst das obere Ende der Röhre sich mit der Feuchtigkeit beschlagen sehen, die durch die Wärme aus dem Holze frei gemacht wird; nimm dieses Wasser mit etwas Löschpapier weg und erhitze das Holz stärker : ein Braun- oder Schwarzwerden desselben wird die nächste Folge sein und eine bräunlichgelbe Flüssigkeit an der Stelle des Wassers zum Vorschein kommen. Nun halte die Röhre so, daß der nicht erhitzte Theil nach unten gerichtet ist, damit die sich ansammelnde Flüssigkeit herauströpfele und nicht zu der Kohle zurückfließe. Außer derselben entwickeln sich aus dem Holze auch noch brennbare Gasarten, wie du dich durch Annäherung der Flamme an die Mündung der Röhre überzeugen kannst. Die sich bildende Flüssigkeit wird sich gegen Lackmuspapier als sauer erweisen, während sie einen theerähnlichen brenzlichen Geruch besitzt. Setze die Erhitzung so lange fort, bis sich nichts mehr bildet; lasse dann die Röhre, in etwas Sand gesteckt, kalt werden und brich sie entzwei; der Inhalt ist fast reiner Kohlenstoff. Das ganze Experiment aber soll dich lehren, daß durch diese trockene Destillation die Elemente des Holzes sich zur Bildung von Wasser, einer Säure, brennbaren Gasen, brenzlichen Produkten und Kohle umordnen. Es mag noch bemerkt werden, daß eine Säure sich in dem unveränderten Holze nicht nachweisen läßt, und daß die hier gebildete, Essigsäure ist.

Wenn du ein Stückchen der erhaltenen Kohle auf einem Stücke Eisenblech in der Spiritusflamme zum Glühen erhitzest, so wirst du finden, daß es allmälig verglimmt und etwas Asche zurückbleibt. Du weißt schon, daß Kohlensäure entweicht, und wirst dich erinnern, daß die Asche hauptsächlich aus kohlensaurem Kali besteht, wovon du dich durch Befeuchten, Probiren mit rothem Lackmuspapier und Uebergießen mit Säure leicht überzeugen wirst. Es enthält die Kohle also noch Aschenbestandtheile, welche auch im Holze vorhanden waren; nach Entfernung derselben — durch Auskochen mit Wasser und Säuren — bleibt dann die reine Kohle zurück. Da es auch organische Stoffe giebt, die aus denselben drei Elementen wie das Holz bestehen und keine Aschenbestandtheile enthalten, so kann man aus diesen auch direct reine Kohle erhalten. Dahin gehören z. B. Zucker, Gummi u. s. w., allein sie eignen sich deswegen nicht zu unserem Versuche, weil sie vor der Zersetzung schmelzen und daher weit schwieriger verkohlen.

Die Kohle oder der Kohlenstoff, wie man sie aus organischen Körpern durch die Verkohlung erhält, ist ein fester, schwarzer, zerreiblicher Körper, der sich dadurch auszeichnet, daß er unlöslich in irgend einer Flüssigkeit, unschmelzbar und unverdampfbar ist. Die sämmtlichen Versuche, welche angestellt wurden, haben bewiesen, daß es bis jetzt nicht möglich ist, bei irgend einer Temperatur geschmolzene Kohle oder Kohlendampf darzustellen.

Die aus den verschiedenen organischen Stoffen dargestellten Kohlen besitzen auch verschiedenes Ansehen und selbst sehr verschiedene physikalische Eigenschaften, obwohl sie alle in den eben angegebenen Punkten übereinstimmen. Die aus dem Holze dargestellte Kohle zeigt die Structur des Holzes, woraus sie entstand; Zucker, Gummi u. s. w. liefern eine blasige, leichte Kohle; Steinkohlen geben sehr verschiedene Arten Kohks, je nach der Beschaffenheit der Steinkohlen. Manche organische Stoffe verbrennen an der Luft so unvollkommen, daß sich aus der Flamme beim Abkühlen eine sehr feine staubige Kohle, Ruß, absetzt, die indessen erst durch das wiederholte Glühen von beigemengten öligen Stoffen befreit wird. Alle diese Kohlen unterscheiden sich ferner durch ihr verschiedenes specifisches Gewicht, durch ihr Leitungsvermögen für Wärme und Electricität und durch die Stärke ihrer Absorptionskraft.

Es besitzen nämlich alle porösen Kohlenarten die Eigenschaft, Gase und Farbstoffe, sowie einige andere Arten von Körpern, in ihre Poren aufzunehmen und zu verdichten, oder zu absorbiren. Wie gesagt ist die Größe dieser Eigenschaft wechselnd; sie ist namentlich abhängig von dem Grad der Porosität oder von der Größe der Oberfläche, welche die Kohle dem genannten Stoffe darbietet.

Wenn du die vorhin dargestellte Kohle, die beim Erhitzen nichts mehr abgab, eine Zeit lang an der Luft hast liegen lassen, und dann wieder ein Stück davon in einer Glasröhre erhitzest, so wirst du diese sich mit Feuchtigkeit beschlagen sehen, zum Beweise, daß die Kohle Wasserdampf aus der Luft absorbirt hatte. Um eine Kohle darzustellen, welche diese Eigenschaft in erhöhtem Maße besitzt, verfahre wie folgt: Bringe in einen hessischen Tiegel einige Knochenstücke; fülle ihn damit, so gut es gehen mag, an, setze den Deckel oder ein Stück Dachschiefer auf, verschmiere die Fugen, doch nicht vollends, mit Lehm, und setze dann das Ganze in einem Stuben- oder Küchenofen einer allmälig zum heftigen Glühen gesteigerten Hitze aus. Es wird eine Menge brennbarer Gasarten entweichen und nach dem Erkalten eine Kohle zurückbleiben, die durch die große Menge unorganischer Substanz (Kalksalze) in den Knochen eine sehr bedeutende Porosität und Oberfläche besitzt. Sie zeigt in sehr hohem Maße die mehrerwähnte Eigenschaft. Stelle z. B. eine gefärbte Flüssigkeit durch Auskochen von etwas Fernambukholz mit Wasser dar, filtrire die Flüssigkeit und setze pulverisirte Knochenkohle zu; koche wieder längere Zeit in einem Kolben und filtrire abermals; die Lösung wird farblos oder doch nur sehr schwach gefärbt durchlaufen. Die abfiltrirte Kohle, getrocknet und ausgeglüht, zeigt dieselbe Eigenschaft abermals, und wenn es dir Spaß macht, kannst du so durch dieselbe Quantität Knochenkohle nach und nach den Farbstoff aus einer großen Menge gefärbter Flüssigkeit ausziehen.

Diese Absorptionsfähigkeit erstreckt sich noch auf viele andere Stoffe, und du kannst leicht denken, daß davon mannichfache Anwendungen gemacht werden; es ist aber dabei zu bemerken, daß die Kohle vor der Anwendung frisch ausgeglüht sein muß, weil sie sonst schon so viel von den sie umgebenden Stoffen absorbirt hat, daß sie nichts mehr aufnehmen kann.

Ich könnte dir noch gar manches über die Erscheinungen mittheilen, die mit diesen Eigenschaften der Kohle zusammenhängen, allein es findet sich darüber so vieles und leicht Verständliches in den verschiedenen größeren Schriften über chemische Gegenstände zerstreut, daß ich dieses Capitel wohl abkürzen kann, da ich ja doch keinen vollständigen Cursus der Chemie geben, sondern dich nur zum Weiterstudiren und zum Verständniß der anderen Werke befähigen will.

Eine andere Eigenschaft der Kohle haben wir schon früher kennen gelernt: es ist die, beim Erhitzen mit Sauerstoff zu Kohlensäure zu verbrennen; dabei nimmt 1 Aequivalent Kohle 2 Aequivalente Sauerstoff auf und es hat diese Säure also die Formel CO_2.

Bei gewöhnlicher Temperatur bleibt die Kohle an der Luft und im Wasser völlig unverändert, so wie sie auch gegen die Einwirkung aller chemischen Agentien unempfindlich ist. Man pflegt daher Holz, welches der Feuchtigkeit und der Luft ausgesetzt werden soll, an der Oberfläche zu verkohlen, wodurch es sich unbestimmte Zeit hindurch erhält, ja es dient die Kohle sogar, weil sie zugleich faulende Stoffe u. s. w. aufnimmt, als erhaltendes, fäulnißwidriges Mittel.

In der Glühhitze verbrennen auch die nicht porösen Arten der Kohle zu Kohlensäure, obwohl schwieriger, weil sie wegen ihres größeren Leitungsvermögens nicht so leicht die Verbrennungstemperatur behalten. Dahin gehört namentlich die natürlich vorkommende, krystallinische Kohle, oder der Graphit. Dieser bildet graue, metallisch aussehende, sich weich anfühlende Blättchen, welche auf Papier abfärben und, mit Ausnahme der nur der porösen Kohle zukommenden Eigenthümlichkeiten, mit der Kohle im Uebrigen vollkommen übereinstimmen. Der Graphit wird zur Darstellung von Bleistiften und, mit Thon gemischt, von Schmelztiegeln benutzt.

Auch der Diamant ist reiner Kohlenstoff; es beweist sich dies nicht allein durch die Unlöslichkeit, Unschmelzbarkeit und Nichtflüchtigkeit, die er mit der gewöhnlichen Kohle gemein hat, sondern auch dadurch, daß er, in Sauerstoff verbrannt, ohne einen Rückstand zu lassen, zu Kohlensäure wird, kenntlich an den uns schon bekannten Eigenschaften, insbesondere an der Gasgestalt und dem weißen Niederschlag, den sie mit Kalkwasser giebt.

Der Diamant, sollte man glauben, müßte demnach wohl aus Kohlenstoff dargestellt werden können, indem er sich von demselben nur durch seine Krystallisation unterscheidet. Es ist aber bisher noch nicht geglückt, den Kohlenstoff durch Lösung oder Schmelzung flüssig zu erhalten. Ja es scheint sogar, als ob, wenn das letztere gelänge, man doch keinen Diamant erhalten würde, da der Diamant in sehr hoher Temperatur (ohne Zutritt von Sauerstoff) in einen Zustand übergeht, in welchem er den blasigen Kohks gleicht.

Der Diamant ist der härteste aller Körper; er findet sich an wenigen Stellen der Erde in Gestalt von Octaedern (derselben Form, worin der Alaun krystallisirt) oder davon abgeleiteten Krystallformen, lose in aufgeschwemmtem Lande und wird durch Auswaschen desselben daraus erhalten. Er zeigt meist eine rauhe Oberfläche und gebogene Flächen; seine aus diesem Grunde gekrümmten Kanten haben die Eigenschaft, Glas nicht allein zu ritzen (wie alle Körper, welche härter sind als dasselbe), sondern es sogar zu schneiden, d. h. eine so tiefe Furche hinein zu ziehen, daß es nach derselben leicht bricht. Der Diamant muß, damit er den Glanz, die Durchsichtigkeit und das Lichtbrechungsvermögen im höchsten Grade zeigt, weshalb er so berühmt und geschätzt ist, nach bestimmten Regeln geschliffen werden; diese Arbeit kann nur mittelst Diamantpulver vorgenommen werden, welches durch Zerkleinern im Stahlmörser von Diamantsplittern oder unbrauchbaren kleinen Diamanten erhalten wird. Um die Arbeit abzukürzen, benutzt man die Spaltbarkeit, welche alle krystallisirten Körper zeigen, und welche erlaubt, die natürlichen Krystalle in bestimmten, ihrer Form entsprechenden Richtungen mittelst Meißel und Hammer zu zertheilen. Erst wenn auf diese Weise die beabsichtigte Gestalt annäherungsweise erreicht ist, beginnt das eigentliche Schleifen. Die Benutzung des Diamanten ist allzubekannt, als daß ich nöthig hätte, noch weiter darauf einzugehen.

Die Kohle verbrennt nicht allein im freien Sauerstoff, sondern sie entzieht denselben in der Glühhitze auch vielen Verbindungen, namentlich den Metalloxyden; sie wirkt als Reductionsmittel und ist selbst eines der kräftigsten, die bekannt sind. In der Glühhitze zersetzt die Kohle selbst das Wasser: der Wasserstoff scheidet sich frei aus und der Kohlenstoff tritt mit dem Sauerstoff zusammen, jedoch nicht zu Kohlensäure, sondern zu einer sauerstoffärmeren Verbindung, dem Kohlenoxyd, wovon weiter unten.

Der Kohlenstoff kommt demnach in drei verschiedenen Formen (auch Modificationen genannt) in der Natur vor:

1) farblos, äußerst hart, in Octaedern krystallisirt: Diamant;

2) grau, weich, in anderer Gestalt krystallisirt, oder nur krystallinisch, abfärbend: Graphit;

3) formlos, als Bestandtheil aller organischen Körper, nach deren Verkohlung in verschiedener Gestalt zurückbleibend, stets schwarz, weich, nicht krystallinisch: Thierkohle, Pflanzenkohle.

Ganz allgemeine Eigenschaften dieser drei Formen sind: die Unmöglichkeit, in flüssige oder Gas-Gestalt gebracht zu werden, die Unveränderlichkeit in gewöhnlicher Temperatur, die Brennbarkeit — zu Kohlensäure — in der Glühhitze.

Nach dieser allgemeinen Betrachtung des Kohlenstoffs sind wir im Stande, weiter im Studium derjenigen seiner Verbindungen fortzufahren, welche uns schon eine Zeit lang beschäftigt hat; auf die anderen kommen wir dann hiernach zurück.

Wir haben die Kohlensäure als eine Luftart, den Kohlenstoff dagegen als einen feuerbeständigen Körper kennen gelernt und es fällt dem mit chemischen Erscheinungen nicht Vertrauten recht schwer, zu begreifen, wie der letztere in der ersteren enthalten sein könnte. Du wirst zwar weniger Anstoß daran nehmen, denn du hast schon oft erfahren, wie die ursprünglichen Eigenschaften der Körper in ihren Verbindungen ganz verloren gehen und vielmehr ganz fremde und oft gar widersprechende auftreten. Indessen ist es doch von großem Interesse, einen Versuch anzustellen, welcher aus der Kohlensäure rückwärts wieder Kohle erzeugt. Du bedarfst dazu eines Stückchens Kaliums; ich nehme an, daß du noch etwas davon übrig hast und daß dein Apparat zur Entwickelung von Kohlensäure noch in Ordnung ist.

Nun fülle einen kleinen Kolben mit Kohlensäure; da aber kein Wasser in demselben sein darf, so geschieht dieses Anfüllen am besten in derselben Weise, wie wir die Gläser mit Chlor gefüllt haben; da nämlich die Kohlensäure viel schwerer als die Luft ist, so brauchst du nur das Gasableitungsrohr bis auf den Grund des Kolbens reichen und eine Zeit lang die Entwickelung dauern zu lassen, bis etwa ein feuchtes blaues Lackmuspapier an der Mündung des Kolbens geröthet wird. Nun wirf ein kleines, etwa erbsengroßes Stück Kalium, nachdem es gut abgetrocknet und von der umgebenden Rinde befreit worden, in den Kolben, verschließe diesen mit einem Kork, der der ganzen Länge nach eine eingefeilte Furche enthält, damit er nicht dicht schließe, und erhitze das Kalium so lange, bis es schmilzt und unter Feuererscheinung die Kohlensäure zersetzt. Nach dem Erkalten wirst du an der Stelle, wo das Kalium sich befand, einen schwarzen Fleck von abgeschiedener Kohle finden.

Es entzieht nämlich das Kalium der Kohlensäure den Sauerstoff; es entsteht Kali, welches sich mit einem unzersetzten Antheil Kohlensäure verbindet, und Kohle wird abgeschieden, etwa nach folgendem Schema:

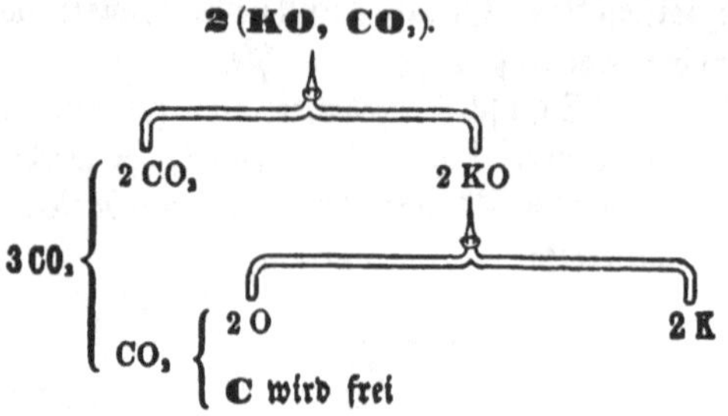

oder nach der Gleichung:

$$2\,K + 3\,CO_2 = 2\,(KO,\,CO_2) + C.$$

Wenn du nach einiger Zeit Wasser in den Kolben gießest, so wirst du dich an der alkalischen Reaction und dem Aufbrausen der erhaltenen Lösung mit Säure überzeugen können, daß in der That kohlensaures Kali gebildet worden. Nur muß dann, um die Zersetzung des Wassers durch das übrig gebliebene Kalium zu vermeiden, im Anfang des Experimentes eine sehr geringe Menge dieses Metalles angewendet werden.

Dieser interessante Versuch zeigt also direct die Gegenwart des Kohlenstoffes in der Kohlensäure; die Quantitäten der beiden Elemente, welche in dieser letzteren mit einander verbunden sind, folgen aus den genauesten Untersuchungen, welche man über die Menge Kohlensäure angestellt hat, die ein gewogenes Stück Diamant beim Verbrennen in reinem Sauerstoff liefert; man findet dann, daß sich 8 Theile Sauerstoff mit 3 Theilen Kohlenstoff verbinden; da aber andere Gründe die Chemiker bestimmt haben, das Atomgewicht der Kohle zu 6 anzunehmen, so folgt daraus die Formel der Kohlensäure (6 Kohle und 16 Sauerstoff) CO_2, wie oben angegeben.

Wir betrachten hiernach die Eigenschaften der Kohlensäure etwas genauer; doch davon im nächsten Briefe.

41. Brief.

Vervollständigung der Kenntniß der Kohlensäure. Experimente mit derselben. Wirkung des Kohlensäuregehaltes der Luft. Löslichkeit der Luft im Wasser; Verhältniß der darin enthaltenen Kohlensäure. Verschiedene Arten des Wassers; Regen-, Quell-, Flußwasser, Mineralquellen.

Wir haben zunächst noch zwei Eigenschaften der Kohlensäure kennen zu lernen, nämlich ihre Unfähigkeit, die Verbrennung zu unterhalten, und ihre Schwere.

Das Kalium ist zwar im Stande, der Kohlensäure den Sauerstoff zu entziehen, zum Beweise, daß bei gewöhnlicher Temperatur seine Affinität dazu größer ist, als die des Kohlenstoffes, und eben so verhalten sich noch einige ähnliche Metalle; allein andere Körper verlöschen, wenn sie brennend in die Kohlensäure gebracht werden, sofort. Der Versuch ist mit einer über Wasser schnell mit unserer Luftart angefüllten Flasche und einem an einem Draht befestigten Wachsstöckchen leicht anzustellen. Dabei ist die Flasche aufrecht mit der Mündung nach oben auf den Tisch zu stellen, in welcher Stellung das Gas nicht entweicht, so daß der Versuch öfter wiederholt werden kann. Er beweist zugleich, daß die Kohlensäure nicht brennbar ist. Daraus folgt auch, weil der Athmungsproceß ein Verbrennungsproceß ist, daß die Kohlensäure nicht athembar ist. Kannst du ein kleines Thier, etwa eine Maus, haben, die du in eine mit Kohlensäure gefüllte Flasche mit weitem Halse bringst, so wirst du es sofort sterben sehen. Allein es ist die Kohlensäure nicht nur dadurch schädlich, daß sie den Athmungsproceß wegen Mangels von freiem Sauerstoff nicht unterhalten kann: sie wirkt auch noch außerdem wie ein schwaches narcotisches Gift, indem sich beim längeren Einathmen von Luft, die nur 1 oder 2 Procent davon enthält, schon nachtheilige Einflüsse auf die Gesundheit zeigen.

Das Verlöschen von brennenden Körpern wird uns sogleich dazu dienen, die Schwere der Kohlensäure nachzuweisen. Schon die einfache Thatsache, daß ein Gefäß, damit gefüllt, längere Zeit offen stehen kann, ehe ein brennender Körper darin weiter brennt, während er in einem umgekehrt gehaltenen Gefäß schon nach kurzer Zeit nicht mehr verlischt, beweist, daß die Kohlensäure viel schwerer als die atmosphärische Luft ist. Deshalb kannst du sie auch aus einem Gefäß in ein anderes gießen, wobei beide so zu halten sind, als ob du eine Flüssigkeit ausgießen wolltest. Ein brennendes Papier oder Wachskerzchen wird dann in dem oberen Gefäße weiter brennen, in dem unteren verlöschen. Diese Eigenschaft kann wie bei Chlor dazu benutzt werden, die Kohlensäure ohne Beihülfe des dieselbe zum Theil auflösenden Wassers aufzufangen, und ich empfehle dir für die folgenden Versuche diese Methode an. Diese, welche die genannten Thatsachen erläutern sollen, will ich ohne eine weitere nunmehr überflüssige Erklärung hier kurz angeben; du wirst sie bestimmt mit vielem Vergnügen anstellen, und es ist nur nicht zu vergessen, daß die Gasentwickelungsflasche von Zeit zu Zeit ausgeleert werden muß.

In ein großes Cylinderglas voll Kohlensäure tauche ein kleineres an einem Faden hängendes wie einen Eimer in einen Brunnen und ziehe dieses wieder heraus — die Flamme wird darin verlöschen.

Ueber eine brennende Kerze gieße die Kohlensäure aus einer weithalsigen Flasche — sie wird durch das herabfallende Gas verlöschen.

Kalkwasser, in einem Glas enthalten, in welches Kohlensäure gegossen wird, überzieht sich sofort mit einem weißen Häutchen.

Ein mit Kohlensäure gefülltes Glas wird durch sorgfältiges Eintauchen eines anderen etwas kleineren bis zur Mitte und behutsames Wiederherausziehen desselben halb geleert, enthält dann im unteren Theil Kohlensäure, im oberen Luft, wie ein brennender Span es leicht nachweist.

In ein mit Kohlensäuregas gefülltes Bierglas wird mittelst einer Trichterröhre behutsam etwa die Hälfte Wasser gegossen und dieses dann durch einen Heber (Fig. 127) wieder entfernt, der, wenn er die gezeichnete Form hat und vollgesogen ist, alles Wasser ausfließen läßt. Nunmehr findet man das Glas halb mit Luft, halb mit Kohlensäure gefüllt.

Fig. 127.

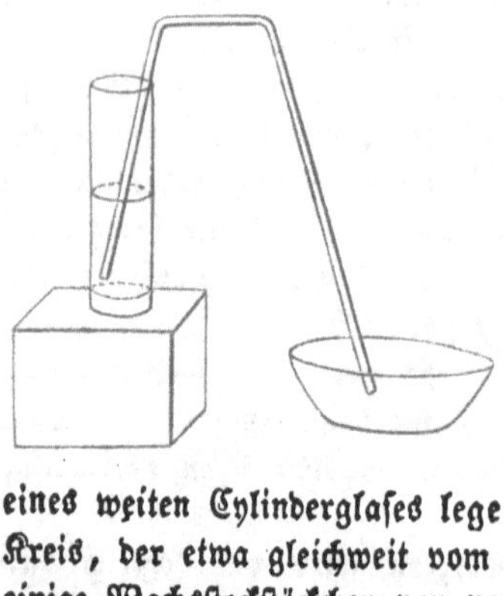

Das hübscheste Experiment ist aber folgendes: Auf den Boden eines weiten Cylinderglases lege eine Pappscheibe, auf welche in einem Kreis, der etwa gleichweit vom Rande und von der Mitte entfernt ist, einige Wachsstockstöckchen von verschiedener Länge aufgeklebt sind, zünde diese an und leite einen starken Strom Kohlensäure auf den Boden des

Glases: zuerst verlischt das niedrigste, dann das etwas höhere Licht u. s. w. bis zum höchsten.

Das specifische Gewicht der Kohlensäure beträgt 1,525. Es erklärt sich daraus, warum sie an denjenigen Orten, wo sie sich aus der Erde entwickelt, besonders die unteren Schichten der Luft erfüllt und sich nur sehr langsam mit der Atmosphäre vermischt.

Beim Athmen wird durch die Verbrennung des Kohlenstoffes der Speisen ebenfalls Kohlensäure entwickelt. Die aus dem Munde geblasene Luft trübt daher Kalkwasser, in welches man sie mittelst einer Glasröhre leitet. Dasselbe geschieht beim Brennen aller unserer Beleuchtungsmaterialien; ich habe schon öfter erwähnt, daß alle organischen Körper Kohlenstoff enthalten; sie müssen also auch beim Verbrennen Kohlensäure liefern. Wenn es nöthig sein sollte, dich davon auch durch den Versuch zu überzeugen, so brauchst du nur eine Kerze in einem großen Glase eine Zeit lang brennen zu lassen und hierauf die darin enthaltene Luft mit etwas Kalkwasser zu untersuchen. Da nun in Anbetracht der überaus großen Anzahl athmender Geschöpfe, brennender Oefen und Lampen auf der ganzen Erde eine ungeheuere Menge dieser Luftart fortwährend erzeugt werden muß, so wirst du wohl fragen, wie es kommt, daß im Laufe der Zeiten nicht aller Sauerstoff verbraucht und eine unathembare Luft entstanden ist. Wenn in der Natur nicht eine andere Thätigkeit bestünde, welche, dieser das Gleichgewicht haltend, die gebildete Kohlensäure wieder dadurch entfernte, daß sie daraus den Kohlenstoff abschiede und den Sauerstoff frei machte, so würde es freilich schlimm um unsere Atmosphäre und unser Leben aussehen. Aber eine solche Thätigkeit zeigen die Pflanzen: sie eignen sich den Kohlenstoffgehalt der Kohlensäure an, um ihn zu ihrem Wachsthum zu verwenden, und hauchen deren Sauerstoff wieder aus. Auf diese Weise bleibt der Kohlensäuregehalt der Luft stets auf einem Punkte, der nur sehr geringe Schwankungen zeigt. Er beträgt nämlich zwischen 4 und 6 Zehntausendsteln oder $\frac{4}{100}$ bis $\frac{6}{100}$ Procent, eine Menge, welche zwar immerhin ausreicht, um die chemischen Wirkungen der Kohlensäure im Haushalte der Natur nicht als verschwindend ansehen zu lassen, die aber dennoch erlaubt, bei der Betrachtung der Luft im Ganzen diese als nur aus Sauerstoff und Stickstoff als den wesentlichen Bestandtheilen gemischt anzusehen. Die stets gleiche Zusammensetzung derselben, und die nie und an keiner Stelle vermehrte oder verminderte Menge des einen oder des anderen Bestandtheils ist eine Folge der sich einander aufhebenden Wirkungen der Thier- und der Pflanzenwelt und des Vermögens der Gase, sich in jedem Raume möglichst auszubreiten, derselbe mag von einer anderen Gasart erfüllt sein, oder nicht. Der Kohlensäuregehalt der Luft schwankt allerdings je nach Umständen etwas, weil diese Luftart durch ihre größere Schwere eine geringere Beweglichkeit besitzt, allein es bleiben diese Schwankungen stets zwischen den angegebenen Grenzen.

Die Gegenwart der Kohlensäure in der Luft kann leicht dadurch dargethan werden, daß man Kalkmilch offen hinstellt: es wird sich sehr bald ein Häutchen von kohlensaurem Kalk darauf gebildet haben; durchbricht man dieses, so sinkt es zu Boden und eine neue Menge Kalk wird der Luft in Lösung dargeboten; man kann auf diese Weise sämmtlichen Kalk in einer Lösung, ja auch noch den ungelösten in der Kalkmilch, in kohlensauren umwandeln.

Dieselbe oder doch eine sehr ähnliche Wirkung übt der Kohlensäuregehalt der Luft auf den ihr in Gestalt von Mörtel dargebotenen Kalk aus. Es wird nämlich das Kalkhydrat allmälig durch die Kohlensäure der Luft in eine Verbindung von kohlensaurem Kalk mit Kalkhydrat, sogenannten basisch-kohlensauren Kalk umgewandelt, die um so fester ist, je mehr kohlensauren Kalk sie enthält, und um so mehr Kohlensäure enthält, je länger sie an der Luft liegt. Daher kommt es, daß diejenigen Mauern am festesten sind, die am längsten stehen (um so mehr, als schlechte Mauern ohnehin nicht lange halten), weil sie am meisten Kohlensäure aufsaugen konnten. Nie wird alles Wasser des Kalkhydrats ausgetrieben, denn in den ältesten Mauern hat man noch Kalkhydrat gefunden.

Warum man Sand zum Kalke setzen muß, liegt nicht etwa in einer chemischen Verbindung des Sandes mit dem Kalke, sondern in der Eigenschaft des Kalkes, nach seiner Verbindung mit Kohlensäure nur in dünnen Schichten zu binden, weshalb man ihn in lauter dünnen Schichten zwischen die Sandkörner vertheilen muß. Außerdem wird dadurch das Hinzutreten der Kohlensäure ermöglicht.

Die Feuchtigkeit, welche frische Mauern abgeben, rührt also zwar anfangs von dem mechanisch beigemengten Wasser, später aber von dem chemisch gebundenen her, welches durch die Kohlensäure vertrieben wird. Wenn demnach das erstere entfernt ist, so kann man das völlige Austrocknen der Mauern nicht durch Wärme, sondern durch größere Kohlensäureentwickelung beschleunigen. Daher werden selbst gut ausgetrocknete Häuser beim Bewohnen nochmals feucht, und man sollte vorher eine große Kohlensäuremenge in den Zimmern — durch Verbrennung von Kohlen in offenen Oefen — vornehmen, ehe man das Geschäft der Bildung der genannten Verbindung derjenigen Kohlensäure überläßt, die beim Athmen sich entwickelt!

Ich kann diesen Gegenstand nicht verlassen, ohne dich auf die Mittel aufmerksam zu machen, Kohlensäure aus Kellern, Brunnen u. s. w. zu entfernen, in welchen sie sich angesammelt hat und in welche Menschen sich begeben sollen. Ihre Gegenwart erkennt man am Verlöschen eines hineingehaltenen Lichtes, und am natürlichsten scheint es wohl, frisch ausgeglühte, also glühend in den Raum gebrachte Kohlen anzuwenden, die nach dem Verlöschen die Kohlensäure aufnehmen, worauf sie wieder glühend gemacht werden u. s. w.; auch kann man einen Luftzug durch Ventilation, Abbrennen von Schießpulver u. s. w. bewirken; Kalkhydrat absorbirt am besten das Gas, wenn es sich in dem eigenthümlichen feuchten Zustand befindet, in welchen es durch Vermischen mit Glaubersalz kommt; bei engen hohen Räumen, wie Brunnen u. s. w., leistet ein großer Eimer, oder ein geschlossen hinabgelassener Regenschirm, den man dann offen wieder herauszieht, gute Dienste.

Die Kohlensäure kann bei einem hohen Druck auch die flüssige Gestalt annehmen; pumpt man in eine starke eiserne Flasche bei 0° 36 mal so viel Kohlensäure, als sie unter gewöhnlichen Umständen enthalten kann, so ist das Gas darin auf $\frac{1}{36}$ seines Volumens zusammengedrückt, oder befindet sich unter einem Druck von 36 Atmosphären. Es beginnt dann, sich zu verdichten, und bei weiterem Einpumpen von Kohlensäure erhält man eine farblose dünne Flüssigkeit, welche an der Luft durch ihre eigene Verdunstung so viel Kälte erzeugt, daß der nicht verdunstete Theil zu fester Kohlensäure wird, die ein dem Schnee gleichendes Ansehen hat. Diese bringt durch ihre Verdampfung eine Erniedrigung der Temperatur bis auf — 78° und sogar unter besonderen Umständen auf — 100° hervor, weshalb sie benutzt wird, um die Wirkung sehr niedriger Temperaturen auf verschiedene Körper zu untersuchen.

Ueber die Löslichkeit der Kohlensäure im Wasser werde ich später — bei der Besprechung ihrer technischen Anwendung — dir noch mehr sagen. Für jetzt haben wir uns schon zu lange bei diesem allerdings sehr interessanten Kapitel aufgehalten und es bleibt uns noch gar mancherlei zu erfahren.

Ein Versuch möge diese Betrachtung beschließen, welcher dir die Löslichkeit der atmosphärischen Luft in Wasser, wie wir diese nunmehr haben kennen gelernt, nachweisen soll; wir konnten ihn nicht früher anstellen, weil du, als wir von der Luft sprachen, die Eigenschaften der Kohlensäure noch nicht kanntest.

Fülle einen Kolben mit frischem Brunnenwasser bis zum Rande an; stelle einen gut passenden Kork mit einer passenden Röhre her, die nicht über die innere Fläche des Korkes hervorragen darf (siehe die folgende Figur), und fülle diese ebenfalls — durch Ansaugen — mit Wasser, dann drücke den Kork in den Kolben, so daß das überschüssige Wasser durch die Röhre ausfließt und der ganze Apparat mit Wasser gefüllt ist. Dann stelle ihn auf, wie die beistehende Fig. 128 (siehe die folgende Seite) zeigt, lasse die Röhre in die pneumatische Wanne mit warmem Wasser münden und stelle über die Mündung der Röhre eine mit

Fig. 128.

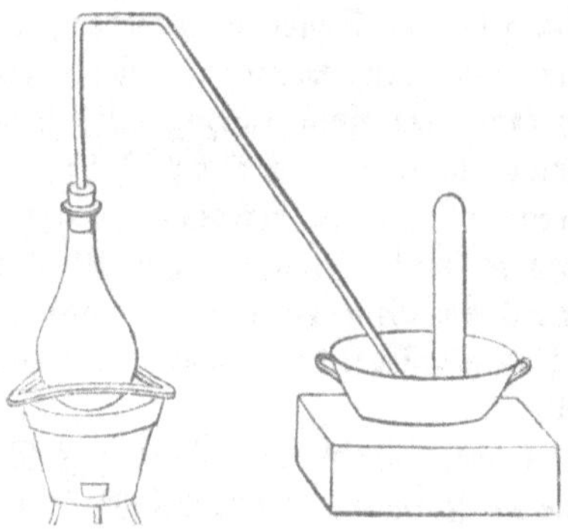

warmem Wasser gefüllte Reagenzröhre. Dann erhitze den Kolben recht behutsam; wenn das Wasser warm wird, werden sich Gasblasen entwickeln, die sich namentlich bei steigender Temperatur in der Röhre ansammeln; schließlich muß durch den Dampf des kochenden Wassers alle entwickelte Luft aus dem Apparate verjagt und in die Röhre gedrängt werden. Wenn das Kochen etwa eine Minute gedauert hat, so nimm den Kolben vom Feuer, lasse die pneumatische Wanne nebst Inhalt erkalten und suche mittlerweile unter deinen Flaschen eine von solcher Größe aus, daß sie ungefähr das angesammelte Gas aufnehmen kann. In diese fülle dasselbe unter Wasser über, und bringe dann ein Stückchen kaustisches Kali in die Flasche, die dann schnell verstopft wird. Wenn du sie nun nach einiger Zeit wieder unter Wasser öffnest, so wirst du an dem ziemlich starken Einsteigen des Wassers bemerken, daß eine gewisse Menge Kohlensäure in der aus dem Wasser entwickelten Luft enthalten und folglich im Wasser gelöst gewesen war. Der Rest ist Stickstoff und Sauerstoff — ein brennender Körper wird eine Zeit lang darin fortbrennen.

Wenn du das Volumen des Wassers mit dem der gewonnenen Luft, und dieses mit dem nach der Absorption der Kohlensäure übrig gebliebenen vergleichst, wirst du daraus das Verhältniß der im Wasser gelösten Luft und des Antheils, welchen die Kohlensäure daran hatte, ermessen können. Die Löslichkeit der letzteren ist so viel größer, als die der Luft, daß sie einen viel größeren Bruchtheil der gelösten, als der atmosphärischen Luft ausmacht.

Die Löslichkeit der Luft und ihrer gasförmigen Beimengungen im Wasser ist die Ursache, daß das Wasser, ehe es destillirt wird, in einem offenen Gefäße zum Sieden erhitzt werden muß, ehe man den Apparat zur Verdichtung des Dampfes anwenden darf.

Die Auflösung der Kohlensäure in Wasser und die dadurch verursachte Fähigkeit des Wassers, kohlensauren Kalk aufzulösen, ist es vorzüglich, welche die Verschiedenheit desselben je nach der Art seines Vorkommens bedingt. Das Wasser, welches als Regen oder Schnee niederfällt, ist das reinste der natürlichen Wasserarten. Ersteres enthält zu Anfang des Regens zwar die in der Atmosphäre suspendirt gewesenen Staubtheilchen u. s. w., später jedoch ist es frei davon und enthält dann nur Kohlensäure und einige andere flüchtige Verbindungen, die in Folge verschiedener Processe in der Natur in die Luft gelangen. Da dieselben beim Gefrieren des Wassers sich ausscheiden, so ist der Schnee das reinste Wasser, und Schneewasser enthält sogar, wenn es nicht zu lange an der Luft gestanden hat, keine Luft gelöst.

Wenn die atmosphärischen Wasser in die Erde eindringen und als Quellen daraus wieder hervorkommen, so haben sie vermöge ihres Kohlensäuregehaltes Gelegenheit, die in der Erde befindlichen Kohlensäure- und anderen Verbindungen aufzulösen, und die Quellen enthalten daher je nach den Bestandtheilen der Erdarten, die sie durchflossen haben, verschiedene Mengen mineralischer Bestandtheile. Derjenige, welcher am häufigsten vorkommt und die übrigen meistentheils auch an Menge übertrifft, ist der kohlensaure Kalk. Er ertheilt dem Wasser die Eigenschaften, die als „Härte" bekannt sind und die hauptsächlich darin sich kund geben, daß es die Seife zu einer unlöslichen Verbindung zersetzt und also unwirksam macht. Gemeinschaftlich mit der Kohlensäure ertheilt der Kalk dem Wasser auch den erfrischenden und kräftigen Geschmack. Alle Mittel, welche die Kohlensäure entfernen, entziehen dem Wasser auch seinen Kalkgehalt. Wenn daher kalkhaltiges Wasser lange an der Luft steht, so wird es von dem sich abscheidenden kohlensauren Kalk trübe; schneller geschieht dies, wenn es zum Sieden erhitzt wird; gießt man es dann von dem abgesetzten Niederschlage ab, so erhält man vollkommen kalkfreies, also „weiches" Wasser, welches nunmehr zum Waschen u. s. w. vollkommen tauglich ist. Dasselbe wird noch schneller durch einen geringen Zusatz von Soda erreicht; diese nimmt die freie Kohlensäure unter Bildung von zweifach kohlensaurem Natron weg und der seines Lösungsmittels beraubte kohlensaure Kalk fällt als flockig-weißer Niederschlag aus. Dieses einfache Mittel ist in den Haushaltungen oft von großem Vortheil; die Menge der anzuwendenden Soda ist in allen Fällen so gering, daß dieser Zusatz, selbst wenn ein Ueberschuß angewendet würde, von keinem nachtheiligen Einfluß sein kann.

Du wirst dich leicht durch ein paar Versuche von dem Gesagten überzeugen können: der weiße Niederschlag, welchen du beim Kochen des Quellwassers erhältst, wird beim Einleiten von Kohlensäure bald wieder verschwinden; er ist es hauptsächlich, der den Kesselstein bildet, welcher in Gestalt steiniger Krusten den Boden der Gefäße überzieht, worin oftmals Wasser gekocht wird. Du kannst nun verstehen, warum es dazu nicht erforderlich ist, daß das Wasser zur Trockne verdampft, sondern nur, daß es zum Sieden erhitzt werde.

Das Quellwasser läßt auf seinem weiteren Laufe nach den größeren Bächen und Flüssen aus der angegebenen Ursache seinen Gehalt an kohlensaurem Kalk zum größten Theile fallen; daher ist das Flußwasser reiner als das Quellwasser, stets fade von Geschmack und von weicher Beschaffenheit; es steht also in Bezug auf seine Reinheit zwischen dem Regen- und dem Quellwasser.

Es giebt allerdings auch manche Quellen, die nur sehr wenig gelöste Bestandtheile enthalten und also dem chemisch reinen Wasser nahe stehen; andere führen deren aber auch desto mehr mit sich, und die sogenannten Mineralquellen, welche sich meistens durch einen größeren Gehalt gewisser Bestandtheile auszeichnen, sind damit zum Theil in sehr bedeutender Menge versehen, so daß z. B. die Karlsbader Quellen jährlich über 130,000 Centner kohlensaures Natron und 200,000 Centner Glaubersalz zu Tage fördern.

Freilich ist dies eins der auffallendsten Beispiele, doch ist es weit entfernt davon, allein zu stehen.

Mich hier weiter auf die Natur und Entstehung der Quellen einzulassen und von dem Unterschiede der einzelnen Mineralwasser zu sprechen, mußt du mir schon erlassen; es würde mich dieses allzuweit von meinem eigentlichen Thema ablenken, und du findest darüber so viel in anderen Schriften, daß du, unter Zugrundelegung deiner bereits erworbenen chemischen Kenntnisse, hiermit bis zu einem ganz speciellen Studium vollkommen ausreichen wirst.

An Materialien für die nächsten Versuche verschaffe dir: 4 Loth Kleesäure, 8 Loth Bleichkalk, 4 Loth Chlorcalcium (bekannter unter dem Namen salzsaurer Kalk).

---

42. Brief.

Kohlenoxyd; Darstellung und Eigenschaften; Reduction der Metalloxyde durch dasselbe. Kohlensäuresalze. Darstellung des kaustischen Kali's. — Unterchlorigsaurer Kalk und Zersetzung desselben durch Kohlensäure. Chlorcalcium.

Der Kohlenstoff bildet mit dem Sauerstoff noch eine zweite Verbindung,

das Kohlenoxyd CO,

in welchem ein Atom Kohlenstoff mit einem Atom Sauerstoff verbunden ist. Es ist zur Entstehung des Kohlenoxydes also weniger Sauerstoff erforderlich, als zu der der Kohlensäure, und wenn diese daher beim Verbrennen von wenig Kohle in Gegenwart von viel Sauerstoff entsteht, so bildet sich jenes beim Verbrennen von viel Kohle in wenig Sauerstoff, ja wenn Kohlensäure bereits gebildet worden ist und mit glühenden Kohlen in Berührung kommt, so giebt sie hiervon wieder so viel Sauerstoff ab, daß sie wieder zu Kohlenoxyd wird, während auch die Kohle durch den Sauerstoff der Kohlensäure zu Kohlenoxyd verbrennt, denn

$$CO_2 - O = CO$$

und $CO_2 + C = CO + CO$

nämlich

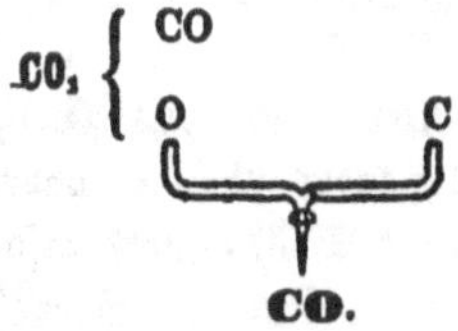

Dasselbe gilt auch von einer anderen Entstehungsweise des Kohlenoxydes: Wenn nämlich Wasserdampf mit glühender Kohle zusammenkommt, so bildet sich Wasserstoff und Kohlenoxyd ($C + HO = CO + H$). Dieses Verhalten des Wasserdampfes, mit Kohle zwei brennbare Gase zu liefern, ist die Ursache, weshalb Wasser, in geringer Menge auf sehr lebhaft brennende Körper gebracht, eher die Verbrennung und die Hitze vermehrt als vermindert. Man hat diese Zersetzung auch zur Darstellung brennbarer Gase anzuwenden versucht, und es ist vielleicht die Zeit nicht ferne, wo man diesen Weg zu manchen technischen Zwecken benutzen wird.

Wenn auch das Kohlenoxyd aus Kohle oder Kohlensäure unschwer darzustellen ist, so kann ich dir doch nicht zu diesem Versuche rathen, weil das erlangte Resultat nicht der aufgewandten Mühe entspricht. Du sollst auch gleich erfahren, welche gewöhnliche Erscheinungen eben so viel beweisen. Wir aber wollen eine andere Darstellungsweise dieses Gases kennen lernen: Es giebt eine in das Reich der organischen Chemie gehörende dritte Verbindung des Kohlenstoffes mit dem Sauerstoff, welche den Namen Oxal- oder Kleesäure trägt und deren Zusammensetzung genau in der Mitte zwischen Kohlenoxyd und Kohlensäure steht. Die Oxalsäure enthält nämlich auf 1 Aequivalent Kohle $1\frac{1}{2}$ Aequivalent Sauerstoff, oder auf 2 Aequivalente C 3 O; ihre Formel ist also

$$C_2O_3.$$

Sie kommt in der Natur fertig gebildet vor und kann auch künstlich durch Oxydationsprocesse aus manchen organischen Körpern, z. B. aus Zucker erhalten werden. Sie ist dann stets mit 3 Aequivalenten Wasser verbunden, hat also die Formel $C_2O_3 + 3\,HO$; beim Erhitzen verliert sie 2 Atome Wasser und hat dann die Formel $C_2O_3 + HO$; das letzte Wasseratom ist aber so stark gebunden, daß es sich nur durch Vertretung durch eine Basis austreiben läßt, weshalb die Formel vielleicht besser C_2O_4H geschrieben würde, wo das Atom Wasserstoff durch ein Metall vertretbar zu denken ist. Mit Schwefelsäure übergossen giebt sie an diese die Elemente von 1 Atom Wasser ab, es müßte also $C_2O_4H - HO = C_2O_3$ übrig bleiben, wenn C_2O_3 überhaupt existiren könnte. Allein dies ist nicht der Fall, sondern es entsteht statt dessen $CO + CO_2$ (welches ja zusammen C_2O_3 giebt) und man erhält demnach beim Erhitzen von Kleesäure mit Schwefelsäure Kohlenoxyd und Kohlensäure. Um nun aus diesem Gasgemisch das Kohlenoxyd abzuscheiden, braucht man nur demselben einen Stoff zu bieten, der sich leicht mit der Kohlensäure verbindet. Wir leiten also das Gasgemisch durch Kalkmilch, welche du noch in hinreichender Menge haben wirst. Der Apparat (Fig. 129, siehe die folgende Seite) giebt also, wenn die Retorte mit Kleesäure und ihrem 5fachen Gewicht Schwefelsäure und die Waschflasche mit Kalkmilch beschickt ist, beim Erhitzen Kohlenoxyd; dabei ist nicht zu übersehen, daß sich in dem Kolben ein Gemenge von beiden Gasen befindet und erst die letzte Röhre Kohlenoxyd giebt, mit welchem in der pneumatischen Wanne einige Gasflaschen zu füllen sind. Du

Fig. 129

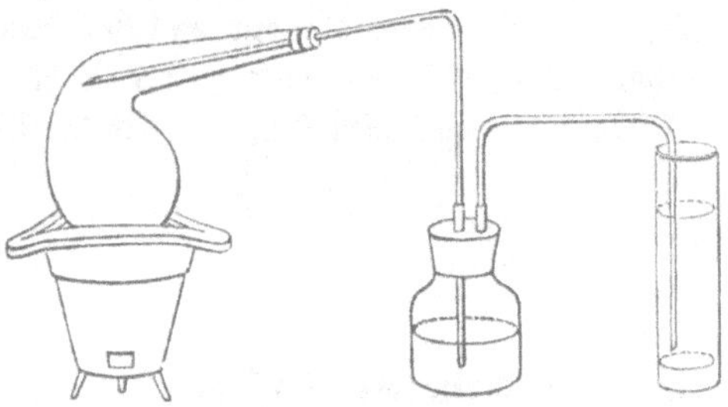

wirst es mir nicht verargen, wenn ich dich auch bei dieser Gelegenheit daran erinnere, daß vor der Benutzung des Apparates derselbe mit großer Sorgfalt auf seine Dichtigkeit geprüft werden muß. Ehe die Gasentwickelung in gutem Gange ist, ist die Waschflasche mit Kalkmilch wiederholt umzuschütteln, weil sich sonst die Röhre leicht durch den abgesetzten Kalk verstopft.

Du wirst nun bemerken, daß das Kohlenoxyd ein farb- und geruchloses Gas ist, welches sich entzünden läßt und mit schön hellblauer Flamme verbrennt — wozu? Du kannst leicht denken, daß sich Kohlensäure bildet, wofür der Beweis unschwer zu führen ist, weshalb ich dir denselben überlasse.

Das Kohlenoxydgas ist in Wasser sehr wenig löslich, etwas leichter als die Luft, verbindet sich weder mit Basen noch mit Säuren und ist also ein indifferenter Körper; man giebt an, es wirke auf den Organismus giftig ein.

Auf Metalloxyde wirkt das Kohlenoxyd reducirend, indem es sich mit deren Sauerstoff zu Kohlensäure verbindet; die Reductionen, welche im Großen zur Darstellung der Metalle aus ihren Oxyden vorgenommen werden, sind hauptsächlich Wirkungen des Kohlenoxydes.

Wenn man Kohlen oder kohlenstoffhaltige organische Körper in geschlossenen Räumen, z. B. bei mangelndem Zug im Ofen, verbrennt, so entwickelt sich ein Gemisch von Kohlensäure und Kohlenoxyd, welchem man die tödtlichen Wirkungen zuschreibt, die unter diesen Umständen beobachtet worden sind.

Wenn Kohlen in etwas dichten Schichten verbrennen, so bildet sich an der Stelle, wo die Luft hinzutritt, allerdings Kohlensäure, diese aber ist hiernach genöthigt, durch eine Schicht glühender Kohlen hindurchzustreichen und verwandelt sich auf diesem Wege in Kohlenoxydgas. Wenn dieses nun glühend an die Luft tritt, so verbrennt es mit bläulicher Flamme. Hierin ist die Ursache zu sehen, weshalb die reinen Holzkohlen, selbst wenn sie bei starkem Luftzug verbrannt werden, mit blauer Flamme brennen, während doch beim d i r e c t e n Verbrennen der Kohle zu Kohlensäure k e i n e Flamme gebildet wird.

Hast du Lust, die reducirenden Wirkungen des Kohlenoxydes zu beobachten, so wirst du dazu an den Apparat zu dessen Entwickelung noch eine Waschflasche mit Schwefelsäure und dann eine Kugelröhre ansetzen, die eine von den am leichtesten zu reducirenden Oxyden enthält; dazu eignen sich besonders Bleioxyd, Zinnoxyd. Die Bildung der Kohlensäure wird einfach durch Einleiten des erhaltenen Gases in Kalkwasser erkannt.

Ich komme nun auf die Verbindungen der Kohlensäure mit Basen zurück. Die Eigenschaften des kohlensauren Kali's und des kohlensauren Natrons sind dir schon größtentheils aus dem Vorhergehenden bekannt und ich brauche nur noch Weniges hinzuzufügen. In der Hitze schmelzen beide Salze und verdampfen in der Weißglühhitze unzersetzt. Beim Glühen mit Kohle wird sowohl das Kali oder Natron, als auch die Kohlensäure durch die Kohle reducirt und aus den Oxyden die Metalle, aus der Kohlensäure Kohlenoxyd erhalten. Da die beiden Metalle flüchtig sind, so benutzt man dieses Verhalten zur Darstellung derselben. Man glüht nämlich eigens dargestellte innige Gemenge von kohlensaurem Kali oder Natron und Kohle in eisernen Destillationsgefäßen aufs heftigste; es entweichen dann verschiedene Producte und unter anderen, wie gesagt, Kohlenoxyd und Kalium oder Natrium; diese Metalle werden dann condensirt und unter Steinöl aufgefangen. Das Nähere dieses Verfahrens, wobei sehr verwickelte und eigenthümliche Substanzen auftreten (namentlich in Folge der Einwirkung der Metalle auf das Kohlenoxyd), will ich hier nicht weiter erörtern; es wird dir das Gesagte zum Verständniß desselben im Allgemeinen genügen; ich wende mich daher zum Verhalten des kohlensauren Kali's.

Löse einige Loth kohlensaures Kali in ihrem 10fachen Gewicht Wasser auf, oder verdünne eine Lösung von Potasche in wenig Wasser ungefähr bis auf diesen Punkt. Erhitze diese Lösung in einem reinen eisernen Kessel zum Sieden und setze dann $\frac{2}{3}$ Theile Kalk, der mittlerweile zum gleichförmigen dünnen Breie gelöscht worden, nach und nach zu, während das Ganze fortwährend kocht. Dann nimm den Topf vom Feuer, lasse den Inhalt sich durch Absitzen klären und nimm mittelst einer eingetauchten und dann mit dem Finger verschlossenen Röhre (S. 208) einige Tropfen von der klaren Flüssigkeit, um zu sehen, ob sie mit verdünnter Salzsäure noch braust; sollte dies der Fall sein, so müßte noch etwas Kalk zugesetzt werden, bis die Lösung kein kohlensaures

Kali mehr enthält; die klar abgeschiedene und sorgfältig in eine Flasche mit eingeriebenem und mit Fett bestrichenem Stöpsel abgegossene Flüssigkeit ist eine Lösung von kaustischem Kali. Der Rückstand ist natürlich kohlensaurer Kalk. Die Zersetzung ist, abgesehen vom Wasser des Kalkes:

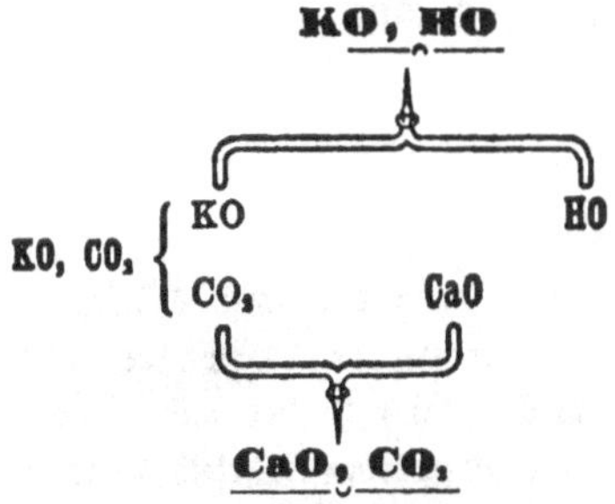

oder:

$$KO, CO_2 + CaO + HO = CaO, CO_2 + KO, HO.$$

Obwohl das Kali in der Regel eine stärkere Basis ist, als der Kalk, so entzieht in diesem Falle dennoch dieser dem Kali die Kohlensäure, und zwar geschieht dies in Folge der Unlöslichkeit der so entstehenden Verbindung, während alle anderen gegenwärtigen Stoffe löslich sind, was selbst, wenn auch nur in geringem Maße, vom Kalke gilt.

Es hat sich nämlich die allgemeine Regel in allen ähnlichen Fällen bestätigt gefunden, daß bei Vermischung mehrerer löslicher Körper allemal diejenige gegenseitige Zersetzung eintritt, welche die Bildung eines unlöslichen Körpers möglich macht, so daß dann diejenigen der vorhandenen Bestandtheile zusammentreten, die sich zusammen als unauflösliche Verbindung ausscheiden können.

Es läßt sich diese allgemeine Regel, die wir schon mehreremale (wo?) bestätigt gefunden haben, auch so ausdrücken, daß diejenige Affinität, welche zwischen den Bestandtheilen einer unlöslichen Verbindung stattfindet, stärker ist, als die, welche die Bestandtheile einer löslichen Verbindung zusammenhält. Es gilt dies jedoch nicht für solche Fälle, wo einer der Bestandtheile, welcher frei werden kann, flüchtig ist, denn alsdann entweicht derselbe jedenfalls, wie es z. B. bei der Zersetzung des unlöslichen kohlensauren Kalkes durch Salzsäure zu löslichem Chlorcalcium und flüchtiger Kohlensäure der Fall ist.

Das kaustische Kali des Handels wird gerade so dargestellt, wie du es so eben gethan hast; nur dampft man die kaustische Lauge erst in eisernen, dann in silbernen Kesseln so lange ein, bis sie in glühenden Fluß geräth, worauf man die Masse endlich in Formen oder auf eine Platte ausgießt und erstarren läßt. Ihre Eigenschaften sind dir von früherher und durch die vielfach damit angestellten Experimente hinreichend bekannt. Was von dem kaustischen Kali gilt, gilt auch unter geringen Abänderungen vom kaustischen Natron.

Bei dem Chlor und seinen Oxydationsstufen habe ich dir gesagt, daß die Verbindung der unterchlorigen Säuren mit dem Kali eine sehr geringe Anwendung im Vergleich zu der mit einer anderen Basis erleide. Diese ist der Kalk, und es werden jährlich ungeheuere Massen unterchlorigsauren Kalkes zum Zwecke des Bleichens dargestellt. Es geschieht durch Hinüberleitung von Chlor über Kalkhydrat, unter Vermeidung von einem Ueberschusse dieses Gases und von Erhitzung. Die dabei stattfindende Zersetzung ist derjenigen bei Darstellung des Kalisalzes entsprechend, und ich verweise dich auf das damals Mitgetheilte. Man setzt die Absorption des Chlors nicht bis zu Ende fort, und erhält also immer nur ein Gemisch von Chlorcalcium, unterchlorigsaurem Kalk und Kalkhydrat, welches den Namen Chlorkalk oder Bleichkalk trägt. Hierbei ist der letztere Gemengtheil werthlos, nicht so der erstere.

Allerdings wirkt bei alleiniger Anwendung des Bleichkalkes nur der unterchlorigsaure Kalk; wenn man aber außerdem noch eine Säure zusetzt, so tritt eine Zersetzung ein, in deren Folge auch das Chlor des Chlorcalciums zur Wirkung kommt. Es wird nämlich, unter Bildung des entsprechenden Kalksalzes, die unterchlorige Säure frei gemacht; sie zerfällt aber sofort in Sauerstoff und Chlor; letzterer wird frei und ersterer geht an das Calcium des Chlorcalciums, worauf sich der entstandene Kalk mit der Säure ebenfalls verbindet, während auch das Chlor des Calciums frei wird. Du siehst also, daß in Folge der Anwendung von Säure und der Zersetzung der unterchlorigen Säure alles Chlor frei wird, mithin durch seine Bleichkraft wirken kann.

Selbst die schwache Kohlensäure wirkt in dieser Weise, und wenn man daher Bleichkalk an der Luft stehen läßt, so erhält man endlich nur kohlensauren Kalk, während alles Chlor frei geworden ist; deshalb wendet man den Chlorkalk zur Zerstörung von Miasmen und Krankheitsstoffen in Zimmern an. Die angeführte Zersetzung wird aus folgendem Schema deutlich werden, in welchem ich als zersetzende Säure beispielsweise die Kohlensäure gewählt habe, obwohl jede andere eben so wirkt:

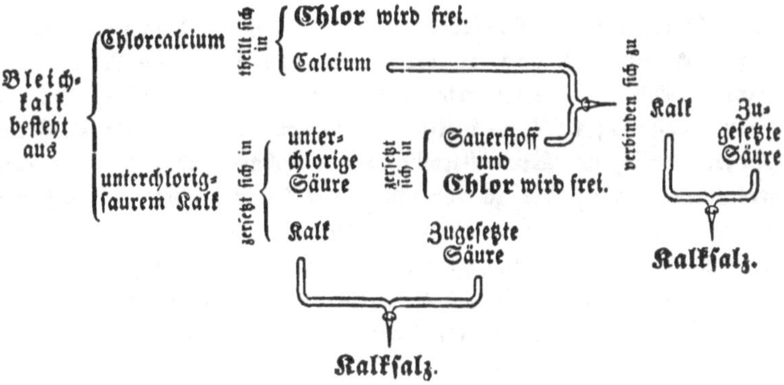

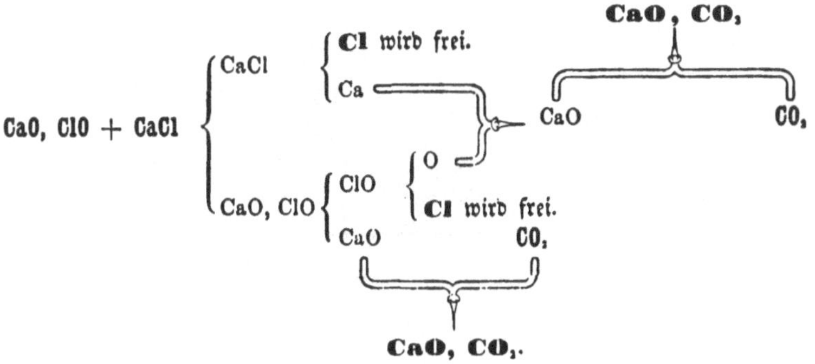

Formel : $CaO, ClO + CaCl + 2\,CO_2 = 2\,(CaO,CO_2) + 2\,Cl$.

Du kannst dir leicht die Bleichkraft des Chlorkalkes anschaulich machen; dazu nimm Blauholz- oder Indigotinctur oder auch bedruckte Baumwolle; wenn du letztere erst in verdünnte Salzsäure und dann in verdünnte Chlorkalklösung bringst, so ist die Wirkung desselben am stärksten.

Weshalb man bei der Darstellung des Bleichkalkes die Anwendung von Wärme sorgfältig vermeiden muß, geht daraus hervor, daß der Chlorkalk beim Erhitzen (dieser Versuch ist anzustellen!) Sauerstoff entwickelt und sich in ein Gemisch von Chlorcalcium und chlorsaurem Kalk verwandelt. Die Erklärung des Processes und die Darstellung durch ein Schema überlasse ich deinem fleißigen Nachdenken und schreibe nur die Gleichung her, die den ganzen Vorgang vorstellt :

$$9\,CaCl + 9\,CaO, ClO = 12\,O + 17\,CaCl + CaO, ClO_5.$$

Das im Vorhergehenden mehrfach erwähnte Chlorcalcium CaCl kann im reinen Zustande durch Abdampfen der bei der Darstellung der

Kohlensäure mittelst Salzsäure erhaltenen Lösung dargestellt werden. Außerdem wird es noch in einigen anderen Fällen als Nebenproduct erzeugt. Aus der concentrirten Lösung scheiden sich Krystalle von der Zusammensetzung CaCl + 6 HO ab, die an der Luft unter Wasseranziehung zerfließen. Beim Vermischen mit Schnee geben sie eine Temperaturerniedrigung bis zu 45° unter dem Gefrierpunkt. Beim starken Erhitzen verliert es 4 Aequivalente Wasser und wird zur porösen Masse, die durch die Begierde ausgezeichnet ist, mit der sie Wasser aufnimmt, weshalb sie zum Austrocknen von Gasen vielfach angewandt wird. Erst in der Glühhitze verliert es den Rest des Wassers und schmilzt.

43. Brief.

Kohlensäuresalze; kohlensaures Eisenoxydul; kohlensaures Zinkoxyd; kohlensaures Bleioxyd, Bleiweiß. Doppelt kohlensaures Natron und Kali. Künstliche und natürliche Säuerlinge. Löslichkeitsverhältnisse der Kohlensäure.

Ich habe nun noch die übrigen Kohlensäuresalze hier anzuführen, sofern dieselben einige Wichtigkeit oder Interesse darbieten, und dann von der Anwendung der Kohlensäure einige Worte zu reden.

Das kohlensaure Eisenoxydul FeO, CO_2 kommt in der Natur als Spatheisenstein oder Stahlstein vor. Beim Erhitzen hinterläßt er unter Entwickelung von Kohlensäure und Kohlenoxyd Eisenoxydoxydul. Künstlich läßt er sich zwar augenblicklich erhalten, aber nicht rein darstellen.

Das kohlensaure Zinkoxyd kommt in der Natur als Galmei vor und ist eins der wichtigsten Zinkerze. Bei der Zersetzung eines Zinksalzes mit kohlensaurem Alkali wird nicht ein neutrales Salz, sondern eine basische Verbindung als weißer Niederschlag gefällt $[2(ZnO, CO_2) + 3(ZnO, HO)]$.

Das kohlensaure Kupferoxyd wird in Verbindung mit Kupferoxydhydrat beim Ausfällen eines Kupferoxydsalzes mit kohlensaurem Alkali als hellblauer Niederschlag erhalten, der nach einiger Zeit in ein grünes Pulver sich verwandelt, welches beim Kochen zu schwarzem Kupferoxyd wird. In der Natur kommt eine ähnliche Verbindung als Malachit, und eine andere, nach anderem Verhältniß zusammengesetzt, als Kupferlasur vor.

Das kohlensaure Bleioxyd findet sich in der Natur als Weißbleierz in schönen, stark glänzenden Krystallen. Künstlich wird es durch doppelte Zersetzung erhalten. Im Großen wird ein basisches Salz auf verschiedene Weise dargestellt, welches als Farbe eine sehr bedeutende Anwendung findet, obwohl es bei weitem besser wäre, wenn dasselbe durch das Zinkweiß vollständig verdrängt würde, das zwar theurer und von etwas geringerer Deckkraft ist, dagegen durch seine Unschädlichkeit und die Unveränderlichkeit seiner Weiße sich auszeichnet, während die Fabrikation des Bleiweißes zu den nachtheiligsten gehört und diese Farbe sehr leicht selbst durch die in der Luft enthaltenen Ausdünstungen ihre Reinheit verliert.

Die verschiedenen Methoden der Bleiweiß-Fabrikation liefern Producte von verschiedener Zusammensetzung, kommen aber alle darauf hinaus, daß basisch essigsaures Bleioxyd durch Kohlensäure zersetzt wird. Bezeichnen wir die Essigsäure, welche eine organische Säure ist, mit $\bar{A}$, so ist die Formel des neutralen essigsauren Bleioxydes $PbO, \bar{A}$, die des basischen, welches beim Behandeln des neutralen mit Bleioxyd entsteht, $3\,PbO, \bar{A}$. Beim Zutritt von Kohlensäure wird nun hieraus das Bleioxyd größtentheils ausgefällt, und zwar als basisch kohlensaures Bleioxyd [wie z. B. $2\,(PbO, CO_2) + PbO, HO$] und es bleibt neutrales Salz und etwas freie Säure übrig, welche wieder zur Bildung von basischen Salzen verwendet werden können.

Auf diesem Verhalten beruht die eine der im Großen angewandten Methoden, die im Wesentlichen mit der Darstellung Präp. XLIV übereinstimmt.

Basisch essigsaures Bleioxyd entsteht auch, wenn Essigsäure oder Dämpfe derselben auf Blei in Gegenwart von Luft, namentlich bei etwas erhöhter Temperatur, einwirken. Hierauf beruht die holländische Bleiweißfabrikation: man stellt steinerne Töpfe mit Essig und Bleiplatten in Misthaufen; durch die Gährung wird die zum Verdampfen des Essigs nöthige Temperatur und zugleich die Kohlensäure geliefert, so daß hier alle Bedingungen vereinigt sind, um so mehr, als die einmal vorhandene, wenn auch geringe Menge Essigsäure lange ausreicht, weil das gebildete Salz gleich wieder zersetzt und somit die Säure wieder frei wird.

Das Abklopfen des Bleiweißes von den Bleiplatten ist es hierbei namentlich, welche die Gesundheit der Arbeiter gefährdet.

Sowohl das kohlensaure Natron als auch das kohlensaure Kali absorbiren, wenn man sie mit Kohlensäure in Berührung bringt, von derselben noch ein weiteres Atom, und bilden so das zweifach kohlensaure Kali und Natron. Das doppelt kohlensaure Natron z. B., $NaO, HO, 2\,CO_2$, kannst du sehr leicht darstellen durch Einleiten von Kohlensäure in ein Gefäß, an dessen Boden sich eine concentrirte Lösung von Soda, oder auch etwas angefeuchtete Soda-Krystalle befinden. Das Gefäß, in welches die Gasleitungsröhre bis nahe über den Spiegel der Flüssigkeit reichen soll, muß eine weite Mündung haben und diese, wenn auch unvollkommen, mit Papier dicht bedeckt sein. Die Absorption erfolgt sehr schnell und die sich absetzenden Krystalle des sauren Salzes würden die Gasleitungsröhre verstopfen, wenn sie bis in die Flüssigkeit reichte.

Man stellt dieses Salz im Großen unter Benutzung der aus der Erde an vielen Orten entströmenden, so wie der bei der Gährung sich bildenden Kohlensäure dar; dabei ist zu berücksichtigen, daß das neutrale Salz zehn, das saure ein Aequivalent Wasser enthält und daß also bei Anwendung von Krystallen neun Aequivalente Wasser austreten, die in Gestalt einer concentrirten Lösung ausfließen, weshalb die Apparate zum Abtropfenlassen und Aufsammeln derselben eingerichtet sein müssen.

Das doppelt kohlensaure Natron wird zur Darstellung kohlensäurehaltiger Getränke in großer Menge angewandt, weil es bei weitem mehr Kohlensäure enthält als das einfache Salz. Die Säure, welche man zur Zersetzung des Salzes anwendet, ist alsdann eine feste Säure, welche nicht eher einwirkt, als bis Wasser hinzutritt, so daß man den Beginn der Gasentwickelung völlig in der Hand hat. Da von den Mineralsäuren keine im trockenen Zustande bewahrt werden kann, so ist man schon hierdurch auf die organischen Säuren angewiesen, wenn nicht schon die Schädlichkeit und Stärke der unorganischen dieselben verwerfen ließe. Unter den organischen Säuren wird durch die Rücksicht auf Billigkeit und Unschädlichkeit die Weinsteinsäure, die dir schon von früher her bekannt ist, als die brauchbarste bestimmt; obwohl für manche Fälle, wo ein höherer Wohlgeschmack erzielt werden soll, die Citronensäure den Vorzug verdient.

Wenn kohlensäurehaltige Getränke fabrikmäßig bereitet werden sollen, bedient man sich dagegen des kohlensauren Kalkes oder der kohlensauren Magnesia, oder des Gemenges von beiden und einer starken Säure, um die Kohlensäure darzustellen, da hier wegen der Anwendung anderer Apparate die genannten Rücksichten wegfallen. Eine nähere Beschreibung des üblichen Verfahrens mußt du mir erlassen, da es eine zu specielle Auseinandersetzung bedingen würde.

Wenn man zum Gebrauche im Kleinen ein kohlensäurehaltiges Getränk bereiten will, so kommt es entweder nur darauf an, augenblicklich dasselbe in geringer Menge zu erhalten, ohne daß der Genuß des weinsteinsauren Natrons nachtheilig wirkte, oder man beabsichtigt, einen kleinen Vorrath von Wasser herzustellen, welcher eine sehr große Menge Kohlensäure und keins der zugesetzten oder entstehenden Salze enthält.

Im ersteren Falle mischt man das doppelt kohlensaure Natron und die Weinsteinsäure ($C_4H_3O_6$) im Verhältnisse ihrer Atomgewichte und übergießt das feingepulverte Gemisch (Brausepulver) im Momente, wo man trinken will, mit Wasser, worauf die Einwirkung sofort beginnt und unter heftigem Aufschäumen schnell verläuft.

Im zweiten Falle wendet man besondere Apparate an, welche aus zwei Theilen bestehen. In dem einen befindet sich das Wasser, welches mit Kohlensäure imprägnirt werden soll, im anderen das Gemisch der beiden Substanzen. Der Apparat ist so eingerichtet, daß die Gasentwickelung in einem beliebigen Momente eingeleitet werden kann und daß alsdann die Kohlensäure nur den einzigen Ausweg in das anzusäuernde Wasser hat, indem der Apparat übrigens gasdicht geschlossen ist. Man hat sowohl steinerne als gläserne „Gaskrüge". Die letzteren haben folgende Einrichtung (Fig. 130): A ist eine Glaskugel, die bei a offen

Fig. 130.

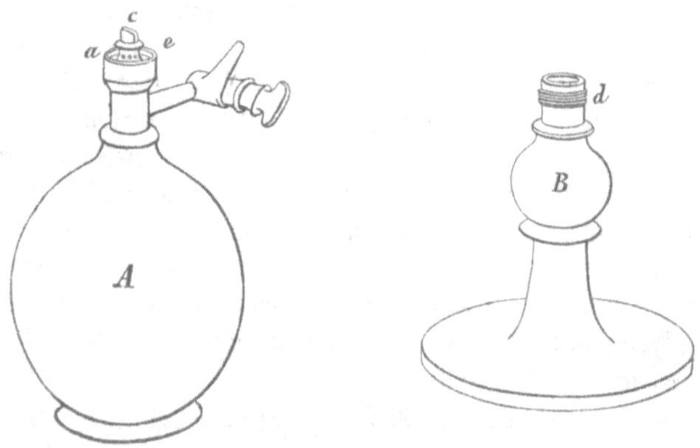

Fig. 131.

ist und nur durch das eingeschraubte Röhrchen c mit durchlöchertem Boden (welches bei Fig. 131 c vergrößert abgebildet ist) verschlossen wird. Wenn die Glaskugel mit Wasser gefüllt und dieses Röhrchen eingeschraubt ist, so läuft auch beim Umkehren nichts aus, weil das Gefäß dann oben geschlossen und die untere Oeffnung zu klein ist.

In die untere Glaskugel B, auf welche die obere mittelst der Schraube d und der Mutter e gasdicht aufgesetzt werden kann, kommt das Gemisch des kohlensauren Natrons und der Weinsteinsäure, worauf man die große Kugel fest aufsetzt. Erst beim Neigen fließt Wasser auf das Gemisch und die Kohlensäure steigt in das Wasser, um sich darin aufzulösen. Man läßt nach und nach so viel Wasser zufließen, daß endlich alles gelöst ist. Ein plötzliches Zufließenlassen des Wassers würde leicht eine so heftige Gasentwickelung veranlassen, daß der Apparat zerschmettert werden könnte.

Um es verstehen zu können, wie unter diesen Umständen das Wasser weit mehr Kohlensäure aufnimmt, als beim bloßen freien Durchleiten derselben, hast du Folgendes zu beachten: das Wasser löst von der Kohlensäure gerade sein gleiches Volumen auf, und zwar unter allen Umständen. Wenn nun die Kohlensäure sehr zusammengepreßt ist, so wird demnach zwar immer nur derselbe Raum, aber doch ein viel größeres Gewicht derselben vom Wasser gelöst. Wenn man z. B. in einem Raume, der einen Kubikfuß faßt, einen Kubikfuß Kohlensäure entwickelte, so würde diese von einem hinzugebrachten Kubikfuß Wasser gerade gelöst werden; wenn man aber in demselben geschlossenen Raume so viel Kohlensäure entwickelte, als unter freier Entwickelung einen Raum von 2, 3, 4, 10 Kubikfuß einnehmen würde, so würden auch diese 2, 3, 4, 10 Kubikfuß Kohlensäure von dem einen Kubikfuß Wasser aufgenommen werden, den man hinzubringt. Es übt die übermäßig entwickelte Kohlensäure auf sich selbst einen Druck aus, indem sie sich in dem engen Raume zusammendrückt, und sie preßt sich somit selbst in das Wasser. Aus diesem Grunde löst sich im Wasser des Gaskruges so viel Kohlensäure auf, wie wir sich entwickeln lassen, weil sie sich in einen und denselben Raum zusammenpreßt, und das Wasser alsdann von der zusammengepreßten Säure denselben Raum, aber das größere Gewicht aufnimmt, als ob sie nicht zusammengedrückt wäre.

Wenn z. B. der Gaskrug ¼ Kubikfuß Wasser faßte, so würde dieses beim ungehinderten Durchleiten auch nur ¼ Kubikfuß Kohlensäure auflösen können. Wenn man aber so viel von dem Gemisch der beiden Stoffe in die Glaskugel bringt, daß sich daraus ein ganzer Kubikfuß entwickeln muß, so preßt sich dieser in den engen Raum von ¼ Kubikfuß ein und wird ebenfalls aufgelöst. Wenn das Wasser nachher an die freie Luft kommt und der Druck des zusammengepreßten Gases auf das Wasser das darin gelöste Gas nicht mehr zurückhält, so entweicht dasselbe mit Ausnahme derjenigen Menge, welche unter diesen Umständen gelöst bleiben kann, nämlich von ¼ Kubikfuß. Daher das Schäumen und Perlen des „Sauerwassers“.

Die Natur spendet uns viele kohlensäurehaltige Quellen, sogenannte „Säuerlinge“, die nah' und ferne in großer Menge genossen werden. Sie enthalten vermöge der eingeschlossenen Kohlensäure mehr Stoffe gelöst, die sich in gewöhnlichem Wasser nicht auflösen, wie du ja schon

z. B. weißt, daß sich kohlensaurer Kalk in kohlensäurehaltigem Wasser auflöst; dasselbe gilt vom kohlensauren Eisenoxydul, von der Magnesia und von vielen anderen Stoffen. Dadurch erhalten die Säuerlinge noch eine größere Wirksamkeit auf den menschlichen Organismus, als das reine kohlensäurehaltige Wasser schon besitzt. Diese äußert sich vielfach als Heilkraft, und man stellt daher auch mittelst der Sauerwasserkrüge solche Mineralwasser dar, indem man dem Wasser vor dem Imprägniren mit Kohlensäure die nothwendigen Substanzen in demjenigen Verhältnisse und derjenigen Menge zusetzt, wie sie die Analyse des nachzuahmenden Mineralwassers für die zu behandelnde Wassermenge ergeben hat.

Natürlich haben diese künstlichen Sauer- und Mineralwasser, eben so wie diejenigen, welche fabrikmäßig dargestellt werden, genau dieselbe Wirkung, wie die natürlichen, wenn sie nur genau nach guten Analysen derselben zusammengesetzt werden; was man von Brunnengeist und einem flüchtigen Princip u. s. w. fabelt, ist alles eitel Unsinn. Das Verhältniß zwischen dem Natronsalz und der Weinsteinsäure bleibt natürlich immer dasselbe; es ist das ihrer Atomgewichte; aber ihre Menge wechselt selbst für jeden Krug, je nach der Quantität Kohlensäure, welche man dem Wasser imprägniren will. Für einen gewöhnlichen Krug von einem Inhalt von etwa 1½ Flasche ist 2 Loth doppelt kohlensaures Natron und 1¾ Loth Weinsteinsäure eine Menge, welche ein vollkommen starkes und stark moussirendes Wasser liefert, ohne den Krug in die Gefahr des Springens zu versetzen.

Die steinernen Krüge sind zwar dauerhafter, allein sie sind schwer rein zu erhalten, weil bei ihnen die feinen Löcher in der Scheidewand der beiden Gefäße angebracht sind, die unbeweglich ist und aus Steinzeug besteht; auch ist es unbequem, daß man die Menge des noch vorhandenen Wassers nicht beobachten kann.

Später werde ich dir an einigen Beispielen zeigen, wie man die Menge der anzuwendenden Substanzen auch hier durch Rechnung finden kann.

Warum man zu der Kohlensäure-Entwickelung für das Sauerwasser doppelt kohlensaures Natron und nicht das Kali-Salz anwendet, folgt aus der Eigenschaft des weinsteinsauren Kali's, welche du bei Präp. XI, Br. 8, kennen gelernt hast; dasselbe ist nämlich so schwer löslich, daß es in der geringen Quantität des zugesetzten Wassers unaufgelöst bleiben und die vollständige Zersetzung hindern würde. Das weinsteinsaure Natron ist dagegen auflöslich und scheidet sich nicht ab, weshalb es die Zersetzung weiter nicht stört.

Im nächsten Briefe werde ich die Verbindungen des Kohlenstoffes mit Wasserstoff besprechen.

An Materialien für die nächsten Versuche hast du einen kleinen Vorrath von Schwefelsäure, etwas Spiritus (etwa 4—8 Loth) und eine geringe Menge Steinöl nöthig.

---

44. Brief.

Kohlenwasserstoff. Sumpfgas; Davy'sche Lampe; ölbildendes Gas; Nachweisung des Kohlenstoffes darin. Theorie der leuchtenden und nicht leuchtenden Flamme.

Kohlenstoff und Wasserstoff verbinden sich zu sehr vielen verschiedenen Körpern; diese gehören jedoch fast alle der organischen Chemie an, und ich werde dir daher nur diejenigen zwei vorführen, welche der unorganischen Chemie zugerechnet zu werden pflegen. Die eine dieser Verbindungen ist das

Sumpfgas
CH_2

oder das leichte Kohlenwasserstoffgas, oder der Kohlenwasserstoff mit dem Minimum des Kohlengehaltes; denn die andere Verbindung hat die Formel CH, d. h. sie enthält auf 2 Atome Wasserstoff auch 2 Atome Kohlenstoff, oder sie zeigt das Maximum des Kohlenstoffgehaltes.

Wie schon der Name es ausdrückt, zeigt sich das Sumpfgas in Sümpfen, d. h. es wird beim Faulen von Pflanzenstoffen unter Wasser gebildet. Hast du ein stehendes Wasser, Sumpf, Moor oder dergleichen in deiner Nähe, so brauchst du nur eine große Flasche mit Wasser zu füllen, mit einem weiten Trichter zu versehen und umgekehrt in das Wasser zu halten, während du den Schlamm am Boden des Moors umrührst, um Gasblasen in der Flasche aufzufangen, deren Hauptbestandtheil der in Rede stehende Kohlenwasserstoff ausmacht; die damit vermischte Kohlensäure läßt sich leicht dadurch entfernen, daß du das Gas unter dem Wasser der pneumatischen Wanne in eine andere Flasche umfüllst, welche Kalkmilch enthält.

Du wirst dich hiernach leicht überzeugen, daß das Sumpfgas ein farbloses (und geruchloses) Gas ist, welches, angezündet, mit einer wenig leuchtenden, gelblichen Flamme zu Wasser und Kohlensäure verbrennt.

Eine andere Methode, das Gas zu erhalten, kann ich dir nicht empfehlen, da es zwar in vielen Processen als Product auftritt, aber dann stets mit so viel anderen Gasen gemischt ist, daß seine Reindarstellung sehr schwierig wird. Es entwickelt sich unter anderen bei der trockenen Destillation des Holzes und der Steinkohlen und macht daher einen Hauptbestandtheil des Steinkohlengases aus. Da die Steinkohlen selbst durch einen Proceß aus Holz entstanden sind, in dem hauptsächlich die Feuchtigkeit, Wärme und der Druck einen Einfluß ausgeübt haben, so enthalten die Steinkohlenlager bisweilen große Mengen dieses Gases in Höhlungen eingeschlossen, die, wenn sie sich mit der Grubenluft mischen, ein leicht entzündliches und explosives Gemenge bilden, welches durch seine Explosionen in Folge der Anzündung durch die Grubenlampen der Bergleute die größten Unglücke veranlassen kann. Zur Vermeidung dieser Entzündung hat Davy die Lampen mit einem Drahtcylinder umgeben; diese Davy'schen Sicherheitslampen (Fig. 132) sind jetzt in Steinkohlengruben allgemein im Gebrauche. Die Thatsache, daß, wenn sich der Raum innerhalb des Siebes mit dem entzündlichen Gase anfüllt, dieses zwar an der Lampe zu brennen anfängt, die Entzündung sich aber nicht durch das Sieb nach außen fortzupflanzen vermag, ist dadurch begründet, daß Metall überhaupt und namentlich in Gestalt von feinen Geflechten die Wärme so stark ableitet, daß andere Körper, die damit in Berührung sind, sich nicht stark erhitzen können. Zwei Experimente werden dir dieses beweisen:

Fig. 132.

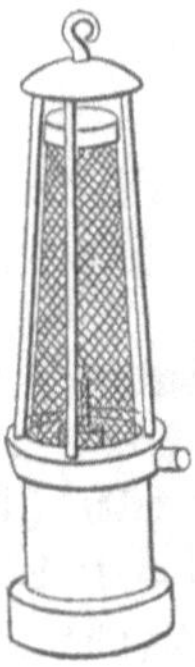

Um eine Metallröhre, oder irgend einen blank metallenen Gegenstand lege glatt ein Stück Papier und halte dieses in die Flamme einer Kerze: das Papier, durch die Berührung mit dem Metall vor starker Erhitzung geschützt, wird zwar vom Ruße schwarz werden, aber sich weder entzünden, noch sogar verkohlen; ja man kann auf eine Metallplatte, die ganz glatt mit Papier überzogen ist, mehrere glühende Kohlen legen, ohne es zu beschädigen.

Eine Wasserstoffentwickelungsflasche versieh mit einer senkrecht aufsteigenden, in eine Spitze ausgezogenen Röhre und lasse die Gasentwickelung so lange darin dauern, bis du sicher sein kannst, daß keine Luft mehr in der Flasche enthalten ist; dann halte ein Stück eines messingenen Drahtsiebes ein paar Linien über die Oeffnung des Ausströmungsrohres und entzünde das durch dasselbe strömende Gas oberhalb des Siebes;

es wird sich die Flamme nicht durch dieses fortsetzen, sondern nur oberhalb des Siebes weiterbrennen. Du kannst das Sieb allmälig weiter in die Höhe führen, und so die Flamme endlich ganz verschwinden sehen, ohne daß die Entzündung durchschlüge, es sei denn, daß das Sieb endlich heftig glühend geworden wäre. Auch die Flamme, durch Anzünden unterhalb des Siebes entstanden, schlägt nur dann durch, wenn der Strom des Gases sie mit großer Heftigkeit durchtreibt (Fig. 133).

Fig. 133.

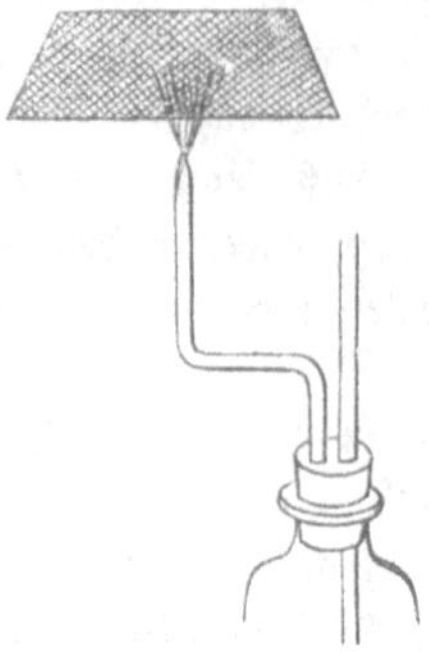

Diese Experimente lassen sich noch auf mancherlei Weise abändern, doch glaube ich, daß sie ausreichen werden, um die Wirkungsweise eines der wohlthätigsten Instrumente zu zeigen, welches je zum Heile der Menschheit erfunden worden ist.

Der zweite der Kohlenwasserstoffe, den wir näher betrachten wollen, ist das

ölbildende Gas
CH

auch Leuchtgas, Oelgas, Steinkohlengas, Kohlenwasserstoff im Maximum genannt. Es läßt sich ziemlich leicht in fast reiner Gestalt folgendermaßen darstellen:

In einen Kolben, der dadurch etwa zur Hälfte gefüllt werden soll, bringe ein Maßtheil Spiritus und drei Maßtheile Schwefelsäure, und dann so viel Sand, daß das Ganze eine fast compakte Masse bildet (1). Nun verbinde den Kolben mit einer Waschflasche, die Kalkmilch enthält, und setze an diese eine Gasableitungsröhre, die in die pneumatische Wanne mündet. Dann erhitze den Kolben im Sandbad auf Kohlenfeuer oder auf der Berzeliuslampe ziemlich stark. Das entweichende Gas, in einer Flasche aufgesammelt, zeigt sich als farbloses Gas — über seinen Geruch kann man bei der Beimischung geringer Mengen einiger anderer Körper kein Urtheil fällen —, welches angezündet mit außerordentlicher Helle brennt; um dieses recht anschaulich zu machen, hast du nach Aufsammlung von 2 oder 3 Flaschen voll Gas das Ableitungsrohr durch ein nach oben gebogenes und in eine Spitze ausgezogenes zu ersetzen.

(1) Der Zusatz des Sandes geschieht, um die Masse am Aufsteigen und Aufschäumen zu hindern, wodurch man genöthigt würde, den Proceß frühzeitig zu unterbrechen.

Hier angezündet, wird das Gas in Gestalt einer mehr oder weniger langen und schmalen, blendend hellen Zunge brennen, genau so und schöner noch, als die Flamme der einfachen Lochbrenner bei der Gasbeleuchtung. Diese Flamme eignet sich sehr gut zur Wiederholung der Experimente über die Wirksamkeit der Siebe (1); verbindest du diese Röhre mit verschiedenen Gasbrennern, so wirst du dieselben Flammen erhalten, wie sie sich gewöhnlich bei diesen zeigen, nur weit weißer und heller.

Die Zersetzung des Weingeistes, welche das ölbildende Gas liefert, besteht in einem Zerfallen desselben in Wasser und Kohlenwasserstoff; die Zusammensetzung des Weingeistes wird ausgedrückt durch die Formel $C_4H_6O_2$; ziehst du hiervon 2 Aequivalente Wasser ab, so bleibt $C_4H_6O_2 - H_2O_2 = C_4H_4$, d. h. 4 Aequivalente Kohlenwasserstoff; es ist also $C_4H_6O_2 = 2\,HO + 4\,CH$. Diese Zersetzung wird durch die Schwefelsäure veranlaßt, ohne daß sie selbst daran Theil nimmt; man findet sie unverändert noch nach dem Versuche. Nur treten noch einige andere untergeordnete Einwirkungen auf, bei denen diese Säure mit in die Zersetzung übergeht.

Das Product der Verbrennung ist, wie leicht nachzuweisen, Kohlensäure und Wasser.

(1) Hierauf beruht die Einrichtung der Gasheizungslampen, welche ich dir im ersten Theile — Br. 18 — beschrieben habe. Bei denselben mischt sich das Gas unterhalb des Siebes mit so viel Luft, daß es oberhalb desselben rasch und vollkommen und ohne zu rußen verbrennt. Das Zurückschlagen der Flamme zu dem Brenner wird durch das Metallsieb verhindert. — Seit ich jenen Brief geschrieben, ist mir eine andere Einrichtung der Gasheizungslampen bekannt geworden, die ich dir, der Einfachheit der Construction wegen, hier mittheilen will: Fig. 134 zeigt den Durchschnitt der Lampe: a ist ein gewöhnlicher Brenner mit einem oder mehreren Löchern; darüber ist ein viereckiges Messingstück gesetzt, welches mit mehreren Löchern b versehen ist, durch welche Luft zuströmen kann, die sich in der aufgesetzten Metallröhre c mit dem Leuchtgase mischt, um dann an der oberen Oeffnung eine blaue Flamme zu bilden. Durch die Erhitzung der Röhre wird der Zug so stark, daß das Zurückschlagen der Flamme vollkommen vermieden wird. Natürlich müssen dazu die Verhältnisse der Zeichnung beibehalten werden und die Zugöffnungen etwas unterhalb der Brenneröffnung angebracht sein.

Fig. 134.

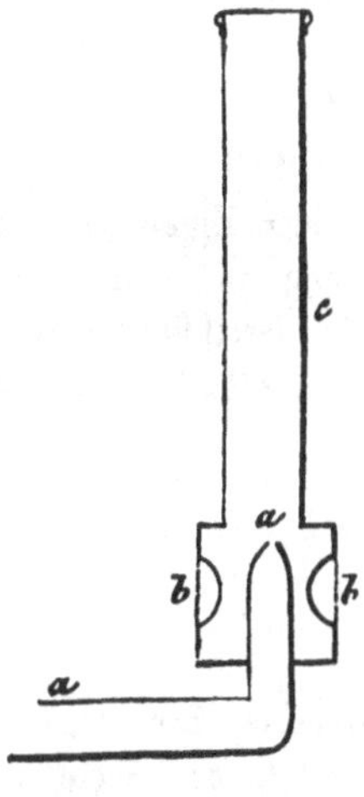

Es ist dieser Kohlenwasserstoff ein wesentliches und seiner Wichtigkeit, obwohl bei weitem nicht seiner Quantität nach das bedeutendste Product, welches bei der trockenen Destillation der Steinkohlen, des Oeles, des Holzes u. s. w. auftritt. Es findet sich dann gemischt namentlich mit dem vorhin genannten Kohlenwasserstoffgas. Da jenes nicht leuchtet, dieses aber ein helles Licht verbreitet, so erkennst du leicht, daß das gewöhnliche Leuchtgas nur dieser Verbindung seine Leuchtkraft verdankt. Um den Proceß des Leuchtgases im Kleinen nachzuahmen, nimmt man am einfachsten ein nicht zu langes Flintenrohr, das an einem Ende gasdicht vernietet ist, füllt dasselbe lose mit Steinkohlenstückchen und bringt in das andere mittelst eines Korkes eine etwas weite Glasröhre, die in eine Vorlage oder Waschflasche führt, deren Boden sie aber nicht berührt. Letztere ist möglichst kühl zu halten; aus ihr leitet ein feines Glasrohr das Gas ab. Der Flintenlauf wird in einem Ofen, aus dem er mittelst einer Oeffnung in der Thüre hervorragt, zum Glühen erhitzt und das entweichende Gas brennt mit schöner Flamme aus der letzten Röhre heraus. In der Vorlage sammeln sich Theer und einige andere Nebenproducte an.

In dem farblosen und durchsichtigen Leuchtgas kann man die Gegenwart der Kohle, die man nach dessen äußerer Erscheinung nicht darin vermuthen sollte, direct nachweisen: Fülle ein Cylinderglas zu $\frac{2}{3}$ mit Chlor, was in der pneumatischen Wanne unter Anwendung von warmem Wasser geschehen muß, und dann vollends mit ölbildendem Gas (aus den vorhin gefüllten Flaschen), und zünde das Gemisch in dem aufrecht stehenden Glase an; alsdann brennt dasselbe unter Absetzung von viel feinzertheiltem Kohlenstoff und unter einer leichten Verpuffung ab. Etwas Wasser schnell in den Cylinder gegossen wird sich sauer zeigen, denn es bildet sich Salzsäure und der Kohlenstoff tritt aus.

Das ölbildende Gas hat seinen Namen von seiner Eigenschaft, mit Chlor bei längerem Stehen eine ölartige Verbindung zu bilden; man nennt es auch schweren Kohlenwasserstoff, da sein specifisches Gewicht 0,9675, während das des Sumpfgases 0,5528 ist, weshalb dieses auch leichter Kohlenwasserstoff heißt.

Nachdem du so weit die beiden Hauptproducte der trockenen Destillation der organischen Substanzen, namentlich der Oele und der Fette, kennen gelernt hast, kann ich dir wohl etwas näheres über die mittheilen, werde mich jedoch möglichst kurz zu halten suchen.

Du erinnerst dich, daß ich dich beim Kohlenstoff darauf aufmerksam gemacht habe, daß die Kohle nur dann mit Flamme brennt, wenn sie nicht gleich Kohlensäure, sondern erst Kohlenoxyd bildet. Eine **Flamme** zeigt sich nämlich nur bei der Verbrennung von Gasen; du wirst diese allgemeine Regel immer bestätigt finden, und nie einen festen Körper mit Flamme verbrennen sehen, der nicht vorher, sei es durch Verdunstung in der vorhandenen Hitze, sei es durch theilweise Verbrennung, ein Gas geliefert hätte; Steinkohlen brennen mit Flamme, weil sie in der durch die vorhandene Flamme erzeugten Hitze Kohlenwasserstoff liefern; ist dieses völlig entwichen, so brennt das Uebrige ohne Flamme. Kohks, bei deren Bereitung man durch Verbrennung eines Theils derselben die Hitze erzeugt hat, um aus dem Rest allen Wasserstoff als Kohlenwasserstoff zu vertreiben, verbrennen ohne Flamme, weil sie bei dem nöthigen Luftzug sich direct in Kohlensäure verwandeln; alle unsere Beleuchtungsmaterialien verbrennen nicht direct, sondern erleiden im Dochte vorerst eine Zersetzung, in deren Folge der Kohlenwasserstoff auftritt, welcher das Material der Flamme bildet.

Ich erinnere dich ferner an den Versuch über die Erzeugung von Licht in der Wasserstoffflamme. Es wird demnach durch Verbrennen eines reinen Gases, das **sofort** gasförmige Producte liefert, keine leuchtende Flamme gebildet; bestätigt findest du dies beim Kohlenoxyd. Aber feste Körper, in die Flamme gebracht, leuchten mit hellem Lichte. Aus diesem Grunde giebt auch das ölbildende Gas eine leuchtende Flamme; denn es verbrennt nicht sogleich vollständig, sondern zersetzt sich zum Theil unter Abscheidung von Kohlenstoff, der in Gestalt von äußerst feinem Staube in der Flamme glüht, wie du leicht daran siehst, daß sich auf hineingehaltene kalte Körper Ruß absetzt. Auch die Flamme des Wasserstoffes haben wir auf diese Weise leuchtend gemacht; bringst du in eine Wasserstoffentwickelungsflasche etwas flüssiges Steinöl — eine Verbindung von Kohlenstoff und Wasserstoff —, so wird (vorsichtig!) dessen Dampf durch die Hitze in der Wasserstoffflamme zersetzt und durch das Glühen des abgeschiedenen Kohlenstaubes Licht erzeugt.

Das Sumpfgas leuchtet aus folgendem Grunde weit weniger als das an Kohlenstoff reichere Oelgas: während in diesem nicht sämmtlicher Kohlenstoff gleichzeitig mit dem Wasserstoff verbrennen kann, sondern theilweise abgeschieden wird, ist in jenem die Kohlenstoffmenge weit geringer, und zwar so gering, daß sie mit dem vorhandenen Wasserstoff gleichzeitig und ohne vorherige Abscheidung verbrennen kann.

Bei allen zur Beleuchtung dienenden Stoffen und Einrichtungen reicht es indessen nicht hin, daß ein Theil des Kohlenstoffes abgeschieden und leuchtend gemacht werde; würde derselbe keine weitere Veränderung erfahren, so würden die betreffenden Flammen rußen; er muß ebenfalls noch verbrannt werden, damit nur Kohlensäure und Wasser gebildet werde. Es ist also erforderlich, daß der Kohlenstoff so stark glühend an den Rand der Flamme trete und daselbst so viel Sauerstoff antreffe, daß er leicht verbrennen könne und nicht die feste Form behalte.

Hiernach wird dir die Natur der verschiedenen Theile einer gewöhnlichen Flamme leicht verständlich sein: Unmittelbar am Dochte einer Kerze z. B. ist ein kleiner Raum, wo weder Licht noch Hitze erzeugt wird, indem sich daselbst nur die Producte der Destillation befinden, die sich durch die Hitze der übrigen Flamme aus dem Brennstoff im Dochte entwickeln. Du wirst bei scharfem Beobachten die Gasbläschen sehen können, welche sich in der Spitze des Dochtes aus dem flüssigen und im Dochte aufgesogenen Fett oder Oel entwickeln. Diesen dunkelen Kern a (Fig. 135) umgiebt der Haupttheil der Flamme b, in welchem die Entwickelung von **Licht** hauptsächlich geschieht, indem hier diejenige Verbrennung stattfindet, die wegen Mangels an Sauerstoff nicht vollständig ist und den Kohlenstoff sich abscheiden läßt; das Ganze ist endlich von dem fast nicht leuchtenden und daher nicht leicht sichtbaren Mantel c umgeben, in welchem die **vollständige** Verbrennung des noch übrigen Kohlenstoffes durch den umgebenden Sauerstoff bewirkt und also auch die größte Hitze hervorgebracht wird.

Fig. 135.

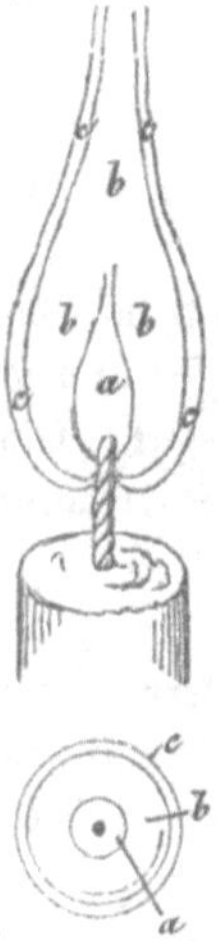

Ein feiner Draht, den du **kurze Zeit** in eine Flamme hältst, wird dir das Gesagte dadurch beweisen, daß er in der Mitte unverändert bleibt, am Rande, oder sogar scheinbar **neben** der Flamme, am hellsten glüht, und zwischen beiden Stellen nur wenig glühend wird, oder gar Kohle an seiner Oberfläche zeigt.

Es lassen sich zwar noch manche andere Experimente hierüber anstellen, und noch sehr Vieles in Bezug auf Flammen sagen, allein ich muß hier schließen und dich für weiteres Studium auf spätere Zeiten verweisen, wo du noch mehr in diesen Gegenstand eindringen magst.

45. Brief.

Uebergang vom Calcium zum Baryum; Baryt, Barythydrat, kohlensaurer Baryt, Chlorbaryum. Formeln. Aufgaben. Strontium; Strontian und andere Verbindungen. Magnesium; Magnesia, kohlensaure Magnesia; Chlormagnesium.

Die größte Aehnlichkeit mit den Verbindungen des Calciums haben die eines anderen Metalls, welches den Namen

Baryum

$Ba = 68,6$

trägt, und welches ich schon öfter erwähnt habe. Auch von seinen Verbindungen sind dir die meisten schon bekannt, und ich habe kaum etwas anderes in dieser Beziehung zu thun, als das bereits Vorgekommene zusammenzustellen; du wirst dich alsdann der ausführlicheren früheren Erklärungen erinnern.

Das Metall Baryum ist silberweiß und zeigt zum Sauerstoff eine größere Affinität als das Calcium. Es bildet zwei Oxyde: das erste BaO heißt Baryt und ist die Basis der Barytsalze, das andere BaO_2 ist ein Hyperoxyd, welches durch Absorption von Sauerstoff durch das Oxyd entsteht und zur Darstellung des Wasserstoffhyperoxyds benützt wird.

Das Oxyd BaO erhält man durch Glühen von kohlensaurem Baryt mit Kohle, wobei die Kohlensäure mit der zugesetzten Kohle als Kohlenoxyd entweicht (der Versuch ist im Porcellantiegel zu machen und ein möglichst hoher Hitzegrad anzuwenden!), oder durch Glühen von salpetersaurem Baryt. Der Baryt ist, wie der Kalk, unschmelzbar und zeichnet sich wie dieser durch seine große Verwandtschaft zu Wasser und Kohlensäure aus. Wenn du den Versuch mit dem eben dargestellten vornimmst, so wirst du die Erhitzung bei Anwendung von wenig Wasser bis zum

Glühen steigen sehen, und es wird dich nicht wundern, wenn ich dir sage, daß, wie bei Kalk, das Hydratwasser sich durch Hitze nicht austreiben läßt. Das Barythydrat löst sich im Wasser leichter als das Kalkhydrat und man erhält aus der Lösung Krystalle mit 10 Atomen Wasser, deren Formel wegen der stärkeren Bindung eines Atoms BaO, HO + 9 HO geschrieben werden muß. Du hast eine andere Darstellung dieser Verbindung (aus Schwefelbaryum und Kupferoxyd) früher kennen gelernt. Das Barythydrat ist in 20 Theilen kaltem und 2 Theilen kochendem Wasser löslich. Wie das Kalkhydrat zieht auch das Barythydrat rasch an der Luft Kohlensäure an, um damit unlöslichen kohlensauren Baryt zu bilden.

Der kohlensaure Baryt kommt als Witherit in der Natur vor und ist im Handel bisweilen zu nicht hohem Preise zu haben. Suche dir etwas zu verschaffen und stelle daraus durch Uebergießen mit den betreffenden Säuren die übrigen Salze dar — obwohl du eben so gut den früher dargestellten kohlensauren Baryt nehmen kannst.

Ich erinnere dich an die beiden Darstellungen des kohlensauren Baryts (Präp. XIV und XLII). Er ist, wie alle Barytverbindungen, giftig.

Das Chlorbaryum kennst du auch noch von früher, so wie dir auch seine beiden Darstellungsweisen erinnerlich sein werden, über welche ich schon früher Hinreichendes mitgetheilt habe. Es krystallisirt mit 2 Atomen Krystallwasser.

Vom schwefelsauren Baryt und Schwefelbaryum sprechen wir später, wenn wir die Zusammensetzung der Schwefelsäure kennen gelernt haben werden. Es mag daher das Gesagte ausreichen, indeß will ich zur Uebung dir noch einige Formeln hierherschreiben, die sich darauf beziehen und deren Bedeutung du selbst herauszufinden dich bemühen magst; es wird dir ohne Zweifel bald gelingen.

$$BaO, CO_2 + C = BaO + 2\,CO$$
$$BaO, CO_2 + HCl + HO = BaCl + 2\,HO + CO_2$$
$$BaO, HO + 9\,HO + CO_2 = BaO, CO_2 + 10\,HO$$
$$BaCl + KO, CO_2\ (1) = BaO, CO_2 + KCl$$
(Schema!)
$$BaCl + CO_2 + KO, HO = BaO, CO_2 + KO, HCl.$$

(Warum giebt Kohlensäure allein keinen Niederschlag im Chlorbaryum, sondern nur bei Zusatz einer Basis [Kali oder Ammoniak]? Siehe Kalk!)

(1) Ich nehme hier das kohlensaure Kali statt des früher angewandten kohlensauren Ammons, dessen Zusammensetzung dir noch unbekannt ist. Das Kalisalz wirkt, wie schon öfter erwähnt, ganz ebenso.

Da du schon lange keine Aufgaben mehr gerechnet hast, und sich hier gerade durch die Kürze und Leichtfaßlichkeit des Kapitels dazu eine gute Gelegenheit bietet, so will ich dir einige aufgeben:

1) Wie viel Pfund Sauerstoff gebraucht ein Centner Kohle, um vollständig zu verbrennen? Wie viel Kubikfuß? Wie viel atmosphärische Luft? (der Sauerstoff betrage 20,9 % vom Volumen der Luft.)

2) Wie viel Kubikfuß a. Kohlenoxyd, b. Kohlensäure würde man hierbei erhalten? (specifisches Gewicht des CO 0,9706, specifisches Gewicht der CO_2 1,5252.)

3) Wie viel Kohlensäure liefern a. 50 Pfund, b. $4\frac{6}{11}$ Unzen, c. 1 Kilogramm kohlensaurer Kalk?

4) Wie viel Salzsäure (wasserfrei gedacht) braucht man, um aus a. 50 Pfund, b. 3 Unzen, c. 9,562 Gramm kohlensaurem Kalk alle Kohlensäure auszutreiben?

5) Wie viel Kohlensäure muß man über glühende Kohlen leiten, um a. 28 Gramm, b. 7,49 Loth, c. 1 Pfund Kohlenoxyd zu erhalten, und wie viel Kohle wird dabei verschwinden?

An das Calcium und das Baryum schließt sich ein drittes Metall an, welches in seinen Verbindungen und der Stärke seiner Affinität fast die Mitte zwischen beiden hält, nämlich das

Strontium.

Sr = 43,8.

Auch in seinem Aequivalent steht dieses Metall fast genau in der Mitte zwischen beiden, und man könnte sagen, daß es sich dazu verhalte, wie das Brom zu Jod und Chlor.

Das Oxyd des Strontiums SrO trägt den Namen Strontian; es stimmt fast in allen Stücken mit dem Baryt überein.

Den kohlensauren Strontian, der in der Natur als Strontianit vorkommt, kennst du noch von früherher; wir haben damals auch die Darstellung der Strontiansalze aus demselben kennen gelernt; man benutzte dazu früher auch den schwefelsauren Strontian; seit aber in neuester Zeit der Strontianit durch Auffindung eines großen Lagers bei Hamm in Westphalen sehr wohlfeil geworden ist, dient dieser ausschließlich dazu.

Die Strontiansalze werden vorzüglich zur Darstellung rother bengalischer Flammen benutzt, da sie alle Flammen schön carminroth färben. Man erhält z. B. aus

1	Theil Schwefel		16¼	Theilen Schwefel
1	„ chlorsaurem Kali	oder	61	„ chlorsaurem Kali
5	„ salpetersaurem Strontian		32	„ Chlorstrontium

eine Mischung, welche ein prächtig rothes Feuer liefert. In einen Blumentopf gefüllt, mit Pulver bestreut und angezündet, brennt sie ruhig und fast ohne Rauch ab und übergießt weithin alle Gegenstände mit einem glühend purpurnen Lichte.

Es ist nicht zu übersehen, daß der salpetersaure Strontian mit 5, das Chlorstrontium mit 6 Atomen Wasser krystallisirt und beide vor ihrer Anwendung, also erst für sich, scharf getrocknet werden müssen, weil das Gemisch sonst nicht brennt.

Wir haben endlich heute noch die Verbindungen eines dritten Metalls kennen zu lernen, welches sich in mehr als einer Beziehung an die vorhergehenden anschließt und den Namen

Magnesium

Mg = 12

trägt. Auch von diesem kennst du bereits mehrere Verbindungen und ihre Darstellungsweisen. Dieses Metall unterscheidet sich jedoch dadurch wesentlich von den vorhergehenden, daß seine Affinität zum Sauerstoff nicht hinreichend ist, um es das Wasser bei gewöhnlicher Temperatur zersetzen zu lassen; erst bei 30° entwickelt es langsam Wasserstoff daraus und eine starke Zersetzung tritt erst in der Siedehitze ein. Das Magnesium ist silberweiß und läßt sich hämmern und feilen; es nähert sich also mehr als die drei letztgenannten Metalle den eigentlichen (schweren) Metallen. Auch sein specifisches Gewicht ist höher als das der vorhin erwähnten (1,74). Es hält sich an der Luft unverändert und verbrennt erst bei der Rothglühhitze unter lebhafter Lichtentwickelung zu

Magnesia MgO.

(Bittererde, Talkerde.)

Die Magnesia wird stets durch Glühen der weißen Magnesia (Magnesia alba) erhalten, welche ihrerseits aus der schwefelsauren Magnesia in der dir bekannten Weise dargestellt wird.

Bei der Ausfällung mit kohlensaurem Kali erhält man indessen nicht reine kohlensaure Magnesia, sondern eine Verbindung derselben Art, wie du sie nunmehr schon öfter kennen gelernt hast, nämlich von kohlensaurer

Magnesia und Magnesiahydrat, oder basisch kohlensaure Magnesia; diese weiße Magnesia ist bei richtiger Darstellung von sehr lockerer, leichter Beschaffenheit und wird in der Medicin gebraucht. Die reine kohlensaure Magnesia kommt sowohl für sich (Magnesit) als in Verbindung mit dem Kalksalz (Dolomit CaO, CO_2 + MgO, CO_2) in der Natur vor.

Die Magnesia ist ebenfalls ein weißes lockeres Pulver, das im Wasser so gut wie unauflöslich ist und beim Uebergießen damit nur allmälig ein Hydrat liefert, welches auch beim Ausfällen eines Magnesiasalzes mit kaustischem Kali entsteht, wovon du dich durch den Versuch überzeugen wirst.

Das Chlormagnesium erhält man in Lösung durch Behandeln des Kohlensäuresalzes mit Salzsäure; es läßt sich durch Abdampfen und Glühen nicht wasserfrei darstellen, da es sich in der Hitze in Salzsäure und Magnesia zersetzt. Es ist zerfließlich, hat einen sehr bitteren Geschmack und ist meistens die Ursache vom Feuchtwerden des Kochsalzes und von dessen bitterem Geschmack, da es dasselbe fast überall begleitet und alle löslichen Magnesiasalze sich durch ihren bitteren Geschmack auszeichnen.

Du wirst mir wohl erlauben, diesen Brief abzuschließen, obwohl er etwas kurz ist; allein wir beginnen nächstens die Betrachtung einer anderen Reihe von Körpern, und du hast ohnehin noch Arbeit genug, wenn du dir die Darstellungsweisen der so eben genannten Substanzen aus dem ersten Theile meiner Briefe wieder vergegenwärtigest, auch hier und da eine derselben nochmals wieder vornimmst und die vorhin angegebenen Aufgaben ausrechnest.

Zu den nächsten Versuchen wirst du kaum etwas bedürfen, was du nicht schon von früherher besäßest.

---

46. Brief.

Salpetersäure. Entstehung derselben; Darstellung des Salpeters, Zusammensetzung und Analyse desselben; Eigenschaften, Anwendung als Oxydationsmittel. Andere Oxydationsstufen des Stickstoffes. Antworten.

Du wirst gewiß längst gewünscht haben, die Natur von zwei schon oft erwähnten und benutzten Säuren kennen zu lernen, nämlich der Salpetersäure und der Schwefelsäure; du kennst jetzt schon die meisten der bei der Darstellung und Betrachtung dieser Stoffe vorkommenden Körper, wir können daher nun diese beiden wichtigen Säuren näher ins Auge fassen.

Salpetersäure.

Wenn man eine gewisse Klasse von Stoffen aus dem Thierreiche, die in ihrer Zusammensetzung Stickstoff enthalten, wie Blut, Fleischabfälle, Mist, Leder u. s. w. an der Luft und unter Zutritt von Feuchtigkeit lange Zeit liegen läßt, so gehen sie allmälig in eine Zersetzung über, deren Endproducte ziemlich zahlreich sind; trägt man aber dafür Sorge, daß gleichzeitig eine starke Basis zugegen ist, so entsteht das Salpetersäuresalz dieser letzteren, und es treten keine oder wenige der sonst vorkommenden Fäulnißproducte auf. Man pflegt in dieser Weise den salpetersauren Kalk im Großen darzustellen, indem man die genannten Stoffe, mit kalkhaltigen Substanzen vermischt, sehr lange Zeit — bisweilen 2 oder 3 Jahre — dergestalt an der Luft liegen läßt, daß sie damit möglichst in Berührung kommen, und sie unterdeß stets feucht erhält. Am Ende des Processes wird diese sogenannte Salpetererde ausgelaugt und neben einer Menge von anderen Salzen, namentlich Chlornatrium und anderen Chlormetallen, salpetersaurer Kalk nebst anderen Salpetersäuresalzen in Lösung erhalten. Um diese in salpetersaures Kali überzuführen, setzt man kohlensaures Kali zu, wodurch das Kalk- und das Magnesiasalz zersetzt und die kohlensauren Verbindungen dieser Basen ausgefällt werden, indem salpetersaures Kali in die Lösung kommt, woraus man dann das Salz krystallisiren läßt. Um den Salpeter von dem beigemischten Chlornatrium zu befreien, löst man das erhaltene Salzgemisch in möglichst wenig kaltem Wasser und dampft sie in der Siedehitze ein, wobei das Chlornatrium sich zum größten Theil abscheiden muß, weil es in der Hitze und Kälte gleich löslich ist. Der Salpeter hingegen bleibt gelöst, weil er schon viel Wasser verlieren kann, ehe er sich in der Siedehitze abscheidet. Ist die Lösung endlich auch für den Salpeter in der Hitze concentrirt, so läßt man sie kalt werden; dabei scheidet sich kein Kochsalz, sondern nur der Salpeter ab, weil jenes nicht durch Erkalten, sondern nur durch Verdampfung krystallisiren kann. Außerdem rührt man um, damit durch die gestörte Krystallisation (Präp. IV) nur kleine Kryställchen gebildet werden, die keine kochsalzhaltige Mutterlauge in ihren Höhlungen eingeschlossen halten können. Die zwischen den einzelnen Krystallen zurückbleibende Mutterlauge wird durch Abwaschen mit einer Salpeterlösung entfernt und so der reine

Salpeter

erhalten. An solchen Orten, wo die eben angegebenen Stoffe sich in der Natur unter den bezeichneten Bedingungen finden, erzeugt sich auch von selbst Salpeter, wie an Stallmauern u. s. w. Es ist dies der natürliche Salpeter, der ebenfalls in nicht unbedeutender Menge gewonnen wird. Das Natronsalz der Salpetersäure findet sich in der Natur als Chilisalpeter in großen Lagern in Peru.

Daß man aus Salpeter mittelst Destillation mit der stärkeren Schwefelsäure die Salpetersäure für sich darstellen kann, wird dir von Präp. XXX her erinnerlich sein. Wie die Salpetersäure zusammengesetzt sei, kannst du aus ihrem Namen keineswegs, wohl aber ungefähr aus der Darstellungsweise ihrer Salze errathen: Ich habe als eine Hauptbedingung den Stickstoffgehalt der faulenden Stoffe angegeben, und der Luftzutritt ist ohnehin als dem Wesen der Säure entsprechend leicht begreiflich. Danach wirst du wohl errathen, daß die Salpetersäure eine Verbindung von Stickstoff und Sauerstoff ist und eigentlich Stickstoffsäure heißen müßte. Folgendes beweist dieses mit Sicherheit: Durch Behandeln von Salpetersäure mit Bleioxyd, oder mit Mennige (s. o. S. 222) erhält man salpetersaures Bleioxyd. Dieses hinterläßt, wie die Salpetersäuresalze alle (z. B. das Quecksilbersalz), bei starkem Erhitzen das reine Oxyd als Rückstand — wovon du dich leicht durch einen Versuch überzeugen kannst —. Wenn man nun die entweichenden

Gase über einen Körper leitet, der vermöge seiner starken Affinität zum Sauerstoff diesen gänzlich zurückbehält, so muß das entweichende Gas, wenn unsere Annahme richtig war, Stickstoff sein. Das Experiment läßt sich unter Anwendung von metallischem Kupfer anstellen, wenn dieses stets glühend erhalten wird. Ich will es dir aber nicht zu machen anrathen, da es nur bei Beobachtung verschiedener allzuschwieriger Handgriffe ein befriedigendes Resultat geben kann. Man bringt in den hinteren geschlossenen Theil einer zu erhitzenden Röhre das zu zersetzende Salz und in den vorderen offenen metallisches Kupfer, und erhält dieses während der Zersetzung des Salzes glühend. Dann wird dieses in Kupferoxyd, jenes in Bleioxyd verwandelt und reiner Stickstoff erhalten — ein Beweis, daß die Salpetersäure aus diesem Körper und Sauerstoff bestand. Wenn alle Vorkehrungen getroffen sind, um die Menge des entweichenden Stickstoffes und durch die Gewichtszunahme des Kupfers auch die des abgeschiedenen Sauerstoffes zu bestimmen, so kann man leicht das Verhältniß berechnen, in welchem beide Gase verbunden waren; man findet auf 14 Theile Stickstoff 40 Theile Sauerstoff oder die Formel NO_5.

Bei der Darstellung der Salpetersäure wird diese Verbindung jedoch nur als Hydrat erhalten; denn du weißt ja, daß die Schwefelsäure Wasser enthält; dieses bleibt mit der Salpetersäure verbunden. Behalten wir einstweilen, bis wir die Zusammensetzung der Schwefelsäure kennen gelernt haben, unsere Bezeichnungsweise für dieselbe noch bei, so läßt sich die Darstellung aus salpetersaurem Natron folgendermaßen vorstellen:

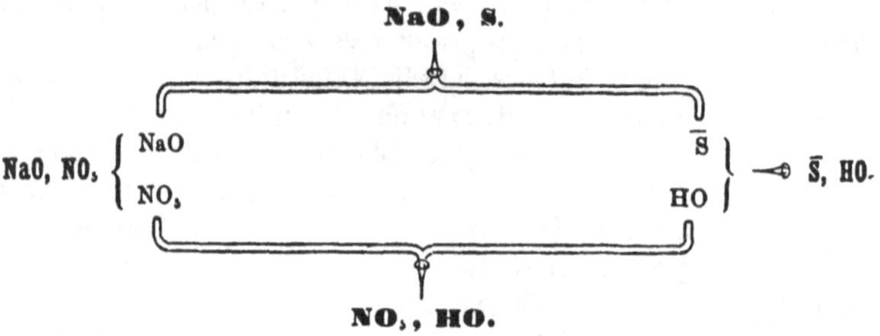

Bei Anwendung von Kalisalpeter ist die Zersetzung etwas anders, indem sich nicht einfach, sondern doppelt schwefelsaures Kali bildet. Das doppelt schwefelsaure Kali ist nämlich zusammengesetzt aus einfach schwefelsaurem Natron und gewöhnlicher Schwefelsäure mit ihrem Wassergehalt; wir haben also außer dem obigen Vorgang noch den Zutritt von einem Aequivalent Schwefelsäure mehr zu berücksichtigen, welches sich mit dem schwefelsauren Kali verbindet, nach dem Schema:

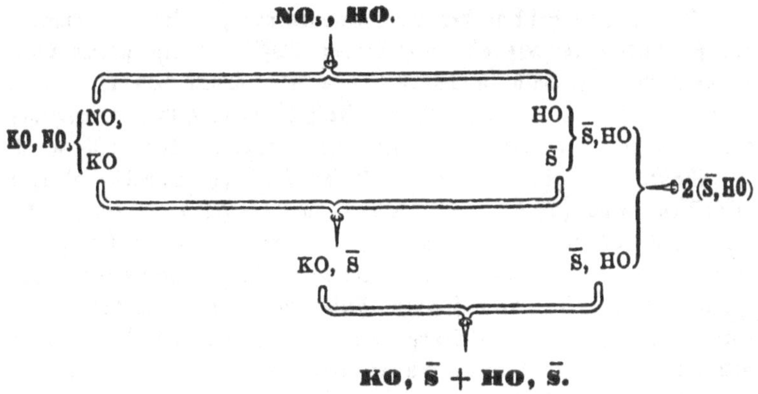

Nach beiden Methoden erhält man also das Hydrat der Salpetersäure. Aus demselben kann das Wasser nicht anders abgeschieden werden, als durch eine Basis, wodurch ein Salpetersäuresalz entsteht; die wasserfreie Salpetersäure kann nur auf Umwegen erhalten werden, da das Hydrat, mit Stoffen zusammengebracht, die ihm das Wasser entziehen sollen, sich in Sauerstoff und eine niedrigere Oxydationsstufe des Stickstoffes zersetzt.

Die wasserfreie Salpetersäure bildet weiße Krystalle, die bei 29° schmelzen, bei 46° sieden und in etwas höherer Temperatur sich zersetzen.

Das Salpetersäurehydrat NO_5, HO ist eine farblose, stark rauchende und sehr saure Flüssigkeit, die bei — 50° fest wird. Sie färbt sich am Lichte und in der Wärme bald gelb, indem sie in Sauerstoff und eine niedere Oxydationsstufe des Stickstoffes zerfällt, weshalb man sie auch in der Regel von röthlichgelber Farbe erhält und in schwarz überzogenen Gläsern aufbewahren muß. An der feuchten Luft stößt sie Nebel aus, indem sich ihr Dampf mit der Feuchtigkeit der Luft verdichtet. Man nennt sie daher rauchende Salpetersäure.

Gemische des Hydrats mit Wasser heißen schlechtweg Salpetersäure; sie werden von verschiedener Stärke fabrikmäßig dargestellt und dabei die gewünschte Wassermenge entweder mit der Schwefelsäure in die Retorte gebracht, oder auch in der Vorlage „vorgeschlagen". Verdünnte Salpetersäure nennt man auch Scheidewasser. Diese Gemische besitzen je nach ihrem Wassergehalt auch in geringerem Grade die Eigenschaften des Hydrats. Hast du von diesem noch eine kleine Menge von Versuch XXX her, so wirst du damit zu den Versuchen ausreichen, die du sogleich anstellen sollst, wo nicht, so wirst du noch etwas davon darstellen müssen.

Der Sauerstoff ist in der Salpetersäure nur sehr schwach gebunden und sie wirkt daher auf alle oxydirbaren Stoffe als ein starkes Oxydationsmittel, weshalb organische Stoffe sehr schnell von ihr zerstört werden. Schon die verdünnte Säure färbt die Haut gelb, die rauchende verursacht sogar heftige Eiterungen, wenn man den Fleck nicht gleich mit Wasser abwäscht, in welchem Falle die Haut nur allmählig abfällt; bringst du etwas gewöhnliche Säure auf die Hand und wäschest die Stelle erst nach einigen Minuten ab, so wirst du ihre Wirkung am anderen Tage beobachten können. Schneide einige schmale Streifchen Handschuhleder, lege sie auf einen Stein und tröpfele rauchende Säure darauf; du wirst die Zerstörung sogleich unter allerhand Krümmungen und Drehungen der Lederstreifen eintreten und diese endlich in eine formlose gelbe Masse sich verwandeln sehen. Eine Indigolösung, oder mit Indigo gefärbter Zeug wird schon von verdünnter Säure gelb gefärbt. Bringst du in eine Reagenzröhre etwas rauchende Säure und darüber, jedoch ohne die Säure zu berühren, einige Pferdehaare, so werden diese, wenn die Säure zum Sieden erhitzt wird, so schnell und heftig oxydirt, daß sie glühend werden und unter Ausstoßung von rothen Dämpfen (niedrigeren Oxydes des Stickstoffes) zu Asche verbrennen. Auch Terpentinöl wird schon bei gewöhnlicher Temperatur zur Entzündung gebracht: Binde an einen mindestens 4 Fuß langen Stab ein kleines weithalsiges Fläschchen und bringe in dieses ein wenig rauchende Säure und einige Tropfen Schwefelsäure, dann gieße in eine etwas erwärmte Schale einige Tropfen Terpentinöl und dann die Säure mittelst des Stabes darüber; es werden sich rothe Dämpfe zeigen und das Terpentinöl wird endlich unter Brausen und Spritzen sich entzünden. Der Stab diente dazu, um Hand und Gesicht vor Unfällen zu schützen, und die Schwefelsäure hat den Zweck, die Säure möglichst wasserfrei zu erhalten.

Die verschiedenen Anwendungen der Salpetersäure beruhen fast durchgängig auf ihrer leichten Reducirbarkeit, d. h. sie dient fast immer als Oxydationsmittel. Einige Beispiele hast du schon kennen gelernt, als du mit ihrer Hülfe verschiedene Metalloxyde darstelltest. Die Producte, welche dabei aus der Salpetersäure entstehen, sind je nach Umständen verschieden, nämlich je nach der Natur des behandelten Metalls, nach der Verdünnung der Säure und der angewandten Temperatur.

Wir kennen nämlich noch folgende Oxydationsstufen des Stickstoffes:

Stickstoffoxydul	NO
Stickstoffoxyd	NO_2
salpetrige Säure	NO_3
Untersalpetersäure	NO_4.

Diese Namen, welche eigentlich durchaus gegen alle Regeln laufen, hast du dir genau zu merken, wenn es dir auch Mühe macht, dich daran zu gewöhnen.

Du wirst nächstens sehen, wie sie alle durch Reduction der Salpetersäure entstehen.

Für heute will ich dir noch die Antworten zu den neulich gestellten Aufgaben geben, und dann schließen.

1) 293¼ Pfund; 3077 Kubikfuß Sauerstoff; 14722,5 Kubikfuß Luft.

2) a. 3077 Kubikfuß; b. 3077 Kubikfuß.

3) a. 22 Pfund; b. 2 Unzen; c. 440 Gramm.

4) a. 36¼ Pfund; b. 2,19 Unzen; c. 7 Gramm.

5) a. 22 Gramm Kohlensäure und 6 Gramm Kohle;
b. 5,88 Loth Kohlensäure und 1,60 Loth Kohle;
c. 25¼ Loth Kohlensäure und 6⅞ Loth Kohle.

Zu der Darstellung der nächstens zu betrachtenden Körper bedarfst du einige Loth Kupfer in Gestalt von Abfällen, etwas gebrannten Kalk und einige Loth Salmiak; auch mußt du deinen Vorrath von Salpetersäure erneuern.

47. Brief.

Stickstoffoxydul; Stickstoffoxyd; salpetrige Säure; Untersalpetersäure, Zersetzung durch Wasser. — Königswasser. — Eigenschaften der Salpetersäuresalze. — Ammoniak; Darstellung und Eigenschaften. Aufgaben.

Stickstoffoxydul
NO.

Wenn du in einer Retorte granulirtes Zink mit stark verdünnter Salpetersäure erhitzest, so wirst du ein farbloses Gas erhalten, mit dem du über warmem Wasser einige Gasflaschen füllen magst. Mit den so gesammelten Gasmengen wiederhole wenigstens theilweise die Experimente, die du mit dem Sauerstoff angestellt hast — du wirst bemerken, daß sich das Stickstoffoxydul fast eben so gegen brennende Körper verhält, ja es bildet auch mit Wasserstoff ein explosives Gemenge. Eingeathmet bewirkt es eine Art von Rausch, weshalb man es auch Lustgas genannt hat; der Versuch ist aber mit dem unreinen Gas, wie es obige Methode der Darstellung liefert, mit Gefahr für die Gesundheit verbunden.

Die Zersetzung selbst ist folgende:

Wenn die Salpetersäure zu Stickstoffoxydul reducirt werden soll, so muß sie 4 Atome Sauerstoff abgeben; mithin müssen 4 Atome Zink zu deren Aufnahme vorhanden sein und 4 ZnO gebildet werden; diese verbinden sich jedoch — da die Zersetzung nur allmälig fortschreitet — mit 4 Aequivalenten Salpetersäure, so daß also 5 Aequivalente Säure und 4 Zn erforderlich sind:

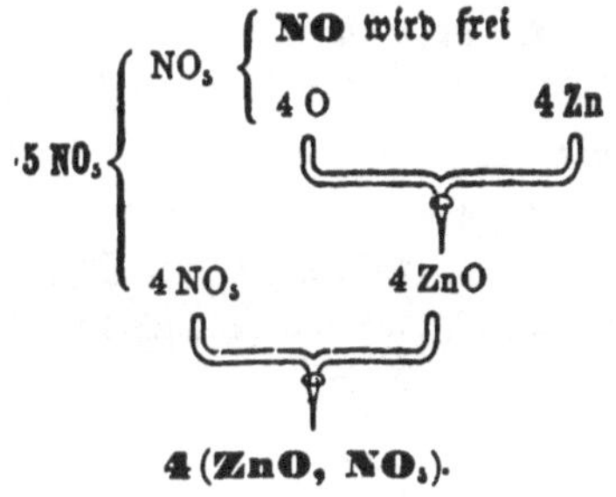

Formel : $5\ NO_5 + 4\ Zn = 4\ (ZnO,\ NO_5) + NO.$

Das Wasser spielt dabei keine Rolle, obwohl bei größerer Concentration der Säure andere Oxyde gebildet werden.

Stickstoffoxyd
NO_2.

Beim Behandeln der meisten Metalle mit gewöhnlicher Säure entsteht Stickstoffoxyd, indem der Salpetersäure 3 Atome Sauerstoff entzogen und 3 Atome Metalloxyd gebildet werden, die mit 3 unzersetzten Atomen Säure zu dem betreffenden Salz zusammentreten, z. B. :

$$3\ Cu + 4\ NO_5 = (3\ CuO,\ NO_5) + NO_2.$$

Das Schema wirst du selbst aufstellen können.

Zur Darstellung dieser Verbindung hast du in einem Kolben, der mit einem Sicherheitsrohr oder auch nur mit einer fast bis auf den Boden gehenden Trichterröhre und einem Gasableitungsrohre versehen ist, eine gewisse Menge Kupferabfälle mit Salpetersäure zu übergießen, die je nach ihrer Stärke mit etwas Wasser verdünnt worden, damit die Gasentwickelung nicht allzuheftig stattfinde. Es werden sich anfangs rothe Dämpfe in großer Menge zeigen und den ganzen Kolben erfüllen; nach und nach aber werden sie von dem sich entwickelnden Gase verdrängt werden und der Apparat wird von einem farblosen Gase erfüllt erscheinen, welches an der Röhrenmündung als rothbraunes Gas entweicht. Sollte die Gasentwickelung nachlassen, so rathe ich dir, sie durch ein untergestelltes Sandbad mit heißem Sande anzufachen, welches Mittel es sehr leicht macht, sie jeden Augenblick stärker oder schwächer werden zu lassen. Du wirst zwar anfangs geglaubt haben, das Stickstoffoxyd sei ein rothes Gas, wenn du aber nachher siehst, daß es im Apparate nach Verdrängung aller Luft farblos ist und nur an der Luft wieder roth erscheint, so mußt du daraus den Schluß ziehen, daß es farblos ist und durch Absorption von Sauerstoff roth wird.

Sammele es über Wasser auf und fülle einige Gläser und Flaschen damit. Du wirst stets beim Oeffnen derselben bemerken, daß sich dicke rothe Dämpfe zeigen. Diese rühren in der That von der Oxydation des Oxydes her, in deren Folge sich je nach der Menge des hinzutretenden Sauerstoffes eines der Gase

salpetrige Säure NO_3 und Untersalpetersäure NO_4

bildet, meistens wohl ein Gemenge von beiden entsteht.

Zum Auffammeln des Stickstoffoxydes ist es nicht nothwendig, daß dasselbe ganz frei von der Beimischung rother Dämpfe sei — nach dem Durchstreichen durch Wasser erscheint es stets farblos und rein —; wir werden gleich sehen, weshalb.

Das Stickstoffoxyd giebt seinen Sauerstoff an brennende Körper nur dann ab, wenn diese eine sehr hohe Temperatur besitzen. Du kannst dich davon mittelst Eintauchens einer schwach und einer stark glühenden Kohle überzeugen, wovon nur die letztere und zwar mit großem Glanze brennen wird.

Hebe noch 2 oder 3 Gefäße — Flaschen oder Cylindergläser gilt gleich — mit dem Gase auf und bringe darauf den Entwickelungsapparat (dessen Inhalt beim Abdampfen Krystalle von salpetersaurem Kupferoxyd giebt) ins Freie, damit du von dem sich entwickelnden schädlichen Gase nicht belästigt werdest.

Die beiden Gase, die salpetrige Säure und die Untersalpetersäure, sind roth oder röthlichbraun gefärbt, von unangenehm süßlichem Geruche, und entstehen sowohl wie vorhin gesagt, als auch bei der Oxydation der meisten organischen Körper durch Salpetersäure; eben so entwickeln sie sich, mit Sauerstoff und mit den anderen Oxydationsstufen des Stickstoffes gemischt, beim Glühen der salpetersauren Salze, wie z. B. des Salpeters, des salpetersauren Kupferoxydes u. s. w. Auch entstehen sie beim Erhitzen der Salpetersäure und ertheilen dieser dadurch, daß sie sich darin auflösen, eine verschiedene Farbe, die bei concentrirter Säure roth, bei verdünnter Säure blau oder grün ist, weshalb eine starke rothe Salpetersäure beim Verdünnen häufig blau oder grün erscheint, eine Farbe, die bei noch größerem Wasserzusatz verschwindet.

In Berührung mit Wasser erleidet sowohl die salpetrige Säure wie die Untersalpetersäure eine Zersetzung, indem sich die Atome Stickstoff und Sauerstoff anders anordnen, ohne daß das Wasser Theil an dieser Veränderung nähme: Es entzieht nämlich ein Theil des Gases dem anderen Sauerstoff, wodurch ersterer zu Salpetersäure oxydirt, letzterer zu Stickstoffoxyd reducirt wird. So z. B. für die salpetrige Säure:

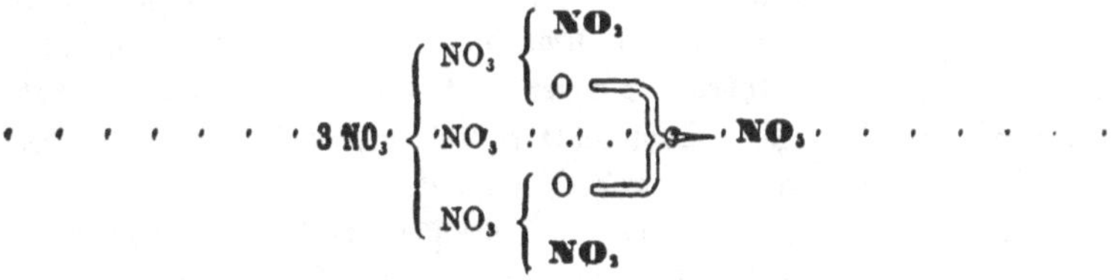

oder auch:

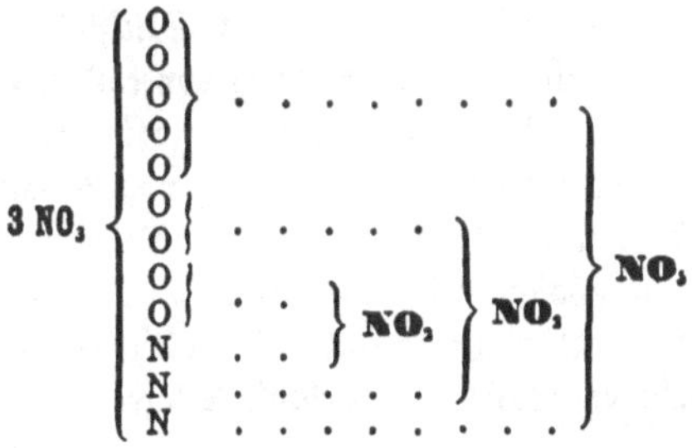

Da sich immer die Salpetersäure im Wasser auflöst, so bleibt das Stickstoffoxyd allein als farbloses Gas übrig. Für die Untersalpetersäure wird diese Zersetzung ausgedrückt durch die Formel

$$3\,NO_4 = 2\,NO_5 + NO_2,$$

deren Darstellung durch ein Schema ich dir selbst überlassen will.

Du siehst also, wie es kommt, daß die rothen Gase, welche sich anfangs in deinem Apparate entwickelten, nach dem Durchgange durch Wasser ein farbloses Gas lieferten; sie wurden dabei zersetzt: die Salpetersäure blieb zurück und das Stickstoffoxyd allein wurde aufgefangen. Diese Zersetzung ist höchst wichtig und findet bei der Darstellung der Schwefelsäure eine Anwendung im Großen; sie soll dir noch durch einige Versuche zur besseren Anschauung gelangen: Nimm eines der mit Stickstoffoxyd gefüllten Gläser heraus, lasse die Luft einen Augenblick damit in Berührung, damit es ganz mit rothem Gase erfüllt erscheine, und tauche es wieder ins Wasser. Dieses wird darin in die Höhe steigen, weil ein Theil des Inhaltes durch die Zersetzung und Absorption verschwindet. Nach dem Schütteln erscheint der Rest farblos, wird beim Oeffnen wieder roth und es zeigt sich beim Wiedereintauchen wieder Absorption u. s. w. Wenn nicht zugleich mit dem Sauerstoff auch der Stickstoff der Luft hinzuträte, so würde man durch Wiederholung dieser Oxydation, Zerlegung und Absorption das ganze Quantum Gas verschwinden lassen können.

(Von dem Entstehen der Salpetersäure wird dir etwas Lackmuspapier ins Wasser der Wanne getaucht, Zeugniß geben.)

Willst du dir die Mühe geben, den Versuch mit Sauerstoff statt mit Luft anzustellen, so hast du etwa folgendermaßen zu verfahren: Fülle von zwei gleich großen Fläschchen das eine mit Sauerstoff, das andere mit Stickstoffoxyd. Dann fülle ein schmales hohes Glas — oder eine an einem Ende mit Kork und Guttapercha geschlossene oder zugeschmolzene Röhre — mit blauem Lackmuswasser, verschließe dieses Glas mit einer Glasplatte, kehre es in die pneumatische Wanne um und lasse in der gewöhnlichen Weise den Sauerstoff hineintreten, so daß es nicht ganz damit gefüllt wird. Hierauf lasse das Stickstoffoxyd ganz allmälig zutreten: jede Blase wird erst die Bildung von rothen Dämpfen, hierauf nach dem Schütteln eine Absorption und allmälig eine starke Röthung der Lackmusfarbe hervorrufen; bei Anwendung von genau 2 Raumtheilen Stickstoffoxyd und 1 Raumtheil Sauerstoff wird schließlich nichts übrig bleiben, als die im Wasser gelöste Salpetersäure; da es jedoch schwer hält, genau das Verhältniß zu treffen, so wird ein kleiner Ueberschuß des einen oder anderen Gases als farblose Blase zurückbleiben.

Durch Vermischen von Salpetersäure mit Salzsäure erhält man das

Königswasser.

Man nennt dieses Säuregemisch so, weil es das Gold (den König der Metalle) auflöst, und überhaupt einige Metalle in lösliche Verbindungen verwandelt und dann löst, die von den einzelnen Säuren nicht angegriffen werden. Sie finden sich dann als Chlormetalle in der Lösung. Es rührt diese Wirkung des Königswassers von einem Theil Chlor her, welches darin frei enthalten ist, und, sobald es zu einem Metall getreten ist, wieder neu durch die gegenseitige Einwirkung der beiden Säuren erzeugt wird. Es oxydirt nämlich die Salpetersäure den Wasserstoff der Salzsäure zu Wasser und macht ihr Chlor frei. Die gebildete Untersalpetersäure entweicht entweder für sich, oder in Verbindung mit einem Theil Chlor.

Das Verhalten der Salpetersäure gegen die Metalle, so wie die Eigenschaften der entstehenden Salze sind schon im Vorhergehenden hinlänglich erörtert, so daß ich dich nur noch bitte, folgende, allen Salpetersäuresalzen eigenthümliche Erscheinungen dir dadurch zur Anschauung zu bringen, daß du einige der dir bekannt gewordenen den betreffenden

Versuchen unterwirfst: Alle Salpetersäuresalze sind in Wasser löslich; sie entwickeln in der Hitze unter Hinterlassung des Oxydes außer den niederen Oxyden des Stickstoffes allen Sauerstoff, so daß sie, auf glühende Kohlen geworfen, deren lebhaftes Verbrennen unter Funkensprühen bewirken; mit Schwefelsäure erhitzt entwickeln sie Salpetersäure, kenntlich an den rothen Dämpfen, welche beim Zusatze von metallischem Kupfer entstehen und an der Entfärbung, welche zugesetzte Indigolösung erleidet.

Von den Verbindungen des Stickstoffes mit dem Wasserstoff haben wir für jetzt uns eine etwas näher zu betrachten, nämlich das

Ammoniak
NH_3.

Beim Vermischen von trockenem Kalk mit Salmiak wird diese Verbindung in Gasgestalt entwickelt; du kannst sie daher leicht darstellen, wenn du diese beiden Körper in Pulverform mit einander mengst und das Gemisch in einem Kolben erhitzest. Besser jedoch eignet sich der trocken gelöschte Kalk dazu. Schon beim Mischen der trockenen Pulver wirst du den starken, zu Thränen reizenden Geruch des Ammoniaks bemerken; ich rathe dir daher, dasselbe nur in geringer Menge darzustellen. Aus dem Entwickelungsapparat entweicht das Ammoniak, namentlich bei gelindem Erwärmen, in Form eines farblosen Gases, dessen Löslichkeit in Wasser nicht gestattet, es über Wasser aufzufangen, dessen Leichtigkeit (0,597) aber erlaubt, es auf eine andere Weise zu sammeln: Stelle nämlich eine Gasflasche umgekehrt in ein größeres Glas, z. B. in ein Trinkglas, und biege die Gasleitungsröhre so, daß sie erst bis auf den Boden des letzteren reicht, sich dort aufwärts krümmt und in die Gasflasche bis beinahe zu deren Boden geht (Fig. 136). Das bei der Gasentwickelung hier sich ansammelnde Ammoniak wird dann allmälig die Luft verdrängen und so die Flasche anfüllen.

Fig. 136.

Hast du mehrere Flaschen voll Ammoniak gesammelt, so kannst du damit genau dieselben Versuche über die Leichtlöslichkeit dieses Gases anstellen, wie mit dem Salzsäuregas. Du wirst dabei Gelegenheit haben, zu bemerken, daß seine Lösung in Wasser ähnlich wie die des Kali's und des

Natrons rothes Lackmuspapier bläut, sich also in dieser Beziehung wie eine starke Basis verhält. Auch wirst du später dasselbe noch in anderer Beziehung vielfach beobachten.

Die Zersetzung, in Folge deren das Ammoniak auftritt, ist folgende: Das Salmiak ist eine Verbindung, die wir, ganz abgesehen von der Anordnung der Elemente (von welcher einmal später), durch die Formel NH_4Cl darstellen können.

Wenn nun Kalk damit zusammenkommt, so entzieht das Calcium dem Salmiak Chlor, und der Sauerstoff 1 Atom Wasserstoff, um damit einerseits Chlorcalcium, andererseits Wasser zu bilden. Wenn aber aus NH_4Cl 1 Atom Cl und 1 Atom H ausgetreten ist, so bleibt NH_3 oder Ammoniak übrig.

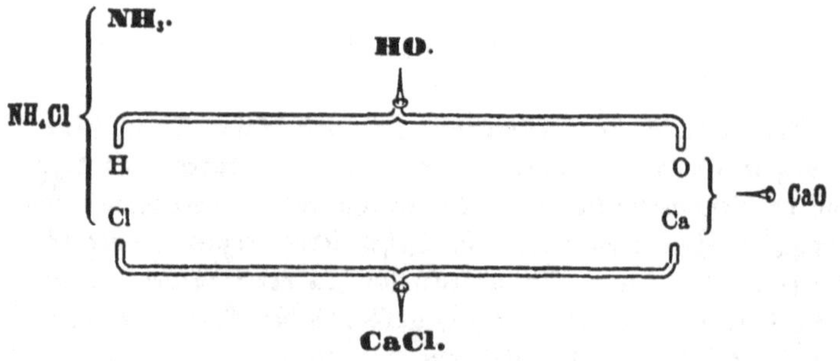

Das Ammoniak entweicht stets mit Wasser vermischt, aber nicht damit verbunden, denn durch verschiedene Substanzen, welche auch zum Austrocknen von anderen Gasen dienen, kann auch das Ammoniak völlig wasserfrei erhalten werden.

Eine Auflösung von Ammoniak in Wasser wird unter dem Namen Ammoniak, Ammoniakflüssigkeit oder Salmiakgeist in der Chemie vielfach angewandt, indem es in seiner chemischen Wirkungsweise den starken Basen gleicht, und zugleich leicht flüchtig ist. Das Nähere hierüber, so wie über die Verbindungen des Ammoniaks wirst du später erfahren. Zur Darstellung des Ammoniaks im Großen, so wie auch zu seiner Reindarstellung im Kleinen dient ein großer Kolben, in welchem das feuchte Gemisch der beiden Substanzen erhitzt, und eine Reihe von Wulff'schen Flaschen, in denen das entwickelte Gas durch Wasser absorbirt wird. Die erste derselben enthält stets etwas verunreinigtes Ammoniak, die übrigen aber, wenn die Operation gut geleitet wird, die reine Auflösung.

Du thust sehr wohl, den Versuch im kleinsten Maßstabe mit dem Apparate der Uförmigen Röhre anzustellen; das Präparat zu deinem

Gebrauche in größerer Menge zu bereiten ist überflüssig, weil es im Handel hinreichend rein und viel billiger zu haben ist.

Von den übrigen Eigenschaften des Ammoniakgases habe ich nur noch seine Nichtbrennbarkeit in der Luft (im Sauerstoff verbrennt es unter Wasserbildung und Abscheidung von Stickstoff) und seine Unfähigkeit, die Verbrennung zu unterhalten, anzuführen; beide wirst du leicht durch den Versuch nachweisen können.

Um die Zusammensetzung des Ammoniaks zu ermitteln, kann man das reine Gas mit überschüssigem Sauerstoff mengen und durch das Gemenge den electrischen Funken durchschlagen lassen; nachdem das gebildete Wasser entfernt und abgewogen ist, kann man den überschüssigen Sauerstoff durch irgend einen Körper, der dazu Affinität hat, wegnehmen und dann den zurückbleibenden Stickstoff messen.

Zum Schlusse dieses Briefes noch einige Aufgaben :

1) Wie viel Salpetersäure erhält man aus a. 34 Pfund, b. 8,517 Gramm, c. $8\frac{1}{2}$ Unzen Chilisalpeter? Wie viel Procent Wasser enthält das Product?

2) Wie viel Wasser ist in jedem dieser Fälle vorzuschlagen, damit die Säure 40 % Wasser enthalte?

3) Wie viel Kalisalpeter braucht man, um a. 63 Pfund, b. 1 Ctr. Salpetersäure darzustellen?

4) Wie viel Kalisalpeter braucht man und wie viel Wasser ist vorzuschlagen, um 72,71 Pfund Säure von einem Gehalt von $80\frac{3}{4}$ % wasserfreier Säure zu erhalten?

Zu den nächsten Versuchen wirst du nichts bedürfen, was du nicht schon in hinreichender Menge besäßest.

---

48. Brief.

Schwefel; Darstellung und Eigenschaften. Schweflige Säure, Schwefelsäure, Ableitung der Zusammensetzung beider. Verhalten beider Säuren zu Barytlösungen. Darstellung der wasserfreien Säure, Erklärung der Darstellungen der schwefligen Säure. Antworten, Auflösungen und Aufgaben.

Die zweite der oft erwähnten starken Säuren, welche wir noch zu betrachten haben, ist die Schwefelsäure. Der Name leitet uns hier mit Sicherheit auf ihre Zusammensetzung aus Schwefel und Sauerstoff. Da sie außerdem durch Verbindung dieser beiden Stoffe erzeugt wird, so haben wir uns vorher noch mit dem

Schwefel
$S = 16$

zu beschäftigen. Dieser einfache Körper findet sich in manchen vulkanischen Gegenden frei in größeren oder kleineren Stücken, oder auch als Beimischung der Erde; man sammelt ihn und bringt ihn, nach einer vorläufigen Reinigung durch Ausschmelzen, in den Handel. Ferner findet er sich in Verbindung mit sehr vielen Metallen in den sogenannten Kiesen oder Glanzen. Die meisten derselben werden zur Ausbringung der Metalle benutzt, wobei jedoch der Schwefel größtentheils verloren geht. Nur eine seiner Verbindungen mit dem Eisen, der Eisen- oder Schwefelkies, dessen Zusammensetzung der Formel FeS_2 entspricht, wird in großer Masse zur Gewinnung von Schwefel verwendet; es verwandelt sich derselbe nämlich beim starken Glühen unter Abgabe von Schwefel in eine niedere Schwefelungsstufe des Eisens, die auf 7 Atome Eisen 8 Atome Schwefel enthält, also Fe_7S_8 ist. Demnach ist dieser Vorgang folgender:

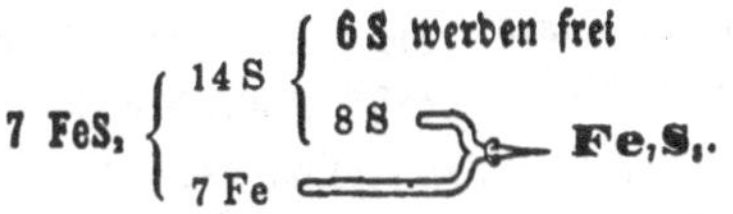

Formel : $7\,FeS_2 = Fe_7S_8 + 6\,S$.

Diese Verbindung widerspricht indessen nicht, wie es dir wohl anfangs scheint, dem Gesetze der einfachen Gewichtsverhältnisse, sondern es besteht das Fe_7S_8 oder achtsiebentel Schwefeleisen aus einer Verbindung von 6 Atomen einfach und 1 Atom zweifach Schwefeleisen, so daß also obiges Schema eigentlich folgendermaßen geschrieben werden muß:

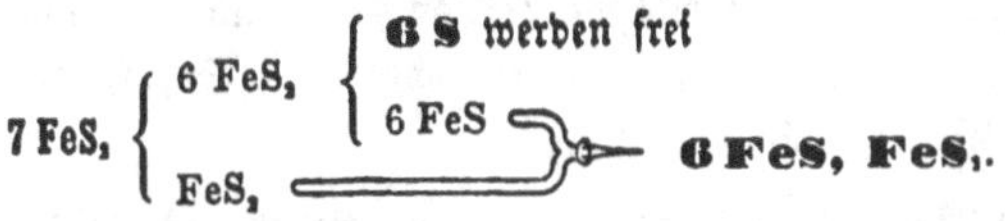

Aus dem Schwefeleisen wird namentlich in Böhmen viel Schwefel dargestellt; der Rückstand findet unter dem Namen von Schwefelbränden Anwendung zur Darstellung von Eisenvitriol und von Schwefelsäure, wie wir später sehen werden.

Die Eigenschaft des Schwefels zu schmelzen und bei ungestörtem Erkalten zu krystallisiren ist dir von Präp. Nr. XVII her noch erinnerlich; es zeigt derselbe beim weiteren Erhitzen noch besondere Eigenthümlichkeiten, wie du leicht in folgender Weise erfahren wirst: Bringe in einem kleinen bedeckten hessischen Tiegel, oder auch in einer trockenen Reagenzröhre eine geringe Menge Schwefel zum Schmelzen; er wird eine helle, dünne Flüssigkeit vorstellen; erhitze nun langsam stärker; die Farbe wird immer dunkler, die Flüssigkeit immer dicker werden, bis du endlich eine dunkelbraune syrupdicke Masse erhältst, die so steif ist, daß du das Gefäß umkehren kannst, ohne daß sie ausfließt, wenn dieses nicht ein sehr weiter Tiegel ist. Bei noch mehr steigender Temperatur wird der Schwefel wieder dünnflüssig, und geht, wenn du ihn nunmehr wieder erkalten lässest, durch den dickflüssigen und den ersten dünnflüssigen Zustand wieder in die feste Form über, in welcher er eine krystallinische Structur besitzt. Erhitze ihn nochmals bis zu dem Punkte, wo er aus dem dickflüssigen Zustande durch etwas größere Hitze in den zweiten dünnflüssigen übergeht, und gieße ihn alsdann in Wasser aus, wobei du aber Sorge tragen mußt, daß er nicht aus großer Höhe herabfällt, weil er sich dann entzündet und du von dem entwickelten Gase sehr belästigt werden würdest. Der in Wasser plötzlich abgekühlte Schwefel wird eine Zeit lang zäh und weich bleiben und sich in durchscheinende Fäden ziehen lassen; erst nach einiger Zeit geht er in den gewöhnlichen harten Zustand über und nimmt die hellgelbe Farbe wieder an. Ueberhaupt wirst du den Tiegel möglichst bedeckt halten müssen, und sollte durch Springen desselben oder aus sonst einer Ursache der Schwefel ausfließen oder in größerer Masse Feuer fangen, nur durch Bedecken, etwa mit einem feuchten Tuche, das Feuer zu löschen und dann gleich frischen Luftzug im Zimmer anzuregen haben.

Der Schwefel leitet die Wärme so schlecht, daß ein dickes Stück Stangenschwefel in der warmen Hand durch die ungleiche Ausdehnung seiner Theile unter Knacken in Stücke zerspringt. Durch Reibung wird er so electrisch, daß er sich deshalb nicht gut im Mörser pulvern läßt, weil die einzelnen Theile durch ihre Electricität sich zu fest anziehen.

Der Schwefel ist in Wasser vollkommen unlöslich, löst sich in fetten Oelen wenig, in Terpentinöl mehr, ebenso in Schwefelkohlenstoff auf; Weingeist löst ebenfalls etwas auf.

Bei 400° fängt der Schwefel an zu sieden und läßt sich destilliren. Hierauf beruht seine Reinigung im Großen. Man erhitzt ihn zum Kochen und leitet die Dämpfe in große gemauerte Kammern, worin sie sich durch die Abkühlung verdichten; man erhält so den Schwefel in Gestalt eines sehr feinen und zarten Pulvers („Schwefelblumen"). Geht die Destillation aber längere Zeit fort, so erhitzen sich die Wände der Verdichtungskammer so, daß die Dämpfe sich nur zu flüssigem Schwefel verdichten können, den man alsdann in cylindrische Formen gießt („Stangenschwefel"). Ueber die Anwendung des Schwefels zum Schießpulver erfährst du später das Nähere.

An der Luft erhitzt entzündet sich der Schwefel und bildet mit dem Sauerstoff die

schweflige Säure
SO_2,

die durch den bekannten Geruch des brennenden Schwefels gekennzeichnet ist. Es wird überflüssig sein, dich durch einen eigenen Versuch hiervon zu überzeugen, indem du noch andere Arten der Darstellung dieser Verbindung kennen lernen sollst. Man kann z. B. den Schwefel statt durch Verbrennen in der Luft auch durch Erhitzen mit Braunstein oxydiren: Mische 4 Theile Schwefelblumen und $5\frac{1}{2}$ Theile Braunstein und erhitze das Gemenge in einer kleinen Retorte, die mit einer Waschflasche verbunden ist, aus welcher die Ableitungsröhre in die zum Auffangen des Productes bestimmten und wohl getrockneten Gefäße führt, worin das Gas ohne Beihülfe von Wasser wie die anderen schweren Gase, die wir kennen lernten, gesammelt wird. Sein specifisches Gewicht beträgt nämlich mehr als das Doppelte der Luft. Bei dieser Operation bleibt in der Retorte Schwefelmangan zurück, welches du nach Beendigung des Versuches für spätere Verwendung aufheben kannst. Die Zersetzung läßt sich ausdrücken durch die Formel:

$$MnO_2 + 2\,S = MnS + SO_2,$$

wofür du das Schema und die Erklärung leicht finden wirst.

Wenn du einige Flaschen und ein paar Cylindergläser mit dem Gase gefüllt hast, so kannst du folgende Beobachtungen daran machen.

Die schweflige Säure ist ein farbloses Gas von erstickendem Geruch und (vorsichtig! denn es ist zugleich von) giftigen Eigenschaften. Den Geruch beobachtest du sicherer an der Lösung als an dem Gase, da du von letzterem leicht zu viel einathmen könntest. Ein brennender Körper verlöscht darin augenblicklich, und es würde sich daher wegen seiner Schwere zu denselben Versuchen eignen, wie das Kohlensäuregas, wenn nicht bei den meisten sein erstickender Geruch und seine Schädlichkeit hindernd in den Weg träten. Feuchtes Lackmuspapier wird erst geröthet und dann gebleicht. Pflanzenfarben überhaupt werden gebleicht, farbige Blumen z. B. werden farblos oder doch sehr blaß in dem Gase. Dieses rührt nicht von einem Zerstören des Farbestoffes (wie beim Chlor), sondern von dem Entstehen einer farblosen Verbindung der schwefligen Säure mit dem Farbstoff her; daher werden die Farben durch Vertreibung der schwefligen Säure mittelst Eintauchen in sehr **verdünnte** Schwefelsäure wieder hergestellt. Man wendet daher den brennenden Schwefel zum Bleichen von mehreren Stoffen an, die zu diesem Zwecke feucht sein müssen. Später verliert sich die Wirkung dieses Bleichens, wenn die Säure an der Luft allmälig entweicht. Den Versuch über das Bleichvermögen dieser Säure kannst du leicht folgendermaßen anstellen: In eine kleine Kiste hänge die zu bleichenden Gegenstände — wie Stroh, Wolle, Blumen u. s. w. — nachdem sie vorher befeuchtet worden, auf und bringe dann ein Schälchen mit geschmolzenem und brennendem Schwefel hinein, so daß nach dem Zudecken des Kistchens der Schwefel noch fortbrennt.

Da das Bleichen auf einer Verbindung der schwefligen Säure mit dem färbenden Stoffe beruht, so wird die Wirkung aufgehoben, wenn man die schweflige Säure durch eine stärkere austreibt. Eine rothe Rose wird daher beim Eintauchen in eine Lösung von schwefliger Säure **weiß** und erlangt in sehr verdünnter Schwefelsäure ihre **rothe** Farbe **wieder**.

Die schweflige Säure ist in Wasser leicht löslich; von der erhaltenen Lösung, wie z. B. von der in der Waschflasche befindlichen, lasse einen Theil in einem offenen Gefäße vor dem Fenster stehen; wir werden sie nach einigen Tagen sehr verändert finden. Bleisuperoxyd, in ein Cylinderglas mit schwefliger Säure gebracht, verwandelt sich darin unter Erglühen in ein weißes Pulver; wir kommen darauf später noch zurück.

Endlich hebe auch ein paar Gasflaschen mit dem Gase wohlverschlossen auf.

Wenn hierbei die schweflige Säure durch einen Oxydationsproceß aus dem Schwefel erhalten wird, so kann man sie auch, wie du gleich sehen wirst, aus der Schwefelsäure durch einen Reductionsproceß erhalten: Richte einen kleinen Apparat her, der nebenstehender Zeichnung (Fig. 137) entspricht; der Kolben ist eins von den sogenannten mikrochemischen Kölbchen, deren du dir am besten ein halbes Dutzend von einem Glasbläser blasen lässest; die Kugel hat etwa 1 Zoll Durchmesser. Auch kannst du deren gelegentlich einige kommen lassen; wir haben deren noch öfter nöthig. Für dieses Mal kann dieses Kölbchen allerdings auch durch eine kleine Retorte oder durch eine Reagenzröhre ersetzt werden. In die kleine Waschflasche kommt Wasser, in das Kölbchen oder dergleichen Kohle und Schwefelsäure, wie in Präp. V (I. Theil) und in das vorgehaltene Gläschen etwas Kalkwasser. Nun erhitze das Gemisch von Kohle und Säure eine Zeit lang: du wirst das Kalkwasser sich trüben sehen, zum Beweise, daß Kohlensäure entwichen ist, und nach dem Auseinandernehmen des Apparates wirst du in der Waschflasche den Geruch der schwefligen Säure bemerken; folglich ist durch die Umwandlung der Schwefelsäure in schweflige Säure die Kohle oxydirt worden, also hat eine Reduction der Schwefelsäure stattgefunden. Auch durch Metalle kann dieses geschehen, nur bleibt dann ein Theil der Schwefelsäure mit dem entstehenden Metalloxyd verbunden. Auch hiervon kannst du dich leicht durch einen Versuch im Kleinen überzeugen; wenn du z. B. Kupfer mit Schwefelsäure erhitzest, so entwickelt sich schweflige Säure und das Kupferoxyd geht in Lösung (blaue Farbe der erhaltenen Flüssigkeit). Man benutzt diesen Weg zur Darstellung der reinen schwefligen Säure, da die Anwendung von Kohle dieselbe mit Kohlensäure, die Verbrennung des Schwefels in der Luft aber mit Stickstoff gemischt liefert. Es führen uns die beiden ersten Methoden auf die Zusammensetzung der

Fig. 137.

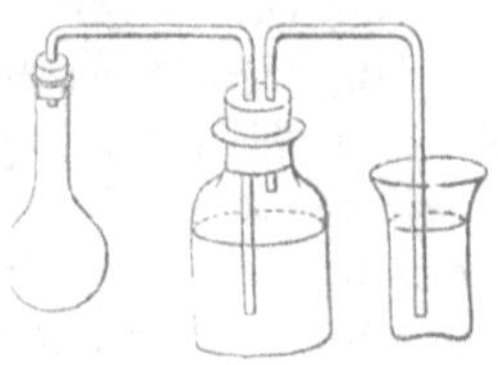

Denn wenn man die Menge der entwickelten Kohlensäure mit der Menge der gleichzeitig erhaltenen schwefligen Säure vergleicht, so findet man, daß auf je 1 Aequivalent der ersteren genau 2 Aequivalente der letzteren entstehen. Es muß also 1 Aequivalent der letzteren entstanden sein durch Entziehung von 1 Aequivalent Sauerstoff, d. h. es muß die Schwefelsäure 1 Atom Sauerstoff mehr enthalten als die schweflige Säure, d. h. sie muß SO_3 sein. Auf ähnliche Weise führt uns die andere Methode zu diesem Resultat; denn wenn man die Menge schwefliger Säure bestimmt, welche man auf 1 Aequivalent Kupferoxyd in der Lösung erhält, so findet man ebenfalls 1 Aequivalent; es muß dieses also, da 1 Aequivalent Kupferoxyd 1 Atom Sauerstoff enthält, dieses abgegeben haben, d. h. es muß SO_2 aus SO_3 entstanden sein. Es läßt sich dasselbe indessen auch direct nachweisen: Der Schwefel verbrennt zwar, selbst im Sauerstoff und in den höchsten Temperaturen immer nur zu schwefliger Säure, allein er kann durch Kochen mit concentrirter Salpetersäure direct in Schwefelsäure übergeführt werden. Wenn man nun den Schwefel vorher wägt und nachher das Gewicht der erhaltenen Schwefelsäure bestimmt (was indessen nur nach ihrer Verbindung mit einer gewogenen Menge einer Base geschehen kann), so läßt sich daraus leicht die Zusammensetzung, mithin die obige Formel erhalten.

Auch durch Oxydation der schwefligen Säure kann man Schwefelsäure erhalten. Wenn du das Gefäß mit der Lösung der ersteren, welches du vor's Fenster gestellt hast, nach einigen Tagen untersuchst, so wirst du den Geruch verschwunden finden, und ein blaues Lackmuspapier wird in derselben geröthet, aber nicht gebleicht. Eben so wie das Stehen an der Luft wirkt Erhitzen mit einigen Tropfen Salpetersäure. Um dies noch sicherer zu erkennen, wollen wir eine Probe auf beide Säuren vornehmen.

Schwefligsaurer Baryt ist in verdünnten Säuren löslich, schwefelsaurer Baryt vollständig unauflöslich. Wenn du in die früher dargestellte Lösung der schwefligen Säure etwas Chlorbaryum gießest, so wird ein weißer Niederschlag entstehen, der sich auf den Zusatz von reiner Salzsäure und Wasser wieder auflöst, sofern die schweflige Säure rein war; bei Anwendung von verdünnter Schwefelsäure, statt der schwefligen Säure, verschwindet aber der Niederschlag beim Zusatz von Salzsäure nicht; dasselbe geschieht bei Anwendung von mit Salpetersäure erhitzter schwefliger Säure. Dadurch wird das eben Gesagte zur Genüge bewiesen. Auch den Versuch, daß der Schwefel durch die rauchende Salpetersäure in Schwefelsäure verwandelt wird, kannst du leicht anstellen und dich mittelst Barytsalzlösung von dem Erfolg überzeugen.

Alle diese Methoden liefern jedoch, der Natur der Sache nach, nur wasserhaltige Schwefelsäure (1). Wasserfreie Schwefelsäure kann auf folgende Weise erhalten werden: Man leitet Sauerstoff und schweflige Säure, beide als gut getrocknete, völlig wasserleere Gase zusammen in eine glühende Röhre, in welcher sich gewisse pulverförmige Körper befinden, welche die Eigenschaft haben, in der Glühhitze die Vereinigung der beiden Körper zu veranlassen, ohne selbst im geringsten daran Theil zu nehmen. Solche Körper sind z. B. Eisenoxyd, Chromoxyd und feingepulvertes Platinametall („Platinaschwamm"). In einer abgekühlten Vorlage verdichtet sich dann die Schwefelsäure in Gestalt weißer schneeähnlicher Nadeln, die sich durch die große Begierde auszeichnen, mit welcher sie Wasser anziehen, womit sich die wasserfreie Schwefelsäure unter heftiger Erhitzung zu gewöhnlicher Schwefelsäure vereinigt. Beim Zusatze einer unbestimmten Menge Wassers erhält man eine Flüssigkeit, die beim Verdampfen alles Wasser bis auf ein Atom abgiebt, welches nicht verjagt werden kann. Wir betrachten daher SO_3, HO als eine chemische Verbindung, in welcher das Wasser durch eine Basis, oder auch der Wasserstoff durch ein Metall vertreten werden kann, so daß SO_3, HO auch als ein Salz gelten darf, worin der Wasserstoff die Rolle des Metalls spielt. Hiernach sind die Formeln und Schemata für die eben gegebenen Darstellungen der schwefligen Säure:

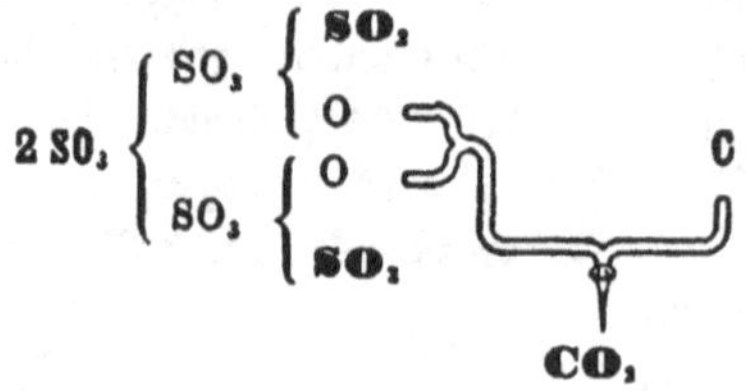

Formel: $2\,SO_3 + C = 2\,SO_2 + CO_2$

und

(1) Bei der Bestimmung der durch Oxydation des Schwefels erhaltenen Menge wird aber dieses Wasser nicht mitgewogen, weil es beim Eintreten der Basis austritt und nur die reine Säure mit der Base gewogen wird.

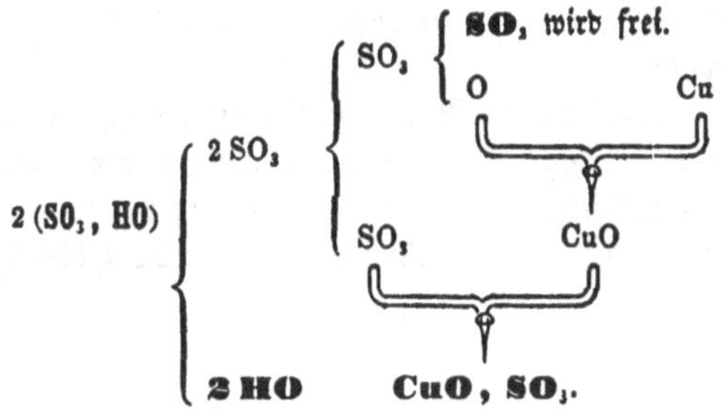

$$2 (SO_3, HO) + Cu = CuO, SO_3 + SO_2 + 2 HO.$$

Die Schwefelsäure wird im Großen dargestellt und in zweierlei Gestalt in den Handel gebracht, entweder als Hydrat (mit einem selten fehlenden geringen Ueberschuß von Wasser), als englische Schwefelsäure, oder als Hydrat mit einem Ueberschuß von gelöster wasserfreier Säure, als nordhäuser Vitriolöl. Ehe wir die Darstellung des letzteren näher betrachten, müssen wir jedoch einige Salze der Schwefelsäure kennen lernen; die Darstellung der englischen Schwefelsäure aber reiht sich ganz natürlich an das Vorhergehende an. Sie soll daher den Gegenstand des nächsten Briefes bilden. Hierbei noch schließlich die Antworten zu meinen letzten Aufgaben :

1) a. 25 Pfund 6$\frac{2}{3}$ Loth, b. 6,3126 Gramm, c. 6$\frac{3}{10}$ Unzen und 14$\frac{2}{7}$ % Wasser.

Zu der 2. Aufgabe will ich dir die vollständige Lösung geben : Wenn 100 Theile Säure 40 Theile Wasser enthalten sollen, so müssen 6 Theile wasserfreie Säure mit 4 Theilen Wasser verbunden sein. In dem Hydrat der Säure sind aber 54 Theile wasserfreie Säure mit 9 Theilen Wasser, oder 6 Theile mit 1 Theil Wasser verbunden; es bleiben also auf 6 Theile wasserfreie Säure zuzusetzen : 3 Theile Wasser, oder auf 7 Theile des Hydrats 3 Theile Wasser; da die oben gefundenen Mengen Salpetersäurehydrat sind, so folgt hieraus für a. 10 Pfund 25$\frac{2}{3}$ Loth, b. 2,7 Gramm, c. 2$\frac{7}{10}$ Unzen.

Die Antworten für die 3. Aufgabe lauten, wie du gefunden haben wirst :

a. 101,2 Pfund, b. 1 Ctr. 66 Pfund, 11$\frac{1}{3}$ Unzen.

Bei der 4. Aufgabe hast du zunächst die Mengen wasserfreier Säure zu suchen, die in den verlangten Mengen bei dem gegebenen Procentgehalt enthalten sind, und hieraus die erforderliche Menge Salpeter zu berechnen, die dazu nöthig ist, indem du bedenkst, daß 101,2 Theile Salpeter (63 Theile Hydrat mit einem Gehalt von) 54 wasserfreie Säure liefern. Du wirst finden, daß die 72,71 Pfund der verlangten

Säure 58,69 wasserfreie Säure entsprechen und daß man gerade 1 Ctr. Salpeter braucht.

Um die vorzuschlagende Menge Wasser zu finden, ist derselbe Umweg wie vorhin nicht nöthig, sondern du brauchst nur die aus dem 1 Ctr. Salpeter zu erhaltende Menge Hydrat von der verlangten Menge verdünnter Säure abzuziehen; als Resultat erhältst du 4,240 Pfund Wasser.

Aufgaben.

1) Wie viel Schwefel und wie viel Schwefelbrände erhält man aus 1000 Pfund Schwefelkies?

2) Wie viel Kohle ist mit a. 98 Pfund, b. 13 Pfund 25 Loth Schwefelsäure zu vermischen, wenn nach dem Erhitzen im Apparate nichts zurückbleiben soll?

3) Wie viel Schwefelsäure ist zu reduciren, um a. 2 Pfund, b. 1 Kubikfuß (specifisches Gewicht 2,2186) schweflige Säure zu erhalten?

49. Brief.

Fortsetzung. Darstellung der wasserhaltigen Schwefelsäure, Grundzüge der Fabrikation der englischen Schwefelsäure. — Antworten und Aufgaben.

Die Schwefelsäure bildet ohne Zweifel das Fundament aller Darstellungen von Körpern auf chemischem Wege. Welche Fabrikation chemischer Producte man auch betrachten mag, fast überall hat diese Säure früher oder später, mittelbar oder unmittelbar, einmal mitgewirkt. Ihre Thätigkeit läßt sich fast an jeder Stelle der ganzen weitverzweigten chemischen Industrie nachweisen und sie übt auf dieselbe den entschiedensten Einfluß aus. Sie verdient daher gewiß, daß wir uns mit ihrer Darstellung etwas näher befassen; leider erlaubt mir aber der Umfang dieser Briefe, und die Rücksicht auf eine möglichst gleichmäßige Behandlung des großen Stoffes nicht, speciell auf die angewandten Einrichtungen, Apparate und Manipulationen einzugehen. Ich bedauere dies um so mehr, als sich in keinem Industriezweige so sehr wie hier die Bemühungen geltend gemacht haben, alle Theile auf einen möglichst hohen Grad von Vollkommenheit zu bringen, und nirgends so zweckmäßige und so sinnreiche Einrichtungen getroffen worden sind, wie hier.

Ich werde mich auf die Entwickelung der Principien und deren Anwendung beschränken müssen, und muß es einem späteren näher eingehenden Studium überlassen, dich genau mit allem hierauf weiter Bezüglichem bekannt zu machen.

Strenggenommen könnte man den Schwefel — welcher das alleinige Material der englischen Schwefelsäurefabrikation bildet (1) —, durch

(1) Denn der in manchen Fabriken verbrauchte Schwefelkies dient nur durch seinen Schwefelgehalt, den man auch zuerst davon trennen kann, wie es ebenfalls häufig geschieht.

Verbrennen in schweflige Säure verwandeln, diese in Wasser leiten und durch Aussetzen an die Luft in Schwefelsäure überführen; allein es würde einestheils dabei zu viel Wasser erfordert und eine zu verdünnte Säure erhalten werden, anderntheils würde die Zeit, die zur Oxydation durch die Luft bedingt würde, zu groß sein, und endlich würde beim Aussetzen der Lösung einer so flüchtigen Säure hiervon zu viel in die Luft entweichen, als daß dieses Verfahren anwendbar wäre.

Es muß daher ein kräftigeres und rascheres Oxydationsmittel gewählt werden. Wir haben ein solches in der Salpetersäure kennen gelernt und diese wird denn auch in der Wirklichkeit angewandt. Wenn man aber nur beide Säuren vermischen und dann die Schwefelsäure durch Abdampfen concentriren wollte, so würde man für die Bildung eines jeden Atoms Schwefelsäure auch ein Atom Salpetersäure bedürfen; diese wird aber, wie du weißt, nur mittelst Schwefelsäure aus dem Salpeter gewonnen und dabei zu jedem Atom zu erhaltender Salpetersäure auch 1 Atom oder gar 2 Atome Schwefelsäure erfordert. Man würde also gar keinen Nutzen haben, sondern immer nur höchstens so viel Schwefelsäure erhalten, als vorher zur Darstellung der Salpetersäure verbraucht worden war. Man hat daher, wenn dieses Verfahren angewandt werden soll, das Nebenproduct, die Untersalpetersäure, zu benutzen, aus welcher man wieder Salpetersäure erhalten kann.

Du wirst dich nämlich erinnern, daß dieses Gas durch Wasser in Stickstoffoxyd und Salpetersäure zerlegt wird, so daß man immer wieder Salpetersäure, wenn auch weniger als angewandt worden, erhält. Aus 3 Aequivalenten Salpetersäure erhält man nach der Oxydation der schwefligen Säure auch 3 Aequivalente Untersalpetersäure; diese liefern mit Wasser wieder 2 Aequivalente Salpetersäure und 1 Aequivalent Stickstoffoxyd; hieraus aber können stets 2 Aequivalente Salpetersäure wieder erzeugt werden, ohne weitere Veränderung dieser Menge, wenn man Luft hinzutreten läßt; denn die beiden Aequivalente Salpetersäure müssen durch die Oxydation der schwefligen Säure abermals 2 Aequivalente Untersalpetersäure liefern, während das 1 Aequivalent Stickstoffoxyd durch die Berührung mit der Luft ebenfalls 1 Aequivalent Untersalpetersäure giebt; also haben wir neuerdings 3 Aequivalente Untersalpetersäure, die ja gerade ausreichen, um mit Wasser wieder 2 Aequivalente Salpetersäure zu liefern, worauf der Proceß von Neuem beginnen kann. Das Ganze wird dir noch deutlicher werden, wenn ich es dir mit Formeln wiederhole:

$3\,SO_2$ und $3\,NO_5$ geben : $3\,NO_4$ . . . . und $3\,SO_3$
bei Wasserzutritt wird $3\,NO_4 = NO_2 + 2\,NO_5$
es tritt hinzu . . . . $2\,O$ und $2\,SO_2$

und es entsteht . . . . $\underbrace{NO_4 + 2\,NO_4}$ und $2\,SO_2$,

die so zusammentretenden $5\,NO_4$ werden
durch Wasserzutritt wieder zu $NO_2 + 2\,NO_5$,
worauf der Proceß von Neuem beginnen kann
u. s. w.,

so daß immer wieder $2\,NO_5$ gebildet werden. Du siehst also, daß in Folge dieser Zersetzung der Untersalpetersäure von den anfangs vorhandenen 3 Aequivalenten Salpetersäure 2 Aequivalente stets wieder erzeugt werden, so daß der Proceß ohne weiteren Zusatz hiervon immer weiter gehen kann, und nur der Zutritt von Sauerstoff (oder atmosphärischer Luft) und Wasser bedingt wird, um immer neue Mengen schwefliger Säure in Schwefelsäure umzuwandeln. Den zu dieser Oxydation nothwendigen Sauerstoff liefert also — abgesehen von der Oxydation in dem ersten Moment — nicht die Salpetersäure, sondern eigentlich die Luft, indem der von dieser abgegebene Sauerstoff es ist, welcher aufgenommen wird. Dabei dient das Stickstoffoxyd als Mittelglied, welches die Rolle des Uebertragens dieses Sauerstoffes spielt, indem es sich erst in Untersalpetersäure und dann durch das Wasser in Salpetersäure verwandelt, und hierauf den zuvor erhaltenen Sauerstoff an die schweflige Säure abgiebt.

Du ersiehst hieraus, daß bei der Anwendung des eben beschriebenen Vorganges für die Schwefelsäurefabrikation im Großen strenggenommen nur eine kleine Menge Salpetersäure erfordert wird, daß ferner auch jede andere Oxydationsstufe des Stickstoffes — das Oxydul ausgenommen — benutzt werden kann; denn bei Gegenwart von Wasser und Luft liefert jede mittelbar oder unmittelbar dieselben Producte. Endlich erhellt daraus die Nothwendigkeit der Gegenwart des Wassers an allen Punkten des in der Zersetzung begriffenen Gasgemisches, damit die geringe Menge Untersalpetersäure sofort nach ihrer Entstehung überall zersetzt werde, und so zwar jedesmal nur wenig, aber desto häufiger Salpetersäure entstehen könne.

Es ergeben sich demnach folgende Stoffe als zur Darstellung der Schwefelsäure unumgänglich nothwendig :

1) Schweflige Säure,
2) Salpetersäure, Stickstoffoxyd, salpetrige Säure oder Untersalpetersäure,
3) Sauerstoff oder atmosphärische Luft,
4) Wasserdampf.

Daß durch den Zusammentritt dieser Stoffe wirklich Schwefelsäure erzeugt wird, davon kannst du dich folgendermaßen überzeugen: Stelle den in beistehender Fig. 138 dargestellten Apparat her; an der Stelle

Fig. 138.

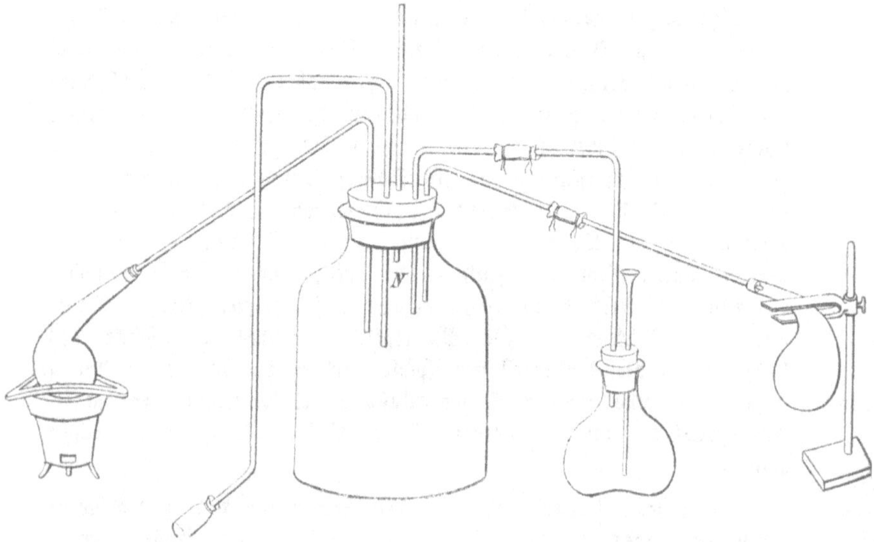

der großen Flasche, welche ich gezeichnet habe, kannst du auch einen recht großen Kolben, oder einen von den Glasballons nehmen, worin die rohen Säuren der Fabriken u. s. w. versandt werden. Der durchbohrte Spunt, womit er verschlossen wird, braucht nicht dicht zu schließen und enthält sogar bei N eine Oeffnung mit einer Röhre zum Entweichen der überschüssigen Gase. Ueber die weitere Herstellung des Apparates habe ich nähere Anleitung dir zu geben wohl nicht nöthig; halte dich nur genau an die Zeichnung und achte im Uebrigen auf Folgendes:

In die eine Retorte kommen die Materialien zur Darstellung der schwefligen Säure, nämlich Kupfer und Schwefelsäure, in den Kolben mit Trichterröhre Kupfer und verdünnte Salpetersäure zur langsamen Entwickelung von Stickstoffoxyd, in die zweite Retorte Wasser und einige Kohlenstückchen zur Erleichterung des Siedens. Durch die vierte, lange, in den Ballon mündende Röhre wird mittelst eines Blasebalges von Zeit zu Zeit Luft eingeblasen. Wenn du nun sämmtliche Stoffe eine Zeit lang in der Flasche so aufeinander hast wirken lassen, daß der Zutritt in der Weise geregelt wird, daß möglichst keiner im Ueberschuß vorhanden bleibt, außer etwa der Wasserdampf, so findest du nach dem Auseinandernehmen des Apparates eine Flüssigkeit in der großen Flasche, die stark sauer ist, und von welcher einige Tropfen mit Barytsalzlösung einen starken, in verdünnter Salzsäure unauflöslichen Niederschlag geben. Dampfe sie in einer Porcellanschale ab — du wirst einige Tropfen einer ölähnlichen Flüssigkeit erhalten, welche dieselben Eigenschaften wie die gewöhnliche Schwefelsäure zeigen und nichts anderes sind, wie diese.

Es wird dir allerdings die Zusammensetzung dieses Apparates viel Zeit und Mühe kosten, und das mag dir im Vergleich zu dem Resultate von wenig Tropfen Schwefelsäure vielleicht allzu viel dünken; wenn du aber bedenkst, daß du dadurch im Kleinen ein Bild der Schwefelsäurefabrikation im Großen bekommst, so wirst du die Arbeit nicht scheuen, den ohnehin interessanten Apparat zusammenzustellen. Natürlich wird im Großen die schweflige Säure nicht aus Schwefelsäure dargestellt, sondern aus brennendem Schwefel, allein es läßt sich dies im Kleinen nicht gut ausführen.

Im Großen werden die Gase in großen bleiernen (1) Kasten gemischt, die man Bleikammern nennt. Gewöhnlich sind deren fünf in einander mündende vorhanden, die zusammen einen Raum von mehr als 150000 Kubikfuß enthalten. Sie sind so eingerichtet, daß sich die verschiedenen Gase während ihres Verweilens darin und ihres Durchziehens recht innig und eine nicht geringe Zeit hindurch vermischen.

Da die schweflige Säure mit viel Stickstoff gemischt in diese Kammer gelangt, und auch durch die Absorption des Sauerstoffes aus der Luft viel Stickstoff übrig bleibt, so muß derselbe, als völlig nutzlos, fortgeschafft werden. Zu diesem Zwecke mündet die letzte der Bleikammern in einen Schornstein. Zugleich wird dadurch der Zug bewirkt, welcher die Verbrennung des Schwefels möglich macht, und der so stark sein muß, daß gleichzeitig noch ein Ueberschuß von Luft eintritt, welcher den

(1) Weil Blei von der Schwefelsäure nicht, oder doch nur sehr wenig angegriffen wird.

Sauerstoff für die weitere Oxydation der schwefligen Säure zu liefern hat.

Es läßt sich dann aber nicht vermeiden, daß gleichzeitig mit dem Stickstoff auch noch Untersalpetersäure oder Stickstoffoxyd entfernt wird, und obgleich man Einrichtungen getroffen hat, um die so verloren gehenden Stoffe möglichst wiederzugewinnen oder deren Menge zu verringern, so ist doch der Verlust nicht ganz zu vermeiden und die Ursache davon, daß die anfangs hinzugeführte Menge Salpetersäure (oder andere Oxydationsstufe des Stickstoffes) nicht ausreicht, sondern von Zeit zu Zeit neue zugesetzt werden muß.

Die Verbrennung des Schwefels findet in großen flachen Schalen statt, worüber, wenn der Schwefel einmal geschmolzen und angezündet ist, ein Luftstrom streicht, der sich dann, schweflige Säure und überschüssigen Sauerstoff enthaltend, nach den Bleikammern begiebt. Der Wasserdampf wird von einem Dampfkessel geliefert, aus welchem Röhren in alle Theile des Kammersystems münden, damit derselbe überall in hinreichender Menge vorhanden sei; die Salpetersäure läßt man von Zeit zu Zeit in eine der Kammern fließen, wo sie sich auf einem eigenen Apparate ausbreitet und allmälig als Dampf in die Atmosphäre der Kammern übergeht. Auch kann man durch Zersetzung salpetersaurer Salze (durch die überschüssige Wärme des Schwefelofens u. s. w.) andere Oxyde des Stickstoffes statt der Salpetersäure benutzen; je nach Umständen pflegt das eine oder das andere Verfahren als vortheilhafter befolgt zu werden.

Nachdem die sämmtlichen Gase während des Durchganges durch die Reihe der Bleikammern eine recht innige Vermischung und gegenseitige Zersetzung erlitten haben, und die gebildete Schwefelsäure durch das vorhandene Wasser zu einer Flüssigkeit — verdünnte Säure, Kammersäure — verdichtet worden, tritt der übrige Stickstoff mit Resten der anderen Gase durch den Schornstein aus. In diesem befindet sich häufig eine Condensationsvorrichtung für mitgerissene noch verwerthbare Gase und ein Apparat zur genauen Regulirung des Zuges. Hierauf kommt es ganz besonders an, weil bei zu geringem Zug kein freier Sauerstoff in die Kammern gelangt und bei zu starkem Zug zu viel Untersalpetersäure mit fortgerissen wird.

Das Product des Kammerapparates ist Schwefelsäurehydrat mit viel Wasser vermischt, welches außerdem noch von den in Anwendung gekommenen Gasen einen Antheil in Lösung enthält. Man bringt diese Flüssigkeit in eine Reihe von bleiernen Pfannen, in welchen sie durch Erhitzung concentrirt und von den darin gelösten Gasen befreit wird. Die Concentration bis auf den Punkt der verkäuflichen Säure zu bringen, ist in diesem Apparate nicht thunlich, weil der Siedepunkt bei seinem allmäligen Steigen endlich den Schmelzpunkt des Bleies erreichen würde. Deshalb sind Apparate von dem unschmelzbaren Platina erforderlich und diese müssen die Gestalt von Retorten mit Verdichtungsapparaten haben, weil kurz vor der völligen Concentration nicht mehr Wasser allein, sondern auch etwas Säure entweicht, welche nicht verloren gehen darf. Die Platinaretorten sind trotz ihres hohen Anschaffungspreises doch noch billiger als Glasretorten, weil diese dem Springen ausgesetzt sind, wodurch der Verlust von viel Säure veranlaßt werden würde. Andere Metalle sind wegen ihrer Einwirkung auf die Schwefelsäure unanwendbar.

Um die Säure in die Retorten zu füllen und diese auszuleeren, ohne daß die Abkühlung derselben abgewartet zu werden braucht und ohne daß die Säure heiß ablaufe, hat man höchst sinnreiche Apparate construirt, deren Beschreibung mich aber hier zu weit führen würde.

Auf die Eigenschaften der englischen Schwefelsäure komme ich im nächsten Briefe zurück; hier sollen noch einige Aufgaben folgen; zunächst aber die Antworten auf die des letzten Briefes:

1) 228,57 Pfund ($\underbrace{7\,\underbrace{FeS_2}_{60}}_{420} = \underbrace{Fe_7S_8}_{324} + \underbrace{6\,S}_{96}$).

2) a. 2 Pfund, b. 27 Loth.

Du hast vermuthlich andere Resultate erhalten, weil du nicht Bedacht darauf genommen hast, daß die anzuwendende Schwefelsäure 1 Atom Wasser enthält, und ihr Atomgewicht folglich nicht, wie du gerechnet haben wirst, 40, sondern 49 ist.

3) a. 3 Pfund 1 Unze, b. 9,342 Loth.

Für den letzten Fall ist indessen zu bedenken, daß bei Anwendung von Kupfer dieses nicht die wirklich zu verwendende Menge Säure ist, sondern die doppelte Menge erfordert wird, während bei der Anwendung der Kohle diese Menge gerade ausreicht.

Aufgaben.

1) Wie viel Schwefelsäurehydrat erhält man aus der schwefligen Säure, die von a. 16 Pfund, b. 100 Pfund Schwefel herrührt, wenn nichts verloren geht?

2) Wie viel 1. schweflige Säure, 2. Schwefel ist erforderlich, um a. 49 Gramm, b. 14700 Pfund Schwefelsäurehydrat zu erzeugen?

3) Wie viel Sauerstoff ist dabei zur Umwandlung der schwefligen Säure zu Schwefelsäure nöthig?

Außer etwas möglichst weißem ungebranntem Gyps bedarfst du zu den nächsten Versuchen keine Substanz, die du nicht schon besäßest.

50. Brief.

Eigenschaften des Schwefelsäurehydrats, Verhalten zu den Metallen. Eigenschaften der Schwefelsäuresalze, Nachweisung derselben. — Schwefelsaurer Kalk, schwefelsaures Natron, Sodafabrikation, schwefelsaure Magnesia, schwefelsaures Eisenoxydul und Eisenoxyd. Darstellung des nordhäuser Vitriolöls. Antworten.

Die Eigenschaften des reinen Schwefelsäurehydrats sind folgende: Es bildet eine ölartige Flüssigkeit von 1,84 specifischem Gewicht, siedet bei 325°, ist bei gewöhnlicher Temperatur geruchlos und verwandelt sich nicht in Dampf. Bei — 35° wird es fest. Es röthet Lackmus, selbst wenn es mit seinem 1000fachen Volumen Wasser verdünnt ist.

Die Affinität der Schwefelsäure zum Wasser ist sehr groß, und sie erhitzt sich damit dergestalt, daß beim Eingießen von Wasser in Schwefelsäure eine so plötzliche Dampfentwickelung stattfindet, daß das Gemisch aus dem Gefäß geschleudert wird. Selbst beim Eingießen von Schwefelsäure in Wasser kann die Temperatur bis zum Siedepunkt des Wassers steigen. Du hast dieses schon oft erfahren und auch die Schwefelsäure schon zum Trocknen von Gasen angewendet. Stelle ein Gefäß mit Schwefelsäure offen hin: du wirst nach einiger Zeit eine Vermehrung der Flüssigkeit durch Absorption des Wassers aus der Luft finden. Diese große Affinität der Schwefelsäure ist es auch, welche die Verkohlung der meisten organischen Körper durch dieselbe veranlaßt. Es treten nämlich Wasserstoff und Sauerstoff aus denselben in demjenigen Verhältniß zusammen, in welchem sie Wasser bilden, und vereinigen sich hierauf mit der Schwefelsäure. Da nun diese organischen Stoffe aus Kohlenstoff, Wasserstoff und Sauerstoff bestehen, so bleibt eine kohlenstoffreichere, schwarze oder braune „verkohlte" Substanz übrig. Du wirst dich leicht überzeugen, daß Zucker, Kohle, Holz, Stärke oder dergleichen schon bei gewöhnlicher Temperatur durch Schwefelsäure verkohlt werden. Beim Erhitzen bildet sich dann schweflige Säure. Zeichnungen, mittelst eines in die Säure getauchten Glasstabes auf Holz ausgeführt, erscheinen bald und dauerhaft schwarz. Die gelbe oder bräunliche Farbe, welche die käufliche Säure oft zeigt, rührt von organischen Stoffen her, die in geringer Menge, als Staub u. s. w., hineingelangt sind; die reine Säure ist farblos.

Die beschriebene Wirkung der Schwefelsäure haben wir schon bei der Darstellung des Kohlenoxydes aus Kleesäure angewendet; diese wurde nicht geschwärzt, welches eine characteristische Eigenthümlichkeit derselben ist.

Die wasserfreie Schwefelsäure ist auf die Metalle ohne Einwirkung; das Hydrat greift sie fast alle an, indem sich das Schwefelsäuresalz bildet, wobei sich entweder Wasserstoff oder schweflige Säure entwickelt. Im ersteren Falle wirkt die verdünnte, im letzteren die concentrirte besser. Auf gewisse Metalle ist auch die concentrirte Säure, selbst beim Erhitzen ohne Wirkung, wie bei den meisten sogenannten edlen Metallen und beim Blei.

Von den Schwefelsäuresalzen im Allgemeinen wirst du dir folgendes zu merken haben: In den neutralen enthält die Säure dreimal so viel Sauerstoff, wie die Basis, weshalb die Formel derselben entweder MO, SO_3 oder bei den Oxyden von anderer Zusammensetzung (wie beim Eisenoxyd und anderen) $R_2O_3, 3\ SO_3$ ist. Die Salze der starken Basen ertragen ohne Zersetzung die höchsten Temperaturen, diejenigen der schwächeren Basen zersetzen sich unter Entweichen der Schwefelsäure, wobei diese häufig sich wieder in schweflige Säure und Sauerstoff zersetzt. Dabei bleiben die Oxyde, oder, wenn dieselben (wie das Quecksilberoxyd) in der Glühhitze sich zersetzen, die Metalle zurück.

Mit Kohle geglüht geben die Schwefelsäuresalze der starken Basen ihren ganzen Sauerstoffgehalt an diese ab, und es bleibt eine Verbindung des Metalls mit dem Schwefel — Schwefelmetall oder Metallsulfür — zurück. Bei den schwächeren Basen der schweren Metalle entstehen außerdem häufig schweflige Säure und die Oxyde bleiben zurück.

Wenn man z. B. schwefelsauren Kalk glüht, so wird aus

$$CaO, SO_3 \text{ und } 4\ C$$
$$CaS \text{ und } 4\ CO,$$

was sich wohl am besten so vorstellen läßt, daß man die Formel CaO, SO_3 so schreibt $CaSO_4$, wo dann leicht ersichtlich, daß die Zersetzung folgendermaßen stattfindet:

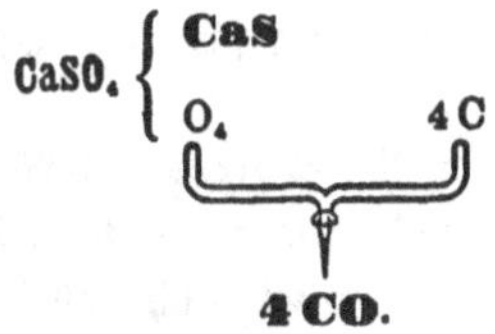

Dasselbe gilt für die Schwefelsäuresalze aller leichten Metalle.

Von den Schwefelsäuresalzen sind nur die des Bleioxyds und des Baryts unlöslich, das des Strontians fast unlöslich und das des Kalkes schwer löslich, alle anderen mehr oder weniger leicht auflöslich in Wasser.

Aus diesem Grunde wird das Blei auch von der Schwefelsäure nur wenig angegriffen; nur wenn die Säure concentrirt und heiß, oder wenn Salpetersäure zugegen ist, erfolgt die Bildung dieses Salzes. Es ist in concentrirter Schwefelsäure löslich und die englische Schwefelsäure enthält daher nicht unbedeutende Mengen davon gelöst. Da es aber in verdünnter Säure unlöslich ist, so fällt es beim Verdünnen der käuflichen Säure als weißer Niederschlag aus, woher die Trübung kommt, welche sich beim Vermischen der englischen Schwefelsäure mit Wasser jedesmal zeigt. Läßt man den Niederschlag sich absetzen, so ist die überstehende klare Flüssigkeit frei von Blei. Concentrirte Schwefelsäure kann von dieser Beimischung nur durch Destillation befreit werden.

Die Unlöslichkeit des schwefelsauren Bleioxyds haben wir schon (Präp. XXXV) zur Darstellung des essigsauren Kali's angewandt. Sie wird ferner benutzt zur Erkennung der Schwefelsäure und des Bleioxyds.

Aehnlich verhält sich der schwefelsaure Baryt; derselbe ist noch unlöslicher als das Bleisalz.

Da wir nun wissen, daß allemal da, wo es möglich ist, die unlöslichen Verbindungen vor allen anderen entstehen, so können wir stets die Gegenwart der Schwefelsäure in einer Lösung durch eine Blei- oder Barytsalzlösung erkennen. Bringe z. B. einige Tropfen verdünnte, also von ihrem Bleigehalt befreite Schwefelsäure in ein Glas Regenwasser, theile dieses in 2 Hälften und füge nun zu der einen einige Tropfen klarer Bleizuckerlösung, zur anderen eben so viel Chlorbaryumlösung: du wirst selbst bei dieser außerordentlich geringen Menge Schwefelsäure eine Trübung entstehen sehen. Um zu erfahren, wie weit diese Nachweisbarkeit geht, kannst du die Verdünnung noch größer machen — du wirst endlich nur eine nach einigen Minuten erscheinende sogenannte Opalisirung, d. h. ein geringes Abnehmen der völligen Durchsichtigkeit bemerken. Dasselbe gilt für die Lösung eines Schwefelsäuresalzes, z. B. des Zinkvitriols, des Eisenvitriols, so wie umgekehrt für eine Blei- oder Barytsalzlösung, in welcher die Basis durch Schwefelsäure (die vorher verdünnt und klar abgegossen sein muß) nachgewiesen werden kann.

Nach diesen allgemeinen Betrachtungen haben wir einige der wichtigsten Schwefelsäuresalze noch näher zu betrachten, so weit wir die Basen schon kennen; doch halte ich mich dabei nicht an die früher befolgte Reihenfolge dieser letzteren, sondern ich beginne mit dem Salze des Kalkes:

Schwefelsaurer Kalk.

Der schwefelsaure Kalk kommt in der Natur in zwei Formen vor: wasserfrei und unkrystallisirt als Anhydrit, und wasserhaltig und krystallisirt oder krystallinisch als Gyps (Alabaster) $CaO, SO_3 + 2\,HO$.

Der Gyps ist im Wasser wenig löslich — du wirst beim Schütteln des feingepulverten Minerals mit Wasser sein Volumen nur wenig abnehmen sehen, dann aber in der Lösung sowohl die Schwefelsäure als den Kalk (wie?) nachweisen können. Dieses ist der Grund für folgende Erscheinungen: In eine concentrirte Lösung von Chlorcalcium gieße etwas Schwefelsäure, die nicht mehr verdünnt ist, als zur Abscheidung des schwefelsauren Bleioxyds nöthig war. Du wirst einen weißen Niederschlag erscheinen sehen, der sich bei näherer Betrachtung krystallinisch zeigen und beim Zusatze von viel Wasser wieder verschwinden wird. Nimmst du aber gleich anfangs hinreichend verdünnte Lösungen, so erhältst du keinen Niederschlag.

Was kommt in Lösung, wenn der Gyps durch die Säure ausgefällt worden?

Eine Lösung von Gyps hast du zu späterem Gebrauche nöthig; es ist dazu hinreichend, eine solche von recht reinem weißem natürlichem zu machen; wenn du keinen haben kannst, so mußt du etwas künstlich darstellen und den Niederschlag sehr oft auswaschen, bis das Waschwasser nicht mehr sauer reagirt. Dann löse davon eine kleine Menge in reinem Wasser auf.

In einer Barytlösung bringt auch die Gypslösung einen Niederschlag hervor, weil der schwefelsaure Baryt völlig unlöslich ist, allein eine Gypslösung bleibt beim Vermischen mit einer Gypslösung natürlich klar; dies giebt, wie du später erfahren wirst, ein Mittel ab, diese beiden Basen von einander zu unterscheiden.

Beim Erhitzen des Gypses auf 120 — 130° giebt er sein Wasser völlig ab. Nach dem Erkalten nimmt er beim Vermischen mit Wasser davon wieder 2 Aequivalente auf, erhitzt sich und bildet damit eine krystallinische feste Masse, die noch eine größere Menge Wasser in ihren Poren aufgesogen enthält, ohne davon weich zu werden; ja es wird die Masse beim Abdampfen des Wassers immer noch fester, weil dabei der im aufgesogenen Wasser gelöst gewesene Gyps den übrigen bindend überzieht. Ist aber der Gyps auf eine höhere Temperatur, ja nur bis 160° erhitzt worden, so hat er das Vermögen, Wasser aufzunehmen, verloren. Man „brennt“ daher den Gyps im Großen bei mäßiger Hitze und benützt ihn nach dem Anrühren mit Wasser zum Abformen von mancherlei Gegenständen, zum Ausgießen und Ausgleichen von Höhlungen u. s. w. Du kannst den Versuch leicht selbst machen, wenn du eine Quantität davon in einen Backofen legst, der eben zum Backen des Brodes gedient hat; das gebrannte Gypspulver wird nach dem Erkalten und Anrühren mit Wasser zu einem dünnen Brei sehr schnell fest; stärker erhitzt aber wird es dies nicht thun, sondern „todtgebrannt“ sein. Durch Tränken des Gypses mit Alaunlösung und wiederholtes Brennen wird die Masse so hart, daß sie Politur annimmt und den Einflüssen der Luft und Feuchtigkeit widersteht („Elfenbeinmasse“); dasselbe bewirkt Einreiben mit geschmolzenem Stearin.

Gypslösung zersetzt sich mit kohlensaurem Natron zu schwefelsaurem Natron und kohlensaurem Kalk — was du leicht versuchen kannst. Dadurch wird der schwerlösliche Gyps bald aus der Lösung entfernt; ist aber noch ungelöster vorhanden, so wird dieser dann allmälig aufgelöst und eben so umgewandelt.

Ich habe dir schon gesagt, daß beim Glühen des schwefelsauren Kalkes mit Kohle Schwefelcalcium entsteht; ebenso wird derselbe durch Wasserstoff reducirt.

Schwefelsaures Natron.
(Glaubersalz $NaO, SO_3 + 10$ aq.)

Die Bildung des schwefelsauren Natrons, so wie die Zusammensetzung kennst du schon von früher her. Es wird im Großen dargestellt, um daraus die Soda zu gewinnen, die dir ebenfalls schon der Hauptsache nach bekannt ist. Die Darstellung des Glaubersalzes geschieht durch Vermischen des Kochsalzes mit verdünnter Schwefelsäure (Kammersäure) und Erhitzen des Gemisches in offenen eisernen Gefäßen durch die darüberstreichende Flamme eines Flammofens. Die dabei gleichzeitig mit den Feuergasen entweichende Salzsäure wird in einem eigenen Apparate mittelst Wasser condensirt und dann das Uebrige mittelst eines Schornsteines möglichst hoch in die Atmosphäre geleitet. Aus der erhaltenen Masse wird durch Krystallisirenlassen das Glaubersalz gewonnen und dann entweder in den Handel gebracht, oder unmittelbar in Soda verwandelt.

Diese so erhaltene künstliche Soda ersetzt jetzt fast gänzlich die früher gebräuchliche natürliche Varec- oder Kelp-Soda, welche, wie du weißt, aus den Aschen der See- und Strandpflanzen herrührt.

Als nämlich zur Zeit der Continentalsperre der Preis dieser letzteren eine außerordentliche Höhe erreicht hatte, wurde durch die Bemühungen der Chemiker, unterstützt durch die Aufmunterung der französischen Regierung, ein Verfahren entdeckt, welches den Namen des Leblanc'sche trägt, wonach man aus dem schwefelsauren Natron, also mittelbar aus dem Kochsalz, Soda darstellen kann, und wonach jetzt alljährlich ungeheuere Mengen dieser für viele andere Fabrikationen unentbehrlichen Substanz gewonnen werden.

Dasjenige Kohlensäuresalz, welches man am leichtesten in großer Menge haben kann, ist der kohlensaure Kalk, und wenn man denselben mit schwefelsaurem Natron glüht, findet die Zersetzung in der Art statt, daß kohlensaures Natron und schwefelsaurer Kalk entsteht. Soll aber in der geglühten Masse das kohlensaure Natron verwendet oder benutzt werden, so muß dieselbe, um die beiden Gemengtheile zu trennen, mit Wasser zusammengebracht werden; dann aber würde, trotz der Schwerlöslichkeit des schwefelsauren Kalkes, die oben erwähnte Zersetzung eintreten und man würde schließlich nur wieder die beiden zuerst angewandten Stoffe erhalten, wodurch demnach nichts gewonnen wäre.

Glüht man nun statt des bloßen Gemenges der beiden Salze auch noch zugleich Kohle damit, so wird der sich bildende schwefelsaure Kalk zu Schwefelcalcium reducirt und also kohlensaures Natron und Schwefelcalcium erhalten. Es ist nun freilich ein Schritt weiter geschehen, allein auch diese beiden Substanzen, welche beide löslich sind, zersetzen sich wieder gegenseitig unter Bildung des unlöslichen kohlensauren Kalkes, indem Calcium und Natrium einander vertreten und Schwefelnatrium und kohlensaurer Kalk erhalten werden.

Denn

$$CaS + NaO, CO_2 = \underline{NaS} + \underline{CaO, CO_2}$$

nach dem Schema:

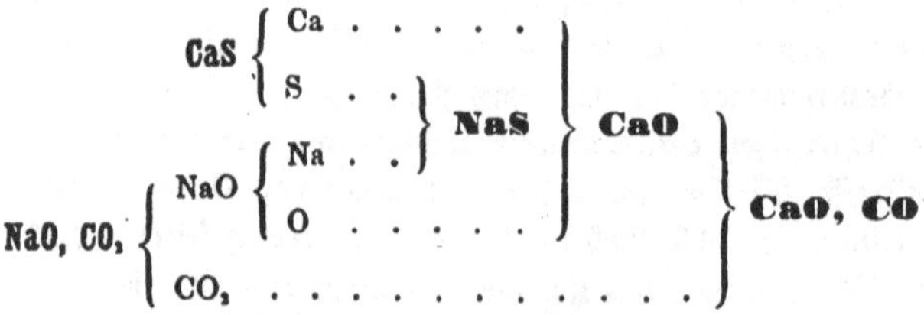

(Der Versuch ist leicht anzustellen!)

Man würde also auf diese Weise wieder kein kohlensaures Natron bekommen, und es muß vielmehr dafür gesorgt werden, daß der Kalk, nachdem er seine Kohlensäure verloren hat, in eine unlösliche Verbindung übergeführt werde. Eine solche ist die Verbindung des Schwefelcalciums mit Kalk, das sogenannte basische Schwefelcalcium 3 CaS, CaO, dessen Bildung durch einen Zusatz von überschüssigem Kalk erreicht wird. Dieser giebt nämlich mit Kohle in der Glühhitze 2 Aequivalente Kohlenoxyd und den Kalk, welcher zur Entstehung jener Verbindung erforderlich ist. Wir können uns also den Proceß in folgende Momente zerlegt denken :

1) Kohlensaurer Kalk und schwefelsaures Natron geben schwefelsauren Kalk und kohlensaures Natron

$$CaO, CO_2 + NaO, SO_3 = CaO, SO_3 + NaO, CO_2.$$

2) Der schwefelsaure Kalk wird durch Kohle zu Schwefelcalcium reducirt

$$CaO, SO_3 + 4\,C = CaS + 4\,CO.$$

3) 1 Aequivalent kohlensaurer Kalk giebt mit Kohle Kalk und Kohlenoxyd

$$CaO, CO_2 + C = CaO + 2\,CO.$$

4) Dieses eine Atom verbindet sich mit drei Atomen Schwefelcalcium zu unlöslichem 3 CaS, CaO.

Du siehst also, daß, um diese letzte Formel mit den vorhergehenden zusammenstellen zu können, wir jene sämmtlich verdreifachen müssen, um 3 Atome Schwefelcalcium zu erhalten, und wir kommen demnach auf folgende Formelnreihe :

$$4\,(CaO, CO_2) + 3\,(NaO, SO_3)$$
$$= CaO, CO_2 + 3\,(CaO, CO_2) + 3\,(NaO, SO_3)$$

dazu C

$$\mathbf{2\,CO} + CaO + 3\,(CaO, SO_3) + \mathbf{3\,(NaO, CO_2)}$$

dazu weitere $12\,C$

$$(CaO + 3\,CaS) + \mathbf{12\,CO}$$

Im Ganzen also $4\,(CaO, CO_2) + 3\,(NaO, SO_3) + 13\,C$
$$= \underline{3\,(NaO, CO_2)} + \underline{3\,CaS, CaO} + 14\,CO.$$

Es hält schwer, den Vorgang, welcher gleichzeitig, und nicht, wie es hier dargestellt ist, schrittweise stattfindet, durch ein Schema darzustellen, doch will ich es versuchen, dir aber die Erklärung des Schema's überlassen, was dir nach dem Vorhergehenden nicht große Schwierigkeiten darbieten wird.

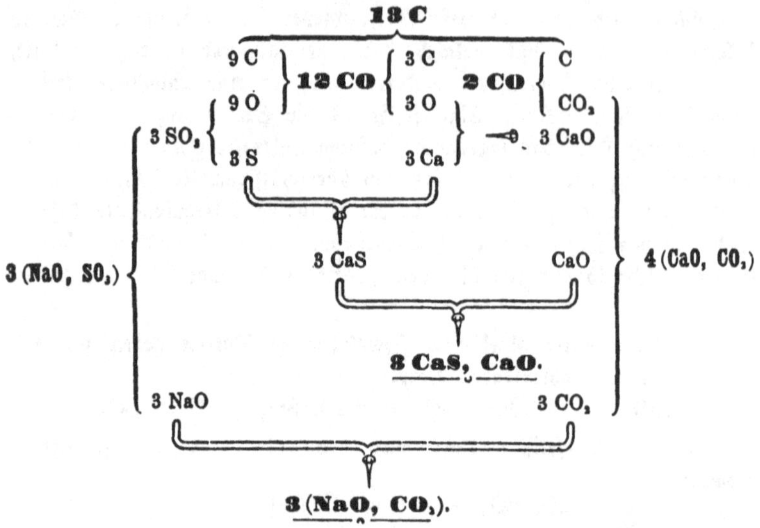

Der Glühproceß des Gemisches von kohlensaurem Kalk, schwefelsaurem Natron und Kohle wird in flachen gemauerten Schalen vorgenommen, über welche die Flamme der Feuerung streicht, dann herausgenommen und nach dem Erkalten durch Auslaugen mit Wasser und Krystallisirenlassen weiter verarbeitet. Man bringt entweder das Salz mit seinem vollen Wassergehalt als durchsichtige Krystalle, als „krystallisirte Soda", oder ohne sein Krystallwasser, als „Sodasalz" in den Handel. Zu einigen Zwecken wird auch die geglühte Masse, ohne ausgelaugt zu werden, unmittelbar, als „rohe Soda" verwendet.

Schwefelsaure Magnesia.

Die schwefelsaure Magnesia kennst du schon dem Ansehen nach; auch weißt du, daß man daraus das Magnesiahydrat, so wie die kohlensaure Magnesia durch Fällen erhalten kann. Sie krystallisirt mit 7 Aequivalent Wasser, von denen 6 schon beim geringeren Erhitzen, das letzte erst beim Glühen entweichen.

Die schwefelsaure Magnesia, oder das Bittersalz, kommt in mehreren Mineralwassern, so wie in den Mutterlaugen mancher Salzsoolen und im Meerwasser vor. Es wird daraus gewonnen und theils unmittelbar zu medicinischen Zwecken, theils zur Darstellung der übrigen Magnesiasalze benutzt.

Von den Schwefelsäuresalzen der übrigen dir bekannten Metalloxyde verdienen nur die des Eisenoxyduls, Eisenoxyds und des Kupferoxyds eine nähere Beachtung, da das, was ich im Allgemeinen von diesen Salzen gesagt, für die anderen im Besonderen genügt.

Schwefelsaures Eisenoxydul (Eisenvitriol) und schwefelsaures Eisenoxyd.

Die Darstellung dieser beiden Salze hast du schon im 1. Theil kennen gelernt und ich verweise dich auf das damals darüber Gesagte; du wirst es jetzt noch besser verstehen und dich außerdem nur dessen zu erinnern haben, was von der Darstellung des Wasserstoffes für das Zink gilt; dann siehe alles das wiederholt durch, was ich bei Gelegenheit der Eisenoxydul- und Eisenoxydsalze anführte; du wirst nun alle jene Erklärungen deutlich finden, und ich füge nur noch die Formeln dieser Salze und die Darstellung im Großen hier hinzu:

Eisenvitriol $FeO, SO_3 + 7 HO$

schwefelsaures Eisenoxyd $Fe_2O_3, 3 SO_3$.

Du ersiehst auch jetzt klarer die Ursache, weshalb bei der Darstellung des letzteren Salzes außer dem Oxydationsmittel auch noch Schwefelsäure zugesetzt werden muß; sonst würde man aus $2 (FeO, SO_3)$ und O nur $Fe_2O_3, 2 SO_3$ erhalten, welches ein basisches Salz ist.

Der Eisenvitriol wird im Großen durch Oxydation aus den natürlich vorkommenden Verbindungen von Eisen und Schwefel erhalten. Diese Oxydation bewirkt man durch Erhitzen an der Luft, welches Verfahren „Rösten“ genannt wird. Wenn man einfach Schwefeleisen — das man durch Zusammenschmelzen von Schwefel und Eisen in dem erforderlichen Verhältniß darstellen kann (Präp. XXII) — röstet, so erhält man weiter nichts als Eisenvitriol

$$FeS + 4 O = FeO, SO_3.$$

Enthält aber das Schwefeleisen mehr Schwefel, so wird dieser zu schwefliger Säure oxydirt, welche entweicht. So erhält man z. B. aus dem Schwefelkiese neben Eisenvitriol ein Atom schweflige Säure

$$FeS_2 + 6 O = FeO, SO_3 + SO_2.$$

Wenn man also diesen zur Darstellung von Eisenvitriol verwenden will, so erleidet man den Verlust der Hälfte des Schwefels. Du hast aber (S. 302) gesehen, daß man diesen größtentheils aus dem Schwefelkies durch Abdestilliren gewinnen kann, man erhält dann Fe_7S_8, woraus sich beim Rösten auf 7 Atome Eisenvitriol nur 1 Atom schweflige Säure bildet, so daß dann auf 7 Aequivalente Schwefelkies nicht 7, sondern nur 1 Atom Schwefel in Gestalt von schwefliger Säure verloren geht. Da, wo es wegen der Reinheit des Schwefelkieses angeht, pflegt man deshalb erst Schwefel und dann Eisenvitriol aus dem Eisenkies zu gewinnen; die Formel für die Darstellung des letzteren aus den zuerst erhaltenen Schwefelbränden ist dann

$$Fe_7S_8 + 30\,O = 7\,(FeO,\ SO_3) + SO_2\,,$$

nämlich:

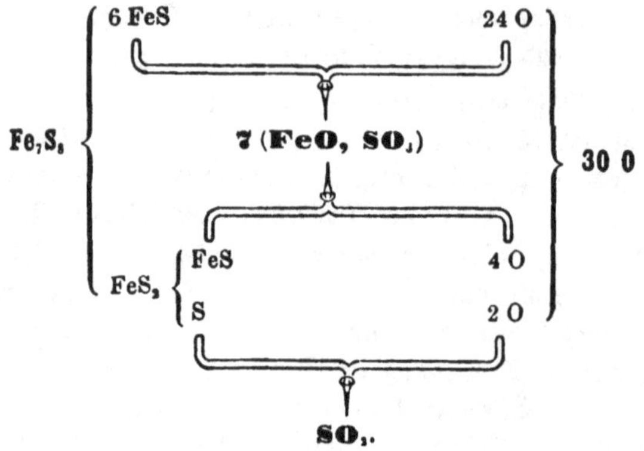

Der entstandene Eisenvitriol kann durch Auslaugen krystallisirt erhalten werden und kommt dann als solcher in den Handel.

Außerdem erhält man auch Schwefeleisen und Eisenvitriol bei der Gewinnung des Kupfers aus den meisten Kupfererzen. Große Mengen desselben dienen als Material für die Darstellung derjenigen Schwefelsäure, die den Namen Nordhäuser Vitriol trägt, und die, wie schon früher gesagt, wasserfreie Säure im Hydrat gelöst enthält.

Man trocknet nämlich den Eisenvitriol und die bei seiner Darstellung bleibende Mutterlauge so viel wie möglich aus, unterwirft ihn zugleich einer Oxydation durch die atmosphärische Luft und setzt das so erhaltene (basisch) schwefelsaure Eisenoxyd in thönernen Retorten der Weißglühhitze aus. Die dabei abdestillirende wasserfreie Säure fängt man in Vorlagen mit englischer Schwefelsäure, oder auch mit Wasser auf und erhält so die Säure von verlangtem Gehalte. In den Retorten bleibt das Eisenoxyd als „Todtenkopf", „Blutstein" oder „Colcothar" zurück. Wollte man das schwefelsaure Eisenoxydul ohne vorherige Oxydation zersetzen, so würde das Eisenoxydul einen Theil der Schwefelsäure reduciren, und man erhielte als Rückstand ebenfalls Eisenoxyd, verlöre aber dabei die Hälfte der Schwefelsäure in Gestalt von schwefliger Säure. Es würde dann sein:

$$2\,(FeO,\ SO_3) = Fe_2O_3 + SO_3 + SO_2$$

nach dem Schema:

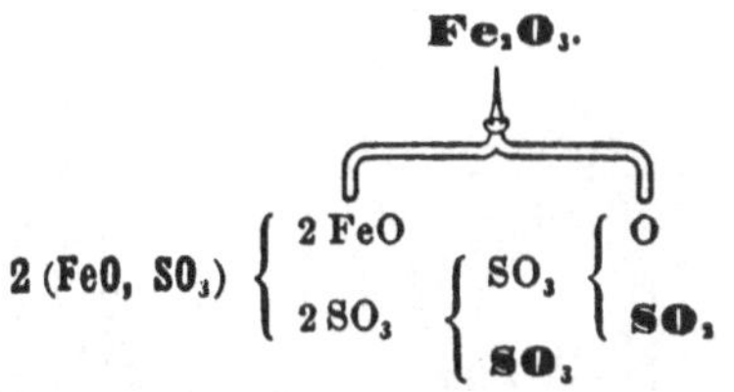

Das Nordhäuser Vitriolöl wird namentlich in Böhmen fabricirt; es raucht an der Luft, weil die wasserfreie Säure daraus abdunstet und sich mit der Feuchtigkeit der Luft condensirt. Man nennt diese Schwefelsäure daher auch **rauchende**. Sie wird bei mehreren Darstellungen benutzt, namentlich in der Blaufärberei zur Auflösung des Indigo's. Beim Erhitzen derselben geht anfangs nur die wasserfreie Säure über, und wenn man die Dämpfe durch ein kalt gehaltenes Rohr streichen läßt, so kann man die wasserfreie Schwefelsäure in der dir bekannten Form condensiren.

Diesen langen Brief schließe ich endlich hier ab, und füge nur noch die Antworten auf die letzten Aufgaben hinzu; du wirst bei deren Lösung keine besonderen Schwierigkeiten gefunden haben und ich brauche daher über die Auflösungen nichts zu sagen.

1) a. 49 Pfund, b. 306¼ Pfund.

2) a. 1. 32 Gramm, 2. 16 Gramm.
   b. 1. 9600 Pfund, 2. 4800 Pfund.

3) a. 8 Gramm, b. 2400 Pfund.

51. Brief.

Aufgaben. — Schwefelsaures Kupferoxyd. Schwefelwasserstoff, Oxydationsproducte desselben. Schwefelmetalle. Verhalten des Schwefelwasserstoffes zu den bekannten Metallen und deren Oxyden.

Zuerst will ich dir, damit du Gelegenheit hast, die im vorigen Briefe beschriebenen Vorgänge näher zu überdenken und dir klar zu machen, einige darauf bezügliche Aufgaben stellen. Dabei mache ich dich noch aufmerksam, daß es zu ihrer Lösung stets am leichtesten ist, die betreffende Formel hinzuschreiben und unter jeden Körper das Atomgewicht zu setzen, dann aber vor Beginn der Ausrechnung, die ein einfaches Regel-de-tri-Exempel ist, die Probe zu machen, ob die Summe der Atomgewichte auf beiden Seiten gleich ist.

1) Wie viel wasserfreie Soda erhält man aus a. 213 Pfund, b. 70 Centner schwefelsaurem Natron; wie viel kohlensaurer Kalk und wie viel Kohle gehören der Theorie nach mindestens zur Zersetzung dieser Menge?

2) Wie viel von jedem der drei erforderlichen Stoffe muß man mindestens nehmen, um a. 429 Pfund, b. 1000 Centner krystallisirte Soda zu erhalten, wenn man wasserhaltiges Glaubersalz verwendet?

3) Wie viel Eisenvitriol erhält man aus a. 324 Pfund, b. 1000 Kilogramm Schwefelbränden? Wie viel Sauerstoff (dem Raume nach) wird dabei verbraucht?

4) Wie viel wasserhaltigen Eisenvitriol muß man nach dem Entwässern glühen und rösten, um bei der Destillation a. 40 Pfund, b. 1 Centner wasserfreie Schwefelsäure zu erhalten?

Ich schließe die Betrachtung der Schwefelsäuresalze mit dem

Kupfervitriol
$CuO, SO_3 + 5 HO$.

Eine Darstellung dieses Salzes kennst du schon; im Großen erhält man es namentlich auf dieselbe Weise wie den Eisenvitriol: durch Rösten des Schwefelkupfers und Auslaugen der erhaltenen Masse. Auch stellt man zu diesem Zwecke durch Zusammenschmelzen von Kupfer und Schwefel künstlich Schwefelkupfer dar. Dasselbe hat die Zusammensetzung Cu_2S und liefert beim Rösten nicht allein CuO, SO_3, sondern auch noch CuO, weshalb beim Auslaugen zweckmäßig Schwefelsäure zugesetzt wird.

Gewöhnlich kommen Schwefelkupfer und Schwefeleisen zusammen vor und man erhält daher auch beide Vitriole zugleich. Man bringt sie entweder ungetrennt in den Handel, oder man trennt sie durch Krystallisiren und Stehenlassen an der Luft, wobei der Eisenvitriol größtentheils in ausfallendes basisches Salz verwandelt wird. Du erinnerst dich noch des Ausfällens des Kupfers aus dem Kupfervitriol durch Eisen. — Dieses Verhalten macht es häufig am vortheilhaftesten, aus einem solchen gemischten Vitriol alles Kupfer auszufällen, aus der Lösung Eisenvitriol zu erhalten und das Kupfer anderweitig zu verwerthen.

Erhitze etwas Kupfervitriol in einem Tiegel; er wird unter Abgabe seines Krystallwassers weiß werden. Bei Begießen mit Wasser (nach dem Erkalten) nimmt er sein Krystallwasser unter Erhitzung und Wiedererscheinen der blauen Farbe wieder auf.

Versetze eine Kupfervitriollösung mit Ammoniak; es fällt zuerst das dir schon längst bekannte Kupferoxydhydrat aus. Bei einem weiteren Zusatze von Ammoniak wird dieser Niederschlag mit einer tief und prächtig dunkelblauen Farbe wieder aufgelöst, indem eine Verbindung des schwefelsauren Kupferoxydes mit Wasser und Ammoniak in die Lösung kommt. Waren die ursprünglichen Lösungen concentrirt, so scheiden sich beim Stehenlassen große schön gefärbte Krystalle dieser Verbindung aus; aus verdünnter Lösung kannst du sie durch Ausfällung mit Weingeist in Gestalt eines Krystallmehls erhalten. Beim sorgfältigen Aufgießen des Weingeistes auf die blaue Flüssigkeit mittelst eines Glasstabes mischen sich beide erst nach und nach und man erhält größere Krystalle.

Die auf die eine oder andere Art dargestellten Krystalle trockne zwischen Fließpapier und Ziegelsteinen und bewahre sie in einer wohlverschlossenen Flasche auf. Durch Abdampfen der Lösung kann man diese Verbindung nicht erhalten, da sie sich in der Wärme, so wie auch in Berührung mit der Luft allmälig zersetzt. Die tief blaue Farbe, welche sich beim Zusetzen des Ammoniaks im Ueberschuß gezeigt hat, ist auch noch bei sehr verdünnten Lösungen des Kupfervitriols sichtbar, und du kannst den Versuch mit mehreren Flüssigkeiten anstellen, die immer weniger davon enthalten. Wenn die ursprünglichen Lösungen auch keine Farbe mehr wahrnehmen lassen, so zeigen sie sich doch beim Zusatze von einigen Tropfen Ammoniak blau, was man dann am besten bemerkt, wenn man von oben in die Reagenzröhre, worin der Versuch gemacht wurde, hineinsieht.

Dieses Verfahren kann zur Auffindung sehr geringer Mengen Kupferoxyd dienen.

Ich wende mich nun zu den übrigen Verbindungen des Schwefels und zunächst zum

Schwefelwasserstoff
HS.

Du kennst schon mehrere Methoden zur Darstellung desselben: Uebergießen von Schwefeleisen (Präp. XLV) mit Wasser und Schwefelsäure, oder von Schwefelantimon mit Salzsäure. Du kannst die erste Methode und das früher dargestellte Schwefeleisen zu folgenden Versuchen anwenden.

In eine tubulirte Retorte mit fast bis auf den Boden tauchender Röhre, die mit einer Waschflasche mit Wasser in Verbindung steht, bringe etwas Schwefeleisen in kleinen Stücken nebst Wasser und setze dann allmälig Schwefelsäure zu. Die beim Vermischen derselben mit dem Wasser frei werdende Wärme wird ausreichen, die Gasentwickelung zu bewirken; das entweichende Gas fange in mehreren Gasflaschen möglichst schnell über warmem Wasser auf und stelle dann den Apparat vor's Fenster. Bei dem ganzen Verfahren beobachte die bei Präp. XLV angegebenen Vorsichtsmaßregeln.

Du wirst am Geruche erkennen, daß sich dasselbe Gas entwickelt, wie bei dem Uebergießen des Schwefelantimons mit Salzsäure; die Zersetzung aber, in deren Folge es jetzt auftritt, ist eine etwas andere: Das Eisen des Schwefeleisens und der Wasserstoff der Schwefelsäure vertreten sich nämlich gegenseitig, so daß aus dem Schwefeleisen Schwefelwasserstoff und aus der Schwefelsäure schwefelsaures Eisenoxydul wird. Da sich weiter kein Product bildet, so folgt schon hieraus die Zusammensetzung des Schwefelwasserstoffes, die aber auch sonst noch aus der leicht zu bestimmenden Menge Schwefel in demselben berechnet werden kann:

$$\left.\begin{array}{ll} FeS & \left\{\begin{array}{l} S \ldots\ldots\ldots \\ Fe \ldots \end{array}\right. \\ SO_4H & \left\{\begin{array}{l} SO_4 \ldots \\ H \ldots\ldots\ldots \end{array}\right. \end{array}\right\} \begin{array}{l} Fe \ldots + SO_4 \ldots = \mathbf{FeO, SO_3} \\ S + H = \mathbf{HS} \text{ wird frei.} \end{array}$$

Formel : $SO_3, HO + FeS = SO_3, FeO + HS$.

Den Geruch dieses Gases präge dir wohl ein, ohne doch zu viel davon einzuathmen. Dann stelle folgende Experimente an : Eine brennende Kerze entzündet das Gas und verlöscht darin alsbald; das Gas brennt mit einer blauen Flamme, und es bildet sich dabei Wasser und schweflige Säure, wie leicht am Geruche und an dem Beschlagen eines Glases zu erkennen. Verbrennt das Gas frei in der Luft an der Mündung der Ableitungsröhre, oder in einem weiten Glase, so zeigt sich kein Rückstand; bei mangelndem Luftzutritt, z. B. bei Anwendung einer enghalsigen Flasche, scheidet sich aber ein Theil des Schwefels unverbrannt ab.

Mit Sauerstoff (⅓ Sauerstoff ⅔ Schwefelwasserstoff) gemischt und angezündet, verbrennt es unter lebhafter Explosion und Lichtentwickelung. Bei diesem Versuche ist genau so zu verfahren wie bei dem entsprechenden für das Knallgas. Nach der Explosion wird das in der Flasche zurückgebliebene Wasser sich sauer zeigen.

Der Schwefelwasserstoff ist ein tödtliches Gift, wie ich dir schon mehrmals gesagt : 1 Raumtheil desselben mit 1500 Raumtheilen Luft gemischt, tödtet einen Vogel, mit 800 Raumtheilen Luft, einen Hund. Ein Pferd stirbt in einer Luft, die $\frac{1}{250}$ Schwefelwasserstoff enthält. Das beste Gegenmittel ist Chlor, welches dem Schwefelwasserstoff den Wasserstoff entzieht, wobei sich der Schwefel pulverförmig abscheidet :

Fülle zwei Flaschen mit weitem Halse, deren Mündungen aufeinander passen, die eine mit trockenem Chlor, die andere mit trockenem Schwefelwasserstoff (vor dem Fenster in derselben Weise wie alle schweren Gase aufzufangen) und stürze die eine Flasche über die andere; es muß sich sofort ein weißer Niederschlag von Schwefel zeigen, und wenn du die untere Flasche mit der Mündung in Wasser tauchst, so wird dieses schnell hineinstürzen, um die darin befindliche Salzsäure zu absorbiren.

Eine andere Flasche fülle zur Hälfte mit Chlor und lasse dann in der pneumatischen Wanne allmälig Schwefelwasserstoff zutreten : Bei jeder Blase wird sich gelber Schwefelstaub zeigen und das Wasser allmälig höher steigen, bis alles Chlor in Salzsäure verwandelt und diese absorbirt ist.

Das Schwefelwasserstoffgas ist in Wasser löslich: wenn du in eine damit gefüllte Flasche etwas Wasser gießest, dann die Flasche verstopfst, stark schüttelst und hierauf unter Wasser öffnest, so wird, weil ein Theil des Gases durch Lösung entfernt worden, das Wasser durch den Luftdruck in die Flasche getrieben werden. Diese Lösung in Wasser besitzt den Geruch des Gases, verliert ihn aber beim Durchleiten von Chlor, oder beim Zusatze von etwas Bleichkalk.

Die Zersetzung des Schwefelwasserstoffes durch Chlor kann man, wie schon oben angegeben, zur Verhütung der giftigen Wirkungen des ersteren benutzen, wenn man zufällig zu viel davon eingeathmet hat; denn die gebildete Salzsäure und selbst ein kleiner Ueberschuß von Chlor ist im Vergleich dazu wenig schädlich.

Der Geruch des Schwefelwasserstoffes ist derselbe wie der der faulenden Eier: alle organischen Stoffe, welche in ihrer Zusammensetzung Schwefel enthalten, entwickeln beim Fäulnißproceß dieses Gas; dahin gehören Eiweiß, Käse u. s. w.

Bei einem Druck von 15 — 16 Atmosphären, d. h. wenn es auf den 15ten oder 16ten Theil seines Volumens zusammengepreßt wird, verwandelt sich das Schwefelwasserstoffgas in eine Flüssigkeit, die sehr beweglich und leichter als Wasser ist.

Stelle eine mit Luft und Schwefelwasserstoff gefüllte Flasche, in welcher sich etwas Baumwolle befindet, an einen warmen Ort; nach einigen Tagen wirst du im eingegossenen Wasser Schwefelsäure mittelst Chlorbaryum nachweisen können, die sich also unter diesen besonderen Verhältnissen bilden kann. Schwefelwasserstoffwasser, in schlecht verstopften Flaschen stehend, wird nach einiger Zeit milchig von abgeschiedenem Schwefel, und endlich wird alles gelöste Gas in Wasser und Schwefel verwandelt sein. Es liefert also unser Gas je nach Umständen sehr verschiedene Oxydationsproducte.

Der in Wasser gelöste Schwefelwasserstoff röthet schwach das blaue Lackmuspapier — er ist also eine schwache Säure.

Der Schwefel bildet noch eine andere Verbindung mit Wasserstoff, welche mehr Schwefel enthält und den Namen Wasserstoffsulfid trägt. Sie hat vermuthlich die Formel HS_2 und bildet eine Flüssigkeit von geringer Beständigkeit.

Mit den meisten Metalloxyden zersetzt sich der Schwefelwasserstoff zu Wasser und

Schwefelmetall

$$HS + MO = MS + HO.$$

Die Schwefelmetalle zeigen sich entweder indifferent, oder sie haben den Character entschiedener Basen oder Säuren. Die ersteren, die electropositiven Schwefelmetalle, können sich mit den letzteren, den electronegativen, verbinden und so Salze bilden. Das Schwefelcalcium z. B. ist ein solches electropositives Schwefelmetall, welches sich mit dem uns als Säure bekannten Schwefelwasserstoff zu einem Salze, dem Schwefelwasserstoff-Schwefelcalcium verbindet. Diese Salze haben den Namen Schwefelsalze, oder Sulfosalze, die Basen Schwefelbasen, die Säuren (Schwefel- oder) Sulfosäuren. Du siehst, daß in denselben der Schwefel die Rolle des Sauerstoffes spielt, und daß man nur in CaO, HO für O Schwefel zu setzen braucht, um die Formel des Sulfosalzes CaS, HS zu erhalten.

Diese Schwefelsalze gehören zur Klasse der Amphidsalze, und wir brauchen, um sie unter dieselbe Bestimmung zu bringen, nur für Sauerstoff „Sauerstoff oder Schwefel" zu sagen.

Diese Sulfosalze entstehen auf verschiedene Weise und einige derselben werden wir noch kennen lernen. Bisweilen bilden sie sich schon bei der Einwirkung des Metalls auf das Gas, wo dann die Hälfte desselben in Wasserstoff und Schwefel zersetzt wird; diese Zersetzung findet nach folgender Formel statt:

$$M + 2\,HS = MS,\ HS + H.$$

Manche Metalle können schon bei gewöhnlicher Temperatur für sich allein das Schwefelwasserstoffgas zerlegen, sich mit dem Schwefel verbinden und den Wasserstoff frei machen. Dies ist z. B. der Fall bei Kalium, Natrium, Silber, Gold, Quecksilber. Bei den meisten aber wird nur das Oxyd oder die Verbindung desselben mit einer Säure zerlegt und das Schwefelmetall gebildet. Wenn dieses letztere dann unter den gegebenen Umständen unlöslich ist, fällt es als Niederschlag, meistens mit characteristischer Farbe, aus, im anderen Falle bleibt es gelöst oder entsteht gar nicht. Ein paar Beispiele werden dir dieses Verhalten deutlich machen:

Leite etwas Schwefelwasserstoffgas in eine verdünnte Lösung irgend eines Bleisalzes — es wird sofort ein brauner oder schwarzer Niederschlag entstehen. Dasselbe geschieht, wenn du Bleiweiß oder mit Bleiweiß oder Bleiessig bestrichenes Papier der Einwirkung dieses Gases aussetzest, oder auch in deinem Zimmer liegen hast, während darin sich auch nur geringe Mengen davon befinden. Ja man kann die allerunbedeutendsten Quantitäten in irgend einem Luftgemisch entdecken, wenn man einen mit Bleizucker getränkten Papierstreifen hineintaucht, der sich in diesem Falle mit einer schillernden, metallglänzenden Haut bedeckt. Es rührt dieses von der Entstehung von Schwefelblei her. Die Lösung, wenn eine solche angewandt worden, wird dabei sauer von der frei werdenden Säure des Salzes; beim kohlensauren Bleioxyd entweicht die

Kohlensäure gasförmig. Selbst das unlösliche schwefelsaure Bleioxyd wird zersetzt. So ist z. B.

$$PbO, \bar{A} + HS = PbS + HO, \bar{A}.$$

In allen Fällen wird aus dem Sauerstoff der Basen und dem Wasserstoff des Schwefelwasserstoffes Wasser gebildet. Nun leite das Gas in eine Lösung von Kupfervitriol. Schon bei geringen Mengen erhältst du einen schwarzen Niederschlag; sammele ihn auf einem Filtrum und wasche ihn langsam aus; das ablaufende Wasser wird immer blau sein und endlich der ganze Niederschlag sich wieder in Folge der Oxydation durch die Luft in schwefelsaures Kupferoxyd verwandelt haben; denn bei völligem Abhalten der Luft und bei Anwendung von ausgekochtem Wasser zum Auswaschen bleibt der Niederschlag unverändert; er besteht aus Schwefelkupfer:

$$CuO, SO_3 + HS = CuS + HO + SO_3.$$

Nun leite Schwefelwasserstoff durch eine Lösung von Eisenvitriol, der möglichst frei von Oxyd ist. Du wirst keinen Niederschlag oder höchstens eine weiße Trübung von Schwefel erhalten, welche von der Reduction des etwa vorhandenen Oxydes durch den Wasserstoff des Schwefelwasserstoffes herrührt. Schwefeleisen aber entsteht nicht, und zwar weshalb? Wenn Schwefeleisen ausgefällt würde, so müßte, wie in den vorhin erwähnten Fällen, Schwefelsäure frei werden müssen. Wir haben aber den Schwefelwasserstoff durch Einwirkung der Schwefelsäure auf Schwefeleisen dargestellt und es müßte also wieder Schwefelwasserstoff frei und Eisenvitriol gebildet werden. Weil also freie Schwefelsäure neben Schwefeleisen nicht bestehen kann, wird der Eisenvitriol durch den Schwefelwasserstoff nicht zersetzt. Dieser Fall ist demjenigen ähnlich, den wir bei einem Kalksalz und bei der Kohlensäure kennen lernten. Auch da erhielten wir keinen Niederschlag, weil derselbe neben der frei werdenden Säure nicht bestehen könnte. Damals konnten wir die Zersetzung dadurch hervorrufen, daß wir diese durch eine Basis in Beschlag nahmen. So auch hier:

Wenn du zu dem Eisenvitriol vor dem Durchleiten des Schwefelwasserstoffes Kali (oder Ammoniak) setzest, so wird zwar anfangs der Niederschlag des Hydrats entstehen, dieses aber sogleich in schwarzes Schwefelmetall verwandelt werden, weil nun die frei werdende Schwefelsäure sich mit der gebotenen Base verbindet und daher nicht das Schwefeleisen zersetzen kann. Eben so verhält sich von den dir bekannten Basen das Zinkoxyd, das Manganoxydul, sowie einige andere.

Demnach wirst du leicht erkennen, daß man die Metalloxyde in zwei Gruppen theilen kann: zu der einen gehören diejenigen, deren Schwefelmetalle neben Säuren bestehen können, ohne zersetzt zu werden, zu den anderen diejenigen, deren Schwefelmetalle von Säuren zersetzt werden. Bei den ersteren wird durch Schwefelwasserstoff allein ein Niederschlag hervorgebracht werden, bei den letzteren aber nur dann, wenn zugleich eine Basis zugesetzt wird. Beides gilt natürlich nur für diejenigen Metalle, deren Schwefelverbindungen unlöslich sind, im anderen Falle kann das Schwefelmetall zwar entstehen, wird aber natürlich nicht ausgefällt.

Um dir dieses characteristische Verhalten der verschiedenen Salze recht augenscheinlich zu machen, wirst du am besten folgenden einfachen Versuch anstellen: Vermische in einem Reagenzröhrchen zwei Lösungen von Kupfervitriol und Eisenvitriol und leite so lange Schwefelwasserstoff hindurch, bis in einer abfiltrirten Probe eine weitere Einleitung von Schwefelwasserstoff keinen Niederschlag mehr hervorbringt; dann filtrire das Ganze schnell ab — die Lösung wird farblos sein und kein Kupfer mehr enthalten (wie ein eingelegtes und blank bleibendes Eisenstück beweisen kann); nun setze Ammoniak oder Kali zu, es entsteht sofort ein schwarzer Niederschlag (indem überschüssiger Schwefelwasserstoff vorhanden ist) und dieser nimmt noch zu, wenn du fortfährst, Gas hindurchzuleiten. Wird der Niederschlag dadurch nicht mehr vermehrt, so ist auch alles Eisen als Schwefeleisen ausgefällt. Setzest du nun wieder etwas Schwefelsäure zu, so verschwindet der schwarze Niederschlag, es entwickelt sich Schwefelwasserstoff und das Eisen kommt wieder als schwefelsaures Oxydul in Lösung, wie nach dem Kochen (zur Entfernung des Schwefelwasserstoffes) durch zugesetztes Ammoniak (s. o. S. 229) bewiesen werden kann.

Auch diejenigen Schwefelmetalle, welche von Schwefel- oder Salzsäure nicht zersetzt werden, werden durch Erhitzen mit Salpetersäure oder Königswasser angegriffen, indem sich der Schwefel in Schwefelsäure verwandelt, während das Metalloxyd mit einer der vorhandenen Säuren in Lösung geht. Bisweilen scheidet sich ein Theil des Schwefels in Form einer schmutziggelben, schwammigen Masse ab.

Wir werden später einige Metalle kennen lernen, deren Schwefelverbindungen sich so verhalten. Für jetzt mögen diese allgemeinen Bemerkungen über die Schwefelmetalle genügen, und ich wende mich im nächsten Briefe zu denjenigen der dir bisher bekannt gewordenen Metalle, die von einigem Interesse sein können.

Du hast für nächstens eine kleine Menge Salpeter, kohlensaures Kali und Schwefelblumen, so wie etwas fein gestoßene und gesiebte Holzkohle zu beschaffen und kannst einstweilen jeden dieser Stoffe für sich fein pulvern und sorgfältig bei gelinder Wärme trocknen, worauf sie in gut verschlossenen Fläschchen aufzubewahren sind.

52. Brief.

Auflösungen. — Schwefelmetalle Schwefelkalium; — Schießpulver, Knallpulver — Schwefelnatrium; Schwefelbaryum, Schwefelblei, Schwefelkupfer. Anderweitige Verbindungen des Schwefels. — Selen, Tellur. — Aufgaben und Anleitung zu deren Lösung, Kettenschlüsse.

Du hast ganz richtig bemerkt, daß der erste Theil der dir gestellten Aufgaben in der Regel das Atomgewicht der betreffenden Substanzen enthält und die Lösung desselben also unmittelbar aus der Formel folgt. Dadurch erwächst dir die Erleichterung, daß du eine Controle für den richtigen Ansatz der Aufgabe erhältst. Daß die Antworten für die ersten beiden Aufgaben richtig ausfallen würden, hatte ich eben so erwartet, wie daß du bei den andern beiden einige Schwierigkeiten finden würdest. Ich will dir deshalb hierfür eine kurze Erklärung geben.

Zu 1 Aequivalent Schwefelbrände gehören zur Oxydation zu Eisenvitriol (und schwefliger Säure) 30 Aequivalente Sauerstoff, d. h. zu 324 Pfund — 240 Pfund. Daraus folgt für 1000 Kilogramm ein Verbrauch von 740,74 Kilogramm Sauerstoff. Um den Raum zu finden, den diese einnehmen, verfährt man folgendermaßen:

1 Kubikdecimeter Wasser wiegt 1 Kilogramm, ein Kubikmeter 1000 Kilogramm, und ein Kubikmeter Luft also $\frac{1}{770}$ und ebensoviel Sauerstoff (der 1,106 mal so schwer ist) 1,106 . $\frac{1}{770}$ = 1,436 Kilogramm. So oft also 1,436 Kilogramm in den nöthigen 740,74 Kilogramm enthalten sind, so viel Kubikcentimeter sind erforderlich u. s. w.

Die Aufgabe 4 ist leicht zu lösen, doch kann es außer nach der Methode, welche du angewandt, noch kürzer so geschehen: Wenn nach dem Entwässern und Rösten der Eisenvitriol geglüht wird, so erhält man sämmtliche darin enthaltene Schwefelsäure, also aus 1 Aequivalent krystallisirtem Eisenvitriol auch 1 Aequivalent Schwefelsäure. Um also 40 Gewichtstheile wasserfreie Schwefelsäure zu erhalten, müssen 139 Theile Eisenvitriol in Arbeit genommen werden u. s. w.

Danach sind die Antworten auf alle neulich gestellten Aufgaben folgende:

1) a. 159 Pfund; b. 52,25 Centner.

2) a. 483 Pfund krystallisirtes schwefelsaures Natron, 200 Pfund kohlensaurer Kalk, 78 Pfund Kohle; b. 1125,87 Centner krystallisirtes schwefelsaures Natron, 466,2 Centner kohlensaurer Kalk, 181,82 Centner Kohle.

3) a. 973 Pfund; b. 3003,08 Kilogramm.
a. 2525 Kubikfuß; b. 515,8 Kubikcentimeter.

4) a. 139 Pfund; b. 764½ Pfund.

Ich fahre mit der Betrachtung der Schwefelmetalle im Einzelnen fort.

Schwefelkalium.

Das Kalium verbindet sich in fünf Verhältnissen mit dem Schwefel; diese Verbindungen sind KS, KS_2, KS_3, KS_4, KS_5, und sie heißen der Reihe nach einfach, zweifach, u. s. w. Schwefelkalium.

Das einfach Schwefelkalium erhält man durch Reduction des schwefelsauren Kali's mittelst Kohle oder Wasserstoff in der Glühhitze; beim Einleiten von Schwefelwasserstoff in Kalilösung bis zur Sättigung wird es nicht erhalten, sondern es bildet sich dann das Sulfosalz, Schwefelwasserstoff-Schwefelkalium, indem sich Sauerstoff und Schwefel vertreten.

$$KO, HO + 2\ HS = KS, HS + 2\ HO.$$

Das Schwefelkalium bildet sich auch bei der Entzündung des

Schießpulvers.

Dieses ist ein inniges Gemisch von Salpeter, Schwefel und Kohle. Beim Erhitzen verpufft es, indem diese Substanzen einander gegenseitig in folgender Weise zersetzen: Der Salpeter giebt seinen sämmtlichen Sauerstoff an die Kohle ab, welche dadurch zu Kohlensäure verbrennt, während der Schwefel sich mit dem Kalium des Salpeters verbindet, nach dem Schema

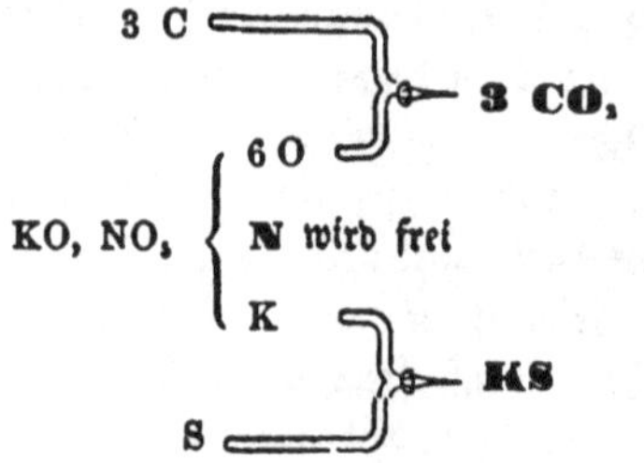

Formel: $KO, NO_5 + 3\ C + S = KS + 3\ CO_2 + N.$

Die Entwickelung der Kohlensäure und des Stickstoffs ist es, welche die Kraft des Schießpulvers bedingt, indem die Bildung einer gewissen Menge dieser Gase in einem abgeschlossenen Raume, welchen früher das feste Pulver einnahm, einen starken Druck auf die Wandungen des Raumes verursacht, in welchem die Explosion geschieht.

Daß das Schießpulver, oder vielmehr die Kohle desselben, im verschlossenen Raum ohne Zutritt von Sauerstoff brennt, ist, wie du leicht einsehen wirst, nur dadurch bedingt, daß es den dazu nöthigen Sauerstoff in Gestalt des Salpeters bei sich führt. Er nimmt darin, weil in fester Verbindung, nur einen sehr geringen Raum ein, während er in Verbindung mit Kohle und im glühenden, also sehr ausgedehnten Zustande, ein sehr großes Volumen hat.

Das gebildete Schwefelkalium bleibt mit etwas Kohle vermischt als Pulverschweiß zurück, sofern es nicht durch die Kraft der Gasentwickelung mit fortgeschleudert wird. An der Luft wird es unter Schwefelwasserstoffentwickelung in kohlensaures Kali verwandelt, wodurch es sehr nachtheilige Wirkungen ausüben kann. Die Beschaffenheit des Schießpulvers muß also derart sein, daß es so viel wie möglich weggeschleudert werde.

Die Verschiedenheiten in den Eigenschaften der Pulversorten beruhen darauf, daß ihre Mischung mehr oder weniger von demjenigen Verhältniß abweicht, welches obige Formel fordert, und von der Art, wie diese Substanzen mit einander zu größeren oder kleineren Körnern vereinigt sind. Das „Körnen" geschieht durch Durchpressen der feuchten Masse durch Siebe und Trocknen der erhaltenen Klümpchen. Von welchem Einfluß dasselbe überhaupt ist, kannst du aus folgendem Versuch ersehen. Mische die drei Substanzen, nachdem jede feingepulvert und für sich wohl getrocknet worden, erst sorgfältig mit einander; theile das erhaltene Gemisch in zwei ungleiche Theile; den kleineren lege zurück, den größeren knete mit Wasser zu einem steifen Taig, von dem du die Hälfte auf einem Brettchen zu ganz dünnen Stängelchen ausrollst, um diese bei ganz mäßiger Hitze halb trocken werden zu lassen; dann zerdrücke oder zerschneide sie zu kleineren oder größeren Körnchen, die schließlich auf einem Papier bei ganz gelinder Wärme zu trocknen sind. Den Rest des Taiges lasse in einem Stücke trocknen. Endlich entzünde diese 3 Arten Schießpulver mittelst eines glühenden Eisens und beobachte die verschiedene Art ihres Abbrennens.

Auf die Fabrikation des Schießpulvers hier weiter einzugehen, würde mich zu weit führen. Ich will nur noch bei dieser Gelegenheit des Knallpulvers Erwähnung thun, welches die Eigenschaft hat, schon bei gelindem Erhitzen erst zu schmelzen und dann sich außerordentlich plötzlich mit heftiger Explosion zu zersetzen, so daß selbst schon geringe Mengen davon die gefährlichsten Wirkungen ausüben können. Mische kohlensaures Kali, salpetersaures Kali und Schwefel im Verhältniß von je 3 Aequivalenten, 2 Aequivalenten und 5 Aequivalenten und erhitze von dem Gemische eine Messerspitze voll (nicht mehr!) allmälig auf einem Stück Blech oder Eisen: es wird zuerst schmelzen und dann mit einem *sehr starken Knalle* explodiren, weshalb Vorsicht anzuwenden ist. Die Zersetzung zeigt folgendes Schema:

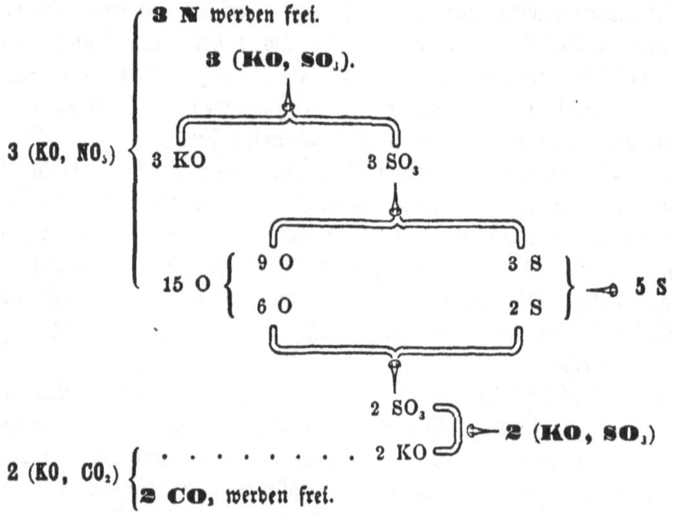

$$\text{Formel}: 3\,(KO,\ NO_5) + 2\,(KO,\ CO_2) + 5\ S$$
$$= 5\,(KO,\ SO_3) + 3\ N + 2\ CO_2.$$

Von den übrigen Schwefelungsstufen kannst du die letzte, obwohl nicht rein, folgendermaßen darstellen: Erhitze in einem Tiegel ein Gemisch von Schwefel und kohlensaurem Kali in dem Verhältniß, wie es die gleich zu gebende Formel erheischt. Dann verbindet sich der Schwefel mit dem Kalium zu fünffach Schwefelkalium, die Kohlensäure wird frei, der Sauerstoff des Kali's geht zu einem andern Theil Schwefel, mit welchem er sich zu Schwefelsäure vereinigt, die mit einem Atom unveränderten Kali's sich verbindet. Hieraus lassen sich die zur Zersetzung nothwendigen Atomzahlen finden.

Damit sich Schwefelsäure bilden kann, müssen 3 Atome Kali ihren Sauerstoff abgeben; dadurch werden 3 Atome Kalium erhalten, welche 15 Atome Schwefel bedürfen; hierzu kommt noch einerseits das 1 Atom

Kali, welches sich mit der Schwefelsäure verbindet, und andererseits das eine Atom Schwefel, welches zu Schwefelsäure wird; also brauchen wir 16 Atome Schwefel und 4 Atome kohlensaures Kali, und es wird:

$$4\,(KO,\,CO_2) + 16\,S = 3\,KS_5 + KO,\,SO_3 + 4\,CO_2.$$

Nach dem Schema:

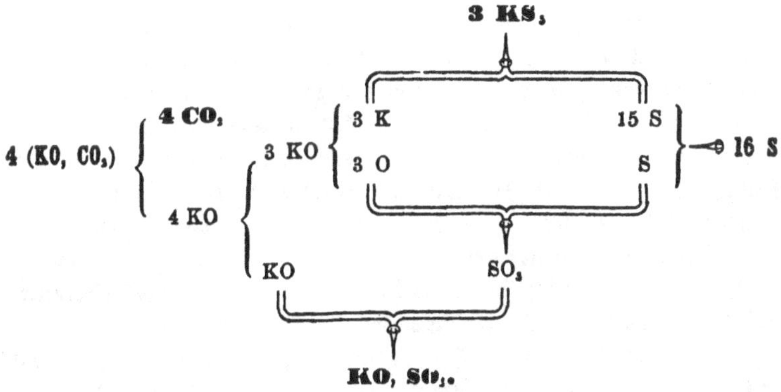

Das Product führt den Namen Schwefelleber. Bewahre es in einer gut schließenden Flasche auf. Man kann zwar die einzelnen Bestandtheile durch Auflösen in Weingeist trennen, doch ist dies zum Zwecke der weiteren Verwendung dieses Salzes gewöhnlich nicht erforderlich. Man braucht es nämlich hauptsächlich zur Darstellung des Schwefels in höchst fein vertheilter Gestalt. Wenn man irgend eins der Kaliumsulfüre, mit Ausnahme des ersten, mit einer verdünnten Säure behandelt, so wird aus einem Atom Kalium und einem Atom Schwefel das Kalisalz und Schwefelwasserstoff gebildet, der übrige Schwefel aber als äußerst zartes Pulver von gelblich-weißer Farbe ausgeschieden. Von diesem Schwefel erhält man also am meisten, wenn man die höchste Schwefelungsstufe des Kaliums nimmt. So gibt z. B. $KS_5 + HCl = KCl + HS + 4S$. Die Lösung, die man so mit darin suspendirtem Schwefel erhält, nennt man Schwefelmilch.

Da das schwefelsaure Kali dabei ohne Zersetzung in die Lösung kommt, so verhält sich unsere vorhin dargestellte Schwefelleber ebenso, wie dir ein damit anzustellender Versuch zeigen wird. Bei Anwendung von Schwefelsäure ist die Zersetzung folgende (das Schema darzustellen, überlasse ich dir):

$$KO,\,SO_3 + 3\,KS_5 + 3\,(SO_3,\,HO) = 4\,(KO,\,SO_3) + 3\,HS + 12\,S.$$

Für das Schwefelnatrium gilt das für das Schwefelkalium Gesagte.

Das

Schwefelbaryum

und seine Darstellung kennst du noch von früher her. Die Reduction des natürlich vorkommenden schwefelsauren Baryts kann man zwar mit Kohle bewirken, allein man zieht solche kohlenhaltige Substanzen vor, welche vor ihrer Zersetzung schmelzen und dadurch eine innigere Berührung des Schwerspaths mit dem Reductionsmittel ermöglichen. Das Schwefelbaryum zeigt die merkwürdige Eigenschaft, daß es, wenn die Sonne eine Zeit lang darauf geschienen hat, nachher im Dunkeln leuchtet. Dieses „Phosphoresciren“ zeigt sich, wenn man Kugeln aus Schwerspath, Mehl und Wasser formt und dieselben einer heftigen Glühhitze zwischen glühenden Kohlen aussetzt. Stelle diesen interessanten Versuch an; Zusatz von etwas Bittererde erhöht, Beimischung von schweren Metalloxyden vermindert die Leuchtkraft; immer ist es dazu erforderlich, daß das Schwefelbaryum dem Sonnenlichte ausgesetzt gewesen ist.

Die Anwendung des Schwefelbaryums zur Darstellung der Barytsalze ist dir bekannt und beruht auf der leichten Zersetzbarkeit durch Säure. Indessen stellt man den salpetersauren Baryt besser aus dem kohlensauren dar, den man aus dem Chlorbaryum in bekannter Weise erhalten kann. Zur Wiederholung und Uebung will ich hier die Formeln folgen lassen, welche die Zersetzungen ausdrücken, durch welche aus dem Schwerspath alle Barytverbindungen erhalten werden können. Ich zweifle nicht, daß du sie verstehen und mittelst derselben dir diese Vorgänge einprägen wirst.

$$BaO, SO_3 + 4\,C = BaS + 4\,CO.$$
$$BaS + CuO + HO = \underline{CuS} + \underline{BaO, HO}.$$
$$BaS + HCl = \underline{BaCl} + \underline{HS}.$$
$$BaCl + KO, CO_2 = \underline{BaO, CO_2} + \underline{KCl}.$$
$$BaO, CO_2 + NO_5 = \underline{BaO, NO_5} + \underline{CO_2}.$$
$$BaO, CO_2 + \bar{A} = BaO, \bar{A} + CO_2.$$

Stelle nun von den sämmtlichen Barytsalzen, wenn du davon nichts mehr hast, noch etwas dar; du wirst sie später häufig bedürfen.

Schwefelblei
PbS.

Das Schwefelblei kommt in der Natur in metallglänzenden bleifarbenen Würfeln als Bleiglanz vor und bildet das Material für die Erzeugung fast sämmtlichen Bleies. Es entsteht, wie du schon weißt, auch beim Durchleiten von Schwefelwasserstoff durch Bleioxydlösungen, bildet aber dann ein schwarzbraunes Pulver. — Beim Erhitzen unter Zutritt von Luft verwandelt sich das Schwefelblei in schwefelsaures Bleioxyd, Bleioxyd und schweflige Säure.

Schwefelsaures Bleioxyd mit Schwefelblei geglüht zersetzt sich zu Blei und schwefliger Säure:

$$PbO, SO_3 + PbS = 2\ SO_2 + 2\ Pb,$$

indem der Schwefel sich mit dem Sauerstoff des Bleioxyds und einem Theil desjenigen der Schwefelsäure verbindet, nach folgendem Schema:

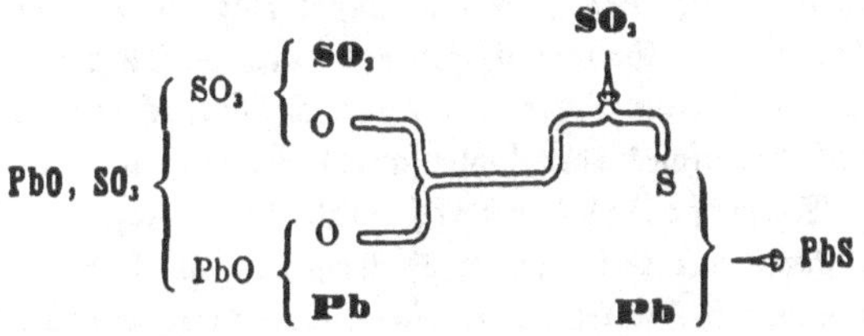

oder auch noch einfacher:

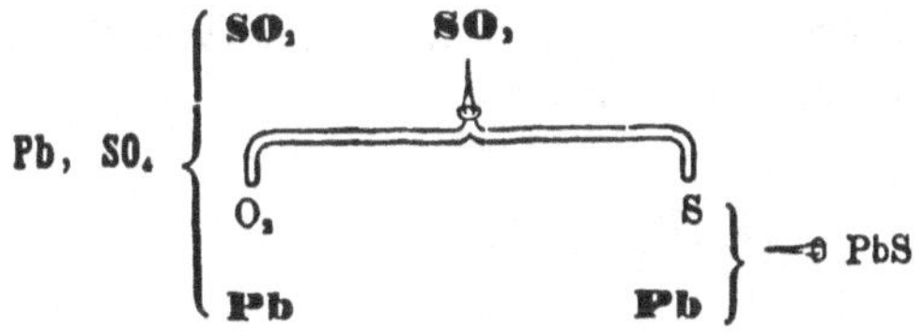

Beim Schmelzen von Bleiglanz mit Eisen erhält man Schwefeleisen und Blei.

Schwefelkupfer.

Im Schwefeldampf verbrennt das Kupfer unter lebhaftem Erglühen zu Schwefelkupfer, Cu_2S, welches man zum Unterschied von dem auf nassem Wege erhaltenen CuS Halbschwefelkupfer nennt. Erhitze in einem Kölbchen etwas Schwefel zum Sieden und halte in die Schwefeldämpfe etwas dünnes Kupferblech; die Verbindung wird unter Feuererscheinung vor sich gehen. Auch beim Erwärmen von 8 Theilen Kupferfeile mit 3 Theilen Schwefelblumen geschieht dasselbe.

In der Natur kommt sowohl die Verbindung Cu_2S (Kupferglanz) als ein Gemisch derselben mit Schwefeleisen in verschiedenen Verhältnissen (Kupferkies und Buntkupfererz) vor, welche Verbindungen die wichtigsten Erze zur Kupfergewinnung bilden.

Von den Verbindungen des Schwefels habe ich noch zu erwähnen die unterschweflige Säure S_2O_2 und den Schwefelkohlenstoff CS_2.

Die unterschweflige Säure ist nicht die einzige Verbindung des Schwefels und des Sauerstoffs, die außer der schwefligen und der Schwefelsäure existirt.

Man unterscheidet davon noch eine nicht geringe Zahl; doch ist es die einzige, welche von Interesse ist. Sie bildet nämlich ein Salz, welches in der Daguerreotypie eine ziemlich bedeutende Anwendung gefunden hat. Dieses, das unterschwefligsaure Natron, erhält man durch Kochen von schwefligsaurem Natron mit Schwefel. Daraus erklärt es sich, warum man S_2O_2 und nicht SO schreiben muß: man erhält das Salz nicht durch Entziehen von Sauerstoff, sondern durch Zusatz von Schwefel zum schwefligsauren Natron. Letzteres wird durch Hindurchleiten von schwefliger Säure durch kaustisches oder kohlensaures Natron dargestellt.

Der Schwefelkohlenstoff wird durch Zusammenbringen von glühender Kohle mit Schwefeldampf erhalten: er bildet eine farblose, leicht bewegliche Flüssigkeit von eigenthümlichem Geruch, die bei 48° siedet. Er löst Schwefel in großer Menge auf und wird zum Vulkanisiren des Kautschuks gebraucht, der den gelösten Schwefel daraus aufnimmt. Der Schwefelkohlenstoff ist eine Sulfosäure, die sich mit Sulfobasen zu Salzen verbinden kann.

Außer dem Sauerstoff und dem Schwefel kennt man noch zwei Substanzen, welche durch ihre Verbindung mit anderen Elementen sowohl Säuren wie Basen bilden können, deren Verbindungen unter einander dann Salze geben. Diese sind Selen und Tellur, zwei Elemente, die sehr selten in der Natur vorkommen und nur ein wissenschaftliches Interesse bieten können. Ich führe sie auch nur an, um dir die Aehnlichkeit mit dem Schwefel und dem Sauerstoff in Bezug auf ihre Verbindungsweise anzudeuten und zu sagen, daß man diese vier Körper unter dem Namen amphigene Körper zusammenfaßt und demnach die Basen und Säuren im Allgemeinen als positive oder negative Verbindungen eines Elementes mit einem amphigenen Körper definirt und eine Verbindung einer Basis mit einer Amphidsäure (welche in beiden denselben amphigenen Körper enthält) ein Amphidsalz nennt. Ein näheres Studium dieser Substanzen, die nur schwer zu erhalten sind, weil ihre Verbindungen zu den seltensten gehören, die wir kennen, wollen wir nicht vornehmen, und uns im nächsten Briefe zu einem andern Elemente wenden, welches viele interessante Erscheinungen bietet, nämlich zum Phosphor.

Ich will nun noch einige Aufgaben, zum Theil mit ihren Auflösungen, geben.

1) Wie viel Schwefelsäure ist in einer Flüssigkeit enthalten, wenn 24,5 Gramm derselben zum Ausfällen 5,4 Gramm Chlorbaryum erfordern?

2) Wie viel Salzsäure und wie viel Braunstein sind erforderlich, um diejenige Menge Chlor zu liefern, welche zur Darstellung von a) 12 Pfund, b) 100 Pfund Chlorkalk erforderlich ist, wenn man annimmt, daß derselbe der theoretischen Zusammensetzung entspricht?

3) Wie viel Kalkhydrat, wie viel Braunstein und wie viel Salzsäure von 25% Gehalt an wasserfreier Säure sind erforderlich zur Darstellung von 100 Kilogramm Chlorkalk, der, unrein, 64% Kalkhydrat enthält?

Zur Aufgabe 1). Zuerst ist zu berechnen, wie viel Schwefelsäure durch 5,4 Gramm Chlorbaryum gefällt werden, indem 1 Aequivalent der letzteren zu 1 Aequivalent Schwefelsäure gehört; es werden nämlich erfordert zu 49 Theilen Schwefelsäure 104,1 Theile Chlorbaryum, oder die 5,4 Gramm fällen 2,54 Gramm Schwefelsäure aus; diese Menge ist also in den 24,5 Gramm der Flüssigkeit enthalten; mithin enthält diese davon 10,37%.

Zur Aufgabe 2) ist es nicht nöthig, erst die Menge Chlor zu berechnen, welche zu der Darstellung des Chlorkalks erfordert wird, sondern man schließt weit kürzer folgendermaßen: Zu einem Aequivalent Chlorkalk gehören nach der Formel 2 Aequivalente Chlor; zur Darstellung eines Aequivalentes Chlor aber 1 Aequivalent Braunstein und 2 Aequivalente Salzsäure — zu 1 Aequivalent Chlorkalk also 2 Aequivalente Braunstein und 4 Aequivalente Salzsäure. Mithin gehören zu den 127 Pfund (Atomgewicht des Chlorkalkes) 87,2 Pfund Braunstein und 146 Pfund Salzsäure u. s. w. Solche Schlüsse werden wir noch öfter ziehen können und dadurch, ohne die Mittelglieder zu brechen, sehr schnell zu den Resultaten kommen; wir nennen sie Kettenschlüsse.

Zur Aufgabe 3) ist zuerst die Menge von reinem Chlorkalk zu berechnen, welche in den 100 Kilogramm mit Kalkhydrat vermischten Chlorkalks enthalten ist. Sie beträgt 36 Kilogramm. Um die zur Darstellung derselben nothwendige Menge Chlor zu liefern, sind 25,72 Kilogramm Braunstein und 41,375 Kilogramm wasserfreier Salzsäure erforderlich, die man in derselben Weise findet, wie soeben angegeben. Die zu Gebote stehende Säure enthält aber nur 25% wasserfreier und es ist demnach hiervon die vierfache Menge erforderlich.

Endlich ist der Kalk zu suchen. In 1 Aequivalent Chlorkalk sind 2 Aequivalente Calcium vorhanden. Diese kommen von 2 Aequivalenten Kalkhydrat her und es sind also zu 1 Aequivalent Chlorkalk 2 Aequivalente

Kalkhydrat, oder auf die 36 Kilogramm 20,97 Kilogramm davon erforderlich. Außerdem aber sind auch noch in den verlangten 100 Kilogramm unreinen Chlorkalks nach der Angabe noch 64 Kilogramm Kalkhydrat enthalten und es müssen diese also noch außer den eben gefundenen 20,97 Kilogramm angewandt werden; folglich sind davon im Ganzen 84,97 Kilogramm erforderlich.

Diese Auflösungen sollen dir als Muster zu denen der folgenden Aufgaben dienen:

4) Wie viel Procent salpetersauren Baryt enthält eine Substanz, von der 18,985 Gramm mit Schwefelsäure einen Niederschlag von schwefelsaurem Baryt geben, der 1,356 Gramm wiegt?

5) Wie viel Kalkhydrat, wie viel Braunstein und wie viel Salzsäure von 30% sind erforderlich zur Darstellung von 1000 Pfund Chlorkalk, der im Ganzen nur 35% Chlor enthalten soll, welche Bestimmung sich auf die wasserfreie Substanz bezieht?

Du hast für nächstens eine kleine Menge Phosphor — etwa 4 Loth — anzuschaffen; sorge auch, daß du etwas gebrannten Kalk haben kannst.

53. Brief.

Phosphor. Eigenschaften desselben und Versuche damit. Oxydationsstufen; Phosphorsäure und Phosphorsäuresalze. Phosphorwasserstoff. — Antworten zu den letzten Aufgaben.

Zur Zeit, als man die allerverschiedensten Experimente ohne festen Plan und ohne Zusammenhang anstellte, um auf irgend eine Weise den „Stein der Weisen", das „Lebenselixir" und die Kunst Gold zu machen zu entdecken, unterwarf man alle nur vorkommenden organischen und unorganischen Stoffe allen erdenklichen Manipulationen und Versuchen. Ein Kaufmann, Brandt in Hamburg, der die Ansicht hatte, der Stein der Weisen könne aus Urin gewonnen werden, machte mit diesem Stoffe mancherlei Versuche. Als er größere Mengen dem Destilliren unterwarf und die Destillation auch mit dem trockenen Rückstand, endlich in der Glühhitze fortsetzte, erhielt er in der Vorlage kleine Stücke einer gelblichen Substanz, welche damals noch völlig unbekannt war und die merkwürdige Eigenschaft hatte, im Dunkeln zu leuchten. Der neue Körper erhielt von dieser Eigenschaft den Namen

Phosphor
$P = 31$,

d. h. Lichtträger. Seither ist die Methode, diesen bis jetzt als einfach geltenden Körper darzustellen, wesentlich verändert und verbessert worden, so daß derselbe, der noch vor 100 Jahren mit 16 Ducaten die Unze bezahlt wurde, in Folge der fabrikmäßigen Bereitung und des großen Verbrauchs nicht viel über 1 Thaler das Pfund kostet.

Die jetzt gebräuchliche Darstellungsweise sollst du nachher kennen lernen, wenn du erst mit den Eigenschaften und Verbindungen des Phosphors bekannt bist. Vorerst wirst du einige Stücke dieses merkwürdigen Körpers zu beschaffen haben, um folgende Versuche damit anzustellen.

Den Phosphor erhältst du in Gestalt kleiner Cylinder von blaßgelber Farbe, die ihrer Leichtentzündlichkeit wegen unter Wasser aufbewahrt werden. Auch kann man allein unter Wasser ohne Gefahr damit umgehen, denn er entzündet sich an der Luft so leicht, daß oft die Wärme der Hand schon dazu hinreichend ist.

Wenn der Phosphor längere Zeit unter Wasser aufbewahrt worden ist, wird er weiß und undurchsichtig, und ist er auch dem Einflusse des Lichtes ausgesetzt gewesen, so wird er roth. Diese verschiedenen Zustände des Phosphors rühren keineswegs von einer etwa stattfindenden chemischen Veränderung desselben her; indessen zeigt doch der Phosphor darin sehr abweichende Eigenschaften, namentlich in Bezug auf seine Löslichkeit und seine Neigung, sich mit anderen Körpern zu verbinden. So ist z. B. der rothe, sogenannte amorphe Phosphor viel schwerer entzündlich als der gewöhnliche Phosphor und auch bei weitem weniger giftig, vielleicht sogar ohne alle Wirkung auf den thierischen Organismus, so daß man jetzt angefangen hat, ihn statt des gewöhnlichen zur Anfertigung der Streichhölzchen zu verwenden.

Bei gewöhnlicher Temperatur, noch leichter bei ganz gelinder Wärme, läßt sich der Phosphor biegen und wie Wachs mit dem Messer und selbst mit der Scheere schneiden: dieses wird auch die Art sein, wie du immer unter Wasser Stückchen Phosphor von den Stängelchen lostrennen wirst. Wolltest du es auf dem Tische in der Luft thun, so könnte er sich durch die Reibung, ja sogar in der Sonnenwärme auch ohne äußere Veranlassung entzünden, und es gehören die Brandwunden, die der brennende Phosphor verursacht, zu den schlimmsten und am langsamsten heilenden, ja es vergehen oft Monate, ehe die bösartige Eiterung ihr Ende erreicht.

Immerhin sollst du, wenn du mit Phosphor experimentirst, ein Gefäß mit Oel bereit stehen haben, um darein die Hand zu tauchen, wenn brennender Phosphor daran kommen sollte. Denn das Oel gestattet nach dem Verlöschen das Loslösen des Phosphors besser als Wasser.

Nimm nun ein kleines Stückchen Phosphor, trockne es (ohne Reibung) zwischen Fließpapier ab und lege es in ein Schälchen offen hin: es werden sich weiße Dämpfe zeigen, und wenn du den Versuch im Dunkeln wiederholst, so kannst du sowohl den Phosphor als auch den aufsteigenden Dampf leuchten sehen. Nach einigen Tagen wird der Phosphor verschwunden sein und an seiner Stelle sich nur eine klare, sauer reagirende Flüssigkeit finden: Wenn du während dieses Vorganges eine Glasglocke über das Ganze gestellt hast, so wirst du finden, daß die Luft derselben nach einiger Zeit das Verbrennen nicht mehr unterhalten kann, daß ihr also dadurch der Sauerstoff entzogen worden. Es oxydirt sich also der Phosphor schon bei gewöhnlicher Temperatur; das Product ist phosphorige Säure PO_3, die aus der Luft Feuchtigkeit anzieht, damit Nebel bildet und endlich zerfließt. Bei dieser langsamen Oxydation wird Licht und Wärme, obwohl nur in geringer Menge, entwickelt.

Mit einem kleinen Stückchen Phosphor, welches mit feuchtem Papier umwickelt und dann in einen Griffelhalter eingeklemmt ist, schreibe unter ganz sanftem Druck einige Züge auf ein Blatt Papier; umwickele aber dabei den Halter ebenfalls mit nassem Papier. Die Schriftzüge werden im Dunkeln leuchten, weil die Oxydation des Phosphors, welches auf dem Papier haften geblieben ist, langsam fortschreitet. Hüte dich, diesen Versuch in irgend einer anderen Weise oder in einem größerem Maßstabe auszuführen — du könntest Unglück haben und sehr schlimme Wunden davontragen.

Die Entzündlichkeit des Phosphors ist so groß, daß schon die Wärme, welche während seiner langsamen Oxydation erzeugt wird, häufig dazu hinreicht. Streue über ein kleines trockenes Stückchen Phosphor etwas Knochenkohle: diese verhindert einestheils die Zerstörung der entstehenden Wärme und beschleunigt anderntheils durch den in ihr absorbirten Sauerstoff die Oxydation, so daß der damit bedeckte Phosphor nach einiger Zeit in Flammen ausbrechen wird.

Auch durch einen nur wenig erwärmten Glasstab kannst du die Entzündung eines auf einem Stein liegenden Phosphorstückchens bewerkstelligen. Einmal angezündet entwickelt der Phosphor bei dieser Verbrennung eine sehr hohe Temperatur. Der dabei aufsteigende weiße Rauch verdichtet sich auf der Wand eines übergestürzten trockenen Gefäßes oder einer Glasglocke in Gestalt von weißen, schneeähnlichen Flocken, die an der Luft schnell Wasser anziehen und zu einer stark sauren Flüssigkeit zerfließen.

Der Phosphor verbrennt nämlich bei erhöhter Temperatur zu Phosphorsäure PO_5, die an der Luft Feuchtigkeit aufnimmt.

Der Phosphor schmilzt schon in warmem Wasser; er verdampft zwar erst bei einer höheren Temperatur, allein Wasserdämpfe reißen stets etwas davon mit. Wenn du ein Stückchen Phosphor in einem Kölbchen mit Wasser übergießest und dieses zum Sieden erhitzest, so schmilzt der Phosphor und du wirst im Dunkeln die Wasserdämpfe leuchten sehen.

Daß der Phosphor auch unter Wasser durch zutretenden Sauerstoff verbrannt werden kann, zeigt folgender leicht anzustellender Versuch: Uebergieße in einem Schälchen einige Stücke chlorsaures Kali und fein zerschnittenen Phosphor mit Wasser und lasse dann in derselben Weise wie früher (Br. 34) etwas Schwefelsäure tropfenweise aus einer Röhre über diese Körnchen fließen. Vermöge ihrer Schwere wird die Schwefelsäure, wenn sie unmittelbar auf das Pulver geträufelt wird, sich nicht sofort mit dem überstehenden Wasser mischen, sondern das chlorsaure Kali unter Entwickelung von Sauerstoff und Entzündung des Phosphors zersetzen.

Der Phosphor ist in Wasser unlöslich, in Aether, Weingeist und einigen ätherischen Oelen ist er wenig, in Schwefelkohlenstoff reichlich löslich; der rothe amorphe Phosphor ist aber in allen diesen Substanzen unlöslich.

Wenn du ein Stückchen abgetrockneten Phosphor in einem Fläschchen mit Aether übergießest und unter öfterem Umschütteln einige Tage im Dunkeln stehen lässest, so wird dieser phosphorhaltig gewordene Aether Gegenstände, die damit bestrichen werden, z. B. die Hände, im Dunkeln leuchtend machen. Hüte dich aber, dein Gesicht damit zu bestreichen, oder überhaupt alle die Kunststücke mit Phosphor zu machen, die man vielfach beschrieben findet; sie sind alle mehr oder minder gefährlich.

Der gewöhnliche Phosphor ist ein starkes Gift. Man braucht ihn deshalb häufig zur Vertreibung von Ratten und Mäusen. Seine wichtigste Anwendung — zu Reibzündhölzchen — gründet sich darauf, daß er zwar zum Anzünden nur einer niedrigen Temperatur bedarf, aber beim Verbrennen so viel Hitze entwickelt, daß andere, schwerer entzündliche Körper leicht zu brennen anfangen.

Verbindungen des Phosphors.

Außer der Phosphorsäure PO_5 und der phosphorigen Säure PO_3 existiren noch zwei Verbindungen des Phosphors mit Sauerstoff, das Phosphoroxyd P_2O und die unterphosphorige Säure PO_2. Du hast dir außer dem schon Erwähnten nur noch etwa Folgendes zu bemerken: Die Phosphorsäure ist nur in der höchsten Temperatur flüchtig. Von dem Wasser, welches sie absorbirt hat, kann sie nur bis auf 1 Aequivalent durch Erhitzen getrennt werden. Das zurückbleibende Hydrat schmilzt in der Glühhitze und erstarrt beim Erkalten zu einer glasartigen Masse. (Diese Versuche selbst anzustellen ist bei den dir zu Gebote stehenden Geräthen nicht wohl thunlich.)

Außer dem Hydrat der Phosphorsäure, welches als die glasartige Phosphorsäure bekannt ist und die Formel PO_5, HO hat, kennt man noch zwei andere, nämlich $PO_5, 2\,HO$ und $PO_5, 3\,HO$. Diesen entsprechen die verschiedenen Modificationen oder Zustände der Phosphorsäure, welche vielleicht mit den drei Zuständen des Phosphors zusammenhängen und die sich auch in drei verschiedenen Arten von Phosphorsäuresalzen wiederfinden, indem man einbasische (RO, PO_5), zweibasische ($2 RO, PO_5$) und dreibasische ($3 RO, PO_5$) Phosphorsäuresalze kennt. Man unterscheidet sie auch noch durch andere Namen und nennt die ersten Metaphosphorsäure-, die zweiten Pyrophosphorsäure- und die letzten gewöhnliche Phosphorsäuresalze. Die Methoden, diese verschiedenen Modificationen der Säuren und der Salze in einander überzuführen, so wie die Eigenthümlichkeiten derselben näher zu studiren, kannst du wohl jetzt unterlassen; später sollst du wenigstens die wichtigeren Unterscheidungsmerkmale derselben kennen lernen. Ich bemerke nur noch, daß von den 3 Atomen Wasser, welche das Hydrat der gewöhnlichen Phosphorsäure gebunden enthält, auch nur eins oder zwei durch eine Basis ersetzt werden können. So entstehen die sauren Salze der gewöhnlichen Phosphorsäure, von denen wir gleich einige Beispiele kennen lernen werden. Die Salze des Kalkes dienen stets zur Gewinnung des Phosphors; diese letztere werden wir daher auch erst nach jenen betrachten können. Ehe wir aber zu den Salzen der Phosphorsäure übergehen, haben wir noch die Verbindungen des Phosphors mit anderen Elementen kennen zu lernen.

Phosphorwasserstoff.

Mit dem Wasserstoff bildet der Phosphor eine Verbindung, die durch die schönen Erscheinungen, welche sie unter gewissen Umständen bietet, sehr interessant ist. Diese Verbindung PH_3 sollst du auch aus diesem Grunde darstellen, doch erfordert der Versuch viele Sorgfalt und Achtsamkeit, und ich kann dich nicht genug bitten, ganz genau meinen Vorschriften zu folgen, wenn du eines guten und unfallslosen Resultates sicher sein willst. Es hat nämlich der Phosphorwasserstoff, nach bestimmten Methoden bereitet, die Eigenschaft, sich in Berührung mit Luft schon bei gewöhnlicher Temperatur zu entzünden und mit heller Flamme zu verbrennen. Daß der Phosphorwasserstoff diese Selbstentzündlichkeit nicht immer zeigt, hat seinen Grund darin, daß sie eigentlich einer anderen Verbindung PH_2 zukommt, die in hohem Grade selbstentzündlich ist, so daß die Verbindung PH_3 nur dann selbstentzündlich sein kann, wenn sie eine geringe Menge PH_2 enthält, was natürlich von ihrer Bereitungsweise abhängig ist.

Am leichtesten stellt man selbstentzündlichen Phosphorwasserstoff durch Erhitzen von Kalkhydrat mit Phosphor dar. Dieser vertritt dann den Wasserstoff des Hydrats — wodurch sich unterphosphorigsaurer Kalk bildet — und der frei werdende Wasserstoff tritt mit einem anderen Theil des Phosphors zu der fraglichen Verbindung zusammen; da hierzu 3 Atome Wasserstoff frei werden müssen, so müssen auch 3 Atome unterphosphorigsaurer Kalk gebildet werden; also haben wir die Formel:

$$3 (CaO, HO) + 4 P = 3 (CaO, PO) + PH_3$$

und das Schema:

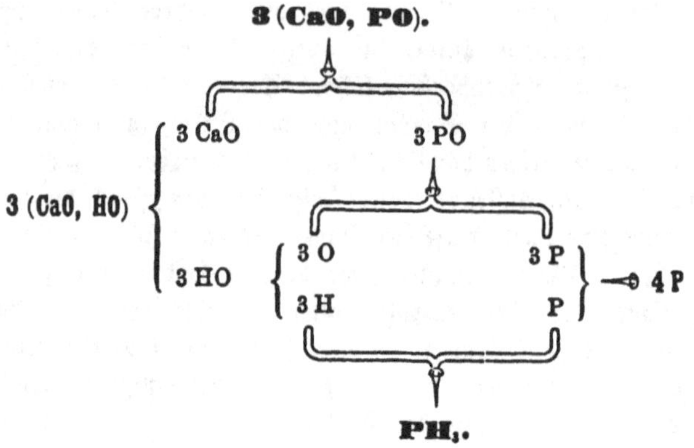

Um den Versuch anzustellen verfahre folgendermaßen:

Lösche etwas gebrannten Kalk zu trockenem Pulver und füge dann so viel Wasser hinzu, daß eine feuchte, zusammenballende Masse entsteht. Während diese völlig erkaltet, wähle eine tubulirte kleine Retorte von 4 — 6 Unzen Inhalt oder einen Kolben aus, in dessen Mündung du mittelst eines guten Korks ein Gasleitungsrohr einzupassen hast, um das entweichende Gas in die pneumatische Wanne zu leiten. Befestige diesen Apparat so in den Retortenhalter, daß die Retorte mittelst desselben leicht in ein Gefäß mit Wasser getaucht werden kann; dieses ist so aufzustellen, daß es mittelst der Spirituslampe zum Sieden erhitzt werden kann, und darf nicht größer sein, als daß die Retorte mit einem Spielraum von 1 bis 2 Zoll in diesem Wasserbad erhitzt werden kann, wie es z. B. beistehende Figur 139 andeutet. Nun nimm den Apparat auseinander, erhitze das Wasser zum Sieden und fülle die Retorte etwa zur Hälfte oder zu $\frac{3}{4}$ mit einem Gemenge von dem feuchten Kalkhydrat und kleinen Stückchen Phosphor. Diesen zerschneidest du, wie schon öfter gesagt, mit dem Messer oder der Scheere unter Wasser, nimmst die Stücke damit heraus, entfernst das anhängende Wasser nur etwas mit Fließpapier und bringst sie dann schnell und ohne sie anzufassen in die Retorte, die schon etwas Kalk enthält. Sind einige Stücke darin, so fügst du wieder etwas Kalk und dann wieder Phosphor und so fort hinzu, schüttelst etwas durcheinander und bringst zuletzt noch etwas Kalk hinein. Daß

Fig. 139.

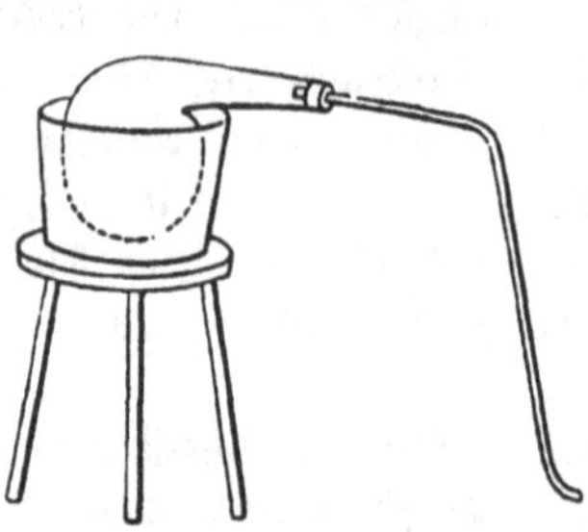

diese Operation langwierig ist und daß du dabei mit einem Glasstab nachhelfen mußt, ohne außer Acht zu lassen, daß die Reibung an der Wand des Tubus den Phosphor schon entzünden könnte, brauche ich wohl kaum zu sagen. Achte ferner darauf, daß kein Phosphor umherspringe und hebe ihn, wenn es geschehen sein sollte, mit der Scheere auf. Endlich tauche jedes Stückchen, das einige Zeit lang an der Luft gelegen hat, vor dem weiteren Gebrauche erst wieder in Wasser. Im Ganzen mußt du vielleicht 10 — 12 erbsengroße Stücke Phosphor und eine etwa vierfach so große Quantität Kalk in die Retorte bringen. Diese tauche alsdann, ohne das Gasleitungsrohr anzusetzen, ein paar Mal in das siedende Wasser ein, bis du denkst, daß sie ohne zu springen dessen Temperatur ertragen kann. Dann lasse sie darin stehen (wobei sie aber den Boden des Gefäßes nicht berühren darf!) und warte ruhig ab, bis sich an der Stelle der weißen Dämpfe, welche die Retorte erfüllen, ein kleines Flämmchen an ihrer Mündung zeigt. Lasse dich durch kleine Explosionen und aufblitzende Flämmchen nicht beirren und warte ruhig bis zu dem bezeichneten Momente. Dann passe ganz ruhig den Kork mit der Gasleitungsröhre in die Oeffnung ein und warte bis das Flämmchen, durch dasselbe fortschreitend, sich an der Oeffnung der Röhre zeigt. Stelle nun eine Schale mit Wasser so auf, daß die Mündung darin untertaucht und die Gasblasen durch das Wasser austreten. Du wirst jede derselben beim Zerplatzen ein Flämmchen zeigen sehen, das ein Kränzchen weißen-Dampfes hinterläßt, welches sich immer erweiternd in die Höhe steigt, während jeder einzelne Punkt sich um den Ring selbst wirbelnd dreht. Die Erhitzung des Wasserbades ist so zu leiten, daß die Entwickelung der Gasblasen einen regelmäßigen und langsamen Verlauf nimmt. Nach und nach werden die Kränzchen immer dicker und schöner; endlich aber kommen auch einzelne Gasblasen, die sich nicht entzünden, oder es läßt die Entwickelung auch beim starken Kochen des Wassers so nach, daß es räthlich erscheint, den Versuch zu unterbrechen. Dieses bewirke, indem du schnell die Retorte mittelst des Retortenhalters aus dem Wasserbad hebst, die Röhrenöffnung mit dem Finger verschließt und das Ganze an einen Ort stellst, wo ihr etwaiges Zerspringen keinen Schaden bringen kann. Hüte dich, das Gasleitungsrohr aus der Retorte zu entfernen, es könnte eine Explosion stattfinden. Lasse den ganzen Apparat einige Tage stehen, öffne dann den Kork und spüle die Retorte im Freien mit Wasser aus. Sollte dabei ein Rückstand von Phosphor bleiben, so kannst du diesen durch Erhitzen mit Wasser, durch Umkehren und Eintauchen der Retortenmündung schmelzen und in kaltes Wasser ausleeren.

Das Phosphorwasserstoffgas, welches du durch diesen Versuch kennen lernst, ist, wie du leicht bemerkst, ein farbloses Gas von eigenthümlichem

Geruch, das sich in Wasser nicht auflöst. Daß es sich an der Luft entzündet, läßt sich durch Auffammeln in einem kleinen Gläschen und Herausziehen desselben aus dem Wasser noch besser beobachten, als beim Austreten der Gasblasen, von denen man glauben könnte, sie träten gleich als Flammen aus. Das Product der Verbrennung ist Wasser und Phosphorsäure, welche in den schönen Kränzchen aufsteigt, deren liebliches Spiel zu beobachten dir gewiß große Freude gewährt haben wird.

Damit will ich für heute schließen; nächstens wende ich mich zu einigen Phosphorsäuresalzen und der Darstellung des Phosphors. Ich lasse nur noch die Antworten zu den letzten Aufgaben folgen:

1) 10,37 %.

2) a. 146 Pfund Salzsäure, 87,2 Pfund Braunstein;
b. 114,96 Pfund Salzsäure, 86,66 Pfund Braunstein.

3) 84,97 Kilogramm Kalkhydrat, 24,72 Kilogramm Braunstein, 165,5 Kilogramm Salzsäure.

4) 8 %.

5) 858,93 Pfund Kalkhydrat, 429,86 Pfund Braunstein, 2399,06 Pfund Salzsäure.

54. Brief.

Allgemeine Eigenschaften der Phosphorsäuresalze. Phosphorsaurer Kalk; phosphorsaures Natron. Darstellung des Phosphors. — Arsen; arsenige Säure; Arsensäure; Arsenwasserstoff. Salze der arsenigen Säure. Schwefelungsstufen des Arsens. — Aufgaben.

Die Phosphorsäuresalze sind, mit Ausnahme der Natron- und Kali-(und Ammoniak-)salze, in Wasser unlöslich, lösen sich aber leicht in Säuren auf. Mit Schwefelsäure erhitzt lassen sie die Säure als nicht flüchtig natürlich nicht entweichen. Beim Erhitzen mit Kohle und (feuerbeständiger) Kieselsäure (1) entwickeln sie Phosphor. Dasjenige Phosphorsäuresalz, aus welchem jetzt aller Phosphor und mithin alle Phosphorverbindungen dargestellt werden, ist

der phosphorsaure Kalk.

Die Knochen bestehen aus organischer Substanz (Leim), kohlensaurem und phosphorsaurem Kalk. Beim Glühen unter Luftzutritt wird die organische Substanz verbrannt und es bleibt die weiße Knochenasche zurück, die zu $\frac{4}{5}$ aus 3 CaO, PO_5 und zu $\frac{1}{5}$ aus kohlensaurem Kalk besteht. Wenn man die Knochenasche mit Schwefelsäure behandelt, so entsteht saurer phosphorsaurer Kalk, und zwar je nach der Menge der zugesetzten Säure von verschiedener Zusammensetzung. Das Salz (CaO, 2 HO) PO_5, welches bei einem bestimmten Verhältniß der Säure und der Asche gebildet wird, ist zerfließlich und dient zur Darstellung des Phosphors. Die unlöslichen Verbindungen der Phosphorsäure und des Kalkes sind in Säuren und selbst in kohlensäurehaltigem Wasser löslich. Der phosphorsaure Kalk kommt als Apatit in der Natur vor und

(1) Eine Substanz, die wir bald kennen lernen und die sich durch ihre Unveränderlichkeit im Feuer auszeichnet.

bildet auch einen Bestandtheil mehrerer anderer Mineralien und mehrerer organischer Substanzen.

Das phosphorsaure Natron

entsteht durch doppelte Zersetzung des sauren phosphorsauren Kalkes mit kohlensaurem Natron, wobei kohlensaurer Kalk ausfällt. Durch Krystallisirenlassen wird das Salz (2 NaO, HO) PO_5 + 24 HO rein erhalten.

Wenn man durch vermehrten Zusatz von Schwefelsäure dem phosphorsauren Kalk noch mehr Kalk entzieht, so erhält man ein so saures Salz, daß man es als Phosphorsäure betrachten kann, die mit Kalk verunreinigt ist; mit kohlensaurem Natron liefert dieselbe ebenfalls das genannte Salz. Nach dieser Anschauungsweise habe ich dir die Erklärung dieses Verfahrens, phosphorsaures Natron darzustellen, früher angegeben.

Durch Zusatz von Natronhydrat und Eindampfen wird aus dem eben bezeichneten Salz noch ein Aequivalent Wasser durch Natron vertreten und das Salz 3 NaO, PO_5 + 24 HO erhalten, woraus ersichtlich ist, daß die vorhin gegebene Formel desselben (und nicht 2 NaO, PO_5 + 25 HO) richtig ist; wirklich wird auch durch Zersetzung mit anderen Metalloxydsalzen, deren Phosphorsäuresalz unlöslich ist, nicht das Salz 2 MO, PO_5, sondern 3 MO, PO_5 ausgefällt und also die 2 Atome Natron und das 1 Atom Wasser durch die Basis vertreten.

Die Lösung des Salzes ist neutral; beim Erhitzen gehen erst die 24 Atome Wasser weg, das 25ste aber erst in der Glühhitze.

Du wirst von dem Salze noch etwas von früherher haben; im anderen Falle müßtest du eine kleine Menge davon darstellen.

Um aus der Knochenasche den Phosphor darzustellen, wird dieselbe mit $\frac{2}{3}$ Schwefelsäure und Wasser vermischt. Man erhält Gyps, welcher größtentheils ausfällt, und eine Lösung von saurem phosphorsaurem Kalk. Die letztere wird vom Niederschlag abfiltrirt und dann eingedampft. Nachdem sie von dem noch weiter sich bildenden Niederschlag abgegossen ist, wird sie zur Syrupdicke eingedampft, hierauf mit Kohle in der Glühhitze zur vollkommenen Trockne gebracht und dann in thönernen Retorten zur heftigen Weißglühhitze erhitzt. Solcher Retorten stehen mehrere in einem Ofen; sie münden in eine Vorlage mit warmem Wasser, damit der überdestillirende Phosphor nicht sogleich erstarrt. Neben anderen durch den Wassergehalt des Kalksalzes bedingten Producten erhält man als Destillat Phosphor, als Rückstand neutralen phosphorsauren Kalk. Es zerfällt nämlich der saure phosphorsaure Kalk in neutralen phosphorsauren Kalk und Phosphorsäure, welche dann von der Kohle reducirt wird, nach dem Schema:

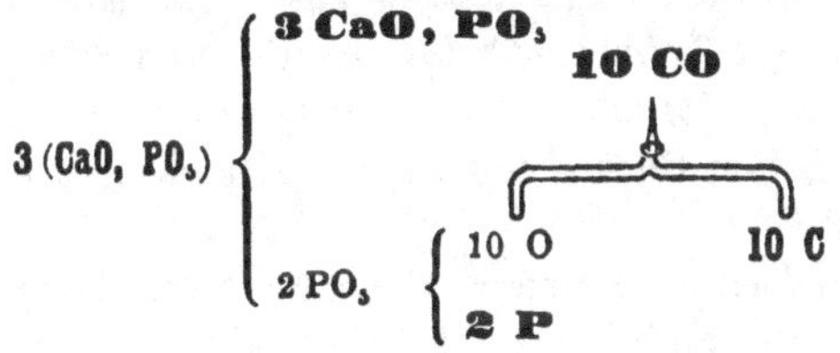

Formel: $3\,(CaO,\ PO_5) + 10\,C = 3\,CaO,\ PO_5 + 10\,CO + 2\,P.$

Der Phosphor wird unter warmem Wasser durch Gemsleder gepreßt und dann in Glasröhren erstarren gelassen, worauf er in der dir bekannten Gestalt von runden Stängelchen in den Handel kommt.

Die Eigenschaften des Phosphors, welche die Ursache seiner Anwendung zu Reibzündhölzchen sind, sind dir schon bekannt und ich brauche daher über diesen Punkt nur anzudeuten, daß die gehörig zugeschnittenen Hölzchen erst in geschmolzenen Schwefel und dann in die Phosphorzündmasse eingetaucht werden, welche wesentlich aus Leim- oder Gummischleim besteht, in welchen man in der Wärme Phosphor und verschiedene oxydirende Stoffe, wie Salpeter, Mennige, Braunstein u. s. w. eingerührt hat.

Ein Element, welches zwar äußerlich mit dem Phosphor keine Aehnlichkeit zeigt, sondern in seinen physikalischen Eigenschaften sich den Metallen zuzugesellen scheint, dagegen in seinen Verbindungen dem Phosphor folgt und diesen auch meistens, wenn auch in geringer Menge, begleitet, ist das

Arsen oder Arsenik
As = 75.

Unter dem Namen Scherbenkobalt, Cobaltum oder Fliegenstein kommt es in kleineren oder größeren Stücken im Handel vor, und du wirst es dir leicht verschaffen können, obwohl es schon für sich giftig und der Handel damit mancherlei Beschränkungen unterworfen ist. Hüte dich auch, andere Versuche mit diesem Körper anzustellen, als diejenigen, welche ich dir angeben werde, und trage selbst bei diesen für guten Luftwechsel in dem Zimmer und für behutsame Entfernung aller arsenhaltigen Waschwasser u. s. w. an unzugängliche Orte Sorge. Wenn du ein größeres Stück Arsenik hast, so wirst du auf dessen frischem Bruche die zinnweiße Farbe und den hellen Glanz dieses Körpers bemerken; der dunkle Ueberzug, welchen das Arsen meistens hat, rührt von einer Haut von Arsensuboxyd her, welche beim Einlegen in Chlorwasser oder in unterchlorigsaures Kali verschwindet und der eigenthümlichen Farbe und dem Glanze des Arsens Platz macht, wie du leicht bemerken kannst.

Erhitze nun einige Körnchen Arsen in einer Reagenzröhre: sie werden vom Boden derselben verschwinden und sich an dem kälteren Theile der Röhre in Gestalt eines grauen, metallischspiegelnden Ringes sublimiren; das Arsen ist demnach flüchtig und sublimirbar. Zugleich wird sich ein starker Geruch, der mit dem des Knoblauchs verglichen wird, und auch mit dem des Phosphors Aehnlichkeit hat, zeigen; merke dir denselben genau, ohne doch mehr als durchaus nöthig von dem Arsenikdampf einzuathmen; er ist für diesen Stoff characteristisch. Erhitze dann ein kleines Körnchen in der Mitte einer offenen, schief gehaltenen Glasröhre, so daß die Luft hindurchstreichen kann; es wird sich ein weißer Rauch und an den kälteren Stellen ein weißes Sublimat zeigen. Das Arsen wird in diesem Falle zu arseniger Säure oxydirt. Außer dieser bildet das Arsen noch eine andere, nämlich die Arsensäure oder Arseniksäure. Die

arsenige Säure
AsO_3

ist das gewöhnlich sogenannte Arsenik oder weiße Arsenik, welches als häufig angewandtes Gift allgemein bekannt ist. Diese Oxydationsstufe des Arsens entsteht außer in der eben erwähnten Art überhaupt immer da, wo Verbindungen des Arsens mit Metallen oder mit Schwefelmetallen geröstet (d. h. unter Zutritt von Luft erhitzt) werden; es sublimirt dann stets die arsenige Säure in die kälter gehaltenen Vorlagen, Schornsteine oder Kanäle (Giftfänge genannt), während das Oxyd des anderen Metalls und bei Gegenwart von Schwefel auch schweflige Säure entsteht.

Die so dargestellte arsenige Säure bildet ein weißes Pulver (Giftmehl) und wird vor der Versendung raffinirt, d. h. einer Destillation unterworfen, wodurch man es in Gestalt von glasähnlichen Krusten erhält.

Die Darstellung wird im Großen ausgeführt, theils um die das Arsen begleitenden Metalle zu gewinnen (wo also die arsenige Säure nur als Nebenproduct fällt), theils auch, weil die arsenige Säure in großer Menge zur Darstellung von Farben und in der Druckerei gebraucht wird.

Um die Eigenschaften dieses Körpers kennen zu lernen, wirst du dir eine ganz kleine Menge desselben zu verschaffen suchen müssen, da seine Darstellung wegen der zu hohen Giftigkeit nicht ohne Gefahr ist. Gewöhnlich erhält man die arsenige Säure im Handel nicht in glasähnlichen, sondern in durchscheinenden, porcellanähnlichen Stücken; es tritt nämlich nach einiger Zeit eine Veränderung der Structur ein, die dieses veränderte Ansehen zur Folge hat. Ohne daß ein chemischer Unterschied stattfindet, zeigen doch diese beiden Modificationen der arsenigen Säure etwas abweichende Eigenschaften, namentlich in Bezug auf die Löslichkeit: Es ist z. B. die glasartige Säure weit leichter löslich in Wasser als die porcellanartige; bei längerem Kochen mit Wasser geht diese wieder in jene über; sie bedarf dann 10—12 Theile heißes Wasser zu ihrer Lösung. In Salzsäure ist die arsenige Säure leicht löslich.

Eine sehr geringe Menge arsenige Säure wirf auf einen stark erhitzten Ziegelstein: du wirst zwar einen weißen Dampf, aber keine Spur des Arsenikgeruchs wahrnehmen — denn die arsenige Säure ist völlig geruchlos. Von Kohle wird sie leicht zu Arsenik reducirt. Daher wirst du den Geruch sogleich bemerken, wenn du eine Messerspitze voll auf glühende Kohlen wirfst. Die Reduction der arsenigen Säure erfolgt sehr leicht: Ziehe ein Glasröhrchen in eine Spitze aus, schmelze diese zu und bringe nach dem Erkalten eine geringe Menge arseniger Säure hinein; halte das Röhrchen horizontal und lege unmittelbar vor die Säure einen Holzkohlensplitter; nun erhitze erst diesen und dann die arsenige Säure zum Glühen; du wirst einen metallischen Ring von Arsen sich sogleich an der kälteren Stelle der Röhre bilden sehen.

Die arsenige Säure ist eine sehr schwache Säure, die unter Umständen sogar von der Kohlensäure ausgetrieben wird. Von ihren Salzen sind nur die des Kali's und Natrons in Wasser löslich, die übrigen sind in Wasser nicht, aber leicht in verdünnten Säuren löslich. Sie sind sämmtlich sehr heftige Gifte. Das am wenigsten giftige scheint das arsenigsaure Eisenoxyd zu sein, weshalb man frisch gefälltes Eisenoxydhydrat oder Eisenrost als Gegengift gegen Arsenvergiftungen anwendet und in den Apotheken vorräthig hält.

Löse etwas arsenige Säure in einer Potaschenlösung in der Wärme auf und setze die Lösung, welche arsenigsaures Kali enthält, zu einer Lösung von schwefelsaurem Kupferoxyd; der entstehende schön grüne Niederschlag von arsenigsaurem Kupferoxyd ist die unter dem Namen Scheele's Grün bekannte Farbe. Noch prächtiger und lebhafter ist die Farbe des Schweinfurter Grüns, einer Verbindung von essigsaurem und arsenigsaurem Kupferoxyd. Du kannst diese in folgender Weise in geringer Menge darstellen: Löse etwas arsenige Säure in ihrem 12fachen Gewichte kochenden Wassers und setze dazu während des Siedens ein gleiches Gewicht Grünspan, der mit Wasser angerührt ist.

Beide Farben sind von allen anderen grünen Farben durch die characteristischen Eigenschaften aller Verbindungen der arsenigen Säure ausgezeichnet; einige hiervon kennst du schon, die anderen sollst du nach und nach kennen lernen. Weil Kupferoxyd enthaltend sind diese Verbindungen mit blauer Farbe in Ammoniak löslich; bei der leicht kenntlichen Lebhaftigkeit des Grüns reicht dieses Merkmal schon allein aus, um sie von anderen Farben zu unterscheiden. Die einzige Kupferfarbe, mit welcher dann noch eine Verwechselung möglich wäre, ist das Kohlensäuresalz, von dem du aber weißt, daß es bei einigem Erhitzen schwarz wird. Wegen ihrer Giftigkeit sind die Arsenikfarben in vielen Staaten verboten; sie werden dennoch vielfach gebraucht, und man sollte daher nie ohne vorherige Untersuchung ein Zimmer bewohnen, welches hellgrün angestrichen oder tapezirt ist, indem man immer Gefahr läuft, dadurch an der Gesundheit Schaden zu leiden und wäre es auch nur durch die sich allmälig loslösenden Staubtheilchen.

Außer der arsenigen Säure (und dem ebenfalls erwähnten, aber wenig bekannten Suboxyd) hat das Arsen noch eine andere Oxydationsstufe, die schon vorhin erwähnte

Arseniksäure
AsO_5.

Sie ist von geringem Interesse und du brauchst dir daher nur zu merken, daß sie beim Behandeln des Arsens mit Königswasser entsteht und eine nicht krystallisirbare weiße Masse bildet, deren Verbindungen mit Basen in der Kattundruckerei Anwendung finden.

Wie der Phosphor, so verbindet sich auch das Arsen mit dem Wasserstoff; diese Verbindung ist der

Arsenwasserstoff
AsH_3.

Er entsteht allemal dann, wenn eine Flüssigkeit, die ein Oxyd des Arseniks in Lösung enthält, bei der Entwickelung von Wasserstoff zugegen ist. Der Arsenwasserstoff ist ein farbloses Gas und außerordentlich giftig. Vor dem Einathmen des Wasserstoffes, der davon auch nur äußerst geringe Spuren enthält, hat man sich sehr zu hüten, indem schon sehr wenig davon tödtlich wirken kann.

Setze zur Wasserstoffentwickelung den Apparat Fig. 123 mit nur einer Waschflasche zusammen; dann bringe statt der Ableitungs- und Kugelröhre eine längere Röhre an, die in einen Winkel gebogen ist, so daß der längere Schenkel horizontal stehe. Wenn die Gasentwickelung so lange gedauert hat, daß du der Vertreibung der Luft aus dem Apparate versichert bist, so stelle diesen so auf, daß das Gas ins Freie oder in eine gut ziehende Ofenröhre entweicht und zünde es an. Nun bringe durch den Trichter einige Tropfen einer verdünnten Lösung von arseniger Säure oder Scheele'schem Grün in Salzsäure in den Apparat und spüle mit Wasser nach; du wirst sofort die Flamme einen weißen Saum annehmen sehen. Der Arsenwasserstoff verbrennt dann zu Wasser und arseniger Säure, welche weniger giftig ist, als der Arsenwasserstoff, aus welchem Grunde man das Gas nie unangezündet entweichen lassen darf. Nun erhitze die horizontale Röhre mittelst der Spirituslampe an irgend einer Stelle zum Glühen; dadurch wird der Arsenwasserstoff in seine Bestandtheile zersetzt und das Arsen setzt sich als glänzender ringförmiger Metallspiegel in der Röhre an. Auch innerhalb der Flamme findet diese Zersetzung durch die Hitze derselben statt, und wenn du sie durch ein hineingehaltenes Porcellanstück abkühlst, so wirst du auf demselben metallisch glänzende Flecken sich absetzen sehen. Wenn du einige derselben, sowie einen oder zwei Ringe in der Röhre erhalten hast, so kannst du den Versuch unterbrechen und den Apparat im Freien bis zur Beendigung der Gasentwickelung sich selbst überlassen, worauf du ihn sorgfältig auszuspülen hast, damit spätere Versuche nicht durch die Gegenwart von Arsenik gestört werden, wovon schon die geringste Spur diese Erscheinungen hervorruft. Du hast dich noch davon zu überzeugen, daß die erhaltenen Metallspiegel in unterchlorigsaurem Natron löslich sind. Bringe dann die Röhre mit den metallischen Ringen mittelst eines passenden Korkes in die Mündung eines Kolbens, worin sich Schwefelwasserstoff entwickelt, und nach einiger Zeit in einen anderen, aus welchem Salzsäuregas hindurchströmt: Das Arsen wird dadurch nicht verschwinden. Dagegen werden die Flecken sich in Salpetersäure leicht auflösen.

Diese Erscheinungen merke dir schon jetzt, später wirst du erfahren, daß ein dem Arsenik ähnliches Element, das Antimon, sich durch sein Verhalten unter denselben Umständen von dem Arsenik leicht unterscheiden läßt.

Von den übrigen Verbindungen des Arsens bieten noch die mit dem Schwefel ein großes Interesse. Wir kennen drei

Schwefelungsstufen des Arsens,

nämlich das Sulfür AsS_2, das Sulfid AsS_3 und das Supersulfid AsS_5.

Das Arsensulfür findet sich natürlich als Realgar und kann durch Zusammenschmelzen von Schwefel und Arsen in den erforderlichen Verhältnissen erhalten werden; es dient als Malerfarbe. Du mußt es nicht darstellen und auch keine weiteren Versuche damit vornehmen.

Das Sulfid AsS_3 kannst du leicht als schön gelben Niederschlag durch Hindurchleiten von Schwefelwasserstoff durch eine Lösung von arseniger Säure in Salzsäure erhalten. Diese Verbindung kommt in der Natur als Auripigment oder Rauschgelb vor und wird auch künstlich durch Destillation von arseniger Säure mit Schwefel dargestellt (1), um als Malerfarbe benutzt zu werden.

Hast du durch Oxydation von Arsenik mittelst Königswasser eine kleine Menge einer Lösung von Arsensäure dargestellt, so wirst du in einem Theil derselben durch Einleiten von Schwefelwasserstoff nach einiger Zeit einen gelben Niederschlag erhalten, welcher aus dem Supersulfid besteht. Hast du zu einem anderen Theil der Lösung erst schweflige Säure gesetzt, so erscheint der Niederschlag sogleich, besteht aber aus dem Sulfid, indem die Arseniksäure reducirt worden ist.

Die sämmtlichen Schwefelarsenverbindungen sind Sulfosäuren und verbinden sich mit den Sulfobasen zu Salzen; das Sulfid und Supersulfid entsprechen den betreffenden Säuren; ein Oxyd, welches dem Sulfür entspräche, ist jedoch noch nicht bekannt.

Das Arsen verbindet sich mit vielen Metallen, welche Verbindungen zum Theil fertig gebildet in der Natur vorkommen. Den Arsenikalkies ($FeAs$) und den Arsenikkies ($FeAs + FeS_2$) benützt man zur Darstellung des Arseniks, indem man sie in thönernen Retorten einer Destillation unterwirft. Dabei liefert der erstere Arsen und eine Verbindung von geringerem Arsengehalt, der letztere Arsenik und Schwefeleisen FeS.

Hiermit können wir die Betrachtung dieses Elementes beschließen, und ich bitte dich nur, das Gesagte, obwohl es wenig ist, doch genau dir einzuprägen, da wir später noch einmal darauf zurückkommen werden.

(1) $2\,AsO_3 + 9\,S = 2\,AsS_3 + 3\,SO_2$.

Zum Schlusse noch einige Aufgaben :

1) Wie viel Kubikfuß Kohlenoxyd (specifisches Gewicht 0,9706) werden frei bei der Darstellung von 1,1824 Loth Phosphor?

2) Wie viel Kalk, wie viel Wasser und wie viel Phosphor gehören der Theorie nach zur Darstellung von 4 Kubikdecimeter Phosphorwasserstoff (specifisches Gewicht 1,1926)?

3) Wie viel Procent Arsenik enthält eine Substanz, von der 5,214 Gramm nach dem Auflösen und Fällen mit Schwefelwasserstoff einen Niederschlag von AsS_3 geben, der 0,0555 Gramm wiegt?

Außer einigen Apparaten, deren specielle Beschreibung im nächsten Briefe folgen wird und die du erst dann zu beschaffen hast, bedarfst du zu den nächsten Versuchen nichts, was du nicht schon besäßest.

55. Brief.

Anschaffung eines Löthrohres und Einübung seines Gebrauchs. — Chrom. Vervollständigung der Kenntniß seiner Verbindungen. Darstellung von Chromchlorid. — Antworten.

Es ist nun wohl Zeit, daß du den Gebrauch des Löthrohrs kennen lernst, damit du, wenn die späteren Versuche ihn erfordern, darin die nöthige Uebung besitzest, um zuverlässige Resultate zu erzielen.

Fig. 140.

Das Löthrohr ist ein Instrument, welches dem Chemiker dazu dient, kleine Quantitäten zu untersuchender Substanzen einem hohen Hitzegrade und je nach Wunsch einer Orydation oder einer Reduction auszusetzen. Es wird zu dem Ende mittelst des Löthrohrs ein feiner Luftstrom in eine Oelflamme getrieben, welcher durch die erhöhte Verbrennung eine sehr hohe Temperatur hervorbringt. In der Nähe des eingeblasenen Luftstroms findet alsdann eine Orydation, in einiger Entfernung davon aber, so wie in hinreichender Entfernung von der umgebenden Luft eine Reduction der erhitzten Körper durch die Kohle der Flamme Statt. Das Löthrohr findest du in ganz einfacher Form (Fig. 140) schon für einige Silbergroschen in Messingwaarenhandlungen; diese Löthrohre sind aber wegen des beim Hineinblasen sich darin verdichtenden Wassers nicht so practisch, wie die von beistehender Gestalt (Fig. 141), die man ebenfalls aus Messing gearbeitet häufig in den genannten Handlungen erhält, jedenfalls aber von einem Mechaniker zum Preise von 20—25 Sgr. bekommen kann. Die drei Theile lassen sich auseinandernehmen; der Theil a dient zum Einblasen der

Fig. 141.

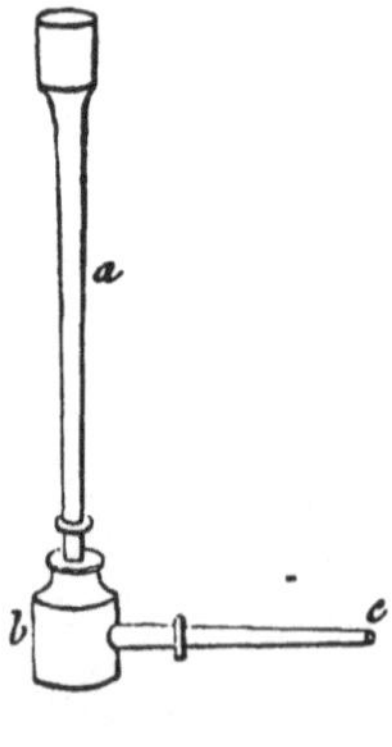

Luft; in b condensirt sich die Feuchtigkeit des Athems, bei c tritt der Luftstrom durch eine feine runde Oeffnung in die Flamme aus. Diese Oeffnung ist zweckmäßig mit Platina ausgekleidet, weil dieser Stoff der Einwirkung der Hitze am besten widersteht. Solche Löthrohre mit Platinaspitzen kosten etwa 10—15 Sgr. mehr. Das Mundstück bestelle trompetenförmig, oder lasse eines von der Gestalt, wie es Fig. 142 in vergrößertem Maßstabe darstellt, aus Holz oder Horn machen: es ist sehr bequem, weil sich die Lippen demselben leicht anlegen und ohne Mühe anschließen.

Fig. 142.

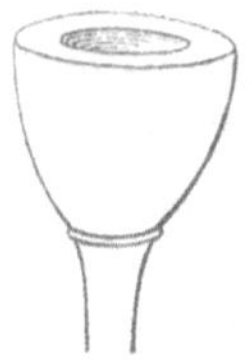

Als Lampe benutzest du irgend eine Oellampe mit möglichst breitem und dickem Dochte, etwa in der Art der Küchenlampen, nur mit plattem Dochte. Willst du dir in Ermangelung einer solchen eine anfertigen lassen, so zeichne ich dir hier Fig. 143 eine ganz einfache aus Blech, die ich schon lange benutze. In Handlungen chemischer Geräthschaften findest du übrigens zu verschiedenen Preisen messingene von weniger einfacher Construction, die mehr oder weniger alle Bequemlichkeiten vereinigen, deren Anschaffung indessen für deine Zwecke nicht nothwendig ist.

Fig. 143.

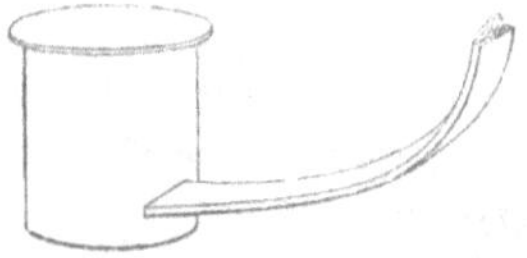

Zunächst wirst du dich nun darin zu üben haben, mittelst des Löthrohrs einen durch das Athmen nicht unterbrochenen Luftstrom hervorzubringen. Wolltest du unmittelbar die Luft aus den Lungen in das Löthrohr treiben, so würdest du einestheils bald ermüden, anderntheils einen stoßweise austretenden und oft unterbrochenen Luftstrom erhalten. Deshalb mußt du die aufgeblasenen Backen als ein Luftmagazin zu gebrauchen suchen, und in dasselbe durch Einathmen durch die Nase Luft ein- und durch sanftes Zusammendrücken wieder durch das Löthrohr austreten lassen. Darin liegt einige Schwierigkeit und ich kann dir nur rathen, recht häufig und lange den Versuch anzustellen, gleichzeitig durch die Nase zu athmen und durch das Löthrohr zu blasen. Es kommt nur darauf an, die Contraction der angespannten Backen so zu leiten, daß dieselbe unabhängig vom Einathmen durch die Nase geschieht, und somit die austretende Luft allmälig durch die eintretende ersetzt werden kann, ohne daß der Strom derselben unterbrochen werde.

Diese Uebungen führe so oft aus, bis es dir gelingt, beliebig lange das Blasen fortzusetzen; halte dabei die Löthrohrspitze in die Flamme und bemühe dich, eine recht regelmäßige, nicht flackernde und nicht brausende Flamme zu erzeugen. Eine nähere Erklärung kann ich dir nicht geben, und ich muß es deiner eigenen Bemühung überlassen, dir die gehörige Geschicklichkeit zu erwerben, die meistens plötzlich sich einstellt, ohne daß man sich selbst Rechenschaft geben könnte, wie man dazu gelangt ist. In meinem nächsten Briefe gebe ich dir die Versuche an, die du hiernach zunächst anzustellen hast, um mit dem Löthrohr vertraut zu werden. Ich fahre heute in der Betrachtung der Elemente und ihrer Verbindungen fort und zwar wende ich mich zunächst zum

Chrom

$Cr = 26{,}7.$

Das Chrom ist ein dem Eisen sehr ähnlich sich verhaltendes Metall, von welchem dir schon manche Verbindungen mit ihren Darstellungsweisen bekannt geworden sind. Du wirst dich erinnern, daß du aus dem Chromeisenstein mit Salpeter chromsaures Kali und aus diesem, obwohl auf Umwegen, Chromoxyd dargestellt hast. Aus letzterem kann man durch Reduction mit Kohle in sehr heftiger Weißglühhitze das Chrom erhalten, welches dann ein zinnweißes, sehr strengflüssiges und lebhaft glänzendes Metall darstellt.

Es findet für sich keine Anwendung und wird nur selten in Laboratorien unter Anwendung besonderer Heizvorrichtungen dargestellt. Du weißt schon, daß es mit dem Sauerstoff in zwei Verhältnissen sich verbindet, zu

Chromoxyd Cr_2O_3 und Chromsäure CrO_3.

Außerdem existirt noch ein Chromoxydul CrO; du siehst, daß die Formeln und Namen dieser Verbindungen denen des Eisens entsprechen, mit denen sie auch in ihren Eigenschaften vielfach übereinstimmen.

Das Chromoxyd findet sich in der Natur theils als färbende Beimengung vieler Mineralien, theils in Verbindung mit Eisenoxydul als Chromeisenstein FeO, Cr_2O_3. Beim Schmelzen desselben mit Salpeter wird das Chromoxyd oxydirt, und man erhält, wie du weißt, chromsaures Kali, und zwar das einfache oder neutrale Salz KO, CrO_3, welches durch Auflösung und Krystallisirenlassen gereinigt wird. Die Darstellung des zweifach-chromsauren Kali's $KO, 2\,CrO_3$ kennst du ebenfalls schon, so wie dir auch die Darstellung des neutralen Salzes aus dem sauren noch erinnerlich sein wird. Diese, so wie die übrigen Salze der Chromsäure entsprechen in ihrer Krystallform den Schwefelsäuresalzen; nur die des Kali's, Natrons, Kalks, Strontians und der Magnesia sind löslich, alle andern sind unlöslich oder sehr schwer löslich; sie zeichnen sich sämmtlich durch ihre schönen Farben aus; durch gegenseitige Zersetzung der löslichen Salze wirst du in kleiner Menge den chromsauren Baryt, das chromsaure Eisenoxydul, Eisenoxyd, Kupferoxyd, Zinkoxyd und Bleioxyd darstellen. Letzteres kennst du ebenfalls schon von früher her als Chromgelb. Auch der Darstellung des Chromrothes (Br. 11) wirst du dich wohl noch entsinnen. Als Erklärung füge ich dem damals Gesagten hinzu, daß das Kali des Salpeters dem Chromgelb einen Theil der Chromsäure entzieht, wodurch dieses einen Ueberschuß von Bleioxyd erhält, und also zu basisch-chromsaurem Bleioxyd wird, welches die rothe Farbe besitzt. Die Salze der Chromsäure sind alle gelb oder roth gefärbt, die des Chromoxyds grün oder violett. Das Chromoxyd selbst, so wie seine Darstellung aus dem Chromalaun durch Ausfällen mittelst Ammoniak, ist dir bekannt. Du weißt jetzt, daß das Ammoniak als starke, das Chromoxyd vertreibende Basis wirkt, und daß man auch statt desselben Kali oder Natron brauchen kann. Man nimmt aber nicht diese letzteren, weil das Chromoxyd in einem Ueberschusse derselben löslich ist. Löse, um dich hiervon zu überzeugen, etwas Chromalaun auf und mache den Versuch mit Kali; koche dann die durch einen Ueberschuß erhaltene Lösung: das Chromoxyd wird während des Kochens wieder ausgefällt werden.

Ich erinnere dich daran, daß man durch Ausfällen stets das Hydrat erhält, dessen Farbe du dir zu merken hast, zum Unterschied von der schön grünen des reinen Oxydes.

Daß in dem Chromalaun das Chrom als Oxyd enthalten ist, und daß daher der Darstellung desselben ein Reductionsproceß zu Grunde liegen muß, wirst du schon denken; ich habe dir daher nur noch die genauere Erklärung dafür zu geben.

Der Chromalaun ist eine Verbindung von schwefelsaurem Chromoxyd und schwefelsaurem Kali, wozu bei der Krystallisation noch 24 Aequivalente Wasser hinzutreten. Die Formel des schwefelsauren Chromoxyds ist der des Eisenoxydsalzes entsprechend und daher die des Chromalauns folgende:

$$Cr_2O_3,\ 3\ SO_3 + KO,\ SO_3 + 24\ HO.$$

Wenn aus dem neutralen chromsauren Kali (S. 32 des 1. Theils) schwefelsaures Chromoxyd entstehen soll, so müssen aus 2 Aequivalenten desselben oder aus 2 KO, Cr_2O_6:

1) die 2 Aequivalente Kali austreten,

2) 3 Aequivalente Schwefelsäure zutreten und

3) 4 Aequivalente Sauerstoff verschwinden.

Die beiden ersteren Punkte werden durch den Zusatz der Schwefelsäure bewirkt, der letztere durch den Weingeist, welcher vermöge des der Chromsäure entzogenen Sauerstoffs zu verschiedenen, uns nicht näher interessirenden Producten oxydirt wird, die beim Abdampfen gasförmig entweichen. Zugleich wird das für den Chromalaun erforderliche schwefelsaure Kali gebildet. Da auf 2 Aequivalente neutrales chromsaures

Kali 2 Aequivalente schwefelsaures Kali entstehen, so folgt, daß ein Aequivalent hiervon überschüssig in die Lösung kommt:

$$2\,(KO,\ CrO_3) - 4\ O\text{*)} + 5\ SO_2$$
$$= KO,\ SO_3 + (Cr_2O_3,\ 3\ SO_3 + KO, SO_3).$$

Bei Anwendung von saurem chromsaurem Kali wird dieses überschüssige Aequivalent schwefelsaures Kali nicht gebildet.

Bei der andern im letzten Briefe des I. Theils gegebenen Darstellung des Chromalauns dient die schweflige Säure als Reductionsmittel; gleichzeitig entsteht daraus die erforderliche Schwefelsäure, so daß von dieser nichts zugesetzt zu werden braucht.

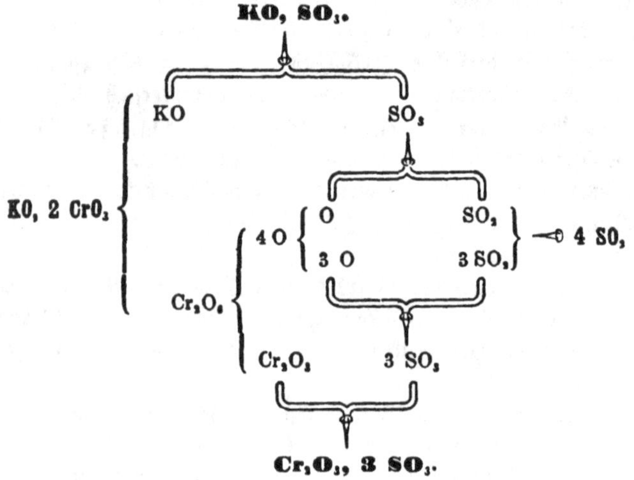

Formel: $KO,\ 2\,CrO_3 + 4\ SO_2 = KO,\ SO_3 + Cr_2O_3,\ 3\ SO_3.$

Bei der Darstellung des Chromalauns habe ich dir schon früher anempfohlen, eine Erhitzung der Lösung zu vermeiden. Es giebt nämlich von den Chromoxydsalzen und namentlich von dem schwefelsauren Chromoxyd zwei Modificationen, deren eine violett, die andere grün gefärbt ist. Letztere ist nicht krystallisirbar und entsteht aus ersterer beim Erhitzen auf 75—80°. Aus einer auf diese Temperatur erhitzten Lösung krystallisirt also kein Chromalaun. Nach langem Stehen geht jedoch die grüne Modification in die violette wieder über. Den Versuch kannst du leicht anstellen; du wirst dann beim Ausfällen finden, daß das Chromoxydhydrat der violetten Modification grünlichgrau, das

*) Ich bezeichne die Reduction nur durch die Entziehung von Sauerstoff, indem ich die Formel des Alkohols und seiner Oxydationsproducte vermeiden will.

der grünen graublau gefärbt ist, und daß beide bei der Wiederauflösung in Schwefelsäure auch wieder die frühere Farbe zeigen.

Auch durch Einleiten von Schwefelwasserstoff wird die Chromsäure in ihren Salzen zu Chromoxyd reducirt; dabei wird ein Gemenge von Chromoxydhydrat und Schwefel abgeschieden, in Gegenwart von freier Säure aber nur Schwefel und dabei eine grüne Lösung erhalten. Den Versuch kannst du leicht anstellen.

Ueber das Chromoxyd bemerke ich noch schließlich, daß es sich nach dem Glühen nicht mehr in Säuren auflöst. Will man es dann noch zur Darstellung anderer Verbindungen benützen, so muß man es erst mit Oxydationsmitteln, z. B. Salpeter, schmelzen, um es als chromsaures Kali in Lösung zu bringen, und hiermit dann weiter verfahren. Es wird zur Färbung von Glas u. s. w. benutzt, dem es, wie du dich erinnern wirst, eine schön grüne Farbe ertheilt.

Die Chromsäure kannst du in geringer Menge folgendermaßen darstellen: Gieße eine kalt gesättigte Lösung von saurem chromsaurem Kali in ein Glas mit concentrirter Schwefelsäure unter Umrühren ganz langsam ein, wobei du dich vor etwaigem zu starkem Erhitzen und Umherspritzen sehr in Acht zu nehmen hast. Die Schwefelsäure bemächtigt sich des Kali's, und macht die Chromsäure frei, die beim Erkalten des Gemisches herauskrystallisirt. Dieses, so wie die Chromsäure, sind wegen der sauren und stark oxydirenden Eigenschaften sehr gefährliche Substanzen, vor deren Berührung du dich, namentlich wenn du etwa Hautbeschädigungen an der Hand hast, sehr hüten mußt; denn sehr gefährliche Verletzungen würden die Folge davon sein.

Nach dem Erkalten wird die Flüssigkeit prächtig rubinrothe größere oder kleinere Krystalle von Chromsäure enthalten; gieße die Lösung davon ab (1) und bringe nach dem Abtropfen die Chromsäure mittelst eines Glasstabes zum Trocknen auf einen Ziegelstein und dann schnell in eine mit einem Glasstöpsel verschlossene Flasche. Sie ist zwar noch mit Schwefelsäure verunreinigt, jedoch rein genug, um dich davon zu überzeugen, daß sie sich beim Erhitzen in Sauerstoff und Chromoxyd zersetzt, daß sie in Wasser leicht löslich ist und durch oxydirbare Körper schnell in Chromoxyd verwandelt wird. Träufelst du z. B. etwas Weingeist auf einen Chromsäurekrystall, so steigt die Temperatur dabei so hoch, daß der Weingeist sich entzündet. Auch Papier, Schwefelwasserstoff und schweflige Säure reduciren die Chromsäure augenblicklich.

(1) Sie kann wegen der überschüssigen Schwefelsäure noch zur Darstellung von Schwefelwasserstoff, Wasserstoff u. s. w. benutzt werden.

Von den übrigen Verbindungen des Chroms will ich noch das

Chromchlorid

Cr_2Cl_3

erwähnen, dessen Darstellung ich dir für den Fall empfehle, daß dir etwas freie Zeit und eine Glasröhre von böhmischem Glas zu Gebote steht. Es ist das Chromchlorid eines der schönsten Präparate; es bildet schöne pfirsichblüthrothe krystallinische Schuppen; man erhält sie durch Erhitzen von Chromoxyd und Kohle in einem Strome von trockenem Chlorgas. Diese Operation muß deshalb in einer böhmischen Glasröhre vorgenommen werden, weil nur diese die dazu erforderliche Hitze ertragen kann. Hast du eine solche Röhre, so lasse aus Eisenblech einen Ofen von der Gestalt Fig. 144 und von einer Länge von etwa 1½ Fuß anfertigen. Die Glasröhre muß etwa 2½ Fuß lang sein und kömmt auf die Stützen a und in das Loch b zu liegen, ein Schirm von der Gestalt c dient zum Zusammenhalten der einzulegenden Holzkohlen. Der Ofen wird beim Gebrauch auf ein paar Ziegelsteine so gestellt, daß die Luft zu den Zugöffnungen in seinem Boden freien Zutritt hat. Dann stelle einen Chlorentwickelungsapparat zusammen, in welchem das Chlor erst durch zwei Waschflaschen mit Schwefelsäure und dann noch durch eine 1—2 Fuß lange weite Röhre, die mit möglichst großen Chlorcalciumstücken gefüllt ist, geleitet wird, um hierauf in die in dem Ofen liegende Röhre einzutreten; die Verbindung derselben mit dem letzten Rohre geschieht mittelst eines eingesteckten Korks mit Glasröhre, der einige Zoll vor dem Ofen vorstehen muß, damit er durch die Hitze desselben nicht verbrannt werde.

Fig. 144.

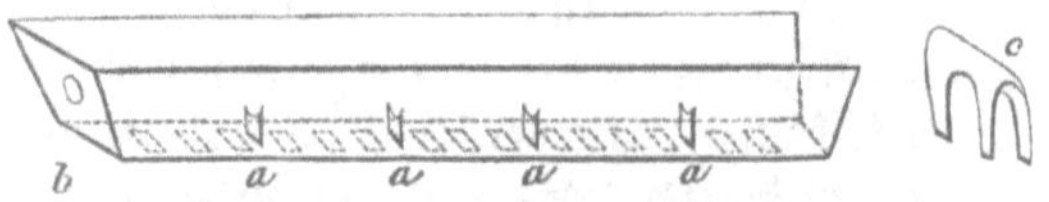

Wenn der Apparat vollständig dicht befunden worden, so beschicke die Retorte mit den Materialien zur Chlorentwickelung und die Röhre mit einem Gemisch aus frisch geglühtem Chromoxyd und ebenfalls ausgeglühten, sehr fein gepulverten und gesiebten Holzkohlen. Besser noch mischest du Chromoxyd und Kienruß mit Oel zu einem Taig, formst daraus Kugeln, glühst diese vorher in einem Tiegel, und bringst die erhaltenen porösen Stückchen in die Röhre; diese darf nur zu ⅓ das Gemisch enthalten, welches jedenfalls durch Schütteln oder Klopfen so darin aufzuschichten ist, daß darüber ein freier Kanal zum Durchgehen des Chlors und der äußere Theil der Röhre ganz frei bleibt, um als Condensationsapparat für das verflüchtigte Chromchlorid zu dienen.

Endlich ist der Apparat so aufzustellen, daß das überschüssige Chlor ins Freie entweichen kann, und wenn die Gasentwickelung, die recht langsam und regelmäßig geschehen muß, im Gange ist, das Gemisch mittelst brennender Kohlen zum Glühen zu erhitzen. Dabei mußt du Sorge tragen, daß das Erhitzen bei dem entferntesten Punkte beginne, damit das Product dort die Röhre nicht verstopfe, und daß es recht allmälig geschehe, damit die Röhre nicht springe. Ist diese einmal heiß, so kannst du sie an dem ganzen mit Chromoxyd beschickten Theile mit glühenden Holzkohlen umgeben, damit Alles recht heftig glühend wird. Der Blechschirm verhindert dabei die Erhitzung des leeren Theils der Röhre. Ist hinreichend Chromchlorid in diesem condensirt und die Operation beendet, so lasse Alles erkalten, wobei die Retorte, wenn sie keine Sicherheitsröhre enthält, entfernt werden muß. Schneide dann die Röhre entzwei, um das Präparat zu sammeln.

Wie gesagt soll diese Darstellung nicht im Laufe deiner übrigen Arbeiten, sondern an einem eigens dazu bestimmten Tage, wenn du einmal wieder ein schwierigeres Präparat vornehmen willst, geschehen, da sie nicht durchaus zum Verständniß des Gesagten nöthig ist.

Ich schließe mit den Antworten auf die letzten Aufgaben:

1) Ein Kubikfuß.

2) 15,31 Grm. Kalk, 22,6 Grm. Phosphor, 4,92 Grm. Wasser.

3) 0,649%.

Zu dem demnächst anzustellenden Versuche hast du etwas Quecksilber nöthig; es wird dir gewiß nicht schwer fallen, einige Tropfen davon zu erhalten.

---

56. Brief.

Fortsetzung der Uebungen mit dem Löthrohr. — Quecksilber, Eigenschaften, Oxyde, Salze, Schwefelverbindungen; Verhalten zu Säuren und anderen chemischen Agentien. — Chlorverbindungen, Legirungen. — Aufgaben und Anleitung zu ihrer Lösung.

Wenn du eine recht ruhige Löthrohrflamme blasen kannst, so wirst du bemerken, daß sie scheinbar dieselben Theile zeigt, wie die gewöhnliche Flamme; sie unterscheidet sich von derselben aber wesentlich durch den in ihrem Innern eintretenden Luftstrom, weshalb bei derselben nicht allein am äußeren Mantel, sondern auch an der Spitze des inneren nicht leuchtenden Kegels eine vollständige Verbrennung stattfindet. Diese Stelle (Fig. 145, a) kannst du an der hellblauen Farbe erkennen, welche wegen der völligen Verbrennung des Kohlenstoffes ohne Leuchten hier auftritt.

Fig. 145.

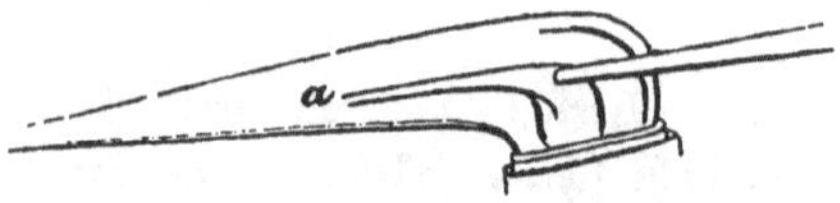

An diesem Punkt wird zugleich ein sehr hoher Hitzegrad entwickelt, wie du leicht an dem grellen Leuchten eines Platinadrahtes sehen kannst. Eine Oxydation findet eben so am äußersten Ende der Flamme, also eigentlich außerhalb der Flamme statt; der hell leuchtende Theil dagegen reducirt durch die darin enthaltene Kohle, wie sich denn auch ein hineingehaltener Draht bald schwärzen wird. An dieser Stelle ist daher auch die Erhitzung weniger stark als an der innersten und äußersten Spitze. Man unterscheidet demnach Reductions- und Oxydationsflamme. Es wird dir bald gelingen, der ganzen Flamme hauptsächlich die eine oder die andere Eigenschaft zu ertheilen, wobei du bemerken mußt, daß ein Einstecken des Löthrohrs bis ziemlich weit in die Flamme und ein den Docht fast berührender Luftstrom der Oxydationsflamme sehr günstig ist, während ein Luftstrom, der schon am Rande der Flamme und einige Linien über dem Dochte eintritt, besonders eine Reductionsflamme bewirkt. Immer aber ist ein reiner, glatt abgeschnittener und von Kohlentheilchen freier Docht erforderlich und die Flamme des Löthrohrs etwas nach abwärts zu richten, weshalb es auch zweckmäßig ist, den Docht etwas schief abzuschneiden. Fahre fort, dich in dem Gebrauch des Löthrohrs zur Hervorbringung der einen oder der anderen Flamme zu üben; nächstens gebe ich dir die Anleitung zu weiteren Versuchen. Heute fahre ich fort und wende mich zunächst zum

Quecksilber
Hg = 100.

Du weißt schon, daß das Quecksilber ein flüssiges Metall ist; ich füge hinzu, daß es das einzige bei gewöhnlicher Temperatur flüssige ist. Du weißt ferner, daß es ein Oxyd bildet, welches in erhöhter Temperatur sich in seine Bestandtheile zerlegt, wobei das Quecksilber sublimirt; es ist also zugleich ein flüchtiges Metall. Bei —40° erstarrt es zu einer dem Silber ähnlichen, hämmerbaren Masse; sein Siedepunkt liegt bei 360°; sein specifisches Gewicht ist sehr groß (13,59).

Das Quecksilber gehört zu den edlen Metallen; so nennt man nämlich alle diejenigen, die sich nicht allein bei gewöhnlicher Temperatur nicht oxydiren, sondern deren Oxyde sich sogar ohne Reductionsmittel durch alleinige Anwendung von Hitze zu Metallen reduciren lassen.

Kannst du einige Tropfen reinen Quecksilbers erhalten, so wirst du bemerken, daß es das Glas nicht benetzt, sondern in Kugeln glatt darüber hinrollt. Hast du das Quecksilber mit einem Metall in Berührung gelassen, von dem es eine selbst ganz geringe Menge aufnehmen kann, wie z. B. mit einem Körnchen Blei, so adhärirt es am Glase und zieht sich in länglichen, thränenförmigen Tropfen darüber; man sagt dann, es ziehe einen Schweif. Von solchen Beimengungen kann man das Quecksilber auf verschiedene Weise befreien. Am besten schüttelt man es häufig und lange mit verdünnter und gelinde erwärmter Salpetersäure. Diese löst alsdann, so lange noch andere Metalle oder Metalloxyde vorhanden sind, solche allein auf; ja, wenn sich etwas Quecksilber als Oxyd gelöst haben sollte, so wird es von allen anderen Metallen verdrängt und man erhält nur sie und nicht das Quecksilber in Lösung, so lange von denselben noch etwas übrig ist. In einer Schale wird darauf, wenn das Schütteln während einiger Tage oft wiederholt worden ist, das Quecksilber mit Wasser mehrmals abgewaschen und von demselben erst durch Abgießen und dann durch Abtrocknen mit Fließpapier gereinigt.

Von Staub und anderen mechanisch beigemengten Unreinigkeiten kann man das Quecksilber schon durch Filtration trennen, indem man dazu ein Papierfilter nimmt, das in seiner Spitze ein feines Löchelchen besitzt, wodurch das Quecksilber dann in einem feinen Strahle rein hindurchläuft.

Hüte dich, bei solchen Operationen einen Goldring am Finger zu haben, denn, wie du später erfahren wirst, verbindet sich das Quecksilber mit dem Gold zu einer weißen Legirung.

Wegen seiner Flüchtigkeit ist das Quecksilber leicht aus seinen Verbindungen abzuscheiden: es destillirt aus allen beim Zusatz einer starken Base, z. B. von (gebranntem) Kalk ab. Hast du irgend ein Quecksilberpräparat, z. B. Zinnober (Schwefelquecksilber), oder ein beliebiges Quecksilbererz, so wirst du, wenn du sie mit etwas Kalk gemischt in einem trockenen Reagenzcylinder erhitzest, einen metallischen Ring sich in demselben zeigen sehen, der sich unter der Lupe oder beim Zusammenschieben mit einem Glasstabe als aus lauter kleinen Tröpfchen zusammengesetzt erweisen wird. Bei diesem und ähnlichen Versuchen ist die Röhre mittelst eines zusammengedrehten Papiers festzuhalten (Fig. 146), damit du bei längerem Erhitzen die Finger nicht verbrennst. Da alle Quecksilberverbindungen diese Erscheinung zeigen, so dient der Versuch als eine der empfindlichsten Proben auf die Gegenwart dieses Metalls.

Fig. 146.

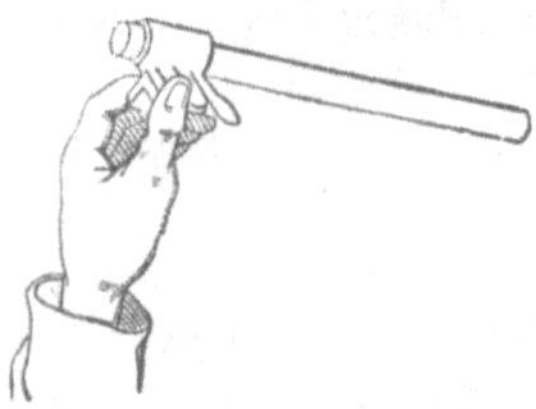

Das Quecksilber, noch mehr sein Dampf und seine Verbindungen sind giftig; das Metall bewirkt zunächst Speichelfluß.

Das Quecksilber bleibt bei gewöhnlicher Temperatur an der Luft unverändert, in einer seinem Siedepunkte nahestehenden Hitze oxydirt es sich zu Quecksilberoxyd, das aber in einer nur wenig höheren Temperatur wieder in seine Bestandtheile zerlegt wird. Concentrirte Salzsäure greift Quecksilber selbst beim Sieden nicht an, eben so wenig wie verdünnte Schwefelsäure. Concentrirte Schwefelsäure aber giebt schweflige Säure und schwefelsaures Quecksilberoxydul (s. u.). Salpetersäure greift das Metall leicht an, unter Entwickelung von Stickstoffoxyd. Mit den Salzbildnern vereinigt sich das Quecksilber schon bei gewöhnlicher Temperatur. Diese Versuche wirst du alle schon mit wenigen Tropfen Quecksilber anstellen können.

Oxyde des Quecksilbers.

Wir kennen deren zwei, nämlich das Oxydul Hg_2O und das Oxyd HgO. Eine Darstellungsweise des letzteren habe ich oben erwähnt, eine andere, aus dem beim Behandeln des Metalls mit Salpetersäure entstandenen Salze, hast du früher schon angewandt. Es bildet, wie du weißt, ein rothes Pulver, dessen Farbe von der Beschaffenheit des geglühten Salzes abhängt. Beim Ausfällen eines Quecksilberoxydsalzes (s. u.) erhält man es als gelbes Pulver, welches eben so wie das rothe beim Erhitzen schwarz und beim Erkalten wieder roth wird, was du auch schon bemerkt haben wirst.

Das Quecksilberoxydul Hg_2O entsteht bei dem Ausfällen seiner Salze mit Kali als schwarzes Pulver, das schon beim Erhitzen auf 100°, ja sogar beim bloßen Reiben sich zu Quecksilberkügelchen reducirt.

Bei den Salzen unterscheiden wir die der beiden Oxyde, so wie die ihnen entsprechenden Chlorverbindungen.

Behandele etwas Quecksilber mit kalter Salpetersäure, so daß das Metall stets im Ueberschusse bleibt: du wirst eine Lösung von salpetersaurem Quecksilberoxydul erhalten, die nach dem Abdampfen farblose Krystalle liefert. Ueberzeuge dich davon, daß Kali in der Lösung den schwarzen Niederschlag von Oxydul giebt, welcher beim Erwärmen metallische Kügelchen zeigt.

In einen anderen Theil der Lösung leite Schwefelwasserstoff: es wird sogleich schwarzes Quecksilbersulfür Hg_2S ausgefällt. Filtrire den Niederschlag, wenn du auch nur eine kleine Menge erhalten hast, ab und lasse auf einen Theil davon kochende Salpetersäure wirken; du wirst ihn sich nicht verändern und nur bei Anwendung von Königswasser wieder lösen sehen; den Rest trockne über dem Ofen und überzeuge dich davon, daß er, in einer trockenen Reagenzröhre erhitzt, Quecksilber abgiebt (wobei er in das Sulfid HgS übergeht, wovon nachher).

Zu einem anderen Theil der Lösung des Quecksilberoxydulsalzes setze etwas Salzsäure oder Kochsalzlösung; es wird ein weißer Niederschlag von Quecksilberchlorür Hg_2Cl entstehen. Dasselbe ist in Wasser vollkommen unlöslich und wird unter dem Namen Calomel im Großen bereitet und als Arzneimittel gebraucht. Man wendet zu seiner Darstellung jedoch andere Verfahrungsarten an, bei welchen es stets durch Sublimation erhalten wird. Eine der gebräuchlichsten wird durch folgende Formel dargestellt:

$$Hg_2O, SO_3 + NaCl = Hg_2Cl + NaO, SO_3.$$

Das Calomel ist ein heftiges Gift.

Wenn du dagegen einen Ueberschuß von Salpetersäure in der Hitze auf Quecksilber wirken lässest, so erhältst du das salpetersaure Quecksilberoxyd HgO, NO_5 in Lösung. Theile dieselbe in mehrere Theile: aus einem derselben fälle das Oxyd mittelst Kali aus und überzeuge dich davon, daß der abfiltrirte und getrocknete Niederschlag beim Erhitzen Quecksilber und Sauerstoff giebt; in einen anderen Theil leite Schwefelwasserstoff: du wirst erst einen weißen Niederschlag erhalten, ihn dann aber dunkler und allmälig schwarz werden sehen. Es bildet sich nämlich zuerst eine Verbindung des Sulfids mit dem unveränderten Salze und erst nach und nach das reine Sulfid (HgS). Filtrire es ab, trockne es vollständig und erhitze es in einem kleinen mikrochemischen Kölbchen sehr heftig; es wird sich das Schwefelquecksilber mit schwarzrother Farbe sublimiren. Wenn du es dann pulverst, wird es eine zinnoberrothe Farbe annehmen und in der That reinen Zinnober darstellen, der in seiner Zusammensetzung nicht von dem schwarzen Sulfid unterschieden ist und also wieder ein Beispiel der verschiedenen Gestalten darbietet, unter denen derselbe Körper auftreten kann.

Man stellt den Zinnober — der sich auch natürlich findet — im Großen durch Sublimation eines innigen Gemenges von fein vertheiltem Schwefel und Quecksilber dar.

Der natürlich vorkommende Zinnober ist das wichtigste Quecksilbererz.

Auch das Quecksilbersulfid wirst du nur in Königswasser (zu Chlorid) löslich finden.

In einen weiteren Theil der Quecksilberoxydlösung gieße etwas Salzsäure oder Kochsalzlösung — es wird kein Niederschlag entstehen, denn das Quecksilberchlorid HgCl ist im Wasser löslich. Die Darstellung dieses heftigsten aller Quecksilbergifte wirst du lieber unterlassen. Unter dem Namen Aetzsublimat wird es durch einen Sublimationsproceß im Großen gewonnen, der durch folgende Gleichung vorgestellt wird:

$$HgO, SO_3 + NaCl = HgCl + NaO, SO_3.$$

Sein Dampf condensirt sich dabei in Gestalt einer weißen Masse, die als Arzneimittel und als fäulnißwidriges Mittel zur Conservirung anatomischer Präparate benutzt wird.

Das Jodquecksilber, seine Darstellung und seine Eigenschaften kennst du noch von früherher (Präp. XXVIII). Es entsteht auch durch Ausfällen eines Salzes mit Jodnatrium.

Durch gegenseitige Zersetzung des salpetersauren Quecksilberoxyduls und des chromsauren Kali's erhält man chromsaures Quecksilberoxydul, ein Salz, welches sich dadurch auszeichnet, daß es beim Erhitzen in Chromoxyd, Quecksilberdampf und Sauerstoff zerfällt:

$$2\,(Hg_2O, CrO_3) = Cr_2O_3 + 4\,Hg + 5\,O.$$

Es wird dir nicht schwer fallen, dich durch den Versuch davon zu überzeugen.

Mit den Metallen bildet das Quecksilber Legirungen, die den Namen Amalgame tragen. Manche Metalle lassen sich durch bloße Berührung mit Quecksilber amalgamiren, wie du dies schon von dem Zink erfahren hast; Blei, Kupfer, Zinn, Gold, Natrium, Kalium verhalten sich ebenso. Eisen und Platina bleiben in Berührung mit Quecksilber unverändert. Die Amalgame sind je nach der Menge des darin enthaltenen Quecksilbers von verschiedener Consistenz und man kann sie von sehr verschiedenen Schmelzpunkten erhalten. So schmilzt z. B. ein Amalgam von 20 Quecksilber, 37 Zinn, 62 Blei und 100 Wismuth bei 70°. Manche dieser Quecksilberlegirungen erleiden eine technische Anwendung, theils weil man sie durch Abänderung des Quecksilberzusatzes von beliebiger Flüssigkeit erhalten kann, theils weil sie allmälig durch die Bildung krystallinischer Verbindungen fester werden, theils endlich, weil das Quecksilber, um sie zu bilden, die betreffenden Metalle aus ihren Verbindungen auszieht.

Lege in eine beliebige Quecksilbersalzlösung ein Stückchen Kupferblech: es wird alsobald grau und beim Reiben silberweiß erscheinen. Das Kupfer fällt nämlich das Quecksilber aus, welches dann mit dem freien Kupfer das weiße Amalgam bildet. Beim Erhitzen des amalgamirten Kupfers wird die ursprüngliche Farbe wieder erscheinen, weil das Quecksilber verdampft.

Auch das Goldamalgam ist weiß und entsteht schon bei Berührung des Goldes mit der kleinsten Spur Quecksilberdampf. Wenn du in eine Flasche einen Tropfen Quecksilber bringst und an den Kork ein Stückchen ächtes Blattgold befestigst, so wirst du dieses nach einiger Zeit entfärbt finden. Beim Erhitzen in der Spiritusflamme oder auf dem Ofen erscheint die frühere Farbe wieder.

Bei längerem Zusammenreiben mit Fett zertheilt sich das Quecksilber in eine große Menge ganz kleiner Kügelchen, die sich dem bloßen Auge als schwarzes Pulver darstellen. Aus seinen Lösungen wird es durch Zinnsalz (Zinnchlorür) ebenfalls in diesem Zustande feinster Vertheilung ausgefällt.

Hiermit kann ich die Mittheilungen über dieses Metall abbrechen; wenn ich dir später von der Gewinnung der Metalle spreche, komme ich auch auf die des Quecksilbers zurück. Zum Schlusse des Briefes noch ein paar Aufgaben:

1) Wenn ein Eisenstab um 14,8 Loth dadurch schwerer geworden ist, daß er in einer Flüssigkeit lag, die Kupferchlorid in Lösung enthielt; auf welche Mengen dieses Salzes deutet dieses?

2) 150 Pfund Cementwasser (Auflösung von Kupfervitriol) machten einen hineingelegten Eisenstab um 7,4 Unzen schwerer; wie viel Procent krystallisirten Vitriol enthielten sie?

3) Wie viel Chromeisenstein ist in Arbeit zu nehmen, um genau die erforderliche Menge neutrales chromsaures Kali zu erhalten, die man nöthig hat, um 4 Pfund chromsaures Kali darzustellen?

4) Um aus 20 Loth Quecksilber Calomel zu erhalten, will man dasselbe in schwefelsaures Quecksilberoxydul verwandeln und dieses mit Kochsalz destilliren; wie viel Calomel erhält man?

Zu der Aufgabe 1 und 3 will ich dir die Anleitung geben; dann wirst du die beiden anderen leicht lösen können.

1) Da ein Aequivalent Eisen ein Aequivalent Kupfer ausfällt, so treten an die Stelle von 28 Eisen jedesmal 31,7 Kupfer, oder auf jedes Aequivalent ausgefälltes Kupfer wird das Eisen um 3,7 Gewichtstheile schwerer. Eine Gewichtszunahme von 3,7 Loth deutet also auf das Vorhandensein von 31,7 Loth Kupfer oder 67,2 Kupferchlorid u. s. w.

3) Zu jedem zu erhaltenden Aequivalent chromsaures Bleioxyd gehört 1 Aequivalent chromsaures Kali; der Chromeisenstein enthält Chromoxyd, wovon jedes Aequivalent 2 Aequivalente Chromsäure und mithin 2 Aequivalente chromsaures Kali giebt. Ein Aequivalent Chromeisenstein giebt also diejenige Menge chromsaures Kali, welche zur Darstellung von 2 Aequivalenten chromsaures Bleioxyd nöthig ist. Um hiervon also 324,8 Theile zu erhalten, sind 113,4 Theile Chromeisenstein erforderlich u. s. w.

57. Brief.

Wismuth; Oxyde, Salze. Chlorwismuth, Schwefelwismuth, Vorkommen und Gewinnung. — Fortsetzung der Uebungen mit dem Löthrohr. Kohle. Platindraht, Knochenasche, Borax in Perlen. Phosphorsalz. Versuche. — Antworten.

Wenige Worte werden genügen, um dich mit den Eigenschaften und Verbindungen eines Metalls vertraut zu machen, welche dir schon von den Krystallisationsversuchen her bekannt ist; ich meine das

Wismuth

Bi (Bismuthum) = 208.

Du wirst dich dieses Metalles als eines röthlich-weißen von starkem Glanz und großer Sprödigkeit erinnern. Auch weißt du, daß es nicht schwer schmilzt (bei 250°) und krystallisirt erhalten werden kann. In der Glühhitze verbrennt es zu Oxyd.

Das Wismuth hat drei Oxydationsstufen (BiO_2, BiO_3, BiO_5), von denen die letzte eine Säure, die erste ein Suboxyd ist, und von denen wir uns nur mit der zweiten, dem Wismuthoxyd, beschäftigen wollen.

Uebergieße etwas gröblich gepulvertes Wismuth mit Salpetersäure, und erwärme, wenn nöthig. Nach dem Erkalten erhältst du Krystalle von salpetersaurem Wismuthoxyd BiO_3, 3 NO_5 + 9 HO.

Setze nun zu einer Lösung des Salzes in wenig Wasser, oder zu der ursprünglichen Lösung, die aber keinen großen Ueberschuß von Säuren enthalten darf, viel Wasser; du wirst einen weißen Niederschlag erhalten; nach dem Absitzenlassen desselben bringt in der abgegossenen Lösung ein weiterer Wasserzusatz noch mehr des weißen Niederschlags hervor; am schönsten erhält man ihn beim Eingießen der Salzlösung in viel Wasser. Triffst du das rechte Verhältniß und operirst du mit schon verdünnten, klaren Lösungen, so bildet sich dieser Niederschlag endlich so langsam, daß er sich in Gestalt von feinen Schuppen erst ganz allmälig absetzt, die sich beim Filtriren zu perlmutterglänzenden biegsamen Schichten vereinigen.

Das Wasser zersetzt nämlich das salpetersaure Wismuthoxyd so, daß sich ein Theil der Säure mit einem größeren Antheil Basis verbindet, und ein basisches Salz entsteht, während die übrige Säure mit der geringeren Menge Basis zu einem sauren Salze verbunden bleibt. Das erstere fällt aus, das letztere bleibt gelöst. Die Zusammensetzung und Formeln beider sind je nach der Menge des zugesetzten Wassers und nach der Temperatur verschieden; als Beispiel kann folgende Zersetzung dienen, welche unter gewissen Umständen eintritt:

$$2\,(BiO_3,\ 3\ NO_5) = BiO_3,\ NO_5 + BiO_3,\ 5\ NO_5.$$

Dieses basische Salz dient als Wismuthweiß zu Malerfarbe, zu weißer Schminke und als Arzneimittel.

Aehnlich werden alle löslichen Wismuthverbindungen durch Wasser zersetzt.

Aus dem neutralen salpetersauren Wismuthoxyd kannst du auf Zusatz von Kali einen weißen Niederschlag von Wismuthoxydhydrat erhalten; beim Erhitzen desselben nach dem Trocknen wirst du bemerken, daß das Oxyd ein gelbes Pulver ist, welches in der Hitze vorübergehend dunkler wird.

Mit dem Chlor verbindet sich das Wismuth schon bei gewöhnlicher Temperatur unter Erglühen, eben so, wie du's beim Antimon gesehen hast. Das Product $BiCl_3$ kann in Verbindung mit Wasser auch durch Behandeln des Metalls mit Königswasser erhalten werden. Salzsäure greift das Metall nicht an.

Das Schwefelwismuth wird beim Durchleiten von Schwefelwasserstoff durch eine Wismuthlösung als schwarzer Niederschlag gefällt.

Zink fällt das Wismuth als lockere, schwammige Masse aus seinen Verbindungen.

Von den Legirungen des Wismuths ist dir eine schon bekannt; ähnlich wie jene besitzen auch die übrigen einen verhältnißmäßig niedrigeren Schmelzpunkt; aus diesem Grunde haben sie mannigfache Anwendung gefunden.

In der Natur findet sich der Wismuth im freien, metallischen Zustand, als gediegen Wismuth, welches man durch Ausschmelzen (Aussaigern) aus den Gesteinen, in denen es vertheilt (eingesprengt) ist, gewinnt.

Es mag für heute dieses Element genügen; ehe ich zu einem andern übergehe, will ich mit der Anleitung zu den Löthrohrversuchen fortfahren.

Suche dir einige gut ausgebrannte Holzkohlen aus, die keine großen Risse und Sprünge zeigen, sondern möglichst dicht sind, und beim Glühen in der Löthrohrflamme nicht sprühen. In eine derselben bohre mittelst Hin- und Herdrehen des Löthrohrknies (Fig. 147) eine halbrunde Vertiefung, und übe dich darin, die Flamme des Löthrohrs schief von oben hineinzurichten, und bald die Reductions-, bald die Oxydationsflamme auf dieses Schälchen wirken zu lassen. Dann lege ein kleines Körnchen Zinn von der Größe eines Hirsekorns hinein, und versuche, dasselbe so mittelst der Reductionsflamme zu erhitzen, daß es schmilzt und im geschmolzenen Zustande mit glatter glänzender Oberfläche in der Kohle liegt. Es wird dir dies anfangs nicht gelingen, denn die geringste Oxydation, die du mit der Flamme bewirkst, oder der geringste, durch dieselbe nicht abgehaltene Luftzutritt von außen überzieht das Zinn sogleich mit einem Oxydhäutchen, welches nur bei einer guten, dauernden Reductionsflamme wieder entfernt wird. Nimm dann ein anderes Stückchen Zinn und versuche dein Glück von Neuem, so lange, bis es dir gelingt, dasselbe vollkommen rein eine Zeit lang geschmolzen zu erhalten; dann wiederhole den Versuch mit einem etwas größeren Stückchen und fahre so lange damit fort, bis du endlich ein Stück von der Größe einer Erbse metallisch erhalten kannst. Es werden zwar Wochen vergehen, und manche Stunde wirst du blasen müssen, ehe du dahin gelangst, aber es ist auch für die nächsten Versuche nicht nöthig, schon gleich einen solchen Grad vollkommener Geschicklichkeit zu besitzen, und setzest du nur diese Uebungen unverdrossen fort, so wirst du mittlerweile doch schon hinreichende Sicherheit erworben haben, um dir vorkommenden Falls die Erscheinungen mittelst des Löthrohrs zur Anschauung zu bringen.

Fig. 147.

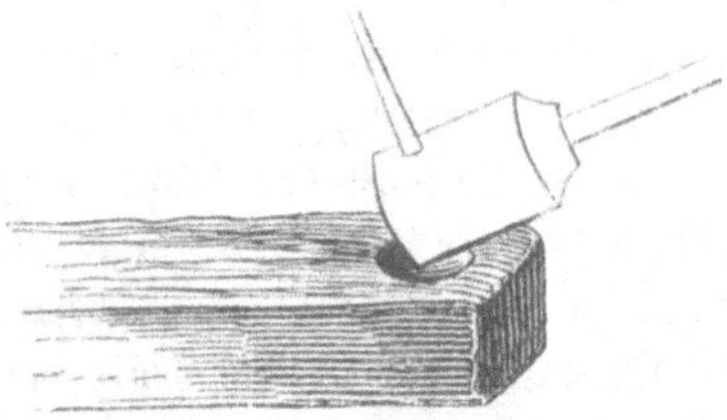

Die Oxydationsflamme — wozu du entweder die äußerste oder die innere blaue Spitze benutzen kannst — ist viel leichter hervorzubringen, als die Reductionsflamme, und es wird dir leicht sein, ein Stückchen Blei allmälig in Oxyd zu verwandeln, welches die Kohle gelb beschlagen wird; ebenso kannst du auch ein Stückchen Wismuth auf der Kohle leicht zu Oxyd verbrennen.

Besser noch als auf Kohle geht die Oxydation des Bleies auf einer Unterlage von Knochenasche. Da du hiervon für spätere Versuche doch eine gewisse Menge nöthig hast, so thust du wohl, dir etwas davon darzustellen. Dazu brauchst du nur einen ziemlich großen Knochen im Ofen weiß zu brennen, und dann einen Theil davon, unter Absonderung etwa noch grauer Stückchen, im Mörser zu reiben. Das Pulver muß so fein sein, daß es sich zwischen den Fingern so sanft wie Mehl anfühlt und nichts Körniges mehr wahrnehmen läßt. Diese Knochenasche wird beim Gebrauche auf die recht glatt ausgehöhlte Kohle gebracht und darin fest und zu einer gleichmäßigen runden Schale eingestampft; dazu dient eine kleine Form aus hartem, glattem Holz, die convex und etwas flacher geschnitten ist als die durch das Löthrohr (s. d. v. S.) ausgeschabte Kohlenschale. Mittelst dieser Form und einiger leichter Hammerschläge preßt sich die Knochenasche recht gut zu einer Schale in der Kohlenhöhlung, welche bei der Oxydation des Bleies besser als die Kohle das Bleioxyd einsaugt; nimmst du dazu das reine, durch Fällung mittelst Zink erhaltene Blei, so wird es, ohne eine Spur metallischen Rückstand zu hinterlassen, verschwinden und als Bleioxyd die Knochenasche gelb beschlagen. Durch Drehen und Neigen der Kohle erleichtert man die Oxydation und Absorption sehr, indem der Flamme und dem Bleikorn immer neue Punkte dargeboten werden.

Auch die Oxydation des Zinks kannst du in ähnlicher Weise bewirken; bei hinreichender Hitze überdeckt sich dieses Metall schnell mit einer Oxydhaut und bricht, wenn man diese entfernt, in ein blaues Flämmchen aus, worauf über dem Metallkorn bei ruhiger Luft ein flockiges Häutchen von Zinkoxyd erscheint.

Zu den weiteren Versuchen bedarfst du eines Platindrahtes, der eine Länge von einigen Zollen haben und in eine kleine Glasröhre, die als Handgriff dient, eingeschmolzen sein muß. Zu diesem Ende ziehst du nur eine dünne Glasröhre von dickem Glase in eine etwas lange Spitze aus, steckst in diese das Ende des Platindrahtes und lässest in der Flamme das Glas fest an den Draht anschmelzen, worauf es sehr zweckmäßig ist, das andere Ende der Glasröhre in eine Spitze auszuziehen und zuzuschmelzen. Beim Gebrauche wird das freie Ende des Drahtes in eine Oehse umgebogen, etwas befeuchtet und in die Substanz getaucht, welche daran geschmolzen werden soll. Dazu werden in der Regel zwei gebraucht, nämlich Borax und Phosphorsalz. Den Borax kennst du schon von früher; seine Wirkungsweise auf die zu probirenden Stoffe wirst du demnächst auch kennen lernen; einstweilen reicht es aus, damit folgenden Versuch zu machen:

Tauche die befeuchtete Platinöhse in gepulverten Borax und erhitze das, was am Draht hängen bleibt, in der Spiritusflamme, bis alles

Krystallwasser entfernt ist; das Zurückbleibende oder auch ein Stückchen Boraxglas bringe dann in der Löthrohrflamme zum Schmelzen; es wird beim Erkalten zu einem klaren, farblosen Glase erstarren, welches man nun Boraxperle nennt. Wenn du, während der Borax noch geschmolzen ist, mit dem Drahte einen kurzen Schlag auf den Rand einer gewölbten Porcellanschale führst, so springt er ab und bildet in der Schale ein farbloses, durchsichtiges rundes Kügelchen. Du erinnerst dich, daß der Borax beim Zusatze von Chromoxyd grün wurde; du kannst nun durch Zusetzen von verschiedenen Mengen Chromoxyd und Zusammenschmelzen in der Löthrohrflamme (gleichgültig ob in der Reductions- oder in der Oxydationsflamme) die Boraxperle in verschiedenen Abstufungen grün färben.

Dies soll für heute ausreichen, wiederhole die genannten Versuche öfter, um darin eine rechte Sicherheit zu erlangen. Es bleibt mir noch übrig, einige Worte über die andere der oben genannten Verbindungen für Löthrohrversuche zu sagen:

Das Phosphorsalz ist eine Doppelverbindung von phosphorsaurem Natron, phosphorsaurem Ammoniumoxyd und Wasser.

Was das Ammoniumoxyd ist, weißt du zwar noch nicht, allein es reicht auch für jetzt aus, daß du dir darunter eine flüchtige und beim Glühen sich entfernende Basis vorstellst. Das Phosphorsalz entsteht aus dem phosphorsauren Natron, indem an die Stelle des einen Atoms Natron Ammoniumoxyd tritt. Bezeichnen wir diese für jetzt noch unbekannte Basis mit AmO, so ist demnach die Formel des Phosphorsalzes, unter Zurechnung des Krystallwassers:

$$(NaO, AmO, HO)\ PO_5 + 9\ HO.$$

Beim Glühen dieses Salzes geht alles Wasser und Ammoniumoxyd fort und es bleibt also nur NaO, PO_5 übrig. Dieses Salz entspricht dem Hydrat der Metaphosphorsäure (s. S. 353) und heißt daher auch metaphosphorsaures Natron; es besitzt die Eigenschaft, die meisten Metalloxyde unter characteristischen Farben in der Glühhitze aufzulösen und damit beim Erkalten gefärbte Gläser (ähnlich wie der Borax) zu bilden. Da das Salz im Handel wenigstens rein nicht leicht zu haben ist, so wirst du einige Loth davon darzustellen haben, mit denen du, weil man Löthrohrproben stets nur in geringem Maßstabe anstellt, Jahre lang auskommen kannst. Löse 25 Theile krystallisirtes phosphorsaures Natron und 4 Theile Salmiak in wenig kochendem Wasser auf, filtrire die Lösung heiß und lasse langsam erkalten; das Salz schießt dann an, während Kochsalz in solcher Menge in der Mutterlauge bleibt, daß diese am besten verworfen wird. Das ausgepreßte und kalt getrocknete Phosphorsalz muß, nachdem es in der Spiritusflamme so lange erhitzt worden, bis es nichts mehr abgiebt, in der Löthrohrflamme zur klaren Perle schmelzen; eine Trübung in dieser, die durch gutes Blasen nicht verschwindet, würde einen Gehalt von Kochsalz andeuten und eine Umkrystallisation des Salzes zur völligen Reinigung nöthig machen.

Hast du das Salz dargestellt, so kannst du damit einige Uebungen wie mit dem Borax anstellen. Ein recht hübscher Versuch ist folgender, welcher zwar für den Augenblick keinen bestimmten Zweck hat, aber dir gewiß Vergnügen und Belehrung gewähren wird.

In einem geräumigen Kohlenschälchen bringe etwas Phosphorsalz zum glühenden Fluß und stecke darein ein paar kleine Stückchen Zink. Beim Erhitzen schmilzt dieses und vermischt sich mit dem Salze, worauf zahlreiche kleine Flämmchen aus diesem hervorbrechen, die bald größer bald kleiner sind und manchmal nur als eine sprühende Menge leuchtender Punkte erscheinen. Sie zeigen sich namentlich schön, wenn man nach dem starken Blasen die Kohle aus der Flamme nimmt und besonders wenn es im Dunkeln geschieht. Diese Flämmchen rühren von brennendem Phosphor her. Das Zink oxydirt sich nämlich auf Kosten eines Theils der Phosphorsäure zu Zinkoxyd, welches mit einem andern Theile und dem entstehenden basischen Natronsalze zu einem Doppelsalz zusammentritt, während der frei werdende Phosphor dampfförmig entweicht, um sich an der Luft zu entzünden.

Ich schließe diesen Brief, der dir hinreichenden Stoff zum Arbeiten bieten wird, mit den Antworten auf die letzten Aufgaben:

1) 8 Pfund $12\frac{4}{5}$ Loth.
2) $10\frac{2}{5}$ %.
3) $1\frac{23}{58}$ Pfund.
4) 23,55 Loth.

58. Brief.

Bor, Borsäure, Borax. Fortsetzung der Löthrohrproben: Kalk, Baryt, Eisenoxyd. Aufgaben und Auflösungen.

Der Borax, welchen wir bei den Löthrohrversuchen brauchen, ist, wie du dich erinnerst, borsaures Natron; die Darstellung der Borsäure daraus kennst du schon. Ueber die Natur dieser Säure, die außer Sauerstoff noch ein anderes, dir bisher unbekannt gebliebenes Element enthält, habe ich dich demnach vor Allem zu unterrichten.

Wenn man der Borsäure mittelst Kalium ihren Sauerstoff entzieht, so bleibt ein brauner pulverförmiger Körper übrig, der den Namen

Bor

$B = 10,9$

trägt. Seine Eigenschaften bieten kein weiteres Interesse dar; in Sauerstoff verbrennt er zu der dir bekannten

Borsäure BO_3,

welche in der Natur frei und an Natron gebunden vorkommt. Der natürlich sich findende **Borax** trägt den Namen **Tinkal** und enthält auf 1 Aequivalent Natron 2 Aequivalente Borsäure und 10 Aequivalente Wasser ($NaO, 2\,BO_3 + 10\,HO$). Aus dem Tinkal, welcher sich besonders an einigen See'n in Tibet findet, läßt sich die Borsäure durch eine stärkere Säure abscheiden. Sie bildet, wie du weißt, farblose perlmutterglänzende Blättchen, deren Zusammensetzung der Formel $BO_3, 3\,HO$ entspricht. In der Hitze verliert sie das Wasser und schmilzt zu **glasiger Borsäure**.

Die Borsäure ist in Wasser, und namentlich in kaltem, nicht leicht löslich; ihre Lösung ist schwach sauer und bei gewöhnlicher Temperatur ist die Borsäure eine schwache Säure. Wegen ihrer Feuerbeständigkeit ist sie aber in der Glühhitze eine sehr starke Säure, die fast alle anderen aus ihren Verbindungen zu vertreiben vermag.

Die Borsäure hat die höchst auffallende Eigenschaft, trotz ihrer Feuerbeständigkeit in Gegenwart von Wasser schon unterhalb der Siedehitze desselben von den Wasserdämpfen mit fortgerissen zu werden. Dadurch erklärt sich der Gewichtsverlust, welcher allemal stattfindet, wenn man eine Borsäurelösung zur Trockne abdampft, und hierauf beruht das Auftreten von Borsäure in vulkanischen Gegenden, wo sie in aus der Erde hervortretenden Gasströmen enthalten ist und daraus gewonnen werden kann. Man leitet diese Gase, welche bei einem kaum merklichen Gehalt von Borsäure hauptsächlich aus Wasserdampf, Schwefelwasserstoff, schwefliger Säure, Stickstoff, Kohlensäure und einigen anderen Stoffen bestehen, in Wasserbehälter, um darin die löslichen Bestandtheile zurückzuhalten. Die erhaltenen Lösungen werden dann durch Abdampfen concentrirt und die Borsäure durch Krystallisation abgeschieden. Im Großherzogthum Toscana, wo die Borsäure haltenden Gasströme vorzüglich vorkommen, werden in dieser Weise jährlich nahezu 20,000 Centner Borsäure erhalten, die zur Darstellung von **Borax** benutzt wird, indem man Soda mit derselben sättigt und die entstehende Lösung wiederholt krystallisiren läßt, um sie zu reinigen. Die freie Borsäure hat die Eigenschaft, die Flamme von Weingeist, womit sie gemischt ist, grün zu färben; dasselbe gilt für Borsäuresalze, wenn ihnen etwas Schwefelsäure zugesetzt worden. Die Farbe zeigt sich am Saume der Weingeistflamme besonders schön, wenn man in das flüssige Gemisch etwas Baumwolle bringt und Alles während des Brennens mit einem Glasstab umrührt.

Wenn eine Boraxlösung bei 50 — 55° krystallisirt, so schießen daraus wasserärmere Krystalle $NaO, 2\,BO_3 + 5\,HO$ an, welche unter dem Namen octaëdrischer oder geschmolzener Borax im Handel vorkommen und zum technischen Gebrauche bequemer sind.

Die Wirkung des Borares beim Zusammenschmelzen mit oxydirbaren Metallen oder Metalloxyden besteht darin, daß sich das eine Aequivalent Borsäure mit diesen zu einem schmelzbaren Salze vereinigt, welches mit dem entstehenden neutralen borsauren Natron zu einem glasartigen Doppelsalze zusammenschmilzt. Man benutzt daher den Borax beim Löthen, um durch Wegnahme der beim Erhitzen der meisten Metalle entstehenden Oxydhaut eine reine metallische Berührung hervorzubringen. Das geschmolzene Salz wird durch Zusammendrücken der Metallflächen herausgepreßt. Da die so entstehenden Glasflüsse je nach den Metalloxyden verschiedene Farben zeigen, so dient der Borax in derselben Weise wie das Phosphorsalz bei Löthrohrversuchen zum Unterscheiden derselben.

Du wirst wohl daran thun, ein halbes Dutzend kleiner Fläschchen für das Knochenmehl, den Borax, das Phosphorsalz und die dir allmälig noch bekannt werdenden „Löthrohrreagentien" zu bestimmen und den ganzen Löthrohrapparat zusammen in ein Kästchen zu stellen, um immer Alles gleich bei der Hand zu haben.

Die nächsten Versuche, welche du damit anzustellen hast, sind die Darstellung von Boraxperlen mit Chromoxyd und das Zusammenschmelzen von kohlensaurem Kalk mit Borax, womit er unter Brausen ein klares, bei Abwesenheit aller anderen Metalloxyde auch farbloses Glas hervorbringt. Bei Anwendung von Baryt wirst du ein ähnliches Verhalten beobachten, und bei einem Zusatze von mehr Baryt wird das klare Glas beim Erkalten milchweiß.

Endlich mache folgende Versuche mit einem Eisenoxydsalze, oder mit reinem Eisenoxyd, indem du anfangs immer nur äußerst geringe, kaum merkliche Mengen an die zuvor klare und blasenlose Perle bringst und erst nach genaueren Beobachtungen der auftretenden Farben die zugesetzte Oxydmenge allmälig vermehrst. Dabei werden sich folgende Farbenveränderungen zeigen:

1) **Boraxperle.** a. im Oxydationsfeuer: Bei einem geringen Zusatz erscheint das Glas in der Hitze gelb, in der Kälte farblos; bei einem größeren Zusatze in der Hitze roth, in der Kälte gelb, und zwar je nach der Menge von verschiedener Intensität.

b. im Reductionsfeuer: Das Glas wird flaschengrün; dieses wird dir, wenn du eine gute Reductionsflamme blasen kannst, leicht gelingen; im anderen Falle tritt diese Farbe nur beim Erhitzen der Oxydperle auf Kohle schnell hervor, wobei aber wegen anhängender Kohlentheilchen die Farbe nur schwer beobachtet werden kann. Dann rathe ich dir, die noch geschmolzene Perle auf einem als Ambos dienenden flachen Stahlklötzchen mit einem Hammer platt zu drücken, ein Verfahren, das auch bei den Perlen, welche am Platinadraht befindlich sind, zur richtigen Beurtheilung der Farben bei durchfallendem Licht sehr anwendbar ist.

Nach Beendigung des Versuches ist die flüssige Perle durch einen kurzen Schlag vom Draht zu entfernen, die anhängenden Ueberbleibsel durch Aufschlagen mit dem Hammer loszutrennen und darauf der Draht durch Eintauchen in verdünnte Säure vollends zu reinigen. In einem Röhrchen mit verdünnter Säure bewahrt man den Draht am besten zum nächsten Versuche auf, worauf er unmittelbar vorher nur mit reinem Wasser abgespült zu werden braucht.

Diese Angaben werden dir nicht kleinlich scheinen, wenn du beobachtest, wie gering die Mengen Metalloxyd zu sein brauchen, welche eine Perle schon färben können.

2) Phosphorsalzperle. In dem Oxydationsfeuer verhält sich diese der Boraxperle fast ganz gleich, nur verschwindet die Farbe beim Abkühlen schneller und geht dabei durch das Grünliche hindurch. In der Reductionsflamme wird das Glas erst bei einem größeren Zusatze gefärbt und zwar roth oder gelb und selbst nach dem Erkalten noch röthlich. Nur wenn du zu der auf die Kohle gebrachten Perle ein kleines Stückchen Zinn bringst, gelingt es, die Perle grün zu erhalten.

Ich brauche wohl kaum zu erwähnen, daß diese Farben von dem Oxyde oder Oxydul herrühren, welche in der einen oder anderen Flamme erzeugt werden.

Damit können wir für dieses Mal die Löthrohrproben beschließen, ich werde dir im nächsten Briefe andere angeben. Wir wenden uns zunächst zu den Verbindungen eines anderen Elementes, welches mit dem Bor sehr viele Aehnlichkeit besitzt, nämlich zum Kiesel oder Silicium. Ich will indessen damit den nächsten Brief anfangen und dir heute lieber noch einige Rechenaufgaben geben, für die ich dir, da sie einige Schwierigkeiten bieten, einige Musterauflösungen beifügen will.

1) Wie viel Schießpulver ist zu nehmen, wenn nach der Explosion die gasförmigen Producte den Raum von a. 16,43 Kubikdecimeter, b. 31,04 Kubikfuß (specifisches Gewicht des N 0,9702) einnehmen sollen, wenn auf die Ausdehnung der Gase durch die erhöhte Temperatur keine Rücksicht genommen werden soll?

2) Wie viel Procent Salzsäure enthält eine Salpetersäure, die man aus Kalisalpeter darstellt, in welchem 12% Kochsalz befindlich sind?

3) Wie viel Procent Kohlensäure muß in dem Chlor enthalten sein, welches aus Braunstein dargestellt wird, welcher durch 15% kohlensauren Kalk verunreinigt ist?

Ich lasse die Anleitung zur Lösung von 1 a. und von 3 folgen; die vollständige Ausrechnung derselben wird dir die angewandte Methode deutlich genug machen, um danach 1 b. und 2 selbstständig zu finden.

1) a. Nach der Formel für die Zersetzung des Schießpulvers erhält man aus 135,2 Theilen Schießpulver 66 Theile Kohlensäure und 14 Theile Stickstoff; es geben demnach 135,2 Gramm auch 66 Gramm CO_2 und 14 Gramm N. Der Raum, den diese Producte einnehmen, beträgt

für CO_2	33,33	Kubikdecimeter,
für N	11,11	Kubikdecimeter,
zusammen	44,44	Kubikdecimeter Gas.

Um also 44,44 Kubikdecimeter Gas zu erhalten, muß man 135,2 Gramm Pulver abbrennen; daraus folgt leicht die zur Erzeugung der verlangten Gasquantität nothwendige Schießpulvermenge (50 Gramm sehr nahe).

3) 100 Theile des bezeichneten Braunsteins enthalten:

MnO_2	85 Theile
CaO, CO_2	15 "

Es entwickeln aber

85 Theile MnO_2 mit Salzsäure	69,2 Theile	Chlor
15 " CaO, CO_2 mit Salzsäure	6,6 "	Kohlensäure
Im Ganzen	75,8 Theile	Gas.

Man erhält also in einem Gasproducte von 75,8 Theilen an Kohlensäure 6,6 Theile oder 8,7%.

Bei Auflösung von Aufgabe 2 ist indessen zu bedenken, daß die Salzsäure als wasserfreie, die Salpetersäure als Hydrat erhalten werden und zu berechnen sind. Du mußt, wenn du richtig schließest und rechnest, erhalten bei 1) b. 6¼ Pfund, bei 2) 12,028%.

59. Brief.

Kiesel. Kieselsäure. Darstellung der amorphen Kieselsäure. Eigenschaften und Verhalten zu Säuren. Wasserglas. — Löthrohrübungen: Kieselsäure und Silicate; Zinkoxyd. — Aufgaben.

Der **Kiesel** oder das **Silicium**

Si = 21,3

ist nicht zu verwechseln mit dem, was man gewöhnlich Kiesel nennt. Hiervon bildet vielmehr der Kiesel nur die Grundlage, und ist darin mit 3 Aequivalenten Sauerstoff vereinigt. Entzieht man letztere dieser Verbindung, so erhält man eine dem Bor ähnliche Substanz, die in Sauerstoff erhitzt zu der Verbindung SiO_3 verbrennt, welche den Namen Kieselsäure trägt, in reinem Zustande in der Natur als Bergkrystall vorkommt, und theils rein, theils mehr oder weniger mit fremden Substanzen, wie Metalloxyden und Wasser, vermischt, den Quarz, den Amethist, den Kieselstein, den Opal, Chalcedon und viele andere Mineralien bildet. Außerdem bestehen die meisten Gesteine und Felsarten aus Verbindungen der Kieselsäure mit Basen, aus einfachen und Doppel-Silicaten. Auch in den Pflanzen, besonders in der harten Oberhaut der Gräser, so wie in dem Thierkörper findet sich Kieselsäure. Die Masse der Kieselsäure in den verbreitetsten Gesteinen ist so groß, daß sie den größten Theil der festen Erdkruste und jedenfalls den wichtigsten Bestandtheil des Mineralreiches ausmacht.

In manchen Werken wirst du für die Formel der Kieselsäure SiO_2 und das Aequivalent des Kiesels demnach 14,2 angegeben finden. Bei der sehr verschiedenartigen Zusammensetzung und schwierigen Untersuchung der Silicate kann eine solche Verschiedenheit der Meinungen nicht befremden, allein es würde mich hier zu weit führen und mich zu Erörterungen veranlassen, denen du nur schwer folgen könntest, wenn ich dir über diesen Punkt eine Erklärung geben wollte. Die verwickelten Formeln der Kieselsäuresalze wirst du wohl später einmal kennen lernen, wenn du dich mit dem mineralogischen Theil der Chemie beschäftigst; für jetzt können wir davon absehen.

Die Krystallform der Kieselsäure, wie sie sich ohne wesentliche Abänderungen in der Natur findet, ist dir gewiß nicht unbekannt, da du ohne Zweifel schon öfter Bergkrystall vor Augen gehabt hast. Künstlich kann man die Kieselsäure aus einer anderen Gestalt nicht in die krystallisirte überführen; man erhält sie aus ihren Verbindungen, wie du selbst erfahren sollst, nur in Gestalt eines feinen, weißen Pulvers. Diese ist, eben so wie jene, in allen Säuren völlig unlöslich und in jeder Hitze, die des Knallgasgebläses ausgenommen, vollständig unschmelzbar. Für sich ist sie nicht flüchtig, mit Wasserdämpfen entweicht sie etwas, jedoch weit weniger als die Borsäure.

Um das Verhalten der Kieselsäure gegen Basen und Säuren kennen zu lernen, magst du folgenden lehrreichen Versuch anstellen: Ein Stück reinen Quarzes, einen kleinen Bergkrystall oder Feuerstein erhitze im Ofen zum Weißglühen, wirf ihn dann in kaltes Wasser und zerstoße und zerreibe die so brüchig und zerreiblich gewordene Kieselsäure im Mörser zum feinsten Pulver. Dann trockne scharf etwas gereinigte Potasche und etwas verwitterte Soda, mische davon gleiche Theile und bringe einige Loth des Gemisches in einem Schmelztiegel in glühenden Fluß. Nun trage von der gepulverten Kieselsäure nach und nach in das geschmolzene Gemisch; die Kohlensäure wird unter Brausen verjagt und kieselsaures Kali und Natron (das wir der Kürze wegen mit dem gemeinsamen Namen kieselsaures Alkali bezeichnen wollen) gebildet. Wenn du etwa den dritten Theil der geschmolzenen Masse an Kieselsäure eingetragen hast, magst du damit aufhören, die Hitze so stark steigern, daß das Silicat ruhig und klar fließt, und dann dasselbe auf eine reine Eisenplatte ausgießen. Nach dem Erkalten hast du ein Glas vor dir, welches sich von dem gewöhnlichen Glase nur durch seinen größeren Alkaligehalt und die dadurch bedingte Löslichkeit in Wasser und Zersetzbarkeit durch Säuren unterscheidet.

Das gepulverte Silicat löse nun in wenig Wasser und theile die klare, allenfalls filtrirte Lösung in mehrere Theile, mit denen du folgendermaßen zu verfahren hast.

Einen Theil derselben gieße in mäßig verdünnte Salzsäure; die Kohlensäure von einem Theil noch nicht zersetzten kohlensauren Alkali wird dabei entweichen, das kieselsaure Alkali zerlegt werden, Chlormetalle kommen in Lösung, und, da die Flüssigkeit klar bleibt, so wird auch die frei werdende Kieselsäure von der sauren Flüssigkeit gelöst. Daß dem so ist, kannst du folgendermaßen nachweisen: Dampfe die Lösung in einer Porcellanschale zur Trockne ein, erhitze den Rückstand bis keine Dämpfe mehr entweichen, befeuchte ihn mit einigen Tropfen Salzsäure, um etwaige Salze der schweren Metalle zu lösen, und übergieße dann das Ganze mit Wasser. Dadurch wird Alles bis auf die Kieselsäure aufgelöst, welche durch das Abdampfen zur Trockne in einen unlöslichen Zustand übergeht. Du kannst sie nun durch Filtriren trennen, gehörig auswaschen, trocknen und in einem Porcellantiegel glühen, worauf sie das oben beschriebene weiße, knirschende und vollkommen unlösliche Pulver darstellt. Es bedarf wohl kaum der Erwähnung, daß dieselbe durch Wiederholung desselben Verfahrens abermals im löslichen Zustande und in der Säure gelöst erhalten werden kann u. s. f.

Wenn du in einen anderen Theil der Lösung der Silicate in concentrirtem Zustande noch tropfenweise Salzsäure gießest, so wirst du darin einen gallertartigen durchscheinenden Niederschlag entstehen, vielleicht sogar das Ganze zu einer kleisterähnlichen Masse erstarren sehen.

Zu einer dritten Quantität bringe die Salzsäure, nachdem die Lösung vorher verdünnt worden: es wird dann die Bildung des gelatinösen Niederschlags nicht sogleich eintreten, sondern es erstarrt das Ganze erst nach einiger Zeit zu einer zitternden gallertähnlichen Masse. In diesen beiden Fällen ist die Kieselsäure im Hydratzustande abgeschieden worden und bleibt je nach der Concentration und dem Säureüberschuß in wechselnder, aber immer nur sehr geringer Menge in der Flüssigkeit gelöst. Einmal abgeschieden, ist die Säure nicht mehr aufzulösen; das Abfiltriren geht nur schwierig von Statten; leichter nach dem Kochen. Das so erhaltene Kieselsäurehydrat verwandelt sich beim starken Erhitzen ebenfalls in das weiße Pulver, das du schon kennst.

Die Silicate verhalten sich gegen Säuren auf zweierlei Weise: entweder sie werden durch dieselben zersetzt, aufgeschlossen, indem bei Anwendung von Salzsäure die Metalloxyde als Chlormetalle in Lösung gehen und die Kieselsäure als Gallerte abgeschieden wird (oder auch je nach dem Verfahren in Lösung geht und dann erst nach dem Abdampfen unlöslich wird) — oder sie werden von den Säuren gar nicht oder doch nur unvollständig zersetzt. In diesem Falle aber kann man sie stets durch Schmelzen mit Kali oder Natron aufschließen, d. h. die Kieselsäure an diese Basen übertragen und dann das Product mittelst Säuren in derselben Weise zersetzen, wie du das vorhin dargestellte Silicat zersetzt hast. Auf die eine oder die andere Weise gelingt es stets, die Bestandtheile der Silicate in Lösung zu erhalten und einer Untersuchung zu unterwerfen. Du wirst dich indessen vorab mit diesen Arbeiten nicht weiter beschäftigen, welche zu den schwierigsten und verwickeltsten der ganzen Chemie gehören, sondern nur noch ein Silicat darstellen, welches in der letzten Zeit unter dem Namen Wasserglas eine große Verbreitung gefunden hat und welches im Wesentlichen mit dem vorhin erhaltenen Silicate von Natron und Kali übereinstimmt.

Schmelze bei heftiger Glühhitze 15 Theile Quarzpulver, 10 Theile gereinigtes kohlensaures Kali und 1 Theil Kohle so lange zusammen, bis die Masse ruhig und klar fließt und gieße die Masse aus; pulvere sie und löse sie unter anhaltendem Kochen in reinem Wasser zu einer syrupdicken Flüssigkeit auf. Diese trocknet, auf Holz, Leinwand u. s. w. gestrichen, zu einem glasartigen Ueberzug ein, der dem Einfluß von Luft und Feuchtigkeit widersteht und das Feuerfangen der damit überzogenen Gegenstände verhindert, obwohl allerdings das Verkohlen bei hinreichender Hitze nicht verhütet werden kann.

Der Kiesel verbindet sich mit mehreren anderen Elementen, so z. B. mit dem Chlor, mit dem Bor und mit einigen anderen. Diese Verbindungen bieten uns jedoch nicht hinreichendes Interesse dar, um uns zu beschäftigen; ich wende mich daher zu demjenigen Körper, dessen Verbindung mit dem Kiesel größere Wichtigkeit besitzt, und den du nur erst dem Namen nach kennen gelernt hast, nämlich zu dem Fluor. Vorher aber hast du noch einige Löthrohrversuche anzustellen.:

Ein kleines Stückchen eines aus Quarz bestehenden Minerals bringe in Gestalt einiger feiner Körnchen mit Soda (welche du zu diesem Zwecke in getrocknetem, wasserfreiem Zustande unter den Löthrohrreagentien bereit haben mußt) auf den Platinadraht und lasse beide Substanzen zusammenschmelzen: es wird unter Brausen ein klares und bei völliger Reinheit der Materialien auch farbloses Glas entstehen. Ein Quarz-Splitter allein, mittelst des Platinadrahtes auch der intensivsten Hitze der Löthrohrflamme dargeboten, wird zwar mit hellem Lichte leuchten, aber auch nicht einmal an den Kanten sich abrunden.

Mit Borax kannst du nur langsam und nur bei Anwendung einer sehr kleinen Menge Kieselsäure ein klares Glas erhalten; bei Anwendung von Phosphorsalz aber bleibt auch die kleinste Menge Kieselsäure unverändert in der klaren Perle schwimmend. Unterwirf ferner ein Silicat, z. B. ein Stückchen Glas oder ein Stückchen Schlacke, denselben Proben. Für sich wirst du sie schmelzbar finden, eben so werden sie von Soda unter Brausen bei nicht zu starkem Zusatze des Silicates aufgelöst; Phosphorsalz zersetzt sie zwar, läßt aber die Kieselsäure ungelöst, die demnach in ungeschmolzenem Zustande in der Perle schwimmt.

Hiernach mache einige Versuche über das Verhalten des Zinkoxyds vor dem Löthrohr; du wirst dazu entweder reines Zinkoxyd oder kohlensaures Zinkoxyd benutzen, auch schwefelsaures Zinkoxyd zeigt die gleichen Erscheinungen.

Auf Kohle für sich erhitzt muß das Zinkoxyd hell leuchten, gelb, beim Abkühlen aber wieder weiß werden und sich in der Reductionsflamme reduciren, um an einer anderen Stelle wieder die Kohle als Zinkoxyd weiß zu beschlagen.

Die Boraxperle nimmt ziemlich viel Zinkoxyd auf, ohne dadurch unklar zu werden; erst bei einer allzugroßen Menge wird sie nach der Abkühlung zum undurchsichtigen Schmelz. Die Perle bringe dann auf der Kohle in die Reductionsflamme; das Zink wird reducirt und beschlägt die Kohle weiß.

Die Phosphorsalzperle verhält sich in ähnlicher Weise; die Erscheinung, welche metallisches Zink und Phosphorsalz bieten, ist dir wohl noch von neulich her bekannt.

Mische nun etwas Soda mit etwas Zinkoxyd und ein wenig Feuchtigkeit zu einem Kügelchen, um es auf der Kohle der Oxydationsflamme auszusetzen: die Soda wird schmelzen, aber das Zinkoxyd nicht lösen. In der Reductionsflamme verflüchtigt sich das Zink und beschlägt die Kohle das Oxyd weiß.

Ich schließe diesen Brief mit einigen Aufgaben zur eigenen Bearbeitung:

1) Wie viel Procent arsenige Säure enthält das Schweinfurter Grün (Formel: $CuO, C_4H_3O_3 + 3\,CuO, 2\,AsO_3$)?

2) Man will aus Zinnober haltenden Erzen eine Menge von 1000 Kilogrammen Quecksilber gewinnen. Die Analyse der Erze hat ergeben, daß 100 Pfund Erze 24 Pfund Zinnober enthalten. Wie viel ist von demselben in Arbeit zu nehmen, wenn man annimmt, daß bei der Fabrikation kein Verlust stattfände?

Du hast nächstens einige Loth Flußspath nöthig: beim Materialisten erhältst du dieses Mineral in dem erforderlichen feingepulverten Zustand. Auch siehe zu, ob dein Vorrath von Schwefelsäure etwa zur Neige geht und erneuere ihn in diesem Falle.

---

60. Brief.

Fluor; Fluorwasserstoffsäure; Verhalten zu Kieselsäure; Fluorkiesel. Darstellung; Kieselflußsäure und ihr Verhalten. Aetzen von Glas und Probe auf Fluor. — Antworten.

Das

Fluor

$Fl = 31$

ist im isolirten Zustande zwar dargestellt worden, allein es hat nicht aufgesammelt und nach seinen Eigenschaften studirt werden können, weil alle Gefäße, in denen dies geschehen könnte, sofort von diesem Elemente angegriffen werden. So viel man aus den Versuchen schließen durfte, welche in Gefäßen von Flußspath (Fluorcalcium) angestellt worden sind, scheint das Fluor ein farbloses Gas zu sein.

In seinen Verbindungen steht das Fluor dem Chlor sehr nahe und ich habe es dir auch schon früher als zur Klasse der Halogene gehörig angeführt. In der Natur kommt das Fluor an Metalle, namentlich an das Calcium gebunden vor; das Fluorcalcium findet sich theils für sich als Mineral, theils als Gemengtheil anderer Kalksalze.

Eine Verbindung des Fluors mit Sauerstoff hat man noch nicht hervorbringen können, weshalb man das Fluor als einen Körper bezeichnen darf, der zwischen den amphigenen und halogenen Körpern steht, indem er zu dem Sauerstoff keine oder doch nur geringe Affinität besitzt.

Ebenso wie die übrigen Halogene bildet auch das Fluor mit dem Wasserstoff eine Verbindung, die den Character der Säuren trägt. Die Fluorwasserstoffsäure oder Flußsäure FlH wird entsprechend der Chlorwasserstoffsäure durch Behandeln eines Fluormetalls mit Schwefelsäure erhalten. Ihre Darstellung im reinen oder auch im wasserhaltigen Zustande sollst du indessen nicht vornehmen, weil sich diese Säure durch die äußerst heftigen und gefährlichen Wirkungen, welche sie auf die Athmungsorgane und selbst auf die Haut ausübt, auszeichnet und außerdem zu ihrer Darstellung eigene Gefäße aus Blei oder Platina erfordert werden. So weit es indessen die Anschauung ihrer Wirkungen auf Kieselsäure und auf Kieselsäuresalze nothwendig macht, sollst du sie in kleinem Maßstabe entwickeln lernen. Zuvor aber bemerke dir Folgendes über ihre Eigenschaften.

Bei der Zersetzung des Flußspaths mittelst concentrirter Schwefelsäure erhält man durch den Vorgang

$$CaFl + SO_3, HO = HFl + SO_3, CaO$$

die wasserfreie Säure; diese ist ein nicht verdichtbares Gas, das mit einer sehr geringen Menge Wasser eine bei 30° siedende, an der Luft rauchende Flüssigkeit giebt, die auf der Haut so heftige Entzündungen hervorbringt, daß bei einiger Ausdehnung der entstehenden Wunde selbst der Tod erfolgen kann. Mit Wasser vermischt sie sich unter starker Erhitzung in jedem Verhältniß; die verdünnte Säure raucht nicht mehr an der Luft.

Die Fluorwasserstoffsäure wird von den meisten Metallen unter Entwickelung von Wasserstoff und Bildung des (löslichen) Fluormetalls zerlegt. Mit Kieselsäure zersetzt sie sich so, daß wenn diese im Ueberschusse vorhanden ist, Wasser und eine Verbindung des Siliciums mit dem Fluor entsteht, indem der Wasserstoff von 3 Aequivalenten Fluorwasserstoff mit dem Sauerstoff eines Aequivalentes Kieselsäure Wasser giebt, und die 3 Atome Fluor mit dem 1 Atom Kiesel zu

Fluorkiesel
$SiFl_3$

zusammentreten:

$$SiO_3 + 3\,HFl = 3\,HO + SiFl_3.$$

Der Fluorkiesel ist ein Gas, so daß in diesem Falle alle Kieselsäure in Gestalt von Fluorkiesel entweicht. Wenn man demnach fein gepulverte Kieselsäure in concentrirte Flußsäure einträgt, so erhält man als Product nur einen flüchtigen Körper und ein Gas — eine Erscheinung, welche höchst merkwürdig gegenüber der Feuerbeständigkeit des Kiesels und der Kieselsäure erscheint.

Wenn die Flußsäure im Ueberschuß und viel Wasser vorhanden ist, so tritt eine weitere Zersetzung ein, dieselbe, wie wenn man Fluorkiesel in Wasser leitet. Dies kannst du dir auf folgende Weise veranschaulichen.

In einem kleinen Kölbchen, welches mit einer Gasentbindungsröhre versehen ist, mische Flußspath mit reinem Sand und übergieße das Gemisch mit concentrirter Schwefelsäure, bis das Ganze einen dünnen Brei bildet und den Kolben höchstens zu ⅓ füllt. Setze dann schnell das Rohr auf und erhitze ganz gelinde, wenn die Dämpfe des Fluorkiesels nicht schon von selbst entweichen. Er stellt ein farbloses, in feuchter Luft stark rauchendes Gas dar, welches bedeutend schwerer als die Luft ist, und wovon du also ein trockenes Fläschchen voll auffangen kannst. Leitest du dann das weiter sich entwickelnde Gas in Wasser, oder spritzest du Wasser in das damit gefüllte Fläschchen, so wirst du in demselben einen gallertartigen voluminösen Niederschlag von Kieselsäure sich augenblicklich bilden sehen. Derselbe ist so dick und entsteht so plötzlich, daß, wenn du die Einleitung in Wasser noch länger fortsetzen willst, du die Gasleitungsröhre nicht unmittelbar in Wasser tauchen lassen darfst, indem die entstehende Kieselsäure dieselbe sehr bald völlig verstopfen würde. Man bringt in diesem Falle auf den Boden des Gefäßes etwas Quecksilber, welches so hoch steht, daß das Fluorkieselgas nicht unmittelbar aus der Röhre in das Wasser austreten kann, sondern erst in das Quecksilber und aus diesem in das Wasser gelangt. Es gesteht dann nach und nach die ganze Wassermenge zu einer dicken, kleisterähnlichen Masse von Wasser und Kieselsäuregallerte.

Was geht nun hier vor? Du wirst zunächst einsehen, daß das Fluorkieselgas in Folge der Zersetzung der aus Flußspath und Schwefelsäure entwickelten Flußsäure durch die zugleich gegenwärtige Kieselsäure entsteht, nach der Gleichung

$$3\,CaFl + 3\,(SO_3,\ HO) + SiO_3 = 3\,(CaO,\ SO_3) + SiFl_3 + 3\,HO.$$

Da nun beim Zusammenkommen von Kieselfluor und Wasser wieder Kieselsäure entsteht, so wirst du vermuthlich verleitet werden zu glauben, daß sich wieder rückwärts Kieselsäure und Flußsäure bildet. Wenn du aber bedenkst, daß ja diese beiden Stoffe ohne Zersetzung nicht neben einander bestehen können, so mußt du die Irrigkeit eines solchen Schlusses bald einsehen. Es wird vielmehr nur ein Drittel des Fluorkiesels in Wasser und Kieselsäure zerlegt, während die übrigen unzersetzten zwei Drittel mit der so entstehenden Fluorwasserstoffsäure zu einer neuen Verbindung zusammentreten, welche den Namen Kieselfluorwasserstoffsäure oder kürzer Kieselflußsäure trägt, und die demnach die Formel $3\,FlH,\ 2\,SiFl_3$ besitzt.

Ihre Entstehung soll dir aus folgendem Schema noch deutlicher werden.

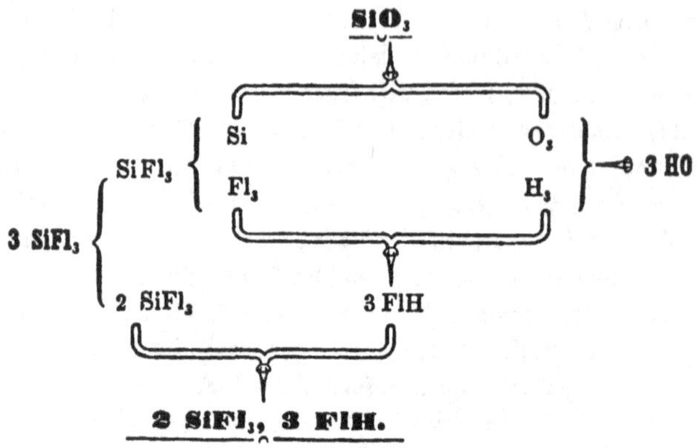

Formel : $3\ SiFl_3 + 3\ HO = \underline{SiO_3} + \underline{2\ SiFl_3,\ 3\ FlH}.$

Diese Doppelsäure bleibt in dem Wasser gelöst und kann durch Abpressen und Filtriren der Lösung frei erhalten werden. Sie läßt sich concentriren, aber nicht unzersetzt verdampfen, sondern zerfällt beim Erhitzen der concentrirten Lösung in Kieselfluor und Flußsäure, welche beide entweichen, ohne daß ein Rückstand bleibt.

Auch beim Verdampfen des durch Einleiten des Fluorkiesels in Wasser entstandenen Gemisches von Kieselsäure und Kieselflußsäure erhält man keinen Rückstand.

Du kannst dies leicht nachweisen, wenn du davon auch nur einige Tropfen dargestellt hast und das Verdampfen in einem Uhrglase vornimmst, während die Verdampfung der reinen Kieselflußsäure nicht in Glasgefäßen vorgenommen werden darf, da diese ebenso, wie die reine Kieselsäure, von der frei werdenden Flußsäure zersetzt werden. Wenn die Kieselflußsäure mit der gallertartigen Kieselsäure erhitzt wird, so wirkt die bei der Erhitzung der ersteren — wie vorhin angegeben — sich entwickelnde Flußsäure zersetzend auf die Kieselsäure, und es entsteht, wie wir wissen, Kieselfluor und Wasser, so daß also abermals die Kieselsäure in den gasförmigen Producten entweicht.

Es ist die Zersetzung des Fluorkiesels mit Wasser dieselbe, von der ich vorhin sagte, daß sie beim Zusammenbringen von Kieselsäure mit einem Ueberschuß von Flußsäure und Wasser stattfinde, und von der ich dir andeutete, daß sie von der bei Anwendung von wenig und concentrirter Flußsäure vorhergehenden verschieden sei. Es wird dann nämlich das im andern Falle frei werdende Fluorkieselgas sich mit der überschüssigen Fluorwasserstoffsäure zu Kieselflußsäure verbinden, die im Wasser gelöst bleibt.

Im Wesentlichen aber wird hier, wie im andern Falle, ein lösliches Product gebildet, das beim Erhitzen gasförmig entweicht, wie ich oben erklärt habe, und es wird also stets die Kieselsäure von der Flußsäure (zersetzt und) gelöst und je nach Umständen verflüchtigt.

Ebenso wirkt die Flußsäure auch auf die Kieselsäuresalze ein, indem sie denselben ihre Kieselsäure entzieht und sich mit ihnen in der angegebenen Weise zersetzt. Die Basen bleiben dann entweder als Kieselfluormetalle oder bei Gegenwart von Schwefelsäure als Schwefelsäuresalze zurück.

Diese Zersetzung der Silicate wird sehr häufig zum Aufschließen derselben, so wie zum Aetzen auf Glas und auch zur Nachweisung des Fluors angewandt. Das Glas wird nämlich deshalb dadurch geätzt, weil ein Theil seiner Bestandtheile gasförmig entweicht und mithin eine Vertiefung zurücklassen muß, oder auch nur seine Oberfläche durch die an derselben stattfindende Zersetzung angegriffen wird und in Folge dessen matt erscheint. Um dir diese Wirkung zur Anschauung zu bringen, hast du zunächst für ein zur Entwickelung von Flußsäure taugliches Gefäß und für eine Substanz zum theilweisen Ueberziehen des zu ätzenden Glases zu sorgen.

Zu ersterem kannst du aus einer kleinen etwas dicken Bleiplatte ein beliebig geformtes, etwa ein halbkugeliges Schälchen oder Tiegelchen durch passendes Schlagen formen, wobei aber keinerlei Löthung anzuwenden ist. Zu dem Ueberziehen des Glases kann zwar Wachs schon ganz gut gebraucht werden; besser aber stellst du den Aetzgrund der Kupferstecher durch Zusammenschmelzen von etwas Mastixharz, Asphalt und Wachs unter Zusatz von ein wenig Terpentinöl zur geschmolzenen Masse dar. Mit diesem Firniß überziehe sodann einige erwärmte Glasplatten, die groß genug sind, um das Bleigefäß zuzudecken, und zeichne in diesen Firniß mit einem Messerchen beliebige Linien oder Buchstaben, die nach dem Aetzen matt erscheinen sollen, so ein, daß an der betreffenden Stelle das reine Glas blosgelegt wird.

Nun bringe in den Bleitiegel etwas gepulverten Flußspath und Schwefelsäure, rühre beides mit einem hölzernen Stäbchen um, bedecke das Gefäß mit einer zugerichteten Glasplatte und erwärme es gelinde. Da du dich vor den entweichenden Dämpfen sorgfältig hüten mußt, und die Erhitzung zwar einestheils hinreichend dauern soll, anderntheils aber den Schmelzpunkt des Firnisses nicht erreichen darf, so ist es am einfachsten, den bedeckten Tiegel in eine Schale mit kochendem Wasser und mit dieser vor das Fenster zu stellen. Natürlich darf aber das Wasser die Glasplatte nicht berühren.

Wenn das Ganze kalt geworden ist, so nimm die Glasplatte von dem Bleigefäße weg, spüle sie schnell mit Wasser ab, trockne sie ab und entferne den Firniß durch Erhitzen der Platte und Abwaschen mit etwas Terpentinöl oder Weingeist; es werden sich dann die entblößten

Stellen geätzt zeigen. Den Tiegel lege in ein großes Gefäß mit Wasser und erneuere dieses ein paar Mal, ehe du die Hände mit dem Tiegel oder seinem Inhalte in Berührung bringst.

Eine andere Art zu ätzen, welche die geätzten Stellen vertieft und glatt zeigt, und die man auch zum Durchschneiden des Glases nach bestimmten Linien benutzen kann, besteht darin, daß man die vorgerichtete Platte mit einem Rand von Wachs umgiebt, und dann den Brei von Flußspath und Schwefelsäure mit der Vorsicht darauf bringt, daß die Hände nicht damit in Berührung kommen und verletzte Stellen derselben selbst vor dem entweichenden Gase geschützt werden. Das Ganze muß dann erwärmt werden, wozu es am besten ist, die Platte auf mehrmals erneuerten, nicht zu stark erhitzten Sand zu legen, indem man aber dieselbe Vorsicht gebraucht, wie eben gesagt wurde, weswegen man auch das Ganze am besten im Freien vor sich gehen läßt.

Nachdem der Ueberzug der Platte in einem großen Gefäß mit Wasser abgespült worden, verfährt man wie vorhin und erhält so die glatte Aetzung in einer Tiefe, die von der Zeitdauer des Versuchs und von der Stärke des Flußspathbreies abhängig ist.

Wenn du nun auch diesen Versuch nicht anstellen willst, so rathe ich dir doch, folgendes Experiment vorzunehmen, um zu sehen, wie man selbst geringere Mengen von Flußsäure nachweisen kann.

Von den Zähnen irgend eines größeren Thieres löse den Schmelz mittelst Hammer und Zange ab und pulvere denselben recht fein. Dann behandele ihn in dem (gereinigten) Bleigefäß eben so wie vorhin den Flußspath, nur erneuere das heiße Wasser mindestens ein Mal. Du wirst auch hier die Platte an den gezeichneten Stellen matt finden; sollte dies beim Entfernen des Firnisses nicht sogleich erscheinen, so wirst du die Züge nach dem völligen Erkalten und Anhauchen der Platte jedenfalls sehen können.

Die allergeringsten Mengen Fluor lassen sich auf diesem Wege nachweisen, nur darf die zu untersuchende Substanz keine Kieselsäure enthalten. Da in diesem Falle Fluorkiesel sich entwickelt, so erkennt man das Fluor an dem Niederschlag, welchen das entwickelte Gas in Wasser hervorbringt.

Schließlich habe ich noch anzuführen, daß von den Verbindungen der Kieselflußsäure mit den Metalloxyden oder den Kieselfluormetallen (entstehend durch Vertretung des Wasserstoffs durch Metalle) nur das Kieselfluor-Kalium, -Natrium und -Baryum unauflöslich sind, so daß man in den Salzen dieser Metalle mittelst Kieselfluorwasserstoffsäure Niederschläge erhält. Dieselben sind bei Kali und Natron durchscheinend und gallertartig, so daß sie nicht leicht zu erkennen sind, bei Baryt krystallinisch. Da das Kieselfluorstrontium leicht löslich ist, so kann dieses

Verhalten der Barytsalze zur Unterscheidung derselben von denen des Strontians dienen, so wie man die Fällbarkeit der Alkalien benutzen kann, um die Anwesenheit derselben nachzuweisen, oder aus ihren Salzen die Säuren zu isoliren.

Ich schließe diesen Brief mit den Antworten auf die letzten Aufgaben :

1) 48,55%.

2) sehr nahe 4833⅓ Kilogramm.

Für nächstens wirst du einige Stückchen Bleiglanz und eine kleine Menge recht reinen Thon nöthig haben, den du ohne große Mühe erhalten kannst.

---

61. Brief.

Löthrohrversuche. Reduction des Bleiglanzes, Reaction auf Bleioxyd. — Aluminium. Vorkommen der Thonerde. Darstellung der schwefelsauren Thonerde. Alaun. Verschiedene Arten von Alaun. — Aufgaben.

Ehe ich zur Besprechung desjenigen Elementes und seiner Verbindungen übergehe, welches uns demnächst beschäftigen soll, will ich in der Angabe der nächsten Löthrohrversuche fortfahren, die du anzustellen hast. Es handelt sich um die Ausführung der Reduction des Bleies aus derjenigen seiner Verbindungen, in der es sich in der Natur am häufigsten findet, dem Bleiglanz. Es wird dir gewiß leicht sein, aus irgend einer Mineraliensammlung ein kleines Stückchen dieses Erzes zu erhalten. Mische es im gepulverten Zustande mit Soda, bringe das Gemisch in eine Kohlengrube, bedecke es mit etwas Soda und erhitze es in einer gut genährten und lange unterhaltenen Reductionsflamme: du wirst bald die Abscheidung von kleinen metallischen Kügelchen in der geschmolzenen Masse bemerken, die du durch Drehen der Kohle und Veränderung der Richtung der Flamme in eine größere Kugel zu vereinigen suchen mußt, wobei sich wahrscheinlich in Folge unvollständiger Reduction die Kohle durch Bleioxyd gelb beschlagen wird. Wenn dir die Vereinigung mehrerer Kügelchen in ein größeres gelungen ist, so kannst du den Versuch als beendigt betrachten und die Probe erkalten lassen, worauf du das gebildete Schwefelnatrium und noch unzersetztes kohlensaures Natron durch Hämmern von dem erhaltenen Bleikorne trennen und dieses als metallisches Blei sowohl an seiner Dehnbarkeit, als an seinem chemischen Verhalten (Löslichkeit in Salpetersäure und Fällbarkeit der Lösung mit Schwefelsäure) erkennen wirst.

Ich knüpfe hieran die Beschreibung des Verhaltens des Bleioxydes vor dem Löthrohr, welches du gleichfalls durch die betreffenden Versuche bestätigen wirst:

Bleioxyd wird im Reductionsfeuer auf der Kohle zu einem Bleikorne reducirt — was dir aber, wie alle derartigen Reductionen, nur gelingen kann, wenn du einige Geschicklichkeit im Hervorbringen dieser Flamme erlangt hast. Es bildet sich gleichzeitig ein gelber Beschlag von Bleioxyd und meist noch ein weißer des Kohlensäuresalzes. Beide verschwinden im Reductionsfeuer mit einem blauen Scheine.

Mit Borax schmilzt das Bleioxyd im Oxydationsfeuer leicht zu einem klaren Glase, das in der Hitze gelb, nach dem Abkühlen farblos ist; bei größerem Zusatz wird das Glas zum Schmelz.

Im Reductionsfeuer auf Kohle wird die Boraxperle trübe; es scheidet sich etwas Blei aus.

Die Phosphorsalzperle verhält sich ebenso.

Hiernach gehe ich zum

Aluminium

Al = 13,7

über. Das Aluminium ist die metallische Grundlage der Thonerde, welche das Oxyd desselben ist. Es bildet im geschmolzenen Zustande ein silberweißes, leicht zu bearbeitendes Metall, welches sich durch die Kraft auszeichnet, mit der es den Einflüssen der Luft, der Feuchtigkeit und anderer chemischer Agentien widersteht. Wenn es sich dadurch den eigentlichen oder schweren Metallen nähert, so stellt es sein geringes specifisches Gewicht (2,67) den leichten Metallen (Magnesium, Calcium u. s. w.) nahe, denen es auch in seinen Verbindungen ähnlicher ist. Das Wasser wird von dem Aluminium in der Siedehitze, aber nur sehr langsam zersetzt. Die Vereinigung aller dieser Eigenschaften haben die Meinung hervorgerufen, daß dieses Metall sich besonders eignen dürfte, um zu manchen technischen Zwecken benutzt zu werden, und man hat daher, namentlich in Frankreich, zahlreiche und kostspielige Versuche gemacht, es in größerem Maßstabe herzustellen, ohne jedoch bisher eine wohlfeile Darstellungsweise finden zu können. Namentlich ist daran die Schwierigkeit Schuld, Natrium, welches zur Darstellung des Aluminiums bisher sich als unentbehrlich erwiesen hat, zu einem geringen Preise herzustellen. Ob die sanguinischen Hoffnungen, welche man sich in Frankreich in Beziehung auf das Aluminium gemacht hat, sobald in Erfüllung gehen werden, wie man von dorther glauben machen will, steht auch noch aus anderen Gründen dahin.

Das Oxyd des Aluminiums hat in chemischer Beziehung mit dem Eisenoxyd viele Aehnlichkeit, indem sich beide in fast allen ihren Salzen ohne Aenderung der Krystallform vertreten können; man hat ihm daher die Formel Al_2O_3 und dem Aluminium obiges Atomgewicht zuerkannt, obwohl man auch, da keine andere Oxydationsstufe und namentlich keine dem Eisenoxydul entsprechende bekannt ist, die einfachere AlO hätte annehmen können; dann aber müßte, da das Verhältniß der Gewichte von Aluminium und Sauerstoff feststeht, das Atomgewicht von $Al = 9,1$ gesetzt werden.

Das Aluminiumoxyd, oder die Thon- oder Alaunerde ist eines der in der Natur am meisten verbreiteten Oxyde; es bildet in Verbindung mit Kieselsäure (und Wasser) den Thon und setzt als kieselsaure Thonerde außerdem die Hauptmasse des Feldspaths und Glimmers, mithin des Granits und überhaupt der Urgebirge zusammen. Das Oxyd kommt in einigen wenigen Mineralien auch im reinen Zustande vor: Saphir und Rubin enthalten außer Thonerde nur noch eine Spur von färbender Substanz, und etwas mehr davon findet sich in dem Korund oder Smirgel, welcher nicht krystallisirte Thonerde ist.

Aus dem Thon kann man durch Behandeln mit Schwefelsäure unter gewissen Umständen schwefelsaure Thonerde erhalten. Dieses Verfahren kannst du im Kleinen folgendermaßen nachahmen:

Suche etwas recht eisenfreien Thon zu erhalten; je weißer er sich brennt, desto reiner ist er; manche Pfeifenerde brennt sich vollkommen weiß. Diesen erhitze in dem Ofen zwischen den Kohlen, bis er bei heller Rothglühhitze sich nicht mehr verändert; er muß dabei aber porös bleiben und darf unter keiner Bedingung zusammensintern. Reibe ihn nach dem Erkalten zu einem sehr feinen Pulver und vermische dieses mit etwa der Hälfte seines Gewichtes Schwefelsäure. Nachdem die Berührung dieser beiden Substanzen eine Zeit lang gedauert hat, ist die Einwirkung der Säure über freiem Feuer so lange fortzusetzen, bis Schwefelsäure anfängt zu verdampfen; dies geschieht am Besten in einer steinernen Schale oder in einem Porcellantiegel. Nach dem Erkalten hast du die Masse nur mit Wasser auszuziehen, um eine Lösung von schwefelsaurer Thonerde zu erhalten, die zwar meistentheils etwas eisenhaltig, aber dennoch zu den damit anzustellenden Versuchen hinreichend rein sein wird. Willst du sie in fester Form erhalten, so mußt du sie zur Syrupdicke eindampfen und dann erstarren lassen, worauf sie eine krystallinische Masse liefert. Die Krystalle haben die Formel

$$Al_2O_3\,,\ 3\,SO_3 + 18\,HO.$$

Zu einem Theil der erhaltenen, etwas concentrirten Lösung von schwefelsaurer Thonerde (oder, wenn du die Darstellung nicht vorgenommen haben solltest, zu der Lösung des käuflichen Salzes) setze eine gleichfalls ziemlich concentrirte Lösung von schwefelsaurem Kali: Wenn nicht sogleich ein Niederschlag entsteht, so wird doch nach einiger Zeit ein solcher zum Vorschein kommen und sich als aus lauter kleinen Krystallen bestehend ausweisen, welche unter der Lupe die Gestalt der dir bekannten Alaunkrystalle zeigen. Solltest du dieses nicht deutlich erkennen können, so brauchst du nur eine größere Menge der beiden Salze in der Wärme zu mischen und das Gemisch etwas abzudampfen, um deutliche Krystalle zu erhalten. In der That ist der Alaun ein Doppelsalz von diesen beiden Schwefelsäuresalzen und Wasser, die nach der Formel:

$$KO, SO_3 + Al_2O_3, 3\,SO_3 + 24\,HO$$

zusammentreten. Daß der Alaun in dem vorliegenden Falle als Krystallpulver ausfällt, rührt von der Schwerlöslichkeit desselben in kaltem Wasser her, deren du dich noch von deinen Krystallisationsversuchen her erinnern wirst.

Ich sagte schon vorhin, daß das Eisenoxyd mit der Thonerde in den entsprechenden Verbindungen gleich krystallisirt d. h. isomorph ist; dasselbe gilt vom Chromoxyd und von der Thonerde, und so konnen sich diese Oxyde in dem Alaun einander vertreten, ohne daß sich dessen Krystallform darum änderte; so entstehen der

Kali-Eisenalaun $KO, SO_3 + Fe_2O_3, 3\,SO_3 + 24$ aq.,

Kali-Chromalaun $KO, SO_3 + Cr_2O_3, 3\,SO_3 + 24$ aq.

Beide sind nicht eigentliche Alaune; denn dieser Name bezieht sich nur auf den Thonerde enthaltenden Alaun und man hat diesen Namen auf die anderen wegen der Aehnlichkeit in der chemischen Constitution und in der äußeren Erscheinung übertragen. Die Darstellung des Chromalauns ist dir von früher her bekannt, die des Eisenalauns ist der vorhin vorgenommenen des Thonerdealauns entsprechend; du magst den interessanten, aber wenig beständigen Körper folgendermaßen herstellen:

Löse (28 Theile) Eisenvitriol in Wasser, setze (5 Theile) Schwefelsäure zu, oxydire mit Salpetersäure bis die Lösung rein gelbbraun geworden ist und füge noch ($8\frac{3}{4}$ Theile) schwefelsaures Kali hinzu. Verdampfe ohne starke Erhitzung und du wirst beim Erkalten farblose Krystalle erhalten, die sich an der Luft bald mit einer gelben Rinde überziehen werden. Daß ein Alaunkrystall in der Lösung eines anderen Alauns sich vergrößern kann, hast du schon an einem Beispiel erfahren; dieses gilt für alle Körper, welche mit ähnlicher chemischer Constitution gleiche Krystallform vereinigen. Ja in dem Falle der Alaune geht die gegenseitige Vertretbarkeit der Oxyde so weit, daß nicht einmal nothwendigerweise die ganze Menge, z. B. der Thonerde, durch ihr Aequivalent Eisenoxyd vertreten zu werden braucht, sondern ein Alaun beide Oxyde zugleich enthalten kann, so daß also in dem Thonerdealaun ein beliebiger Bruchtheil der Thonerde durch sein Aequivalent eines der beiden anderen Oxyde, oder beider ersetzt sein kann. Man kann daher im Allgemeinen die Formel dieser drei Alaune folgendermaßen schreiben:

$$KO,\ SO_3 + \left.\begin{matrix} Al_2O_3 \\ Fe_2O_3 \\ Cr_2O_3 \end{matrix}\right\}, 3\ SO_3 + 24\ HO.$$

Der Sinn dieser Formel wird dir wohl aus dem Vorhergehenden hinlänglich klar sein.

Nun kann aber auch das Kali durch andere, isomorphe Oxyde vertreten werden, und diese sind von den dir bekannten das Natron und das Ammoniumoxyd, so daß also z. B. der Thonerdealaun sowohl ein Kali-, als auch ein Natron- und Ammoniumoxyd-Alaun sein kann; wir haben also für diese folgende Formeln:

$$KO,\ SO_3 + Al_2O_3,\ 3\ SO_3 + 24\ HO,$$
$$NaO,\ SO_3 + Al_2O_3,\ 3\ SO_3 + 24\ HO,$$
$$AmO,\ SO_3 + Al_2O_3,\ 3\ SO_3 + 24\ HO.$$

Für die Vertretung dieser drei Basen gilt dasselbe, wie für die der drei anderen, und wir schreiben daher den Thonerdealaun auch so

$$\left.\begin{matrix} KO \\ NaO \\ AmO \end{matrix}\right\}, SO_3 + Al_2O_3,\ 3\ SO_3 + 24\ HO,$$

und da sich selbstredend diese Vertretungsregel auch auf die Alaune der anderen Oxyde anwenden läßt, so ist die noch allgemeinere Formel der Alaune

$$\left.\begin{matrix} KO \\ NaO \\ AmO \end{matrix}\right\}, SO_3 + \left.\begin{matrix} Al_2O_3 \\ Fe_2O_3 \\ Cr_2O_3 \end{matrix}\right\}, 3\ SO_3 + 24\ HO.$$

Bezeichnen wir alle isomorphen Basen der einen Formel mit MO und die der anderen mit R_2O_3, so ist demnach die allgemeinste Formel für jede Art von Alaun

$$MO,\ SO_3 + R_2O_3,\ 3\ SO_3 + 24\ HO.$$

Die Alaune, welche statt Kali die anderen Oxyde enthalten, können ganz in derselben Weise wie die Kalialaune erhalten werden, wenn man nur die entsprechenden Salze statt des Kalisalzes nimmt. Dabei ist nur zu bemerken, daß der Natronalaun viel löslicher als der Kalialaun ist, und deshalb nicht in der Kälte ausgefällt wird, sondern nur durch Abdampfen krystallisirt erhalten werden kann.

Der gebräuchlichste und im Handel sich am meisten vorfindende Alaun ist der Kali-Thonerdealaun und der Ammoniumoxyd-Thonerdealaun, die unter dem Namen Kali- und Ammoniakalaun bekannt sind. Beide werden in großer Menge in der Färberei angewandt und daher in sehr bedeutender Menge fabricirt. Auf ihre Eigenschaften und Darstellungsweise komme ich im nächsten Briefe zurück; den heutigen sollen ein paar Aufgaben beschließen

1) Wie viel Procent a. Thonerde, b. schwefelsaure Thonerde enthält der Kalialaun?

2) Wie viel Procent Wasser enthält derselbe? Wie viel Procent der Natronalaun?

3) Man will 1 Pfund 18 Loth einer Flußsäure von 20% Wassergehalt darstellen; wie viel Schwefelsäure und wie viel Flußspath ist dazu erforderlich und in wie viel Wasser ist die Säure aufzufangen?

62. Brief.

Eigenschaften des Alauns. Darstellungsweise desselben. Pyrophor. Darstellung und Eigenschaften der Thonerde. Thonerdesilicate und weitere Verbindungen des Aluminiums. Löthrohrreaction der Thonerde und der Manganverbindungen. — Antworten.

Der **Kalialaun** ist, wie du weißt, in kochendem Wasser sehr bedeutend leichter löslich als in kaltem : 100 Theile Wasser lösen bei 10° nur 9½ Theile, bei 100° 357½ Theile auf. An der Luft verwittert er oberflächlich, beim Erhitzen löst er sich zuerst in seinem Krystallwasser auf, verliert dieses darauf und wird zu **gebranntem Alaun**, der in der Medicin als sehr gelindes Beizmittel angewandt wird. Er löst sich dann nur schwierig in Wasser. Beim **heftigen** Glühen wird er in schwefelsaures Kali und Thonerde zersetzt, während schweflige Säure und Sauerstoff entweichen. Den Versuch kannst du anstellen und dich überzeugen, daß der nur gelinde erhitzte Alaun sich ganz in Wasser löst, während der stark geglühte an Wasser nur schwefelsaures Kali abgiebt, während Thonerde in Gestalt eines weißen Pulvers zurückbleibt.

Der **Ammoniakalaun** hinterläßt beim Glühen reine Thonerde, da das Ammoniumoxyd, wie du schon von früher weißt, und dessen Schwefelsäure beide flüchtig sind. Er giebt daher nach dem Glühen an Wasser **nichts** ab — ein sehr bequemes Unterscheidungsmittel für diese beiden Alaune.

Die fabrikmäßige Darstellung des Alauns geschieht auf verschiedene Weise.

1) Man verfährt wie du es gethan, indem man aus geeignetem Thone die schwefelsaure Thonerde darstellt, diese mit dem Kalisalze mischt und das erhaltene Krystallmehl durch Krystallisation reinigt.

2) Man glüht an der Luft den natürlich vorkommenden Alaunstein und laugt ihn dann aus. Dieses Mineral enthält nämlich wasserfreien Alaun mit einem Ueberschuß von Thonerdehydrat, und giebt an Wasser den Alaun ab, wenn das Thonerdehydrat sein Wasser verloren hat, was durch das Glühen geschieht. Um das Auslaugen zu erleichtern, läßt man den geglühten Alaunstein an der Luft unter öfterem Befeuchten verwittern, worauf man eine heiße Lösung darstellt und in großen Kasten erkalten läßt. Der Alaunstein führt stets etwas Eisen bei sich, welches während des Processes oxydirt wird und sich in Gestalt von Eisenoxyd mechanisch dem Alaun beimengt. Beim Auflösen bleibt es zurück und man erhält keinen Eisenalaun in Lösung. Der auf andere Weise dargestellte Alaun dagegen ist meist mit etwas Eisenalaun verunreinigt und also trotz seiner Farblosigkeit (s. o. Eisenalaun) unreiner, als der gelbe Alaun aus dem Alaunstein. Letzterer wird namentlich bei Tolfa in Italien gewonnen und ist als „römischer Alaun“ sehr geschätzt; man mischt häufig anderen Alaunen etwas Eisenoxyd oder Bolus bei, um ihnen dasselbe Aussehen zu geben, allein es versteht sich wohl von selbst, daß er dadurch seinen chemisch gebundenen Eisengehalt behält, der bei seiner Verwendung in der Färberei sehr nachtheilig wirkt. Da man immer nur klare Lösungen von Alaun anwendet, so hat man sich also zu überzeugen, ob diese Eisen enthalten. Du wirst später erfahren, wie dies geschieht.

3) Statt die schwefelsaure Thonerde mittelst Schwefelsäure aus dem gebrannten Thon darzustellen, wendet man in den meisten Fällen ein anderes Verfahren an, welches in dem Rösten des sogenannten Alaunerzes oder Alaunschiefers besteht. Diese Gesteine enthalten nämlich kieselsaure Thonerde und Schwefelkies und finden sich sehr häufig in Gesellschaft von Braunkohle. Du weißt, daß man beim Rösten des Eisenkieses schweflige Säure erhält, neben schwefelsaurem Eisenoxydul (oder Eisenoxyd); diese wirkt nun auf die kieselsaure Thonerde in Gegenwart der atmosphärischen Luft so ein, daß jene unter Abscheidung von Kieselsäure zerlegt wird und die Thonerde sich mit der entstehenden Schwefelsäure verbindet. Man erhält also Eisenvitriol (gemischt mit dem Oxydsalz), schwefelsaure Thonerde und freie Kieselsäure. Zugleich entsteht aus der Asche der Braunkohle etwas kohlensaures Kali, welches durch einen Theil der Schwefelsäure in schwefelsaures Kali übergeführt wird. Nach Beendigung des Röstens wird die Masse ausgelaugt, wobei ein Theil des Eisens als basisches Oxydsalz im Rückstand bleibt; von dem Gelösten läßt man zuerst den Eisenvitriol größtentheils auskrystallisiren, und führt das Uebrige durch Oxydation möglichst in unlösliches basisches Salz über. In die Lösung

bringt man so viel schwefelsaures Kali (oder für den Ammoniakalaun schwefelsaures Ammoniumoxyd), als noch zur Bildung von Alaun fehlt, worauf dieser als Krystallmehl zu Boden fällt, um durch Auflösen und Umkrystallisiren gereinigt zu werden.

Statt schwefelsaures Kali setzt man auch häufig doppelt schwefelsaures Kali (Rückstand von der Salpetersäuregewinnung) mit Potasche oder, bei Gegenwart von viel Eisenvitriol, auch wohl Chlorkalium zu; im letzteren Falle bildet sich Eisenchlorür und schwefelsaures Kali.

Die Umkrystallisation des Alaunkrystallmehls aus heißem Wasser nimmt man in sehr großen, etwas konischen Cylindern aus mit Wachs überzogenen Dauben vor, worin sich eine dicke Kruste von Alaunkrystallen ansetzt, die so stark ist, daß man die Gefäße auseinandernehmen und aus dem Krystallcylinder die Mutterlauge auslaufen lassen kann. Der Alaun kommt daher in großen hohlen Cylindern in den Handel, die meist ohne weitere Verpackung versandt werden.

Wenn man den Alaun aufs innigste mit einer organischen Substanz mischt und glüht, so wird das schwefelsaure Kali zu Schwefelkalium reducirt und zugleich durch die vorhandene schwefelsaure Thonerde und Kohle aufs äußerste fein zertheilt; in diesem Zustande oxydirt es sich an der Luft so leicht und schnell, daß die dabei entwickelte Hitze die Masse zum Glühen bringt. Du erhältst diesen „Pyrophor" am leichtesten folgendermaßen. Mische grobgepulverten Alaun mit dem dritten Theile seines Gewichts Zucker und erhitze das Gemisch in einer steinernen Schale, unter fleißigem Umrühren. Es wird sich Alles in dem vorhandenen Wasser auflösen, und wenn dieses verdampft, zu einer dicken Masse vertrocknen. Diese ist so lange zu erhitzen, bis kein Dampf mehr entweicht, und dann nach dem völligen Erkalten zu pulvern. Fülle das feine Pulver in ein Medicinfläschchen und stelle dieses, mit Sand umgeben, in einen hessischen Tiegel, der im Kohlenfeuer zur Glühhitze zu erhitzen ist. Wenn das nach einiger Zeit erscheinende Kohlenoxydflämmchen ein paar Minuten gebrannt hat, so verschließe die Flasche mit einem aus Kreide geschnittenen Pfropf und lasse Alles zusammen erkalten. Wenn du den Inhalt der Flasche dann aus einiger Höhe durch die Luft fallen lässest, so wirst du einen Funkenregen erhalten, indem jedes Körnchen zum Erglühen kommt, wie vorhin erklärt. Verkorkst du die Flasche nach dem Erkalten sorgfältig, so kannst du den Pyrophor beliebig aufbewahren, wenn sie anders nicht während der Operation gesprungen ist.

Außer, wie schon erwähnt, in der Färberei (worüber ein anderes Mal) wird der Alaun besonders in der Weißgerberei, als Arzneimittel und zu vielen anderen Zwecken angewendet. Unter anderem kann man in vielen Fällen ihn zum Klären des Wassers brauchen, indem sich die trübenden Substanzen, wenn sie organischer Natur sind, schon beim Erwärmen mit einer sehr geringen Menge Alaun in großen Flocken ausscheiden und absetzen.

Aus den löslichen Alaunerdesalzen fällen Kali, Natron und die Kohlensäuresalze derselben einen weißen flockigen Niederschlag von Thonerdehydrat, letztere unter Entweichen der Kohlensäure, weil sich die Thonerde nicht mit der Kohlensäure verbindet. Dieser Niederschlag ist in einem Ueberschuß von kaustischem Kali oder Natron leicht löslich und wird daraus durch Kochen nicht wieder ausgefällt. Du kannst diese Versuche sowohl mit Alaunlösung, wie mit einer Lösung von schwefelsaurer Thonerde vornehmen, und dann eine etwas größere Menge von Thonerdehydrat durch Ausfällen von Alaunlösung mit kohlensaurem Natron darstellen. Es wird hierdurch indessen nicht völlig reine Thonerde erhalten, sondern es muß der erhaltene und wiederholt ausgewaschene Niederschlag nochmals in Salzsäure gelöst und die Lösung abermals mit Soda oder besser mit kohlensaurem Ammon ausgefällt werden. Er zeigt dann ein der gefällten Kieselsäure ähnliches Aussehen und trocknet beim Erhitzen zu einer gummiähnlichen Masse, die beim Glühen reine Thonerde giebt, welche ein weißes Pulver darstellt. Auch durch Vermischen der schwefelsauren Thonerde mit kohlensaurem Natron, Glühen des Gemisches und Auslaugen des Productes kann man sehr reine Thonerde bekommen, so wie auch durch starkes Glühen des Ammoniakalauns. Du weißt schon, daß die Thonerde in der Natur auch krystallisirt vorkommt. Sie schmilzt nur im Knallgasgebläse und bildet dann eine Substanz, die dem natürlichen Saphir und Rubin vollkommen gleicht, wenn man die färbenden Substanzen zugesetzt hat.

Im Uebrigen ist die Thonerde nach dem Glühen in allen Säuren unlöslich; ungeglüht löst sie sich in Säuren und in Alkalien auf; mit letzteren bildet sie krystallisirbare Verbindungen, in welchen die Thonerde, die eine sehr schwache Basis ist, offenbar die Rolle einer Säure spielt.

Die krystallisirte Thonerde ist durch ihre Härte ausgezeichnet; sie wird darin nur vom Diamant übertroffen.

Die Thonerde hat so schwach basische Eigenschaften, daß sie in ihren Salzen nicht im Stande ist, die sauren Reactionen der Säuren zu vernichten. Dem entsprechend reicht selbst eine geringe Anziehung anderer Körper hin, um sie aus ihren Salzen auszuziehen. Es genügt dazu bei verdünnten Lösungen häufig schon die Flächenanziehung des Papiers, die Erhitzung, und das Wasser, und sie wird daher, namentlich aus basischen Salzen, schon durch Eintauchen organischer Faserstoffe, wie z. B. Baumwolle, weggenommen. Alaunlösung löst metallisches Eisen unter Entwickelung von Wasserstoff auf, und verhält sich in noch manchen anderen Fällen wie verdünnte Schwefelsäure.

Von den Verbindungen der Thonerde mit der Kieselsäure habe ich dir schon im Allgemeinen gesprochen; die wichtigsten derselben für die technische Anwendung sind die bereits erwähnten Thone. Sie dienen je nach dem Grade ihrer Reinheit zur Fabrikation der verschiedenen Thonwaaren. Die wesentliche Eigenschaft der Thone ist nämlich ihre Plasticität, d. h. ihre Bildsamkeit im frischen Zustande, beim Zusatz von Wasser, und die Festigkeit und Dichtigkeit, welche sie durch Brennen erlangen. Je reiner die Thone sind, desto unschmelzbarer sind sie; sie geben daher, wenn sie nicht mit schmelzbaren Bestandtheilen vermengt sind, nach dem Glühen stets eine poröse, wasserdurchlassende Masse, die beim Gebrauche den Ueberzug mit einer geschmolzenen glasartigen Substanz (Glasur) erfordert. Geschieht dies nicht, so muß dem reinen Thone ein schmelzbares Silicat zugesetzt werden, damit das Ganze in einen halbgeflossenen, völlig dichten Zustand übergeht, wie ihn das ächte Porzellan zeigt.

Von den übrigen Verbindungen habe ich noch des Chloraluminiums, Al_2Cl_3, Erwähnung zu thun, welches eben so dargestellt wird, wie das Chromchlorid, und welches man zur Darstellung des Aluminiums benutzt, indem man es mittelst Natrium zersetzt.

Eine Verbindung, welche als wesentlichen Bestandtheil Thonerde enthält, ist endlich das Ultramarin, dessen Bestandtheile außerdem Kieselsäure, Schwefelsäure, Schwefel und wahrscheinlich Schwefelaluminium sind. Diese prächtig blaue Substanz findet sich in der Natur und wird auch in großen Massen künstlich dargestellt, ohne daß man bisher ermitteln konnte, welches der färbende Bestandtheil desselben ist.

Vor dem Löthrohr wirst du die Thonerde für sich völlig unschmelzbar finden; mit Borax sowohl, wie mit Phosphorsalz wird sie sich, obwohl sehr langsam, zum klaren Glase auflösen, das beim Abkühlen sich nicht verändert. Versuchst du sie mit Soda zusammenzuschmelzen, so verbindet sie sich zwar zum Theil mit dieser, aber die Verbindung schmilzt nicht; der Ueberschuß von Soda zieht sich endlich in die Kohle.

Ich füge ferner das Verhalten der Manganverbindungen vor dem Löthrohr hinzu, die du entweder mit Manganoxyd oder mit irgend einer andern Manganverbindung hervorbringen kannst. Schon bei einem sehr geringen Zusatze wird die Boraxperle im Oxydationsfeuer amethystfarbig; ein etwas größerer Zusatz macht das Glas undurchsichtig und schwarz erscheinen. Platt gedrückt aber zeigt es sich durchsichtig und violett.

Auf Kohle und unter Zusatz von etwas Zinn wird die Perle im Reductionsfeuer farblos.

Die Phosphorsalzperle wird zwar eben so, aber weniger intensiv gefärbt und wird im Reductionsfeuer leichter farblos. Bringst du etwas Soda und Salpeter auf dem Platindraht zum Schmelzen, und setzest alsdann auch nur die geringste Menge einer Manganverbindung hinzu, so wird die Masse grün und erscheint nach dem Erkalten blaugrün. Es ist gleichgültig, ob sie dazu im Reductionsfeuer oder im Oxydationsfeuer erhitzt wird, da der Salpeter immerhin eine Oxydation bewirkt, in deren Folge das grüne mangansaure Kali entsteht.

Bei dieser Gelegenheit will ich das Nöthige über dieses merkwürdige Salz nachholen; du weißt, daß es die Formel KO, MnO_3 hat. Es entsteht jedesmal, wenn eine Manganverbindung mit Kali unter Luftzutritt, oder in Gegenwart von Oxydationsmitteln geschmolzen wird. Stelle eine etwas größere Menge davon durch Zusammenschmelzen von gleichen Theilen Kalihydrat und Braunstein in einem offenen Tiegel dar. Beim Auslaugen der erkalteten Masse wirst du eine grüne Lösung des Salzes erhalten, die sich von dem braunen Rückstand leicht abgießen (1) läßt (eben so kann man mangansaures Natron und Baryt erhalten). Beim Behandeln des Mangansäuresalzes mit einer stärkeren Säure wird die Mangansäure nicht abgeschieden, sondern sie zersetzt sich in Uebermangansäure und Superoxyd : $3\ MnO_3 = Mn_2O_7 + MnO_2$.

Schon durch die Kohlensäure der Luft wird das mangansaure Kali in dieser Weise zersetzt, und da die Lösung der Uebermangansäuresalze und der Säure selbst roth gefärbt ist, so verwandelt sich die grüne Farbe des mangansauren Kali's allmälig an der Luft in eine rothe. Du kannst dich davon leicht überzeugen, wenn du die vorhin dargestellte, etwas verdünnte Lösung des Salzes in einem etwas hohen Gefäße offen stehen lässest. Du wirst erst eine violette, dann eine rothe Farbe erscheinen sehen, und endlich wird auch diese verschwinden, indem sich auch die Uebermangansäure unter Sauerstoffabgabe in Superoxyd verwandelt, welches zu Boden fällt, indem nur kohlensaures Kali in Lösung bleibt. Man nennt das mangansaure Kali wegen dieser Farbenveränderung „mineralisches Chamäleon". Du wirst nicht unterlassen, diesen hübschen Versuch anzustellen. Dieselbe Farbenveränderung wird in kurzer Zeit auch durch Zusatz einer Säure, wie z. B. Schwefelsäure, hervorgebracht werden.

---

(1) Nicht filtriren; denn das mangansaure Kali wird durch Berührung mit organischen Stoffen reducirt.

Schließlich die Antworten auf die letzten Aufgaben:

1) a. 10,83%; b. 36,11%.

2) a. 45,51%; b. 47,10%.

3) 2 Pfund 14 Loth Flußspath; 3 Pfund 2 Loth Schwefelsäure; 10 Loth Wasser.

Ich zweifle nicht, daß du diese leichten Aufgaben richtig gelöst haben wirst.

63. Brief.

Seltene Erden. Namen und Vorkommen; Beispiele von Formeln verwickelter Art. — Darstellung von reinem Silber und von Manganoxydulsalzen für spätere Versuche.

Der Vollständigkeit wegen kann ich nicht umhin, heute deine Aufmerksamkeit auf die Oxyde einiger seltener Metalle zu lenken, welche mit der Thonerde eine große Aehnlichkeit besitzen und mit derselben zu einer Klasse, nämlich zu der der sogenannten Erden, gerechnet werden. Diese Oxyde finden sich als Bestandtheile einiger weniger, nur spärlich vorkommender Mineralien, und sind also nur für den Mineralogen und für den Chemiker von Fach von besonderem Interesse. Es sind folgende:

Die Beryll- oder Glycinerde, das Oxyd des Berylliums, von der Formel Be_2O_3 oder Gl_2O_3; sie kommt in einigen Mineralien vor, deren Formel ich dir hierher schreiben will, damit du einmal die verwickelte Zusammensetzung solcher Mineralien kennen lernst:

Beryll: $Al_2O_3, 2\,SiO_3 + Be_2O_3, 2\,SiO_3$,

Euklas: $Be_2O_3, SiO_3 + 2\,Al_2O_3, SiO_3$,

Helvin:

$3\,(MnS, MnO + 3\,MnO, 2\,SiO_3) + (2\,Be_2O_3, 3\,SiO_3 + Fe_2O_3, SiO_3)$.

Die Beryllerde gleicht der Thonerde in den meisten Beziehungen; sie wird indessen, wie das Chromoxyd, aus ihrer Lösung in Kali durch Kochen wieder ausgefällt.

Die krystallisirte, schön grün gefärbte Varietät des Berylls ist der Smaragd.

Die Zirkonerde findet sich als Silicat in dem Minerale Zirkon (Zr_2O_3, SiO_3); sie unterscheidet sich von der Thonerde hauptsächlich durch die Nichtlöslichkeit ihres Hydrats im Ueberschuß von Kalilauge. Der Zirkon verdankt seine rothe Farbe vermuthlich einer geringen Beimengung von Eisenoxyd.

Die Oxyde des Ceriums, Lanthans und Didyms finden sich gemeinschaftlich als Silicate in einigen Mineralien, namentlich in dem Cerit. Die drei Oxyde weichen wesentlich von den bisher erwähnten ab; indem ihre Formel der Zusammensetzung MO entspricht; nur das Cerium hat auch ein Oxyd von der Formel Ce_2O_3.

Die Trennung dieser drei Oxyde gehört zu den schwierigsten Aufgaben der analytischen Chemie, und du wirst es mir Dank wissen, wenn ich dir von dieser wenig erquicklichen Gesellschaft von Metallen weiter nichts mehr erwähne, als daß man von derselben Klasse von Erden auch noch die Thorerde, die Yttererde, die Erbinerde und die Terbinerde, die Oxyde des Thoriums, Yttriums, Erbiums und Terbiums kennt, und daß, wenn man über mehre Unterscheidungsmerkmale dieser Körper noch etwas im Dunkeln ist, der Grund hiervon wohl hauptsächlich darin liegt, daß es immer sehr schwierig ist, bei der Seltenheit ihres Vorkommens größere Mengen derselben darzustellen.

Ich werde mich jetzt zu einem Metall wenden, welches weit interessanter und wichtiger als die genannten alle zusammen sind, nämlich zum Silber. Ehe ich aber mit der Aufzählung der Eigenschaften und der Erscheinungen beginne, die dasselbe uns zur Beobachtung bietet, muß ich dich mit der Methode bekannt machen, nach welcher du dasselbe aus seiner Legirung mit Kupfer rein darzustellen hast, damit du durch dieses letztere Metall bei deinen Versuchen mit Silber nicht gestört werdest.

Nimm eine möglichst silberhaltige Silbermünze und löse dieselbe durch Behandeln mit reiner Salpetersäure auf; die erhaltene, wenn nothwendig filtrirte grüne Lösung, versetze mit einer Lösung von Kochsalz und füge noch ein paar Tropfen Salpetersäure hinzu. Es wird sofort ein käsiger, weißer Niederschlag von Chlorsilber entstehen, der sich nach dem Erhitzen der Flüssigkeit zum Kochen (in einem Kolben) leicht und vollständig absetzt. Bleibt die Flüssigkeit milchig, so ist dies ein Beweis, daß das Silber noch nicht vollständig ausgefällt ist und daß also noch etwas Kochsalz und einige Tropfen Salpetersäure zugesetzt werden müssen. Ohne Zweifel setzt sich dann nach dem Erhitzen das Chlorsilber ganz ab und läßt die überstehende Lösung völlig klar. Du kannst sie behutsam abgießen und den Rückstand wiederholt mit Wasser auskochen; dieses Auswaschen erfordert nicht das Abfiltriren, weil das Chlorsilber sich nicht mehr der Flüssigkeit beizumischen pflegt. Bringe nach wenigstens 5—6maligem Auskochen das Chlorsilber mittelst wenig Wasser und mit Hülfe der Spritzflasche in eine kleine Schale, theile es in zwei

Theile, wovon du den kleineren in ein anderes Gläschen spülst, und übergieße dann das Chlorsilber in der Schale mit etwas verdünnter Salzsäure. Lege ferner darein ein Stückchen Zinkblech, etwa von der Größe des angewandten Silberstückes, und überlasse das Ganze, vor Staub geschützt, sich selbst. Zu der geringeren Menge Chlorsilber setze etwas kohlensaures Natron, Wasser und etwas Milchzucker oder Honig und erhitze die Mischung dann während einiger Zeit zum Sieden. Du wirst das Chlorsilber, das ohnehin schon grau geworden war, völlig dunkel werden und endlich ein schweres Pulver von fast schwarzer Farbe sich zu Boden setzen sehen; filtrire es, wenn sich das Gemisch nicht weiter verändert, ab, wasche es wiederholt mit heißem Wasser und trockene es sorgfältig. Ein solches Pulver, aber zu einer schwammigen Masse vereinigt, wirst du sehr bald aus dem Chlorsilber entstanden finden, welches mit Zink und Salzsäure in Berührung war. Sammle dieses, aber erst nach ein paar Tagen, auf ein Filter, spüle auch das übrige Zink, um nichts zu verlieren, in das Filtrum ab, und wasche das erhaltene Silberpulver auf dem Filtrum wiederholt mit heißer, etwas verdünnter Salzsäure aus und trockene es dann ebenfalls mit dem Filtrum. Beide Pulver sind reines Silber, auf das ich demnächst zu sprechen kommen werde; heute will ich damit noch nicht beginnen, da du es doch erst nach einigen Tagen fertig haben kannst.

Ich will dir lieber einen Weg angeben, reines Manganchlorür darzustellen, dessen du später bedürfen wirst, um die Kennzeichen des Manganoxyduls und seine Unterscheidungsmerkmale von anderen Basen zu studiren. Man kann, ohne ein solches Verfahren, wie ich es dir jetzt beschreiben werde, nicht so leicht das Salz rein und namentlich frei von Eisen erhalten. Du würdest also später die Reactionen stets durch die des Eisens gestört sehen, und ohnehin ist diese Reinigung durch die dabei vorkommende Trennungsmethode von Eisenoxydul und Manganoxydul höchst belehrend; zu dieser Arbeit brauchst du einige Zeit und kannst also das Präparat fertig haben, wenn wir es bedürfen.

Eine beliebige Menge Braunstein erhitze zuerst mit etwas verdünnter Salpetersäure und wasche die abfiltrirte Masse ebenfalls mit verdünnter Salpetersäure aus; dadurch wird besonders der meist vorhandene kohlensaure Kalk vorläufig entfernt; dann vermische den so gereinigten Braunstein mit Salzsäure zu einem dünnen Brei und erhitze denselben in einer Schale über freiem Feuer so lange, bis kein Chlor mehr entweicht. Sollte zu viel Salzsäure zugesetzt sein, so setze noch etwas Braunstein zu und fahre damit und mit dem Erhitzen fort, bis die Masse keine überschüssige Säure mehr enthält. Dann lasse sie erkalten und koche mit Wasser aus; du wirst eine mehr oder weniger röthlich gefärbte Lösung erhalten, welche vorzüglich Manganchlorür und

Eisenchlorid enthält. Du kannst auch, statt eine Lösung auf diese Weise zu bereiten, diejenige anwenden, welche du (s. S. 185) bei der Darstellung des Chlors aus Braunstein schon früher erhalten hast; dieselbe ist aber allerdings nicht von Kalk frei. Diese Basis stört indessen die weiteren Versuche nicht so, daß ihre Entfernung durchaus nöthig wäre. Eben so kannst du den Rückstand von der Darstellung der schwefligen Säure benutzen; er muß jedoch erst mittelst einer Säure in ein Manganoxydulsalz verwandelt und aufgelöst werden. Theile dieselbe in zwei etwa gleiche Theile, und fälle in dem einen durch eine Lösung von Soda das kohlensaure Manganoxydul- und das Eisenoxydhydrat aus; ersteres, welches sich im reinen Zustande vollkommen weiß zeigt, wird hier aber mit einer braunen, vom Eisenoxyd herrührenden Farbe gefällt werden.

War ein Ueberschuß von Säure vorhanden, so wird derselbe unter brausendem Entweichen der Kohlensäure erst neutralisirt, ehe der Niederschlag zu erscheinen anfängt. Nimmt dieser durch einen weiteren Sodazusatz nicht mehr zu, so ist er abzufiltriren und mehre Male mit Regenwasser auszuwaschen, wozu das Wasser zweckmäßig jedesmal zum Sieden erhitzt wird. Unterdessen setze zu der anderen Hälfte der Lösung etwas Sodalösung, und zwar so viel, bis eben die etwa überschüssige Säure neutralisirt und eine ganz kleine Menge Niederschlag entstanden ist, welcher auch beim Umrühren nicht wieder verschwindet. Ist dies nun der Fall, so setze ganz allmälig ein paar Tropfen verdünnte Salzsäure zu, aber nicht mehr, als gerade zum Wiederauflösen des Niederschlages beim Umrühren erforderlich ist. Wenn dieser gerade verschwunden ist, so füge der Lösung noch ein paar Tropfen Soda zu, um eine Spur des Niederschlages wieder erscheinen zu lassen und bringe den braunen Niederschlag von kohlensaurem Manganoxydul und Eisenoxydhydrat, mit etwas Wasser angerührt, zu dieser klaren Lösung; am leichtesten geschieht es durch Durchstoßen des Filtrums mit einem Glasstäbchen und Nachspülen des Inhaltes in das untergesetzte Gefäß mittelst der Spritzflasche. Dann lasse die ganze Masse unter häufigem Umrühren bis zum anderen Tage stehen; du wirst den darin schwimmenden Niederschlag allmälig heller und endlich völlig weiß werden sehen. Es löst sich nämlich das Eisenoxydhydrat nach und nach auf und fällt eine äquivalente Menge Manganoxydulhydrat aus, welches sich mit dem vorhandenen vereinigt; die Farbe wird indessen bald auch wieder bräunlich, weil das ausgeschiedene Manganoxydulhydrat sich selbst an der Luft höher oxydirt. Diese Wechselwirkung der beiden Oxyde erreicht natürlich ihr Ende, wenn alles Eisen des Niederschlages verschwunden ist und ohne daß darum alles Mangan aus der Lösung entfernt wäre. Nach einigen Stunden wirst du also den Niederschlag abfiltriren und wiederholt und so lange mit süßem Regenwasser auswaschen, bis einige Tropfen der durchlaufenden Flüssigkeit beim Verdampfen auf einem Glasstabe keinen Rückstand mehr hinterlassen. Dann löse denselben in möglichst wenig verdünnter Salzsäure auf und stelle aus der Lösung Krystalle dar, die durch Erkalten zu erhalten sind und entweder farblos oder blaß rosenroth erscheinen.

Um aus der abfiltrirten Lösung das darin enthaltene Manganoxydul noch zu gewinnen, kannst du folgendermaßen verfahren. Dampfe sie auf ihr halbes Volum ein und setze dann eine nicht zu geringe Menge kohlensauren Baryt hinzu, von welchem du wohl noch etwas haben wirst. In Ermangelung eines Vorrathes davon kannst du auch kohlensauren Kalk oder Kreide nehmen, oder überhaupt den Versuch nur mit einem Theil der Lösung anstellen. Der kohlensaure Baryt oder Kalk muß vor dem Zusetzen mit Wasser zu einem dünnen Brei angerührt sein und dann mit der Lösung längere Zeit unter Erwärmen und Umrühren stehen bleiben, damit die Einwirkung recht vollständig geschieht. Du wirst den weißen Niederschlag nach und nach braun werden sehen, indem der Baryt oder Kalk an die Stelle des Eisenoxyds tritt und dieses als Hydrat fällt, während zugleich salzsaurer Baryt oder Kalk entstehen, die in die Lösung gehen. Das Manganoxydul wird aber nicht gefällt und du erhältst also nach einiger Zeit in der zu filtrirenden Lösung reines Manganchlorür. Dasselbe kann indessen noch etwas Eisen enthalten, wenn der angewandte Braunstein zu unrein war; denn es ist ja der Eisengehalt dieser Lösung durch den ersten Theil des Verfahrens verdoppelt worden. Wenn du Grund zu vermuthen hast, daß zu viel Eisen in dem Braunstein vorhanden war, so thust du daher besser, eine neue Menge zu diesem Versuch zu verwenden und lieber diese allzu eisenhaltige Lösung zu verwerfen. In jedem Falle ist sie nach der Behandlung mit kohlensaurem Baryt auch noch auf ihren etwaigen Eisengehalt zu prüfen. Ist kein Eisen mehr zugegen, so bleibt das Barytsalz auch nach längerem Erwärmen rein weiß, während es im anderen Falle sich bräunlich färbt.

Auch auf die bei der Darstellung des Sauerstoffes erhaltene Lösung von schwefelsaurem Manganoxydul (s. S. 179) kann man diese Reinigungsmethode anwenden. Wegen der Schwerlöslichkeit des schwefelsauren Kalkes und Barytes ist aber dafür die erstere vorzuziehen. Willst du die Zeit darauf verwenden, so magst du auf diese Weise auch reines schwefelsaures Manganoxydul darstellen, welches vor dem Chlorür noch den Vorzug hat, leichter in Krystallform erhalten werden zu können. Zu den Versuchen aber, die du später anzustellen hast, ist es gleichgültig, welches von diesen beiden Salzen du nimmst.

Hiermit will ich diesen Brief schließen, da ich an diese Mittheilungen augenblicklich nichts anzuknüpfen habe. Ich fahre in meinem nächsten Briefe in unserem Gange weiter fort.

Die geringen Mengen verschiedener Stoffe, welche du noch nicht besitzest und zu den nächsten Versuchen nöthig hast, brauchst du nicht vorher zu beschaffen, sondern du kannst damit bis zu den Angaben meines nächsten Briefes warten.

64. Brief.

Silber. Eigenschaften; Löthrohrprobe, Abtreiben silberhaltigen Bleies; Verhalten zu Säuren. Silberoxyd; kohlensaures Silberoxyd; Chlorsilber, Reduction desselben; Schwefelsilber; salpetersaures Silberoxyd, Fällung des Silbers daraus. Verschiedene Verbindungen des Silberoxyds mit Phosphorsäure. Löthrohrproben auf Silber.

Das neulich dargestellte

Silber

$$Ag = 108{,}1$$

ist in dem feinpulverigen Zustande, wie du es durch Reduction des Chlorsilbers erhalten hast, eine graue schwammige Masse; aber schon unter dem Fingernagel nimmt es sehr leicht mehr Zusammenhang, eine schöne reinweiße Farbe und einen hellen metallischen Glanz an; am besten aber kannst du es durch Schmelzen vor dem Löthrohr auf der Knochenasche zu einem Kügelchen vereinigen, welches weder von der Oxydations- noch von der Reductionsflamme im Geringsten verändert wird.

Daraus geht schon die eine Eigenschaft dieses Metalles hervor, daß es sich in der Hitze nicht oxydirt, und ich füge noch hinzu, daß sein Oxyd sogar durch bloße Einwirkung der Hitze reducirt wird. Demnach gehört das Silber, wie das Quecksilber, zu den edlen Metallen. Ohne Zweifel wirst du, wenn du nicht allzu wenig Silber angewandt hast, beim Erstarren der geschmolzenen Kugel eine eigenthümliche Bewegung, begleitet vom Hervortreten eines kleinen Körnchens aus dem Silber wahrnehmen. Es rührt diese Erscheinung, die sich bei größeren Mengen des Metalls als eine Gasentwickelung zeigt, von der Eigenthümlichkeit des Silbers her, während des Schmelzens an der atmosphärischen Luft Sauerstoff aufzulösen und denselben, ohne daß eine chemische Verbindung damit vorginge, im Erstarrungsmomente wieder entweichen zu lassen. Da hierdurch meistentheils ein Theil des geschmolzenen Metalles fortgeschleudert wird, so nennt man diese Erscheinung das Spratzen des Silbers.

Die Quantität des absorbirten Sauerstoffs kann bis zum 22fachen des Volums des geschmolzenen Silbers gehen.

Lasse nun ein Körnchen Blei auf der Knochenasche-Kapelle vor der Löthrohrflamme schmelzen und setze etwas Silber, etwa ein Körnchen von der Größe eines halben Stecknadelknopfes zu; es kann dieses auch gewöhnliches, kupferhaltiges Silber sein; es wird sofort mit dem Blei zusammenschmelzen und du hast dann die Oxydation des Bleies durch die äußerste oder innerste Löthrohrflamme wie beim reinen Blei vorzunehmen. Ist etwa die Hälfte des Bleies oxydirt, oder wie man sagt, „abgetrieben“, so lasse Alles erkalten, bereite eine neue Kapelle von Knochenasche vor und bringe das sorgfältig mit einem kleinen Messer losgelöste Bleikörnchen auf die frische Kapelle zum weiteren Abtreiben. Dabei wird endlich auch die letzte Spur Blei oxydirt und das Bleioxyd löst auch die letzte Spur Kupfer als Oxyd mit auf, so daß das Silber in Gestalt eines kleinen glänzenden und nicht weiter veränderlichen Körnchens übrig bleibt.

Mittelst dieses einfachen Verfahrens kannst du dich überzeugen, daß das meiste Blei Spuren von Silber enthält. Es gehört dazu freilich das Abtreiben von nicht allzu kleinen Mengen Blei, und du wirst wegen der gebildeten Oxydmenge mehrmals die Kapelle zu wechseln haben, jedesmal aber am Ende ein Silberkörnchen erhalten und wäre es auch so klein, daß du es mit der Lupe suchen müßtest.

Auch in dem, wie früher beschrieben, aus dem Bleiglanz durch Behandeln mit Soda in der Reductionsflamme erhaltenen Blei wirst du in der Regel eine Spur Silber auf diese Weise auffinden können. Die Gewinnung eines großen Theils des Silbers gründet sich auf dieses Verhalten des silberhaltigen Bleies, und wenn wir nächstens von der Gewinnung der Metalle im Einzelnen sprechen, werde ich auch hierauf nochmals zurückkommen. Merke dir einstweilen die Thatsache, deren öftere Bestätigung ich dir ohnehin als eine treffliche Uebung im Gebrauche des Löthrohrs anempfehle, namentlich wenn du dazu das Blei erst aus dem Bleiglanz darstellst.

Das Silber ist durch seine Dehnbarkeit ausgezeichnet; sein specifisches Gewicht beträgt 10½; es ist weicher als Kupfer und härter als Gold; schon durch einen geringen Zusatz von Kupfer wird seine Härte bedeutend erhöht, weshalb man zu Münzen und Geschirren nie reines Silber, sondern stets eine Legirung von viel Silber mit wenig Kupfer verarbeitet. Das Silber schmilzt in der Weißglühhitze (annähernd bei 1000° C.); es wird auch nicht beim Schmelzen mit salpetersaurem Kali oder kaustischem Kali oxydirt, und man wendet daher zum Schmelzen des kaustischen Kali's Silbertiegel an; dagegen veranlaßt die Gegenwart von kieselsauren Alkalien die Bildung von Silberoxyd, welches sich dann mit der Kieselsäure verbindet.

Das Silber wird, wie du dich leicht überzeugen kannst, weder von verdünnter Schwefelsäure noch von Salzsäure angegriffen; concentrirte Schwefelsäure bildet aber damit beim Erhitzen schweflige Säure und schwefelsaures Silberoxyd. Salpetersäure wird schon bei gewöhnlicher Temperatur zersetzt, wie du bereits bemerkt hast. Schwefelwasserstoff wird ebenfalls schon bei gewöhnlicher Temperatur zersetzt, indem sich das Silber mit einer schwarzen Haut von Schwefelsilber überzieht und Wasserstoff frei wird. Du brauchst nur eine blanke Silbermünze über ein Gefäß zu halten, in welchem sich eine kleine Quantität Schwefelwasserstoff entwickelt, um sie sofort braun oder schwarz werden zu sehen. Hierauf beruht das Anlaufen des Silbers, wenn es der Luft ausgesetzt wird, die aus verschiedenen Ursachen häufig Spuren von Schwefelwasserstoff enthält. Auch mit Chlor, Brom und Jod verbindet sich das Silber schon bei gewöhnlicher Temperatur.

Das Silber verbindet sich mit dem Sauerstoff in drei Verhältnissen; es interessirt uns aber nur das

Silberoxyd AgO.

Stelle aus deinem reinen Silber eine Lösung von salpetersaurem Silberoxyd dar, verdampfe dieselbe und lasse sich das Salz in (farblosen) Krystallen absetzen. Diese trockne nach dem Ablaufenlassen und Abspülen der Mutterlauge mit Fließpapier ab, und hebe sie in einem schwarz überzogenen Fläschchen auf. Die übrige Mutterlauge kann zur Anstellung der weiter folgenden Versuche dienen, da sich die Erscheinungen schon mit einer sehr verdünnten Lösung anschaulich machen lassen. Uebrigens rathe ich dir, alle Lösungen und Niederschläge, welche silberhaltig sind, auch bei sehr geringer Menge dieses Metalls, nicht wegzügießen, sondern in einem eigenen Fläschchen mit Salzsäure zu sammeln; das sich darin absetzende Chlorsilber kann — wenn auch nach langer Zeit — wieder zur Wiedererlangung des verbrauchten Silbers dienen.

Beim Zusatze von Kalilauge fällt das Silberoxyd als hellbrauner Niederschlag aus, der nach dem Trocknen leicht bei weiterer Erhitzung in seine Bestandtheile zerfällt; es geschieht dies schon bei gewöhnlicher Temperatur im Sonnenlichte; du kannst dich davon leicht durch den Metallglanz überzeugen, den das reducirte Silber beim Drücken mit einem glatten Körper annimmt. Die Verbindungen des Silberoxyds mit Säuren sind alle giftig; sie erleiden am Sonnenlicht eine Zersetzung, in deren Folge metallisches Silber unter Schwärzung ausgeschieden wird.

Das Silberoxyd wird aus einer neutralen Lösung des salpetersauren Silberoxyds auch durch Ammoniak ausgefällt, löst sich aber im geringsten Ueberschuß des Fällungsmittels sofort wieder auf, und entsteht gar nicht, wenn freie Säure zugegen war, auch wenn diese durch Ammoniak weggenommen wird.

Das kohlensaure Silberoxyd fällt durch kohlensaures Kali aus dem salpetersauren Silberoxyd als schmutzigweißer Niederschlag aus; er ist ebenfalls in Ammoniak leicht löslich.

Das Chlorsilber entsteht, wie du schon weißt, als käsiger, weißer Niederschlag beim Zusatz von Salzsäure oder einem Chlormetall zu salpetersaurem Silberoxyd. Diese Substanzen fällen es schon aus den verdünntesten Lösungen irgend welcher Silberverbindungen. Der Niederschlag ist, wie du ebenfalls schon erfahren, in Salpetersäure ganz unlöslich, löst sich aber sehr leicht in Ammoniak auf. Setzest du zu dieser Lösung wieder eine Säure, so entsteht er wieder und so weiter. Du wirst bemerkt haben, daß auch diese Silberverbindung sich unter Abscheidung von metallischem Silber am Lichte schwärzt. Ist das Chlorsilber trocken, so wird hierbei Chlor frei, ist aber Wasser zugegen, so wird unter Sauerstoffentwickelung Salzsäure gebildet.

Das Chlorsilber ist, wie du mit einer kleinen Menge davon nachweisen kannst, in concentrirter Salzsäure, so wie in kochender Kochsalzlösung löslich; auch in unterschwefligsaurem Natron oder Kali ist es leicht löslich.

Das Chlorsilber kann durch verschiedene Mittel in metallisches Silber umgewandelt werden:

1) durch den Einfluß des Lichtes, jedoch nur langsam und unvollständig;

2) durch Reduction mit Zink, wie du schon selbst bemerkt hast;

3) durch Reduction mit Eisen oder Quecksilber. (In diesen Fällen findet eine einfache Vertretung des Silbers durch das andere Metall statt.)

4) Durch Kochen mit Soda in Gegenwart gewisser organischer Stoffe (z. B. Milchzucker, s. o.). In diesem Falle entsteht zunächst kohlensaures Silberoxyd und Chlornatrium, und dann wird das erstere durch die organische Substanz reducirt.

5) Durch Schmelzen mit kohlensaurem Kali, Natron oder Kalk; es bildet sich Chlor-Kalium, -Natrium oder -Calcium und es entweicht Sauerstoff und Kohlensäure.

Beim Zusammenschmelzen von Silber und Schwefel entsteht das Schwefelsilber. Dieselbe Verbindung erhältst du beim Einleiten von Schwefelwasserstoff in die Lösung des salpetersauren Silberoxydes als schwarzen Niederschlag.

Das salpetersaure Silberoxyd, dessen Darstellung du kennst, ist dasjenige Silbersalz, welches am meisten angewendet wird. Es dient theils in Lösung zur Nachweisung der Gegenwart von Salzsäure in einer Lösung, theils im geschmolzenen Zustand als Höllenstein in der Chirurgie zum Aetzen, theils zum Zeichnen der Wäsche als „chemische Dinte“. Auf der Haut bringt eine Lösung des salpetersauren Silberoxydes sehr bald einen schwarzen Fleck hervor, der erst nach längerer Zeit verschwindet, indem die Haut zerstört wird. Die Lösung wird dir sehr vortreffliche Dienste leisten, wenn du dir einmal die Finger irgendwie verbrennen solltest; wenn die Hautbeschädigung dabei nicht bis zur Entstehung von Wunden geht, so wird die Befeuchtung damit nicht allein augenblicklich den Schmerz lindern, sondern auch die Entstehung der so lästigen Blasen verhüten. Freilich wird die betreffende Stelle längere Zeit schwarz bleiben, doch ist es das beste von allen Mitteln, die ich in solchen Fällen erprobt habe.

Aus dem salpetersauren Silberoxyd kann man das Silber auf verschiedene Art metallisch abscheiden:

Löse z. B. etwas salpetersaures Silberoxyd in seinem 10fachen Gewichte reinen Wassers auf, bringe die Lösung in ein Fläschchen und hänge an dessen Pfropf ein Stückchen Phosphor von der Größe einer Bohne hinein: das Silber wird sich in glänzenden, schön gruppirten Blättchen an dem Phosphor niederschlagen.

Auch durch metallisches Kupfer wird das Silber auf ähnliche Weise niedergeschlagen:

Bringe einen Tropfen einer Lösung von salpetersaurem Silberoxyd mit etwa 30 Tropfen Wasser vermischt auf eine horizontal liegende Glasplatte oder einen eben solchen Schieferstein; lege dann einen recht blanken Kupferdraht in die Flüssigkeit: Nach einiger Zeit wird das Silber sich in feinen blattförmigen Verzweigungen metallischer Flitter niedergeschlagen haben. Auch durch Quecksilber wird das Silber aus dem salpetersauren Silberoxyde metallisch gefällt, legirt sich aber alsdann mit dem Quecksilber zu krystallinischem Silberamalgam. Um diese schöne Erscheinung zu bewirken, die unter dem Namen Dianenbaum bekannt ist, brauchst du nur eine kleine Menge des Silbersalzes in ihrem 10fachen Gewicht Wasser zu lösen, in eine Reagenzröhre zu gießen und einen Quecksilbertropfen von der Größe einer Erbse hineinzubringen; die Ausscheidung und Krystallisation des Amalgams wird in einigen Tagen vollendet sein. Auch durch manche organische Substanzen wird das Silber in seinen Lösungen reducirt und metallisch niedergeschlagen; geschieht dies bei gehöriger Verdünnung hinreichend langsam und ohne Gasentwickelung, so bildet das Silber auf den angewendeten Glasgefäßen einen spiegelnden Ueberzug. Es giebt verschiedene Vorschriften, nach welchen dieser interessante Versuch gelingen soll. Ich will dir zwei hier abschreiben; du magst sie dann versuchen: in einer Reagenzröhre ist namentlich der Spiegel sehr schön.

1 Theil Höllenstein wird mit Ammoniak vermischt, bis der entstehende Niederschlag wieder aufgelöst ist, dann 3 Theile Weingeist zugesetzt, in denen einige Tropfen Cassiaöl aufgelöst worden; hierauf fügt man einige Tropfen einer Auflösung von Gewürznelkenöl (Oleum cariophyllorum) in seinem 3fachen Volumen Weingeist hinzu. Der Silberspiegel bildet sich augenblicklich.

Oder man löst Schießbaumwolle in kaustischem Kali auf und setzt dazu etwas salpetersaures Silberoxyd und so viel Ammoniak, daß der entstandene Niederschlag sich wieder auflöst. Nach einiger Zeit nimmt die Flüssigkeit, besonders bei gelindem Erwärmen, eine braune Farbe an, und setzt dann das Silber als metallischen Ueberzug an.

Die Benutzung des salpetersauren Silberoxyds zum Zeichnen der Wäsche beruht auf der mehrfach erwähnten Abscheidung des metallischen Silbers aus seinen Salzen unter dem Einflusse des Lichtes. Die Flüssigkeit, welche man zum Zeichnen benutzt, besteht nur aus einer verdünnten Lösung des Salzes, der man etwas abgeriebene Tusche zugesetzt hat, um die Züge gleich sichtbar zu machen. Man bereitet den Stoff erst durch Bestreichen mit einer Lösung von kohlensaurem Natron und Gummi vor; letzterer verhindert das Ausfließen der Züge, ersteres zersetzt das Silbersalz zu einem unlöslichen innerhalb der Fasern des Gewebes, wodurch dasselbe fester gebunden wird. Beim Aussetzen der bezeichneten Stelle an das Sonnenlicht erscheint dann die Schrift schwarz. Sie ist nicht ganz unauflöslich, denn das Silber kann man durch Befeuchten und Behandeln mit Chlor in Chlorsilber verwandeln, welches in den vorhin genannten Substanzen löslich ist. — Es läßt sich diese Zersetzung unter dem Einfluß des Lichtes auch recht hübsch folgendermaßen veranschaulichen: Bedecke ein glattes Stück Marmor mit einer dünnen Schichte Wachs und zeichne darauf durch Wegnahme mit einem Messer beliebige Figuren. Dann streiche mittelst eines Pinsels etwas Silberlösung darüber und setze das Ganze dem hellen Sonnenlichte aus. Nach einiger Zeit werden sich überall, wo der Marmor entblößt worden, schwarze Flecken zeigen, die durch nochmalige Wiederholung der Operation hinreichend dick werden, um nach Entfernung des Wachsüberzuges Politur und Silberfarbe anzunehmen. Du erhältst auf diese Weise die angebrachten Figuren in Silber auf der Marmorfläche, was von recht schöner Wirkung ist.

Mit gewöhnlichem phosphorsaurem Natron giebt das salpetersaure Silberoxyd einen gelben Niederschlag von phosphorsaurem Silberoxyd. Da derselbe 3 Aequivalente Silberoxyd auf 1 Aequivalent Phosphorsäure enthält, während in dem phosphorsauren Natron 1 Aequivalent Wasser als Basis vorhanden ist, so werden durch das Eintreten dieser 3 Aequivalente Silberoxyd auch 3 Aequivalente Salpetersäure frei, die aber nur 2 Aequivalente Natron (und 1 Aequivalent Wasser) finden, um sich damit zu verbinden. Deshalb wird die über dem Niederschlag befindliche Flüssigkeit sauer:

$$(2\ NaO, HO)\ PO_5 + 3\ (AgO, NO_5)$$
$$= 3\ AgO, PO_5 + 2\ (NaO, NO_5) + NO_5, HO.$$

Hieraus geht hervor, daß, wie ich dir schon früher bei der Phosphorsäure und deren Natronsalz sagte, in dem gewöhnlichen Phosphorsäuresalz das 1 Aequivalent Wasser wirklich als Basis betrachtet werden muß, da es ja durch Silberoxyd vertretbar ist.

Wenn die Phosphorsäure vor der Sättigung mit Natron auf 213° erhitzt worden war, so werden durch das so entstehende Natronsalz die Silbersalze weiß gefällt und der Niederschlag hat die Formel $2\ AgO, PO_5$. Das phosphorsaure Natron, welches in diesem Falle dient, hat die Formel $2\ NaO, PO_5 + 10\ HO$, wobei kein Atom Wasser basisches Wasser ist, denn die über dem Niederschlage stehende Lösung ist neutral. Die Phosphorsäure geht also beim Erhitzen auf 213° in die Modification derselben über, welche wir Pyrophosphorsäure oder b-Phosphorsäure genannt haben. Das Natronsalz der gewöhnlichen Phosphorsäure muß, wenn es in das der Pyrophosphorsäure übergehen soll, zur Rothglühhitze erhitzt werden, wobei auch das letzte Atom Wasser weggeht, worauf man nach dem Auflösen und Wiederkrystallisiren das pyrophosphorsaure Natron von der eben genannten Zusammensetzung erhält. Den Versuch mit dem Natronsalz wirst du wohl thun anzustellen.

Das Natronsalz der dritten Modification der Phosphorsäure, das metaphosphorsaure oder a-phosphorsaure Natron NaO, PO_5 fällt das salpetersaure Silberoxyd ebenfalls weiß; dieser Niederschlag ist aber in einem Ueberschuß des Salzes leicht löslich.

In diese Modification geht die Phosphorsäure für sich beim Glühen über, wonach sie mit Natron das Salz von der genannten Zusammensetzung liefert; die Ueberführung des Natronsalzes der gewöhnlichen Phosphorsäure in dieses gelingt jedoch nur auf Umwegen. Selbstredend ist der Niederschlag des metaphosphorsauren Silberoxyds nach der Formel AgO, PO_5 zusammengesetzt.

Du kannst das Studium des Silbers und seiner Verbindungen mit den Löthrohrproben auf dieses Metall schließen, die nach den bereits angestellten allein noch übrig sind: Behandle etwas Chlorsilber, Schwefelsilber oder irgend eine andere Silberverbindung mit Soda auf Kohle in der Reductionsflamme, unter etwaigem Ersatz für die sich in die Kohle ziehende Soda. Du wirst sehr bald ein Silberkorn erhalten. War die Menge des Silbers sehr gering, so ist nach dem beendigten Blasen die Kohle rings um die benutzte Stelle auszubrechen und mit Wasser in einem Mörser zu zerrühren; wenn dann das im Wasser Suspendirte mit diesem wiederholt abgegossen — abgeschlämmt — wird, so bleibt das schwere Silber allmälig in Gestalt hellglänzender Flitter oder Körnchen am Boden des Gefäßes zurück. Dieser Versuch erfordert einige Uebung und Genauigkeit und du wirst daher wohl thun, ihn mit immer abnehmenden Silbermengen wiederholt anzustellen.

Ueber die in verschiedenen Ländern gebräuchlichen Legirungen zu Silbergeräthen und Silbermünzen kannst du es mir wohl erlassen zu sprechen; es wird darüber in so vielen Büchern der verschiedensten Richtungen gehandelt, daß es dir ein Leichtes ist, das Wichtigste darüber zu erfahren, wenn dich die Sache besonders interessiren sollte, und es ist die ganze Sache so leicht und einfach, daß sie keiner besondern Erklärung bedarf. Ich will daher hiermit das Kapitel vom Silber abschließen, um später nur noch dessen technische Gewinnung vorzunehmen.

65. Brief.

Gold; Eigenschaften; Oxyde. Reduction der Goldlösungen. Affinage. Vorkommen und Gewinnung, Benutzung; Vergoldung auf verschiedene Art. — Aufgaben.

Es ist ganz natürlich, daß wir nach dem Silber das

Gold

Au (Aurum) = 197

betrachten; doch kann ich mich dabei wohl kurz fassen, indem einestheils das chemische Verhalten des Goldes wenig Interesse bietet, und anderntheils du die Versuche damit sicher nicht weit ausdehnen wirst.

Die gelbe Farbe des Goldes ist characteristisch; sein specifisches Gewicht beträgt 19,3; es gehört sonach zu den schwersten Körpern; es schmilzt bei einer etwas höheren Temperatur als das Silber und verflüchtigt sich in der Hitze des electrischen Funkens. Das Gold ist das dehnbarste aller Metalle; in den dünnsten Blättchen ist es mit grüner Farbe durchscheinend.

Das Gold verbindet sich nicht direct mit dem Sauerstoff, seine Oxyde werden durch die Hitze zu Metall reducirt. Es wird von einfachen Säuren nicht angegriffen und kann nur mittelst Königswasser, als Chlorgold, gelöst erhalten werden. Mit Chlor und Brom verbindet es sich schon bei gewöhnlicher Temperatur.

Mit dem Sauerstoff verbindet sich das Gold zu Oxydul AuO und zu Oxyd AuO_3; beide Oxyde bilden mit Säuren keine Salze. Sie zeigen nur geringe Beständigkeit, und das Oxyd verbindet sich sogar mit Alkalien zu Verbindungen, worin es die Rolle einer Säure spielt.

Das Chlorgold, welches man bei Behandeln des Goldes mit Königswasser erhält, hat die Formel $AuCl_3$; es kann durch langsames Verdunsten der Lösung in gelben Krystallen erhalten werden, die mit gelber Farbe in Wasser löslich sind und eine sehr stark färbende Kraft besitzen, indem schon die geringste Menge davon größere Quantitäten Wasser gelb färben kann.

Organische Substanzen, Metalle, Phosphor, Schwefel, schweflige, arsenige, phosphorige, salpetrige Säure, Eisenvitriol und viele andere Körper scheiden das Gold bei gelindem Erwärmen metallisch daraus ab.

Auf der Unangreifbarkeit des Goldes durch Säuren beruht seine Abscheidung aus den Legirungen, in denen es sich natürlich vorfindet, oder die man zu seiner Reindarstellung benutzen will. Namentlich giebt es viele Arten Silber und Silbermünzen, welche entweder von Natur Gold führen, oder in Folge der früheren ungenügenden Scheidungsmethode noch Gold enthalten. Es lohnt schon ein sehr geringer Gehalt hieran die Kosten der Scheidung, welche man Affiniren oder Affinage nennt. Die Methode, welche man allgemein dazu anwendet, ist jedoch nicht zweckmäßig, wenn die Legirung mehr als 20% Gold und 5% Kupfer enthält. Wenn dieses der Fall ist, so muß man den Goldgehalt durch Zusammenschmelzen mit reinem Silber oder mit goldärmeren Legirungen erst auf diesen Gehalt herabbringen. In den amerikanischen Münzen werden z. B. die von Privaten eingebrachten Goldmassen, welche von sehr verschiedenem Silbergehalt sind, erst mit einer gewissen Menge Silber zusammengeschmolzen und dann diese Legirung affinirt, um das Gold im Zustande der gleichmäßigen Reinheit aus den sehr ungleichen Sorten zu erhalten, und somit auf einen bestimmten Werth zurückzuführen. Um den Gehalt des Kupfers auf das genannte Maximum zu vermindern, wenn er, wie häufig der Fall, höher ist, körnt man die Legirung und erhitzt sie in Flammöfen, bis ein Theil des Kupfers sich in Oxyd verwandelt hat, welches dann durch Schwefelsäure entfernt wird.

Die so vorbereitete Legirung wird nun mit concentrirter Schwefelsäure erhitzt, wodurch Kupfer und Silber unter Entwickelung von schwefliger Säure als Schwefelsäuresalz in Lösung kommen und das Gold als feines, braunes Pulver zurückbleibt, welches nach nochmaligem Auskochen mit Schwefelsäure durch Zusammenschmelzen in Form von compacten, reinen Massen erhalten wird.

Aus der Lösung von Kupfer- und Silbervitriol wird das Silber durch Einlage von Kupferplatten metallisch abgeschieden und somit sowohl das ursprünglich mit dem Golde legirt gewesene, als auch das etwa zugesetzte wieder erhalten.

Die Lösung des Kupfervitriols benutzt man entweder zur Gewinnung dieses Salzes oder zur Abscheidung von Kupfer mittelst Eisen.

Steht dir etwas altes Silber zu Gebote, so kannst du hiernach die Scheidung dieser drei Metalle ausführen; es ist eine recht interessante Arbeit, die ich dir sehr empfehlen kann. Früher wandte man zur Scheidung die Salpetersäure (Scheidewasser) an, allein das Silber nimmt, wenn es nur wenig Gold enthält, hiervon immer einen kleinen Theil mit in Lösung, wenn es mit Salpetersäure behandelt wird, und daher rührt der Goldgehalt fast allen älteren Silbers.

Um aus Gold-Münzen oder -Geräthen das Gold rein darzustellen, kann aus dem Grunde nicht so verfahren werden, wie eben gesagt, weil die Schwefelsäure das Silber wegen der schützenden Goldmenge nicht herausziehen kann; man muß dann folgende Methode befolgen, die ich dir für den Fall, daß du eine reine Goldlösung darstellen willst, empfehle: Beim Behandeln der Legirung aus Gold, Silber und Kupfer löst Königswasser Gold und Kupfer auf, während das Silber als Chlorsilber zurückbleibt. Nach dem Abfiltriren der verdünnten Lösung dampft man sie zum Entfernen der überschüssigen Säure in einer Porcellanschale zur Trockne ein, löst den Rückstand in Wasser auf und setzt eine Lösung von Eisenvitriol zu, welche das Gold als feines Pulver ausfällt in Folge der Zersetzung

$$6\,(FeO,\ SO_3) + AuCl_3 = 2\,(Fe_2O_3,\ 3\,SO_3) + Fe_2Cl_3 + Au,$$

so daß also außer Gold Eisenchlorid und schwefelsaures Eisenoxyd entsteht.

Das Gold sammelt man in einem Porcellanschälchen, wäscht es darin wiederholt mit heißer Salzsäure, trocknet und schmilzt es, wenn es nicht aufgelöst werden soll, unter einer Decke von Borax und Salpeter zu einem Klumpen zusammen.

In der Natur kommt das Gold fast nur in gediegenem Zustande, mehr oder weniger mit anderen Metallen legirt vor. Da es sich meistentheils in losem Sande und Gerölle findet, so handelt es sich bei kleineren Stücken oder Goldflittern, die man nicht auslesen kann, um eine einfache Trennung von den erdigen und steinigen Theilen, was sich wegen des großen specifischen Gewichts des Goldes durch bloßes Abwaschen oder Abschlämmen der fremden Bestandtheile bewirken läßt, wobei das Gold zuletzt auf dem Boden des angewandten Apparates zurückbleibt. Man kann unter Anwendung dieses Verfahrens selbst noch aus einem Flußsand mit Vortheil Gold erhalten, welcher davon nur $\frac{1}{1000000}$ enthält.

Ein vollkommeneres Mittel, Gold aus goldarmem Sande zu gewinnen, bietet das Quecksilber durch die Leichtigkeit dar, mit der es das Gold zu einem Amalgame aufnimmt, welches in dem überschüssigen Quecksilber sich auflöst. Aus diesem flüssigen Amalgame preßt man das Erstere durch Leder aus und glüht es dann, wobei das Gold als schwammiger Rückstand bleibt.

Auch aus dem Schwefelkies kann man, wenn derselbe, wie z. B. in Tyrol, Gold enthält, dieses durch das Amalgamirverfahren gewinnen; es ist dann nur erforderlich, die Kiese erst durch Rösten und dann durch Mahlen aufzulockern und zu pulvern.

Auch Chlorwasser hat man vielfach in neuerer Zeit angewandt, um das Gold aus seinen Erzen auszuziehen. Es wird dann aus dem erhaltenen Chlorgold mit Eisenvitriol niedergeschlagen.

Die Benutzung des Goldes gründet sich außer auf seine schön gelbe Farbe und den hohen Glanz, welchen es anzunehmen im Stande ist, auf seine chemische Indifferenz und Unveränderlichkeit gegen die meisten Einflüsse, welche es, außer etwa in Berührung mit Chlor- oder Brom-Dämpfen, unverändert an Farbe und Glanz bleiben läßt. Beim Zinn komme ich noch einmal auf die Anwendung des Goldes zum Färben von Glasflüssen zurück; im Uebrigen wirst du es mir nicht verargen, wenn ich auch bei diesem Metalle dich für weitere Belehrung über Vorkommen und Gewinnung auf die vielen Beschreibungen verweise, die sich namentlich in Folge seines massenhaften Vorkommens in den letzten Jahren in allen populären Zeitschriften finden.

Um andere Metalle mit einem Ueberzug von Gold zu versehen, werden je nach den Umständen verschiedene Methoden angewandt. Die älteste ist die Feuervergoldung, welche durch Auflegen von Goldamalgam auf das sorgfältig gereinigte Metall und Erhitzen desselben bis zur Verflüchtigung des Quecksilbers geschieht. Das Gold bleibt dann als matter Ueberzug zurück, dem man durch den Polirstahl den gewünschten Glanz ertheilen kann. Um der Vergoldung eine rothe Farbe zu ertheilen, glüht man sie mit einer Mischung, die so getroffen ist, daß das Gold daraus Kupfer aufnehmen und damit eine rothe Legirung bilden kann.

Mittelst der kalten Vergoldung kann man, wie du dich leicht überzeugen wirst, auch ohne Quecksilber und sehr schnell Silber und Messing vergolden: Man verbrennt Leinwandläppchen, die mit Goldchlorid getränkt und dann getrocknet sind, vorsichtig zu Kohle und erhält dadurch ein durch diese letztere sehr fein vertheiltes Gold. Die zu vergoldende Fläche wird nun sorgfältig gereinigt und polirt und dann das poröse Gold mittelst eines mit Essig oder auch mit Salzwasser befeuchteten Korks darauf gerieben. Soll diese zwar nicht dauerhafte, aber nach dem Poliren besonders schöne Vergoldung einen röthlichen Schein haben, so braucht man der Goldlösung nur etwas Kupfer zuzusetzen.

Auch durch Eintauchen der zu vergoldenden Metalle in eine Goldlösung kann man sie vergolden, indem sie sich an der Stelle des gefällten Goldes auflösen. Die Wirkung wird durch Berührung mit sehr positiven Metallen, z. B. mit Zink, in Folge der dadurch gebildeten galvanischen Kette sehr erhöht. Dazu sind indessen nicht alle Goldlösungen gleich anwendbar.

Endlich vergoldet man auch auf galvanischem Wege, indem man die zu vergoldenden Gegenstände mit dem electronegativen Pole einer Batterie verbunden in eine passende Lösung eintaucht. Du wirst später hören, welche Art von Lösung man dazu anwendet. Wenn der andere Pol der Batterie in Gestalt eines Goldblechs in die Flüssigkeit taucht, so bleibt diese stets von demselben Goldgehalt und man beurtheilt die Dicke des erzielten Ueberzugs nach der Zeit, die darauf verwendet worden. Zusatz von Kupfer macht die Vergoldung auch hier röthlich, Zusatz von Silber grünlich.

Hiermit mag genug über das Gold geredet sein; ich will die Kürze dieses Briefes benutzen, um noch einige Uebungsaufgaben zu geben, und dann eine oder die andere in ihrer Auflösung wenigstens anzudeuten:

1) Wie viel Gold, Silber und krystallisirten Kupfervitriol erhält man bei der Affinage von 9 Pfund 22 Loth Silber, das $\frac{2}{1000}$ und $\frac{9}{10}$ Silber enthält; wie viel Kupfer wird verbraucht?

Ich mache dich darauf aufmerksam, daß nicht allein das Kupfer des Silbers in Kupfervitriol umgewandelt, sondern daß auch noch eine der vorhandenen Menge reinen Silbers äquivalente Menge Kupfer beim Ausscheiden des Silbers zugesetzt wird und sich in Kupfervitriol verwandelt. Daraus berechnet sich alles Andere leicht.

2) Wie viel preußische Thaler sind zu lösen, um $1\frac{863}{1081}$ Loth Höllenstein zu erhalten? Man weiß, daß $10\frac{1}{2}$ Thaler 16 Loth wiegen und daß das Thalersilber 25% Kupfer enthält.

3) Wie viel Kupfervitriol wird als Nebenproduct bei der Darstellung von 10 Pfund Chromalaun gewonnen?

Du wirst dich über diese Frage verwundern, denn du denkst gewiß nicht mehr daran, daß man Chromalaun mittelst schwefliger Säure erhalten kann und bei dieser letzteren Kupfervitriol als Nebenproduct entsteht. Ich mache dich nur darauf aufmerksam, daß es **nicht** nöthig ist, die zu 10 Pfund Chromalaun nothwendige Menge schweflige Säure erst zu berechnen, indem man unmittelbar vom Chromalaun auf den Kupfervitriol schließen kann.

Die Antworten im nächsten Briefe.

66. Brief.

Platina; Eigenschaften; Verhalten zu verschiedenen Substanzen; Oberflächenwirkung; Experimente. Platinazündmaschine. Platinchlorid, Platinaschwamm, Platinamohr. Vorkommen des Platins, Gewinnung und Reindarstellung.

Da wir einmal an den edlen Metallen sind, so will ich auch mit diesen jetzt abschließen und daher, ehe wir noch die fehlenden und viel interessanteren Zinn und Antimon vornehmen, das

Platina
Pt = 98,7

und die dasselbe begleitenden und ihm in vielen Punkten sehr ähnlichen sogenannten Platinmetalle betrachten.

Das Platina ist ein Metall von grauer Farbe, welches ein specifisches Gewicht von 21¼ hat und sehr weich und dehnbar ist. Es ist durch seine Unschmelzbarkeit in der Hitze des stärksten Ofenfeuers und durch seine Unveränderlichkeit bei der Einwirkung der meisten chemischen Agentien ausgezeichnet und wird wegen dieser Eigenschaften hauptsächlich zu chemischen Geräthen benutzt, welche dazu dienen, verschiedene Körper der Einwirkung einer hohen Hitze auszusetzen.

In der Weißglühhitze läßt sich das Platina schweißen, wie das Eisen; in der Hitze des Knallgasgebläses schmilzt es.

Mit dem Sauerstoff verbindet es sich nicht direct und wird aus den meisten seiner Verbindungen durch die Hitze allein metallisch ausgeschieden. Reines Platina ist sehr zähe; ein Gehalt von Iridium, welches das Platina in der Regel begleitet, macht es spröder und leichter reißend.

Beim Schmelzen der Alkalihydrate in Platinageräthen wird das Platina oxydirt, und namentlich geschieht dies in Gegenwart von Salpeter; es bildet sich dabei eine schmelzbare Verbindung von Platinoxyd und Alkali; aus diesem Grunde darf man Alkalien und Salpeter nie in Platinatiegeln schmelzen. Auch eine Mischung von Kieselerde und Kohlen, so wie leichtflüssige Schwefelmetalle — also auch Schwefelsäuresalze in Gegenwart von Kohle — greifen das Platina an. Auch leicht schmelzbare Metalle, oder Gemische, aus welchen dieselben abgeschieden werden können, dürfen nicht in Platinagefäßen erhitzt werden. Quecksilber aber vereinigt sich nicht unmittelbar mit Platina.

Das Platina besitzt die Eigenschaft, an seiner Oberfläche eine gewisse Menge Sauerstoff zu verdichten und somit die Verbindung desselben mit oxydirbaren Körpern zu veranlassen. Diese Eigenschaft des Platina's kommt auch noch einigen anderen, das Platina begleitenden Metallen zu und wird durch verschiedene Substanzen zerstört. Die Fähigkeit des Platina's, die Oxydation des Wasserstoffes, Kohlenwasserstoffes, Alkohols u. s. w. zu veranlassen, kannst du durch folgenden Versuch dir deutlich machen: Rolle ein Stückchen recht reinen — mit Säure abgewaschenen — Platinadraht über ein rundes Stäbchen zu einer kleinen Spirale und bringe dieselbe in einer Spiritusflamme zum Glühen; dann blase die Flamme aus und halte die noch heiße Drahtspitze in den aus dem heißen Dochte aufsteigenden Weingeistdampf; sie wird fortfahren, darin zu leuchten, indem sie durch die langsame Verbrennung des Weingeistdampfes, welchen sie veranlaßt, glühend erhalten wird. Noch schöner und leichter läßt sich das Experiment anstellen, wenn du über eine Gaslampe verfügen kannst. Halte nämlich die Drahtspirale in die Flamme eines einfachen Gasbrenners, drehe dann den Hahn um, um die Flamme auszulöschen, und lasse nun den Gasstrom langsam wieder auf die unverändert darüber gehaltene Spirale strömen; er wird dieselbe zum hellen Glühen bringen, und zwar derart, daß wenn der Strom zu stark ist, das Gas sich daran wieder zur Flamme entzündet; durch richtiges Regeln der Stellung des Hahnes wird es dir gelingen, die Spirale beliebig lange glühend zu erhalten, was bei der Unsichtbarkeit der Ursache in dem nicht bemerkbaren Gasstrom einen ganz eigenthümlichen merkwürdigen Effect macht. Daß dabei alles Leuchtgas vollständig verbrannt wird, wirst du an dem Mangel jeden Geruches erkennen, wenn anders nicht die Brenneröffnung zu weit ist und einen Theil des Gases vorbeiströmen läßt.

Auch in folgender Weise läßt sich diese Erscheinung anschaulich machen: Bringe in ein Weinglas etwas Weingeist oder Aether; befestige dann in ein nicht dicht darauf schließendes Pappdeckelscheibchen eine glühende Platinadrahtspirale, die beinahe bis auf die Flüssigkeit reicht, und du wirst sehen, daß dieselbe durch die Oxydation der Dämpfe glühend bleibt, welche durch die Hitze des Platina's entwickelt werden.

Diese Eigenschaft des Platina's, die Verbrennung oxydirbarer Stoffe zu veranlassen, kommt ihm in um so größerem Grade zu, je größer seine Oberfläche bei derselben Menge Metall. ist. Fein vertheiltes Platina zeigt sie also bei weitem stärker als compactes Blech oder Draht, und am stärksten tritt sie bei dem Platinaschwamm und dem Platinaschwarz auf, welches Platina in verschiedenen äußerst fein vertheilten Zuständen ist und deren Darstellung du nachher kennen lernen wirst.

Das Platinaschwarz nimmt in einer Atmosphäre von Sauerstoff mehrere hundert Mal sein Volumen dieses Gases auf und entzündet daher darauf gegossenen Weingeist augenblicklich unter Erglühen. Der Platinaschwamm, welcher etwas weniger fein vertheiltes Platina ist, wirkt weniger heftig, doch explodirt Knallgas durch Hineinwerfen von Platinaschwamm augenblicklich, und wenn man Platinaschwamm, der in Thon vertheilt ist, in ein Gemisch von brennbaren Gasen und Sauerstoff bringt, so erfolgt deren Oxydation ganz allmälig. Auf diese Weise pflegt man Gasgemische zu untersuchen, indem man mittelst Platinaschwamm, der in die geeignete Form gebracht worden ist, und Sauerstoff die brennbaren Theile der Gemische ohne plötzliche Verbrennung fortschafft und mithin nur diejenigen im Rückstande behält, welche nicht oxydirbar sind.

Eine andere Anwendung hat der Platinaschwamm in den Zündmaschinen erfahren. Man läßt hier den Wasserstoff, welcher sich in einer in verdünnte Schwefelsäure umgestürzten Glocke in Berührung mit eingehängtem Zink entwickelt, durch Oeffnen eines Hahnes oder Ventils auf ein Platinaschwämmchen strömen, durch dessen Oberflächen der Wasserstoff zur Vereinigung mit Sauerstoff veranlaßt wird. Die erzeugte Hitze ist so groß, daß der Platinaschwamm zum Glühen kommt, und den nachströmenden Wasserstoff zur Flamme entzündet. Das Zinkstück hängt so in der Glocke, daß der sich entwickelnde Wasserstoff die Schwefelsäure aus derselben hinaustreibt und dadurch das Zink in dem Augenblick bloslegt, wo die Glocke ganz mit Wasserstoff gefüllt ist, wo dann die Gasentwickelung wegen aufgehobenen Contacts der Säure mit dem Zink aufhört. Wenn man nun Wasserstoff aus der Glocke strömen läßt, so tritt die Säure wieder zum Zink, um das Verbrauchte zu ersetzen u. s. f.

Die Wirkung eines solchen Apparates schließt ab, wenn die Säure gesättigt oder das Zink verbraucht ist; man muß alsdann beim Wiederbeschicken darauf achten, daß man eine gewisse Menge Wasserstoff entweichen läßt, ohne daß er den Platinaschwamm berührt, damit man sicher ist, keine Luft mehr im Apparate zu haben, weil sonst eine Explosion vorkommen würde. Auf dieser Eigenschaft des Platinaschwammes, durch seine Oberflächewirkung die Verbindung des Gases mit Sauerstoff zu veranlassen, beruht auch deren Anwendung bei der Darstellung der wasserfreien Schwefelsäure, wovon in Brief 48 die Rede war.

Die Wirksamkeit des Platinaschwammes (und des Platinaschwarzes) hört auf, wenn sich an der Luft nach und nach die Oxydationsproducte der in letzterer stets enthaltenen brennbaren Körper darin angehäuft haben, oder wenn (in der Zündmaschine) mitgerissene Säure u. s. w. die Oberfläche überzogen hat. Auch durch Berührung mit manchen Gasen wird, wie schon vorhin erwähnt, die Zündkraft geschwächt. Man kann sie durch Ausglühen, namentlich nach dem Befeuchten mit Schwefelsäure, wieder herstellen. Wenn aber die metallische Oberfläche des Platina's durch einen Ueberzug von mitgerissener Zinklösung oder anderer, durch Glühen nicht zerstörbarer Substanzen verunreinigt worden ist, so thut man am besten, dieselbe durch einen darauf bewirkten Ueberzug von schwammigem Platina wieder herzustellen. Ich werde dieses einfache Verfahren gleich nachher näher angeben.

Platinaschwamm und Platinamohr lassen sich unter gehörigem Drucke zu einer compacten Masse zusammenpressen, welche nach dem Glühen in der Schweißhitze und Hämmern vollkommene Festigkeit erlangt und dann durch Walzen, Hämmern oder Schweißen in jede beliebige Form gebracht werden kann.

Das Löthen des Platina's mit Gold ist nur da anwendbar, wo dasselbe nicht einem Hitzegrade ausgesetzt zu werden braucht, der den Schmelzpunkt des Goldes übersteigt.

Von den Säuren wird das Platina nicht angegriffen, nur das Königswasser löst es zu Platinchlorid $PtCl_2$ mit tief gelber Farbe auf. Dieses Salz geht beim Erhitzen in Chlorür $PtCl$ über, welches sich bei einer weiteren Temperaturerhöhung in seine Elemente zerlegt.

Beim Vermischen einer Lösung von Platinchlorid mit Chlorkalium entsteht ein gelber Niederschlag von Kaliumplatinchlorid $PtCl_2 + KCl$, der namentlich in Weingeist fast ganz unlöslich ist. Mit Chlornatrium geht das Platinchlorid zwar eine ähnliche Verbindung ein, doch ist dieselbe in Wasser und Weingeist leicht löslich. Diese Verschiedenheit benutzt man zur Unterscheidung und Trennung der Kali- und Natronsalze. Beim Glühen hinterläßt das Kaliumplatinchlorid Chlorkalium und fein vertheiltes Platina, welches durch Wasser von dem Chlorkalium getrennt werden kann.

Mit Salmiak geht das Platinchlorid ebenfalls eine unlösliche Verbindung ein und wird daher vom Salmiak (gelb) gefällt. Der Niederschlag (Platinsalmiak) giebt beim Glühen den Salmiak und das Chlor ab und es bleibt reines, feinvertheiltes Platina; dieses ist der Platinaschwamm. Um denselben zu erhalten, braucht man also nur Platina in Königswasser zu lösen, die Lösung mit einer reinen Salmiaklösung unter Zusatz von Weingeist zu fällen und den erhaltenen Niederschlag nach kurzem Auswaschen zu glühen. Je geringer die Hitze ist, welche zur Zersetzung des Platinasalmiaks angewandt wurde, desto größer ist die Wirksamkeit des erhaltenen Schwammes. Um auf unbrauchbarem Platinaschwamm eine neue Oberfläche zu erzeugen (s. o.), hat man denselben nur mit Platinchlorid, und nach dem Trocknen mit Salmiaklösung zu befeuchten und endlich gelinde zu glühen.

Das Platinchlorid wird durch viele Substanzen, namentlich durch Zink und durch organische Stoffe, wie Zucker, Oxalsäure u. s. w. in Gegenwart von kohlensaurem Natron, auch durch Kali unter dem Einfluß des Sonnenlichtes zu schwarzem, äußerst feinvertheiltem Platina — Platinaschwarz oder Platinamohr — reducirt.

Auch durch Zusammenschmelzen mit Zink und Behandeln der Legirung mit Schwefelsäure kann man das Platina als Mohr erhalten.

Mit dem Sauerstoff verbindet sich das Platina zu Oxyd und Oxydul; beide bieten indessen nicht so viel Interesse dar, daß wir uns damit zu beschäftigen brauchten.

In der Natur findet sich das Platina gediegen in kleinen Körnern im Sande mehrerer Flüsse, namentlich in Sibirien. Es ist begleitet von Eisen, Gold, Palladium, Rhodium, Ruthenium, Iridium und Osmium. Letztere sind die sogenannten Platinametalle. Das aus dem Platinerz durch Lösen in Königswasser, Entfernen der übrigen Metalle, Fällen mit Salmiak und Glühen dargestellte Metall enthält stets Iridium, welches die Ursache davon ist, daß der daraus dargestellte Salmiak röthlich und nicht rein gelb ist. Kannst du etwas Platinerz oder auch etwas Platinabfälle erhalten, so rathe ich dir, daraus etwas reines Platina und hieraus Platinchlorid darzustellen; das Verfahren sowohl, wie die erhaltenen Producte, sind interessant genug, um diese Mühe zu lohnen, und in einer Sammlung von chemischen Präparaten sollte Platinchlorid schon deswegen nicht fehlen, weil es zur Erkennung von Kalisalzen dient.

Das Platinerz oder das feingeschnittene oder gefeilte unreine Platina wird mit Königswasser in einer Schale erhitzt, welche mit einem Trichter von etwas geringerem Durchmesser bedeckt wird, damit das etwa Verspritzende immer wieder zurückfließt und doch die Dämpfe entweichen können. Das Erhitzen unter öfterem Zusatze einer oder der anderen Säure ist so lange fortzusetzen, bis kein metallischer Rückstand mehr bleibt, was eine nicht geringe Zeit in Anspruch nimmt. Dann wird Wasser zugesetzt, der Trichter mit der Spritzflasche ausgespült, um nichts zu verlieren, und zu der verdünnten Lösung in der Kälte und im Dunkeln Kalkmilch gesetzt. Erhitzt sich dabei die Flüssigkeit wegen etwaigen Säureüberschusses, so ist mit dem Kalkzusatze erst nach dem Erkalten fortzufahren; derselbe braucht nicht stärker zu sein, als daß eine kleine Menge Kalk ungelöst übrig bleibt; dann ist das Ganze im Dunkeln mehrere Stunden unter mehrmaligem Umrühren stehen zu lassen. Unter diesen Umständen fällt der Kalk alle Metalle mit Ausnahme des Platina's aus, zu dessen Fällung der Einfluß des Lichtes oder der Wärme erforderlich ist. Dann wird die Lösung im Dunkeln (etwa in einem Schranke) filtrirt, der Rückstand mit Wasser ausgewaschen, zu dem Filtrate zur Entfernung des entstehenden kohlensauren Kalkes etwas Salzsäure gesetzt und dasselbe auf ein möglichst geringes Volumen eingedampft. Hierauf fällt man das Platina mittelst Salmiaklösung unter Zusatz von Weingeist aus und filtrirt nach einigen Stunden den Platinsalmiak ab, um damit wie vorhin gesagt zu verfahren. Spuren von Gold werden in der Regel in dem letzten Filtrat durch dessen gelbe Farbe angedeutet; das Platina wird aber, wenn man genau nach dieser Vorschrift verfährt, rein und vollständig erhalten.

Um Platinchlorid darzustellen ist der Platinschwamm in Königswasser zu lösen, die Lösung bis zur völligen Verjagung der Säure zur Trockne zu verdampfen und dann mit Wasser wieder aufzulösen. Ist die Erhitzung zu weit gegangen, so zeigt eine braune Farbe der Lösung die Gegenwart von Platinchlorür an; reines Platinchlorid ist rein dunkelgelb. Ein Ueberschuß von Säure muß vermieden werden, da er bei der späteren Anwendung störend wirken kann.

Diese Andeutungen mögen genügen; sie werden das wichtigste und dasjenige enthalten, was du bei etwaigen Versuchen mit diesem Metall, dessen Preis zwischen dem des Silbers und des Goldes steht, zu wissen nöthig haben wirst.

Die übrigen, das Platina begleitenden Metalle kann ich wohl mit Stillschweigen übergehen, da sie weder hinreichende Wichtigkeit besitzen, um uns weiter zu beschäftigen, noch auch aller Wahrscheinlichkeit nach je in solcher Menge in deine Hände gelangen werden, daß du ihr chemisches Verhalten näher untersuchen könntest, und ich verweise dich für einen solchen Fall auf größere Lehrbücher der Chemie, denen zu folgen du dann im Stande sein wirst.

Da wir nächstens zur Betrachtung des Zinnes übergehen werden, so wirst du Sorge tragen müssen, eine gewisse Menge dieses Metalls in Gestalt von Stanniol oder von möglichst reinen Zinnabfällen zu den vorkommenden Versuchen vorräthig zu haben.

67. Brief.

Zinn. Eigenschaften; Metallmohr; Einwirkung der Säuren. Chlorür, Chlorid, Zinnoxydul, Zinnoxyd, Sulfür und Sulfid. Reactionen der Zinnsalze, Goldpurpur; Verzinnen. — Titan, Wolfram, Molybdän, Vanadin u. s. w.

Das

Zinn

St (Stannum) = 58

kennst du von den Löthrohrübungen her schon als ein leicht schmelzbares und leicht oxydirbares Metall von heller Farbe. Es ist sehr dehnbar und kommt im Handel auch zu sehr dünnen Blättern ausgewalzt als Stanniol vor. Es besitzt einen eigenthümlichen Geschmack und Geruch, besonders wenn man es einige Zeit zwischen den Fingern gehalten hat. Sein Schmelzpunkt liegt schon bei 228°; in der Weißglühhitze verdampft es. Es hat große Neigung zum Krystallisiren und wenn man ein dickes Stück reines Zinn biegt, so zeigt es dabei durch das Aneinanderreiben der Krystalle einen eigenthümlichen Ton — das Geschrei des Zinnes. Beim Schmelzen größerer Mengen kann man es in deutlichen Krystallen erhalten, ein Versuch, welchen du aber wohl besser nicht anstellen wirst. Dagegen kannst du die Neigung zur Krystallisation folgendermaßen erkennen: Erhitze ein Stück Weißblech über der Spirituslampe oder über Kohlenfeuer bis fast zum Schmelzen des Zinnüberzugs, kühle dann das Blech durch kaltes Wasser schnell ab und wische mit einem in Königswasser getauchten Papier und dann mit Wasser darüber. Dadurch wird die äußere Oxydhaut des Zinnes weggenommen und es erscheint das Metall durch Spiegelung des Lichts auf der Krystallfläche „moirirt“. Wenn du den Versuch einige Male wiederholst, so wirst du bald die Umstände erkennen, unter denen dieser Metallmoor am schönsten und mit kleinen oder mit großen Schatten- und Lichttheilen hervorgebracht werden kann.

Bei gewöhnlicher Temperatur ist das Zinn an der Luft unveränderlich, bei seinem Schmelzpunkt überzieht es sich aber, wie du weißt, mit einer Oxydhaut, in der Weißglühhitze verbrennt es mit weißer Flamme, wie du dies schon beim Eintauchen von Stanniol in irgend eine Flamme sehen kannst.

Um die Einwirkung der Säuren auf das Zinn kennen zu lernen, hast du zunächst etwas Zinnabfälle in einem Kolben mit Salzsäure zu erhitzen. Das während der Auflösung des Metalls sich entwickelnde Gas wirst du leicht als Wasserstoff erkennen. Aus der Lösung krystallisirt beim Erkalten, wenn stets Zinn im Ueberschuß vorhanden gewesen ist, das Chlorür mit 2 Aequivalenten Wasser SnCl + 2 HO. Die Krystalle sind schnell zu trocknen und im wohlverkorkten Glase aufzubewahren. Sie sind in luftfreiem Wasser ohne Veränderung löslich; beim Zutritt von Luft aber scheidet sich daraus ein basisches Salz aus, indeß sich Zinnchlorid $SnCl_2$ bildet:

$$3\,SnCl + O = SnCl_2 + SnCl, SnO.$$

Das basische Salz bildet einen weißen Niederschlag, der auf Zusatz von Salzsäure verschwindet. Die Lösung ist aber alsdann natürlich chloridhaltig. Diese Affinität des Zinnchlorürs zu Sauerstoff macht es zu einem starken Reductionsmittel, so daß dadurch — wie du leicht nachweisen kannst — Quecksilber und Silber aus ihren Lösungen metallisch gefällt werden und Eisenoxyd zu Oxydul reducirt wird.

Als „Zinnsalz" wird das Zinnchlorür im Großen dargestellt und in der Färberei gebraucht.

Wenn man Zinnfeile in Chlorgas wirft, so verbrennt es darin zu Chlorid $SnCl_2$; eine Verbindung, welche man in größerer Menge beim Erhitzen von Zinn in einem Chlorstrom in Gestalt einer farblosen, bei 120° siedenden Flüssigkeit erhalten kann, die schon bei gewöhnlicher Temperatur verdampft und an der feuchten Luft Nebel bildet.

Man erhält das Zinnchlorid in wässeriger Lösung beim Behandeln des Metalls mit Königswasser. Als „Zinncomposition" wird diese Lösung in der Färberei gebraucht.

Wenn du die Lösung des Zinnchlorürs mit kaustischem oder kohlensaurem Kali in der Siedhitze behandelst, so wirst du einen aus kleinen schwarzen Krystallen bestehenden Niederschlag von

Zinnoxydul SnO erhalten, den du nach dem Absiltriren vor dem Löthrohr entweder für sich oder unter Zusatz von Soda leicht zum Metallkorn reduciren kannst. Beim Erhitzen in der Oxydationsflamme dagegen wird es sehr bald zu Zinnoxyd SnO_2 verglimmen.

Besser jedoch kannst du das Zinnoxyd, welches passender den Namen Zinnsäure trägt, durch Behandeln des Zinns mit Salpetersäure gerade so darstellen, wie du das Oxyd des Antimon's (S. 28) dargestellt hast. Es wird dabei als weißes, in Wasser und in **Salpetersäure unlösliches** Hydrat erhalten, welches beim Glühen sein Wasser verliert. Die so erhaltene Zinnsäure ist in Salpetersäure vollkommen unlöslich; beim Kochen mit concentrirter Salzsäure und nachherigem Zusatz von Wasser löst sie sich zu Zinnchlorid auf. Diese Lösung, ebenso wie die aus dem Metall durch Behandlung mit Königswasser (s. o.) dargestellte, läßt beim Kochen, so wie beim Zusatz von Schwefelsäure, das Zinnoxyd vollständig ausfallen. In diesem Niederschlag, so wie in dem durch Kali aus derselben Lösung erhaltenen ist die Zinnsäure in einer löslichen Modification enthalten, in welcher sie sich sowohl in Salpetersäure, Salzsäure, wie auch in verdünnter Schwefelsäure leicht auflöst. Beim Erhitzen geht diese lösliche Modification in die unlösliche über.

Man hat die unlösliche Modification der Zinnsäure auch b-Zinnsäure oder Metazinnsäure genannt, während die andere den Namen a-Zinnsäure oder nur Zinnsäure erhalten hat.

Die Metazinnsäure findet sich auch in der Natur als **Zinnstein**.

Das Zinnoxyd oder die Zinnsäure verbindet sich sowohl mit Säuren als auch mit starken Basen zu wahren Salzen, von denen man z. B. das zinnsaure Kali krystallinisch erhalten kann. Dieselben bieten indessen mit Ausnahme des Chlorürs und des Chlorids nur wenig Interesse dar.

Wenn man in Zinnchlorür Schwefelwasserstoff leitet, so fällt braunes **Zinnsulfür** SnS aus; wird Zinnchlorid ebenso behandelt, so erhält man gelbes **Zinnsulfid** SnS_2.

Dieses ist eine Sulfosäure (das Sulfür einer Sulfobase), welche sich mit Sulfobasen, z. B. mit dem Schwefelkalium, zu einem löslichen Salze vereinigt, woraus es durch Säuren unverändert gefällt wird.

Das Zinnsulfid entsteht auch durch Vereinigung von Schwefel und Zinn in der Hitze, doch wird es dabei wegen der zur Vereinigung nothwendigen Temperatur sogleich wieder zersetzt, wenn man nicht einen Körper zusetzt, welcher durch seine Verflüchtigung eine Abkühlung der Masse hervorbringt. Dazu wendet man gewöhnlich Salmiak an. Man kann am einfachsten ein Gemisch von einem Amalgam aus 12 Zinn und 6 Quecksilber mit 7 Schwefel und 6 Salmiak mischen und in einem unvollkommen verschlossenen Gefäß, z. B. in einem bedeckten Tiegel, mehrere Stunden lang, zuletzt zum mäßigen Rothglühen erhitzen. Man erhält dann, nach Verjagung aller auftretenden flüchtigen Producte, das Zinnsulfid als bräunlichgelbe, schuppige, weich anzufühlende Masse, die unter dem Namen Musivgold zu gold- oder bronzefarbigem Anstrich benutzt wird.

Von allen bisher dir bekaunt gewordenen Metallen ist das Zinn durch sein Verhalten zu Salpetersäure unterschieden, im übrigen wirst du dir noch folgende Eigenschaften des Chlorürs und des Chlorids nach Anstellung der betreffenden Versuche merken:

Kaustische Alkalien fällen aus dem Zinnchlorür weißes Hydrat, welches sich im Ueberschuß auflöst, dann aber beim Kochen als schwarzbraunes wasserfreies Oxyd gefällt wird.

Auch der Niederschlag durch Schwefelwasserstoff löst sich in mehrfach Schwefelkalium auf, um dann durch Säuren als Sulfid gefällt zu werden, indem es schon anfangs durch das mehrfache Schwefelkalium in Sulfid verwandelt worden ist.

Chlorgold bewirkt in Zinnchlorürlösungen, die zugleich Zinnchlorid enthalten, bei gehöriger Verdünnung einen braunen oder purpurfarbenen Niederschlag, der den Namen Cassius'scher oder Goldpurpur hat. Es darf dazu keine Salpetersäure zugegen sein und die Bedingungen, unter denen der Niederschlag am besten entsteht, ja selbst seine Zusammensetzung, sind noch nicht vollständig ausgemittelt. Er dient in der Porzellanmalerei zu violetten und rothen Farben; auch Glas wird dadurch roth gefärbt.

Eisen- oder Zinkblech fällt das Zinn in grauen krystallinischen Blättchen aus, die unter dem Polirstahl Farbe und Glanz des Zinns annehmen.

Die Lösung des Zinnchlorids reagirt stark sauer; Kali und Natron fällen daraus einen Niederschlag, der im Ueberschuß löslich ist, ohne beim Kochen wieder ausgefällt zu werden.

Chlorgold und Quecksilberoxydsalze fällen das Zinnchlorid nicht.

Welche von diesen in Bezug auf das Zinn und seine Verbindungen angeführten Erscheinungen du durch das Experiment selbst nachweisen kannst, wirst du wohl jetzt ohne specielle Anweisung selbst erkennen und ich kann dir die Ausführung der betreffenden Versuche, denke ich, allein überlassen, da du darin hinreichende Erfahrung und Uebung erhalten haben wirst.

Das Zinn wird sehr vielfach zum Ueberziehen von anderen Metallen angewandt.

Das Verzinnen geschieht auf verschiedene Art. Entweder wirkt das geschmolzene Zinn auf die Oberfläche des reinen Metalls unter Zusatz reducirender Stoffe ein, oder man verfährt folgendermaßen auf nassem Wege:

Man kocht das zu verzinnende Messing oder Kupfer mit einer aus Weinstein, Alaun, Kochsalz und Zinn oder Zinnsalz dargestellten Lösung.

Es wird hierdurch keine Veränderung hervorgebracht; in dem Augenblicke aber, wo ein in die Flüssigkeit geworfenes Stück Zinn mit dem Kupfer oder Messing in Berührung kommt, wirken beide Metalle als ein electrisches Element, und das Kupfer oder Messing überzieht sich plötzlich mit Zinn. Auf diese Weise pflegt man z. B. messingene Stecknadeln „weiß zu sieden". Zu demselben Zwecke werden auch noch manche andere Zinnlösungen benutzt; die Wirkung ist aber stets dieselbe. Den Versuch kannst du leicht anstellen.

Auch auf galvanischem Wege, mit Hülfe einer electrischen Batterie, kann man andere Metalle verzinnen.

Das Verzinuen des Eisens wird durch Eintauchen des mit Schwefelsäure gereinigten und abgescheuerten Eisens in geschmolzenes und mit Fett bedecktes Zinn bewirkt.

Das Zinn wirkt auf das Eisen nur in so fern schützend, als es dasselbe mit einer für die Luft und Feuchtigkeit undurchdringlichen Schichte überzieht. Wird aber das Eisen entblößt, so wirkt das Zinn sogar in entgegengesetzter Weise, indem es mit dem Zinn ein electrisches Element bildet, wobei das Eisen electropositiv ist, sich also noch leichter als für sich allein oxydirt. Man pflegt daher in neuester Zeit die Geräthe lieber erst aus Eisenblech zu verfertigen und dann erst zu verzinnen, um die Bloßlegung des Eisens auf den Schnittflächen zu vermeiden. Man nennt diese Waaren häufig g a l v a n i s i r t.

Von den Legirungen des Zinnes habe ich außer dem S c h n e l l l o t h der Klempner (Blei und Zinn) die B r o n z e (aus Kupfer und Zinn, meist mit etwas Zink und Blei) anzuführen. Diese zeichnet sich durch die Leichtigkeit aus, mit der sie sich, bei großer Härte, gießen und feilen läßt. Die G l o c k e n s p e i s e und das K a n o n e n m e t a l l sind ebenfalls Legirungen von Kupfer und Zinn.

Das unächte B l a t t s i l b e r ist eine zu dünnen Blättchen ausgeschlagene Legirung von Zinn und Zink.

In seinem chemischen Verhalten bildet das Zinn das wichtigste einer ganzen Gruppe von Metallen, welche sich dadurch characterisiren, daß sie vorzugsweise leicht Säuren zu bilden im Stande sind. Es gehören zu derselben noch mehrere seltenere Metalle; nämlich:

T i t a n. Das Titan findet sich in der Natur als Titansäure TiO_2 im Rutil und kommt außerdem im Titaneisen mit Eisen und Sauerstoff verbunden vor.

Das W o l f r a m findet sich in einigen Mineralien als Wolframsäure in Verbindung mit Basen, so z. B. im Tungstein als wolframsaurer Kalk.

Das M o l y b d ä n kommt namentlich als Schwefelmolybdän (Molybdänglanz) und als molybdänsaures Bleioxyd (Gelbbleierz) vor. Außer der Molybdänsäure MoO_3 bildet das Metall noch zwei andere Sauerstoffstufen. Das molybdänsaure Ammoniak, welches man leicht durch Behandeln des gerösteten Schwefelmolybdäns mit Ammoniak erhält, dient als Erkennungsmittel für die Phosphorsäure, von welcher auch die geringsten Mengen durch den gelben Niederschlag angezeigt werden, welchen dasselbe in der Phosphorsäure haltenden Lösung in Gegenwart von Salpetersäure hervorbringt. Dieser enthält alle Phosphorsäure und außerdem Molybdänsäure und Ammoniak, jedoch in einer noch nicht näher gekannten Verbindungsweise. Das molybdänsaure Ammoniak kann auch aus dem Gelbbleierz durch wiederholtes Eindampfen mit concentrirter Salpetersäure erhalten werden, welche sich mit dem Bleioxyd verbindet. Nach dem Ausziehen mit Wasser löst sich die Molybdänsäure in Ammoniak auf.

Das Vanadium findet sich noch seltener als die vorhergehenden in den Vanadinsäuresalzen.

Das Tantal, das Niobium und das Pelopium finden sich meist gemeinschaftlich in einigen sehr seltenen Mineralien und sind noch wenig gekannt.

Ich komme im nächsten Briefe zu einem Metalle, welches ebenfalls zu den säurebildenden gehört und außerdem große Aehnlichkeit mit dem Arsen zeigt (welches, wenn man es ein Metall nennen und von dem Phosphor lostrennen wollte, auch hierher gehören würde), nämlich zu dem Antimon.

68. Brief.

Antimon; Eigenschaften, Verhalten in der Hitze. Oxyde. Verhalten zu Säuren. Chlorverbindungen. Schwefelverbindungen, Kermes u. s. w. Antimonwasserstoff; Unterscheidung von Arsenwasserstoff. Löthrohrproben. — Aufgaben.

Das

Antimon (Spießglanz)
Sb (Stibium) = 129

kennst du schon aus dem ersten Theil dieser Briefe; eben so eine seiner Verbindungen mit Sauerstoff und eine seiner Schwefelungsstufen. Du wirst die äußere Aehnlichkeit des Antimonmetalls mit dem Wismuth nicht verkennen; es ist eben so spröde, aber härter als dasselbe und eben so leicht in Krystallform zu erhalten. Zwischen den Fingern gerieben ertheilt es denselben einen eigenthümlichen Geruch.

Das Antimon überzieht sich an der Luft mit einem Häutchen von Suboxyd; in der Glühhitze oxydirt es sich schnell zu Oxyd. Die hierbei entwickelte Hitze ist stark genug, um das Metall noch längere Zeit glühend zu erhalten, so daß es sich dann in einem Luftstrom ohne Beihülfe von Wärme noch weiter oxydirt.

Diese Eigenschaft läßt sich durch ein recht hübsches Experiment veranschaulichen: Erhitze ein Stück Antimonmetall, das du nach und nach etwas größer nehmen kannst, auf der Kohle vor dem Löthrohr zum Schmelzen; du wirst dann bei Anwendung der Oxydationsflamme einen weißen Rauch von Antimonoxyd von dem Metalle aufsteigen sehen, und wenn du nun die Kohle aus der Flamme nimmst und fortfährst, mit dem Löthrohr allein Luft auf das geschmolzene Metall zu blasen, so wird dieses auch außerhalb der Flamme fortfahren zu glühen und sich unter starker Entwickelung des weißen Rauches zu oxydiren. Wenn du dann das geschmolzene Metall auf den Boden oder den Tisch fallen läſſeſt, ſo wird es ſich in unzählige Kügelchen ſpalten, die mit einer hüpfenden Bewegung nach allen Seiten auseinander fahren, fortwährend glühen und den weißen Rauch bilden, wodurch die zierliche Erſcheinung eines glänzenden Sternes entſteht, welcher auch nach vollkommenem Verlöſchen des brennenden Metalls auf dem Boden in ſchwarzen und weißen Streifen und punctirten Linien ſichtbar iſt.

Das Product dieſer Verbrennung des Antimons iſt Antimonoxyd SbO_3 (von ähnlicher Zuſammenſetzung wie die arſenige Säure und iſomorph mit derſelben, weshalb ſie auch antimonige Säure genannt wird). Um daſſelbe in größerer Menge und in kryſtalliniſcher Form darzuſtellen, brauchſt du nur etwas Antimon in einem Tiegel, der zwiſchen Kohlen ſchief einzuſetzen und loſe zu bedecken iſt, ziemlich ſtark zu erhitzen. Das Antimonoxyd ſetzt ſich dann in glänzenden Kryſtallnadeln an den Wänden des Tiegels an. (Die Darſtellung auf naſſem Wege ſiehe weiter unten.) Das Antimonoxyd wirſt du in der Hitze ſchmelzbar und in der Reductionsflamme leicht reducirbar finden. Auch durch Waſſerſtoff und durch Kohlenoxyd kannſt du, wenn du die Mühe nicht ſcheuſt, das Antimon ſehr ſchnell daraus erhalten. Wenn man ſaures weinſteinſaures Kali (Weinſtein, ſiehe Präp. XI) mit Antimonoxyd kocht, ſo löſt ſich dieſes auf und aus der Löſung kryſtalliſirt ein Doppelſalz von neutralem weinſteinſaurem Kali und weinſteinſaurem Antimonoxyd, welches unter dem Namen Brechweinſtein in der Medicin, vorzüglich als Brechmittel, gebraucht wird. In größeren Mengen wirkt er giftig, wie die meiſten Antimonverbindungen.

Die Antimonſäure SbO_5 entſteht beim Behandeln des gepulverten Metalls mit ſtarker Salpeterſäure oder beſſer mit Königswaſſer; ſchwächere Säure liefert ein Gemiſch von Antimon-Oxyd und -Säure. Es gleicht der Zinnſäure ſowohl im Aeußeren als auch in der Eigenſchaft der Unlöslichkeit im Waſſer. Auch in Salpeterſäure iſt ſie unlöslich, dagegen löſt ſie ſich leicht in Weinſteinſäure auf. Die Darſtellung kennſt du ſchon von früher (Präp. VII), wo ich der Einfachheit halber für das damals erhaltene Gemiſch den Namen Antimonoxyd gebraucht habe. Das weiße Pulver iſt eigentlich das Hydrat SbO_5, HO; es verliert aber das Waſſer ſchon bei geringem Erhitzen. Die Antimonſäure färbt ſich beim Erhitzen jedesmal etwas dunkler und entwickelt beim Glühen Sauerſtoff, indem es ſich in eine Verbindung der beiden Oxyde, in SbO_5, SbO_3 ($= 2\,SbO_4$) verwandelt.

Die Antimonſäure iſt in Salzſäure, obwohl ſchwierig, löslich; ſie verbindet ſich mit den Alkalien zu löslichen Salzen; beim Schmelzen des antimonſauren Kali's geht ſie in eine andere Modification über, die auch durch Fällen des Antimonchlorids (ſ. u.) erhalten wird und die den Namen Metantimonſäure trägt. Dieſe wird aus ihrem Kaliſalz durch Salpetersäure abgeschieden, ist in Salzsäure leicht löslich und bildet mit Natron ein fast ganz unlösliches Salz. Das metantimonsaure Kali geht jedoch sehr schnell wieder in gewöhnliches antimonsaures über.

Das Antimon wird selbst in der Siedehitze von Salzsäure nur sehr wenig, von Schwefelsäure leichter angegriffen; in letzterem Falle entsteht schwefelsaures Antimonoxyd und schweflige Säure.

Mit Chlor verbindet sich das gepulverte Metall, wie du weißt, unter Lichtentwickelung. Es bildet sich dabei je nach der Menge des Antimons Dreifach- oder Fünffach-Chlorantimon.

Das Dreifach-Chlorantimon oder Antimonchlorür $SbCl_3$ wird erhalten, wenn man Chlorgas über erhitztes Antimon in Ueberschuß leitet. Beim Behandeln des natürlich vorkommenden Schwefelantimons SbS_3 mit Salzsäure erhält man das Chlorür in Lösung (Präp. XLV) und kann daraus die wasserfreie Verbindung durch Abdampfen in einer Retorte abscheiden. Es stellt alsdann eine krystallinische, leicht schmelzbare und destillirbare Masse dar, die den Namen Antimonbutter erhalten hat. Bei Zusatz von Wasser löst es sich nicht mehr unzersetzt auf, sondern scheidet ein basisches Salz, das sogenannte Algarothpulver $SbCl_3 + 5\,SbO_3$ ab. Gegenwart von Weinsteinsäure oder Salzsäure verhindert die Entstehung dieser Verbindung.

Das Antimonchlorür dient in der Chirurgie und zum Bronciren des Eisens, welches es mit einer dünnen Schichte von metallischem Antimon überzieht und dadurch vor dem Rosten schützt.

Das Antimonchlorid, oder Fünffach-Chlorantimon, auch Antimonsuperchlorid genannt, $SbCl_5$, entsteht beim Erhitzen von Antimon in überschüssigem Chlor. Es bildet eine farblose, an der Luft stark rauchende Flüssigkeit, welche beim Erhitzen Chlor entwickelt und beim Vermischen mit Wasser Metantimonsäurehydrat ausfallen läßt. Die Darstellung desselben wirst du nicht vornehmen; auch die Darstellung des wasserfreien Chlorürs ist nicht nothwendig durch Anschauung kennen zu lernen.

Den Oxydationsstufen und den Chlorverbindungen analog sind auch die Schwefelungsstufen des Antimons zusammengesetzt. Das Antimonsulfür SbS_3 findet sich in der Natur als Grauspießglanzerz in grauen metallglänzenden krystallinischen Massen (Antimonium crudum des Handels). Es ist sehr leicht schmelzbar und kann auch durch Zusammenschmelzen der Elemente erhalten werden. Die Einwirkung der Salzsäure darauf kennst du:

$$SbS_3 + 3\,HCl = 3\,HS + SbS_3.$$

Die so erhaltene Lösung des Antimonchlorürs scheidet bei Zusatz von kaustischen oder kohlensauren Alkalien Antimonoxyd in Gestalt eines krystallinischen Niederschlags aus, den du besonders schön krystallisirt erhalten kannst, wenn du die Lösung zu kochendem kohlensaurem Natron allmälig zusetzest. In der Kälte fällt das Hydrat aus, welches du im Ueberschuß von Kali oder Natron leicht löslich finden wirst.

Daß durch Behandeln der Antimonchlorürlösung mit Schwefelwasserstoff amorphes orangerothes Schwefelantimon entsteht, hast du schon (Präp. XLV) erfahren und ich kann dich auf jenen Versuch verweisen. Durch Erhitzen des rothen Niederschlags kann man denselben in den grauen krystallinischen Zustand überführen, und das natürlich vorkommende krystallinische Schwefelantimon kann man durch wiederholtes Schmelzen und rasches Abkühlen umgekehrt in das rothe amorphe umwandeln.

Das Schwefelantimon, wie es im fein vertheilten Zustande gefällt worden, löst sich nach dem Abfiltriren in Schwefelalkalimetallen auf, indem es sich als eine Sulfosäure mit den Sulfobasen zu Sulfosalzen verbindet. Aus dieser Lösung fällen Säuren das Schwefelantimon unverändert aus. Das graue Schwefelantimon — diesen Versuch hast du jedenfalls anzustellen — wird beim Kochen mit kohlensaurem Natron und Wasser aufgelöst. Es bildet sich nämlich durch gegenseitige Zersetzung und unter Entweichen von Kohlensäure Schwefelnatrium und Antimonoxyd. Ersteres verbindet sich mit unverändertem Schwefelantimon, letzteres mit Alkali, und es kommen somit zwei Salze in Lösung : Schwefelantimon-Schwefelnatrium und Antimonoxyd-Kali. Schon beim Erkalten, rascher noch beim Zusatz einer Säure, fällt sowohl das Schwefelantimon als das Antimonoxyd mit etwas Alkali gemengt aus der Lösung in Gestalt eines rothen, krystallinischen Niederschlages aus, der je nach dem Verhältniß der angewandten Substanzen und der Ausführung des Verfahrens von sehr wechselnder Zusammensetzung sein kann. Er wird unter dem Namen Kermes auf sehr verschiedene Weise und auch auf trockenem Wege dargestellt und in der Medicin angewandt. Hast du die Lösung und den Niederschlag erhalten, wie eben gesagt, so brauchst du aber nicht weiter dich um diese Methoden zu bekümmern, die hauptsächlich nur ein pharmaceutisches Interesse besitzen.

Beim Kochen des Schwefelantimons mit kaustischem Kali findet ein ähnlicher Vorgang statt. Man kann ihn durch folgende Gleichung darstellen :

$$2\,SbS_3 + 6\,KO = 3\,KS,\,SbS_3 + 3\,KO,\,SbO_3.$$

Bei überschüssigem Kali erhält man eine vollständige Lösung, die beim Behandeln mit einer Säure nur Schwefelantimon abscheidet :

$$3\,KS,\,SbS_3 + 3\,KO,\,SbO_3 + 6\,HCl$$
$$= 6\,KCl + 2\,SbS_3 + 6\,HO,$$

ohne daß sich Schwefelwasserstoff entwickelt.

Auch dieser Versuch ist leicht anzustellen und sehr lehrreich.

Das Antimonsulfür verbindet sich in mehreren Verhältnissen mit dem Antimonoxyd; diese Verbindungen, welche je nach dem Verhältniß der Bestandtheile Spießglanzglas, Spießglanzsafran u. s. w. heißen, finden in der Medicin Anwendung.

Das Antimonsulfid SbS_5 wird durch Schwefelwasserstoff aus der Lösung des Antimonchlorids als gelber, in Kali und Schwefelalkalimetallen leicht löslicher Niederschlag gefällt. Eine Verbindung desselben mit Schwefelnatrium wird durch Kochen von Antimonsulfür, Schwefel und Natron in Lösung erhalten, woraus dieses Sulfo-Salz durch Abkühlung krystallisirt. Es hat die Zusammensetzung

$$3\ NaS,\ SbS_5 + 18\ HO.$$

Du wirst wohl thun, es wenigstens in geringer Menge darzustellen, da aus seiner Lösung durch Säurezusatz das Antimonsulfid in Gestalt eines schönen goldgelben Pulvers, Goldschwefel genannt, ausgefällt wird.

Wie das Arsen, so verbindet sich auch das Antimon mit Wasserstoff; die Verbindung hat die Formel SbH_3 und entsteht beim Behandeln einer Legirung von Zink und Antimon mit Schwefelsäure, so wie wenn Wasserstoff in einer Antimonoxyd enthaltenden Lösung entwickelt wird.

Setze also deinen Apparat wieder zusammen, der dir schon früher für das Arsenwasserstoffgas gedient hat und füge zu dem Zink und der Schwefelsäure eine Auflösung von Antimonchlorür; der entweichende Wasserstoff wird sowohl beim Glühen in der Glasröhre, wie auch beim Anzünden und Abkühlen mittelst eines Porzellanstückes Metallflecken abscheiden.

Dieselben unterscheiden sich indessen von denen des Arsens schon durch ihre dunklere Farbe, auch wirst du sie in unterchlorigsaurem Natron unlöslich finden. (Nur wenn die angewandte Antimonverbindung, was sehr häufig der Fall ist, Arsen enthält, löst sich ein Theil des abgesetzten Metalles auf.) Ferner wirst du den Metallring, wenn du ihn ebenso wie den Arsenring mit Schwefelwasserstoff- und dann mit Salzsäuregas behandelst, vollständig verschwinden sehen, und die Flocken auf dem Porzellan werden durch Salpetersäure zwar oxydirt, aber nicht gelöst; die abfiltrirte Flüssigkeit giebt also nur bei Gegenwart von Arsen einen gelben Niederschlag mit Schwefelwasserstoff. Erst beim Zusatz von Weinsteinsäure löst sich das durch Salpetersäure gebildete Oxyd auf und zeigt dann das Verhalten der Antimonlösungen zu den Reagentien.

Von diesen hast du dir außer den im Verlaufe dieser Mittheilungen bereits erwähnten, die auch für die gebräuchlichste Verbindung des Antimons, den Brechweinstein, gelten, noch folgende zu bemerken.

Alle Antimonverbindungen — du kannst zur Probe das gewöhnliche Schwefelantimon wählen — geben beim Erhitzen mit Soda in der Reductionsflamme spröde Metallkörner, die sich beim Glühen für sich in der Oxydationsflamme mit flüchtigen weißen Beschlägen ohne Geruch verflüchtigen.

Sowohl von der Borax- als auch von der Phosphorsalzperle wird das Antimonoxyd leicht in größerer Menge zu klarem, in der Hitze gelblich erscheinendem Glase aufgelöst, das in der Reductionsflamme auf Kohle zum Theil reducirt und verflüchtigt wird.

Von den Legirungen des Antimons erwähne ich das Britanniametall, welches a..s Zinn und Antimon, meist mit einem geringen Zusatze von Blei und Kupfer besteht, und das Letternmetall, welches aus Antimon und Blei zusammengesetzt ist.

Du hast in den in diesem Briefe ausgesprochenen Thatsachen und angedeuteten Experimenten hinlänglich Stoff zum Denken, Studiren und Probiren, und ich rathe dir, namentlich die Versuche über das Antimonwasserstoff im Vergleich zum Arsenwasserstoff, so wie das Verhalten des Schwefelantimons mit Sorgfalt durchzugehen. Auch will ich deshalb heute kein anderes Metall dir vorführen, sondern nur noch ein paar Rechenaufgaben anschließen, die du während des Verlaufs deiner Experimente rechnen magst.

1) Wenn man von einem Platinerz weiß, daß es 90% reines Platina enthält, und man, um daraus Platinchlorid darzustellen, 4 Loth davon verwendet: wie findet man die Menge Kali, welche durch die erhaltene Lösung ausgefällt werden kann, wenn man annimmt, daß bei dem Zusatze des Platinchlorids kein Ueberschuß angewandt wird? Wie groß ist diese Menge Kali?

2) Wie viel Kohlensäure erhält man aus 12½ Pfund kohlensaurem Kalk, der als fremde Beimischung 3% Kieselsäuresalze und 30% kohlensaure Magnesia enthält?

69. Brief.

Kobalt. Darstellung des salpetersauren Kobaltoxydurs aus dem Kobaltkies. Verhalten der Kobaltsalze. Smalte. Verhalten der Metalloxyde zur Kobaltlösung vor dem Löthrohr. — Nickel; Eigenschaften. Neusilber, Verhalten der Salze. Löthrohrprobe. Trennung von Nickel und Kobalt. — Kadmium. Eigenschaften und Gewinnung. Verhalten seiner Salze, Schwefelkadmium. — Uran. — Lithium.

Es sind noch einige Metalle übrig, die wir heute nach einander vornehmen wollen.

Zwei davon sind in vielen Beziehungen einander so ähnlich, daß eine Unterscheidung und namentlich die Trennung ihrer Verbindungen mit den größten Schwierigkeiten verknüpft ist. Beide haben sowohl für sich als auch in ihrem chemischen Verhalten mit dem Eisen viele Aehnlichkeit, welches sie auch fast überall, obwohl nur in geringer Menge begleiten. Es sind das Kobalt und das Nickel.

Das

Kobalt

$Co = 29{,}5$

stellt sich nach der Reduction aus seinem Oxyde, mittelst Wasserstoff, als ein stahlgraues, in sehr hoher Temperatur schmelzbares Metall dar, welches fast eben so magnetisch ist, wie das Eisen. Das Kobalt findet sich selten, meist in Begleitung von Arsen und Schwefel, oder als Begleiter des Eisens.

Das Kobalt kommt im Handel weder rein noch in irgend einer Verbindung so vor, daß du dieselbe zur Darstellung der übrigen anwenden könntest. Zwei seiner Erze, der Kobaltkies ($CoS + Co_2S_3$) und der Kobaltglanz $CoAs + CoS_2$) findet man jedoch zu einem billigen Preis in Mineralienhandlungen. Du wirst am besten thun, dir eine kleine Menge davon zu verschaffen und damit die folgenden Versuche anzustellen. Beim Erhitzen mit Salpetersäure werden die Erze oxydirt und man erhält eine schöne rosenrothe Flüssigkeit, welche wesentlich salpetersaures Kobaltoxydul CoO, NO_5 in Lösung enthält. Einen Theil derselben dampfe zur Krystallisation ein und stelle aus den entstandenen kleinen rothen Krystallen eine etwas verdünnte Lösung dar, die du zu Löthrohrproben nöthig und daher unter den Löthrohrreagentien als „Kobaltlösung" aufzubewahren hast. Aus der Mutterlauge wirst du auf Zusatz von Kali einen blauen Niederschlag von Kobaltoxydulhydrat in basischer Verbindung mit Salpetersäure erhalten; beim Kochen nimmt er eine rosenrothe Farbe an und besteht dann aus reinem Kobaltoxydulhydrat, welches beim Glühen in reines olivengrünes Kobaltoxydul übergeht. Dieses zieht an der Luft Sauerstoff an und verbindet sich damit zu einem dem Magneteisen ähnlich zusammengesetzten Oxyduloxyd.

Das Kobaltoxydul bildet mit den Säuren stets roth gefärbte Salze. Das Kobaltoxyd Co_2O_3 entsteht beim Behandeln des Kobaltoxydulhydrats mit Chlor, als schwarzes Pulver; es bildet keine Salze.

Die Salze des Kobaltoxyduls sind rosenroth oder pfirsichblüthroth; die meisten gehen beim Erwärmen (zum Theil unter Wasserverlust) in eine blaue Modification über; beim Erkalten tritt aber wieder (zum Theil unter Wasseraufnahme) die blaue Farbe auf. Man wendet daher Kobaltsalze und namentlich Chlorkobalt zu sympathetischen Dinten an; wenn man nämlich das Kobaltoxydulhydrat in möglichst wenig Salzsäure auflöst und die Lösung hinreichend verdünnt, so erhält man eine Flüssigkeit, welche, als Dinte benützt, fast ganz unsichtbare Züge giebt. Bei gelindem Erwärmen des Papiers geht aber das Kobaltsalz in die blaue Modification über und die Schrift wird leserlich, um beim Erkalten wieder zu verschwinden u. s. w.

Beim Befeuchten von Soda und Kieselsäure mit Kobaltlösung und Zusammenschmelzen vor dem Löthrohr wirst du eine intensiv dunkelblaue Perle erhalten, deren feinstes Pulver schön blau erscheint. Alle Glasflüsse werden so gefärbt; das kieselsaure Kobaltoxydul zeigt aber die schönste Farbe und wird daher auch fabrikmäßig dargestellt, um fein gemahlen und geschlämmt als Smalte in den Handel zu kommen, welche zum Bläuen der Wäsche, des Papiers u. s. w. gebraucht wird. Die Smalte wird durch Färben von Glas mittelst gerösteten Kobalterzen (Zaffer oder Saflor) erzeugt. Dabei fällt die sogenannte Nickel- oder Kobaltspeise als Nebenprodukt; sie besteht aus dem Nickel und Arsen, welche bei dem Rösten und Schmelzen der angewandten Kobalterze nicht zugleich oxydirt worden waren und die sich daher beim Zusatze zum Glase nicht lösen können. Diese später vom Glase getrennte Nickelspeise dient zur Darstellung des Nickels.

Aus dem salpetersauren Kobaltoxydul wirst du auf Zusatz von kohlensauren Alkalien einen pfirsichblüthrothen Niederschlag von basisch kohlensaurem Kobaltoxydul erhalten. Ammoniak bringt anfangs einen blauen Niederschlag hervor; derselbe löst sich aber im Ueberschuß mit braunrother Farbe auf; bei Gegenwart von Ammoniak wird durch Kali nichts gefällt.

Schwefelwasserstoff fällt das Kobalt aus sauren Lösungen nicht.

Die blaue Perle, welche alle Kobaltverbindungen mit Borax oder Phosphorsalz geben, ist besonders characteristisch.

Manche Oxyde werden beim Erhitzen mit Kobaltlösungen in der Löthrohrflamme eigenthümlich gefärbt, so zwar, daß diese Färbung für die betreffenden Oxyde bezeichnend ist und zu deren Erkennung dienen kann.

Du wirst beim Glühen der Oxyde auf Kohle nach dem Befeuchten mit einem Tropfen Kobaltlösung und nochmaligem Glühen folgende Farben sehr leicht erkennen können:

Magnesia: blaß fleischroth, erst nach dem Abkühlen erkennbar.

Thonerde: blau, nach langem Blasen und bei der Abkühlung auftretend.

Kieselsäure: blau, bei größerem Zusatz schwarz.

Zinkoxyd: schön gelblichgrün.

Zinnoxyd: blaugrün.

Das

Nickel

Ni = 29,6

kommt fast immer gleichzeitig mit dem Kobalt vor und gleicht ihm auch in seinem Atomgewicht. Es ist ein silberweißes, sehr strengflüssiges, hartes und ziemlich dehnbares Metall, das in seinen Legirungen mit anderen Metallen oder Metallgemischen die Eigenthümlichkeit zeigt, denselben je nach seiner Menge eine mehr oder weniger weiße Farbe zu ertheilen. So wird es z. B. zur Darstellung des Neusilbers benutzt, indem man das Messing mit 25—40% Nickel zusammenschmilzt.

Hast du vielleicht Gelegenheit, von einer Neusilberhandlung etwas metallisches Nickel zu bekommen, so verschaffe dir einige Unzen dieses auch in seinen Verbindungen recht interessanten Metalls; du wirst es in Gestalt kleiner poröser Würfel erhalten, deren Ursprung ich dir später erklären will, und die entweder für sich, oder unter der Feile einen silberweißen Glanz annehmen.

Für den Fall, daß du das Metall erhalten könntest, will ich die kurzen Angaben über die Darstellung seiner wichtigsten Verbindungen hier folgen lassen, woraus du das Verhalten derselben hinlänglich ersehen magst.

Bei Behandlung mit verdünnter Schwefelsäure, unter Zusatz von etwas Salpetersäure, erhält man eine grüne Lösung von schwefelsaurem Nickeloxydul, aus welcher nach dem Erkalten der abgedampften Auflösung smaragdgrüne Krystalle von ziemlicher Größe anschießen, die 7 Aequivalente Wasser enthalten. Beim Erhitzen geben sie ihr Wasser ab und werden gelb.

Beim Behandeln des Metalls mit Salzsäure unter Zusatz von Salpetersäure erhält man das grüne Nickelchlorür, welches aber weniger schöne Krystalle liefert.

Kali und Natron fällen aus diesen Lösungen apfelgrünes Nickeloxydulhydrat, welches in Ammoniak mit schön blauer Farbe — ähnlich den Kupfersalzen — wieder gelöst wird. Beim Glühen dieses Niederschlages erhält man ein grünlich-graues Pulver von Nickeloxydul NiO, welches sich in Säure leicht löst. Der Sauerstoff ist darin so lose gebunden, daß es schon beim Glühen in schlecht verschlossenen Gefäßen zwischen Kohlen durch das eindringende Kohlenoxyd reducirt wird.

Da man diese Reduction früher der Wirkung der Hitze allein zuschrieb, so rechnete man das Nickel deshalb irrthümlich zu den edlen Metallen.

In allen seinen Verbindungen und Eigenschaften steht das Nickel dem Eisen und Kobalt sehr nahe und die Trennung von diesen Metallen, namentlich von dem letzteren, gehört zu den schwierigsten, die es giebt; auch werden bei der Anwendung von dem käuflichen, unreinen Nickel zur Darstellung seiner Verbindungen immer nur unreine Produkte erhalten, die namentlich Eisen, Kobalt und Arsen enthalten. Um diese Metalle zu trennen, sind sehr viele Vorschriften gegeben worden, die aber zu umständlich sind, als daß du sie bei etwaiger Darstellung dieser Präparate befolgen solltest, die zu dem Zwecke, den du vor Augen hast, ohnehin rein genug ausfallen.

Aus den Nickeloxydulsalzlösungen erhält man mit kohlensaurem Alkali einen hellblauen Niederschlag von kohlensaurem Nickeloxydul, der wie das Hydrat in Ammoniak mit blauer Farbe löslich ist.

Mit Kleesäure erhält man nach einiger Zeit einen sehr feinen krystallinischen, schweren Niederschlag von kleesaurem Nickeloxydul, der eine sehr schöne und zarte bläuliche Farbe besitzt. Beim Glühen dieses Niederschlages unter Abhaltung des Luftzutrittes wird schwammiges Metall erhalten.

Der Phosphorsalz- und Boraxperle ertheilen die Nickelverbindungen in der äußeren Flamme eine blaßröthliche Farbe; auf Kohle in der Reductionsflamme erhitzt, färbt sich die Boraxperle namentlich unter

Zusatz von etwas Zinn durch reducirtes Nickel grau. Die Gegenwart der geringsten Mengen Kobalt läßt in beiden Fällen die Perle blau erscheinen.

Um eine vollständige Trennung von wenig Kobalt von viel Nickel in seinen Salzen zu bewirken, ist es am einfachsten, durch die neutrale Lösung des Chlorürs in der Kälte Chlor zu leiten und dann kohlensauren Baryt zuzusetzen. Dadurch wird alles Kobalt als Kobaltoxyd, aber keine Spur Nickel gefällt, so daß man aus der nach einiger Zeit filtrirten Lösung kobaltfreies Nickeloxydhydrat erhalten kann. Arsen fällt man vorher durch Schwefelwasserstoff unter Zusatz von schwefliger Säure, worauf aber vor dem Einleiten des Chlors längere Zeit gekocht werden muß.

Das

Kadmium

Cd = 56

steht dem Zink in jeder Beziehung am nächsten; es begleitet dieses Metall stets und unterscheidet sich von demselben in seinen physikalischen Eigenschaften hauptsächlich dadurch, daß es dehnbarer, weicher, leichter schmelzbar und leichter flüchtig ist. Wird daher das Zink aus seinen Erzen durch Destillation abgeschieden, so sind die zuerst übergehenden Antheile besonders kadmiumreich und es kann daraus durch wiederholte Destillation das Kadmium rein erhalten werden. Auch aus den zuerst entstehenden kadmiumhaltigen Zinkblumen kann man dieses Metall durch einen Reductions- und Destillationsproceß gewinnen. Immerhin jedoch erhält man es auf diesem Wege nur mit Zink gemischt.

Aus einer Lösung eines Kadmiumoxydsalzes wird das Schwefelkadmium auch in Gegenwart von Salzsäure als prachtvoll gelber Niederschlag erhalten. Zink wird unter diesen Umständen nicht gefällt. Dieser Umstand kann zur Trennung beider Metalle, so wie zur Erkennung der Gegenwart des Kadmiums im Zink benutzt werden. Das schlesische Zink ist besonders reich an diesem Metalle und man kann oft in den Lösungen seiner Salze den Niederschlag in hinreichender Menge erhalten. Da indessen das Kadmium, behufs seiner Verwendung in Laboratorien u. s. w., in Schlesien in einiger Menge gewonnen wird, so wird es im Zink immer seltener. Vielleicht hast du Gelegenheit, von dort etwas von diesem schönen Metall zu erhalten und dir von der gelben Farbe, die als jaune brillant im Handel vorkommt, selbst etwas darzustellen.

Die Kadmiumlösungen unterscheiden sich von den entsprechenden des Zinkes auch noch dadurch, daß sie mit Kali einen im Ueberschusse unlöslichen, in Ammoniak aber löslichen Niederschlag geben, wie denn auch das kohlensaure Kadmiumoxyd im Ueberschuß des kohlensauren Alkali's unlöslich ist.

Aus seinen Lösungen wird das Kadmium vom Zink in Gestalt baumförmig aneinander hängender Schuppen gefällt. Vor dem Löthrohr liefern die Verbindungen des Kadmiums mit Soda auf Kohle einen braunrothen Beschlag.

An die genannten Metalle reiht sich ferner das Uran an, ein Metall, welches zu den seltensten gehört und welches sich nur in wenigen Erzen und zwar allemal mit einer großen Menge der übrigen Metalle gemischt findet. Das wichtigste seiner Metalle ist das Uranpecherz.

Das Uran hat zwei Oxydationsstufen, die sich denen des Eisens analog verhalten. Das Uranoxyd findet in der Glas- und Porzellanmalerei als gelbe Farbe eine Anwendung.

Endlich habe ich noch eines Metalls Erwähnung zu thun, welches in seinem Verhalten sich an Kalium und Natrium reiht. Es heißt Lithium und kommt in einer Glimmerart, dem Lithionglimmer oder Lepidolith vor, der sich von dem gewöhnlichen Glimmer dadurch unterscheidet, daß er statt Kali oder Natron Lithion, das Oxyd des Lithiums LiO, enthält. Die Lithionsalze unterscheiden sich von denen des Kali's oder Natrons vorzüglich durch die Schwerlöslichkeit mehrer derselben. Sie färben die Flamme des Weingeists carminroth.

Das Lithion gehört vermöge seiner stark basischen Eigenschaften zu den Alkalien. Das Lithium ist durch sein geringes specifisches Gewicht (0,59) ausgezeichnet; es ist das leichteste aller Metalle.

Zu den Versuchen, die ich dir im nächsten Briefe angeben werde, hast du außer den dir bekannt gewordenen Ammoniakverbindungen und einer gewissen Menge Schwefeleisen auch noch geringe Mengen von Lösungen eines Salzes von jedem einzelnen Metall nöthig, welches du näher kennen gelernt hast.

---

70. Brief.

Verhältniß von Ammonium, Ammoniak, Ammoniumoxyd und den Verbindungen von Ammoniak und von Ammoniumoxyd mit Säuren, Ammoniak- und Ammonsalzen. Specielle Darstellung des Ammoniumamalgams. Betrachtung der Ammonsalze. Kohlensaures Ammon; salpetersaures und salpetrigsaures Ammon; phosphorsaures Ammon. Doppelsalze. Schwefelammonium. Darstellung und Verhalten desselben zu Metallsalzen. — Zusammenstellung des Verhaltens der Metalloxyde zu Schwefelwasserstoff und Schwefelammonium. Platinsalmiak. Salmiak; schwefelsaures Ammon.

Ich habe im Verlauf dieser Briefe schon so vielfach von Ammoniak, Ammoniumoxyd und deren Salzen gesprochen, daß du gewiß gespannt bist, über diese Körper etwas Näheres zu erfahren. Absichtlich habe ich die Besprechung derselben bis jetzt verschoben, weil wir hier Körpern und Thatsachen begegnen werden, die von den bisher vorgeführten in manchen Beziehungen sehr abweichend, und sogar geeignet sind, diese Substanzen und ihre Verbindungen aus dem Gebiete der unorganischen in das der organischen Chemie zu verweisen. Streng genommen ist dies auch das Richtigere; allein es bieten auf der andern Seite dieselben wieder so viel Analogie mit denen der unorganischen Chemie, und es finden diese Körper eine so vielfache, zum Theil schon öfter angedeutete Anwendung in derselben, daß man sich dadurch doch ziemlich allgemein veranlaßt gesehen hat, sie an dieser Stelle zu belassen.

Du wirst schon bemerkt haben, daß wir das Ammoniak oder vielmehr dessen Auflösung in Wasser in sehr vielen Fällen angewendet haben, wo wir auch Kali oder Natron anwandten und daß die dadurch hervorgebrachten Wirkungen ziemlich gleich waren. Demnach hat das Ammoniak in seinem chemischen Verhalten mit diesen Metalloxyden Aehnlichkeit, und es wird durch die Erfahrung bestätigt, daß das Ammoniak andere Metalloxyde aus ihren Salzen ausfällt, wodurch in die Lösung Salze mit derselben Säure, aber mit anderer, flüchtiger Basis gebracht werden. Demnach könnte man allerdings glauben, Ammoniak wäre eine Basis, und zwar ein Metalloxyd; wir wissen indeß, daß letzteres nicht der Fall ist, indem das Ammoniak keinen Sauerstoff enthält. Auch ersteres ist nicht unbedingt wahr; es ist vielmehr die wichtige Thatsache festzuhalten, daß das Ammoniak sich nur dann wie eine Basis verhält, wenn Wasser zugegen ist. Demnach scheint es, daß Wasser zur Zusammensetzung des Ammoniaks hinzutreten muß, wenn dieses die Rolle einer Basis spielen soll. Da somit auch Sauerstoff hinzutritt, so wäre dann auch eher ein Vergleich mit Metalloxyden möglich.

Wenn man nun versucht (diese Experimente wirst du aber wegen der damit verbundenen Schwierigkeiten nicht anstellen können), vollkommen trockenes Ammoniak mit vollkommen trockenen Sauerstoffsäuren zu Salzen zu verbinden, so erhält mun zwar Verbindungen beider Körper, aber diese haben die Eigenschaften der Sauerstoffsalze nicht. So z. B. läßt sich daraus das Ammoniak und die Säure nicht durch eine andere, stärkere Basis oder Säure abscheiden, ein Beweis, daß beide als solche nicht vorhanden sind. Welcher Art die Constitution dieser Verbindungen, wie z. B. NH_3, SO_3 (schwefelsaures Ammoniak) in der Wirklichkeit ist, wurde bis jetzt noch nicht aufgeklärt, nur ist aus dem von allen Salzen abweichenden Verhalten bestimmt klar, daß es keine Salze sind. Man hat ihm auch verschiedene Benennungen gegeben, die aber noch nicht allgemein angenommen sind.

Wenn diese Ammoniakverbindungen (deren specielle Betrachtung wir gänzlich unterlassen werden) mit Wasser eine Zeit lang in Berührung bleiben, so ändern sich ihre Eigenschaften wesentlich um, und sie zeigen alsdann die allgemeinen Eigenschaften der übrigen Salze; so kann man z. B. hiernach die Säure an ihrer Reaction nachweisen und daraus durch stärkere Basen die Salze dieser letzteren erhalten, während sich ein Theil ihrer Bestandtheile ausscheidet.

Demnach wird z. B.

$$NH_3,\ SO_3$$

erst durch Zutreten von HO zu einem Salz, welches wir also NH_3, SO_3, HO schreiben könnten. Betrachten wir aber den Unterschied zwischen der ersten Formel und der eines gewöhnlichen Salzes, so ist es klar, daß der Zutritt von Wasser (da die Schwefelsäure sich unverändert wiederfindet) dem Ammoniaksalz zu Gute kommen und dasselbe in das fehlende Oxyd umwandeln muß, und wir schreiben daher

$$NH_3,\ SO_3 + HO, \text{ besser}$$

$$NH_3HO,\ SO_3 \text{ oder } NH_4O,\ SO_3,$$

wobei also, wenn NH_4O ein Oxyd vorstellen soll, NH_4 dasjenige ist, was in anderen Salzen das Metall ist. Es wird diese Anschauungsweise dich zwar befremden, wenn wir eine Verbindung von Stickstoff und

Wasserstoff als ein Metall ansehen, die du gewohnt bist, als einfache Stoffe zu denken; allein nach und nach wirst du dich mit der Thatsache befreunden müssen, daß es zusammengesetzte Körper gieb', welche sich wenigstens in der Art und Weise und der Zusammensetzung ihrer Verbindungen verhalten wie einfache Körper, beispielsweise wie Metalle.

Verfolgen wir das Verhalten des Ammoniaks zu den Säuren noch weiter.

Du wirst gleich erfahren, daß beim Zusammenbringen des Ammoniakgases mit Salzsäuregas (ohne alle Dazwischenkunft des Wassers) ein fester Körper entsteht, der in jeder Beziehung dem Kochsalze, also einem Chlormetalle, ähnlich ist. Ja es zeigt sogar die entstehende Verbindung die Krystallform des Kochsalzes, die Verbindung hat nothwendiger Weise die Formel NH_3, HCl; da wir aber vorhin gesehen haben, daß die Verbindung des wasserfreien Ammoniaks mit der wasserfreien Säure nicht die Eigenthümlichkeit der Salze zeigt, so ist diese Verbindung, welche den Character der (Haloid-) Salze zeigt, aus Analogie nicht als Verbindung des Ammoniaks zu betrachten. Haben wir vielmehr die Verbindung aus Ammoniak, Schwefelsäure und Wasser als ein Salz des Oxydes von NH_4 angesehen, so ist nichts natürlicher, als auch NH_3, HCl als eine Verbindung von NH_4 zu betrachten, und also NH_4Cl zu schreiben, was auch seiner Aehnlichkeit mit Haloidsalzen vollkommen entspricht.

Deshalb hat man denn auch die Verbindung NH_4 nach Analogie des Natriums, Kaliums u. s. w. Ammonium genannt und sie den Metallen beigezählt. Die Verbindung $(NH_4)O$, welche wir nach dem eben Gesagten in der Verbindung von Ammoniak, Säure und Wasser annehmen müssen, hat also den Namen Ammoniumoxyd, oder kürzer, nach der Analogie von Natron und Lithion, Ammon.

Wenn also für

$$NH_3, SO_3$$

der Name schwefelsaures Ammoniak in so fern richtig bleibt, als es zwar kein Salz ist, aber doch aus diesen beiden Substanzen zusammengesetzt werden kann, so gehört der Verbindung

$$NH_3, SO_3 + HO = (NH_4)O, SO_3$$

dieser Name keineswegs, sondern sie ist ein wirkliches Salz: schwefelsaures Ammoniumoxyd oder schwefelsaures Ammon. Die Verbindung NH_3, CO_2 heißt demnach kohlensaures Ammoniak, die Verbindung

$$NH_3, CO_2 + HO = (NH_4)O, CO_2,$$

welche aus jener durch Hinzutreten von Wasser gebildet wird, aber kohlensaures Ammoniumoxyd oder Ammon, und ebenso die übrigen.

Die Verbindung NH_3, HCl aber heißt demnach nicht und ist nicht zu betrachten als salzsaures Ammoniak, sondern als Chlorammonium $(NH_4)Cl$. Daß man trotzdem dieser Verbindung, wie auch von mir früher geschehen, den andern Namen beilegt, um mehrere Zersetzungen leichter verständlich zu machen, thut dieser Wahrheit keinen Eintrag. Ganz eben so verhält es sich mit den Verbindungen, welche durch Zusammentreten von Ammoniak und den übrigen Haloidsäuren entstehen, und die also als Haloidsalze des Ammoniums zu betrachten sind.

In Bezug auf die Entstehung der Sauerstoffsalze des Ammoniums ist noch zu bemerken, daß dazu nicht die Ammoniakverbindung erst entstehen und dann Wasser zutreten muß, sondern daß sie sich immer bilden, wenn die Säure und das Ammoniak oder eines von beiden im feuchten Zustand vorhanden ist.

Du wirst nun fragen, was für Eigenschaften das Ammonium hat, und wie man es darstellt, denn ein metallartiger Körper aus Stickstoff und Wasserstoff ist zum mindesten eine höchst merkwürdige Erscheinung. Darauf muß ich dir leider erwiedern, daß nicht allein das Ammonium, sondern auch das Ammoniumoxyd ein bisher noch nicht dargestellter und noch völlig unbekannter Körper ist.

Bei allen Bemühungen, das Ammoniumoxyd aus seinen Salzen abzuscheiden, erhält man Ammoniak und Wasser, und wenn man Ammonium abscheiden will, Ammoniak und Wasserstoff. Demnach kann man wohl sagen, daß man das Ammonium und das Ammon nur in ihren Verbindungen kennt und daß sie beim Abscheiden aus denselben in ihre Elemente oder näheren Bestandtheile zerfallen. Darunter ist aber nicht zu verstehen, daß Ammon wirklich aus Ammoniak und Wasser bestehe, wohl aber, daß es daraus in Gegenwart von Säure entstehe und beim Ausscheiden in diese Stoffe wieder zerfalle.

Daß indessen das Ammonium auch noch in anderer Weise sich als ein Metall darstellt, geht aus Folgendem hervor, wobei ich jedoch bemerke, daß es nicht einmal nöthig ist, daß ein Körper wirklich wie ein Metall aussehe, wenn er sich wie ein solches verhält, wie du z. B. vom Wasserstoff her weißt.

Richte deine electrische Batterie zum Gebrauche her; dann höhle in ein kleines dünnes Stück Salmiak eine kleine Vertiefung aus; lege dasselbe auf ein Stückchen Platinblech, oder einen mehrfach gebogenen und etwas platt geschlagenen Platindraht, welcher mit dem positiven Pole der Batterie in Verbindung steht, befeuchte die Oberfläche der kleinen Höhlung mit ein wenig Wasser und bringe einen Tropfen Quecksilber hinein; dann setze die Batterie in Thätigkeit und tauche den negativen Poldraht in das Quecksilber ein. Alsdann wird, wenn die Batterie stark genug ist, die geringe Menge des gelösten Salmiaks, durch welche der Strom geht, zersetzt; an dem positiven Pol entwickelt sich eine, obwohl kaum bemerkliche Menge Chlor und an dem negativen Ende würde das Ammonium für sich abgeschieden werden müssen, wenn es sich nicht mit dem dort befindlichen Quecksilber zu einem Amalgam verbände. Auch andere Chlormetalle liefern in derselben Weise Chlor und das entsprechende Amalgam. Zersetzt man dieselben ohne Anwendung von Quecksilber, so wird das sich ausscheidende Metall sofort verbrannt, zersetzt man das Chlorammonium für sich, so wird das Ammonium sogleich zersetzt und in Gestalt von Ammoniak und Wasserstoff erhalten. Das Quecksilber aber verhindert, so lange die Batterie geschlossen bleibt, diese Zersetzung und es entsteht eine Verbindung beider Körper, welche in Gestalt einer schnell aufschwellenden Masse aus dem Quecksilber wächst. Dieselbe bildet eine schwammförmige voluminöse Masse, die aber stets ein metallisches Ansehen besitzt. Gerade dieses Ansehen des Amalgams, verbunden mit der Fähigkeit des Ammoniums, sich überhaupt mit dem Quecksilber zu amalgamiren, ist es, die für dessen metallische Natur spricht. Auch dient dieser Versuch zur genauen Ermittelung von dessen Zusammensetzung; denn so wie man das Ammoniumamalgam aus dem Kreise der Batterie nimmt, um es irgend welchen Versuchen zu unterwerfen, zerfällt es augenblicklich in Quecksilber, Ammoniakgas und Wasserstoff. Die Mengen dieser Substanzen sind indessen im Verhältniß zu den Volumen des Amalgams nur gering, weil es nur sehr wenig Ammonium enthält; du wirst aber, wenn du den Versuch angestellt hast, so viel erhalten, daß du, wenn du das Amalgam in eine mit Wasser gefüllte Reagenzröhre bringst und diese dann umkehrst, sowohl den Geruch als die Reaction des Ammoniaks im Wasser finden und einige wenige Blasen Wasserstoff sich entwickeln sehen wirst. Stellt man den Versuch so an, daß die erhaltenen Mengen genau verglichen werden können, so findet man, daß auf 1 Aequivalent Ammoniak sich 1 Aequivalent Wasserstoff entwickelt, daß demnach die Formel des in Verbindung mit Quecksilber abgeschiedenen Ammoniums der oben gemachten Voraussetzung entspricht.

Zusatz einer geringen Menge Natrium erleichtert die beschriebene Zersetzung des Salmiaks und macht das erhaltene Amalgam etwas haltbarer. Es erscheint demnach unsere Theorie als von großer Wahrscheinlichkeit und es dürfte wohl keine geben, welche so sehr geeignet ist, alle einschlagenden Erscheinungen zu erklären.

Fragst du nach dem chemischen Standpunkte, welchen das Ammoniak einnimmt, so ist darauf nichts weiter zu erwiedern, als daß dasselbe ein ziemlich indifferenter Körper ist, welcher aus dem Ammonium durch Wasserstoffentziehung entstanden, und sich entweder durch Wiederaufnahme desselben in Ammonium oder durch Hinzutreten von Wasser in Ammoniumoxyd verwandeln kann. Dieses letztere zu isoliren ist bisher ebenfalls noch nicht gelungen, denn daß die Lösung des Ammoniaks in Wasser oder feuchtes Ammoniakgas schon das fertige Oxyd nicht enthalten, geht aus dem Umstande mit Sicherheit hervor, daß man durch alle Mittel, welche Gase von der blos beigemischten Feuchtigkeit befreien, auch letzteres trocknen kann, und daß man noch keine Andeutung davon hat, daß es eine Auflösung von Ammoniak in Wasser nach bestimmten Verhältnissen gebe. Wir müssen vielmehr, nach Analogie vieler anderer organischer Körper, annehmen, daß das Ammoniak sich nicht direct im Wasser verbindet, sondern nur in Gegenwart von Säuren damit zu Ammon zusammentritt. Das Ammon ist eine starke Base bei gewöhnlicher Temperatur, denn es treibt die meisten andern, nämlich alle unlöslichen aus ihren Lösungen aus, wie du schon öfter erfahren hast. Da aber das Ammon beim Ausscheiden durch andere stärkere Basen, z. B. Kali und Natron, in das flüchtige Ammoniak und Wasser zerfällt, so ist es selbst als eine flüchtige Base zu betrachten und wird daher in höherer Temperatur von allen nicht flüchtigen Basen ausgeschieden.

Auf diesen beiden Grundthatsachen beruhen fast alle Erscheinungen, welche die Ammonsalze characterisiren und bei ihrer Darstellung und Anwendung vorkommen. Ich habe nur noch zuzufügen, daß die meisten Ammonsalze löslich sind und sich dadurch, so wie durch ihre gleiche Krystallform denen des Natrons sehr nahe stellen.

Schon bei den Alaunen haben wir gesehen, daß es die Alkalien vertreten kann; deshalb rechnet man das Ammon oder das Ammoniak (mit Wasser) zu den Alkalien, obwohl letzteres erst unter Umständen zu einem Körper wird, der den Alkalien gleich steht. — Aus allem diesem ist klar, daß die Benennung Ammoniaksalze, kohlensaures Ammoniak u. s. w., wie wir sie noch in sehr vielen Büchern für Ammonsalze u. s. w. finden, durchaus falsch ist, da sie nur für die öfter erwähnten Verbindungen des Ammoniaks passen, welche damit nicht gemeint werden, so daß man meistens zweierlei Körper ganz verschiedener Natur durch denselben Namen bezeichnet. Will man den Namen Ammon nicht gelten lassen, so sollte man wenigstens Ammoniumoxyd sagen und nicht Ammoniak.

Du wirst nun hiernach dasjenige ergänzen und berichtigen können, was ich dir früher über das Ammoniak, seine Anwendung und einige seiner Verbindungen mitgetheilt habe, und es bleibt mir nur noch übrig, einiges über die Salze des Ammoniums anzuführen.

Bisher hat uns zur Darstellung der dir bekannt gewordenen Verbindungen dieser Klasse der Salmiak gedient, und wir haben uns daher mit diesem zunächst zu beschäftigen.

Ich komme darauf in meinem nächsten Briefe zurück.

71. Brief.

Salmiak. Schwefelsaures, kohlensaures, salpetersaures, phosphorsaures Ammon. Schwefelammonium. Verhalten der Metalloxyde zu diesem. Kennzeichen der Ammonsalze.

Der Salmiak NH_4Cl entsteht, wie schon oben erwähnt, beim Zusammenbringen von Ammoniak und Salzsäure:

In einem Kolben entwickele Ammoniak, in einem andern Salzsäure und leite beide Gase durch etwas lange Leitungsröhren in eine große Flasche, in ähnlicher Weise, wie du die zur Darstellung der Schwefelsäure erforderlichen zusammengeleitet hast. In dem Augenblicke, wo sich die Gase mischen, wirst du einen reichlichen weißen Nebel entstehen und sich an allen kalten Theilen des Apparates als weißes Pulver verdichten sehen, welches sich unter der Lupe als aus lauter kleinen Kryställchen bestehend zeigt. Dieselbe Verbindung entsteht beim Vermischen der Lösungen beider Gase, und wenn man eine auf diese Weise erhaltene völlig neutrale Lösung eindampft, so erhält man beim Erkalten lange, nadelförmige Krystalle von derselben Zusammensetzung, wie das oben erwähnte Krystallmehl, die aus vielen kleinen würfelähnlichen bestehen und daher eine gewisse Biegsamkeit besitzen, welche auch dem gewöhnlichen Salmiak, der in Form von faserig krystallisirten Krusten im Handel vorkommt, eigen ist.

Der Salmiak ist in Wasser von gewöhnlicher Temperatur unter bedeutender Temperaturerniedrigung löslich; das Glas, in welchem diese Lösung vorgenommen wird, beschlägt sich sofort und zeigt der anfassenden Hand eine empfindliche Kälte. In der Hitze verdampft es noch vor dem Rothglühen und ohne vorher zu schmelzen. Der Dampf verdichtet sich sofort in der Luft wieder zu weißen Nebeln. Diese Nebel sind es auch, welche die Gegenwart des Ammoniaks oder des Ammons sehr leicht erkennen lassen. Erhitzt man nämlich die fraglichen Stoffe mit einer starken Basis, wie Kali oder Kalk, so wird im Falle der Gegenwart von Ammonium u. s. w. stets Ammoniak entwickelt, welches an einem über das

Gefäß gehaltenen, mit Salzsäure befeuchteten Glasstabe weiße Nebel bildet, die also aus fein vertheiltem Chlorammonium bestehen.

Natürlich kann aber Salmiak auf diese Weise nicht dargestellt werden, da zur Darstellung von Ammoniak erst der Salmiak erfordert wird. Es muß derselbe also eine andere Quelle haben. Alle organischen stickstoffhaltigen Substanzen entwickeln bei der trockenen Destillation Ammoniak oder kohlensaures Ammon, welches bei der Condensation der sich bildenden Producte als Lösung in Wasser erhalten wird. Neutralisirt man dieses ammoniakalische Wasser mit roher Salzsäure, so erhält man nach dem Abdampfen Krystallkrusten von rohem Salmiak, die durch Sublimation gereinigt werden. Dazu werden die ammoniakalischen Wasser benutzt, die als Nebenproduct bei der Fabrikation des Leuchtgases, der Thierkohle u. s. w. abfallen.

Aus ähnlicher Quelle rührt der Salmiak her, den man früher aus Aegypten bezog, wo er sich beim Verbrennen des Kameelmistes in den Rauchfängen condensirte. Der Stickstoff stammte aus den stickstoffhaltigen Bestandtheilen, das Chlor aus dem Kochsalze des Mistes her.

Auch beim Faulen entwickeln die stickstoffhaltigen organischen Stoffe Ammoniak, wenn nicht die Gegenwart von Basen (und der Luft) dieselben zur Bildung von Salpetersäuresalzen disponirt, wie bei der Darstellung des Salpeters. Beim Verfaulen des Harns z. B. entsteht Ammoniak, welches dann in Berührung mit Feuchtigkeit und der Kohlensäure der Luft sich in kohlensaures Ammon verwandelt. Daher rührt der ammoniakalische Geruch an Orten, wo sich Urin der Fäulniß ausgesetzt befindet, während die Mauern in der Nähe stets mit salpetersaurem Kalk imprägnirt sind. Wenn man daher gefaulten Harn destillirt, so erhält man in dem condensirten Wasser kohlensaures Ammon gelöst, welches mit Salzsäure neutralisirt werden kann, wie vorhin erwähnt. Auch kann man das kohlensaure Ammon erst in schwefelsaures verwandeln, indem man dasselbe durch eine Gypsplatte filtrirt, wodurch unlöslicher kohlensaurer Kalk im Rückstand bleibt und eine Lösung von *schwefelsaurem* Ammon erhalten wird; die Flüssigkeit wird mit Kochsalz eingedampft und darauf der Sublimation unterworfen. Da das schwefelsaure Ammon sich erst in höherer Temperatur und nicht unzersetzt verflüchtigt, so entsteht hierbei das leicht flüchtige Chlorammonium und es bleibt schwefelsaures Natron zurück, nach der Gleichung:

$$(NH_4)O, SO_3 + NaCl = NaO, SO_3 + NH_4Cl.$$

Außer auf diese Weise kann man das schwefelsaure Ammon auch durch Neutralisation der erwähnten ammoniakalischen Flüssigkeiten mit Schwefelsäure erhalten. Es ist dem schwefelsauren Kali gleich krystallisirt. Wegen der Schwerflüchtigkeit der Schwefelsäure kann es nur unter Zersetzung verflüchtigt werden.

Das gewöhnliche kohlensaure Ammon des Handels ist meist anderthalbfach-kohlensaures Ammon 2 $(NH_4)O$, 3 CO_2. Es wird erhalten bei der Destillation von Salmiak mit Kreide, wie du es schon selbst versucht hast (Bd. 13, S. 62). Da hiebei je 3 Aequivalente Kohlensäure nur 2 Aequivalente Ammon aufnehmen, so muß auch noch 1 Aequivalent Ammon, oder vielmehr 1 Aequivalent Ammoniak und 1 Aequivalent Wasser frei werden, nach dem Schema :

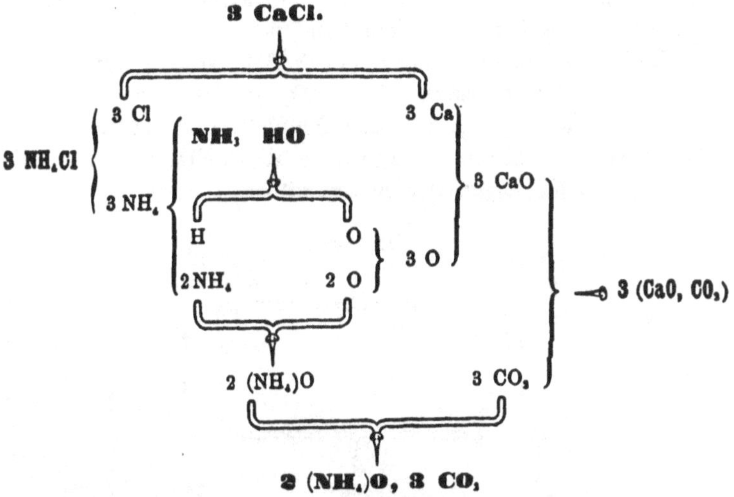

Formel: $3\,NH_4Cl + 2(CaO, CO_2) = 2NH_4O, 3\,CO_2 + NH_3 + HO + 3\,CaCl.$

Auch bei Destillation der gefaulten stickstoffhaltigen Thierstoffe wird größtentheils dasselbe Salz erhalten. Daß beim Durchfiltriren derselben durch Gyps Kohlensäure frei werden muß, ist klar :

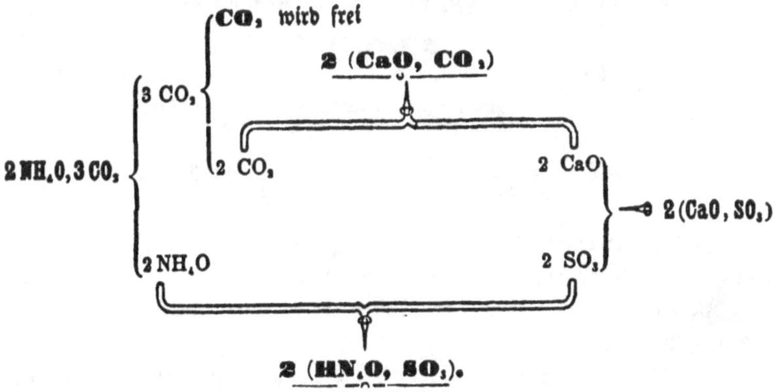

Beim Sättigen einer Ammoniaklösung mit Kohlensäure wird das doppelt kohlensaure Salz erhalten : $(NH_4)O$, HO, $2\ CO_2$. Auch das einfach kohlensaure Salz NH_4O, CO_2 kann dargestellt werden.

Alle diese Verbindungen sind durch die Leichtigkeit ausgezeichnet, mit welcher sie sich verflüchtigen lassen, was sogar bei gewöhnlicher Temperatur stattfindet. Die Erscheinung ist besonders auffallend, wenn man ein Stückchen des käuflichen Salzes auf eine erhitzte Schale wirft; es verdampft unter heftigem Hin- und Herfahren sehr rasch und entwickelt dabei einen stark ammoniakalischen Geruch.

Durch Sättigen des Ammoniaks mit Salpetersäure kannst du leicht das salpetersaure Ammon NH_4O, NO_5 erhalten, ein Salz, welches beim Erhitzen schmilzt und dann Stickstoffoxydul entwickelt, indem außerdem nichts als Wasser gebildet wird : $NH_4O, NO_5 = 2NO + 4HO$; dies kann man sich folgendermaßen verdeutlichen :

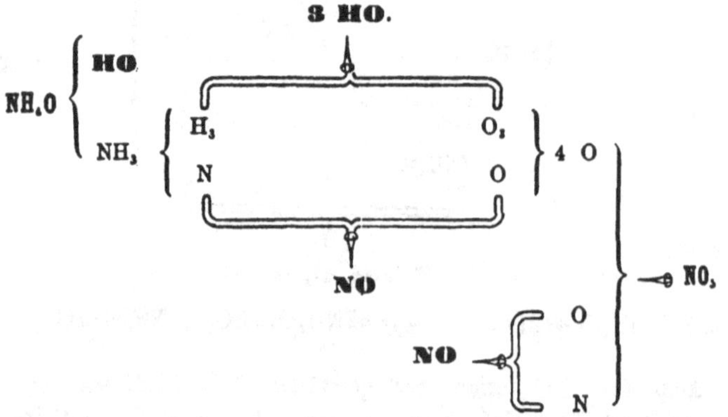

In ähnlicher Weise und noch einfacher zersetzt sich das salpetrigsaure Ammon beim Erhitzen in Stickstoff und Wasser :

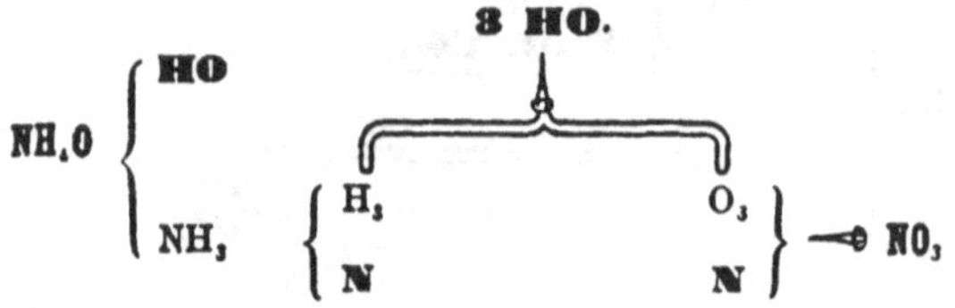

Das salpetersaure Ammon verursacht, auf glühende Kohlen geworfen, deren heftige Verbrennung unter Erscheinung einer röthlichen Flamme.

In seinem halben Gewichte Wasser ist es unter starker Temperaturerniedrigung löslich.

Die Phosphorsäure verbindet sich mit dem Ammon in mehren Verhältnissen; die Salze entsprechen denen des Natrons. Beim Erhitzen entweicht Ammoniak und es bleibt Phosphorsäurehydrat zurück. Die Darstellung des phosphorsauren Natron-Ammons, dessen Formel wir jetzt

$$NH_4O, NaO, HO, PO_5 + 8 HO$$

schreiben, ist dir, so wie die Anwendung dieses Salzes, des Phosphorsalzes, bekannt.

Mit der phosphorsauren Magnesia bildet das phosphorsaure Ammon ein sehr schwer lösliches Doppelsalz, welches allemal entsteht, wenn man die Lösungen eines Magnesiasalzes mit phosphorsaurem Natron und Ammoniak zusammenbringt. Man erhält es in concentrirten Lösungen als weißen Niederschlag, der sich in verdünnten Lösungen aber erst nach einiger Zeit in deutlichen kleinen Krystallen abscheidet. In Salmiak ist er unlöslich, zum Unterschiede der übrigen Magnesianiederschläge; in verdünntem Ammoniak ist diese Verbindung vollkommen unlöslich, und sie dient daher zur Bestimmung der Phosphorsäure und der Magnesia; der Niederschlag hat die Formel:

$$(NH_4O, 2\ MgO)PO_5 + 12\ HO.$$

Beim Glühen hinterläßt dieses Salz pyrophosphorsaure Magnesia

$$2\ MgO, PO_5.$$

Noch mit anderen Metallsalzen bilden die Ammonsalze Doppelsalze; die Löslichkeit vieler Oxydhydrate in Ammoniak beruht auf dem Entstehen dieser löslichen Verbindungen; so ist z. B. die blaue Verbindung, welche beim Lösen des Kupferoxydhydrats in Ammoniak bei Gegenwart von Schwefelsäure entsteht, schwefelsaures Kupferoxyd-Ammoniak, dessen Zusammensetzung zwar bekannt, dessen Formel aber wegen des vorhandenen Ammoniaks noch nicht festgestellt ist; es enthält folgende Bestandtheile:

$$CuO, SO_3 + 2\ NH_3 + HO.$$

Auch die Formel des sogenannten Ammoniakalauns wirst du nun leicht finden:

$$(NH_4)O, SO_3 \text{ u. s. w.}$$

Wir schrieben früher, wie man der Kürze halber oft zu thun pflegt, Ammoniumoxyd AmO statt $(NH_4)O$.

Wie die übrigen Metalle, so verbindet sich auch das Ammonium mit Schwefel; das Schwefelammonium NH_4S ist eine Schwefelbase, wie das Schwefelkalium und Schwefelnatrium; leitet man Schwefelwasserstoff in eine Ammoniaklösung bis zur Sättigung, so wird indessen nicht diese Verbindung, sondern durch weitere Aufnahme von Schwefelwasserstoff das Sulfosalz: Schwefelwasserstoff-Schwefelammonium erhalten:

$$NH_3 + 2\,HS = (NH_4)S, HS.$$

Die Lösung dieses Salzes, welches unter Anwendung von wasserfreiem Alkohol statt Wasser auch in Krystallform erhalten werden kann, ist farblos; an der Luft färbt sie sich unter Wasserbildung und Entstehung von Zweifach-Schwefelammonium gelb:

$$NH_4S, HS + O + NH_4S_2 + HO.$$

Auch höhere Schwefelungsstufen des Ammoniums können erhalten werden.

Du wirst eine gewisse Menge des Schwefelsalzes darzustellen haben; zu diesem Zwecke dient der Gasentwickelungsapparat, den du schon mehrfach zur Darstellung des Schwefelwasserstoffs gebraucht hast; das Gas ist durch Wasser zu waschen und in eine mit ihrem gleichen Volumen Wasser vermischte Ammoniaklösung zu leiten, welche sich in einer Flasche befindet, die mit einem sehr dichtschließenden Glasstöpsel verschlossen werden kann. Die Operation ist bis zur vollkommenen Sättigung fortzusetzen, welche man folgendermaßen erkennt.

Man entfernt die Flasche vom Apparate, verschließt sie mit ihrem Stöpsel und schüttelt, um den außer der Flüssigkeit noch vorhandenen Schwefelwasserstoff zur Absorption zu bringen. Ist die Flüssigkeit bereits vollständig gesättigt, so absorbirt sie nichts weiter und der Stöpsel läßt sich leicht wieder entfernen; wenn aber noch Schwefelwasserstoff absorbirt wird, so entsteht dadurch ein luftverdünnter Raum und neben dem schwer zu öffnenden Stöpsel sieht man deutlich Luftblasen in die Flasche eindringen. In diesem Falle ist dann noch weiterhin Gas durchzuleiten, bis die Absorption ganz vollendet ist, und das Schwefelsalz, welches man in der Regel der Kürze halber Schwefelammonium nennt, wohl verstöpselt aufzubewahren. Soll daraus wirklich Schwefelammonium erhalten werden, so ist noch eine der angewandten gleiche Menge Ammoniak zuzusetzen, denn

$$(NH_4)S, HS + NH_3 = 2\,(NH_4)S.$$

Beide Substanzen werden vielfach angewandt, und es ist die darin nach einiger Zeit durch mangelhaften Verschluß vorkommende Bildung von Mehrfach-Schwefelammonium bei der Anwendung nicht hinderlich, sondern in manchen Fällen sogar nothwendige Bedingung; weshalb das gelb gewordene Schwefelammonium fortwährend brauchbar bleibt, wenn es nur noch mit Säure einen reichlichen Schwefelniederschlag unter Schwefelwasserstoffentwickelung giebt.

Die Anweudung des Schwefelammoniums beruht auf der dadurch bewirkten Bildung von Schwefelverbindungen der Metalle, mit deren Lösung es zusammenkommt, so wie auf der Bildung von löslichen Schwefelsalzen bei denjenigen Schwefelmetallen, welche electronegativer Natur sind. Wenn man zu letzterem Zwecke das eigentliche Schwefelammonium anwendet, so geht diese Verbindung durch unmittelbare Vereinigung vor sich, wenn man aber dazu das Schwefelwasserstoff-Schwefelammonium nimmt, so wird Schwefelwasserstoff ausgetrieben.

Da der Schwefelwasserstoff nur dann die Schwefelmetalle ausfällen kann, welche in Säuren unlöslich sind, so ist das Schwefelammonium ein viel allgemeineres Fällungsmittel für dieselbe, indem dadurch auch diejenigen ausgeschieden werden können, welche in Säuren löslich sind, da diese durch das vorhandene oder vielmehr sich bildende Ammon in Beschlag genommen werden.

Nur diejenigen Schwefelmetalle werden nicht gefällt werden können, welche Sulfosäuren bilden, die mit überschüssiger Sulfobase lösliche Salze bilden. Ja es werden sogar diese, wenn sie durch Schwefelwasserstoff ausgefällt worden sind, bei Zusatz von Schwefelammonium wieder aufgelöst.

Das Verhalten des Schwefelwasserstoffs zu den Lösungen der Metallsalze ist dir schon bekannt; ich will demselben gegenüber nun das Verhalten zu Schwefelammonium angeben, welches du durch Versuche zu bestätigen und dir dann genau zu merken haben wirst. Es ist stets die Rede von klaren und reinen Lösungen der Salze der Oxyde, wenn sie mit einem Tropfen reiner Salzsäure versetzt sind; nach der Anwendung des gasförmig durchzuleitenden Schwefelwasserstoffs ist Ammoniak bis zur alkalischen Reaction und dann, ohne Rücksicht auf den entstehenden Niederschlag, ein paar Tropfen Schwefelammonium zuzusetzen. Bei der Prüfung des Schwefelwasserstoffniederschlags mit dieser Substanz, ist derselbe erst abzufiltriren, auszuwaschen und dann auf dem Filtrum damit zu übergießen. Die Operation ist mit sehr geringen Mengen auszuführen.

Baryt, Kalk, Natron, Magnesia } geben mit keinem von beiden einen Niederschlag.

	Schwefelwasserstoff	Schwefelammonium
Thonerde (1):	kein Niederschlag	weißer Niederschlag von Thonerdehydrat
Chromoxyd:	„ „	Niederschlag des Hydrats
Nickeloxyd:	„ „	schwarzer Niederschlag

(1) Die hierher gehörigen selteneren Erden und die anderen selteneren Metalloxyde habe ich als unwichtig weggelassen.

	Schwefelwasserstoff	Schwefelammonium
Kobalt . . .	kein Niederschlag	schwarzer Niederschlag
Mangan	" "	fleischrother Niederschlag
Zinkoxyd	" "	weißer Niederschlag
Eisenoxydul	" "	schwarzer Niederschlag
Eisenoxyd	weißer Niederschlag von Schwefel	schwarzer Niederschlag.
Kupferoxyd . .	schwarzer Niederschlag	unlöslich
Kadmiumoxyd .	gelber "	"
Wismuthoxyd Quecksilber Silberoxyd Bleioxyd	schwarzer Niederschlag	"
Antimonoxyd	orangefarbener Niederschlag	löslich
Antimonsäure	gelber "	"
Zinnoxydul .	dunkelbrauner "	"
Zinnsäure .	schmutzig-gelber "	"
Goldchlorid .	schwarzer "	"
Platinchlorid	schwarzer "	"
Arsenige Säure	gelber "	"
Arsensäure .	nach einiger Zeit hellgelber "	"

Ich wiederhole nochmals, daß du dieses Verhalten der einzelnen Metalloxyde durch häufige Versuche als besonders characteristische dir vorführen und mit großem Fleiße einprägen mußt.

Von den allgemeinen Kennzeichen der Ammonsalze habe ich nur noch anzuführen, daß sie, je nachdem die Säure flüchtig oder nicht flüchtig ist, vollkommen oder zum Theil flüchtig sind, in letzterem Fall unter Ammoniakentwickelung (kenntlich wie oben gesagt). Durch kohlensaure Alkalien werden sie nicht gefällt; mit Kalk oder Kali erhitzt entwickeln sie alle (wie schon specieller angeführt) Ammoniak.

Chlorplatin fällt Platinsalmiak:

$$NH_4Cl, PtCl_2$$

als gelben Niederschlag; seine Eigenschaften sind dir schon von früher her bekannt; daß derselbe beim Glühen unter Entwickelung von Salmiaknebeln nur Platin hinterläßt, ist dir nunmehr leicht erklärlich.

Somit will ich diesen langen Brief schließen, der dir viel zu versuchen, zu denken und zu behalten geben wird.

---

72. Brief.

Cyan: Entstehung, Eigenschaften und Darstellung. Cyanwasserstoff. Cyanmetalle. Doppelcyanüre, Kaliumeisencyanür. Darstellung und Eigenschaften, Cyankalium; Ferrocyan. Verhalten der Metalloxydlösungen zu gelbem Blutlaugensalz.

Wenn man stickstoffhaltige Kohle, d. h. diejenige thierische Kohle, welche beim Verkohlen stickstoffhaltiger organischer Stoffe, wie Blut, Haut, Knochen, Horn, Klauen u. s. w., in Gegenwart von kohlensaurem Kali heftiger Glühhitze aussetzt, so erhält man eine Verbindung des durch den vorhandenen Kohlenstoff reducirten Kaliums mit einem eigenthümlichen Körper, welcher Kohlenstoff und Stickstoff enthält, nach der Formel C_2N zusammengesetzt ist, sich aber wie ein einfacher Körper verhält und zwar in seinen Eigenschaften sowohl wie in seiner Verbindungsweise und in dem Character seiner Verbindungen denjenigen Elementen am nächsten steht, welche den Namen der halogenen Körper erhalten haben. Dieser merkwürdige Körper hat den Namen **Cyan** erhalten. Er verbindet sich mit den Metallen zu Cyanüren, die den Chlorüren entsprechen und in denen das Metall durch Wasserstoff vertretbar ist, wodurch eine Haloid- (oder sogenannte Wasserstoff-) Säure, die Cyanwasserstoff- oder Blausäure entsteht.

Diesen Körper, dessen Betrachtung zwar eigentlich eben so wie die des Ammoniums u. s. w. in die organische Chemie gehört, wollen wir jetzt etwas näher kennen lernen.

Wenn man das wie vorhin angegeben erhaltene Cyankalium durch salpetersaures Quecksilberoxyd zersetzt, so erhält man nach dem Erkalten der kochenden Lösungen krystallinisch sich ausscheidendes Cyanquecksilber. Dieses dient zur Darstellung des Cyans.

Da ich es nicht für nöthig halte, daß du diesen Körper, dessen Darstellung etwas umständlich ist, im reinen Zustande studirst, indem seine

Verbindungen dir hinreichend Arbeit machen werden, so gebe ich an dieser Stelle noch nicht die Darstellung des Cyankaliums u. s. w. genauer an; es wird jedenfalls das Gesagte zum nöthigen Verständniß vollkommen genügen; solltest du das Cyan selbst näher kennen zu lernen wünschen, so kannst du damit bis nach einiger Zeit warten, wo die Darstellung der Hülfssubstanzen dazu schon vorgekommen sein wird.

Beim Erhitzen zersetzt sich das Cyanquecksilber nämlich in Quecksilber und Cyan, so daß man das Cyan in derselben Weise darstellen kann, wie den Sauerstoff aus dem Quecksilberoxyd. Das Cyan tritt dann als ein farbloses Gas von eigenthümlichem Geruch auf, welches bei einem Druck von 4 — 5 Atmosphären oder bei — 20° flüssig wird. Sein specifisches Gewicht ist 1,86. Angezündet verbrennt das Cyan mit purpurfarbener Flamme zu Kohlensäure und Stickstoff.

In Wasser ist das Cyan leicht löslich; aus der Lösung scheidet sich nach und nach ein braunes Pulver ab, welches in Folge einer sehr verwickelten Zersetzung auftritt.

Bei der Darstellung des Cyans wird stets auch eine gewisse Menge desselben in fester Form und von brauner Farbe erhalten, welche mit dem Cyan gleiche Zusammensetzung hat und eine andere Modification desselben ist; man hat dieser Substanz den Namen Paracyan gegeben.

Behandelt man ein Cyanmetall mit einer Säure, so erhält man den Cyanwasserstoff; z. B. $HgCy + HCl = HgCl + HCy$. Den Versuch zu machen wirst du dich aber nicht unterfangen, da es ohne besondere Vorkehrungen sehr schwer gelingen würde, dich vor den tödtlichen Wirkungen dieses Körpers, der Blausäure, zu hüten. Der Cyanwasserstoff ist bei gewöhnlicher Temperatur flüssig, siedet aber schon bei $26\frac{1}{2}°$ und entwickelt daher stets reichliche Dämpfe. Mit Wasser mischt er sich in jedem Verhältniß; auch diese verdünnten Lösungen sind noch heftige Gifte, mit denen man umzugehen nur bei strenger Nothwendigkeit wagen sollte. Der Geruch der Blausäure ist characteristisch: er erinnert an den der bitteren Mandeln. Die Lösung der Cyanwasserstoffsäure zersetzt sich, wie auch die wasserfreie Säure, sehr schnell; in Gegenwart von etwas Schwefel- oder Salzsäure läßt sie sich aber lange aufbewahren.

Das Cyan wird in seiner Verbindung mit Wasserstoff aus seinen Lösungen schon durch Kohlensäure ausgetrieben, so daß die löslichen Cyanüre schon an der Luft den eigenthümlichen Geruch derselben entwickeln. Die unlöslichen Cyanmetalle zeigen denselben erst beim Behandeln mit starken Säuren.

Direct kann man das Cyan nur mit Kalium und Natrium verbinden; weder die Verbindung mit Wasserstoff, noch die mit Sauerstoff, die Cyansäure, kann direct erhalten werden.

Die merkwürdigste Eigenschaft der Cyanüre ist die Neigung derselben, sich untereinander zu scharf characterisirten Doppelcyanüren zu verbinden, und einige von diesen, die eine große Anwendung in der Technik, sowie in dem Laboratorium gefunden haben, wollen wir näher betrachten.

Das Cyankalium KCy verbindet sich mit dem Eisencyanür FeCy oder Eisencyanid Fe_2Cy_3 zu zwei Doppelsalzen, deren ersteres den Namen Kalium-Eisencyanür, das andere den Namen Kalium-Eisencyanid trägt. Da diese Salze den Ausgangspunkt für die Darstellung der übrigen bilden, so will ich sie auch jetzt zuerst vornehmen.

Das Kaliumeisencyanür oder Ferrocyankalium kommt im Handel mit 3 Aequivalenten Krystallwasser in Gestalt gelber Krystalle und unter dem Namen gelbes Blutlaugensalz vor; seine Zusammensetzung kann man durch die Formel

$$FeCy + 2\ KCy + 3\ HO$$

ausdrücken, obwohl die einzelnen Atome sicher anders angeordnet sind. Du weißt schon, wie man die Entstehung des Cyankaliums hervorrufen kann. Wenn man nun eine Lösung dieses Salzes mit Eisen zusammenbringt, so bildet sich Eisencyanür, und das seines Cyans beraubte Kalium bildet mit dem Wasser unter Entwickelung von Wasserstoff Kalihydrat. Das Eisencyanür tritt aber mit einem unzersetzten Antheil Cyankalium zusammen und bildet das oben genannte Salz.

Es findet also folgende Zersetzung statt:

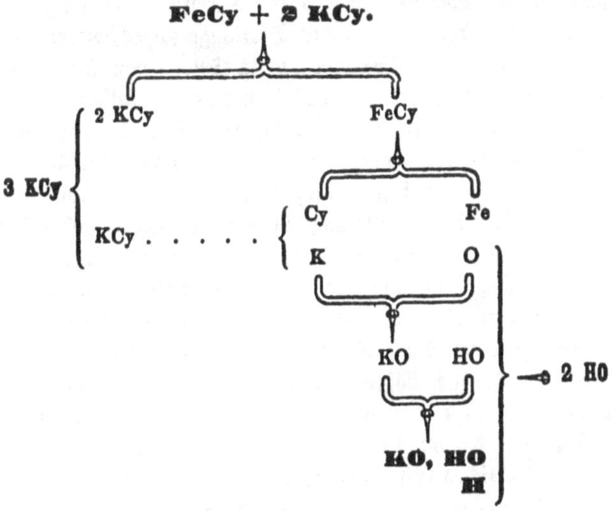

Formel: $3\ KCy + Fe + 2\ HO$
$= FeCy + 2\ KCy + KO, HO + H.$

Nimmt man Eisenoxyd (oder Hammerschlag), so wird der Wasserstoff nicht frei, sondern es ist dessen Sauerstoff, der dann an das Kalium tritt; eben so zersetzt sich Schwefeleisen und Cyankalium unter Bildung von Schwefelkalium und Eisencyanür; auch in diesem Falle erhält man also Blutlaugensalz ohne Wasserstoffentwickelung:

$$3\ KCy + FeS = FeCy + 2\ KCy + KS.$$

Hieraus ergiebt sich das Verfahren bei der Darstellung des Blutlaugensalzes im Großen: Man schmilzt kohlensaures Kali mit verkohlten stickstoffhaltigen Thierstoffen unter Zusatz von Eisenfeile oder Hammerschlag in eisernen Kesseln und behandelt nach dem Erkalten die „Schmelze" mit kochendem Wasser. Streng genommen ist es nicht nöthig, das Eisen während des Schmelzens zuzusetzen, da es sich herausgestellt hat, daß sich, entsprechend den eben gegebenen Erklärungen, nicht eher Blutlaugensalz, ja nicht eher Eisencyanür bildet, als bis Wasser hinzukommt. Allein die Erfahrung, daß bei Unterlassung dieses Zusatzes während des Schmelzens die eisernen Schmelzgefäße heftig angegriffen werden, hat denselben stets beibehalten lassen, noch lange ehe man die wahre Ursache kannte. Diese ist aber, wie genauere Untersuchungen ergeben haben, nicht die Bildung von Cyaneisen, welches bei der Temperatur der Schmelze gar nicht bestehen kann, sondern von Schwefeleisen. Die rohe Potasche enthält nämlich stets schwefelsaures Kali; dieses geht zunächst in saures Salz über und dieses wird dann durch die Kohle zu mehrfach Schwefelkalium reducirt, welches das Eisen unter Bildung des leicht schmelzbaren Schwefeleisens stark angreift. Allerdings kommt letzteres dem Prozeß der Bildung des Blutlaugensalzes wieder zu Gute, aber es ist doch immer zweckmäßiger, es in Gestalt von Eisenfeile zuzusetzen, als es von der Wand des Kessels nehmen zu lassen.

Das Blutlaugensalz ist nicht giftig, entwickelt aber, wie auch die einfachen Cyanüre, beim Behandeln mit starker Säure Blausäure. Beim Erhitzen verliert es zunächst sein Krystallwasser, schmilzt dann und zersetzt sich unter Stickstoffentwickelung in niederfallendes Kohlenstoffeisen und Cyankalium, welches man bei gut geleiteter Operation klar abgießen kann. Setzt man vor dem Schmelzen kohlensaures Kali zu, so wird reines Eisen abgeschieden und alles Cyan als Cyankalium erhalten. Man bekommt so dieses Salz als eine schneeweiße, krystallinische Masse, die aus ihrer wässerigen Lösung in würfelförmigen Krystallen erhalten werden kann. Ich gebe dir absichtlich nicht genauere Vorschriften zu ihrer Darstellung, da du sie besser unterlässest. Das Cyankalium ist nämlich ein so tödtliches Gift, daß es der Blausäure darin mindestens gleichsteht; und obwohl es in der analytischen Chemie eine ziemlich häufige Anwendung findet, so kann man es doch auch entbehren, und ich habe es z. B. bei der Löthrohrprobe, wo es als kräftiges Reductionsmittel und Zusatz zur Soda gebraucht wird, absichtlich weggelassen. Die große Gefährlichkeit seiner Anwendung schien mir dieses zu erheischen. Seine Anwendung als Reductionsmittel gründet sich darauf, daß es in der Glühhitze mit großer Begierde den Sauerstoff der beigemengten Oxyde aufnimmt, um sich in cyansaures Kali zu verwandeln. Doch kann es in denjenigen Fällen, welche dir bisher vorgekommen sind, durch längeres Blasen und eine gute Reductionsflamme ersetzt werden.

Diese Lösung des Blutlaugensalzes giebt mit denjenigen Reagentien, welche sonst das Eisen ausfällen, z. B. mit Kali oder mit Schwefelammonium keinen Niederschlag. Es ist dies höchst merkwürdig und deutet zugleich mit der Erfahrung, daß es, obwöhl Cyankalium enthaltend, nicht giftig ist, darauf hin, daß die Zusammensetzung dieses Salzes eine andere ist, als sie die Formel giebt. In der That kann man aus demselben eine eigenthümliche Säure darstellen, welche alles Cyan und Eisen des Blutlaugensalzes und Wasserstoff enthält, wonach also dieses Salz eine Verbindung von Kalium mit dieser ihres Wasserstoffs beraubten Säure wäre. Demnach giebt es neben dem Cyan, welches schon die Rolle eines einfachen Körpers spielt, noch ein anderes zusammengesetztes „Radikal", welches außer Kohlenstoff und Stickstoff noch Eisen enthält, und daher den Namen Ferrocyan trägt. Dieses bildet eben so wie das Cyan mit Wasserstoff eine Säure, die aber keine giftigen Eigenschaften besitzt. Erst wenn dieses Radikal in seinem Zusammenhange zerstört ist, kann das Eisen in dessen Verbindungen nachgewiesen werden. Bezeichnet man also das Radikal Ferrocyan mit Cfy, so ist die Formel für das Blutlaugensalz $K_2Cfy + 3\ HO$.

Dies mag für unsern Gegenstand genügen, denn weiter kann ich mich nicht darauf einlassen, ohne allzusehr in das Gebiet der organischen Chemie zu gerathen, was aber meinem Zwecke für jetzt noch fern liegt; es wird hinreichend sein, um dir eine Andeutung hierüber zu geben; zum Verständniß der folgenden Vorgänge ist ohnehin die andere Schreib- und Anschauungsweise bequemer, und wir können sie um so mehr hinnehmen, als auch die neuere Ansicht doch immer nur noch Theorie ist.

Das gelbe Blutlaugensalz zersetzt sich beim Vermischen mit anderen Salzen sehr leicht und zwar unter Bildung der oben angeführten Doppelcyanüre, sofern dieselben unlöslich sind. So z. B. entsteht mit Kupfervitriollösung ein rothbrauner Niederschlag von Kupfereisencyanür (Ferrocyankupfer) und schwefelsaures Kali kommt in Lösung, indem sich Kupfer und Kalium vertreten:

$$2\ (CuO,\ SO_3) + FeCy,\ 2\ KCy = \underline{FeCy,\ 2\ CuCy} + 2\underline{(KO,\ SO_3)}.$$

Mit Zinklösungen erhält man einen weißen Niederschlag von Zinkeisencyanür (Ferrocyanzink):

$$2\,(ZnO, SO_3) + FeCy, 2\,KCy = FeCy, 2\,ZnCy + 2\,(KO, SO_3).$$

Kalksalze geben einen weißen Niederschlag.

Magnesiasalze verhalten sich eben so; der Niederschlag entsteht aber erst nach einiger Zeit.

Thonerde: ebenso.

Manganoxydul: weißer Niederschlag mit einem Stich in's Röthliche.

Kobaltoxydul: grüner Niederschlag.

Nickeloxydul: weißer Niederschlag; die Salze von Wismuth, Silber, Quecksilber, Zinn und Antimon verhalten sich eben so.

Das Verhalten der Salze des Eisenoxyds und des Eisenoxyduls werden wir gleich noch ausführlicher besprechen; die übrigen Salze geben keine Niederschläge; die erwähnten hast du aber, als ganz besonders characteristisch, durch den Versuch nachzuweisen.

Das nächste Mal wirst du noch einige andere Doppelsalze des Cyans kennen lernen.

73. Brief.

Kaliumeisencyanid. Darstellung und Eigenschaften; Ferridcyan. Verhalten der Metallsalze zum rothen Blutlaugensalz. Eisencyanürcyanid, verschiedene Entstehungsweise desselben. Fabrikation im Großen. — Cyanquecksilber, Cyansilber, Cyangold.

Schluß des zweiten Theiles.

Wenn man in eine Lösung von gelbem Blutlaugensalz Chlor leitet, so geht folgende Veränderung darin vor: das Chlor verdrängt einen Theil des Cyans aus dem Cyankalium, nimmt die entsprechende Menge des Kaliums in Beschlag und bildet damit Chlorkalium; dadurch wird dessen Cyan frei und verbindet sich mit dem Eisencyanür zu Eisencyanid, welches mit einer unveränderten Menge Cyankalium zu Kaliumeisencyanid oder Ferridcyankalium verbunden bleibt.

Zur Bildung des Eisencyanids Fe_2Cy_3 gehören 2 Aequivalente Eisencyanür, mithin auch 2 Aequivalente gelbes Blutlaugensalz; diese enthalten aber 4 Aequivalente Cyankalium. Damit das erforderliche eine Aequivalent Cyan frei werden kann, ist von diesem nur 1 Aequivalent zu zersetzen (wozu also 1 Atom Chlor erforderlich ist) und es bleiben also 3 Aequivalente Cyankalium übrig, die sich mit dem Eisencyanid verbinden.

Demnach erhalten wir eine Verbindung von der Formel

$$Fe_2Cy_3, 3\,KCy$$

und die Zersetzung geht nach dem folgenden Schema vor sich:

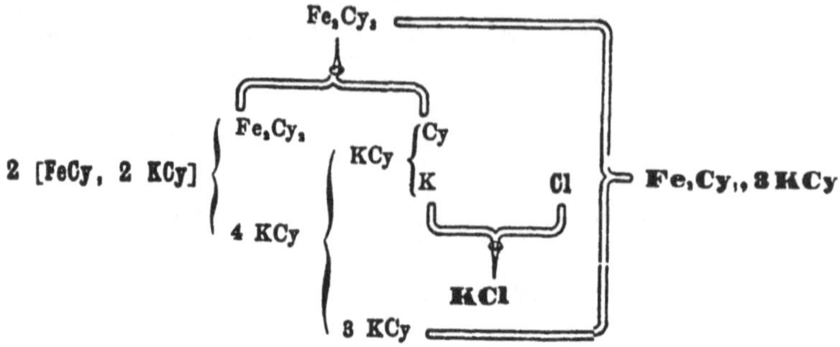

Formel : 2 (FeCy, 2 KCy) + Cl = KCl + Fe_2Cy_3, 3 KCy.

Dieses Salz krystallisirt in braunrothen Krystallen aus, während die Mutterlauge Chlorkalium gelöst enthält.

Du kannst das rothe Blutlaugensalz in kleiner Menge mittelst des Apparats mit der U-förmigen Röhre darstellen, um dich von dieser Umwandlung zu überzeugen. Es wird dabei durch Einleiten von Chlor das Cyanür und Cyanid verwandelt — freilich nur indirect.

Die Formel des rothen Blutlaugensalzes hast du dir im Gegensatz zu der des gelben wohl zu merken, und es geht dies am leichtesten, wenn man stets mit dem Cyaneisen anfängt, von welchem in jedem nur ein Atom enthalten ist, und dann darauf achtet, daß zu demjenigen Salz, welches am wenigsten Atome Eisen enthält, 2 Atome Cyankalium gehören, während dasjenige mit den meisten Eisenatomen deren 3 enthält. So ist es nicht schwer, die Formeln zu behalten.

In dem Kaliumeisencyanür kann das Eisen ebenfalls nicht nachgewiesen werden, ehe die Zusammensetzung des Salzes als solches zerstört ist und man hat daher in demselben aus ähnlichen Gründen, wie bei dem Cyanid, ein eigenes Radikal aus Eisen, Stickstoff und Kohlenstoff angenommen, welches aber eine andere Zusammensetzung als das Ferrocyan haben muß, Fe_2Cy_6 ist und mit 2 Cfy bezeichnet wird; daher der Name Ferridcyankalium.

Auch das Ferridcyankalium giebt mit den weißen Metalloxyden Doppelcyanüre, bei deren Entstehung die 3 Atome Kalium durch das Metall vertreten werden. So erhält man mit Bleioxyd einen weißen Niederschlag von Ferridcyanblei oder Blei-Eisencyanid.

Man erhält mit

Kalk Magnesia Thonerde	keinen Niederschlag.
Manganoxydul :	einen braunen Niederschlag.
Zinkoxyd	" gelbrothen "

Kobaltoxydul . .	einen braunrothen	Niederschlag,
Wismuthoxyd . .	„ blaßgelben	„
Kupferoxyd . . .	„ gelbgrünen	„
Silberoxyd . . .	„ rothbraunen	„
Quecksilberoxydul	„ „	„
Quecksilberoxyd .	keinen Niederschlag,	
Zinnoxydul . . .	einen weißen Niederschlag.	

Das Verhalten zu Eisensalzen haben wir noch näher zu betrachten.

Reines Kaliumeisencyanid, welches keine Spur Cyanür enthält, giebt mit Eisenoxydsalzen keine Fällung; mit der geringsten Spur eines Eisenoxydulsalzes geht aber eine Vertretung des Kaliums durch das Eisen vor sich, und es entsteht aus dem Kaliumcyanür Eisencyanür (und das Eisenoxydulsalz des Kalisalzes), welches sich mit dem Eisencyanid verbindet und einen dunkelblauen Niederschlag bildet, der also Eisencyanürcyanid heißen und die Formel $Fe_2Cy_3 + 3\ KCy$ haben muß.

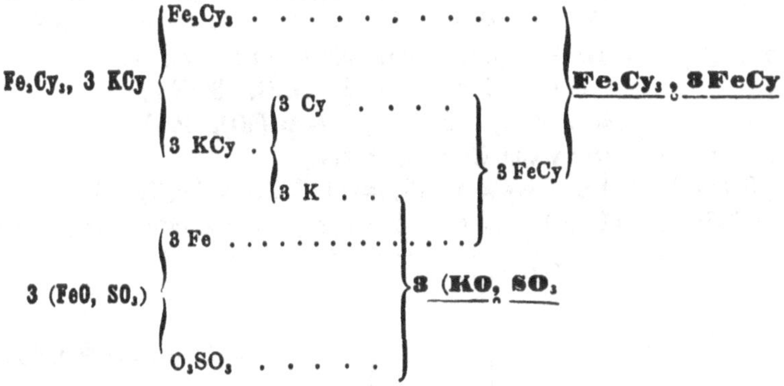

Formel : Fe_2Cy_3, 3 KCy + 3 (FeO, SO_3)
= Fe_2Cy_3, 3 FeCy + 3 (KO, SO_3).

Dieser blaue Niederschlag trägt den Namen Berlinerblau und wird vielfach als Farbe angewandt. Du wirst wohl daran thun, dich von der Empfindlichkeit der Eisenoxydulsalze für Ferridcyankalium zu überzeugen.

Selbst wenn man ein Eisenvitriol enthaltendes Gefäß wiederholt mit Wasser ausgespült hat, entsteht mit rothem Blutlaugensalz noch eine blaue Färbung in hineingegossenem Wasser. Eisenchlorid giebt zwar bei concentrirten Lösungen eine dunkelgrünbraune Färbung, aber keinen Niederschlag; man muß daher das Durchleiten von Chlor durch die Lösung des gelben Blutlaugensalzes so lange fortsetzen, bis kein Niederschlag mit Eisenchlorid mehr entsteht. Bequemer ist es freilich, das Salz, welches hinreichend rein im Handel vorkommt, fertig zu kaufen.

Gelbes Blutlaugensalz aber giebt mit Eisenoxydsalzen (also auch mit Eisenchlorid) einen blauen Niederschlag, der ebenfalls aus Eisencyanür und Eisencyanid besteht und daher auch Berlinerblau genannt wird, obwohl er von anderer Zusammensetzung als derjenige ist, welchen man auf die andere Weise erhält.

Wenn nämlich in der Verbindung Fe_2O_3, 3 SO_3, das Aequivalent Fe_2O_3 durch sein Aequivalent Kali oder vielmehr das Fe_2 durch sein Aequivalent Kalium ersetzt werden soll, so müssen 3 Aequivalente Kalium eintreten, weil sich keine Verbindung von der Formel K_2O_3 bilden kann. Um aber aus FeCy, 2 KCy 3 Aequivalente Kalium nehmen zu können, müssen wir diese Formel verdreifachen und erhalten also 3 FeCy, 6 KCy. Treten nun die 6 K aus und in 2 (Fe_2O_3, 3 SO_3) oder Fe_4O_6, 6 SO_3 ein, so werden sie nur durch 4 Atome Eisen ersetzt und es entsteht auf der einen Seite Fe_4Cy_6 oder 2 Fe_2Cy_3 und auf der anderen K_6O_6, 6 SO_3; das entstehende Eisencyanürcyanid hat also die Formel 3 FeCy, 2 Fe_2Cy_3. Diese Zersetzung können wir also durch die Formel

$$3\,(FeCy,\ 2\,KCy) + 2\,(Fe_2O_3,\ 3\,SO_3)$$
$$= 3\,FeCy,\ 2\,Fe_2Cy_3 + 6\,(KO,\ SO_3)$$

oder bei Anwendung von Eisenchlorid durch

$$3\,(FeCy,\ 2\,KCy) + 2\,Fe_2Cl_3 = 3\,FeCy,\ 2\,Fe_2Cy_3 + 6\,KCl$$

ausdrücken. Ich will letztere durch ein Schema darzustellen versuchen:

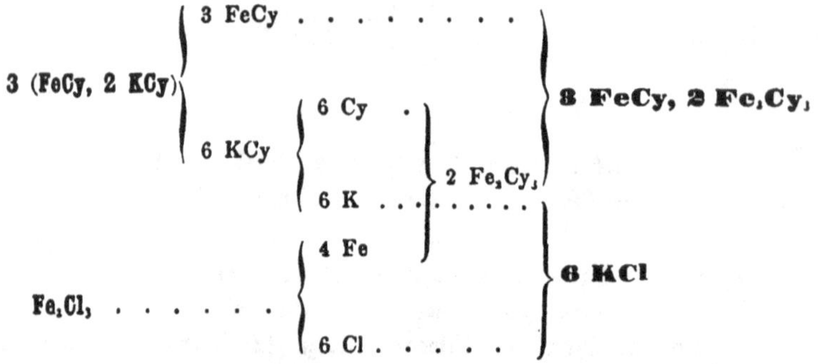

Wenn man endlich gelbes Blutlaugensalz mit reinem (1) Eisenoxydulsalz mischt, so entsteht ein weißer Niederschlag von Eisencyanür, der an der Luft augenblicklich blau wird und daher stets

(1) Der Versuch ist unter denselben Umständen anzustellen, wie der frühere zur Erkennung der Farbe des Oxydulhydrats.

schon von vornherein bläulich ausfällt. In einer wenn auch nur wenig Eisenoxyd haltenden Oxydullösung, also in dem käuflichen Eisenvitriol, entsteht in Folge des Oxydgehalts gleich ein ziemlich dunkler Niederschlag.

Wenn du die Flüssigkeit mit dem weißen oder bläulichen Niederschlage einigemal aus einem Glase ins andere gießest, so wirst du ihn sehr schnell dunkelblau werden, also in Berlinerblau übergehen sehen. Diese Veränderung beruht auf einer Oxydation, indem dadurch Eisenoxyd(-hydrat) gebildet und folglich etwas Cyan frei wird, welches mit einem Theil des Eisencyanürs Eisencyanid giebt, das dann mit unverändertem Eisencyanür zu Berlinerblau zusammentritt. Es entsteht also neben diesem Eisenoxyd. Nehmen wir 9 Aequivalente Eisencyanür, so tritt folgende Zersetzung ein:

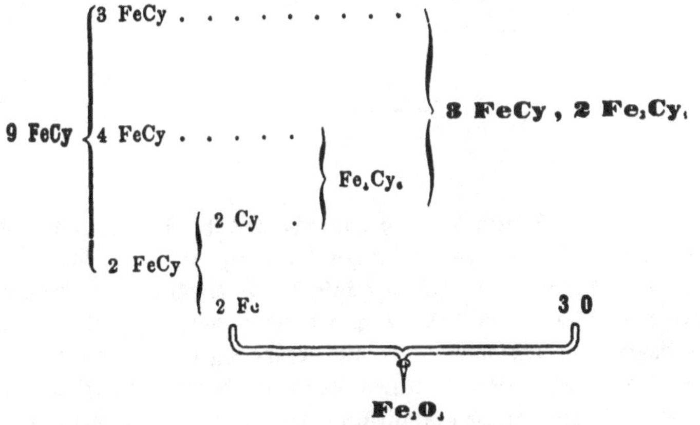

Diese Wirkung der Luft wird durch Oxydationsmittel, wie z. B. Salpetersäure, sehr befördert. Man benutzt den Prozeß zur Darstellung des Berlinerblaus im Großen und „schönt" die Farbe durch Behandeln mit Schwefelsäure, um das entstandene Eisenoxyd zu entfernen, welches das Blau etwas mißfarbig macht.

Uebrigens werden auch andere Methoden angewendet, welche aber alle auf einer oder der andern der angeführten Entstehungsweisen des Berlinerblaus oder auf mehreren zugleich beruhen und je nach dem Gange der Operation auch verschieden zusammengesetzte und verschieden schattirte Produkte geben. Sie haben danach verschiedene Namen erhalten, wie Turnbull's Blau, Pariser Blau, u. s. w. — Merke dir genau das Erklärte, denn es ist zur Unterscheidung des Eisenoxyduls von Eisenoxyd meist am bequemsten, die Blutlaugensalze anzuwenden.

Von den Verbindungen des Cyans mit den übrigen Metallen hast du noch folgendes zu merken:

Das Cyanquecksilber entsteht außer in der früher angegebenen Weise auch beim Auflösen von Quecksilberoxyd in Blausäure und beim Kochen von (2 Theilen) Berlinerblau mit (1 Theil) Quecksilberoxyd und (8 Theilen) Wasser. Es scheidet sich aus der kochend filtrirten Lösung in Krystallform aus; seine Zusammensetzung ist HgCy.

Das Cyansilber AgCy scheidet sich als weißer Niederschlag aus Silberlösungen auf Zusatz (von Ferrocyankalium oder) von Cyankalium aus; es ist in Cyankalium löslich, indem sich ein lösliches Doppelsalz AgCy, KCy bildet. Diese Lösung wird beim Versilbern durch den galvanischen Strom angewendet.

Goldlösung bildet mit Cyankalium ein lösliches Doppelsalz KCy + AuCy, dessen Lösung zum Vergolden dient.

In diesen Briefen habe ich nunmehr das Wissenswürdigste aus der unorganischen Chemie in derjenigen Ordnung zusammengestellt, welche das Verständniß der fast unzähligen Thatsachen am meisten zu erleichtern schien; ich habe mich dadurch gezwungen gesehen, mehrere Substanzen von einander zu trennen, welche eigentlich zusammengehören, obwohl mir auch wieder in vielen Punkten dadurch verstattet worden ist, solche Substanzen zusammenzustellen, die sonst getrennt behandelt werden; nun glaube ich zwar sicher, daß dieses Letztere weit häufiger gewesen ist, als das Erstere, und jedenfalls ist der dadurch erreichte Vortheil gegen den unvermeidlichen Nachtheil dieser Methode überwiegend groß: aber das, was man gewöhnlich System nennt, ist in Folge dieser Anordnung ganz außer Acht geblieben.

Es wird nun ein Leichtes sein, die im Vorhergehenden zerstreuten Elemente und Verbindungen so zusammenzureihen, daß eine Uebersicht nach ihren Eigenschaften ermöglicht wird, und es ist zu solcher Zusammenstellung schon vielfach der Grund im Vorhergehenden gelegt. Endlich sind auch diejenigen Eigenschaften der einzelnen Stoffe und Verbindungsklassen an den geeignetsten Punkten erwähnt worden, welche zu ihrer Erkennung und Unterscheidung dienen, allein eine geordnete Zusammenstellung derselben, behufs der Grundlage zu der Ausführung von Analysen, fehlt ebenfalls noch. Alles dieses wird zunächst den Gegenstand einer weiteren und letzten Reihe von Briefen bilden, deren Studium du beginnen kannst, wenn du dich durch eine gründliche Wiederholung alles Vorgekommenen darauf vorbereitet hast.

Außer dieser Anordnung zum System und den Grundzügen der chemischen Analyse werden dieselben ferner die Beschreibung und Erklärung der Gewinnung der Metalle im Großen (Metallurgie) in so weit enthalten, wie sie zur Begründung eines etwaigen specielleren Studiums nothwendig und ausreichend erscheint.

Chemisches Laboratorium.

Chemisches Laboratorium.

Anleitung

zum

Selbstunterrichte in der Chemie

von

Dr. Karl Stammer.

Dritter Theil.

Gießen, 1857.
J. Ricker'sche Buchhandlung.

Verzeichniß

der zu den Versuchen im dritten Theile erforderlichen Gegenstände.

Apparate.

12	Reagenzröhren . . .		9 Sgr.
12	Glaskölbchen		8 „
1	Reagenzröhrengestell . .		20 „
4	kleine Trichter . . .		6 „
1	Quetschhahn		8 „
	Platinblech und Draht . .		19 „
		2 Thlr.	10 Sgr.

Bei einer vollständigeren und bequemeren Einrichtung würden hinzukommen:

Pinzette mit Platinspitze .	1 Thlr.	10 Sgr.
Löthrohrlampe . .	1 „	10 „
Flaschen mit Glasstöpsel :		
6 von 8 Loth . .	— „	17 „
2⅓ Dutzend von 4 Loth	2 „	15 „
	5 Thlr.	22 Sgr.

Materialien.

Cyankalium	4 Loth.
Quecksilber	4 „
Reine Salzsäure	8 „
Reine Salpetersäure	8 „
Reines Ammoniak	8 „
Reines Kali	2 „
Molybdänsaures Ammoniak . .	1 Drachme.

Verschiedene rohe Säuren und andere Reagentien.

Alles zusammen etwa zu einem Betrage von 1 Thlr. 20 Sgr.

Minerialien

zu Löthrohrproben, sämmtlich in äußerst geringer Menge.

Gediegen Wismuth.	Chromeisenstein.	Buntkupfererz.
Schwefelantimon.	Pyrolusit.	Malachit.
Zinnstein.	Manganit.	Kupferlasur.
Zinnober.	Manganspath.	Fahlerz.
Gediegen Arsen.	Bleiglanz.	Zinkblende.
Arsenikkies.	Selenblei.	Rothzinkerz.
Arsenikalkies.	Mennige.	Galmei.
Magneteisenstein.	Weißbleierz.	Gediegen Silber.
Rotheisenstein.	Vitriolbleierz.	Silberglanz.
Brauneisenstein.	Rothbleierz.	Rothgüldigerz.
Spatheisenstein.	Gelbbleierz.	Sprödglaserz.
Eisenkies.	Kupferglanz.	Silberhornerz.
Magnetkies.	Kupferkies.	

Im Ganzen im Werthe von 1—2 Thlr.

Inhalt.

74. Brief.

Eintheilung der Verbindungen und der Elemente. Gesetze für die Verbindungen. Anschauungsweise über die Entstehung von Verbindungen und über die Anordnung der Elemente in denselben. Metalle und Metalloide.

Man hat vielfach versucht, die einzelnen Elemente sowohl, wie die verschiedenen Verbindungen, von denen ich dir in den bisher gesandten Briefen eine kleine Anzahl vorgeführt habe, in ein System zu bringen, und so, Verwandtes mit Verwandtem zusammenstellend, die Uebersicht der zahllosen Stoffe, welche sich unserer Beobachtung darbieten, zu erleichtern.

Wenn es auch nicht schwer fällt, diejenigen Körper zu classificiren, welche aus mehreren andern zusammengesetzt sind, so sind doch alle Versuche, die Elemente, oder die bisher noch nicht zerlegten Substanzen in gewisse bestimmt gesonderte Abtheilungen zu bringen, eben nur als Versuche zu betrachten, deren Werth um so geringer anzuschlagen ist, als eine scharfe Eintheilung der Grundstoffe wenigstens für jetzt noch unmöglich ist. Denn es ist mit Sicherheit zu erwarten, daß eine nicht allzulange Zeit vergehen wird, bevor wir die Anzahl derselben sich bedeutend vermindern sehen werden, da manche von ihnen solche Aehnlichkeiten unter einander zeigen, daß man sie kaum für wesentlich verschieden halten kann.

Allein auch abgesehen hiervon sind scharfe Eintheilungen durchaus dem Geiste der Natur nicht entsprechend, in welcher wir ja nirgends bestimmt abgegränzte Classen, sondern stets sanfte Uebergänge antreffen.

So weit es indeß mit dem Umfange dieser Mittheilungen vereinbar erscheint, will ich dir die Haupteintheilungen vorzuführen versuchen, durch welche man sich bemüht hat, fast im Widerspruch mit der Natur das Gebiet der chemischen Wissenschaft einer leichteren Uebersicht zugänglich zu machen.

Zunächst unterscheidet man einfache und zusammengesetzte Körper; ich habe dir schon mehrmals angedeutet, was man unter den ersteren versteht. Namen und Eigenschaften derselben hast du, so weit sie ein gewisses Interesse bieten, im Vorhergehenden kennen gelernt und ich bemerke daher nur, daß wir deren jetzt im Ganzen 62 annehmen. Wenn sich nun zwei einfache Körper zusammen vereinigen, so nennt man die entstehende Verbindung eine Verbindung erster Ordnung; hierher gehören die Oxyde, die Haloidsalze u. s. w. Wenn sich zwei Verbindungen erster Ordnung mit einander verbinden, so entsteht eine Verbindung zweiter Ordnung, wie z. B. die Amphidsalze. Es gilt als Regel, daß sich stets nur zwei Substanzen mit einander vereinigen, und daß diese immer von derselben Art, also entweder beide Elemente, oder beide Verbindungen erster oder zweiter Ordnung sein müssen. Indessen ist diese Regel von vorn herein nur auf die Produkte der unorganischen Natur anwendbar, indem wir in der organischen eine Menge von Stoffen kennen, welche offenbar aus drei Elementen bestehen. Wir nehmen jedoch an, daß wir in diesem Falle von der Art der Anordnung der Atome noch keine Vorstellung haben, während andere Beobachtungen auch hier auf die jedesmalige Verbindung von nur zwei Stoffen schließen lassen.

In den unorganischen Produkten aber pflegt man die angedeutete Regel als allgemein gültig anzunehmen. Der Elemente von schwefelsaurem Kali z. B. sind allerdings drei, Kalium, Schwefel und Sauerstoff, und es besteht das Salz im Ganzen aus je einem Atom der ersteren und 4 Atomen des letzteren KSO_4; allein es haben sich diese drei Substanzen nicht gleichzeitig verbunden, sondern Kalium und Schwefel theilen sich in den Sauerstoff, so daß dadurch zwei Verbindungen erster Ordnung entstehen, durch deren Verbindung erst das schwefelsaure Kali entsteht.

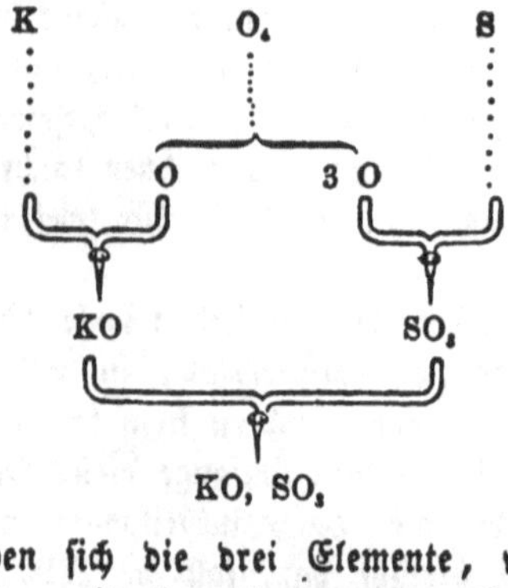

Wirklich verbinden sich die drei Elemente, wenn sie zusammengebracht werden, nicht unmittelbar, sondern es entstehen die beiden Mittelglieder, und eben so sicher ist es, daß man das Salz durch Zusammensetzung dieser beiden zusammengesetzten Stoffe erhält. Auch findet man, daß wenn man zwischen Verbindungen von zwei Elementen das dritte zu einer höheren gehörige Element hinzufügt, dieses sich nicht mit der ursprünglichen Verbindung vereinigt, sondern daß Verbindungen des dritten mit jedem einzelnen der beiden ersten Elemente entstehen, die je nach Umständen unter einander zu der neuen Verbindung zusammentreten, oder auch einzeln bestehen bleiben.

Es ist indessen die Art und Weise, wie sich die Substanzen mit einander verbinden, nicht zu verwechseln mit der Art und Weise, wie die Atome in der verbundenen Substanz angeordnet sind. Wenn auch, um bei dem Beispiel stehen zu bleiben, Kali und Schwefelsäure zu schwefelsaurem Kali zusammentreten und so eine Verbindung KO, SO_3 zu entstehen scheint, so ist es doch darum noch lange nicht ausgemacht, daß in dem schwefelsauren Kali wirklich die Schwefelsäure und das Kali existiren. Ob man auch zwar in dem schwefelsauren Kali sowohl Schwefelsäure wie Kali nachweisen kann, so ist doch dieser Nachweis nicht unumstößlich. Man kann nicht sagen, daß z. B. die Schwefelsäure deshalb darin vorhanden wäre, weil die Lösung mit einem Barytsalz (S. 307) einen Niederschlag liefert, denn sie kann ebensowohl im Momente der Vermischung erst sich aus den Elementen zusammensetzen, oder es können vielmehr die Elemente des schwefelsauren Baryts zu dieser Verbindung zusammentreten, ohne daß doch darum in dem schwefelsauren Baryt Schwefelsäure nothwendig gedacht werden muß. Bei andern Salzen, z. B. dem schwefelsauren Eisenoxyd, könnte man die Existenz dieser niederen Verbindungen (also hier der Schwefelsäure und des Eisenoxyds) aus der Thatsache folgern, daß sie beim Erhitzen in dieselben zerfallen, allein dieser Grund ist schon deshalb nicht stichhaltig, weil ja auch viele in der Hitze ganz andere Zersetzungsprodukte liefern, als man nach ihrer gewöhnlich angenommenen Zusammensetzung erwarten sollte. So schreibt man z. B. die Formel des chlorsauren Kalis KO, ClO_5, während es sich beim Erhitzen in KCl und $6\ O$ zerlegt, wonach man also auch KCl, O_6 schreiben könnte.

Hieraus geht hervor, daß die Regel, welche ich vorhin aussprach, nur anwendbar ist auf den Akt des Sichverbindens, aber nicht auf den Zustand des Verbundenseins, und daß unsere Formeln allenfalls andeuten, wie die Verbindungen, welche sie darstellen, entstehen, und welches die Substanzen sind, die man unter bestimmten Umständen daraus erzeugen kann, daß es aber ein durchaus falscher Schluß ist, wenn man daraus folgern wollte, daß sie auch anwendbar seien auf die Art des Bestehens dieser Verbindung, auf die Anordnung der Atome in der ruhenden Substanz. Es ist im Gegentheil äußerst unwahrscheinlich, daß die Atome in der bezeichneten Art geordnet bleiben, und ich könnte dir eine ganze Reihe von Erscheinungen anführen, welche deutlich beweisen, daß die Formeln **nicht** andeuten, wie die innere Zusammensetzung der Verbindungen beschaffen ist. Das hindert jedoch nicht, daß sie sehr brauchbar zur Uebersicht der Art und Weise sind, wie die Substanzen entstehen, und zur Andeutung über die Natur von Stoffen, welche man unter gewissen Umständen daraus abscheiden kann.

Endlich giebt es noch einen Umstand, welcher die angeführte Regel jeder weiteren Bedeutung beraubt: es giebt einige Verbindungen, selbst in der unorganischen Chemie, welche durch Zusammentreten zweier Körper verschiedener Ordnung entstehen. So verbindet sich z. B. das Chlor mit Wasser zu einer krystallisirbaren Verbindung, welche die Formel $Cl + 10\,HO$ hat und die man sich in keiner Weise anders, denn als eine Ausnahme von obiger Regel denken kann. Solcher Verbindungen giebt es noch mehrere; und wenn für Sprachregeln auch der Grundsatz gilt: „keine Regel ohne Ausnahme“, so ist doch ein Naturgesetz mit einer Ausnahme ein Unsinn und lieber sollte man gar keine Regel für Naturerscheinungen aufstellen, als gleich dabei gestehen, daß es auch Ausnahmen gäbe.

Man hat, um dem schwachen menschlichen Verstande zu Hülfe zu kommen, mancherlei Eintheilungen der einfachen Körper versucht; sie leiden alle mehr oder weniger an den vorhin angedeuteten Mängeln, und sie haben im Grunde wenig Werth. Eine Eintheilung in zwei Hauptgruppen hat sich die allgemeinste Geltung verschafft, und sie wird in den meisten Lehrbüchern der Chemie befolgt. Man nennt nämlich eine gewisse Anzahl Elemente Metalle, die übrigen Metalloide. Ueber die Begrenzung dieser Gruppen ist man indessen, wie es die Natur der Sache nach den vorhin gegebenen Erklärungen mit sich bringt, keineswegs einig. Ordnet man die Elemente nach ihren electropositiven und negativen Eigenschaften, so gehören die positiven Elemente im Allgemeinen den Metallen, die negativen den Metalloiden an. Allein man muß bedenken, daß keine Grenze sich hier ziehen läßt, und daß es eine Menge von Elementen giebt, die nicht bestimmt die eine oder andere Electricität zeigen, sondern bald zum positiven, bald zum negativen Pole sich verfügen, je nachdem man ihre Verbindung mit dem einen oder mit dem andern Elemente durch den galvanischen Strom zerlegt. Man sagt auch von diesen Elementen, daß sie nur eine relative Electricität zeigen, und daß sie in Bezug auf **ein** Element negativ, in Bezug auf ein **anderes** positiv seien.

Wenn man also mit dem Namen Metalle die entschieden positiven, mit dem Namen Metalloide die entschieden negativen Elemente bezeichnet, so hilft man sich für die übrigen dadurch, daß man zu jeder Classe diejenigen rechnet, welche damit am meisten Analogie haben.

75. Brief.

Eintheilung der Metalle nach ihrem Verhalten zum Wasser und nach dem Verhalten ihrer Verbindungen zu Reagentien — analytische Gruppen. Eintheilung der Verbindungen erster, zweiter u. s. w. Ordnung.

Die Eintheilung der Metalle, welche ich dir in meinem vorigen Briefe andeutete, ist eigentlich nur eine Anordnungsweise, da, wie du sehen wirst, eine scharfe Grenze der einzelnen Classen auch dadurch nicht gewonnen wird.

Es zerlegen nämlich das Wasser schon bei gewöhnlicher Temperatur folgende Metalle:

Kalium, Natrium, Lithium (1), Baryum, Strontium, Calcium, Magnesium und eine Anzahl seltener Metalle, wie Thorium Yttrium u. s. w.

Es zerlegen das Wasser nur in der Wärme:

Aluminium und eine Reihe seltener Metalle, wie Zirkonium u. s. w.

Da das spezifische Gewicht dieser Metalle geringer als 5, das der folgenden höher als 5 ist, so nennt man jene auch wohl leichte, diese schwere oder eigentliche Metalle. Seit man aber die Eigenschaften des Aluminiums in größeren Stücken näher kennen gelernt hat, erscheint es gerechtfertigt, dasselbe ebenfalls den eigentlichen Metallen zuzurechnen; allein es ist wohl zu erwägen, daß das Aluminium in Gestalt eines

(1) Seiner geringen Wichtigkeit wegen habe ich von diesem Metalle gar nicht gesprochen; es kommt äußerst selten vor und steht in allen Beziehungen den beiden andern sehr nahe.

feinen Pulvers ganz andere Eigenschaften besitzt, als in compacten Stücken, wonach es also gerade den Uebergang zwischen diesen beiden Gruppen bildet.

Von den übrigen Metallen zerlegen das Wasser in der Glühhitze :

Mangan, Eisen, Chrom, Uran, Nickel, Kobalt, Zink, Cadmium und eine Reihe seltenerer Metalle, wie Titan, Vanad, Wolfram u. s. w.

welche letztere eine gesonderte Abtheilung darstellen, indem sie nicht, wie die zuerst genannten, das Wasser auch in Gegenwart von Schwefelsäure unter Wasserstoffentwickelung zersetzen, und außerdem mit Sauerstoff vorzugsweise Säuren bilden.

Das Wasser zersetzen weder in der Glühhitze noch in Gegenwart von Schwefelsäure :

Wismuth, Blei, Kupfer.

Bei folgenden Metallen endlich ist die Affinität zum Sauerstoff so gering, daß ihre Oxyde in der Hitze sich ohne Hinzutritt eines Reductionsmittels in Sauerstoff und Metall zerlegen :

Quecksilber, Silber, Palladium, Gold, Platin und die Platinmetalle.

Diese Metalle faßt man unter der Benennung edle Metalle zusammen.

Auch hier kann wieder das Quecksilber getrennt werden, indem die übrigen Metalle sich nicht direct oxydiren lassen, während das Quecksilber in einer bestimmten Temperatur Sauerstoff aufnimmt, weshalb Manche es auch zu den unedlen Metallen rechnen.

Betrachtet man die Metalle nach dem Verhalten ihrer löslichen Verbindungen zu den wichtigsten Reagentien, so wie nach der Löslichkeit oder Unlöslichkeit ihrer Oxyde und wichtigsten Salze, so erhält man Gruppen, welche für die Analyse der Metallverbindungen von der größten Wichtigkeit sind, und welche mit den soeben aufgestellten ziemlich übereinkommen.

Als erstes Unterscheidungsmittel dient hier das Verhalten der Schwefelverbindungen gegen Lösungsmittel, oder das Verhalten gelöster Metallverbindungen zu Schwefelwasserstoff und zu Schwefelammonium. Man kann sagen, daß nur die schweren Metalle von einem dieser beiden Stoffe als Schwefelmetalle gefällt werden (siehe die Tab. S. 473 und 477), obwohl auch eines derselben — das Chrom — zwar gefällt wird, aber nicht als Schwefelmetall, sondern als Oxydhydrat. Dieses reiht sich dadurch dem Aluminium und den ähnlichen Metallen an, welche sämmtlich zwar durch Schwefelammonium, aber als Hydrate der Oxyde gefällt werden. Diese bilden demnach den Uebergang zu den uneigentlichen Metallen, welche mit Schwefel lösliche Verbindungen eingehen und deren Lösungen weder durch Schwefelwasserstoff, noch durch Schwefelammonium gefällt werden. Die schweren Metalle zerfallen, von diesem Standpunkte aus betrachtet, wieder in zwei Gruppen, je nachdem ihre Schwefelverbindungen aus einer sauren Lösung (durch Schwefelwasserstoff), oder nur aus alkalischer Lösung (durch Schwefelammonium) ausgefällt werden. Ich verweise dich auf die vorerwähnte Tabelle, welche dich auch an die Unterabtheilungen der ersten dieser Gruppen erinnern soll, die durch die Löslichkeit oder Unlöslichkeit des Schwefelwasserstoff-Niederschlags in Schwefelammonium begründet werden.

Die leichten oder uneigentlichen Metalle kann man folgendermaßen eintheilen:

1) Die Oxyde und Kohlensäuresalze sind löslich: Kalium, Natrium, Lithium — Metalle der Alkalien (Alkalien heißen dann die Oxyde dieser Metalle).

2) Die Oxyde sind zwar löslich, aber die Kohlensäuresalze sind unlöslich: Calcium, Baryum, Strontium — Metalle der alkalischen Erden (alkalische Erden heißen die Oxyde dieser Metalle).

3) Die Oxyde und Kohlensäuresalze sind unlöslich (oder existiren nicht): Magnesium, Aluminium u. s. w. — Metalle der Erden (Erden heißen die Oxyde dieser Metalle). Denselben kann noch in Bezug auf sein analytisches Verhalten das Chrom zugezählt werden. Man pflegt das Magnesium auch wohl zu der vorhergehenden Gruppe zu rechnen, doch wird dadurch die Abgränzung derselben schwieriger.

Ich komme später bei der Anleitung zu analytischen Arbeiten nochmals hierauf zurück; präge dir einstweilen diese allgemeinen Unterscheidungsmerkmale der Gruppen wohl ein und veranschauliche sie dir wiederholt durch die betreffenden Versuche, d. h. durch die Ausführung der Fällung oder Nicht-Fällung der einzelnen Lösungen mit den entsprechenden Reagentien.

Ich gehe nun zur Eintheilung der Verbindungen über.

Um dieselben, namentlich die zahlreichen Verbindungen erster Ordnung oder zwischen zwei Elementen übersehen zu können, unterscheidet man verschiedene Classen derselben, welche scharf gekennzeichnet sind, wobei es dann aber allerdings unmöglich bleibt, einige ganz eigenthümliche Verbindungen einzuordnen und überhaupt ein eigentliches System mit fester und folgerechter Gliederung aufzustellen. Eine der Classen, welche am deutlichsten unterschieden ist, ist die der Haloidsalze, oder der Verbindungen irgend eines Metalles mit einem Salzbildner (Br. 32); du wirst dich erinnern, daß wir zwei Abtheilungen von Haloidsalzen unterschieden haben; die Glieder der einen enthalten Wasserstoff und tragen den electronegativen Character der Säuren, die der andern sind neutral und stehen in ihrem Verhalten den Salzen näher. Eine zweite sehr hervorragende Classe binärer Verbindungen (Verbindungen zweier Elemente) haben wir in den Verbindungen mit Sauerstoff kennen gelernt; sie haben den gemeinsamen Namen Oxyde erhalten und du wirst dich erinnern, daß wir zwei Unterabtheilungen derselben unterschieden haben, nämlich electropositive oder Basen und electronegative oder Säuren, wozu wir noch eine dritte rechnen können, welche die Oxyde ohne ausgesprochenen electrischen Charakter enthält, nämlich die Suboxyde (z. B. Bleisuboxyd — S. 220) und die Superoxyde (z. B. Braunstein Br. 31). Als den Verbindungen mit Sauerstoff in chemischer Beziehung entsprechend sind die Verbindungen des Schwefels, Selens und Tellurs zu betrachten, von denen im Br. 52 die Rede war, und von denen im Allgemeinen dasselbe gilt, was ich von den Oxyden gesagt habe. Manche Schwefelverbindungen, so wie viele Verbindungen der s. g. Metalloide unter sich, und endlich die Metalllegirungen kommen hierbei in die große Classe der indifferenten Körper, die den übrigen Classen nicht unterzuordnen sind.

Die Verbindungen zweiter und höherer Ordnung, d. h. diejenigen, welche aus zwei oder mehreren Verbindungen ersterer Ordnung zusammengesetzt sind, sind entweder die eigentlichen Amphidsalze (Br. 32), oder Verbindungen von Haloidsalzen mit Krystallwasser (z. B. das Eisenchlorür FeCl, 4 HO), oder mit einem Oxyd des Metalls (basische Salze), oder Verbindungen mehrerer Amphidsalze unter sich, mit oder ohne Krystallwasser u. s. w.

Eine Uebersicht dieser Eintheilung giebt die folgende Tabelle, doch bemerke ich dazu ausdrücklich, daß ich sie dir nicht etwa schicke, weil ich einen bedeutenden Werth darauf lege, sondern nur, weil ich hoffe, dir dadurch einen Ueberblick über die verschiedenen Arten chemischer Verbindungen zu geben, und dir dadurch eine Vergleichung derselben zu erleichtern.

Verbindungen

- Ternäre (2. Ordnung)
  - Amphidsalze: Sauerstoff-, Schwefel-, Selen-, Tellur-Salze
- Binäre (1. Ordnung)
  - electronegative Säuren
  - electropositive Basen,
  - electroindifferente
  - enthalten Sauerstoff, Schwefel, Selen oder Tellur.
- Quaternäre (3. und höherer Ordnung)
  - Basische Salze
  - Doppelsalze
  - Salze mit Krystallwasser

Säuren:

- Amphidsäuren enthalten als negativen Bestandtheil Sauerstoff, Schwefel, Selen, Tellur.
- Haloidsäuren enthalten als electronegativen Bestandtheil einen Salzbildner als positiven Wasserstoff.

Electroindifferente:

- Haloidsalze Verbindungen von Metallen mit einem halogenen Körper.
- anderweitige Verbindungen
  - Oxyde
    - Suboxyde.
    - Superoxyde.
  - Verbindungen von
    - Metallen unter sich.
    - Metalloiden unter sich.

Nach diesen Andeutungen über das System, in welches sich die Elemente und ihre Verbindungen bringen lassen, gehe ich im nächsten Briefe zu der entsprechenden systematischen Aufzeichnung aller derjenigen Substanzen über, welche ich in meinen früheren Briefen specieller betrachtet habe, wobei ich mich an diejenige Ordnung halten werde, welche in den meisten Lehrbüchern der Chemie befolgt zu werden pflegt, damit du sowohl eine übersichtliche Zusammenstellung der dir bekannten Körper erhältst, als auch in den Stand gesetzt wirst, das Vorgekommene mit dem Inhalte anderer Werke zu vergleichen und dadurch deine Kenntnisse zu vervollständigen.

76. Brief.

Allgemeine Uebersicht der betrachteten Elemente und Verbindungen in tabellarischer Form nach der gebräuchlichen Ordnung; zusätzliche Bemerkungen über einige Substanzen.

Die systematische Aufzählung der einfachen Körper und Verbindungen nach der Ordnung, wie dieselben in den Lehrbüchern der Chemie betrachtet zu werden pflegen, lasse ich zur leichteren Uebersicht des bisher behandelten Stoffes hier folgen.

Indem ich dabei die höchst unpraktischen Einrichtungen außer Acht lasse, die manche neuere Lehrbücher als „Verbesserungen" in der Anordnung einführen wollen, wonach z. B. erst sämmtliche einfache Stoffe für sich allein und dann erst deren Verbindungen nach bestimmten Classen betrachtet werden, befolge ich in dieser Aufzählung das einfachste Princip, bei den Elementen erst diese für sich und dann gleich alle ihre Verbindungen mit sämmtlichen vorhergehenden anzuführen.

Am Schlusse dieser Uebersicht füge ich einige kurze Bemerkungen über eine kleine Zahl von Verbindungen hinzu, welche zur Vervollständigung hier Platz finden können. In der Uebersicht selbst sind die betreffenden Substanzen mit Ziffern bezeichnet, welche sich auf die nachfolgenden Bemerkungen beziehen.

Metalloide.

1. **Sauerstoff.**
2. **Wasserstoff.**
   - Verbindungen:
     - Wasser.
     - Wasserstoffsuperoxyd.
3. **Stickstoff.**
   - Atmosphärische Luft.
   - Verbindungen:
     - a. Mit Sauerstoff
       - Stickstoffoxydul.
       - Stickstoffoxyd.
       - Salpetrige Säure.
       - Untersalpetersäure.
       - Salpetersäure.
     - b. Mit Wasserstoff
       - Ammoniak.
       - Ammoniumoxyd.
4. **Schwefel.**
   - Verbindungen:
     - a. Mit Sauerstoff
       - Schweflige Säure.
       - Schwefelsäure:
         - Wasserfreie.
         - Wasserhaltige.
         - Englische.
         - Nordhäuser.
       - Unterschweflige Säure
       - u. s. w.

b. Mit Wasserstoff
Schwefelwasserstoff.
Wasserstoffsulfid.

c. Mit Stickstoff
Schwefelstickstoff.

5. **Selen.**

Verbindungen :

a. Mit Sauerstoff
Selenige Säure.
Selensäure.

b. Mit Wasserstoff
Selenwasserstoff.

6. **Tellur.**

7. **Chlor.**

Verbindungen :

a. Mit Sauerstoff
Unterchlorige Säure.
Chlorige Säure.
Unterchlorsäure.
Chlorsäure.
Ueberchlorsäure.

b. Mit Wasserstoff
Salzsäure.
Königswasser.

c. Mit Stickstoff
Chlorstickstoff. [1])

d. Mit Schwefel
Chlorschwefel. [2])

8. **Brom.**

Verbindungen :
Bromsäure.
Bromwasserstoff.

9. **Jod.**

Verbindungen :
Jodsäure. [3])
Jodwasserstoff.
Jodstickstoff. [4])
Chlorjod. [5])

10. **Fluor.**

Verbindungen :
Fluorwasserstoff.

11. **Phosphor.**

Verbindungen :

a. Mit Sauerstoff
Phosphoroxyd. [6])
Unterphosphorige Säure.
Phosphorige Säure.
Phosphorsäure.

b. Mit Wasserstoff
Phosphorwasserstoff.

c. Mit den übrigen Metalloiden
Schwefelphosphor. [7])
Chlorphosphor. [8])

12. **Arsen.**

Verbindungen :

a. Mit Sauerstoff
Arsenige Säure.
Arsensäure.

b. Mit den übrigen Metalloiden
Arsenwasserstoff.
Schwefelungsstufen des Arsens.
Chlorarsen. [9])

13. **Bor.**

Verbindungen :
Borsäure.
Fluorbor. [10])
Verbindungen mit Chlor u. s. w.

14. **Kiesel.**

Verbindungen :
Kieselsäure.
Chlorsilicium. [11])
Fluorsilicium.

15. **Kohlenstoff.**

Verbindungen :

a. Mit Sauerstoff
Kohlenoxyd.
Kohlensäure.
(Kleesäure.)

b. Mit Wasserstoff
Sumpfgas.
Leuchtgas.

c. Mit anderen Metalloiden
Schwefelkohlenstoff.
Cyan.
Cyanwasserstoff.

Metalle.

16. **Kalium.**
Sauerstoffverbindungen:
Kali.
Kalihydrat.
Kaliumsuperoxyd. [12])
Schwefelverbindungen:
Einfachschwefelkalium
u. s. w.
Schwefelleber.
Haloidsalze:
Chlorkalium.
Jodkalium u. s. w.
Amphidsalze:
Kohlensaures Kali.
Salpetersaures Kali.
Schießpulver.
Chlorsaures Kali.
Unterchlorigsaures Kali
u. s. w.

17. **Natrium.**
Sauerstoffverbindungen:
Natron.
Natronhydrat.
Schwefelverbindungen
u. s. w.
Haloidsalze:
Chlornatrium
u. s. w.
Amphidsalze:
Soda.
Schwefelsaures Natron.
Phosphorsaures Natron.
Borsaures Natron
u. s. w.

18. **Lithium.**
Verbindungen wie oben.

19. **Ammonium.**
Haloidsalze:
Chlorammonium
u. s. w.
Sauerstoffsalze:
Kohlensaures Ammon.
Phosphorsaures Ammon.
Schwefelsaures Ammon.
Salpetersaures Ammon
u. s. w.
Sulfosalze:
Schwefelwasserstoff-Schwefelammonium.

20. **Baryum.**
Sauerstoffverbindungen:
Baryt.
Barythydrat.
Baryumhyperoxyd.
Schwefelverbindungen:
Schwefelbaryum.
Haloidsalze:
Chlorbaryum.
Jodbaryum.
Sauerstoffsalze:
Kohlensaurer Baryt.
Schwefelsaurer Baryt.
Salpetersaurer Baryt.

21. **Strontium.**
Strontian.
Chlorstrontium.
Salpetersaurer Strontian.

22. **Calcium.**
Sauerstoffverbindungen:
Kalk.
Schwefelverbindungen:
Schwefelcalcium.
Haloidsalze:
Chlorcalcium.
Fluorcalcium.
Sauerstoffsalze:
Kohlensaurer Kalk.
Mörtel.
Schwefelsaurer Kalk.
Phosphorsaurer Kalk.
Unterchlorigsaurer Kalk.
Bleichkalk.

23. **Magnesium.**
Sauerstoffverbindungen:
Magnesia.
Haloidsalze:
Chlormagnesium.
Sauerstoffsalze:
Kohlensaure Magnesia.
Schwefelsaure Magnesia.
Phosphorsaure Magnesia.
Kieselsaure Magnesia. [13])

24. **Aluminium.**
Sauerstoffverbindungen:
Thonerde.
Haloidsalze:
Chloraluminium.
Chloraluminium-Chlornatrium.
Sauerstoffsalze:
Schwefelsaure Thonerde.
Doppelsalze: Alaune.
Kieselsaure Thonerde.
Doppelsalze: Feldspath u. s. w.

25—33. **Beryllium, Zirkonium, Didym, Lanthan** u. s. w.

34. **Mangan.**
Sauerstoffverbindungen:
Manganoxydul.
Manganoxyd.
Manganoxydoxydul.
Mangansuperoxyd.
Mangansäure.
Uebermangansäure.
Haloidsalze:
Manganchlorür.
Sauerstoffsalze:
a. Manganoxydulsalze.
Schwefelsaures Manganoxydul.
b. Mangansäuresalze.
Mangansaures Kali.
c. Uebermangansäuresalze.

35. **Eisen.**
Sauerstoffverbindungen:
Eisenoxydul.
Eisenoxydulhydrat.
Eisenoxyd.
Eisenoxydhydrat.
Eisensäure. [14])
Eisenoxydoxydul.
Schwefelverbindungen:
Einfach-Schwefeleisen
u. s. w.
Haloidsalze:
Eisenchlorür.
Eisenchlorid.
Eisencyanür.
Eisencyanid.
Doppelcyanüre:
Eisencyanürcyanid.
Kaliumeisencyanür.
Kaliumeisencyanid.
Sauerstoffsalze:
Eisenoxydulsalze.
Schwefelsaures Eisenoxydul.
Kohlensaures Eisenoxydul.
Eisenoxydsalze.
Schwefelsaures Eisenoxyd.
Verbindungen mit Kohlenstoff:
Stabeisen.
Stahl.
Gußeisen.

36. **Chrom.**
Sauerstoffverbindungen:
Chromoxydul. [15])
Chromoxyd.
Chromoxydhydrat.
Chromsäure.
Haloidsalze:
Chromchlorid.
Sauerstoffsalze:
a. Chromoxydsalze.
Schwefelsaures Chromoxyd.
Chromalaun.
b. Chromsäuresalze.
Chromsaures Kali
neutrales.
saures.

37. **Kobalt.**
Sauerstoffverbindungen
u. s. w.
Arsenverbindungen:
Arsenkobalt
u. s. w.

38. **Nickel,**
wie oben.

39. **Zink.**
Sauerstoffverbindungen:
Zinkoxyd.
Schwefelverbindungen:
Blende.
Sauerstoffsalze:
Schwefelsaures Zinkoxyd.
Kohlensaures Zinkoxyd.
Basisch-kohlensaures Zinkoxyd.

40. **Kadmium**
u. s. w.

41. **Zinn.**
Sauerstoffverbindungen:
Zinnoxydul.
Zinnoxyd (Zinnsäure).
Schwefelverbindungen:
Zinnsulfür.
Zinnsulfid.
Haloidsalze:
Zinnchlorür.
Zinnchlorid.
Sauerstoffsalze:
Zinnoxydulsalze.
Zinnsäuresalze.
Legirungen.

42—45. **Titan, Tantal** u. s. w.

46. **Antimon.**
Sauerstoffverbindungen:
Antimonoxyd.
Antimonsäure.
Verbindungen von Antimonsäure und Antimonoxyd.
Wasserstoffverbindungen:
Antimonwasserstoff.
Schwefelverbindungen:
Antimonsulfür.
Antimonsulfid.
Verbindungen des Schwefelantimons mit Antimonoxyd.
Verhalten zu den Sulfobasen.
Haloidsalze:
Antimonchlorür.
Antimonchlorid.
Antimonoxychlorid. [16]
Sauerstoffsalze. [17]
Legirungen.

47. **Blei.**
Sauerstoffverbindungen:
Bleisuboxyd.
Bleioxyd.
Bleisuperoxyd.
Mennige.
Schwefelverbindungen.
Haloidsalze:
Chlorblei.
Jodblei. [18]
Sauerstoffsalze:
Kohlensaures Bleioxyd.
Schwefelsaures Bleioxyd.
Salpetersaures Bleioxyd.
(Essigsaures Bleioxyd.)
Chromsaures Bleioxyd.
Chromgelb.
Chromroth.
Legirungen.

48. **Wismuth.**
Verbindungen mit Sauerstoff.
Salze u. s. w.

49—52. **Uran, Wolfram, Molybdän, Vanad.**

53. **Kupfer.**
Sauerstoffverbindungen:
Kupferoxydul.
Kupferoxyd.
Kupfersäure. [19]
Schwefelverbindungen:
Halbschwefelkupfer.
Einfach-Schwefelkupfer.
Schwefelkupfer mit Schwefeleisen. [20]
Haloidsalze:
Kupferchlorür.
Kupferchlorid.
Eisencyankupfer.
Sauerstoffsalze:
Kohlensaures Kupferoxyd.
Schwefelsaures Kupferoxyd.
Salpetersaures Kupferoxyd.
Arsenigsaures Kupferoxyd
(Essigsaures Kupferoxyd).

54. **Quecksilber.**
Sauerstoffverbindungen:
Quecksilberoxydul.
Quecksilberoxyd.
Schwefelverbindungen:
Quecksilbersulfür.
Quecksilbersulfid.
Haloidsalze:
Quecksilberchlorür.
Quecksilberchlorid.
Quecksilberjodid.
Cyanquecksilber.

Sauerstoffsalze:
Salpetersaures Quecksilberoxydul.
Salpetersaures Quecksilberoxyd.
Chromsaures Quecksilberoxydul.
Knallquecksilber. [21])

Amalgame.

55. **Silber.**
Sauerstoffverbindungen:
Silberoxyd.
Schwefelverbindungen.
Haloidsalze:
Chlorsilber.
Jodsilber
u. s. w.

Sauerstoffsalze:
Salpetersaures Silberoxyd
u. s. w.
Knallsilber. [22])

56. **Gold.**
Sauerstoffverbindungen
u. s. w.
Haloidsalze:
Cyangold [23])
u. s. w.
Legirungen.
Vergoldung. [24])

57. **Platina**
u. s. w.

58—62. **Platinmetalle: Osmium**
u. s. w.

---

[1]) Der Chlorstickstoff, NCl_3, entsteht als ölartige Flüssigkeit, wenn Chlor auf ein Ammonsalz der stärkeren Säuren einwirkt; z. B.

$$NH_4Cl + 6\ Cl = 4\ HCl + NCl_3.$$

Er zeichnet sich durch die Leichtigkeit aus, mit welcher er sich unter furchtbarer Explosion in seine Elemente zersetzt, so daß seine Darstellung zu den gefährlichsten der ganzen Chemie gehört. Nicht selten explodirt er sogar ohne bemerkbare äußere Veranlassung.

[2]) Bei der Einwirkung von Chlor auf überschüssigen Schwefel entsteht Schwefelchlorür S_2Cl, als rothgelbe ölartige Flüssigkeit von eigenthümlichem Geruch, die im Wasser zu Boden sinkt, bei 139° siedet, und sich durch ihr Auflösungsvermögen für Schwefel auszeichnet. Das Schwefelchlorür wird im Großen dargestellt und zur Vulkanisirung des Kautschuks angewendet. Bei längerer Einwirkung von Chlor auf Schwefelchlorür entsteht Schwefelchlorid SCl.

[3]) Die Jodsäure JO_5 stellt man u. A. durch Behandeln von Jod mit concentrirter Salpetersäure dar. Sie kann sowohl wasserfrei wie als Hydrat in fester Form erhalten werden, zerfällt aber beim Erhitzen in ihre Bestandtheile. Mit den Basen bildet sie Salze, welche den Chlorsäuresalzen sehr ähnlich sind. Außer der Jodsäure ist auch noch die Ueberjodsäure JO_7 bekannt.

[4]) Bei Behandlung von fein zertheiltem Jod mit Ammoniak wird ein schwarzes Pulver gebildet, welches Jod, Stickstoff und wahrscheinlich auch Wasserstoff enthält. Es ist dem Chlorstickstoff ähnlich, insofern es ebenfalls äußerst leicht, ja sogar ohne äußeren Anstoß, bloß beim Trocken-

werden, sehr heftig explodirt; indessen ist diese Explosion weniger gefährlich als beim Chlorstickstoff.

[5]) Trockenes Jod absorbirt das Chlor sehr begierig: es entsteht zuerst eine rothbraune Flüssigkeit JCl, dann eine gelbe starre Verbindung JCl_3.

[6]) Das Phosphoroxyd P_2O entsteht als rothgelbes Pulver, wenn man auf Phosphor, welcher unter warmem Wasser geschmolzen ist, Sauerstoff leitet; es bildet sich zugleich Phosphorsäure, welche in Lösung geht. In Wasser ist es unlöslich, bei höherer Temperatur zersetzt es sich in Phosphor und Phosphorsäure; geschieht die Erhitzung an offener Luft, so veranlaßt dieselbe zugleich die Entzündung des frei werdenden Phosphors.

[7]) Der Phosphor verbindet sich mit dem Schwefel direct in mehreren Verhältnissen; die entstehenden Verbindungen sind den Oxyden des Phosphors analog zusammengesetzt.

[8]) Mit dem Chlor verbindet sich der Phosphor direct und bildet damit, je nachdem Phosphor oder Chlor im Ueberschusse vorhanden ist, entweder ein der phosphorigen Säure analoges flüssiges Chlorür, oder ein der Phosphorsäure entsprechendes starres Chlorid.

[9]) Das Arsen verbrennt in Chlorgas zu Arsenchlorid $AsCl_3$, welches eine farblose, ölartige, rauchende und flüchtige Flüssigkeit von höchst giftigen Eigenschaften ist.

[10]) Das Fluorbor BFl_3 entsteht, wenn man Flußspath mit Borsäure vermischt und der Weißglühhitze aussetzt oder mit Schwefelsäure behandelt. Es bildet ein farbloses Gas, das außerordentlich ätzend und zerfressend wirkt und Holz und andere organische Substanzen — ähnlich wie Schwefelsäure — verkohlt. Glas wird davon nicht angegriffen.

[11]) Beim Erhitzen eines innigen Gemenges aus Kieselsäure und Kohle in Chlorgas wird der Chlorkiesel $SiCl_3$ als farblose Flüssigkeit erhalten, die bei 59° siedet; mit Wasser zersetzt sich diese Verbindung in Salzsäure und Kieselsäure.

[12]) Beim Erhitzen von Kalium in Sauerstoff entsteht das Superoxyd KO_3 als gelber krystallinischer Körper, der sich mit Wasser in Kalihydrat und entweichenden Sauerstoff zersetzt.

[13]) Eine große Anzahl von Mineralien besteht aus Verbindungen von Kieselsäure und Magnesia nach verschiedenen Verhältnissen, und mit einer Beimischung anderer Silicate, z. B.

Speckstein	MgO, SiO_3
Meerschaum	$MgO, SiO_3 + HO$
Olivin	$\left.\begin{matrix} MgO \\ FeO \end{matrix}\right\}, SiO_3$

Serpentin $3\,(MgO, 2\,HO) + 2\,(3\,MgO, 2\,SiO_3)$

Augit $3\,\left\{\begin{matrix}MgO\\CaO\end{matrix}\right\}, 2\,SiO_3$

Hornblende, Asbest u. s. w. $CaO, SiO_3 + 3\,MgO, 2\,SiO_3$.

[14]) Die Eisensäure (S. 228) ist im isolirten Zustand noch nicht dargestellt worden. Das eisensaure Kali entsteht bei gelindem Glühen von Salpeter mit Eisen, oder wenn man Chlor durch in Kalilauge suspendirtes Eisenoxydhydrat leitet. Die rothe Lösung des Salzes zeigt eine sehr geringe Beständigkeit.

[15]) Das Chrom bildet mit Sauerstoff außer dem Oxyd und der Säure noch das Oxydul CrO, und einige andere noch nicht sicher festgestellte Verbindungen.

[16]) Antimonoxychlorid = Algarothpulver (S. 451).

[17]) Die Antimonoxydsalze sind im Allgemeinen sehr wenig gekannt; die Basis wird zum Theil schon durch Wasser ausgeschieden; die Verbindungen mit einigen organischen Säuren, z. B. mit Weinsteinsäure (Brechweinstein), sind besser charakterisirt. Die Antimonsäuresalze sind mit Ausnahme des Kali- und des Ammonsalzes sämmtlich unlöslich; man erhält sie entweder durch Erhitzen von Antimon mit Salpetersäuresalzen, oder durch gegenseitige Zersetzung von löslichen Antimonsäuresalzen mit löslichen Salzen anderer Basen.

[18]) Das Jodblei PbJ scheidet sich als citrongelbes Pulver aus, wenn man die Auflösung von Jodkalium mit der eines Bleisalzes vermischt; der entstehende Niederschlag ist im Ueberschuß von Jodkalium löslich. Erhitzt man den Niederschlag in der Flüssigkeit zum Sieden und filtrirt, so schießt das Salz beim Erkalten in prächtig goldglänzenden sechsseitigen Blättchen an.

[19]) Die Kupfersäure, deren Zusammensetzung noch nicht genau ermittelt ist, kann in ähnlicher Weise, wie die Eisensäure erhalten werden.

[20]) Die Formeln solcher Verbindungen wirst du noch später kennen zu lernen Gelegenheit haben.

[21]) Wenn man Quecksilber in der Wärme mit Salpetersäure behandelt und zur erhaltenen Lösung Weingeist hinzufügt, so scheidet sich ein Krystallmehl aus, welches unter dem Namen Knallquecksilber bekannt ist. Es besteht aus einer Verbindung von Quecksilberoxyd mit einem Oxyde des Cyans, der Knallsäure, und entspricht der Formel

$$HgO, (C_2N)O.$$

Das knallsaure Quecksilberoxyd zeichnet sich, wie alle Verbindungen der Knallsäure, durch die Leichtigkeit aus, mit welcher es beim Berühren mit einem harten Körper mit furchtbarer Heftigkeit explodirt. Seine Reindarstellung gehört daher zu den gefährlichsten Operationen der Chemie. Das Studiren dieser und ähnlicher Verbindungen gehört ins Bereich der organischen Chemie. Das Knallquecksilber wird zum Füllen der Zündhütchen angewendet.

[22]) Das Knallsilber oder knallsaure Silberoxyd AgO, C_2NO wird in ähnlicher Weise wie das Knallquecksilber erhalten; es explodirt noch weit heftiger als dieses.

Von dieser Verbindung ist gänzlich verschieden das Berthollet'sche Knallsilber, welches beim Behandeln von frisch gefälltem Silberoxyd mit concentrirter Ammoniaklösung gebildet wird. Es explodirt selbst in feuchtem Zustand mit der furchtbarsten Heftigkeit; seine Zusammensetzung ist noch nicht genau ermittelt.

[23]) Beim Vermischen von Cyankalium mit einer Goldlösung erhält man eine Lösung eines Doppelsalzes von Cyangold und Cyankalium, welches durch Abdampfen u. s. w. krystallisirt. Seine Lösung wird bei der galvanischen Vergoldung angewandt; doch kann man die Vergoldungsflüssigkeit auch auf anderem Wege erhalten; so z. B. durch Behandlung des Knallgoldes (ähnlich wie das Berthollet'sche Knallsilber darzustellen) mit Cyankalium, durch Behandlung des Goldcyanürs mit Cyankalium u. s. w.

[24]) Zu der im II. Th. angegebenen Vergoldung auf nassem Wege eignet sich besonders die Lösung des Kaliumgoldcyanürs, wobei silberne Gegenstände mit einem Kupfer- oder Zinkdraht zu umwickeln sind. Auch durch Vermischen einer Goldchloridlösung mit doppelt kohlensaurem Kali erhält man eine zur Vergoldung durch Eintauchen geeignete Flüssigkeit.

77. Brief.

Metallurgie. — Natrium. — Aluminium. — Allgemeine Bemerkungen über Erze und ihre Benutzung. — Gold. Darstellung von reinem Gold. — Wismuth. Prüfung des käuflichen Metalls. Reaction des Wismuths vor dem Löthrohr. — Schwefelantimon. Reaction desselben. — Aufgaben.

Die

Metallurgie,

oder die Lehre von der Gewinnung der Metalle aus deren in der Natur vorkommenden Verbindungen, begreift zwar in der Regel nur die eigentlichen oder schweren Metalle, welche im gewöhnlichen Leben in den verschiedenen Industriezweigen die mannichfaltigsten Anwendungen finden: allein es hat in neuester Zeit auch die Gewinnung einiger der leichten Metalle eine größere Ausbildung zu nehmen begonnen, so daß die Metallurgie in der That sich auch auf diese ausgedehnt hat. Ich will daher zunächst von diesen Metallen reden, und wende mich zur Gewinnung des Aluminiums. Da dieselbe die Darstellung einer entsprechenden Menge Natrium voraussetzt, so habe ich zuerst hiervon einige Worte zu sagen.

Das Material für die Gewinnung des

Natriums

bildet das kohlensaure Natron, welches, wie du weißt, aus dem Kochsalze stammt, indem die Menge, welche durch Einäschern natronhaltiger Pflanzen erhalten wird, unbedeutend ist. Aus dem kohlensauren Natron wird das Metall in ähnlicher Weise abgeschieden, wie das Kalium aus dessen Kohlensäuresalz (S. 264), indem man es in äußerst fein vertheiltem Zustande mit Kohle mischt und einer solchen Temperatur aussetzt, daß das reducirte Metall verflüchtigt wird. Eine nähere Beschreibung des Verfahrens für die Darstellung eines dieser Metalle liegt nicht im Plan dieser Mittheilungen; für den Fall, daß du dich über diesen und andere Punkte specieller interessiren solltest, muß ich dich auf ausführlichere

Lehrbücher verweisen. In denselben findest du auch die Zeichnung der gebräuchlichen Apparate. Ein Uebelstand bei dieser Methode war immer die dabei nothwendige sehr bedeutende Hitze, unterhalb welcher die Reduction nicht stattfand, und welche einerseits die Anwendung schmiedeeiserner Retorten nothwendig machte, andererseits das Auftreten zahlreicher Nebenprodukte, mithin nicht unbedeutenden Verlust bedingte. Für das Natrium ist es in neuester Zeit gelungen, diese Hindernisse zu überwinden, indem man dem Gemische von kohlensaurem Natron und Kohle nach folgendem Verhältniß noch Kreide zusetzt:

1000 Th. wasserfreies kohlensaures Natron, 150 Th. Kreide, 450 Th. trockene Steinkohlen.

Die Zersetzung des Gemisches ist so vollständig und geht so leicht von statten, daß man nunmehr mit Thon beschlagene gußeiserne Röhren anzuwenden und die Gewinnung fabrikmäßig zu betreiben im Stande ist. Die Quantität des so erhaltenen Natriums stimmt mit derjenigen fast genau überein, welche die Rechnung ergiebt, auch ist nach diesen Verbesserungen der Preis dieses Metalls wenigstens in Frankreich, wo allein größere Mengen davon dargestellt werden, ganz außerordentlich gefallen.

Die Condensation der Natrium- oder Kaliumdämpfe erfordert bei der Leichtigkeit, mit welcher sie sich oxydiren, natürlich einige Vorsichtsmaßregeln. Sie wird in besonderen Apparaten vorgenommen, in denen man die Dämpfe durch Steinöl leitet, welches den ganzen Apparat absperrt und das Zutreten der Luft zu den Metallen verhütet.

Ueber die Darstellung der andern leichten Metalle bemerke ich nur, daß sie entweder mit Hülfe eines starken galvanischen Stroms, oder durch Reduction ihrer Verbindungen vermittelst Kalium oder Natrium geschehen kann. In jüngster Zeit, wo man sich mit diesem Gegenstand ziemlich häufig beschäftigt hat, ist der letztere dieser Wege fast gänzlich verlassen worden, indem er die Metalle meist in unzusammenhängenden Stücken liefert, während es bei zweckmäßiger Wahl der Apparate und der zu zersetzenden Verbindungen ohne besondere Mühe gelingt, durch galvanische Zersetzung größere Mengen und compactere Stücke der verschiedenen Metalle darzustellen.

Mittelst Natriummetall wird das

Aluminium

in folgender Weise erhalten: Man stellt zunächst Thonerde dar, und zwar entweder durch Glühen des Ammoniakalauns, oder durch Glühen des entwässerten Kalialauns und mehrmaliges Auswaschen der geglühten Masse mit Wasser.

Hierauf mischt man Thonerde, Kochsalz und Kohlenpulver und leitet über das Gemisch einen Strom von getrocknetem Chlorgas. Dadurch bildet sich in Folge der gleichzeitigen Einwirkung aller dieser Substanzen und unter Freiwerden von Kohlenoxyd ein flüchtiges Doppelsalz von Chlornatrium und Chloraluminium, welches in Condensationsapparaten erst zu einer Flüssigkeit und dann zu einer festen Masse verdichtet werden kann. Der Apparat läßt sich so herstellen, daß man einen continuirlichen Flüssigkeitsstrom erhält und ohne große Mühe die feste Verbindung in beliebiger Menge fabriciren kann. Das Chlornatrium-Chloraluminium wird dann durch Natrium zersetzt, welches die Stelle des Aluminiums einnimmt und dieses Metall unter Bildung von Kochsalz abscheidet. Die Zersetzung nimmt man in einem Flammofen (s. unten!) vor, welchen man mittelst einer Schaufel mit dem Gemenge aus dem Doppelsalze und Natriumstücken beschickt. Nach Beendigung der Reaction und dem Erkalten des entstandenen Gemisches wird das Metall von dem Kochsalz auf mechanische Weise oder mittelst Wasser getrennt. Das Aluminium wird so in Platten, Kügelchen und in Pulvergestalt erhalten.

Ich habe dich schon früher darauf aufmerksam gemacht, welche chemischen Eigenschaften des Aluminiums es sind, die dessen Anwendung zu mancherlei Zwecken hervorgerufen haben; ich habe noch außerdem zu erwähnen, daß hierzu seine Leichtigkeit ebenfalls nicht wenig beiträgt. Da sein spec. Gewicht nur gering ist, so wiegt ein Stück Aluminium weit weniger, als ein gleich großes jedes andern Metalls, wodurch unter Umständen die Reibung daraus construirter Maschinentheile und die Kraft, welche zur Bewegung von daraus geformten Stücken, Rädern u. s. w. erfordert wird, weit geringer ist, als bei jedem andern (schweren) Metalle.

Da die Flammöfen bei Ausführung chemischer Operationen im Großen eine wichtige Rolle spielen und daher vielfach davon die Rede sein wird, so will ich bei dieser Gelegenheit das Wesentlichste anführen, was darauf Bezug hat. Bei einem Flammofen erfolgt die Erhitzung der Substanzen stets durch eine über dieselben hinstreichende Flamme, welche aus dem Brennmaterial auf einem getrennten Roste erzeugt wird. Diese Trennung geschieht durch eine niedrige Wand, welche Feuerbrücke heißt, über welche hinweg die Flamme geht, um dann über die zu erhitzenden Stoffe zu ziehen. Hierzu wird sie durch das flache Gewölbe des Ofens und den am Ende desselben befindlichen Kamin, die Esse, gezwungen. Natürlich kann man auf dem Weg der Flamme zu vollständiger Benutzung von deren Hitze mehrere Räume anbringen (die stets die Form von flachen Schalen haben), worin verschiedene Theile des ganzen Erhitzungsprocesses vorgehen können. Ein Beispiel hiervon bieten die Sodaöfen; dieselben enthalten mehrere Abtheilungen zur Zersetzung des Kochsalzes und des Glaubersalzes, und häufig Abdampfräume für die Laugen. In letzterem Falle werden auch die Flüssigkeiten von oben erhitzt, was eine sehr bedeutende Erleichterung beim Abdampfproceß ist, indem der Wasserdampf mit den Feuergasen entweicht und die Krusten fester Substanz, welche sich an den Wänden der Schale bilden, die Erhitzung nicht stören. Zum leichteren Verständniß des Gesagten zeichne ich hier eine von den verschiedenen Einrichtungen, wie sie z. B. für die Sodafabrikation gebraucht werden, und die als ein allgemeines Muster für ähnliche Flammöfen, auch für die bei der Aluminiumfabrikation benutzten, dienen mag:

Fig. 148.

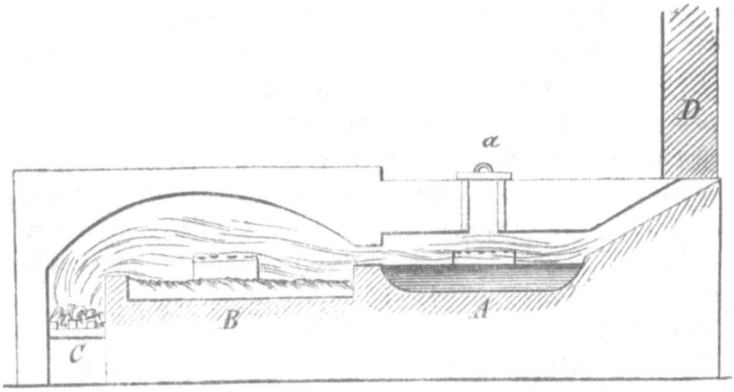

Du siehst bei C die Feuerung, bei B und A zwei flache Schalen, über welche die Flamme nach der Esse D hinzieht; die vordere B, welche die größte Hitze empfängt, dient zur hauptsächlichsten Zersetzung, die Abtheilung A entweder zum ersten Stadium derselben oder zum Eindampfen von Flüssigkeiten; beide haben eine Seitenöffnung nach Außen, welche in der Zeichnung sichtbar ist und der Theil A auch Oben eine Beschickungsöffnung a; wenn die Substanzen von A nach B geschafft werden müssen, so geschieht dies durch den Verbindungskanal mittelst Schaufeln und Krücken.

Manche Flammöfen enthalten noch einen dritten Raum, auch wohl noch eine Abdampfschale über der Flamme; andere dagegen bestehen nur aus dem Feuerraum und dem einfachen Arbeitsraum. Oefen dieser Art werden besonders bei der Bearbeitung der Metalle angewandt; die wichtigsten werden wir in der Folge noch kennen lernen.

Die Darstellung irgend eines Metalles aus denjenigen Verbindungen, in welchen dasselbe in der Natur vorkommt, ist natürlich außer verschiedenen anderen Umständen, wie Schmelzbarkeit u. s. f., vorzüglich abhängig von der Art derselben und von dem Grade der Affinität, durch welche diese Verbindungen, wenn sie chemischer Natur sind, zusammengehalten werden, oder von der Art der Vermengung, wenn sie nur mechanisch sind. Die durch letztere Art von Beimengungen nothwendig werdenden Manipulationen sind nur selten chemischer Art und meist außerordentlich einfach, die auf chemischen Processen beruhenden Veränderungen dagegen, welchen die betreffenden Körper unterworfen werden müssen, sind in der Regel um so schwieriger zu bewirken, mit je stärkerer Affinität das Metall an seine Begleiter gefesselt ist. Die Mineralien, in welchen die Metalle als wesentliche Gemengtheile enthalten sind, nennt man Erze; je geringer die Affinität eines Metalles zu anderen Elementen ist, desto leichter werden also — unter sonst gleichen Umständen — dessen Erze „zu Gute zu machen“ sein.

Die erste Stelle in dieser Beziehung nehmen ohne Zweifel die edlen Metalle ein, und wenn nicht die Seltenheit ihres Vorkommens und einige andere Umstände ihre Gewinnung in anderer Weise schwierig machten, so würde dieselbe eine höchst einfache sein. Denn die edlen Metalle haben nicht allein eine sehr geringe Verwandtschaft zum Sauerstoff, sondern auch zu allen anderen Stoffen, namentlich dem Schwefel, mit dem die Metalle in den Erzen verbunden vorzukommen pflegen.

In Folge hiervon finden sich die edlen Metalle entweder gediegen, d. h. im metallischen unverbundenen Zustande, oder in solchen Verbindungen, die leicht in Metall umzuändern sind. Wegen dieses Verhaltens, welches auch einige unedle Metalle mit den edlen gemein haben, wende ich mich zuerst zu diesen, abweichend von dem Gange der meisten andern Lehrbücher, die der gewöhnlichen Reihenfolge gemäß mit dem Eisen beginnen; mir aber scheint es eine Erleichterung für den Lernenden, mit den einfachsten und am leichtesten zu verstehenden Processen zu beginnen.

Das

Gold

kommt, wie schon früher gesagt, im gediegenen Zustande und zwar am häufigsten in kleineren und größeren Bruchstücken im Schuttlande vor; es stammt alsdann von der Zertrümmerung der Gesteine her, worin es ursprünglich befindlich war und woraus dasselbe durch Einwirkung von Luft und Wasser losgelöst und durch Bäche und Flüsse fortgeführt worden, um in den Niederungen Goldlager von zum Theil großem Reichthum zu bilden.

Auch die Grundzüge der Gewinnung des Goldes aus diesen Erzen habe ich schon im 65. Briefe angedeutet. Man rührt die Masse nämlich wiederholt mit Wasser an und läßt dieses nach kurzer Ruhe mit den aufgeschlemmten Stoffen abfließen, wobei das Gold mit nur wenig Sand gemischt zurückbleibt und endlich ausgelesen werden kann. Soll das völlige Ausziehen des Metalls durch Quecksilber geschehen, so rührt man den goldhaltigen Sand (oder die zerkleinerten und gerösteten goldführenden Erze) in den sogenannten Amalgamirmühlen mit diesem Metall durcheinander und unterwirft dann das erhaltene Goldamalgam in eisernen Röhren der Destillation, um beide Metalle getrennt zu erhalten.

Manches Gold findet sich auch als Beimengung der Silbererze oder silberhaltigen Bleierze, es kommt dann bei der Verarbeitung dieser Erze auf Silber zu diesem Metall und kann aus der Legirung auf verschiedene Weise getrennt werden. Ueber dieses Verfahren, die Affinage, s. Br. 65.

Ebendaselbst habe ich auch schon die Methode angegeben, völlig **reines** Gold darzustellen.

Ein anderes Metall, welches ebenfalls nur aus denjenigen Gesteinen gewonnen wird, welche es in gediegenem Zustande führen, ist das

Wismuth.

Das einzige Wismutherz, welches zur Gewinnung des Metalls benutzt wird, ist das **gediegene Wismuth**; es wird einfach durch Ausschmelzen oder **Aussaigern** des Metalls zu Gute gemacht. Man bringt nämlich das zerkleinerte Erz in thönerne oder eiserne Röhren, welche zu 4—6 schräg in einen Ofen eingemauert sind. An dem oberen Ende befindet sich eine Platte zum Oeffnen der Röhren behufs deren Beschickung und Entleerung; an dem unteren sind kleine Oeffnungen angebracht, welche das geschmolzene Metall in darunter gestellte Schalen abfließen lassen, die durch eine eigene Feuerung erhitzt und von Zeit zu Zeit ausgeleert werden.

Das käufliche Wismuth enthält in der Regel fremde Metalle beigemischt, namentlich Eisen, Blei, Kupfer und Arsen. Die Prüfung desselben geschieht in der gleich zu bezeichnenden Weise; du thust wohl, diese, **so wie die aller anderen Metalle**, welche ich später angeben werde, vorzunehmen. Diese Versuche bieten eine sehr vortreffliche Uebung in analytischen Arbeiten und eine gute Gelegenheit zum wiederholten Einprägen des Verhaltens der Metalle gegen Lösungsmittel und Reagentien.

Für das Wismuth verfährt man folgendermaßen:

Nachdem das Metall in Salpetersäure aufgelöst worden, fällt man es mit Wasser aus dieser Lösung möglichst vollständig; in einem Theile der abfiltrirten Flüssigkeit zeigt dann eine blaue Fällung durch Blutlaugensalz Eisen, eine weiße Fällung durch Schwefelsäure Blei an. In einem anderen Theile der Lösung wird durch Ammoniak Kupfer nachgewiesen, wenn die von dem entstehenden Niederschlag abfiltrirte Flüssigkeit blau erscheint.

Wenn man einen Theil der Lösung unter Zusatz von Schwefelsäure (zur Entfernung der Salpetersäure) eingedampft hat, so ist der Rückstand im Apparate von Marsch auf Arsen zu prüfen.

Eine Reinigung des käuflichen Metalls wird am besten durch Zusammenschmelzen desselben mit etwas Salpeter oder mit Schwefelleber unter fleißigem Umrühren bewerkstelligt.

Das Mineral gediegen Wismuth giebt sich leicht vor dem Löthrohr zu erkennen: ich erinnere dich an die Reaction des reinen Metalls vor dem Löthrohre, welche sich schon an einem kleinen Splitter des Minerals nachweisen läßt. In einer offenen Glasröhre, welche an der das Mineral enthaltenden Stelle in schräger Richtung mittelst der Lampe erhitzt wird, schmilzt das Metall und verwandelt sich in gelbes Oxyd.

Diese Proben, sowie alle ähnliche, welche ich für die wichtigsten Erze in der Folge geben werde, rathe ich dir ebenfalls auszuführen, um dir das Verhalten derselben auf trockenem und nassem Wege einzuprägen und dich in feinen Versuchen, namentlich in Löthrohrproben aller Art, einzuüben. Ohne Zweifel kannst du dir leicht die erforderlichen Mineralien verschaffen, namentlich da jedesmal ein kleiner Splitter zu allen Proben hinreicht. Uebrigens liefern auch die betreffenden Handlungen die Mineralien „zu Löthrohrproben“ zu sehr billigen Preisen.

In ganz ähnlicher Weise wie das Wismuth wird das **Schwefelantimon**, welches in großen Massen zu mancherlei Zwecken angewendet wird, aus den Gesteinen ausgesaigert, in welchen es eingesprengt vorkommt. Die Röhren stehen jedoch hierbei nicht schräg, sondern senkrecht. Das Schwefelantimon erstarrt in den untergesetzten Tiegeln zu strahlig-krystallinischen Massen. Die Art und Weise, wie hieraus das Antimonmetall erhalten wird, bespreche ich in einem meiner nächsten Briefe.

Vor dem Löthrohr entwickeln alle antimonhaltenden Mineralien, also auch Schwefelantimon — einen dicken weißen Rauch, der in der Nähe der Probe die Kohle beschlägt. Er zeigt bei Gegenwart von Arsen den bekannten Geruch desselben. Mit Soda läßt sich das Schwefelantimon zu Metallen reduciren, dessen Verhalten dir von früherher erinnerlich sein wird. Die anhängende alkalische Masse zeigt die Schwefelreaction, d. h. sie färbt ein blankes Silberstück, auf welches man sie unter Befeuchtung mit Wasser andrückt, braun in Folge des durch das Schwefelnatrium entstehenden Schwefelsilbers.

Im Glaskölbchen (1) schmilzt es leicht, bisweilen unter Sublimation von Schwefel. In starker Hitze zeigt sich ein Sublimat von SbS_3 und SbO_3.

In der offenen, schrägen Glasröhre erhitzt, entwickelt es schweflige Säure und weißen Antimonrauch.

Die Reaction des auf der Kohle entstandenen Oxydes gegen Borax ist dir bereits bekannt. Kobaltsolution färbt den Beschlag in der Flamme schwärzlichgrün.

Ich schließe mit folgenden Aufgaben:

1) Wie groß sind die Kosten oder Vortheile bei der *Affinage* von 1000 Mark 14löthigen Silbers, das $\frac{7}{10000}$ vom Gewicht der kupferfreien Substanz Gold enthält, wenn man annimmt, daß die Mark Feinsilber 14 Thlr., das Gold das 14fache vom Silber, das Kupfer 16 Sgr. das Pfd. kostet und der Kupfervitriol um 16 Thlr. die 1000 Pfd. verkauft werden kann. Die Schwefelsäure koste 3 Thlr. pro 100 Pfd. und Nebenkosten werden nicht berechnet.

2) Welches ist das *annähernde* Verhältniß der zur Darstellung von kohlensaurem Baryt durch Glühen des Schwerspaths mit Potasche erforderlichen Stoffe?

(1) Die zu diesen Versuchen erforderlichen Glaskölbchen erhält man zwar leicht in den betreffenden Handlungen als Glaskölbchen zur Löthrohrprobe, doch kannst du sie durch rasches Ausziehen und Zuschmelzen von etwas dickwandigen und ziemlich engen Glasröhren selbst sehr bequem und in verschiedenen Größen anfertigen.

78. Brief.

Zinn. Untersuchung auf fremde Metalle. Reduction und charakteristische Merkmale des Zinnsteins. — Quecksilber; Prüfung, Reinigung, Reaction des Zinnobers. — Arsen. — Reactionen der Arsenerze. — Auflösungen.

Das

Zinn

findet sich in der Natur nur in einem einzigen, zur Verarbeitung auf Zinn dienenden Erze, dem Zinnstein, welcher aus Zinnoxyd besteht. Es läßt sich dasselbe, wie leicht zu ersehen, durch einen einfachen Reductionsproceß mittelst Kohle verarbeiten. Vorher wird das Erz durch Pochen, Hämmern und Schlämmen möglichst von allen fremden Beimengungen befreit, welche namentlich aus den Erzen anderer Metalle bestehen, die das Zinn, dessen Güte von seiner Reinheit bedingt ist, verunreinigen würden. Das geschlemmte Erz (der Schlich) wird erst einer Oxydation in einem Flammofen unterworfen, wodurch ein Theil der fremden Beimengungen — wie Schwefel, Arsen u. s. w. — oxydirt und verflüchtigt und das zweite Schlemmen erleichtert wird. Hierauf wird das Erz, mit Kohle gemengt, in einen Schachtofen, wie ihn beistehende Zeichnung, Fig. 149, zeigt, niedergeschmolzen. In dem Schachte a befindet sich das Gemenge von Kohle und Erz, die Beschickung, durch die kleine Oeffnung b wird mittelst einer Form die Luft zur Unterhaltung der Verbrennung zugeführt; sie wird durch ein Gebläse geliefert.

Fig. 149.

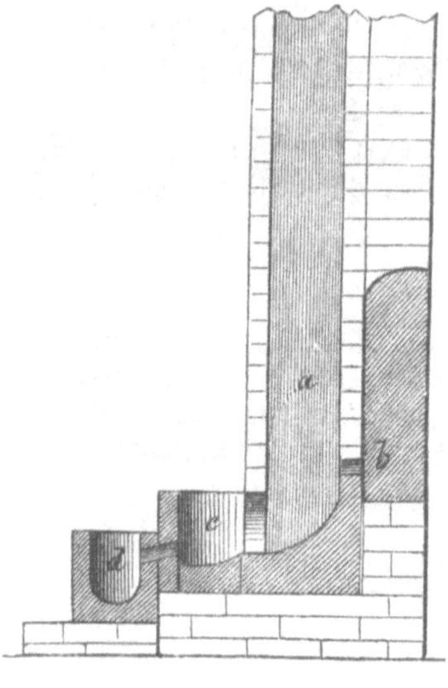

Das reducirte und geschmolzene Metall, so wie die geschmolzenen Silicate, welche das Erz begleiteten, fließen über die geneigte Sohle des

Ofens durch den darüber befindlichen Canal in den Vortiegel c, wo sich die letzteren als Schlacke, vermöge ihres geringeren spec. Gew., vom Metalle trennen. Man hebt sie von Zeit zu Zeit ab, um sie später nochmals auf Zinn zu verarbeiten, welches sie häufig in Körnern eingeschlossen enthalten, und sticht das Zinn, wenn der Tiegel damit gefüllt ist, in den Vorstichtiegel d ab, von wo es in Formen gegossen wird. Dabei befolgt man ein Verfahren, welches die Trennung des leichtflüssigen Zinns von den schwerer schmelzbaren Metalllegirungen zu bewirken oder es abzusaigern zum Zweck hat. Indessen gelingt es nie, das Zinn völlig rein zu erhalten, es enthält fast immer Eisen, Kupfer, Blei und Antimon beigemischt. Nur aus völlig reinen Erzen oder aus sorgfältig dargestelltem reinem Zinnoxyd läßt sich reines Zinn darstellen. Die Beimengungen des Zinns lassen sich durch folgende Proben erkennen, welche du mit einem Stückchen käuflichen Metalls vorzunehmen hast. Wenn man das Zinn mit Salpetersäure oxydirt, so finden sich die meisten fremden Metalle in der von der Zinnsäure abfiltrirten Flüssigkeit. Es wird darin Eisen durch Blutlaugensalz, Kupfer durch Ammoniak, Blei durch Schwefelsäure eben so wie bei Wismuth, angezeigt. Behandelt man das Zinn mit Salzsäure, so entweicht das Arsen als Arsenwasserstoff mit dem frei werdenden Wasserstoff, in welchem er in bekannter Weise erkannt werden kann. Beim Kochen des durch Salpetersäure erhaltenen Pulvers mit Weinsäure wird Antimon gelöst. Erfolgt in der abfiltrirten Lösung also auf Zusatz von Salzsäure durch Schwefelwasserstoff ein Niederschlag, so war Antimon vorhanden.

Durch Reduction aus dem Zinnstein mittelst Soda und einer guten Löthrohrflamme wirst du, obwohl nicht ganz ohne Mühe, Zinnkörner erhalten, die sich als sehr dehnbar erweisen und auf Kohle einen weißen Beschlag geben, welcher, mit Kobaltlösung befeuchtet, eine blaugrüne Farbe (1) zeigt.

(1) Diese, wie überhaupt jede Reduction geschieht viel leichter, wenn man der Soda etwas Cyankalium zusetzt. Dasselbe hat nämlich, wie schon S. 478 bemerkt, die Eigenschaft, den Sauerstoffverbindungen in der Glühhitze den Sauerstoff zu entziehen; es wirkt daher als energisches Reductionsmittel, und reducirt selbst manche Schwefelverbindungen, wie z. B. die des Arsens, welche durch Soda und Kohle allein nicht angegriffen werden. Man pflegt daher ein Gemenge von 3 Th. Soda mit 1 Th. Cyankalium unter den Löthrohrreagentien vorräthig zu haben. Da die geringe Menge davon, welcher du bedarfst, die Mühe der Darstellung nicht lohnen würde, so thust du am besten, dir etwas davon anderweitig zu verschaffen. Ich wiederhole, daß das Salz sehr giftig ist und daher Vorsicht bei seinem Gebrauche angewandt werden muß.

Der Zinnstein erweist sich in Kölbchen als wasserfrei und als unschmelzbar; mit Borax oder Phosphorsalz zeigt er meist die Eisenreaction und mit Soda und Salpeter läßt sich gewöhnlich Mangan darin nachweisen (s. S. 389 und S. 415)

Ich wende mich zum

Quecksilber.

Dasselbe findet sich in einigen wenigen Gegenden als Zinnober. Du wirst dich erinnern, daß aus demselben, wie aus allen Quecksilberverbindungen, das Metall durch Erhitzen mit Kalk ausgeschieden und vermöge seiner Flüchtigkeit abdestillirt werden kann. Man benutzt dieses Verhalten häufig zu seiner Gewinnung im Großen und wendet z. B. in Rheinbaiern den hier im Durchschnitt gezeichneten Ofen an.

Fig. 150.

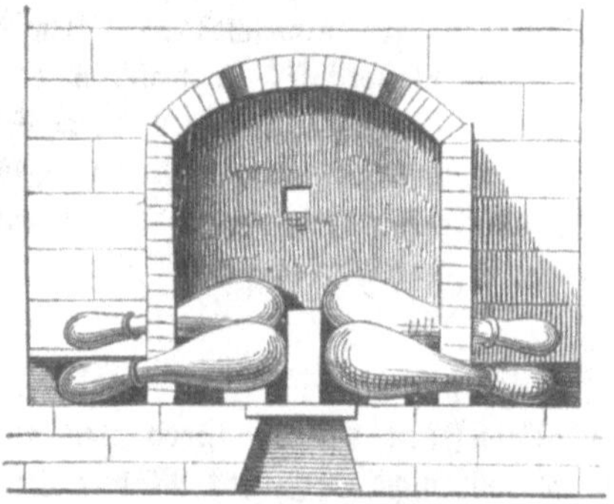

In den Retorten, deren in dem langen Ofen eine große Anzahl durch ein gemeinschaftliches Feuer erhitzt werden, wird das Gemenge aus Erz und Kalk geglüht und in den Vorlagen, die außerhalb des Ofens befindlich sind und die entweder durch einen starken Luftzug, oder durch fließendes Wasser kühl gehalten werden, condensirt man das flüssige Metall.

Auch durch einen Oxydationsproceß gewinnt man zu Idria nicht unbedeutende Mengen Quecksilber aus dem Zinnober. Man erhitzt diesen nämlich in einem Ofen, dessen Feuerungsgase einen Ueberschuß von Sauerstoff enthalten, und leitet die Produkte durch ein System von Kammern, welche als Condensationsvorrichtungen wirken. Der Zinnober wird durch die Oxydation in schweflige Säure und metallisches Quecksilber umgewandelt; erstere entweicht mit den Feuerungsgasen, letzteres setzt sich mit Ruß gemischt in den Condensationsräumen ab. Es wird durch Abpressen mit Leder von den begleitenden Substanzen getrennt.

Gewöhnlich ist das Quecksilber mit fremden Metallen verunreinigt, von denen sich Blei, Zinn, Wismuth und Kupfer auf folgende Weise erkennen lassen, wie du dich durch eine Probe überzeugen kannst. Das

Quecksilber muß, wenn es rein sein soll, eine glänzende Oberfläche haben und die Kügelchen müssen über eine nicht metallische Unterlage leicht hinrollen. Kalte Schwefel- und Salzsäuren dürfen auch nach anhaltendem Schütteln nichts aus dem Quecksilber auflösen. Wird etwas aufgelöst, so lassen sich in dieser Lösung Quecksilberoxyd oder Zinn nachweisen. Salzsäure, welche mit schwefliger Säure gemischt ist, entwickelt beim Stehen über Zinn enthaltendem Quecksilber Schwefelwasserstoff. In der Salpetersäurelösung wird Blei durch Schwefelsäure, Eisen durch Blutlaugensalz, Kupfer durch Ammoniak im Ueberschuß (nach dem Abfiltriren des Niederschlags) erkannt. Der Schwefelwasserstoffniederschlag darf nach dem Behandeln mit Schwefelammonium (zur Entfernung des Schwefelzinns) an Salpetersäure selbst in der Siedehitze nichts abgeben. (Wismuth und die übrigen Metalle, mit Ausnahme des Bleis, welches als schwefelsaures Bleioxyd zurückbleibt.) In der Lösung bleibt nach dem Uebersättigen mit Ammoniak das Wismuthoxyd ungelöst, während sie sich bei Anwesenheit von Kupfer blau färbt.

Man sollte glauben, daß, um das Quecksilber völlig rein zu erhalten, eine Destillation genügen müsse, allein die Dämpfe führen die übrigen Metalle zum Theil mit in die Vorlage über; man setzt daher etwas (etwa $\frac{1}{10}$ des Gewichts) Zinnober dem zu destillirenden Quecksilber zu und verwandelt dadurch die fremden Metalle in Schwefelverbindungen, welche nicht mit hinübergerissen werden. Eine andere Methode, das Quecksilber, wenn auch nicht vollkommen, zu reinigen, habe ich dir früher (S. 375) angegeben.

Die allgemeinen Kennzeichen der Quecksilberverbindungen sind dir von früherher (S. 376) noch erinnerlich; außerdem zeigt der Zinnober noch folgende charakteristische Eigenschaften: Im Kölbchen verflüchtigt er sich ganz oder größtentheils, um sich an einem kälteren Theile als schwarzes Schwefelquecksilber zu verdichten, in der offenen Glasröhre gibt er schweflige Säure und Quecksilber; mit Soda auf Kohle behandelt zeigt der Rückstand die Schwefelreaction. Salzsäure und Salpetersäure sind ohne Wirkung auf den Zinnober, Königswasser löst ihn unter Bildung von Quecksilberchlorid.

Von den zahlreichen Mineralien, welche

Arsen

enthalten, wird namentlich der Arsenikkies und der Arsenikalkies zur Gewinnung der arsenigen Säure angewendet. Zu diesem Zwecke röstet man die Erze, d. h. man erhitzt sie unter Zutritt von Luft und unter Verhinderung des Schmelzens. Hierbei entwickeln die eben genannten Erze schweflige und arsenige Säure, welche gasförmig entweichen, während Eisenoxyd, gemengt mit basisch arseniksaurem und schwefelsaurem Eisenoxyd, zurückbleibt.

Diese Röstung wird in einer Muffel, einem aus Thonplatten construirten, rings geschlossenen Raume vorgenommen, welcher an der unteren Fläche und an den Seitenwänden von der Flamme der Feuerung getroffen wird, vorne offen ist, um der Luft Zutritt zu verstatten und am hinteren Ende durch einen Kanal mit einem System von Kammern — Giftkammern — in Verbindung steht, worin sich die arsenige Säure als „Giftmehl" condensirt. Von Zeit zu Zeit sammelt man dasselbe, um es in eisernen Apparaten einer Sublimation zu unterwerfen, deren Zweck eine Reinigung ist. Die Erhitzung geschieht in Kesseln, die Verdichtung zu glasiger Säure in aufgesetzten eisernen Ringen; das darin nicht Verdichtete entweicht durch einen Helm und eine Ansatzröhre in die Giftkammern.

Aehnliche Vorrichtungen werden auch angewandt, um die arsenige Säure aus solchen Erzen zu gewinnen, in denen Arsen als Verunreinigung oder als Erzmittel anderer Metalle, deren Gewinnung alsdann Hauptsache ist, auftritt.

Werden die vorhin genannten Arsenikerze ohne Luftzutritt erhitzt, so erhält man daraus, wie schon S. 364 erwähnt, das metallische Arsen, entweder gänzlich, oder zum Theil. Die hierzu angewendeten thönernen Retorten mit eben solchen Vorlagen liegen in Oefen, welche davon eine lange Reihe zugleich erhitzen. Schon im Hals der Retorten condensirt sich der größte Theil des Arseniks an einer hineingesteckten Rolle aus Eisenblech. In der Retorte findet man ein Gemisch von Arseneisen und Schwefeleisen. Das erhaltene Metall muß, wenn es rein sein soll, wiederholt bei möglichst niederer Temperatur sublimirt werden.

Die Kennzeichen des Arsens sind dir bekannt; sie gelten natürlich auch für das als Scherbenkobalt vorkommende gediegene Arsen.

Arsenikkies liefert im Kölbchen erst ein Sublimat von rothem Schwefelarsen, dann ein schwarzes von Arsen; in der offenen Glasröhre wird schweflige Säure und ein weißes Sublimat von arseniger Säure gebildet. Auf der Kohle giebt er arsenige Säure und schmilzt zu einer Kugel, die vom Magnete angezogen wird. Das auf Kohle oxydirte Mineral zeigt zu Borax u. s. w. die Eisenreaction.

Arsenikalkies unterscheidet sich von dem Arsenikkies nur dadurch, daß er wegen des geringen Schwefelgehaltes im Kölbchen nur Arsen und in der Glasröhre nur wenig schweflige Säure liefert.

Das Verhalten des Realgars und des Auripigments brauche ich, als das der reinen Schwefelarsenverbindungen, nicht näher anzuführen. Ueberzeuge dich, daß schon die geringste Menge davon, mit Soda oder Cyankalium in einem Kölbchen oder einer zugeschmolzenen Glasröhre erhitzt, einen deutlichen Spiegel von verflüchtigtem metallischem Arsen an den kälteren Theilen zeigt. (Ich mache dich darauf aufmerksam, daß diese Versuche nur mit sehr geringen Mengen der Arsenverbindungen und am besten am offenen Fenster vorzunehmen sind.)

Bei der Lösung der Aufgabe 1) meines letzten Briefes hast du auf den Wassergehalt des Kupfervitriols Rücksicht zu nehmen versäumt und im übrigen nicht gerade den kürzesten Weg eingeschlagen, weshalb ich hier die Andeutung der einfachsten Art, diese Aufgabe zu lösen, folgen lasse:

Nach den Angaben ist leicht zu finden, daß die 1000 Mark bestehen aus 13993⅞ Loth Feinsilber
6⅛ „ Gold
2000 „ Kupfer.

Das Silber und Kupfer erfordert, ersteres 12697, letzteres 6183 Loth, zusammen 590 Pfund Schwefelsäure, zum Preise von nahe 17½ Thlr. Die zum Ausfällen des Silbers erforderliche Menge Kupfer folgt aus den Aequivalenten als 4107 Loth, zum Preise von etwa 68½ Thlr.

Da man beim Verkaufe des Feinsilbers dafür denselben Preis erhält, welcher beim Ankaufe der dasselbe enthaltenden Menge kupferhaltigen Silbers bezahlt wurde, so wird ein Unterschied zwischen Ankaufs- und Verkaufs-Preis nur durch das Gold bedingt, dessen Menge 14 mal höher bezahlt wird und also einen Reingewinn verursacht, welcher dem 13 fachen des Silberpreises entspricht. An jedem Loth Gold tritt also ein Gewinn von 13 × ⅞ Thlr. (⅞ Thlr. kostet 1 Loth Silber), oder in den 6⅛ Loth nahe 59⅝ Thlr. hervor.

Ferner werden aus der Gesammtmenge des Kupfers im Ganzen 24025 Loth Kupfervitriol zum Werthe von 120 Thlr. erhalten. Die Ausgaben betragen also, da Kauf und Verkauf des Silbers sich nach dem Obigen ausglich, 86 Thlr. für Schwefelsäure und Kupfer; die Einnahme beträgt an Mehreinnahme für das Gold und am Verkaufspreis des Vitriols 189⅝ Thlr., so daß ein Reinertrag von 103⅝ Thlrn. erzielt wird.

Die Antwort zur 2. Aufgabe hast du mit dem Verhältniß von 49 zu 29 zwar richtig gefunden, ich mache dich jedoch darauf aufmerksam, daß es dem Verhältniß 50 : 30 sehr nahe steht, und sich daher auf das einfachere von 5 : 3 reduciren läßt. Machst du die Probe, so findest du danach auf 116,6 schwefelsauren Baryt 69,9 kohlensaures Kali, während die Formel 69,2 fordert — in der That ein sehr geringer Unterschied.

Nächstens lasse ich wieder einige Aufgaben folgen.

79. Brief.

Eisen; Erze; Reduction derselben; Hochofenproceß; Roheisen. Kohlenstoffgehalt desselben.

Die Erze, aus welchen das

Eisen

hüttenmännisch dargestellt wird, enthalten dasselbe als Oxyd oder als Oxydul, denn diejenigen Mineralien, welche aus Schwefelverbindungen des Eisens bestehen, haben bisher noch nicht auf Eisen verarbeitet werden können. Die wichtigsten sind:

Der Magneteisenstein (Eisenoxydoxydul), der Rotheisenstein (Eisenoxyd), der Brauneisenstein (Eisenoxydhydrat), der Spatheisenstein oder Stahlstein (kohlensaures Eisenoxydul). Dieselben kommen jedoch selten rein zur Verarbeitung, sondern finden sich meistentheils gemischt mit kiesel-, kalk- oder thonartigen Gesteinen. So ist z. B. das Bohnerz ein Gemisch von Brauneisenstein mit verschiedenen Silicaten, der Raseneisenstein ein solches von Eisenoxydhydrat mit etwas phosphorsaurem Eisenoxyd und den mineralischen Ueberresten verwester Pflanzenstoffe u. s. w.

Von den übrigen Eisen enthaltenden Mineralien sind die verbreitetsten der schon mehrerwähnte Eisenkies, der Chromeisenstein, der Magnetkies ($FeS, 5\,Fe_2S_3$) und die neulich besprochenen Arsenikerze.

Da, dem chemischen Gehalte entsprechend, der Vorgang, welcher der Eisengewinnung zu Grunde liegt, ein Reductionsproceß ist, so erscheint dieser Theil der Metallurgie sehr einfach, und du wirst denken, er müsse der Gewinnung des Zinns gleichen. Allein es werden hier wesentliche Unterschiede begründet sowohl durch die Nothwendigkeit der Abscheidung der fremden Beimengungen, als auch durch die Schwerschmelzbarkeit des Eisens und durch die Leichtigkeit, mit welcher es sich nach der Reduction wieder oxydirt.

Das Reductionsmittel bildet auch hier die Kohle, richtiger gesagt, das daraus entwickelte Kohlenoxydgas. Damit dasselbe mit allen Theilen der Eisenerze in Berührung kommen kann, und um zugleich das darin enthaltene Wasser und die Kohlensäure abzuscheiden, werden die Eisenerze vor ihrer eigentlichen Verarbeitung und nach dem vorherigen Pochen geröstet, wodurch hauptsächlich eine Auflockerung bewirkt wird. Das Rösten geschieht in freier Luft in sogenannten Röststadeln, d. h. in durch Mauern abgegrenzten Räumen. Dieselben werden mit abwechselnden Schichten Erz und Brennmaterialien angefüllt und dann letztere angezündet. Dadurch werden ganz allmählich die erwähnten Veränderungen herbeigeführt, wobei nicht zu übersehen ist, daß sich der Spatheisenstein in Eisenoxyd verwandelt und somit aus allen Erzen schließlich nur dieses erhalten wird. Aus demselben wird im Hochofen das Eisen reducirt. Dabei ist 1) die Kohle zu dem zur Reduction nöthigen Kohlenoxyd zu verbrennen, 2) durch diese Verbrennung die zur Reduction erforderliche Temperatur hervorzubringen, 3) die fremden Begleiter des Eisenoxydes von diesem abzuscheiden und 4) das reducirte und schmelzende Eisen vor der Oxydation zu schützen.

Wenn das Eisen rein abgeschieden würde, so wäre die zum Schmelzen desselben erforderliche Hitze so hoch, daß die gewöhnlichen Einrichtungen nicht ausreichen würden, um flüssiges Eisen zu erhalten, und in einem anderen Zustande wäre seine Abscheidung aus der Beschickung des Ofens so gut wie unmöglich. Das Eisen nimmt aber, gleich nachdem es durch das Kohlenoxyd abgeschieden worden, aus diesem Kohlenstoff auf, indem Kohlensäure gebildet wird,

$$2CO - C = CO_2,$$

ja sogar aus der Kohlensäure scheidet das Eisen den Kohlenstoff, zu dem es eine sehr große Verwandtschaft hat, zum Theil ab, indem wahrscheinlich Eisenoxyd entsteht. Die so gebildete Verbindung von Eisen und Kohlenstoff (über die Art dieser Verbindung nachher) schmilzt als Gußeisen oder Roheisen sehr leicht, und es bedarf dazu in der That nur einer Temperatur von etwa 1400° C. Der vierte oben angedeutete Zweck wird dadurch erreicht, daß man das schmelzende Eisen sich mit einer geschmolzenen Glasrinde umgeben läßt, welche aus den übrigen Theilen der Beschickung des Ofens sich in diesem erst bildet. Einen Hauptbestandtheil davon bilden die Begleitstoffe der Eisenerze und es verbinden sich daher leicht die beiden zuletzt angedeuteten Punkte.

Einen Hochofen zeigt beistehende Figur.

Fig. 151.

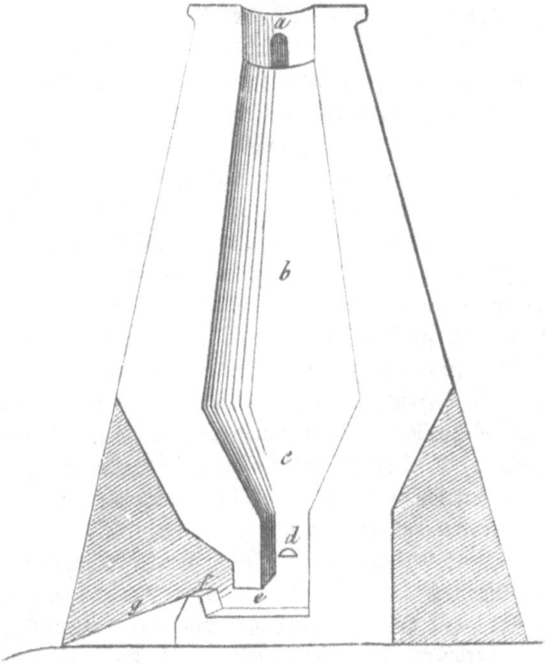

Er ist aus feuerfesten Steinen sehr dauerhaft construirt, enthält in seinem Mauerwerk Kanäle für die entweichende Feuchtigkeit desselben und ist meist mit eisernen Klammern umgeben. Ueber die Dimensionen dieser größten aller hüttenmännischen Apparate brauche ich wohl nichts anzuführen, da man sie fast überall ohne besondere Mühe sehen kann und du ohne Zweifel schon einmal einen solchen in Augenschein genommen hast.

Den nach oben etwas verengten Theil b nennt man den Schacht, den nach unten stark trichterförmig zulaufenden c den Rost und den engsten cylindrischen Theil d das Gestelle. Unter diesem befindet sich der horizontale Heerd e, über welchem der Ofen, wie leicht an der Figur zu sehen, offen ist, während der Heerd durch den davorliegenden Wallstein f geschlossen ist. Der Stein, welcher den oberen Theil der Ofenöffnung bildet, heißt Tünpelstein, er ist an dieser vorderen Seite des Gestelles dessen letztes Stück.

Dem Tünpelstein gegenüber befindet sich bei d die Form, d. h. die Mündung des Gebläses; manche Hochöfen führen deren drei, die alsdann alle in einer Höhe rings in das Gestell münden. Die Luft wird durch dieselben vermittelst kräftiger, durch Dampf- oder Wasserkraft bewegter Maschinen in den Ofen gepreßt.

Ist dieser in Thätigkeit, so werden durch die Gicht a abwechselnde Schichten von Kohlen — Holzkohlen oder Kohks — und Erz mit verschiedenen Zusätzen (wovon weiter unten) aufgeschüttet und es sinkt diese Beschickung allmählig nieder, indem durch die Verbrennung die Kohlen, durch das Schmelzen die übrigen Theile aus dem Ofen entfernt werden. Die Verbrennung findet zunächst über der Form statt; sie liefert anfangs Kohlensäure, dann durch Berührung derselben mit glühenden Kohlen Kohlenoxyd, während zugleich aus dem Wassergehalt der Luft Wasserstoff (und Kohlenoxyd) gebildet wird. Das Gemenge dieser Gase mit dem übrigbleibenden Stickstoff steigt nun in dem Ofen in die Höhe und begegnet den niedersinkenden Erzschichten, welche dadurch erhitzt, reducirt, gekohlt und geschmolzen werden. Die Reduction und Kohlung des Eisens erfolgt schon bei niedriger Temperatur, also im oberen Theil des Schachtes, die Schmelzung des Kohlenstoffeisens erst weiter unten in der Nähe der eigentlichen Verbrennungsregion. Die übriggebliebenen Gase, Kohlensäure, Kohlenoxyd und einige andere sich durch Nebenprocesse bildende, entweichen durch die Gicht und zeigen daselbst durch die eintretende Verbrennung an der atmosphärischen Luft meist eine blaue Flamme. Die Hitze derselben wird häufig zum Vorwärmen der Gebläseluft benutzt, wodurch so viel Wärme erspart wird, als durch das Erhitzen derselben auf die Verbrennungstemperatur verloren geht, was sonst durch die verbrennenden Kohlen selbst geschehen muß.

Käme nun das Kohlenstoffeisen in geschmolzenem Zustande beim Vorüberfallen vor der Form und beim Ansammeln im Heerd mit der Luft in Berührung, so würde es wieder vollständig oxydirt werden. Aus diesem Grunde kann man reines Eisenerz für sich allein nicht im Hochofen gebrauchen. Es müssen vielmehr solche Körper — Zuschläge — zugesetzt werden, die in der Hitze des Hochofens zu einem Glase schmelzen, das reducirte Eisen umhüllen und vor der Berührung mit der Luft schützen. Reinen Eisenerzen setzt man also schmelzbare Silicate oder in Ermangelung derselben Gemische aus Kieselsäure, Kalk, Thon, Basalt und ähnlichen Gesteinen zu, welche geeignet sind, schmelzbare Verbindungen von passendem Schmelzpunkt zu liefern. Enthalten die Eisenerze, wie fast immer der Fall, den einen oder den anderen Theil der zu erzielenden Verbindung als Begleiter, so hat man strenggenommen nur den anderen zuzusetzen; ist ein Eisenerz z. B. sehr kieselsäurehaltig, so braucht man es nur mit der nöthigen Menge Basis zu vermischen, wozu man meist Kalk wählt, und umgekehrt.

In der Praxis stellt sich die Sache jedoch ein wenig anders: man muß die Bildung von gewissen Doppelsilicaten von Kalk und Thonerde hervorrufen, weil sich sonst leicht schmelzbare Doppelsilicate, deren eine Basis Eisenoxydul ist, erzeugen und somit ein Theil des Eisens verloren gehen würde. Enthält also ein Eisenerz schon Thon, so muß ihm die zweite Basis in der Gestalt von Kalk geliefert werden u. s. w. Denn Doppelsilicate sind es gerade, welche sich durch Leichtschmelzbarkeit auszeichnen. Da man nun meistentheils auf den Eisenhütten Gelegenheit hat, Eisenerze von verschiedenen Arten, mithin mit verschiedenen Beimengungen zu verhütten, so kann man auch ein richtiges Verhältniß unter den Bestandtheilen der zu erzielenden Silicate dadurch hervorbringen, daß man mehrere ungleichartige Erze in dem erforderlichen Verhältniß vermischt — gattirt — und gleichzeitig verschmilzt, wobei nur hier und da ein Zusatz — Zuschlag — nothwendig wird. Die geschmolzenen Doppelsilicate, welche außer den genannten Bestandtheilen fast immer noch wechselnde Mengen von Eisenoxydul und Manganoxydul und Bittererde enthalten, trennen sich von dem geschmolzenen kohlenstoffhaltigen Eisen in dem Heerde vermöge ihres geringen specifischen Gewichtes sehr leicht und werden von Zeit zu Zeit abgezogen und als Schlacken entfernt. Hat sich eine hinreichende Menge Eisen angesammelt, so wird dasselbe durch einen vorher verschlossenen Kanal in Formen abgelassen, welche sich auf der Soole des Hüttenraumes befinden, in welchen es zu Blöcken oder Barren erstarrt. Es enthält außer einer, zwischen 3 und 5% schwankenden Kohlenstoffmenge meistens Spuren von Silicium, Aluminium und Mangan, welche in Folge des durch die hohe Temperatur unterstützten Reductionsprocesses aus den Beimengungen entstanden sind.

Der Kohlenstoff ist mit dem Eisen keineswegs immer chemisch verbunden, sondern häufig nur mechanisch damit vermischt. Im Falle einer chemischen Verbindung scheint diese nur zwischen einem Theile des Eisens und dem sämmtlichen Kohlenstoff stattzufinden, welche Verbindung dann mit dem übrigen Eisen sehr innig vermischt bleibt. Indessen ist man über diesen Punkt noch nicht ganz im Klaren, wie man denn die Verbindungen von Eisen und Kohlenstoff und deren Eigenschaften noch lange nicht so studirt hat, wie es ihre Wichtigkeit zu erheischen scheint.

Je nach der Temperatur der Bildung des Gußeisens und je nach der Schnelligkeit seiner Erstarrung erscheint es mit anderen Eigenschaften: entweder ist die Masse durchaus gleichartig und aller Kohlenstoff erscheint als chemisch an das Eisen gebunden, wodurch das Eisen eine weiße Farbe erhält — oder der Kohlenstoff hat sich theilweise in Gestalt graphitähnlicher Schüppchen abgeschieden und ist nur mehr mechanisch mit der übrigen Masse vermischt, wodurch die graue Farbe und eine gewisse Ungleichartigkeit der Substanz hervorgebracht wird.

Im Allgemeinen kannst du dir denken, daß, abgesehen von anderen Umständen, welche während des Hochofenprocesses darauf Einfluß haben, bei rascher Abkühlung weißes, bei langsamem Erkalten graues Roheisen entsteht. Daß dazwischen eine große Anzahl Mittelstufen möglich sind, ja daß man ein glühendes Stück Roheisen durch rasches Abkühlen seiner Oberfläche bis zu einer gewissen Tiefe in weißes Roheisen umwandeln kann, während die innere Masse grau bleibt, ist wohl leicht ersichtlich.

Die Eigenschaften der beiden Roheisensorten sind verschieden: das weiße ist sehr hart, spröde, von krystallinischer Structur und wegen seiner Unregelmäßigkeiten beim Erkalten zum Guß im Allgemeinen nicht geeignet; seine Härte und Sprödigkeit macht es auch unbrauchbar für Gegenstände, welche die Anwendung des Bohrers, der Feile oder des Meisels erheischen. Es ist dagegen das beste Material für Stabeisenbereitung. Unter gewissen Umständen, namentlich bei hohem Kohlenstoffgehalt, zeigt es großblätterige, krystallinische Bruchflächen bei glasartiger Sprödigkeit und trägt dann den Namen Spiegeleisen.

Das graue Roheisen ist weicher, hat einen körnig-blätterigen Bruch und einen höheren Grad von Zähigkeit, daher es sich mit Meisel, Bohrer und Feile bearbeiten läßt, obgleich es unter dem Hammer springt. Es ist zum Gusse sehr brauchbar.

Beide Roheisenarten sind nicht dehnbar und nicht schweißbar und in verschiedenem Grade brüchig. Der Hüttenmann versteht es, durch Abänderungen in der Beschickung und Wartung des Ofens zahlreiche Abstufungen und Gemische der genannten zwei Hauptarten zu erzeugen.

Um das Gußeisen in bestimmte Formen zu gießen, läßt man dasselbe, wenn dies der untadelhafte Gang des Ofens erlaubt, unmittelbar aus demselben in die Formen fließen; im anderen Falle, sowie in Werken, welche das Gußeisen nicht selbst herstellen, wird dasselbe in kleinen eigens construirten Oefen umgeschmolzen. Diese heißen Cupolöfen, sind von verschiedener Gestalt und liefern das Eisen je nach Bedürfniß mit etwas modificirten Eigenschaften.

Die größte Menge des Eisens wird jedoch zu Stab- oder Schmiedeeisen verarbeitet, worauf ich in meinem nächsten Briefe zurückkomme. Heute will ich dich nur noch darauf aufmerksam machen, daß du dich von dem Kohlenstoffgehalt des Roheisens nicht allein durch den schwarzen Fleck überzeugen kannst, welchen verdünnte Schwefelsäure darauf hervorbringt, indem das Eisen in Lösung geht und der Kohlenstoff zurückbleibt, sondern auch dadurch, daß der mittelst Gußeisen zu entwickelnde Wasserstoff mit einem durchdringenden Geruch behaftet ist. Dieser rührt von einem Kohlenwasserstoff her, welcher durch Verbindung des eben frei werdenden Wasserstoffs mit dem chemisch gebundenen Kohlenstoff entsteht. Da der mechanisch beigemengte Kohlenstoff sich mit dem Wasserstoff nicht verbindet, sondern als solcher abgeschieden wird, so wirst du bemerken, daß ein Stück Spiegeleisen, so wie überhaupt mehrere Sorten weißes Roheisen eine völlig klare Lösung geben und eine viel größere Menge Kohlenwasserstoff entwickeln, als ein Stück graues Roheisen, bei welchem du eine Lösung erhalten wirst, in der der abgeschiedene pulverige Kohlenstoff schwimmt. Es gelingt nicht selten, den Kohlenwasserstoff, welcher sich beim Auflösen des Roheisens bildet, in Gestalt eines flüssigen Oeles von sehr unangenehmem Geruch zu erhalten, wenn man den entweichenden Wasserstoff durch concentrirte Schwefelsäure leitet und diese, nachdem sie den Kohlenwasserstoff aufgelöst, in Wasser träufelt, wobei sich das Oel abscheidet und an der Oberfläche ansammelt. Der Geruch desselben ist äußerst durchdringend und ekelhaft. Die Nachweisung fremder Beimengungen im Roheisen will ich hier nicht angeben, da dieselbe mit Schwierigkeiten verknüpft ist, welche zu überwinden du noch nicht im Stande sein dürftest. Es muß nämlich außer auf einige Metalle auch auf Schwefel, Kiesel, Phosphor, Kohle geachtet und daher bei Eisenuntersuchungen ein ziemlich verwickelter Gang eingeschlagen werden.

80. Brief.

Eisen. Fortsetzung, Stabeisen, Frisch- und Puddlingsproceß, Aufgaben und Auflösungen Aequivalente unreiner Stoffe, annähernde Verhältnisse.

Das Stab- oder Schmiede-Eisen unterscheidet sich von dem Roheisen in seinem chemischen Gehalte dadurch, daß es nur ein Minimum von Kohlenstoff, nämlich 0,1 bis 0,5 Procent enthält. Ganz kohlenstofffreies Eisen läßt sich im Großen gar nicht erhalten. In seinen physikalischen Eigenschaften unterscheidet es sich vom Roheisen durch seine Zähigkeit, Dehnbarkeit und Weichheit gegenüber einem hohen Grade von Schwerschmelzbarkeit; auch läßt es sich schweißen, kalt und warm hämmern und auf jede mögliche Art bearbeiten. Es bildet daher das Material für alle Eisenwaaren, deren Herstellung durch diese Eigenschaften bedingt wird. Es wird aus dem Roheisen durch verschiedene Manipulationen erhalten, deren Wesen eine Oxydation ist, dergestalt, daß der größte Theil des Kohlenstoffs in Gestalt von Kohlenoxyd verflüchtigt und ein Theil des Eisens ebenfalls oxydirt wird. Zugleich werden die übrigen Beimengungen, namentlich Kiesel und Mangan oxydirt, auch Phosphor und Schwefel, wenn sie vorhanden sind, und somit ein sehr reines Metall erhalten, das in der That, abgesehen von dem geringen Kohlenstoffgehalt, in vielen Fällen die Stelle reinen Eisens vertreten kann.

Dieser Oxydationsproceß ist in der Ausführung von zweierlei Art, je nachdem man über Holzkohlen oder nur über Steinkohlen als verwendbares Brennmaterial zu verfügen hat. Mit der Ausdehnung der

Eisenproduction hat der Verbrauch der Steinkohlen immer zugenommen und die entsprechende Methode der Stabeisenfabrikation, die sich ohnehin mehr zum Betriebe im Großen eignet, verhältnißmäßig an Uebergewicht gewonnen und die andere Methode, welche die Benutzung von Holzkohlen bedingt, fast gänzlich verdrängt, oder doch auf einige Gegenden beschränkt.

Die Stabeisendarstellung mittelst Holzkohlen nennt man das **Frischen**, diejenige mit Steinkohlenfeuerung das **Puddeln**.

Das Frischen und Puddeln unterscheidet sich ferner in Bezug auf das Oxydationsmittel: beim Frischen ist dieses **hauptsächlich** die durch ein Gebläse gelieferte Luft, beim Puddeln **hauptsächlich** der in gewissen leichtreducirbaren Silicaten enthaltene Sauerstoff.

Fig. 152.

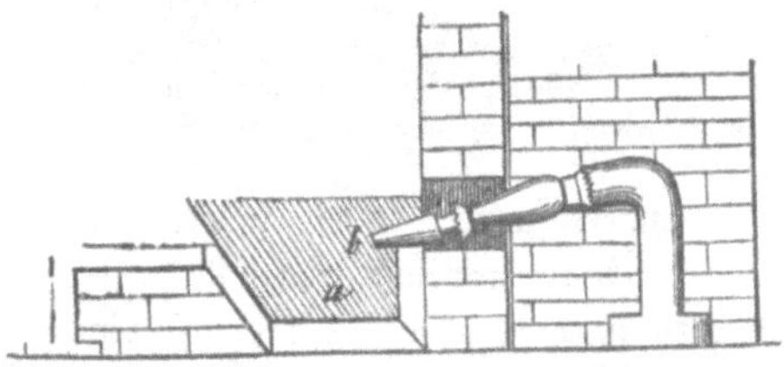

Beistehende Zeichnung (Fig. 152) zeigt dir den Durchschnitt eines **Frischheerdes**, oder Frischfeuers. Du siehst, daß der Hauptbestandtheil eine aus Eisenplatten gebildete Grube a ist, auf welche die Spitze einer Form b gerichtet wird, welche mit einer Gebläsemaschine in Verbindung zu denken ist. Bei der Arbeit wird der Heerd mit Kohlen angefüllt, diese in Gluth versetzt und dann eine gewisse Menge Roheisen dadurch in Fluß gebracht; es tropft vor dem Gebläse hinab und kommt zum größten Theil entkohlt auf der Sohle des Heerdes an. Durch die Oxydation des Kiesels und des Eisens entsteht zugleich kieselsaures Eisenoxydul, dessen Bildung zur Entfernung des oxydirten Eisens man durch Sandzusatz befördert. Auch beschleunigt man die Entkohlung durch Schlacken von der vorhergehenden Operation, welche in derselben Weise wirken, wie wir es gleich beim Puddeln sehen werden. Da das gebildete kohlenstoffarme Eisen bei der vorhandenen Hitze nicht schmelzen kann, so sintert es im Heerde zu einer porösen Masse zusammen, welche in ihren Zwischenräumen besonders Kohlenoxyd und Schlacken enthält. Diese zähe Masse, **Luppe** genannt, wird aus dem Heerde gehoben und bei guter Beschaffenheit sogleich weiter verarbeitet, im anderen Falle aber vorher einer nochmaligen Einwirkung der Gebläseluft bei gesteigerter Hitze ausgesetzt.

Die weitere Bearbeitung des gefrischten Eisens ist derjenigen völlig ähnlich, welche das Stabeisen erleidet, welches durch **Puddeln** erhalten worden.

Ich zeichne dir hier die äußere Ansicht eines **Puddelofens**:

Fig. 153.

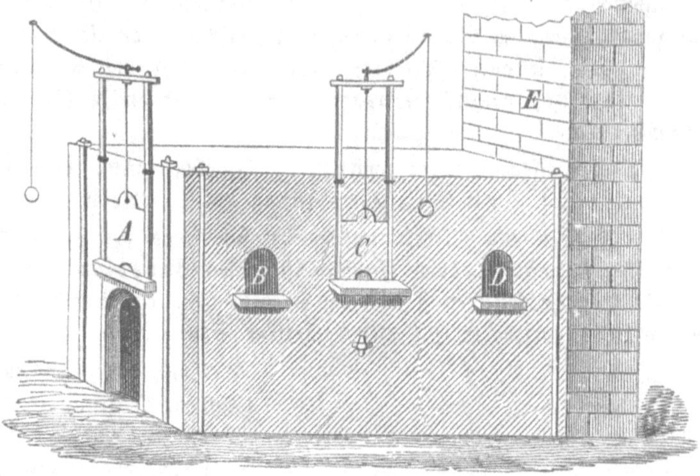

Den Durchschnitt zu zeichnen unterlasse ich, da die innere Einrichtung eines solchen Ofens der Beschreibung entspricht, welche ich dir früher von den Flammöfen im Allgemeinen gegeben habe; du brauchst dir nur zu denken, daß hier der Arbeitsraum nur ein einfacher ist.

Die Oeffnungen A und B stehen mit der Feuerung in Verbindung, C und D mit dem Arbeitsraum; A und C werden vorzüglich während der Arbeit gebraucht, B und D am Anfang und Ende der Operation zur Beschickung, Entleerung und Reinigung des Ofens; sie bleiben daher während der Arbeit meist geschlossen, während die beiden ersteren mit Fallthüren und mechanischen Vorrichtungen zum beliebigen Oeffnen und Schließen versehen sind. Der ganze Ofen ist aus feuerfesten Steinen gemauert und von seiner inneren, theilweise auch von seiner äußeren Seite mit Platten von Stabeisen verkleidet, welche durch Stäbe und Schrauben in ihrer Stellung erhalten werden, von denen ich in der Zeichnung einige angedeutet habe. Häufig finden sich doppelte Eisenplatten, zwischen welchen Wasser zur Herabstimmung der Temperatur circulirt; die Esse E bewirkt den Zug, den eine Klappe regulirt.

Dieser Puddelöfen stehen in großen Eisenwerken oft eine große Anzahl in mehreren Reihen in einem einzigen Raume. Stets ist damit ein durch Dampfkraft getriebenes Walz- und Hämmerwerk verbunden, welches die weitere Bearbeitung des Eisens besorgt. Versäume nicht, wenn du in die Nähe eines solchen Puddelwerkes kommen solltest, dasselbe in Augenschein zu nehmen : diese großartigen Eisenfabriken sind recht geeignet, ein Bild von der ungeheueren Ausdehnung und dem Aufschwunge zu geben, welche in letzterer Zeit die Industrie genommen hat.

Durch die Arbeitsthüre C bringt der Arbeiter einen Klumpen Roheisen auf den Heerd und läßt denselben durch die Hitze der darüber hinstreichenden Flamme schmelzen. Dann bearbeitet er die flüssige Masse mit Eisenstangen, welche Arbeit man Puddeln nennt, und bringt das Eisen sowohl mit der zugesetzten Gahrschlacke, als mit dem sich bildenden Eisenoxyduloxyd und dem zugesetzten Hammerschlag in Berührung; denn die Flamme enthält stets einen Ueberschuß von Sauerstoff und wirkt daher ebenfalls oxydirend auf Kohlenstoff und Eisen. Das Hauptgeschäft der Entkohlung verrichtet jedoch die erwähnte Gahrschlacke, welche von dem Ende des vorhergehenden Puddlingsprocesses herrührt. Sie besteht aus einem sehr stark basischen kieselsauren Eisenoxydul, welches die Neigung zeigt, sich in Gegenwart oxydirbarer Körper in ein neutrales Salz und sich abscheidendes Eisenoxydul zu zerlegen, welches letztere dann durch den oxydirbaren Körper zu Eisen reducirt wird.

Im Puddelofen erhalten wir also aus dem basischen Silicate und der vorhandenen Kohle ein neutrales oder doch eisenoxydularmes Silicat (Rohschlacke), Kohlenoxyd und metallisches Eisen. Letzteres rührt demnach von zwei Quellen her: erstens wird das vorhandene kohlenstoffreiche Roheisen entkohlt und zweitens wird aus dem Silicat metallisches Eisen abgeschieden; dieses ist natürlich im Verhältniß zu jenem nur eine ganz geringe Menge.

Durch die fortschreitende Entkohlung des Eisens wird dasselbe zähflüssig, das gebildete Kohlenoxyd entweicht immer schwieriger, und die Oxydation durch den Sauerstoff der Flamme wirft sich in Ermangelung von Kohle auf das Eisen (und die dasselbe begleitenden Stoffe, wie Kiesel, Phosphor); so entsteht wieder Eisenoxydoxydul, welches zu dem vorhandenen Silicate, der Rohschlacke, tritt und damit wieder ein basisches Salz, die Gahrschlacke bildet, die das Oxydationsmittel für die nächste Beschickung des Ofens bilden muß.

Wenn das Eisen nach Entfernung des größeren Theils des Kohlenstoffs diesen Zustand durch die erlangte Zähigkeit erkennen läßt, und hinlänglich durchgearbeitet ist, um in allen Theilen gleichförmig zu erscheinen, wird es zu einer viereckigen Masse, Luppe, geformt und aus dem Ofen genommen, um zu einer compacten, schlacken- und blasenfreien Masse verarbeitet zu werden.

Hierauf, so wie auf die Darstellung des Stahls komme ich im nächsten Briefe zurück. Ich schließe diesen mit ein paar Aufgaben:

1) Wie viel Zink von 5,712 % Bleigehalt und wie viel Schwefelsäure von 20 % Wassergehalt (außer dem Hydratwasser) sind erforderlich zur Darstellung von 10 Cubikfuß Wasserstoff?

2) Welches ist das annähernde Verhältniß zwischen den zur Darstellung von Ammoniak erforderlichen Substanzen, wenn man den Kalk als wasserfrei berechnet und derselbe $22\frac{3}{8}$ % fremde Bestandtheile enthält?

Um dir eine allgemeine Anleitung zur Auflösung dieser Art Aufgaben zu geben, will ich die vollständige Lösung folgender Aufgaben hier folgen lassen:

Welches ist das annähernde Verhältniß zwischen den zur Chlorentwickelung anzuwendenden Substanzen, wenn man die Salzsäure als aus 1 Aeq. trockenem Chlorwasserstoff und 8 Aeq. Wasser bestehend betrachtet und wenn der Braunstein 19¼ % Unreinigkeiten enthält?

Wenn die Salzsäure kein Wasser enthielte, so würde ihr Aequivalent 36,5 sein; da aber noch 10 Aequivalente Wasser hinzuzurechnen sind, so ist dasselbe für diesen Fall 126,5. In dieser Gewichtsmenge ist nämlich ein wirksames Aequivalent Chlorwasserstoff und wir können sie daher das Aequivalent der unreinen Substanz nennen.

Eben so suchen wir das Aequivalent des unreinen Braunsteins, d. h. diejenige Menge des in Rede stehenden Materiales, welche ein Aequivalent Mangansuperoxyd enthält. In 100 Theilen sind 19¼ Theile fremde Körper: 80¾ Mangansuperoxyd sind also mit 19¼ Theilen davon verbunden oder entsprechen 100 Theilen der unreinen Substanzen; 1 Aeq. oder 43,6 ist daher, wie leicht durch Rechnung zu finden, mit so viel Unreinigkeiten vermischt, daß diese Menge 53,99 oder sehr nahe 54 Theilen des zu verwendenden Braunsteins entspricht. Diese Zahl drückt daher das Aequivalent der unreinen Substanz aus und das Verhältniß der anzuwendenden Stoffe wird also schließlich folgendes:

54 : 2 × 126,5 oder
54 : 253.

Vermehren wir, um durch 3 abkürzen zu können, die letztere Zahl um 2, so erhalten wir

54 : 255

oder nach der Division

18 : 85.

Vermindern wir, um durch 2 abzukürzen, jetzt die letztere Zahl um 1, so erhalten wir

18 : 84 oder
9 : 42 oder endlich
3 : 14,

welches das verlangte annähernde Verhältniß ist.

Wirklich ergeben diese Zahlen auf 54 Braunstein 252 Salzsäure, was eine mehr als ausreichende Genauigkeit ist.

Auch hat man wohl die beiden Classen so zu charakterisiren versucht, daß man Metalle diejenigen Elemente genannt hat, welche sich durch ein höheres specifisches Gewicht, Undurchsichtigkeit, eigenthümlichen Glanz, Festigkeit und Leitungsvermögen für Wärme und Electricität auszeichnen, indem man den Metalloiden alle diejenigen Elemente zurechnete, welche nicht zu den Metallen zu zählen waren. Sie zeigen unter sich viel weniger Uebereinstimmung als die Metalle; im Allgemeinen läßt sich nur noch sagen, daß sie eine größere Neigung besitzen, sich unter einander zu verbinden, als die Metalle, und daß die entstehenden Verbindungen in ihren Eigenschaften weit mehr von denen der Elemente abweichen, welche zusammengetreten sind, als dies bei den Verbindungen der Metalle unter sich stattfindet, daß dagegen die Neigung zu Verbindungen zwischen den Metalloiden einerseits und den Metallen andererseits am stärksten hervortritt.

Du siehst, daß dasjenige, was ich dir über derartige Classificationen sagte, gerechtfertigt ist; du wirst indessen schon von den meisten der dir bekannt gewordenen Elemente selbst erkennen, zu welcher dieser beiden Abtheilungen sie zu rechnen sind.

Als Metalloide pflegt man anzunehmen: Sauerstoff, Schwefel, Selen, Tellur, Chlor, Brom, Jod, Fluor, Kohlenstoff, Stickstoff, Phosphor, Arsen, Antimon, Bor, Silicium, Wasserstoff; alle übrigen Elemente rechnet man zu den Metallen. Zu diesen scheinen auch dem äußeren Eindruck nach Arsen nnd Antimon zu gehören, allein ihr ganzes Verhalten in chemischer Beziehung reiht sie den Metalloiden und zwar namentlich dem Phosphor an.

Den Wasserstoff, als einen der electropositivsten Elemente, rechnet man nur mit Unrecht zu den Metalloiden und nur seine Gasgestalt ist die Ursache dieser gewiß ganz falschen Stellung. Denn sein chemisches Verhalten und namentlich die Leichtigkeit, mit welcher er gerade die Metalle vertreten kann, reiht ihn — dem bestehenden Gebrauche zuwider — mit Bestimmtheit den Metallen an.

Betrachten wir den Charakter der Verbindungen der Elemente mit dem Körper, welcher ohne Zweifel der wichtigste von allen und derjenige ist, dessen Verbindungen mit allen andern — mit alleiniger Ausnahme des Fluors — bekannt sind, so findet man, daß die Metalloide mit Sauerstoff vorzugsweise electronegative Verbindungen oder Säuren bilden, während die Oxyde der Metalle vorzugsweise electropositiv sind, oder den Charakter der Basen tragen. Erinnere dich der dir schon bekannt gewordenen Oxyde und du wirst dies im Allgemeinen bestätigt finden, obwohl es dir nicht entgehen kann, daß z. B. das Mangan sowohl Basen als Säuren bildet, und daß dieses selbst vom Eisen gilt, weshalb das Verhalten der Oxyde zwar einen annähernden, aber nie einen bestimmten Trennungsgrund abgeben kann.

Mehr vielleicht dürften sich die Wasserstoffverbindungen hierzu eignen, indem man Metalloide diejenigen Körper nennen könnte, welche mit Wasserstoff Verbindungen eingehen, während man alle diejenigen, welche sich nicht mit Wasserstoff verbinden, Metalle nennen würde. Bei dieser Eintheilung müßte freilich das Silicium und das Bor den Metallen zugezählt werden, was aber auch in anderer Beziehung eben nicht unstatthaft wäre.

Hiernach magst du die Eintheilung der Elemente in Metalle und Metalloide beurtheilen und ich gehe nun zu den Unterabtheilungen über, welche man aufzustellen gesucht hat. In neuerer Zeit sind von mehreren Seiten wiederholt Systeme aufgestellt worden, wonach eine vollständige Classification möglich sein soll. Du kannst nach dem Gesagten denken, daß sie so gut wie erfolg- und werthlos sind, und nur dazu dienen können, die Kleinlichkeit der Versuche zu zeigen, welche von den betreffenden Autoren zur Förderung chemischer Wissenschaft gemacht worden sind. Es läßt sich für die Metalloide gar keine Eintheilung aufstellen, was auch gänzlich überflüssig ist. Nur zwei Gruppen lassen sich darunter als ganz bestimmt begränzt bezeichnen: die der Amphigene und die der Halogene; ich habe schon (S. 188 ff.) ausführlich davon gesprochen, und brauche hier nicht weiter darauf einzugehen.

Vielleicht kann man noch Phosphor, Arsen und Antimon zusammenstellen, insofern sie in den Formeln und allgemeinen Eigenschaften ihrer Verbindungen übereinstimmen, aber alles Weitere sind eitele Versuche und Spielereien. Die Metalle hat man früher nach ihrer Schwere und ihren sonstigen äußeren Eigenschaften eingetheilt; da dieser Eintheilungsgrund aber der Chemie eigentlich fremd ist, so ist das Verhalten zum Sauerstoff und zum Wasser, namentlich die Kraft, mit welcher sie letzteres zersetzen, gewiß der einfachste und schärfste Eintheilungsgrund, obwohl auch dieser wie alle andern nur wieder dazu führt, daß wir lernen müssen, daß die Natur keine Classen kennt. Im nächsten Brief komme ich auf diesen Gegenstand noch einmal zurück.

81. Brief.

Eisen, Fortsetzung. Bearbeitung und Eigenschaften des Stabeisens. Stahl, Eigenschaften und verschiedene Methoden der Darstellung. Kennzeichen der Eisenerze. — Antworten und Aufgaben.

Das gepuddelte oder gefrischte Eisen wird auf verschiedene mechanische Weise bearbeitet, um die darin enthaltenen fremden Stoffe herauszubringen. Es geschicht dies theils durch Auspressen oder Ausquetschen, theils durch Hämmern, theils durch Walzen, meistens durch nach einander folgende Anwendung aller dieser Operationen. Dadurch fließt die Schlacke aus, welche gesammelt wird, um später in der angeführten Art wieder benutzt zu werden, die eingeschlossenen Gase werden hinausgedrängt und die Eisentheilchen *schweißen* unter sich fest. Der an der Oberfläche der glühenden Masse entstehende Hammerschlag wird beim folgenden Puddeln wieder zugesetzt. Selten reicht die Erhitzung, welche im Puddelofen erlangt wurde, zur völligen Beendigung dieser Arbeiten aus; außerdem erlangt das Eisen durch Verbindung mehrerer Stücke und Ausrecken der erhaltenen Masse mehr Festigkeit und Gleichförmigkeit. Man pflegt daher die theilweise gehämmerten oder gewalzten Stücke in besonderen Oefen, *Schweißöfen*, die wie die Puddelöfen eingerichtet sind, wiederholt zu erhitzen, nachher zusammenzuschweißen und dann weiter auszuwalzen. Je nach der Gestalt und Stellung der Walzen erhält man Stäbe oder Barren von verschiedener Art; in derselben Weise werden die Eisenbahnschienen dargestellt, noch glühend abgeschnitten und gestreckt.

Die Arten des Stabeisens sind nach seiner größeren oder geringeren Reinheit, nach der mehr oder minder sorgfältigen Bearbeitung sehr verschieden. Die Zähigkeit und Dehnbarkeit des Eisens werden namentlich sehr beeinträchtigt durch geringe Beimengungen von Phosphor, Schwefel, Silicium und Kupfer. So bringt z. B. schon ein Gehalt von 0,3 % Phosphor einen hohen Grad von *Kaltbrüchigkeit* hervor, in Folge dessen es beim Hämmern oder Stoßen in der Kälte zerspringt; *Rothbrüchigkeit* wird durch einen Gehalt von Schwefel (schon durch 0,01 %) veranlaßt. Ein nicht zu beträchtlicher Mangangehalt dagegen ertheilt dem Eisen besonders gute Eigenschaften. Hauptsächlich ist es Gleichartigkeit und Dehnbarkeit, die bei der Schätzung derselben in Betracht kommen, da ein Mangel hierin die Verwendung zum Drahtziehen und allen andern feinen Bearbeitungen unmöglich machen würde.

In Bezug auf seinen Kohlenstoffgehalt, wie auch auf seine Eigenschaften steht der Stahl zwischen Roheisen und Stabeisen. Er enthält 1—2 % Kohlenstoff und unterscheidet sich vom Stabeisen durch die größere Härte und Schmelzbarkeit, vom Roheisen durch die Dehnbarkeit, Zähigkeit und Schweißbarkeit. Er besitzt so zu sagen die trefflichen Eigenschaften beider Eisenarten, ohne mit den weniger schätzbaren behaftet zu sein, und zeichnet sich außerdem noch vorzüglich dadurch aus, daß er, je nach den Umständen seiner Behandlung, die verschiedensten Grade von Härte und von Sprödigkeit auf der einen und von Elasticität und Weichheit auf der anderen Seite anzunehmen vermag. Man hat es in der Gewalt, dem Stahl die Härte und Sprödigkeit des härtesten Roheisens, oder einen Grad von Biegsamkeit und Zähigkeit zu geben, mit welcher diejenige des Stabeisens nicht zu vergleichen ist, weil diesem die sprüchwörtlich gewordene Elasticität des Stahls gänzlich abgeht.

Wenn man den glühenden Stahl plötzlich stark abkühlt, z. B. in Wasser ablöscht, so erhält man denselben im Zustand der höchsten Sprödigkeit aber zugleich der größten Härte. Wenn man diesen „gehärteten" Stahl nun wieder erhitzt und langsam erkalten läßt, so verliert er um so mehr an jenen beiden Eigenschaften und erlangt um so mehr Biegsamkeit und Zähigkeit, je länger und stärker man das Erhitzen fortdauern gelassen hat. Dabei läuft er mit verschiedenen Farben an, woran man den Grad erkennen kann, bis zu welchem er seine Eigenschaften verändert hat. Somit kann man durch dieses Härten und „Anlaufenlassen", „Anlassen" oder „Tempern" die zu jedem bestimmten Zweck erforderliche Stahlart herstellen. Außerdem hat man noch die große Leichtigkeit, Gegenstände, welche man aus so hartem Stahl verfertigen will, daß die Bearbeitung desselben unmöglich wäre, aus weichem Stahle herstellen und dann erst härten zu können.

Diese Andeutungen werden genügen, um dich auf die Vielseitigkeit aufmerksam zu machen, deren die Benutzung des Stahls fähig ist. Rechnest du nun hinzu, daß man, wie gesagt, denselben auch schmelzen und schweißen kann, so wirst du leicht begreifen, daß es kein Material giebt, welches so mancherlei Anwendung finden könnte. Ohne mich darauf weiter einzulassen, gehe ich zur Darstellung des Stahls über, indem die Einzelnheiten seiner Bearbeitung in jedem andern Handbuche zu studiren dir nunmehr ein Leichtes sein wird.

Da der Stahl in seinem Kohlenstoffgehalt zwischen Roheisen und Stabeisen steht, so ist von vornherein klar, daß man denselben erhalten kann:

1) aus Stabeisen, durch Hinzufügen von Kohlenstoff;

2) aus Roheisen, durch Entziehung von Kohlenstoff;

3) durch Vermischung von Roheisen und Stabeisen bis zu dem Punkte des erforderlichen Kohlengehaltes.

Die erste Methode, aus Stabeisen Stahl zu erhalten, ist ohne Zweifel die älteste; sie heißt die Cämentation und liefert den Cämentstahl. Sie besteht in einem lange anhaltenden Glühen der geschmiedeten Eisenstücke in einer Hülle von Kohlenstaub, der durch luftdichten Verschluß vor dem Verbrennen geschützt ist. Dabei dringt der Kohlenstoff nach und nach in das Eisen ein und verwandelt dasselbe von außen nach innen fortschreitend in Stahl. Es ist einleuchtend, daß man dadurch nur bei kleineren Gegenständen einen gewissen Grad von Gleichförmigkeit erzielen kann, und das Verfahren ist auch, bis auf den Betrieb im Kleinen, so ziemlich von den übrigen verdrängt worden.

Um nach der zweiten Methode Stahl zu erzeugen, liegt es nahe, den Frisch- oder den Puddlingsproceß zu derjenigen Zeit zu unterbrechen, wo der Kohlenstoffgehalt auf die dem Stahl entsprechende Menge herabgekommen ist. So erhält man einerseits Frischstahl, andererseits den Puddelstahl. Das Stahlpuddeln ist es namentlich, welches in den neuesten Jahren an Ausdehnung ganz außerordentlich gewonnen hat: es liefert augenblicklich die größte Menge des Bedarfs. Bei diesem Verfahren kommt es allein darauf an, daß das Puddeln sehr gleichmäßig ausgeführt wird, damit die Entkohlung in der ganzen Masse stets den gleichen Grad erreiche, und daß man dasselbe beim richtigen Punkte unterbricht. Aehnliches gilt vom Stahlfrischen, was jedoch auf einige Gegenden beschränkt ist.

In neuester Zeit hat man begonnen, noch auf zwei andere Arten aus dem Roheisen Stahl darzustellen. Man körnt nach der einen das Roheisen durch Ausfließenlassen in bewegtes Wasser möglichst fein und erhitzt es hierauf mit Spatheisenstein und Braunstein im Cämentofen. Nach der anderen glüht man das Roheisen in einem Lager von Glühpulver während 14 Tagen. In beiden Fällen wird jedenfalls eine langsame Oxydation bewirkt, obwohl das Specielle der erforderlichen Manipulationen noch nicht bekannt geworden ist. Die erste Methode liefert den Gußstahl von Uchatius (Namen des Erfinders), die andere den Glühstahl.

Der dritte der vorhin bezeichneten Wege zur Stahlerzeugung bedarf keiner weiteren Erklärung, da das Zusammenschmelzen der beiden Stoffe bei einer Temperatur, die die Schmelzhitze des Roheisens weit übersteigt, leicht zu verstehen ist. Man erhält auf diese Weise den Rohstahl.

Alle diese Methoden liefern ein mehr oder weniger ungleichförmiges Produkt, indem stets die Verwandlung in Stahl an einigen Stellen vollständiger geschieht, als an anderen. Um die zur weiteren Verarbeitung erforderliche vollständige Gleichartigkeit hervorzubringen, wird der Stahl entweder in Graphittiegeln umgeschmolzen und gegossen — Gußstahl — oder gegerbt — Gerbstahl. Das Gerben besteht im Zusammenschweißen ausgewalzter Stahlstäbe, Ausrecken der geschweißten Barren, Zerschneiden und Wiederzusammenschweißen der erhaltenen Stäbe und so weiter, wodurch eine Verbindung der verschiedenen Theile erhalten wird, welche man, wenn die Arbeit und namentlich das Schweißen mit der nöthigen Sorgfalt ausgeführt worden ist, als völlig gleichmäßig betrachten kann.

Im Allgemeinen habe ich noch anzuführen, daß zwar der Unterschied in den verschiedenen Arten des Eisens — Roheisen, Stahl, Stabeisen — dem verschiedenen Kohlengehalte derselben entspricht, jedoch nicht dadurch allein bedingt ist. Namentlich gilt dies vom Stahl: seine Eigenschaften sind mehr als die der anderen beiden Eisensorten von anderen Beimengungen, wie Mangan und Kiesel, sowie von einer großen Anzahl von Umständen abhängig, deren genaue Kenntniß uns bisher noch abgeht. Ich kann auf diesen Gegenstand hier nicht weiter eingehen und muß dich, wie schon öfter, bitten, dich einstweilen mit diesen Andeutungen zu begnügen.

Ich schließe mit den Kennzeichen der verschiedenen Eisenerze, die du an den leicht zu erhaltenden Mineralien nachzuweisen hast; wobei du auch die früher angegebenen Reactionen wiederholen magst.

Magneteisenstein zeigt sich magnetisch, d. h. auf eine Magnetnadel wie Eisen, seltener wie ein wirklicher Magnet (d. h. gegen beide Pole verschieden) wirksam; in der blauen Flamme schmilzt er an den Kanten (1) und bleibt magnetisch; im Glaskolben und in der Glasröhre,

(1) Die Schmelzbarkeitsproben pflegt man zwar so anzustellen, daß man einen Splitter des Minerals zwischen den Platinspitzen einer Pincette (zum Preise von 1⅓ Thlr. in den betreffenden Handlungen zu haben) der intensivsten Hitze der Löthrohrflamme aussetzt; indessen kann man sich dazu auch des freien Endes eines Platindrahtes bedienen, womit man den Splitter festhält.

sowie auf Kohle bleibt er unverändert; gegen die Borax- und Phosphorsalzperle zeigt er die Eisenreaction.

Rotheisenstein (Varietäten: Eisenglanz, rother Glaskopf, Rotheisenrahm u. s. w.) zeigt sich im Glaskolben, in der Röhre und auf Kohle unveränderlich, wird in der blauen Flamme magnetisch und schmilzt dann schwer an den Kanten. Von Salzsäure wird er nur langsam gelöst. Im Uebrigen zeigt er, wie auch die Lösung in Säuren, die Eisenreactionen.

Brauneisenstein (Varietäten: brauner Glaskopf, Lepidokrokit u. s. w.) giebt im Glaskolben einen Beschlag von Wasser und verhält sich übrigens wie der vorige.

Spatheisenstein giebt im Kolben Kohlensäure aus, wird schwarz und magnetisch; ebenso auf Kohle. In Salzsäure ist er, namentlich in der Hitze unter Entwickelung von Kohlensäure, leicht löslich. Im Uebrigen verhält er sich wie die früheren. Fast immer zeigt er die Reaction auf Mangan.

Eisenkies giebt im Kalten ein starkes Sublimat von Schwefel, in der offenen Glasröhre schweflige Säure; auf der Kohle brennt der Schwefel mit blauer Flamme ab und der Rückstand schmilzt zur magnetischen Kugel. Mit Soda schmilzt er zu einer schwarzen Masse, welche die Schwefelreaction zeigt. Von Salzsäure wird er nicht angegriffen; Salpetersäure scheidet den Schwefel ab und löst Eisenoxyd. Im Uebrigen zeigt er die Eisen- und bisweilen auch Arsenik-Reaction.

Magnetkies unterscheidet sich von dem vorigen nur dadurch, daß er sich in Salzsäure unter Entwickelung von Schwefelwasserstoff und Abscheidung von Schwefel auflöst.

Es mag hier auch noch das Verhalten des Chromeisensteins angeführt werden: Derselbe zeigt sich im Kolben, in der Glasröhre und auf der Kohle unverändert. In der Platinzange oder dem Platindraht schmilzt er nur schwer an den Kanten und wird magnetisch. In der Borax- und der Phosphorsalzperle löst er sich langsam und zeigt die Chromreaction. Auf Platinblech mit Soda und Salpeter geschmolzen giebt er eine gelbe Masse, welche sich in bekannter Weise auf nassem Weg als chromsaures Kali zu erkennen giebt.

Endlich die Lösung der letzten Aufgaben und einige neue:

1) 2 Pfund 1,9 Loth Zink
   3 " 20,74 " Schwefelsäure.

Da das Blei nicht angegriffen wird, so kommt es hier nur in so fern in Betracht, als es das Aequivalent des Zinks erhöht; dasselbe gilt vom Wassergehalt der Schwefelsäure, deren Aequivalent dadurch auf 61,25 gebracht wird.

2) 3 : 2.

Wie viel Kochsalz und wie viel Schwefelsäure ist erforderlich, um 1 Ctr. Salzsäure von 28 % Säuregehalt zu erzielen, wenn das Kochsalz 3 % schwefelsaure Magnesia, die Schwefelsäure 4 % überschüssiges Wasser enthält?

Aufl. Nachdem die Menge der darzustellenden wasserfreien Säure gefunden worden, kannst du auf zweierlei Weise verfahren: Entweder suchst du die dazu nothwendige Menge reinen Kochsalzes und reiner Schwefelsäure, und hierauf diejenige Menge unreiner Substanzen, worin die so gefundenen enthalten sind (da 97 reines Kochsalz in 100 unreinem und 96 Schwefelsäurehydrat in 100 des in Rede stehenden enthalten sind); oder: du suchst die Aequivalente der unreinen Substanzen. Du wirst dasjenige des Kochsalzes zu 60,31, das der Schwefelsäure zu 51,04 finden. Mit diesen Zahlen hast du nun zu rechnen, wie sonst mit den Aequivalenten reiner Stoffe. Ich sende dir nächstens die Antwort.

Wie viel % seines Gewichtes an Eisen liefert ein Erz, welches aus Spatheisenstein und 25 % fremden Gesteinen besteht und wenn man durchschnittlich einen Abgang von 5 % des eigentlich zu erzielenden Eisens rechnet?

---

82. Brief.

Mangan. Reaction der Manganerze. — Antimon. Prüfung des käuflichen Antimons; Darstellung des reinen Metalls. — Blei. Ausscheidung des Silbers aus dem Werkblei. Prüfung des Bleis; Kennzeichen der Bleierze. — Antworten.

Da das Mangan im Großen nicht gewonnen wird, so lasse ich, mit Uebergehung seiner Darstellung, der Vollständigkeit wegen nur das Verzeichniß und das Verhalten der wichtigsten seiner Erze folgen; die drei ersten finden alle mehr oder weniger Anwendung zur Darstellung des Chlors; meistens kommen Gemische von mehreren von ihnen zum Gebrauche.

Die Reactionen der Manganoxyde habe ich S. 414 angegeben. Selbst wenn andere stark färbende Oxyde zugegen sind, bleibt das Verhalten zu Soda und Salpeter unverdeckt, während dann häufig die Farbe der Boraxperle nicht mehr zu erkennen ist.

Pyrolusit (Mangansuperoxyd) giebt im Kolben meistens etwas Wasser aus; bei stärkerem Erhitzen entweicht Sauerstoff. Mit Soda bildet er eine schlackige Masse.

In Salzsäure ist er unter Chlorentwickelung leicht löslich und zeigt im Uebrigen die Manganreaction.

Manganit (Braunmanganerz Mn_2O_3, HO) giebt im Kolben viel Wasser und keinen Sauerstoff, verhält sich übrigens wie der vorige.

Hausmannit verhält sich eben so.

Manganspath (MnO, CO_2) giebt im Kolben wenig Wasser, entwickelt mit Säuren Kohlensäure, reagirt nach starkem Erhitzen auf Kohle von beigemengtem Kalk alkalisch, und zeigt übrigens die Mangan- und die Eisenreaction.

Manganglanz (MnS) bleibt im Kolben unverändert, giebt in der Röhre schweflige Säure, indem er sich graugrün färbt, röstet sich auf Kohle langsam zu Oxyd und zeigt dann die Manganreaction. In der Phosphorsalzperle löst sich das ungeröstete Erz unter Aufwallen und mit Detonationen, welche von entwickeltem Schwefelphosphor herrühren. Mit Soda giebt er eine schlackige Masse, welche die Schwefelreaction zeigt.

Um aus dem Schwefelantimon das

Antimon

zu erhalten, werden zwei Wege eingeschlagen:

1) Man zersetzt dasselbe durch Eisen, welches man in Gestalt von Schmiedeeisenabfällen mit dem Schwefelantimon in Tiegeln oder auf der Sohle kleiner Flammöfen zusammenschmilzt. Die geschmolzene Masse trennt sich nach dem Erkalten in zwei Schichten: die untere besteht aus dem metallischen Antimon, die obere aus dem leichtflüssigen und leichteren Schwefeleisen, dem häufig noch Körnchen von Metall beigemischt sind, die man durch Pochen mechanisch trennen kann. Das so erhaltene Antimon ist jedoch stets stark von Eisen verunreinigt.

2) Man röstet das Schwefelantimon in Flammöfen mit viel Sauerstoff enthaltender Flamme. Es bildet sich neben schwefliger Säure ein Gemenge von antimoniger Säure, Antimonoxyd und unverändertem Schwefelantimon, welches nach dem Erkalten gepulvert und mit Kohle vermischt wird, die zuvor mit Sodalösung getränkt worden ist. Das Ganze wird dann in geschlossenen Tiegeln einer starken Hitze ausgesetzt, wobei das oxydirte Antimon durch die Kohle reducirt und auch aus einem Theil des Schwefelantimons das Metall in Folge der Gegenwart der Soda abgeschieden wird. Man erhält so einen Metallregulus und eine alkalische Schlacke, welche noch Oxyd und unverändertes Schwefelmetall enthält und zu verschiedenen Antimonpräparaten weiter benutzt werden kann.

Das im Handel vorkommende Antimon enthält stets mehr oder weniger fremde Metalle beigemischt; es sind namentlich folgende: Blei, Wismuth, Kupfer, Arsen, Eisen, Zinn; auch findet sich bisweilen darin Schwefel (als Schwefelantimon).

Sie lassen sich am einfachsten, wie folgt, in dem Antimon nachweisen: Ein starker Eisengehalt zeigt sich schon an der Schwerschmelzbarkeit des Metalls vor dem Löthrohr; ein Arsengehalt giebt sich dabei durch den Geruch zu erkennen; ferner muß sich das Metall vollständig verbrennen lassen, ohne daß zuletzt ein gelber Beschlag entsteht (B l e i, W i s m u t h). Zur weiteren Prüfung behandelt man das gepulverte Metall mit Salpetersäure und kocht das erhaltene Oxyd mit Wasser aus. In der so entstehenden Lösung weist man B l e i und K u p f e r durch Schwefelwasserstoff, ersteres ferner durch Schwefelsäure, letzteres durch Ammoniaküberschuß nach. Man prüft nach dem Abfiltriren des Niederschlags, welcher durch längeres Hindurchleiten von Schwefelwasserstoff entsteht, die Lösung mittelst Blutlaugensalz auf Eisen. Das durch Behandeln mit Salpetersäure entstehende weiße Pulver muß in Weinsäure völlig löslich sein; ein Rückstand, welcher beim Reduciren auf Kohle ein dehnbares Metallkorn liefert, deutet auf Zinn. Auf Schwefel prüft man die durch Königswasser (welches das Metall vollständig lösen muß) erhaltene Lösung durch Versetzen mit Chlorbaryum, indem dadurch die gebildete Schwefelsäure gefällt wird.

Wismuth wird endlich auch noch in der durch Salpetersäure etwa veranlaßten Lösung durch Wasserzusatz erkannt.

Reines Antimon kann auf sehr verschiedene Weise erhalten werden; u. A. durch Erhitzen des Brechweinsteins zur Verkohlung und Zusatz von Salpeter zur Verbrennung der Kohle; etwa bei dem Antimon zurückbleibendes Kalium läßt sich durch Wasser entfernen. Auch durch wiederholtes Schmelzen des käuflichen Metalls mit Schwefelantimon und zuletzt mit kohlensaurem Natron und etwas Salpeter erhält man reines Antimon, indem die fremden Metalle als Schwefelverbindungen oder Oxyde in die Schlacke gehen. Die Kennzeichen des einzigen Antimonerzes, des Schwefelantimons, s. o. S. 517.

Das

Blei

findet sich in der Natur als Schwefelblei (Bleiglanz), kohlensaures Bleioxyd (Bleispath, Weißbleierz), chromsaures Bleioxyd (Gelbbleierz), phosphorsaures Bleioxyd, Selenblei und in mehreren anderen Erzen, wovon jedoch nur die beiden ersteren eine hüttenmännische Anwendung erleiden.

Die Gewinnung des Bleis aus dem kohlensauren Bleioxyd ist sehr einfach: sie besteht in einer Reduction desselben mit Kohle unter den erforderlichen Zusätzen zur Verschlackung der fremden Gesteine, in eigenen kleinen Oefen, die den Zinnöfen nicht unähnlich sind.

Die Gewinnung des Bleies aus dem Bleiglanz ist zweierlei Art:

Nach der einen schmilzt man das Erz eben so wie das Schwefelantimon mit Eisen (und den nöthigen Schlackenzuschlägen), um dadurch Schwefeleisen und metallisches Blei zu erhalten. Diese Arbeit, die „Niederschlagsarbeit“ wird entweder in Schacht- oder Flammöfen, oder auch in eigens construirten, niedrigen, sogenannten schottischen Oefen ausgeführt. Die ersteren setzt man meist mit einem Systeme von gemauerten Kammern in Verbindung, worin das fein gepulverte Erz, welches während des Processes mit fortgerissen wird, zurückgehalten und gesammelt werden kann, was namentlich bei silberhaltigen Erzen von Wichtigkeit ist.

Die andere beruht auf der schon früher (S. 345) angedeuteten Zersetzung des Schwefelbleies mit Bleioxyd:

$$PbS + 2PbO = 3Pb + SO_2,$$

so wie des schwefelsauren Bleioxyds und des Schwefelbleies

$$PbO, SO_3 + PbS = 2Pb + 2SO_2.$$

Beim Rösten verwandelt sich das Schwefelblei in schwefelsaures Bleioxyd. und Bleioxyd, indem eine dem letzteren entsprechende Menge schweflige Säure entweicht. Könnte man nun den Röstproceß so leiten und zu einem solchen Zeitpunkt unterbrechen, daß die richtige Menge Schwefelblei unverändert bliebe, so würde bei einem darauf folgenden Schmelzen des Produktes das Schwefelblei auf das schwefelsaure Bleioxyd und das Bleioxyd auf einen anderen Theil des Schwefelbleis in der bezeichneten Art einwirken und nichts als Blei und schweflige Säure erhalten werden.

In der Praxis ist dies aber nicht möglich: entweder bleibt Schwefelblei oder Bleioxyd im Ueberschuß; letzteres wird zum Theil von dem Brennmaterial reducirt, zum Theil von den vorhandenen Silicaten während der Schlackenbilduug aufgenommen. Ueberschüssiges Schwefelblei nöthigt zur Wiederholung des Processes.

Das Rösten des Bleiglanzes geschieht theils in Stadeln, theils in Flammöfen, das Glühen des erhaltenen Produktes entweder in niedrigen Schachtöfen (ebenfalls dem Fig. 149 gezeichneten Zinnofen sehr ähnlich), oder in Flammöfen. Letztere sind aber dann von dem zum Rösten gebräuchlichen theils durch die etwas abgeänderte Construction, theils durch die Art der Heizung unterschieden, indem eine oxydirende Flamme hier durchaus vermieden werden muß, während sie bei jenen Hauptsache ist.

Die Producte aller dieser Operationen sind metallisches Blei, Schlacke und ein sogenannter Bleistein. Letzterer enthält das unveränderte Schwefelblei und wird wie das Erz selbst weiter verhüttet. Aus den bleioxydhaltigen Schlacken kann man unter Zusatz von Kalk und Kohle bisweilen einen Theil des Metalls gewinnen, aber der größere Theil geht verloren, weshalb die ganze Arbeit so geleitet werden muß, daß möglichst wenig Bleioxyd zur Schlacke kommt.

Das erhaltene Blei enthält häufig solche Mengen Silber, daß es der Mühe lohnt, dasselbe durch eine eigene Operation zu gewinnen; es heißt alsdann Werkblei. Man erhält daraus Silber durch Abtreiben, eine Operation, die ich dir nicht weiter zu erklären brauche, da du sie schon selbst ausgeführt hast. Ich zeichne dir hier

Fig. 154.

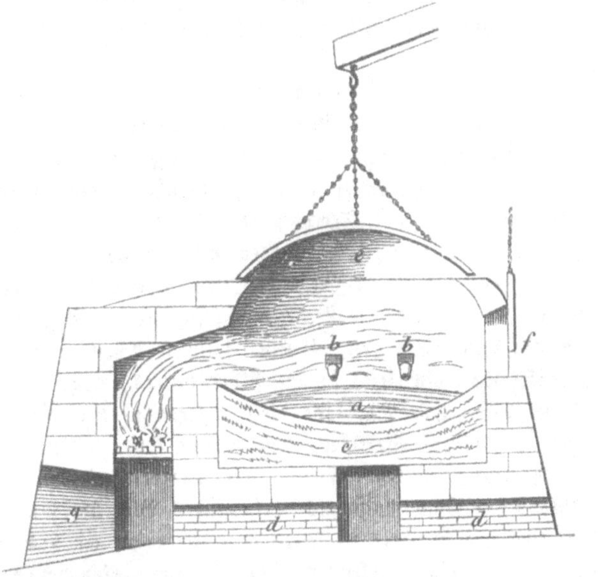

den Durchschnitt eines dazu gebräuchlichen Ofens: Du erkennst fast ohne Beschreibung die Haupttheile desselben: das Feuer, das durch dasselbe auf einem abgesonderten Heerde, dem Treibheerde e, erhitzte Metall a und die Mundstücke b, b der beiden Formen oder Gebläse, welche den zur Oxydation erforderlichen Sauerstoff liefern. Du siehst, daß der Heerd mit einem Deckel oder einer Kuppel c bedeckt ist, welche sich durch einen Krahnen leicht entfernen läßt und daß er seitwärts eine Arbeitsöffnung f hat, um das Blei einzutragen und das erhaltene Silber zu entfernen; außerdem befindet sich noch ein Abzugskanal für die Glätte am Heerde, die sogenannte Glättgasse. Das Gewölbe g führt unter den Rost und zum Aschenfall, die Kanäle d, d dienen zum Austrocknen des Ofens.

Das auf dem Heerde geschmolzene Blei überzieht sich mit einer Oxydschichte, welche durch die Glättgasse, die den Formen gegenüber liegt, abgetrieben wird, zum Theil aber auch in die Heerdmasse eindringt, und so lange sich erneuert, bis die letzte Menge Blei oxydirt und das reine Silber mit metallischem Glanze (Silberblick) übrigbleibt. Auf dem großen Treibheerde pflegt man nicht bis zur völligen Entfernung des Bleies zu treiben, sondern unter Zusatz weiterer Mengen Werkbleies eine sehr silberreiche Legirung herzustellen, die man dann auf kleinen

Heerden unter Verwendung von Holzkohlenfeuer völlig abtreibt (Feintreiben).

Die erhaltene Glätte wird entweder einem Reductionsprocesse unterworfen (gefrischt) und so das Blei (Frischblei) wieder erhalten, oder sie kommt als solche in den Handel, indem davon vielfach Anwendung gemacht wird.

Durch das Abtreiben kann man noch mit Vortheil das Silber gewinnen, wenn es $\frac{1}{1000}$ des Gewichtes des Werkbleies beträgt. Noch silberärmere Bleisorten macht man durch ein eigenthümliches Verfahren zu Gute, welches auf folgender Thatsache beruht. Wenn silberhaltiges Blei längere Zeit bei einer Temperatur erhalten wird, welche seinem Erstarrungspunkte nahe liegt, so scheiden sich daraus, namentlich beim Umrühren, Haufen kleiner Krystalle aus, welche weniger Silber enthalten, während die silberreichere Legirung flüssig bleibt. Setzt man dieses Verfahren mit dem festen und mit dem flüssigen Theil getrennt weiter fort, so erhält man einerseits immer silberärmeres, andererseits immer silberreicheres Blei, und man kann diese Operation so einrichten, daß in kurzer Zeit aus einem Werkblei, welches nur Spuren von Silber enthält, eine Legirung entsteht, welche mit Vortheil abgetrieben werden kann, während die Hauptmasse als verkäufliches Blei übrig bleibt.

Das Blei des Handels ist selten oder nie rein; du hast schon gelernt, das Silber darin zu erkennen. Die übrigens vorkommenden Metalle sind vorzüglich Kupfer und Eisen. Du wirst sie leicht in einer oder der anderen Bleisorte folgendermaßen nachweisen können: die durch Behandeln mit Salpetersäure erhaltene Lösung (etwa vorhandenes Zinn und Antimon bleiben dabei im Rückstande) wird mit Schwefelsäure vollständig ausgefällt (so daß in der abfiltrirten Lösung auf einen weiteren Zusatz von Schwefelsäure kein Niederschlag mehr erfolgt) und die klare Lösung zur Verjagung der Säure eingedampft. Bleibt dabei ein Rückstand, so lassen sich in dessen Lösung im Wasser die übrigen Metalle in derselben Weise wie früher angeführt (mittelst Schwefelwasserstoff, Ammoniak, Blutlaugensalz) nachweisen. Chemisch reines Blei, wie es zu manchen analytischen Zwecken gebraucht wird, erhält man am einfachsten durch Zersetzung von gut gereinigtem Bleizucker mittelst Zink, Auswaschen des erhaltenen Bleibaums mit Salzsäure und Zusammenschmelzen des reinen Productes. Auch durch Reduction mittelst Kohle des durch Glühen von reinem salpetersaurem Bleioxyd erhaltenen Bleioxyds kann man reines Blei darstellen.

Die Eigenschaften der wichtigsten Bleierze sind folgende:

Bleiglanz zerspringt im Kolben und giebt etwas Schwefel ab; in der offenen Glasröhre entweicht schweflige Säure, auf der Kohle schmilzt er und wird zu einer Bleikugel reducirt, während sich der gelbe

Bleibeschlag bildet; dieser zeigt gegen die Borax- und Phosphorsalzperle die Bleireaction. Mit Soda und Cyankalium wird der Bleiglanz leicht reducirt; die geschmolzene Schlacke zeigt Schwefelreaction. Von concentrirter Salpetersäure wird er unter Ausscheidung von Schwefel gelöst. Die Lösung giebt die Bleireaction.

Selenblei (PbSe). In der offenen Glasröhre zeigt sich ein Sublimat von Selen, welches in der dickeren Schicht grau, in der dünneren roth erscheint, wobei sich der Geruch nach Selen (ähnlich verfaultem Rettig) bemerklich macht. Letzteres zeigt sich noch stärker beim Erhitzen des Minerals auf Kohle, wobei sich die Flamme blau färbt. In der Reductionsflamme schmilzt es theilweise, beschlägt die Kohle mit Selen und Bleioxyd, indeß nach einiger Zeit eine schwarze unschmelzbare Masse zurückbleibt. Diese giebt in der Boraxperle die Eisen- und bisweilen die Kupfer- und Kobaltreaction. Mit Soda liefert das Selenblei eine dehnbare Metallkugel, während die Schlacke gegen Silber sich den schwefelhaltigen ähnlich verhält. Von Salpetersäure wird das Selenblei unter Abscheidung des (röthlichen) Selens angegriffen.

Mennige. Zeigt die bekannten Reactionen.

Weißbleierz. Im Glaskolben zerspringt es, giebt Kohlensäure ab, wird gelb und schmilzt; auf der Kohle wird es leicht reducirt und zeigt im Uebrigen die Bleireactionen. In Salpetersäure ist es unter Kohlensäureentwickelung leicht löslich.

Vitriolbleierz (PbO,SO_3). Verknistert unter Abgabe von wenig Wasser im Kolben, schmilzt in der Oxydationsflamme auf Kohle zu einer klaren Perle, die beim Erkalten undurchsichtig wird. In der Reductionsflamme wird es leicht und unter Brausen reducirt, während sich der Bleibeschlag zeigt. Eben so durch Soda, wobei die Schlacke die Schwefelreaction giebt. Im Uebrigen zeigt es die Bleireaction; in Säuren ist es unlöslich.

Rothbleierz (PbO,CrO_3). Zerspringt heftig im Glaskolben und wird dunkler. Auf der Kohle schmilzt und verpufft es, unter Bildung von Chromoxyd, metallischem Blei und einem Bleibeschlag. In der Borax- und der Phosphorsalzperle löst es sich auf und färbt dieselbe gelb, nach dem Erkalten grün. Mit Soda giebt es auf Platinblech chromsaures Natron, auf Kohle ein Metallkorn.

Gelbbleierz (PbO,MoO_3). Auf Kohle schmilzt es und geht theilweise hinein, unter Zurücklassung einer metallischen Kugel. Mit Soda wird es zu Blei reducirt. Von der Boraxperle wird es zu einem gelben Glase aufgelöst, das bei größerem Zusatz dunkelroth erscheint. In der Reductionsflamme wird das Glas braun und undurchsichtig. Die Phosphorsalzperle färbt sich im Reductionsfeuer dunkelgrün. Mit saurem schwefelsaurem Kali auf Platinablech geschmolzen giebt es eine gelbe Masse, die in Wasser gelöst durch Zink blau gefärbt wird.

Auflösung der Aufgaben im letzten Briefe:

1) 50,89 Pfund Kochsalz,
   43,07 „ Schwefelsäure.

2) 43,41 %.

83. Brief.

Kupfer. Untersuchung des Kupfers und der Kupferlegirungen. — Darstellung des reinen Metalls. Gewinnung des Silbers aus dem silberhaltigen Kupfer. Kennzeichen der Kupfererze. — Aufgaben.

Von den Erzen, aus welchen das

Kupfer

hüttenmännisch gewonnen wird, sind die bemerkenswerthesten: das gediegene Kupfer, der Kupferglanz (Cu_2S), der Kupferkies (Cu_2S, Fe_2S_3), das Buntkupfererz ($3\,Cu_2S, Fe_2S_3$), das Rothkupfererz (Cu_2O), der Malachit ($CuO, CO_2 + CuO, HO$), die Kupferlasur ($2\,CuO, CO_2 + CuO, HO$). Dieselben zerfallen in oxydhaltige und in schwefelhaltige. Zu letzteren gehören noch die Fahlerze, Gemenge von Schwefelverbindungen des Kupfers, Eisens, Silbers, Antimons und Arsens; von ihrer Zugutmachung werde ich beim Silber sprechen.

Die oxydhaltigen Kupfererze (und das selten vorkommende gediegene Kupfer) werden in kleinen Schachtöfen mit Kohle einem Reductionsproceß unterworfen. Die Schwefelkupfer enthaltenden Erze bedürfen dagegen eines viel umständlicheren Verfahrens, welches an manchen Orten sehr abgeändert erscheint, und dessen Grundzüge folgende sind.

Die Erze, welche stets Eisen enthalten und nur einen geringen, selten 6 % übersteigenden Kupfergehalt führen, werden zuerst einer sorgfältigen Röstung unterworfen, wobei schweflige Säure entweicht und ein Theil des Kupfers oxydirt wird; zugleich entstehen Schwefelsäuresalze und Eisenoxyd neben unverändert bleibendem Schwefelmetalle. Wird das so erhaltene Röstproduct einer reducirenden Schmelzung unterworfen, so erhält man ein Product, Stein genannt, in welchem sich die Bestandtheile so umgetauscht haben, daß wieder alles Kupfer als Schwefelkupfer vorhanden ist, während das Eisen zum Theil als Eisenoxyd größtentheils in die Schlacke gegangen ist, zum Theil aber auch noch mit dem Schwefelkupfer vereinigt bleibt. Dies geschieht in Folge des Umstandes, daß das Kupfer eine größere Affinität zum Schwefel, das

Eisen eine größere zum Sauerstoff hat, weshalb das Eisen sich oxydirt und das Kupfer als Schwefelkupfer zurückbleibt. Wiederholt man den Röstproceß abermals und schmilzt das Product unter den erforderlichen Zuschlägen wieder zusammen, so wiederholt sich derselbe Vorgang und man erhält einen kupferreicheren Stein, während wieder mehr Eisenoxyd in die Schlacke geht. Durch mehrmalige Wiederholung dieser abwechselnden Oxydation und Reduction wird endlich so viel Schwefel oxydirt, daß das gebildete Kupferoxyd sich nicht mehr in Schwefelkupfer verwandeln kann, sondern neben Eisenoxyd in den Stein gelangt, und also bei der folgenden Reduction metallisch sich abscheidet. Auf diese Weise wird das Kupfer allmälig zu Metall reducirt, während man das Eisen in die Schlacke bringt; da jedoch eine gewisse Menge Erz nicht bis zu Ende aufgearbeitet, sondern stets mit neuen Mengen und mit Producten anderer Röstungen in verschiedenen Stadien des Processes gemischt worden, so giebt es Erztheile, die diesen abwechselnden Oxydations- und Reductions-Proceß wohl 18—24 mal durchmachen und daher eine Zeit von mehreren Jahren brauchen, ehe ihr Kupfergehalt gewonnen wird.

In neuerer Zeit ist es gelungen, diesen höchst schwierigen und langsamen Weg, das Kupfer zu gewinnen, dadurch abzukürzen und zu vereinfachen, daß man den zuerst erhaltenen Kupferstein, welcher wesentlich die von fremden Beimengungen befreiten Schwefelmetalle enthält, so vollständig zu rösten gelernt hat, daß alles Kupfer zu Kupferoxyd und schwefelsaurem Kupferoxyd ($Cu_2S + 5\,O = CuO + CuO, SO_3$) umgewandelt wird, woraus man dann leicht das Kupfer erhalten kann. Entweder nämlich laugt man dieses Röstproduct mit Wasser und Schwefelsäure aus, oder man wendet nur Wasser an und reducirt den Rückstand im Schachtofen mit Kohle. Den in beiden Fällen gewonnenen Kupfervitriol fällt man mit Eisen aus, wodurch man das Kupfer als feines Pulver — Cämentkupfer — erhält, welches nun weiter gereinigt werden muß, weil es eisen- und eisenoxydhaltig ist.

Die Art der Ausführung der genannten Operation ist einfach: das Rösten geschieht in Deutschland meist in Stadeln, wie sie beistehende Figur zeigt, wobei in der Hinterwand senkrechte Oeffnungen angebracht sind, die für das Brennmaterial als Zuglöcher wirken. Das reducirende Schmelzen geschieht in cylindrischen Oefen, den Zinnöfen ähnlich, vor welchen sich zwei schalen-

Fig. 155.

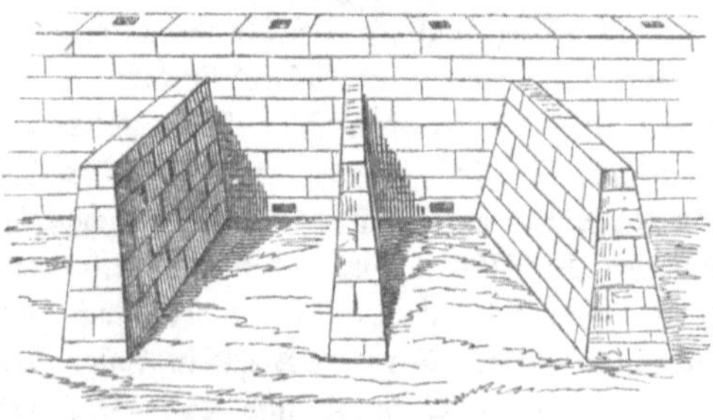

förmige Vertiefungen zum Abstechen des Productes befinden. In England werden die entsprechenden Operationen zumeist in Flammöfen durchgeführt, in welchen man die Verbrennung nach den jedesmaligen Zwecken abändert.

Das Product der letzten Schmelzung, das Schwarzkupfer, ist noch nicht zu allen Zwecken verwendbar, zu denen das Kupfer benutzt wird; es enthält noch bedeutende Mengen Schwefel, Eisen, Antimon und andere Metalle. Hiervon muß es befreit — gargemacht — werden. Dieses Garmachen besteht in einer Oxydation, welche dieselben zwar entfernt, wobei aber zugleich eine gewisse Menge Kupferoxydul in das Metall kommt, welche um so größer ist, je länger die Oxydation gedauert hat, je mehr fremde Bestandtheile also entfernt werden mußten. Das Garmachen wird in runden Gruben (Fig. 156) vorgenommen, worin

Fig. 156.

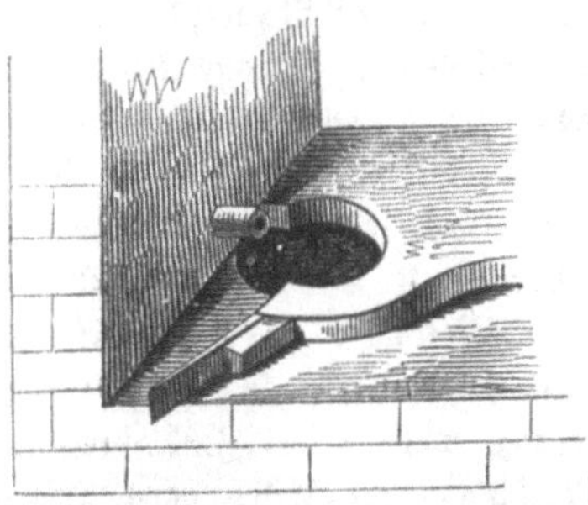

das Kupfer geschmolzen wird, um durch die darüber stehende Form einen Luftstrom zuzuleiten. Durch die eiserne Platte an der vorderen Seite wird anfangs das Brennmaterial zusammengehalten; später kann man durch den entsprechenden Kanal die Schlacken entfernen.

Du siehst, daß diese Reinigung des Kupfers auf der Eigenthümlichkeit beruht, daß alle begleitenden Substanzen sich eher oxydiren, als das Kupfer, weshalb dieses am längsten unangegriffen bleibt.

Selten kann das Garmachen bis zu Ende fortgeführt werden, ohne daß ein zu großer Verlust an Kupfer stattfindet. Es bleiben demnach Antheile der fremden Metalle zurück, welche sehr schädlich auf die Eigenschaften des Kupfers wirken. Zinn, Wismuth und Zink machen das Kupfer rothbrüchig, Blei verändert schon bei 0,1 % die Dehnbarkeit und Geschmeidigkeit in hohem Grade. Auch Arsen und Antimon machen es spröde.

Daher pflegt man das Garmachen eher etwas weiter zu treiben, als nothwendig und das dabei sich bildende Kupferoxydul wieder durch eine Reduction zu entfernen. Diese Operation, das Hammergarmachen, wird in ähnlichen Oefen wie das Garmachen ausgeführt, nur sorgt man für eine gehörige Bedeckung und Berührung aller Theile mit Kohle. Der Moment, wo das Schmelzen unterbrochen werden muß, ist hierbei sehr wichtig und ihn zu treffen lediglich von der Geschicklichkeit des Arbeiters abhängig. Bei zu langem Schmelzen bildet sich wieder Oxydul und das Kupfer verliert entsprechend an Geschmeidigkeit.

Das noch nicht hammergare Kupfer kommt als Rosettenkupfer in runden Scheiben mit unregelmäßiger, rauher Oberfläche in den Handel. Man erhält sie, indem man das geschmolzene Kupfer durch aufgegossenes Wasser bis auf eine geringe Tiefe zur Erstarrung bringt und die entstehende Scheibe abhebt.

Die darin vorkommenden Metalle wirst du an einem leicht zu erhaltenden Stücke nach folgender Methode erkennen können, welche zugleich bei der Untersuchung von künstlich dargestellten Kupferlegirungen angewandt werden kann: Man behandelt das zerkleinerte Metallstück mit erwärmter reiner Salpetersäure. Dabei bleibt Zinnoxyd zurück, während die übrigen Metalle in Lösung kommen. Wenn die Einwirkung aufgehört hat, verdünnt man mit Wasser und fügt zur klaren Lösung Schwefelsäure; dadurch wird das Blei ausgefällt; man filtrirt ab und leitet durch die klare Lösung Schwefelwasserstoff, wodurch das Kupfer abgeschieden wird. Wenn nach dem Abfiltriren des Niederschlags in der Lösung durch weiteres Einleiten des Schwefelwasserstoffs kein Niederschlag mehr erzeugt wird, entfernt man daraus den Ueberschuß desselben durch Erhitzen, verwandelt das vorhandene Eisenoxydulsalz durch Chlorwasser (oder durch Hindurchleiten von etwas Chlor) in Eisenoxydsalz und schlägt dann durch kohlensaures Natron Zinkoxyd und Eisenoxyd nieder. Um die Anwesenheit dieser Metalle einzeln zu erkennen, löst man diesen Niederschlag nach dem Auswaschen in Essigsäure und leitet Schwefelwasserstoff durch die Lösung, welcher das Zink allein fällt, worauf nach dem Abfiltriren des Niederschlags das Eisen durch Ammoniak und Schwefelammonium, oder auch durch Blutlaugensalz nachgewiesen wird.

Hat man zugleich auf Nickel Rücksicht zu nehmen (Neusilber u. s. w.), so erhitzt man den Niederschlag durch kohlensaures Natron, nachdem er geglüht worden, in einem Strom von Wasserstoffgas, wodurch das Metall reducirt wird, während das Zinkoxyd unverändert bleibt. Uebergießt man nun das Gemenge von Zinkoxyd und Nickel mit kohlensaurem Ammon, so wird beim Erwärmen das Zinkoxyd aufgelöst und das Nickel rein erhalten. Beim Glühen der ammoniakalischen Lösung bleibt das Zinkoxyd zurück.

Ich rathe dir, diese Methoden der Prüfung zwar mit Aufmerksamkeit zu studiren, die Ausführung einer solchen Untersuchung aber erst später vorzunehmen, wenn dir andere leichtere analytische Arbeiten in diesen Dingen mehr Sicherheit und Gewandtheit gegeben haben. Ich werde dich seiner Zeit noch einmal darauf aufmerksam machen.

Das im Handel vorkommende dünn ausgewalzte Kupfer ist in der Regel sehr rein, da das Vorhandensein fremder Metalle die Dehnbarkeit stark beeinträchtigt.

Um vollkommen reines Kupfer zu erhalten, muß man zunächst aus einer Lösung die übrigen Metalle entfernen, dann das Oxyd ausfällen und durch Wasserstoff reduciren; auch kann man das gewöhnliche Kupfer in Schwefelsäure lösen, die Lösung verdünnen (wodurch sich schwefelsaures Bleioxyd abscheidet), aus der klaren Lösung das Metall durch möglichst reines Zink oder Eisen fällen und das erhaltene Pulver unter einer Decke von Borax umschmelzen.

Enthalten die Kupfererze Silber, so schmilzt man das auf die eine oder andere Weise ausgebrachte Metall mit Blei (bei einem hohen Gehalte auch mit Kupfer) zusammen und setzt die erhaltene Legirung einer nicht bis zur Schmelzhitze des Ganzen gesteigerten Temperatur aus. Hierbei fließt das Silber mit dem Blei verbunden aus und kann dann durch Abtreiben davon geschieden werden.

Diese Operation, das „Aussaigern“, muß mehrmals wiederholt werden, wodurch eine Reihe von Zwischenproducten gewonnen wird, die jedes für sich bearbeitet werden müssen und einen Verlust an allen drei Metallen bedingen. Auch bleibt eine gewisse Menge Blei beim Kupfer, welche sich nicht entfernen läßt und das Kupfer schlechter macht.

Zur Ausführung des Saigerns wird das Metallgemisch in Scheiben gegossen; diese stellt man aufrecht auf zwei gegen einander geneigten Eisenplatten auf, welche eine Spalte zwischen sich lassen. Hierauf wird die Erhitzung durch untergelegtes Feuer und aufgeschichtete Holzkohlen bewirkt. Allmählig schmilzt die Bleilegirung aus und sammelt sich durch einen Kanal in einem Tiegel am Boden des Heerdes. Die zurückbleibende schwammige Kupfermasse unterwirft man in einem anderen Ofen einer höheren Temperatur und macht es endlich im Garofen gar. Das Saigern ist nur ausführbar bei einem Gehalte von 8—20 Loth Silber auf den Centner Kupfer.

Von den Kennzeichen der wichtigsten Kupfererze brauche ich die des gediegenen Kupfers und des Rothkupfererzes nicht anzuführen, da sie aus ihrer Natur ersichtlich sind. Von den übrigen Erzen kannst du dir leicht folgende verschaffen und prüfen:

Kupferglanz. Bleibt im Kolben unverändert, entwickelt in der offenen Glasröhre schweflige Säure und verwandelt sich bei anhaltendem schwachem Erhitzen in Kupferoxyd. Auf der Kohle schmilzt es unter Spritzen und Entwickelung von schwefliger Säure zur Kugel; bei anhaltendem Rösten giebt es Kupferoxyd. Das geröstete Mineral zeigt gegen die Borax- und die Phosphorsalzperle die Kupferreaction. Durch Soda und Cyankalium wird es unter Bildung von Schwefelnatrium zu Metall reducirt.

In heißer Salpetersäure ist das Mineral mit grüner Farbe und unter Abscheidung von Schwefel löslich. Die Lösung wird durch Ammoniak tief blau gefärbt.

Kupferkies und Buntkupfererz zerspringen im Kolben, zuweilen unter Abgabe von Schwefel, entwickeln in der Glasröhre schweflige Säure und verwandeln sich in Kupferoxyd und Eisenoxyd. Auf der Kohle schmelzen sie unter Aufwallen zur magnetischen Kugel. Die gerösteten Mineralien zeigen gegen Glasflüsse die Kupferreaction; nach vorheriger Reduction und Entfernung des Kupfers durch Soda aber die Eisenreaction. Gegen Soda verhalten sie sich wie das vorhergehende; die Reduction erfolgt noch leichter unter Zusatz von Cyankalium. Hat man ein Mineral von sehr geringem Kupfergehalt, so erkennt man in der entstehenden Masse das Kupfer durch Ablösen von der Kohle, Pulvern und Abschlämmen mit Wasser im Mörser. Es bleiben dann nach mehrmaligem Abspülen der übrigen Stoffe mit frischem Wasser die Kupferflitter, an ihrer gelben Farbe und ihrem Glanze kenntlich, am Boden des Mörsers zurück. In Salzsäure getaucht färben die Mineralien die Flamme vorübergehend blau.

Malachit und Kupferlasur geben im Kolben unter Schwärzung Wasser aus, schmelzen auf der Kohle zur schwarzen Kugel, die sich leicht reduciren läßt; am Platindraht schmelzen sie, färben die Flamme grün und zeigen im Uebrigen die Kupferreaction. In Salzsäure sind sie unter Aufbrausen leicht löslich; die Lösung zeigt die Kupferreaction.

Die Fahlerze verhalten sich ihrer verschiedenen Zusammensetzung entsprechend verschieden. Im Kolben geben sie Sublimate von Schwefelantimon, Schwefelquecksilber oder Schwefelarsen, in der Glasröhre entwickeln sie Antimonrauch, arsenige oder schweflige Säure, bisweilen ein Sublimat von Quecksilber. Auf Kohle entwickeln sie Antimonrauch und Arsengeruch, bisweilen auch Zinkoxydbeschlag (der nicht flüchtig ist) und schmelzen zur Kugel. Diese giebt nach dem Rösten die Kupferreaction und nach der Reduction des Kupfers die Eisenreaction. Gegen Soda verhalten sie sich wie der Kupferkies, das Kupfer mit Blei abgetrieben läßt ein Silberkörnchen zurück, dessen Gegenwart aber auch durch Auflösen in Salpetersäure und Fällen mit Salzsäure nachgewiesen werden kann.

Schließlich einige Aufgaben:

1) Zu welchem Preise nach preußischem Gelde kann man das Pfund Höllenstein darstellen, wenn die 35procentige Säure $3\frac{1}{2}$ Sgr. das Pfund kostet und die Nebenkosten durch das erhaltene Kupfer gedeckt sind? Zum Auflösen nimmt man preußische Thaler, derem 14 genau 16 Loth reines Silber enthalten.

2) Wenn man Jod mit Kali mischt, so erhält man jodsaures Kali und Jodkalium; wenn man das Gemisch zum Glühen erhitzt, so erhält man nur Jodkalium; welches ist die Formel der beiden Vorgänge? Wie viel Jodkalium erhält man bei Anwendung von 15 Pfund 14,2 Unzen Jod?

3) Wie viel Salpeter mit einem Gehalt von 7,5 % Kochsalz und wieviel Schwefelsäure von einem Gehalt von 8% fremder Substanzen, welche bei der Zersetzung nicht mitwirken, ist erforderlich, um $333\frac{1}{3}$ Pfund eines Scheidewassers darzustellen, welches 72 % Wasser enthält?

Ich mache dich darauf aufmerksam, daß hier nicht allein Salpetersäure, sondern auch Salzsäure entwickelt wird und daß diese beiden zusammen den Säuregehalt des Scheidewassers ausmachen.

Wollte man also erst die Menge der reinen Salpetersäure und hieraus die des erforderlichen Salpeters berechnen, so würde man bei Berücksichtigung von dessen Kochsalzgehalt eine andere als die verlangte Menge der Säure erhalten, weil dieser bei der Behandlung mit Schwefelsäure nicht, wie andere fremde Stoffe, nur eine größere Menge Material bedingt, sondern zugleich eine gewisse Menge Säure liefert. Man muß daher auf eine andere Weise verfahren.

Sucht man zunächst das Aequivalent des Salpeters oder diejenige Menge des unreinen Stoffs, welche 1 Aeq. reinen Salpeter enthält, so ist es leicht, diejenige Menge wasserfreie (Salz- und Salpeter-) Säure zu finden, welche von der dadurch ausgedrückten Quantität geliefert wird. Du wirst finden, daß das Aequivalent dieser zusammengesetzten Säure 59,05 ist. Da nun die Menge der verlangten *wasserfreien* Säure unmittelbar aus der Aufgabe folgt, so findet man leicht die erforderliche Menge Salpeter.

Auch läßt sich noch ein anderer Weg einschlagen: man berechnet diejenige Menge wasserfreier (zusammengesetzter) Säure, welche aus einer *beliebigen* Menge, z. B. 100 Theilen, des gegebenen Salpeters frei werden muß und daraus durch einen einfachen Schluß die zur verlangten Menge nothwendige.

Aus dem Aeq. des Salpeters läßt sich auf die anzuwendende Menge Schwefelsäure *nicht* direct schließen, weil das salpetersaure Kali zwei, das Kochsalz nur ein Aequivalent derselben erheischt. Es müssen also beide Salze und die zu jedem nothwendige Säure besonders berechnet werden.

4) Wie viel Sauerstoff erhielt man aus 3,85 Gramm chlorsaurem Kali, wenn dasselbe 4 % Chlorkalium enthält? Wie hoch kommt ein Kubikdecimeter Sauerstoff zu stehen, wenn jenes Material zu 7 Franken das Kilogramm zu haben ist, und man die Bereitungskosten zu $11\frac{1}{8}$ % vom Kostenpreis anschlägt?

84. Brief.

Zink. Kennzeichen der Zinkerze. — Kobalt; Smalte. — Nickel. — Silber; verschiedene Verfahrungsarten. Prüfung der Silberlegirungen; Kennzeichen der Silbererze. — Auflösungen und Aufgaben.

Die Erze, welche zur Gewinnung des

Zinks

dienen, sind Galmei (kohlensaures Zinkoxyd), Kieselzinkerz (kieselsaures Zinkoxyd mit Wasser), Rothzinkerz (Zinkoxyd) und Blende (Schwefelzink). Die Bearbeitung der drei ersteren ist sehr einfach, indem sie, nach vorheriger Auflockerung durch mechanische Vorbereitung und durch Rösten, beim Erhitzen mit Kohle sehr leicht das Metall liefern, welches in eigenen Vorrichtungen abgeschieden wird, die denen gleichen, mittelst welchen die Blende verarbeitet wird.

Dieses Erz, das Schwefelzink, wird einem längeren Processe unterworfen, indem es nur allmählig durch auf einander folgende Oxydation und Reduction seinen Metallgehalt abgiebt. Niemals gelingt es, diesen ganz zu gewinnen, da man das Schwefelzink beim Rösten nur in ein Gemenge von Zinkoxyd und schwefelsaurem Zinkoxyd verwandeln kann, welches letztere bei der Reduction wieder Schwefelzink liefert. Dieses wird entweder dem Processe noch mehrmals unterworfen, oder man verwerthet es nach dem Rösten zur Gewinnung von Zinkvitriol.

Die Abscheidung des Zinks aus den Erzen, welche dasselbe durch Reduction liefern, geschieht wegen der Flüchtigkeit und Verbrennlichkeit desselben durch Destillation. Diese wird in verschiedenen Gegenden mittelst verschiedener Gefäße ausgeführt: In Schlesien benutzt man dazu eine Art Retorten, Muffeln genannt, in Belgien und Kärnthen horizontale und senkrechte Röhren, in England doppelte Tiegel.

Eine Retorte, wie sie zur Zinkdestillation gebräuchlich ist, zeichne ich dir hier (Fig. 157) im Durchschnitt und (Fig. 158) in der äußeren

Fig. 157.

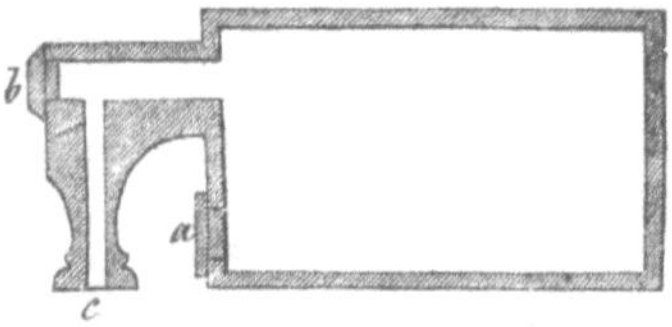

Fig. 158.

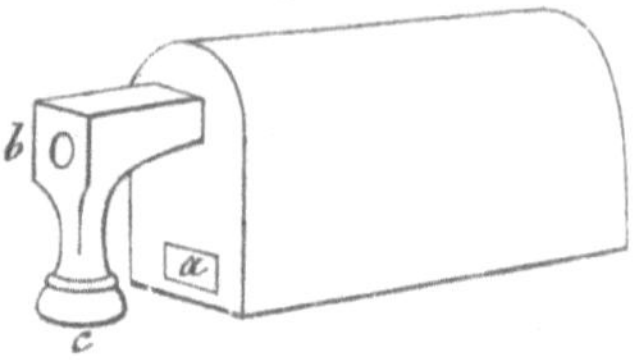

Ansicht. Die verschließbaren Oeffnungen b und a dienen, die erste zum Beschicken, die andere zum Entleeren des Gefäßes. Aus der Oeffnung c entweichen während der Operation die Zinkdämpfe, indeß a und b durch Thonplatten verschlossen sind.

Die Retorten stehen zu 3—8 in zwei Reihen auf Bänken an einer gemeinschaftlichen Feuerung, welche sie bis zur Weißgluth erhitzt. Der Hals jeder Retorte ragt in eine verschlossene Kammer, in welcher sich das abdestillirte Zink tropfenweise sammelt, um als Tropfzink gewonnen zu werden.

Die Zinköfen in Belgien haben statt der Retorten eine große Anzahl schräg liegender Röhren, die an ihrer vorderen Oeffnung mit einem aus zwei Stücken bestehenden eisernen Ansatzrohr versehen sind, welches als Condensationsraum wirkt und woraus das flüssige Zink bisweilen entfernt wird.

In England bedient man sich zweier Tiegel, deren oberer auf den unteren umgekehrt aufgekittet ist und als Helm wirkt, während eine den Boden des unteren Tiegels durchbohrende Thonröhre als Ableitungsrohr für das sich verdichtende Zink dient, welches unterhalb des Feuerrostes sich ansammelt. Man neunt diese Einrichtung eine destillatio per descensum.

Das rohe Zink, Werkzink, wird in gußeisernen Kesseln bei mäßiger Hitze geschmolzen und in Formen zu Platten gegossen. (Dadurch wird das Zink eisenhaltig.) Durch Auswalzen des Zinks zwischen erwärmten Walzen erhält man das Zinkblech.

Das käufliche Zink enthält in der Regel Beimengungen von fremden Metallen, wie Eisen, Kupfer, Blei, Kadminm u. s. w. Reines Zink kann man an folgenden Reactionen erkennen :

Das Zink muß mit Salzsäure eine vollkommen klare Lösung geben (Kohle und andere fremde Körper). Die Lösung darf mit Schwefelwasserstoff keinen Niederschlag bilden (Kadmium, Kupfer, Blei u. s. w.); Schwefelsäure darf keinen Niederschlag geben (Blei); Blutlaugensalz muß einen rein weißen Niederschlag verursachen (blaue Färbung zeigt Eisen, braune Kupfer an); Schwefelammonium muß einen rein weißen

Niederschlag verursachen. Im Wasserstoffapparat mit reiner Schwefelsäure zusammengebracht muß das Zink Wasserstoff entwickeln, welcher von Arsenwasserstoff vollkommen frei ist.

Zum Reinigen des Zinks schmilzt man dasselbe unter Zusatz von Kohle und Schwefel oder unter Umrühren mit einem in Fett oder Schwefel getauchten Holzstabe, oder man erhitzt gekörntes Zink mit $\frac{1}{4}$ Salpeter in einem Tiegel bis zur eintretenden Reaction und Schmelzung des Metalls. Doch wird vollkommen reines Zink nur durch Destillation von reinem Zinkoxyd mit Kohle erhalten.

Das in dünnes Blech ausgewalzte Zink steht in den meisten Fällen der Reinheit am nächsten und kann in der Regel zu allen chemischen Versuchen als solches angewendet werden.

Alle Zinkerze liefern beim Erhitzen mit Soda in der Reductionsflamme den Zinkoxydbeschlag, welcher in der Hitze gelb, beim Erkalten weiß ist und mit Kobaltlösung eine grüne Farbe zeigt. Im Einzelnen zeigen sie folgende Erscheinungen:

Zinkblende: Zerspringt im Kolben, entwickelt in der Glasröhre schweflige Säure und wird weiß oder bei Eisengehalt gelb. Bei Gegenwart von Kadmium ist der Beschlag auf Kohle braun. Das geröstete Mineral zeigt gegen Glasflüsse die Zinkreaction. Mit Soda erhält man die Zink- und die Schwefelreaction. In Salzsäure und in Salpetersäure ist die Blende löslich; mit ersterer entwickelt sie Schwefelwasserstoff, letztere scheidet Schwefel ab.

Das Rothzinkerz zeigt seiner Zusammensetzung entsprechende Reactionen, meist durch die auf Mangan und Eisen gestört; auch mittelst Salpeter und Soda läßt sich das Mangan nachweisen.

Das Kieselzinkerz giebt im Kolben Wasser und löst sich in der Boraxperle zum klaren Glase; bei Anwendung von Phosphorsalz bleibt Kieselsäure ungelöst. Mit Soda allein ist es unschmelzbar, bei Zusatz von Borax schmilzt es zu einem Glase und zeigt den Zinkbeschlag. Von Säuren wird es angegriffen, indem sich die Kieselsäure in Gestalt einer Gallerte abscheidet.

Galmei giebt im Kolben Kohlensäure, löst sich unter starkem Aufbrausen in Salzsäure und zeigt im Uebrigen die Zink- und bisweilen die Kadmiumreactionen.

Das

Kobalt

wird im metallischen Zustande im Großen nicht dargestellt; seine Erze werden zur Gewinnung der Smalte auf den sogenannten Blaufarbewerken benutzt. Die wichtigsten Kobalterze sind der Speiskobalt (Arsenkobalt mit Nickel und Eisen), der Kobaltglanz (Schwefelkobalt mit Arsenikkobalt) und einige andere. Alle Erze sind mehr oder minder mit anderen, Kupfer und Blei enthaltenden Mineralien gemengt. Man pulvert sie möglichst fein, röstet sie hierauf, um das Kobalt zu oxydiren, Schwefel und Arsenik zu verflüchtigen. Bei starkem Nickelgehalt darf das Arsenik nicht vollständig entfernt werden, damit es mit dem Nickel eine Verbindung bilden kann, welche nicht mit dem Kobalt ins Glas übergeht. Das Arsenik wird hierbei in Gestalt von arseniger Säure als Nebenproduct gewonnen.

Die gerösteten Erze, welche auch als Safflor (S. 456) in den Handel kommen (der zur Darstellung mehrerer blauen Farben dient, auch zur Bereitung von anderen Kobaltpräparaten benutzt werden kann), werden dann mit fein gepulvertem Quarz und mit Potasche gemischt und in Schmelztiegeln zusammengeschmolzen, das geschmolzene Product ausgeschöpft und in kaltem Wasser abgelöscht. Bei Nickel enthaltenden Erzen bleibt am Boden der Schmelzgefäße das Arseniknickel, die Nickelspeise zurück; sie wird auf Silber und Nickel benutzt. Das abgelöschte Glas wird auf mechanischem Wege aufs Feinste gepulvert und geschlämmt.

Das

Nickel

wird behufs seiner Verwendung zum Neusilber in ziemlich großer Menge metallisch dargestellt. Dazu benutzt man theils die oben erwähnte Nickelspeise, theils natürliche Nickelerze, wie Kupfernickel (Arseniknickel Ni_2As), Weißnickelkies (Arseniknickel), Nickelglanz ($NiS_2,NiAs$), nickelhaltigen Magnetkies und andere nickelhaltige Mineralien, welche aber in der Regel mit einander auf die verschiedenste Art gemischt vorkommen und auf mehrere Metalle zugleich verarbeitet werden. Die Speise wird in der Weise benutzt, daß man sie in Flammöfen röstet und dann einem Reductionsproceß unterwirft. Auch aus den übrigen Erzen erhält man durch Rösten und Reduction unter einem Zusatz von Flußmitteln die Verbindungen der meisten der vorhandenen Metalle. Diese werden in Salzsäure gelöst, Arsenik und Eisen durch Chlorkalk und Kalkmilch gefällt und die letzten Spuren dieser Substanzen so wie Kupfer durch Schwefelwasserstoff entfernt. Nachdem das Kobalt durch Chlorkalk ausgefällt worden, schlägt man das Nickel mittelst Kalk nieder und reducirt das mit Kohle und Kleister gemengte, zu Würfeln geformte Hydrat in einem Flammofen. Man erhält das Metall in Gestalt von porösen Würfeln. Es enthält stets Eisen und Kupfer, meist auch Kobalt und Arsenik.

Die Prüfung des käuflichen Metalls, sowie die Untersuchung der Kobalt- und Nickelerze vor dem Löthrohr lasse ich hier weg, weil sie zu den schwierigeren Arbeiten des Chemikers gehören und du sie daher nicht wohl würdest ausführen können.

Ich wende mich nun zum

Silber.

Dieses Metall wird außer aus silberhaltigen Blei- und Kupfererzen, deren Zugutmachung ich bereits beschrieben habe, noch aus folgenden Mineralien gewonnen:

Gediegen Silber, Silberhornerz (Chlorsilber), Silberglanz (Schwefelsilber), Rothgüldigerz ($3\,AgS, SbS_3$ und $3\,AgS, AsS_3$), Sprödglaserz ($6\,AgS, SbS_3$) und verschiedene Fahlerze, deren allgemeinste Formel man etwa schreiben kann:

$$4\left\{\begin{matrix}Cu_2S\\AgS\\FeS\\ZnS\end{matrix}\right., \left\{\begin{matrix}SbS_3\\AsS_3\end{matrix}\right.$$

Dieselben werden, weil sie selten für sich, sondern meist noch außer ihrem eigenen Kupfergehalt mit Kupfer- oder Bleierzen gemengt vorkommen, gewöhnlich auf mehrere Metalle verarbeitet und je nach dem vorherrschenden Gehalte das eine oder das andere zuerst ausgeschieden. Wird zuerst Kupfer dargestellt, so erfolgt die Abscheidung des Silbers durch den Saigerungsproceß, wird zuerst Blei ausgebracht, durch das Abtreiben (s. o.). Wird aber die Darstellung des Silbers als Hauptsache betrachtet, also in der Regel bei der Zugutmachung reinerer Silbererze, so folgt die Scheidung von den begleitenden Metallen, namentlich von Kupfer, durch das Amalgamationsverfahren, oder nach den neueren Extractionsmethoden.

Die Grundprocesse der Amalgamation sind: 1) Verwandlung des Silbers und der Silberverbindungen in Chlorsilber; 2) Zersetzung des Chlorsilbers; 3) Trennung des abgeschiedenen metallischen Silbers durch Auflösen in Quecksilber und 4) Zerlegung des Amalgams in seine Bestandtheile.

Bei der Amalgamation, wie sie in Europa ausgeführt wird, und welche den Namen der Freiberg'schen trägt, erfolgt die Bildung des Chlorsilbers durch Rösten der Erze mit Kochsalz. Dabei entstehen aus dem Schwefeleisen und dem Schwefelkupfer die Schwefelsäuresalze; diese zersetzen sich mit dem Kochsalze unter Freiwerden von Chlor und schwefliger Säure und Bildung von schwefelsaurem Natron. Das Chlor tritt dann an das Silber, sei es, daß dasselbe frei oder irgend wie gebunden zugegen ist. Gleichzeitig entweicht Arsen und Antimon in oxydirtem Zustande. Das Rösten nimmt man zumeist in Flammöfen vor, welche zur Aufsammlung des silberhaltigen Flugstaubes mit Condensatoren in Verbindung stehen.

Die Zersetzung des erhaltenen Chlorsilbers geschieht durch Eisen, welches mit dem Röstproducte in möglichst innige Berührung gebracht wird. Dazu dienen Fässer, welche zur gehörigen Vermischung des Inhaltes um ihre senkrechte Axe gedreht werden. In dieselben bringt man das Erz, Eisenabfälle und Wasser; in dem zähen Brei wird unter langsamer Umdrehung die Zersetzung binnen wenigen Stunden bewirkt und hierauf Quecksilber hinzugefügt, welches nach und nach das in der Masse fein vertheilte Silber aufnimmt und sich damit nach eingetretenem Stillstand der Fässer zu Boden setzt. Man preßt nun das dünnflüssige Amalgam durch Zwillichbeutel und theilt es so in ein silberarmes, welches durchfließt, und ein silberreiches, welches fest ist und zurückbleibt. Ersteres wird in den folgenden Processen als Quecksilber benutzt und so das enthaltene Silber später gleichfalls gewonnen. Letzteres wird ausgeglüht, um es in Silber und Quecksilber zu theilen. Diese Operation wird in neuerer Zeit in eisernen Retorten vorgenommen und die Hitze dabei so gesteigert, daß das Silber in den Schalen, in welchen das Amalgam in die Retorten gebracht wird, schmilzt. Es enthält in der Regel etwas Kupfer, Blei, Antimon u. s. w. beigemischt und wird auf verschiedene Weise davon befreit (raffinirt).

Der Rückstand in den Fässern ist noch keineswegs erschöpft. Man scheidet daraus das zurückbleibende Amalgam durch Stehenlassen in Sümpfen und zieht die Hauptmenge noch einmal mit Quecksilber aus. Die hierauf getrocknete Masse setzt man dann nochmals bei verschiedenen Hüttenprocessen zu, um die darin befindliche geringe Silbermenge noch zu Gute zu machen.

Die Amalgamation wird in Amerika in etwas abweichender Weise ausgeführt: Man bewirkt nämlich die Bildung des Chlorsilbers auf nassem Wege, indem man die silberhaltigen Erze mit Wasser, Kochsalz und gerösteten Kupfer- und Schwefelkiesen („Magistral") vermischt. Es bildet sich dann durch gegenseitige Zersetzung des Chlornatriums und der Schwefelsäuresalze Kupferchlorid und Eisenchlorid, welche an das Silber einen Theil ihres Chlors abgeben und sich in Chlorüre verwandeln. Das Silber wird hierauf nicht erst durch Eisen abgeschieden, sondern gleich Quecksilber zugesetzt, welches zuerst das Silber reducirt und dann amalgamirt. Dieses Verfahren hat den großen Nachtheil, daß ein großer Theil des Quecksilbers als Chlorür verloren geht.

Diese Silberscheidungsarten sind in neuester Zeit auf mehrfache Weise abgeändert worden und so die neueren Silberextractionsmethoden entstanden. So wird z. B. nach der Augustin'schen Methode das mit geringer Menge Kochsalz geröstete Erz mit heißer Kochsalzlösung behandelt. Dadurch wird alles Silber als Chlorür aufgelöst (weil Chlorsilber in gesättigter Kochsalzlösung auflöslich ist). Hierauf scheidet man aus der geklärten Lösung das Silber mittelst Kupferplatten, um das Kupfer nachher aus der kupferhaltigen und silberfreien Lösung wieder durch Eisen auszufällen.

Nach Ziervogel's Methode röstet man die Silbererze oder den silberhaltigen Kupferstein möglichst vollständig und erhitzt die Masse alsdann so stark, daß die Schwefelsäuresalze des Eisens und des Kupfers zersetzt werden, während das Silbersalz noch unverändert bleibt; die weitere Verarbeitung ist dann sehr leicht.

Am einfachsten erscheint jedoch ein in neuester Zeit mit gutem Erfolge angewendetes Verfahren, welches sich am besten mit demjenigen Kupfergewinnungsproceß vereinigen läßt, welcher dieses Metall als Cämentkupfer liefert: Man röstet nämlich die Silbererze unter Zusatz von Schwefelmetallen, oder die silberhaltigen Kupfersteine so vollständig, daß man alle Metalle als Schwefelsäuresalze durch Auslaugen mit verdünnter Schwefelsäure erhalten kann. Der Rückstand wird dann demselben Verfahren wiederholt unterworfen, bis die Oxydation vollständig ist und alsdann nach einander das Silber durch Kupfer und das Kupfer durch Eisen niedergeschlagen. Die letzte Lösung kann durch Abdampfen, Austrocknen und Glühen auf Schwefelsäure verarbeitet werden.

Ein solches Verfahren hat in neuester Zeit namentlich im Mansfeldischen Anwendung gefunden.

Endlich will ich auch noch die von Patera angewendete Methode erwähnen, das Silber, Nickel und Kobalt aus denjenigen Erzen zu gewinnen, welche diese drei Metalle enthalten: Man röstet dieselben unter Berührung mit Wasserdampf und bei möglichst niederer Temperatur im Flammofen, und behandelt das geröstete Erz mit verdünnter Schwefelsäure. Dadurch kommt Nickel und Kobalt in Lösung und aus dem Rückstand wird durch Salpetersäure nur Silber gelöst. Diese Lösung fällt man mit Kochsalz, zersetzt mit Eisen und schmilzt das Silber um. Die mit Schwefelsäure erhaltene Lösung wird mit Eisenchlorid versetzt, wodurch das Arsen in arsensaures Eisenoxyd übergeführt wird, dann dieses nebst dem überschüssigen Eisen durch Potasche gefällt, aus der neutralen Lösung das Kobalt durch Chlorkalk (als Oxyd) abgeschieden und dann das Nickel durch Kalk als Hydrat gefällt, welches man wie gewöhnlich weiter behandelt.

Das Silber, welches auf die eine oder andere Weise gewonnen worden, enthält stets Kupfer; da man es jedoch nur in Legirung mit diesem anwendet, so hat diese Beimischung keine andere Folge, als daß man den Gehalt vor dem Gebrauche genau ermittelt haben muß. Außerdem finden sich noch zuweilen folgende Metalle im Silber, welche du in einem Stück einer Münze nachzuweisen versuchen kannst: Gold, Blei, Eisen, zuweilen Zinn, Antimon und Quecksilber. Das Quecksilber wird beim Glühen des fein zertheilten Metalls im Kölbchen erhalten; beim Auflösen in Salpetersäure beibt etwa vorhandenes Zinn und Antimon zurück; Blei wird in der verdünnten Lösung durch Schwefelsäure nachgewiesen und abgeschieden; dann nach dem Ausfällen des Silbers durch Salzsäure die übrigen Metalle durch Ausfällen mit Schwefelwasserstoff, Ammoniak, Blutlaugensalz u. s. w. in der schon mehrfach erwähnten Weise.

Die Darstellung von reinem Silber hast du (s. S. 418) schon früher kennen gelernt.

Die Kennzeichen der wichtigeren Silbererze sind folgende:

Gediegen Silber. Schmilzt auf der Kohle und giebt bei starker Oxydationsflamme einen braunen Beschlag von Oxyd; bei Gegenwart von Antimon ist derselbe rothbraun. Von der Boraxperle wird es nach der Oxydation zum klaren Glase gelöst, das nach dem Erkalten milchweiß ist. Im Reductionsfeuer fällt das Silber metallisch aus und die Perle wird klar. Bei Anwendung von Phosphorsalz wird die Perle gelblich. Das Verhalten gegen Säuren u. s. w. brauche ich nicht zu erwähnen.

Silberglanz. Giebt in der offenen Röhre schweflige Säure, auf Kohle ebenfalls unter Zurücklassung von metallischem Silber. Mit

Soda und Cyankalium wird es leicht zum ductilen Metallkorn reducirt; die Schlacke zeigt die Schwefelreaction.

Rothgüldigerz und Sprödglaserz entwickeln in der offenen Röhre Antimonrauch und schweflige Säure. Die Kohle beschlagen sie ebenfalls mit Antimonrauch und lassen sich durch die Orydationsflamme in ein reines Silberkorn verwandeln. Auch mit Soda erhält man nur Silber, indem das Antimon als dicker Rauch weggeht.

Das lichte (arsenikhaltige) Rothgüldigerz verhält sich ebenso, zeigt aber außerdem die Reactionen aller Arsenverbindungen.

Silberhornerz. Schmilzt im Kolben und auf der Kohle im Orydationsfeuer. In der Reductionsflamme kann man es langsam zu Metall reduciren. Schneller geschieht dies mit Soda und Cyankalium. In gepulvertem Zustand mit Kupferoxyd gemengt und auf der Kohle der Orydationsflamme ausgesetzt, färbt es die Flamme blau.

Hiermit kann ich die Beschreibung derjenigen Operationen abschließen, welche unter dem Namen der metallurgischen zusammengefaßt zu werden pflegen. Du wirst dadurch ein hinreichendes Verständniß von denselben erlangt haben, um speciellere Schilderungen in größeren Handbüchern nunmehr leicht verfolgen und fassen zu können. Ich wende mich in meinem nächsten Briefe zu denjenigen practischen Arbeiten, welche diesen dritten Theil und somit meinen ganzen Unterricht abschließen werden, nämlich zu der Analyse, oder zu der Aufsuchung und Erkennung der Bestandtheile chemischer Verbindungen. Ich werde mich dabei jedoch auf die häufiger vorkommenden Substanzen beschränken, deren nähere Beschreibung in dem vorhergehenden Theile dieser Briefe enthalten ist, indem die Ermittelung der nur selten und in einigen wenigen Natur- und Kunstproducten sich findenden Körper eine Arbeit ist, welcher sich nur geübte und erfahrene Chemiker unterziehen können.

Zum Schlusse dieses Briefes lasse ich die Lösungen für die letzten vier Aufgaben und einige neue folgen:

1) Die Antwort hast du mit 17 Thlr. 28 Sgr. richtig gefunden.

2) Du hättest für diese Aufgabe einen kürzeren Gang gehen können; denn die beiden Formeln

$$6\,J + 6\,KO = 5\,KJ + 6\,KO,\,JO_5$$

und $KO,\,JO_5 = KJ + 6O$

beweisen, daß sämmtliches Jod, welches man in Arbeit nimmt, in Jodkalium wieder erhalten wird; es ist sonach nur diejenige Menge Jodkalium zu berechnen, welche der angegebenen Menge Jod entspricht. Sie wird leicht zu 20 Pfund, 12,6 Unzen gefunden.

Was die übrigen Aufgaben betrifft, so wirst du als Aequivalent des bezeichneten Salpeters 109,3, als dasjenige der daraus entwickelten Säure 59,05 und als die darzustellende Quantität wasserfreier Säure 60 Pfund gefunden haben, daraus folgt als erforderlich:

111,05 Pfund Salpeter,

115,7 Pfund Schwefelsäure.

In der vierten Aufgabe findet man für die zu erhaltende Sauerstoffmenge sehr nahe 1 Kubikdecimeter; und für die Kosten von 1 Kubikdecimeter sehr nahe 3 Franken.

Aufgaben:

1) Es sollen 1000 Pfund kohlensäurehaltiges Wasser dargestellt und dazu die Kohlensäure unter einem Drucke von 10 Atmosphären in das Wasser gepreßt werden. Wie viel Schwefelsäure, und wie viel Dolomit (kohlensaurer Kalk mit kohlensaurer Magnesia) ist dazu erforderlich?

Ich mache dich darauf aufmerksam, daß die 1000 Pfund des bezweckten Wassers aus Wasser und Kohlensäure bestehen. Um daher die erforderliche Menge Kohlensäure zu finden, ist zuerst zu berechnen, welches Gewicht eine beliebige Menge Wasser (etwa 100 Pfund oder bequemer 66 Pfund, ein Kubikfuß) durch das Hineinpressen derjenigen Kohlensänre erlangt, welche sie bei 10 Atmosphären Druck aufnehmen kann. Daraus kann man dann leicht finden, wieviel die in 1000 Pfund des kohlensäurehaltigen Wassers enthaltene Kohlensäure wiegt, und hieraus folgt sehr einfach die Menge der erforderlichen Substanzen, wobei ich dich daran erinnere, daß 1 Aeq. Dolomit 2 Aequivalente Kohlensäure liefert.

2) In welchem annähernden Verhältnisse sind Schwefelsäure, Braunstein und Kochsalz behufs der Chlorentwickelung mit einander zu mischen, wenn die Schwefelsäure 2% Wasser über ihrem Gehalt an Hydratwasser und der Braunstein 45,4% fremde Substanzen, welche nicht zersetzt werden, enthält und man das Kochsalz als rein betrachten kann?

3) Man will 5 Loth reines Blei. Da weder Bleioxyd noch ein Bleisalz vorräthig ist, so wählt man als Ausgangspunkt die Mennige. Indem man zugleich essigsaures Zinkoxyd erhalten möchte, so wird zuerst mittelst des salpetersauren Bleioxyds das Bleioxyd dargestellt, dieses in Essigsänre gelöst und die Lösung mit Zink gefällt. Wie viel Mennige ist in Arbeit zu nehmen? Ich mache dich darauf aufmerksam, daß in dieser Aufgabe die Zwischenglieder nicht auszurechnen sind, sondern daß man durch richtige Schlüsse dahin kommt, das Verlangte unmittelbar durch eine einzige Rechnung aus der geforderten Menge Blei zu bestimmen.

85. Brief.

Analytische Arbeiten. Allgemeines; Reagentien und deren Reindarstellung. Verschiedene Vorschriften. — Antworten.

Zu den analytischen Untersuchungen gehören vor Allem eine gewisse Anzahl von Reagentien, die einen bestimmten Grad von Reinheit besitzen müssen, wenn die dadurch erlangten Resultate Vertrauen verdienen sollen. Du hast zwar die meisten derselben schon vielfach angewandt und bist theils durch deine Präparate, theils bei anderen Gelegenheiten in den Besitz derselben gekommen; allein zu den bisherigen Proben war eine völlige Reinheit derselben nicht durchaus nothwendig, indem es sich um Nachweisung, nicht um Aufsuchung von Stoffen handelte. Ich will daher zunächst eine Uebersicht derjenigen Stoffe folgen lassen, welche du für die nächsten analytischen Arbeiten nöthig hast, und die erforderlichen Angaben über die Prüfung auf ihre Reinheit, und über die Reinigung oder Darstellung derselben anknüpfen, damit du in den Stand gesetzt werdest, aus deiner Sammlung von chemischen Präparaten eine kleine Reihe der nothwendigsten Reagentien von erforderlicher Beschaffenheit zusammenzustellen. Es versteht sich von selbst, daß sämmtliche anzuführende Prüfungen in Reagenzcylindern und jede mit einer anderen Menge der zu prüfenden Substanzen ausgeführt werden müssen. Die Reagenzcylinder sind vor jedem Versuche mit destillirtem oder doch mit klarem Regenwasser auszuspülen. Für die Säuren und Alkalien ist es nöthig, für die übrigen Substanzen allerdings zweckmäßig, aber doch nicht erforderlich, daß sie in Fläschchen mit Glasstöpseln aufbewahrt werden. Zu letzteren reichen kleine Medicinfläschchen mit Korkstöpseln völlig aus. Mit Ausnahme der ersteren sind von allen nur geringe Mengen, etwa 2—3 Unzen, Auflösung nothwendig. Denn da jedesmal nur ein oder wenige Tropfen angewandt werden dürfen, so reicht man mit dieser kleinen Quantität schon sehr lange aus.

1) Wasser. Dasselbe muß destillirtes, oder reines staubfreies Regen- oder Schneewasser sein. Es darf beim Verdampfen auf Platinablech keinen Rückstand hinterlassen, von salpetersaurem Silberoxyd, von Chlorbaryum, von oxalsaurem Ammon nicht getrübt werden. Hast du (filtrirtes oder nicht filtrirtes) Regenwasser von diesen Eigenschaften, so ist dasselbe überall brauchbar, wo man sonst destillirtes Wasser verwendet; es enthebt dich der Mühe, dir das destillirte Wasser aus einer Apotheke — wo es, als Nebenproduct, übrigens leicht zu erhalten ist — zu beschaffen. Das eine oder das andere ist bei analytischen Arbeiten ausschließlich anzuwenden.

2) Salzsäure. Dieselbe darf beim Verdampfen keinen Rückstand hinterlassen. In der verdünnten Säure darf Chlorbaryum keinen Niederschlag erzeugen, auch nicht, wenn die Säure vorher mit Salpetersäure erhitzt worden war. Schwefelwasserstoff darf sie nicht verändern, eben so wenig Schwefelammonium nach der Neutralisation mit Ammoniak. Die Reindarstellung der Salzsäure für so geringe Mengen, wie du nöthig hast, lohnt nicht der Mühe; du kaufst sie daher am besten in einer Materialhandlung.

3) Salpetersäure. Sie darf beim Verdampfen keinen Rückstand lassen; die stark verdünnte Säure darf weder durch salpetersauren Baryt, noch durch salpetersaures Silberoxyd getrübt werden. Für ihre Beschaffung gilt das bei der Salzsäure Gesagte.

4) Schwefelsäure. Die gewöhnliche käufliche ist in der Regel rein genug; da sie für die meisten Fälle im verdünnten Zustande angewandt wird, so kann man sie durch Abgießen von dem weißen Niederschlag, welcher durch die Verdünnung entsteht, vollkommen bleifrei erhalten. Die Säure darf alsdann, mit Indigolösung gekocht, deren Farbe nicht verändern und im Wasserstoffapparat keinen Arsenwasserstoff geben. Sollte letzteres der Fall sein, so kann die verdünnte Säure durch Durchleiten von Schwefelwasserstoff, Abgießen vom Niederschlag und Erhitzen bis zum Verschwinden allen Geruchs von dem Arsen befreit werden.

5) Kieselfluorwasserstoffsäure. Darstellung siehe S. 399.

6) Essigsäure (Acetum concentratum des Handels). Sie darf beim Verdampfen keinen Rückstand hinterlassen und nach der Verdünnung weder von Schwefelwasserstoff, noch von Silber- oder Barytsalzen getrübt werden.

7) Weinsteinsäure. Die hinlänglich reine käufliche Säure wird in fester Form aufbewahrt und jedesmal eine geringe Menge in Wasser gelöst.

8) Oxalsäure. Die käufliche Säure, durch Umkrystallisiren gereinigt, giebt eine hinreichend reine Auflösung.

9) Chlorwasser. Die Lösung von Chlor in Wasser ist in einer schwarz überzogenen Flasche aufzubewahren.

10) Schwefelwasserstoff. Derselbe ist in bekannter Weise aus dem eigens darzustellenden Schwefeleisen zu entwickeln. In der Regel reicht dazu ein kleines Kölbchen mit einfach gekrümmtem Glasrohr aus. In das Kölbchen kommen einige Stückchen Schwefeleisen — im Ganzen etwa von der Größe einer Erbse, Wasser und dann einige Tropfen concentrirter Schwefelsäure. Nach dem Gebrauche ist das Kölbchen und die Glasröhre jedesmal zu reinigen. Bei genaueren Versuchen oder längerer Entwickelung ist eine Waschflasche einzuschalten und ein größeres Gasentwickelungsgefäß zu nehmen, aus welchem nach dem Gebrauch zur Verhinderung der Krystallbildung die Flüssigkeit ausgeleert und das zurückbleibende Schwefeleisen vor der Oxydation geschützt werden muß. Dazu kann man eine Röhre von der Art benutzen, wie ich sie schon früher zur Entleerung der Wasserstoff- und der Kohlensäureapparate angegeben habe; das Verschließen der Kautschukröhre erfolgt am einfachsten mittelst eines Quetschhahns (s. u. Nr. 12), welchen man während des Geöffnetseins derselben auf die Glasröhre daneben hängt. Sehr zweckmäßig ist es, die heberförmige Röhre auf den Boden einer anderen Flasche münden zu lassen, wo dann die eintretende Flüssigkeit zum Abschluß der atmosphärischen Luft dient. Ist diese Flasche mit einem durchlöcherten Kork versehen, durch welche noch eine andere kurze Röhre geht, so kann man die Flüssigkeit auch wieder durch Einblasen in diese Röhre in den Apparat zurückbringen; zur Einleitung einer guten Gasentwickelung ist jedoch in der Regel noch etwas concentrirte Schwefelsäure durch die Trichterröhre zuzusetzen.

11) Ammoniak. Das gewöhnliche käufliche ist meistentheils rein genug; es darf beim Verdampfen auf einer Glasplatte keinen Rückstand lassen und nach dem Uebersättigen mit reiner Salpetersäure weder durch Baryt- noch durch Silberlösung getrübt, auch nicht durch Schwefelwasserstoff gefärbt werden. In der Regel enthält das Ammoniak Kohlensäure (erkennbar an der Fällung von Kalkwasser); man muß dann in einer besonderen sorgfältig verschlossenen Flasche für die Fälle, wo ein solcher Gehalt stören kann, frisch bereitetes oder aus einer großen Flasche frisch ausgefülltes aufbewahren, welches keine Kohlensäure enthält.

12) Kaustisches Kali oder Natron. Letzteres ist leichter rein zu erhalten. Du mußt von dem reinsten, welches du finden kannst, ein paar Unzen in trockener Gestalt in einer wohl verschlossenen und mit Blase verbundenen Flasche aufbewahren und von Zeit zu Zeit eine geringe, nur für einige Versuche ausreichende Quantität Lösung darstellen, welche in einer Flasche mit gut eingeriebenem Stöpsel aufzubewahren ist, deren Hals nach dem Gebrauche sorgfältig mit Papier aus-

zuwischen ist, weil sonst die zurückbleibende Lösung das Glas angreift. Besser noch, obwohl etwas umständlicher, schützt man die Lösung vor der Absorption der Kohlensäure durch ein Gemisch von Glaubersalz und Aetzkalk. Man füllt dieses in eine in eine Spitze ausgezogene Röhre über etwas Baumwolle und steckt die Spitze in einen auf die Flasche passenden, in Wachs gekochten Kork (s. die untenstehende Figur). Um das Oeffnen dieses Korkes ganz zu vermeiden, kann man eine heberförmige Röhre in demselben Korke anbringen, die mit einer Kautschukröhre und einem kleinen Glasröhrchen endigt, welche mit einem Quetschhahn (Fig. 159) verschlossen wird. Ist der Heber einmal (etwa durch Einblasen von oben) gefüllt, so kann man durch Drücken auf die beiden Plättchen die Flüssigkeit tropfenweise auslaufen lassen. Die Flasche zeigt dann die Gestalt Fig. 160 (1).

Fig. 159.

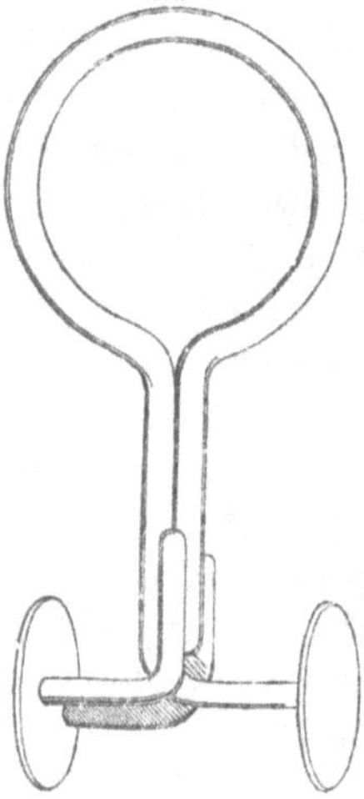

Fig. 160.

Die Lösung darf durch Schwefelammonium nicht geschwärzt werden, mit Säuren nicht zu stark brausen und mit Ammoniak erst nach einiger Zeit einen Niederschlag (Thonerde) geben, der nicht zu stark sein darf.

13) **Kohlensaures Ammon** (käufliches, gereinigtes kohlensaures Ammoniak). Es muß sich auf Platinablech vollständig verflüchtigen; die Lösung, mit Salpetersäure gesättigt, darf weder von Baryt- noch von Silberlösung, noch von Schwefelammonium getrübt werden.

14) **Kohlensaures Natron.** Dasselbe darf nach Zusatz von so viel Salpetersäure, daß die Lösung nach dem Erhitzen schwach sauer reagirt,

(1) Dieser Quetschhahn wird, wie die Zeichnung angiebt, aus einem Stück Draht, am besten Messingdraht, durch passendes Umbiegen hergestellt; an das eine Ende wird unmittelbar, an das andere mittelst zweier Zwischenstückchen aus Draht (zum Durchlassen des anderen Endes) je ein Messingplättchen gelöthet, und endlich der Draht zur Verstärkung der Federkraft an der runden Stelle platt geschlagen.

von Silber- und von Barytsalzlösung nicht getrübt werden. In Ermangelung eines Salzes von dieser Beschaffenheit kannst du dir dasselbe in folgender Weise aus dem käuflichen doppelt kohlensauren Natron darstellen: bringe etwas gepulvertes doppelt kohlensaures Natron in einen mit Baumwolle lose verstopften Trichter, bedecke es mit einigen Blättern Löschpapier und gieße hierauf zu wiederholten Malen reines Wasser. Dieses löst vornehmlich die fremden Salze auf, und wenn das Durchlaufende nach dem Ansäuern nicht mehr von Silber- und von Barytsalzlösung getrübt wird, ist der Rückstand reines doppelt kohlensaures Natron. Nach dem Trocknen ist es leicht durch Glühen in das einfach kohlensaure umzuwandeln, das dann als Lösung in etwa seinem 5fachen Gewichte Wasser aufbewahrt wird.

15) Salpetersaurer Baryt. Für solche Fälle, wo ein Barytsalz angewandt werden soll, ohne daß Salzsäure in die Lösung kommen darf, namentlich bei Gegenwart oder bei späterem Hinzutreten von Silber- oder Bleisalzen, wird statt des Chlorbaryums der salpetersaure Baryt angewandt. Du stellst ihn am besten in bekannter Weise aus dem durch Fällung erhaltenen kohlensauren Baryt dar.

16) Phosphorsaures Natron. Das käufliche Salz, durch Umkrystallisiren gereinigt, giebt eine Lösung, die beim Erwärmen mit Ammoniak keine Fällung zeigen darf; die Niederschläge durch Baryt- und Silberlösung müssen in verdünnter Salpetersäure vollständig löslich sein. Andernfalls muß das Umkrystallisiren wiederholt werden.

17) Essigsaures Natron. Durch Neutralisation einer erwärmten Lösung des gereinigten doppelt kohlensauren Natrons (s. o.) mit Essigsäure wird eine reine Lösung dieses Salzes erhalten.

18) Schwefelammonium. Seine Darstellung siehe S. 471. War das Ammoniak rein und das Gas gut gewaschen und wurde die Sättigung nach Vorschrift bewirkt, so ist das Reagenz brauchbar. Eine gelbe Färbung in Folge der Bildung höherer Schwefelungsstufen ist nicht schädlich, sondern sogar in vielen Fällen nothwendig. Die Lösung ist in einer sorgfältig verschlossenen Flasche aufzubewahren.

19) Chlorbaryum. Das gewöhnliche käufliche oder in bekannter Weise dargestellte ist für unsere Zwecke hinreichend rein.

Auch in anderen Fällen, als der oben angegebene, wird der Quetschhahn mit Vortheil angewendet, so z. B. an derjenigen Kautschukröhre eines Schwefelwasserstoff-, Kohlensäure- oder Wasserstoff-Apparates, durch deren Verschluß die Gasentwickelungsflasche ausgeleert und die Entwickelung unterbrochen werden soll, und bei allen anderen ähnlichen Apparaten, wo ein gas- oder wasserdichter Verschluß ohne große Umstände angebracht werden soll.

20) Chlorcalcium. Du erhältst dasselbe am besten durch Auflösen von reinem kohlensaurem Kalk (Präp. XLIII) in reiner Salzsäure, dabei ist ein geringer Ueberschuß des letzteren anzuwenden, die Lösung zu kochen und zu filtriren.

21) Schwefelsaurer Kalk. Eine Auflösung von nach S. 322 dargestelltem, längere Zeit ausgewaschenem schwefelsaurem Kalk.

22) Kalkwasser. Darstellung s. S. 240.

23) Neutrales chromsaures Kali. Darstellung s. Präp. VIII.

24) Schwefelsaure Magnesia. Käufliches Bittersalz, durch Umkrystallisiren gereinigt, liefert eine reine Lösung.

25) Eisenchlorid. Die Darstellung desselben ist bekannt. Die Lösung darf keine freie Säure enthalten und muß also schon von einer sehr geringen Menge Ammoniak gefällt werden. Ferridcyankalium darf die Lösung nicht blau färben.

26) Eisenvitriol. Gut ausgesuchte Krystalle werden in sorgfältig verschlossener und mit Blase verbundener Flasche aufbewahrt.

27) Ferrocyankalium. Das Salz kommt hinreichend rein im Handel vor.

28) Ferridcyankalium. Die Lösung des käuflichen Salzes ist hinreichend rein (sie darf Eisenchlorid nicht blau fällen).

29) Schwefelcyankalium. In einem gut verschließbaren Tiegel wird ein Gemisch von 46 Theilen durch gelindes Erhitzen von seinem Krystallwasser befreitem gelbem Blutlaugensalz, 17 Theilen kohlensaurem Kali und 32 Theilen Schwefel anfangs gelinde, zuletzt, wenn das Ganze ruhig fließt, zum schwachen Glühen erhitzt. Die ausgegossene Masse wird nach dem Abkühlen mit Alkohol ausgekocht, worauf nach dem Erkalten das Schwefelcyankalium krystallisirt. Die Mutterlauge liefert durch Abdampfen noch mehr davon. Man löst endlich die Krystalle in ihrem 10fachen Gewicht Wasser auf.

30) Zinnchlorür. Seine Darstellung siehe S. 444. Es darf mit verdünnter Schwefelsäure keinen Niederschlag geben. Die Flasche, in welcher es aufbewahrt wird, muß sehr gut verschlossen sein und etwas metallisches Zinn enthalten.

31) Salpetersaures Silberoxyd. Die Darstellung desselben siehe S. 419. Auch ist es ziemlich rein käuflich zu haben. Man löst es in seinem 20fachen Gewichte Wasser auf; diese Lösung darf, mit Ammoniak versetzt, nach Auflösung des entstehenden Niederschlags keine blaue Farbe zeigen.

32) Platinachlorid. Seine Darstellung siehe S. 441. Schon eine geringe Menge dieses Reagenzes ist ausreichend; ja es kann sogar seine Anwendung ganz umgangen werden.

33) Molybdänsaures Ammon. Dasselbe wird nur zum Nachweisen von Phosphorsäure angewandt; die geringe Menge lohnt daher die Mühe der eigenen Darstellung nicht, sondern wird besser aus einer guten Handlung beschafft. Es darf, mit Salz- oder Salpetersäure bis zum Verschwinden des entstehenden Niederschlags versetzt, beim Kochen keine gelbe Farbe annehmen.

34) Zink. Dasselbe darf kein Arsen enthalten (Prüfung im Marsh'schen Apparate).

35) Außer dem bekannten Lackmuspapier ist auch noch

36) Curcumapapier bisweilen erforderlich. Um es darzustellen, tränkt man Papierstreifen wiederholt mit der Flüssigkeit, welche durch Auskochen von zerstoßener Curcumawurzel mit ihrem 6fachen Gewicht schwachen Weingeistes erhalten wird. Durch Alkalien und Borsäure (s. d.) wird es braun gefärbt, was bei gefärbten Flüssigkeiten oft leichter zu erkennen ist, als die Veränderung des Lackmuspapiers.

37) Indigolösung. Man erwärmt 1 Theil gepulvertes Indigo mit 7 Theilen rauchender Schwefelsäure und verdünnt die erhaltene Lösung mit so viel Wasser, daß sie hellblau erscheint.

Hierzu kommen endlich die bereits bekannten und früher schon zusammengestellten Löthrohrreagentien.

Alle diese Substanzen stelle in derselben Ordnung auf einem besonderen Theile des Präparatengestelles auf, damit du sie bei den folgenden Arbeiten zur Hand hast. Diese werden durchweg in Reagenzröhren ausgeführt, wovon du etwa ein Dutzend nebst einem passenden Gestelle bereit haben mußt. Dazu eignet sich am besten ein solches von beistehender Gestalt.

Fig. 161.

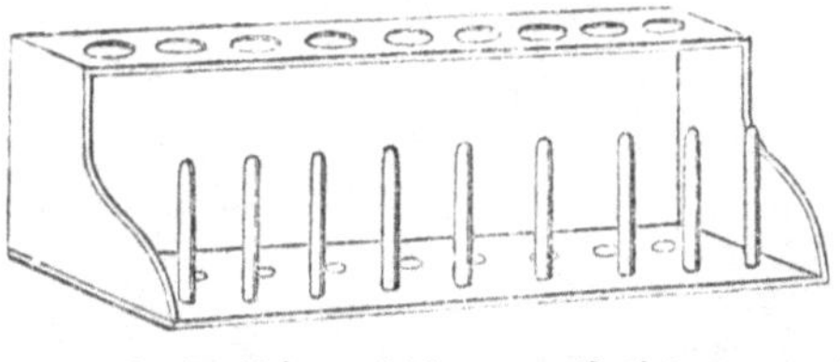

Die gereinigten und mit destillirtem Wasser ausgespülten Röhren kommen auf die kleinen hölzernen Cylinder zum Auslaufenlassen zu stehen; nach und während der Benutzung stellt man sie in den durchlöcherten Theil des Gestells. Das Reinigen der Reagenzröhren, welches mit der größten Sorgfalt ausgeführt werden muß, geschieht am besten mittelst einer schmalen cylindrischen Bürste, an deren unterem Ende ein Schwämmchen befestigt ist, da es besonders darauf ankommt, den Boden gehörig zu reinigen.

Als allgemeine Regel für alle diese Arbeiten kann ich nicht genug hervorheben, daß stets nur mit sehr geringen Mengen zu arbeiten und die Reagenzien stets nur tropfenweise zuzusetzen sind. Selbst wo du die Bezeichnung „im Ueberschusse" findest, ist darunter immer nur ein Mehr von wenigen Tropfen zu verstehen. Das Ausgießen aus den Reagenzflaschen ist jedesmal so zu bewerkstelligen, daß die Mündung derselben nicht die Reagenzröhre berührt, sondern die Tropfen frei herabfallen; die Stopfen sind unterdessen nicht auf den Tisch zu legen, sondern zwischen den Fingern der Hand zu halten, in welcher die Reagenzröhre befindlich ist.

Zum Abfiltriren der Niederschläge werden ganz kleine Filter benutzt, die nur ganz geringe Mengen der Flüssigkeit fassen können, damit die unbedeutenden Niederschläge sich nicht auf große Flächen verbreiten. Oftmals sind diese so unbedeutend und wenig sichtbar, daß sie auf dem Filtrum nicht bemerkt werden; die klar ablaufende Flüssigkeit ist dennoch der Beweis dafür, daß der Niederschlag auf dem Filtrum zurückgeblieben ist, wo derselbe durch Lösungsmittel zur weiteren Untersuchung weggenommen werden kann.

Zum Unterstützen der Filter dienen einige kleine sog. mikrochemische Trichter, von einer Seitenwandlänge von 1—2''.

Nach diesen allgemeinen Andeutungen gehe ich im nächsten Briefe zur Wiederholung der Reactionen der Metalloxyde über; du hast mittlerweile mit Herstellung, Beschaffung und Anordnung deiner Reagentiensammlung hinreichend zu thun.

Auflösung der Aufgaben im vorigen Briefe:

1) 43,36 Pfund Schwefelsäure,
   40,71 Pfund Dolomit.

2) 5 : 4 : 3.

Die Aequivalente der Substanzen sind nämlich 100; 79,9 und 58,5.

Das Verhältniß ist also

1000 : 799 : 585

oder sehr nahe

1000 : 800 : 585

d. h. 200 : 160 : 117

oder sehr nahe

200 : 160 : 118

d. h. 100 : 80 : 59

oder sehr nahe

100 : 80 : 60

oder endlich 5 : 4 : 3.

3) 7,3094 Loth.

86. Brief.

Verhalten der Metalloxyde gegen Reagentien. — Eintheilung derselben in analytische Gruppen. Allgemeine und besondere Unterscheidungsmerkmale. — Aufgaben.

Das Verhalten der Lösungen der einzelnen Metalloxyde und ihrer Salze habe ich dir zwar im Vorhergehenden an verschiedenen Stellen schon ziemlich vollständig vorgeführt und du hast die meisten hierauf bezüglichen Eigenschaften durch eigene Versuche dir schon zur Anschauung gebracht. Um aber dieses Verhalten nochmals in übersichtlicher und hinreichend vollständiger Weise darzustellen, habe ich die wichtigsten Reactionen der Metalloxyde in ihren Salzen in der beifolgenden Tabelle zusammengestellt. Du findest darin das Verhalten derselben zu den allgemein angewandten Reagentien auf nassem und auf trockenem Wege, sowie zu solchen, welche nur für einige Substanzen benutzt werden und für diese besonders characteristisch sind. In der letzten Spalte der Tabelle habe ich diejenigen Reactionen bezeichnet, welche besonders bezeichnend für die einzelnen Stoffe sind und welche man bei Nachweisung derselben vor Allem anzuwenden hat.

Ich rathe dir nun, nach einander reine Salze der verschiedenen Oxyde den angeführten Reactionen zu unterwerfen, um die Angaben dieser Tafel zu bestätigen. Dadurch prägst du dieselben am sichersten dem Gedächtnisse ein, worauf du nicht Gewicht genug legen kannst, wenn du mit Nutzen und Erfolg die weiteren Untersuchungen unternehmen willst. Die Tafel selbst hängst du am besten in deinem Arbeitszimmer auf, wo du dir dann leicht gelegentlich Rath erholen oder deinem Gedächtnisse zu Hülfe kommen kannst.

Eine nähere Erklärung brauche ich nicht hinzuzufügen, da die sämmtlichen, wenn auch kurzen Angaben aus den Fächern leicht verständlich sind; ich bemerke nur noch, daß ein wagrechter Strich in den betreffenden Rubriken andeutet, daß kein Niederschlag entsteht, während eine leer gelassene Stelle die Unwichtigkeit des Verhaltens zu den entsprechenden Reagentien bezeichnen soll.

Tabelle Nr. 1.

Nach Aufstellung der Reactionen der verschiedenen Metalloxyde gehe ich, um dich auf die Ausführung von Analysen vorzubereiten, auf die Zusammenstellung der Metalloxyde in Gruppen über. Es werden nämlich, wie du bald erfahren wirst, bei der Ausführung der Analyse die Basen in Gruppen getrennt, die An- oder Abwesenheit einer solchen Gruppe erkannt und nachgewiesen und hierauf zur Unterscheidung der Unterabtheilungen dieser Gruppen und endlich der einzelnen Substanzen geschritten. Die Kenntniß dieser analytischen Gruppen ist daher von großer Wichtigkeit; sie stimmen ziemlich genau mit den früher der Eintheilung wegen aufgestellten Gruppen überein, doch ist dieses Mal der Eintheilungsgrund ein anderer, nämlich das Verhalten zu bestimmten Reagentien. Schon vor einiger Zeit habe ich dich darauf aufmerksam gemacht, daß das Schwefelwasserstoffgas, oder vielmehr das Verhalten der einzelnen Schwefelmetalle hier eine Hauptrolle spiele, und bereits S. 473 eine kleine Uebersicht darüber gegeben. Demnach unterscheiden wir folgende Gruppen:

I. Metalloxyde, welche aus ihren sauren Lösungen durch Schwefelwasserstoff gefällt werden.

A. Metalloxyde, die eben so wie die entsprechenden Schwefelverbindungen den Character von Säuren besitzen. Der Schwefelwasserstoffniederschlag ist in Schwefelammonium löslich: Oxyde von Antimon, Arsen, Zinn, Gold, Platina. Die Unterscheidung dieser Metalloxyde geschieht folgendermaßen: Zinn, Antimon und Arsen werden aus der Schwefelammoniumlösung mit gelber, Gold und Platin mit schwarzer Farbe gefällt. Unterschied von Gold und Platina: Verhalten des ersteren zu Eisenvitriol und Zinnchlorür, des letzteren zu Chlorammonium; Arsen: leicht kenntlich durch sein Verhalten auf Kohle und im Wasserstoffapparat, sowie durch das Verhalten seiner sämmtlichen Verbindungen zu Soda und Cyankalium im Kölbchen; Zinn und Antimon sind als Metalle durch ihr Verhalten zur Salpetersäure characterisirt und durch das Verhalten ihrer Oxyde gegen Weinsäure zu unterscheiden, sowie durch ihr Verhalten vor dem Löthrohr. Arsen und Antimon sind dem Zinn gegenüber durch ihr Verhalten im Wasserstoffapparat characterisirt und zugleich dadurch unterscheidbar.

B. Metalloxyde, die, eben so wie die entsprechenden Schwefelverbindungen, den Character der Basen besitzen. Der Schwefelwasserstoffniederschlag ist nicht in Schwefelammonium löslich: Oxyde von Blei, Kupfer, Kadmium, Silber, Quecksilber, Wismuth.

Das Quecksilber unterscheidet sich von den übrigen durch die Unlöslichkeit seines Schwefelwasserstoffniederschlags in Salpetersäure, durch die Flüchtigkeit seiner Verbindungen und durch das Verhalten zu Soda im Glaskolben (die beiden Oxyde dieses Metalles werden durch das Verhalten ihrer Lösungen zu Salzsäure leicht geschieden). Blei und Silber sind durch ihr Verhalten zu Salzsäure von Kupfer, Kadmium und Wismuth unterschieden; unter sich sind sie durch das Verhalten ihrer Chlorverbindung zu Wasser und Ammoniak zu unterscheiden. Wismuth ist durch das Verhalten seiner Lösungen zu Wasser und durch die Unlöslichkeit seines Hydrats in Ammoniak bezeichnet. Kupfer ist durch die Farbe der ammoniakalischen Lösungen und sein Verhalten zu Eisen, Kadmium durch die Unlöslichkeit des kohlensauren Kadmiumoxyds in kohlensaurem Ammon bezeichnet.

II. Metalle, welche aus ihren sauren Lösungen durch Schwefelwasserstoff nicht gefällt werden.

A. Metalle, welche aus neutraler oder alkalischer Lösung durch Schwefelammonium gefällt werden (diese bilden mit den Metallen der Gruppe I. die Gruppe der schweren Metalle; außerdem gehört dazu das Aluminium): Oxyde von Chrom, Aluminium, Eisen, Mangan, Nickel, Kobalt und Zink.

a. Metalle, welche durch Schwefelammonium als Oxydhydrate gefällt werden: Chrom und Aluminium. Beide Niederschläge sind in Kali löslich, Chromoxyd durch Kochen aus dieser Lösung fällbar. Außerdem sind beide durch ihr Verhalten vor dem Löthrohr unterschieden.

b. Metalle, welche durch Schwefelammonium als Schwefelmetall gefällt werden: Oxyde von Eisen, Mangan, Nickel, Kobalt, Zink. Hiervon ist das Eisen von den übrigen durch die Unlöslichkeit seiner Salze in Ammoniak unterschieden; seine beiden Oxyde durch das Verhalten zu Blutlaugensalz leicht von einander zu erkennen. Zink ist von Mangan, Nickel und Kobalt durch die Löslichkeit seines Oxydhydrats in Kali, sowie durch die Farbe seiner Schwefelverbindung, durch sein Verhalten vor dem Löthrohr u. s. w. unterschieden. Das Mangan wird, dem Kobalt und Nickel gegenüber, durch die Unlöslichkeit seines Schwefelwasserstoffniederschlags in Essigsäure und sein Verhalten vor dem Löthrohr characterisirt. Kobalt und Nickel sind u. A. durch die Farbe ihrer Lösung, durch ihr Verhalten vor dem Löthrohr und dadurch zu unterscheiden, daß Kobalt nach dem Durchleiten von Chlor durch seine kalte Lösung mit kohlensaurem Baryt als Kobaltoxyd (Superoxyd) gefällt werden kann.

B. Metalle, welche auch in neutraler oder alkalischer Lösung durch Schwefelammonium nicht gefällt werden (Metalle der Alkalien, alkalischen Erden und Magnesium).

a. Die Kohlensäure- und Phosphorsäure-Salze sind unlöslich (Magnesium und Metalle der alkalischen Erden) Magnesium, Baryum, Strontium und Calcium. Das Magnesium ist dadurch von den übrigen geschieden, daß seine Lösungen in Gegenwart von Salmiak durch kohlensaures Ammon nicht gefällt werden. Kalk ist vom Strontium und Baryt dadurch unterschieden, daß er in sehr verdünnten Lösungen von Schwefelsäure und auch in concentrirten Lösungen von schwefelsaurem Kalk nicht gefällt werden kann; in beiden Fällen wird Baryt sogleich, Strontian nach einiger Zeit gefällt. Baryt und Strontian sind durch das Verhalten zu Kieselfluorwasserstoffsäure unterschieden. Strontian unterscheidet sich von den beiden andern endlich dadurch, daß er durch chromsauren Strontian nicht gefällt wird, womit diese auch in verdünnten Lösungen einen Niederschlag geben.

b. Die Kohlensäure- und Phosphorsäure-Salze sind löslich (Metalle der Alkalien), Kalium, Natrium, Ammonium. Da die Schwefelsäure-, Kohlensäure-, Phosphorsäure- und Haloïdsalze, sowie die Schwefelverbindungen dieser Metalle löslich sind, so geben ihre Lösungen mit allen bisher genannten Reagentien keinen Niederschlag. Die Salze des Ammoniums unterscheiden sich leicht durch ihr Verhalten in der Hitze und zu Kali, die Salze von Kalium und Natrium werden durch ihr Verhalten zu Weinsteinsäure, Platinchlorid und zur Weingeistflamme erkannt.

An die Unterscheidung dieser Gruppen lehnt sich, wie gesagt, der Gang an, welchen man bei der Bestimmung des electropositiven Bestandtheils der chemischen Verbindungen befolgt, und ich gehe nächstens zu der Beschreibung dieses Ganges selbst über.

Zum Schlusse noch einige Aufgaben aus der analytischen Chemie:

1) Welche procentische Zusammensetzung hat der Dolomit ($CaO, CO_2 + MgO, CO_2$)?

2) Zur Analyse des Dolomits hat man 5 Gr. genommen, diese durch Salzsäure gelöst, den Kalk durch kohlensaures Ammon (in Gegenwart von Salmiak) vollständig ausgefällt, die Magnesia hierauf mit phosphorsaurem Natron niedergeschlagen und den erhaltenen Niederschlag zur Bestimmung der Magnesia geglüht. Wie viel muß der Gewichtsverlust beim Auflösen in Salzsäure betragen haben und wie viel müssen die beiden genannten Niederschläge nach dem Glühen wiegen, wenn keinerlei Verlust oder Fehler stattgefunden hat?

87. Brief.

Reaction der chemischen Verbindungen in Bezug auf ihre electronegativen Bestandtheile. — Allgemeine Uebersicht der Löslichkeits- und Unlöslichkeitsverhältnisse. — Antworten.

Nachdem ich im vorigen Briefe das Verhalten der chemischen Verbindungen in Bezug auf ihre electropositiven Bestandtheile übersichtlich dargestellt habe, will ich dasselbe heute in Bezug auf die electronegativen thun. Ich lasse zuerst eine allgemeine Characteristik der verschiedenen Arten der Verbindungen und dann eine Uebersichtstafel über die Nachweisung dieser Bestandtheile in (in Wasser oder Säure) löslichen Verbindungen folgen. Es kann dir nicht schwer fallen, den Grund der anzuführenden Erscheinungen mit Hülfe der früher vorgekommenen Erörterungen zu erkennen. Du thust wohl, auch diejenigen der aufgezählten Reactionen durch den Versuch zu bestätigen, die dir schon von früher bekannt waren.

1) Die Oxyde lösen sich in starken Säuren fast sämmtlich ohne Gasentwickelung auf (ausgenommen die Superoxyde); in der Auflösung findet sich keine andere Säure, als die zur Lösung verwendete. Die meisten Oxyde werden durch Wasserstoff unter Bildung von Wasser zerlegt; die Lösungen der übrigen in Wasser reagiren alkalisch.

2) Die Schwefelmetalle liefern beim Glühen mit kohlensaurem Kali und Salpeter schwefelsaures Kali; mit kohlensaurem Natron und Kohle geschmolzen liefern sie Schwefelnatrium, welches in Wasser löslich ist, mit Säuren Schwefelwasserstoff entwickelt und feuchtes Silber braun färbt. Diejenigen Schwefelmetalle, welche mit Salzsäure keinen Schwefelwasserstoff entwickeln, liefern beim Kochen mit Salpetersäure die an ihren Reactionen leicht kenntliche Schwefelsäure.

3) Die Phosphormetalle bilden beim Glühen mit einem Gemenge von Salpeter und kohlensaurem Natron phosphorsaure Alkalien. Auch durch Kochen mit Salpetersäure werden sie zu Phosphorsäuresalzen oxydirt (s. d.).

4) Die Arsenmetalle verwandeln sich beim Behandeln mit Salpetersäure oder Königswasser in Arsenig- oder Arseniksäure-Salze (s. d.). Die meisten geben beim Glühen an der Luft einen weißen Rauch und Arsengeruch.

5) Kohlenmetalle. Sie hinterlassen bei der Auflösung in Säuren den größten Theil der Kohle als solche. Beim Glühen mit Kupferoxyd oder chlorsaurem Kali entwickeln sie Kohlensäure.

6) Die Chlormetalle sind, mit Ausnahme des Chlorsilbers und des Quecksilberchlorürs, alle löslich. Mit Schwefelsäure erhitzt entwickeln sie Salzsäure; mit Schwefelsäure und Braunstein Chlor. Die wässerigen Lösungen geben mit salpetersaurem Silberoxyd einen weißen Niederschlag, der in Ammoniak löslich ist. Die unlöslichen Chlormetalle liefern durch das Glühen mit kohlensaurem Natron lösliches Chlornatrium.

7) Aus den Brommetallen wird das Brom durch Chlor abgeschieden, was bei Lösungen an der gelben Farbe bemerkbar ist; Aether löst das Brom alsdann auf. Bei Erwärmen mit Schwefelsäure und Braunstein liefern sie Brom.

8) Jodmetalle. Beim Behandeln mit Chlor oder mit erwärmter concentrirter Schwefelsäure bildet sich freies Jod, an der Farbe seines Dampfes und an der blauen Färbung, welche es dem Stärkekleister ertheilt, kenntlich. Die löslichen Jodmetalle geben mit Silberlösung Jodsilber, in Ammoniak sehr wenig löslich; die unlöslichen liefern beim Glühen mit kohlensaurem Natron lösliches Jodnatrium.

9) Fluormetalle. In einem Blei- oder Platinagefäß mit concentrirter Schwefelsäure übergossen entwickeln sie Glas ätzende Flußsäure.

10) Die Cyanmetalle entwickeln beim Behandeln mit verdünnten Säuren Blausäure. Mit kohlensaurem Natron geglüht, bilden sie Cyannatrium, dessen Lösung, mit Eisenoxydoxydullösung und Salzsäure versetzt, Berlinerblau giebt.

11) Schwefelsäuresalze. Die meisten Salze der Schwefelsäure sind in Wasser löslich; sie geben alsdann mit Baryt- (oder Blei-) salzen weiße, auch in Säuren unlösliche Niederschläge. Die Salze der Alkalien, Erdalkalien und des Bleioxyds werden beim Erhitzen nicht zersetzt; die anderen entwickeln beim Glühen entweder Schwefelsäure oder schweflige Säure und Sauerstoff. Mit Kohle geglüht erleiden sie verschiedene Zersetzungen: die schwefelsauren Alkalien und Erdalkalien liefern Schwefelmetalle (s. d.), die übrigen Salze entweder Schwefelmetalle, oder Oxyde, oder Metalle. Setzt man außer Kohle noch Soda zu, so erhält man in jedem Falle Schwefelnatrium. Concentrirte Schwefelsäure ist auf Schwefelsäuresalze ohne Wirkung.

12) Schwefligsäuresalze. Sie zeigen beim Behandeln mit Säuren den Geruch der schwefligen Säure, ohne Fällung von Schwefel.

Barytsalze werden aus neutraler Lösung gefällt, bei Gegenwart von Säuren aber nicht; erst nach der Oxydation mit Salpetersäure entsteht ein bleibender Niederschlag.

13) Die Unterschwefligsäure-Salze entwickeln mit Säuren schweflige Säure unter Fällung von Schwefel. In der Hitze entsteht daraus unter Entwickelung von Schwefel Schwefelmetall und Schwefelsäuresalz. Mit salpetersaurem Silberoxyd geben die löslichen Salze einen weißen, sich bald schwärzenden Niederschlag. Durch Salpetersäure werden sie in Schwefelsäuresalze umgewandelt.

14) Salpetersäuresalze. Mit Ausnahme einiger basischen Salze sind sie sämmtlich in Wasser löslich; beim Glühen entwickeln sie Sauerstoff; die Salze der Alkalien und alkalischen Erden hinterlassen dabei alkalisch reagirende Rückstände. Beim Erhitzen mit Schwefelsäure und Kupfer zeigen sich rothe Dämpfe. Mit Schwefelsäure erhitzt entfärben sie beim Erhitzen Indigolösung. Unter Zusatz von Schwefelsäure färben sie Eisenvitriollösung braunschwarz.

15) Die Chlorsäuresalze entwickeln beim Glühen Sauerstoff, hinterlassen dabei aber nie einen alkalisch reagirenden Rückstand, sondern entweder ein Chlormetall, ein Oxychlorür oder ein unlösliches Oxyd. Mit Schwefelsäure und brennbaren Stoffen vermischt zeigen sie Verpuffung.

16) Phosphorsäuresalze. Nur die Salze der Alkalien sind in Wasser, alle anderen aber in Säuren löslich. Die in Wasser löslichen geben mit Silberlösung einen Niederschlag, der sowohl in Salpetersäure, wie in Ammoniak löslich ist; derselbe ist in der Regel nach dem Glühen des Salzes weiß. Mit Ammoniak und schwefelsaurer Magnesia geben sie auch bei Gegenwart von Salmiak einen krystallinischen Niederschlag. Säurelösung wird von molybdänsaurem Ammoniak gelb gefällt. Beim Glühen mit kohlensaurem Natron geben alle unlöslichen Phosphorsäuresalze lösliches phosphorsaures Natron; beim Erhitzen mit Kohle und Bor- oder Kieselsäure entwickeln sie Phosphor.

17) Arsenigsäure- und Arseniksäuresalze s. o. bei den Reactionen der Metalloxyde.

18) Die Kohlensäuresalze sind, mit Ausnahme derjenigen der Alkalien, in Wasser unlöslich. Die unlöslichen verlieren die Kohlensäure in der Glühhitze. Beim Glühen mit Kohle entwickeln sie Kohlenoxyd. Beim Uebergießen mit Säure entwickeln sie (geruchlose) Kohlensäure.

19) Die Oxalsäuresalze werden beim Glühen zersetzt, indem Kohlensäure und Kohlenoxyd einzeln oder zugleich entweichen. Ihre Lösungen fällen Kalksalze, selbst Gypslösung, weiß; der Niederschlag ist in Essigsäure unlöslich. Mit concentrirter Schwefelsäure entwickeln sie Kohlensäure und Kohlenoxyd.

20) Aus den Borsäuresalzen fällen Säuren bei concentrirter Lösung die Borsäure krystallinisch. Mit Schwefelsäure übergossen färben sie die Alkoholflamme grün; die salzsaure Lösung färbt Curcumapapier nach dem Trocknen braun.

21) Kieselsäuresalze. Nur diejenigen Silicate der Alkalien, welche einen großen Ueberschuß von Alkali enthalten, sind in Wasser löslich; aus dieser Lösung wird die Säure durch Salmiak gelatinös gefällt. Von den unlöslichen Salzen wird ein Theil von Säuren unter Abscheidung der Kieselsäure zersetzt, andere gar nicht angegriffen. Diese werden beim Schmelzen mit kohlensauren Alkalien zersetzt und dann die Kieselsäure auf den Zusatz von Säure gallertartig abgeschieden.

22) Ueber die Salze der Chromsäure s. o. bei den Metalloxyden.

Demnach lassen sich im Allgemeinen folgende Sätze aufstellen:

Löslich sind alle Alkalisalze, schwerlöslich sind überchlorsaures und zweifach weinsaures Kali und antimonsaures Natron.

Löslich sind alle neutralen salpetersauren Salze; unlöslich sind einige basische Salze.

Löslich sind die meisten Schwefelsäuresalze, schwerlöslich ist schwefelsaurer Kalk und Strontian, unlöslich ist schwefelsaurer Baryt und schwefelsaures Bleioxyd.

Löslich sind fast alle neutralen essigsauren Salze; schwerlöslich ist das Silberoxyd und das Quecksilberoxydulsalz.

Löslich sind im Allgemeinen die Salze der Unterschwefelsäure, der Chlorsäure.

Löslich sind die sauren Salze der Phosphorsäure und der Kohlensäure.

Unlöslich oder schwerlöslich sind die neutralen und basischen Salze der Kohlensäure, der Phosphorsäure, der Borsäure, Arsensäure, mit Ausnahme der Salze der Alkalien.

Zur leichteren Uebersicht des Verhaltens der verschiedenen Arten von Salzen gegen die wichtigsten Reagentien, nämlich der trockenen Substanzen zu concentrirter Schwefelsäure und der wässerigen Lösungen zu den beim Aufsuchen der Säure u. s. w. gebräuchlichsten Substanzen, lasse ich hier eine Tabelle darüber folgen, welche, Bekanntes zusammenfassend, besonders dazu bestimmt ist, dir die Vergleichung der Reactionen leicht zu machen. Sie soll zugleich die Veranlassung dazu sein, daß du diese sämmtlichen Erscheinungen durch das Experiment dir nochmals vorführst und dem Gedächtnisse einzuprägen suchst. Gleich der früheren Tafel in deinem Arbeitszimmer aufgehängt, soll sie dir auf lange bei deinen Arbeiten ein treuer Rathgeber sein.

Tabelle Nr. 2.

Die Antworten auf die Aufgaben des vorigen Briefes sind:

1) Kalkerde 30,434.
   Bittererde 21,740.
   Kohlensäure 47,826.

2) Verlust an Kohlensäure . . . . . . 2,391 Grm.
   Niederschlag von kohlensaurem Kalk . . 2,717 Grm.
   „ „ phosphorsaurer Magnesia 3,016 Grm.

Letztere Zahlen finden sich am schnellsten folgendermaßen: die 5 Grm. des Minerals enthalten 1,087 Grm. Magnesia, welche (da 111 Theile $2 MgO, PO_5$ 40 Theile MgO enthalten) in der angegebenen Menge enthalten sind.

Ich komme im nächsten Briefe näher auf die Ausführung wirklicher Analysen und zwar zunächst von in Wasser löslichen Substanzen zurück.

---

88. Brief.

Gang der Analyse. — Aufsuchung der Basis in einfachen Verbindungen. Aufstellung einer Reihenfolge von Substanzen, die zu analytischen Uebungen geeignet sind. — Aufgaben.

Die erste analytische Arbeit, welche du nach sorgfältiger Durchführung aller Proben auf die verschiedenen electropositiven und electronegativen Bestandtheile unorganischer Körper vorzunehmen hast, ist die Aufsuchung der Basis in einem Salze, wobei wir uns der Allgemeinheit wegen die Haloidsalze mit ihrem Wassergehalt zusammen ebenfalls als eine Basis enthaltend vorstellen wollen. Zunächst handelt es sich um solche Salze, welche in Wasser löslich sind, also um die Analyse von in Wasser löslichen Substanzen, welche nur aus einer Basis und einer Säure, oder aus der Verbindung eines Metalls mit einem Halogenen (oder Schwefel u. s. w.) bestehen. Man bestimmt in der Regel die Basis (oder das Metall) zuerst, und später die Säure, indem man aus der Natur der Basis meistens schon Schlüsse auf die Gegenwart irgend einer Säure ziehen kann.

Im Allgemeinen ist der Gang dieser einfachen Analyse — bei welcher ich auf die selteneren Stoffe keine Rücksicht nehmen werde — folgender: Zu der Lösung werden nach und nach solche Reagentien hinzugefügt, welche mit einem Theile der Metalloxyde characteristische Niederschläge hervorbringen, und so die Anwesenheit oder Abwesenheit der einen oder anderen Abtheilung dargethan; durch aufeinanderfolgende Anwendung mehrerer solcher Reagentien werden dann die Abtheilungen der Metalle immer kleiner, bis man endlich nur zwischen wenigen zu unterscheiden hat, wozu man eine besonders characteristische Reaction vornimmt. Das dadurch erlangte Resultat ist dann schließlich durch eine andere, der gefundenen Base eigenthümliche und besonders hervorstechende Probe zu bestätigen. So z. B. giebt es nur drei Metalloxyde, deren Lösungen mit Salzsäure einen Niederschlag hervorbringen, nämlich

Bleioxyd, Silberoxyd, Quecksilberoxydul. Setzt man also einige Tropfen Salzsäure zu der zu untersuchenden Lösung, so theilt man dadurch alle Metalloxyde in zwei Klassen, nämlich in solche, welche mit

Salzsäure

einen Niederschlag bilden,	keinen Niederschlag bilden :
also	Alle übrigen.
Bleioxyd, Silberoxyd, Quecksilberoxydul.	

Je nachdem nun durch die Salzsäure ein Niederschlag hervorgebracht wurde, oder nicht, hat man es nur mit der einen oder anderen Abtheilung zu thun. Auf die Unterscheidung der drei erstgenannten Oxyde komme ich später zurück; die Uebrigen trennt man durch Durchleiten von Schwefelwasserstoffgas durch die freie Salzsäure wieder in zwei Abtheilungen, deren eine solche Metalloxyde enthält, deren Lösungen mit Schwefelwasserstoff in saurer Lösung einen Niederschlag hervorbringen, während die der anderen dadurch unverändert bleiben. Je nachdem man also einen Niederschlag erhalten hat, oder nicht, erkennt man durch Schwefelwasserstoff die An- oder Abwesenheit eines Gliedes dieser Abtheilungen. Es bilden nämlich mit

Schwefelwasserstoff (in saurer Lösung)

einen Niederschlag :	keinen Niederschlag:
Eisenoxyd, Chromsäur, Antimonoxyde, Arsenoxyde, Zinkoxyde, Goldoxyd, Platinaoxyd, Quecksilberoxyd, Bleioxyd (1), Kupferoxyd, Kadmiumoxyd, Wismuthoxyd.	alle übrigen.

Je nach dem Entstehen oder Nichtentstehen eines Niederschlags hat man es also mit der einen oder anderen Abtheilung zu thun; beide werden wieder durch andere Reagentien in kleinere Unterabtheilungen zerfällt und somit die Möglichkeit der Gegenwart einer kleinen Anzahl Oxyde dargethan. Ich nehme z. B. an, man hätte, nachdem durch das Nichtentstehen eines Niederschlags auf Zusatz von Salzsäure die Nichtanwesenheit von Silberoxyd und Quecksilberoxydul dargethan worden, auf Zusatz von Schwefelwasserstoff einen Niederschlag erhalten; so würde dieses beweisen, daß man es mit einem der oben angeführten Körper zu thun hatte. Diese scheiden sich je nach ihrem Verhalten in mehrere schon oben angedeutete Gruppen. Es kann nämlich der Niederschlag nur aus Schwefel bestehen, oder es kann Schwefelmetall sein. Im ersten Falle erkennt man dies an der reinen weißen Farbe desselben und an seiner Eigenschaft, nach dem Abfiltriren und Auswaschen beim Erhitzen

(1) Ich führe dieses hier noch einmal an, weil es durch Salzsäure nur in concentrirten Lösungen angezeigt wird und also bei verdünnten Lösungen noch vorhanden sein kann.

auf einem Platinblech den Geruch der schwefligen Säure zu zeigen. In diesem Falle rührt der Niederschlag von einer Reduction durch den Schwefelwasserstoff her und deutet auf Eisenoxyd oder Chromsäure. Beide sind leicht (s. u. die Tafel) zu unterscheiden und zu erkennen. Im Falle man Chromsäure findet, ist natürlich die Untersuchung auf die Basis fortzusetzen, da man nur gelegentlich wegen ihres eigenthümlichen Verhaltens die Säure gefunden hat. War der Niederschlag aber nicht Schwefel, so scheidet man die möglicherweise vorhandenen Oxyde am besten durch das Verhalten ihrer Schwefelverbindungen zu Schwefelammonium (1), indem die einen darin löslich sind, die anderen nicht. Man übergießt also den abfiltrirten und auf dem Filtrum ausgewaschenen Niederschlag auf dem Filtrum mit

Schwefelammonium.

Hierbei

lösen sich auf:	bleiben ungelöst:
die Niederschläge von Arsen, Antimon, Zinn, Platina, Gold.	die Niederschläge von Quecksilber (als Oxyd), Blei, Kupfer, Kadmium, Wismuth.

Wie diese Gruppen weiter getheilt werden und man endlich auf ein einziges Metall mit Sicherheit gelangt, erfährst du später aus einer vollständigen Tabelle; hier will ich nur den Weg im Allgemeinen andeuten.

Setze ich nun den anderen Fall, daß man nämlich mit Schwefelwasserstoff keinen Niederschlag erhalten habe, so wäre dadurch die Abwesenheit aller angegebenen Metalloxyde erwiesen und nur möglich, daß ein anderes der oben mit „Alle übrigen" bezeichneten vorhanden wäre. Diese theilt man wieder in zwei Gruppen, je nachdem sie in alkalischer Lösung einen Niederschlag mit Schwefelammonium geben, oder nicht. Zu der Lösung, in welcher also Schwefelwasserstoff keinen Niederschlag hervorgebracht hat, setzt man demnach Ammoniak zur alkalischen Reaction, und hierauf — ohne sich durch den etwa entstehenden Niederschlag beirren zu lassen — Schwefelammonium. Es sind nun wieder zwei Fälle möglich: Entweder erhält man dadurch einen Niederschlag, oder nicht. In ersterem Falle ist eins der Metalloxyde zugegen, welche mit Schwefelammonium und alkalischer Lösung einen Niederschlag geben (mit Schwefelwasserstoff in saurer Lösung aber nicht), im zweiten Falle können nur diejenigen vorhanden sein, welche dies nicht thun. Man erhält also mit

(1) Das hierbei angewandte Schwefelammonium darf nicht frisch bereitet sein und muß durch seine gelbe Farbe die Gegenwart höherer Schweflungsstufen andeuten.

Schwefelammonium (in alkalischer Lösung)

einen Niederschlag:	keinen Niederschlag:
Zugegen können sein: Thonerde, Chromoxyd, Nickeloxydul, Kobaltoxydul, Eisenoxydul und Eisenoxyd (1), Manganoxydul, Zinkoxyd.	Magnesia, Baryt, Strontian, Kalk, Kali, Natron, Ammon.

Die Unterscheidung derjenigen Metalloxyde, welche einen Niederschlag gegeben haben, erfolgt zunächst nach dem Verhalten der Oxyde zu Kalilösung. Man nimmt hierzu die ursprüngliche Lösung, fügt Kali im Ueberschusse hinzu und trennt somit die Metalloxyde in zwei Gruppen, je nachdem sie in Kali löslich oder unlöslich sind; ihre Glieder werden weiter nach verschiedenen Methoden aufgesucht. Ist indessen auch durch Schwefelammonium kein Niederschlag entstanden, so erfolgt die Trennung der alkalischen Erden, Alkalien und der Magnesia nach dem Verhalten der (ursprünglichen oder auch der mit Schwefelammonium bereits probirten) Lösung zu kohlensaurem Ammon, bei Gegenwart von Salmiak und Ammoniak. Es liefern nämlich mit

kohlensaurem Ammon (bei Gegenwart von Salmiak und Ammoniak)

einen Niederschlag:	keinen Niederschlag:
Kalk, Baryt, Strontian.	Magnesia, Kali, Natron, Ammon.

Die Unterscheidung der einzelnen Glieder dieser beiden Gruppen ist ohne Schwierigkeit; ich habe dieselbe schon früher erörtert.

Hiernach verstehst du leicht die Tafel, welche ich hier folgen lasse: sie giebt den Gang bei der Aufsuchung der Basen an, in völliger Uebereinstimmung mit dem eben Gesagten, nur füge ich die Unterscheidung der einzelnen Unterabtheilungen bis zu jedem Oxyde hinzu, so daß du ohne besondere Mühe zum Resultate gelangst, wenn du nur stets die Eigenschaften derselben im Gedächtnisse behältst und danach deine Reactionen einrichtest.

Tabelle Nr. 3.

Um dich in der Benutzung dieser Tafel zu üben, wählst du nun zweckmäßig eine Reihe von Salzen aus, um deren Basen nach derselben aufzusuchen. Um hierbei nicht zu sehr dadurch geleitet zu werden, daß du bei Auswahl des zu untersuchenden Salzes dessen Basis kennen mußt, wird es wohl am besten sein, daß du eine ganze Reihe von Substanzen

(1) Auch schon früher angedeutet und gefunden, hier nur der Vollständigkeit wegen aufgenommen.

zusammenstellst, dieselben nur mit den Nummern bezeichnest und die Arbeit erst beginnst, wenn du nach einigen Tagen die Benennung der einzelnen vergessen hast. Eine zweckmäßige Reihe solcher Substanzen ist folgende:

1) Salpetersaures Silberoxyd.
2) " Quecksilberoxydul.
3) Eisenchlorid.
4) Platinchlorid.
5) Arsenige Säure in Salzsäure gelöst.
6) Zinnchlorür.
7) Chlorblei.
8) Schwefelsaures Kupferoxyd.
9) Salpetersaures Wismuthoxyd.
10) Quecksilberchlorid.
11) Schwefelsaures Eisenoxydul.
12) " Zinkoxyd.
13) Manganchlorür.
14) Salpetersaures Kobaltoxydul.
15) Schwefelsaures Nickeloxydul.
16) Alaun.
17) Chromalaun.
18) Bittersalz.
19) Chlorcalcium.
20) Chlorbaryum.
21) Salpetersaurer Strontian.
22) Chlorammonium.
23) Potasche.
24) Soda.
25) Chromsaures Kali.

Zahlreiche Untersuchungen dieser und ähnlicher Substanzen werden dir bald die nöthige Sicherheit und Gewandtheit in der Bestimmung der Metalloxyde geben; im nächsten Briefe komme ich zur Aufsuchung der Säuren und der sie vertretenden Körper.

Zum Schlusse eine Aufgabe:

Eine Eisensorte enthält 4,52 % Kohlenstoff. Beim Behandeln mit Salzsäure bleiben 10 % des Kohlenstoffes unverändert zurück, während das Uebrige als Kohlenwasserstoff entweicht. Leitet man diesen mit dem überschüssigen Wasserstoff über glühendes Kupferoxyd, so wird der Kohlenwasserstoff zu Kohlensäure und Wasser oxydirt. Erstere kann man nach Entfernung des Wassers durch Kali absorbiren lassen. Man nimmt 7,584 Gramm in Arbeit. Wie viel freier Kohlenstoff und wie viel Kohlensäure wird gefunden? Wie viel Eisenoxyd wird nach der Oxydation des gebildeten Chlorürs und dem Ausfällen und Glühen des Hydrates erhalten?

0,034 Grm. C.
1,130 Grm. CO_2.
10,345 Fe_2O_3.

89. Brief.

Aufsuchung der Säuren. — Abänderung des gegebenen Ganges für den Fall der Unlöslichkeit der Verbindungen in Wasser und in Säuren. — Analyse zusammengesetzter Substanzen; Beispiele dazu. — Uebersicht der ganzen Analyse. — Schluß.

Bei der Aufsuchung der Säuren ist ein allgemeines Schema, wie es für die Bestimmung der Basen angewandt werden kann, nicht nöthig. Durch die Natur der gefundenen Basis und das Verhalten der betreffenden Lösung ist man schon in den meisten Fällen auf die An- oder Abwesenheit mehrerer Säuren hingewiesen. Da man nämlich von jedem Metalloxyd mit Bestimmtheit die löslichen und unlöslichen Verbindungen kennt, so hat man bei der Untersuchung von Lösungen auf die letzteren keine Rücksicht zu nehmen und es ist daher die Zahl der Säuren u.s.w., auf welche man die Prüfung richten muß, fast für jede Basis eine andere. Dazu kommt, daß für einige Säuren die Farbe der Lösung, das Verhalten beim Zusatze von Salzsäure und bestimmte Reactionen, welche unter die der Metalloxyde aufgenommen sind, einen sicheren Anhaltepunkt geben, und somit die Zahl der zu suchenden Substanzen noch bedeutend vermindert wird. Ich mache dich nur darauf aufmerksam, daß man z. B. die Chromsäure schon an der Farbe und am Verhalten der Lösung zu Schwefelwasserstoff, die Arsensäuren ebenfalls durch Schwefelwasserstoff, die schweflige und Kohlensäure schon beim Zusatze von Kohlensäure u. s. w. findet.

Nachdem aus allen diesen Umständen die erforderlichen Schlüsse gezogen worden sind, geht man zu denjenigen Prüfungen über, welche in der Tabelle über das Verhalten der Säuren angegeben sind und nimmt sie in derselben Reihenfolge vor, in welcher sie dort aufgeführt worden. Die trockene Substanz, welche in der ersten Spalte verlangt wird, erhält man durch Verdunsten der Lösung auf einem platten Glasstabe oder in einer kleinen Porzellanschale. Durch jede Prüfung, bei welcher natürlich auf die geringe Zahl der möglicherweise vorhandenen zu achten ist, wird diese immer kleiner, und meistens ist man mit zwei oder drei Versuchen auf eine so kleine Anzahl reducirt, daß nur die Anwendung der besonders characteristischen Reactionen nöthig ist, um zum Resultate zu gelangen.

Du kannst mit denselben Lösungen, mit welchen du die Aufsuchung der Basen vorgenommen hast, auch die der Säuren nunmehr versuchen und hierauf noch eine Reihe von anderen, beliebig auszuwählenden löslichen Stoffen ähnlichen Analysen unterwerfen, um jedesmal erst die Basis, dann die Säure zu bestimmen.

Dabei ist aber zu bemerken, daß während bei der Aufsuchung der Basen dieselbe geringe Flüssigkeitsmenge fast für die ganze Untersuchung ausreicht, und nur an bestimmten und im Schema bezeichneten Punkten derselben einige Tropfen der ursprünglichen Lösung anzuwenden sind, man bei der Aufsuchung der Säuren zu jedem Versuch eine neue Quantität der Lösung (jedesmal nur einige Tropfen) zu nehmen hat, indem sonst diejenigen Säuren gefunden würden, die vorher in den Reagentien zugesetzt worden waren.

Du wirst mich fragen, wie es denn wohl mit denjenigen Substanzen anzufangen sein möge, welche nicht in Wasser löslich sind, da ich bisher immer nur von in Wasser löslichen gesprochen habe. Dieselben werden zwar im Allgemeinen in derselben Weise untersucht, wie die in Wasser gelösten, doch müssen sie hierzu zunächst in lösliche Form übergeführt werden, und dies geschieht in verschiedenen Fällen auch in verschiedener Weise.

Die Metalle oder Metalllegirungen erkennt man an ihrem äußeren Ansehen und verfährt zur Nachweisung ihrer Bestandtheile auf eine eigene Art, wovon ich gleich sprechen werde.

I.

Prüfung der in Wasser unlöslichen nicht metallischen Stoffe.

Die nicht metallischen Stoffe übergießt man zunächst mit verdünnter Salzsäure, und erhitzt, wenn in der Kälte keine Einwirkung erfolgt, zum Sieden.

[Hierbei deutet ein Aufbrausen auf Kohlensäure oder Schwefelwasserstoff, eine Entwickelung von Chlor auf Superoxyde und Chromsäuresalze, eine Entwickelung von Blausäure auf Cyanverbindungen.]

Es sind zwei Fälle möglich:

1) Die Substanz löst sich in Salzsäure auf (wobei ein Rückstand von Schwefel- oder von Kieselsäure bleiben kann, welche leicht zu erkennen sind).

2) Die Substanz löst sich nicht auf. In diesem Falle versucht man, die Lösung durch Salpetersäure und, wenn sie hierdurch nicht bewirkt wirkt, durch Königswasser zu bewirken (Rückstand von Schwefel oder Kieselsäure, wie oben).

Dadurch werden also die im Wasser unlöslichen Stoffe in zwei Klassen geschieden:

A. In Salzsäure, Salpetersäure und Königswasser lösliche.

B. In diesen Säuren unlösliche.

A.

In Säuren lösliche, nicht metallische Körper.

Mit der Lösung in Säuren verfährt man genau nach derselben Methode, wie mit der Lösung in Wasser; nur tritt hier der Fall ein, daß man auf die Anwesenheit von phosphorsauren und oxalsauren alkalischen Erden und phosphorsaurer Magnesia Rücksicht nehmen muß. Diese Salze werden sämmtlich bei Zusatz von Schwefelammonium als weiße Niederschläge ausgefällt, und im Falle ein solcher erhalten wird, hat man also die Untersuchung desselben zugleich auf diese Salze zu richten. Dies geschieht folgendermaßen:

Man setzt zur ursprünglichen Lösung etwas

Weinsteinsäure und dann Ammoniak in Ueberschuß

kein Niederschlag.

Abwesenheit der genannten Salze.

Zusatz von KO, HO in Ueberschuß zur ursprünglichen Lösung. Theilung in 2 Hälften:

Zusatz von Chlorammonium.	Zusatz von Schwefelwasserstoff.
Niederschlag: Thonerde.	Niederschlag: Zinkoxyd.

In beiden Fällen wird die

Phosphorsäure

dadurch erkannt, daß man zu der mit Weinsteinsäure und Ammoniak versetzten Lösung MgO, SO_3 hinzufügt, welches bei Gegenwart von PO_5 einen Niederschlag bewirkt.

Niederschlag.

Anwesenheit eines der Salze der alkalischen Erden oder der Magnesia.

Man neutralisirt die ursprüngliche Lösung nahezu mit kohlensaurem Natron, fügt dann essigsaures Natron und zu einem Theil etwas Chlorcalcium zu; entsteht ein Niederschlag, so setzt man etwas freie Essigsäure zu:

Bleibender Niederschlag.

Anwesenheit eines

Oxalsäuresalzes.

Glühen der ursprünglichen Substanz und Behandeln des entstehenden Kohlensäuresalzes mit Salzsäure, um auf Ba, Sr und Ca zu prüfen.

Kein Niederschlag, oder Verschwinden desselben bei Zusatz der Essigsäure.

Zusatz von Eisenchlorid zu einem anderen Theil der mit essigsaurem Natron versetzten Flüssigkeit. Ist

PO_5

zugegen, so wird dies durch das Entstehen eines flockigen Niederschlags bestätigt. Man theilt die ursprüngliche Lösung in 3 Theile:

1.	2.	3.
Zusatz von Gypslösung zur Prüfung auf BaO und SrO.	Bei Abwesenheit von BaO und SrO Zusatz von AmO, $\bar{O}$ zur Prüfung auf CaO.	Bei Abwesenheit von CaO, SrO, BaO Zusatz von AmO zur Prüfung auf MgO.

In Bezug auf die Aufsuchung der Säuren gilt im Allgemeinen das früher Gesagte, nur ist die Beachtung der Löslichkeit oder Unlöslichkeit der Salze hier noch besonders wichtig. So z. B. hat man auf Chlorsäure und auf Salpetersäure keine Rücksicht zu nehmen, mehrere andere Stoffe werden schon bei Gelegenheit der Auflösung in den Säuren angegeben. Auch die Gegenwart eines Schwefelmetalls giebt sich durch die Entwickelung von rothen Dämpfen beim Erhitzen mit Salpetersäure und die Gegenwart von Schwefelsäure in der entstehenden Lösung zu erkennen. Die übrigen Proben auf Schwefelmetalle müssen alsdann deren Anwesenheit bestätigen.

Bei der Behandlung mit Salpetersäure zeigt sich ferner die Anwesenheit des Jods durch das Entweichen der violetten Dämpfe.

Auf die Anwesenheit der Phosphorsäure und Oxalsäure leitet in den meisten Fällen schon die Aufsuchung der Basen; sollte man aber eine andere als die oben bezeichneten Basen gefunden haben, so ist für den Fall, wo die Abwesenheit aller anderen Säuren nachgewiesen worden, noch besonders auf Phosphorsäure und Oxalsäure auf folgende Weise zu prüfen:

Die durch Schwefelwasserstoff oder Schwefelammonium von den schweren Metallen befreite Lösung versetzt man mit Salmiak und Gypslösung.

Kein Niederschlag. Abwesenheit von PO_5 und $\bar{O}$.	Niederschlag. Man filtrirt ab, wäscht aus und versetzt mit Essigsäure.	
	Er löst sich auf	Er bleibt ungelöst
	PO_5	$\bar{O}$
	Bestätigung durch MgO,SO_3 u. AmO o. mit AgO,NO_5.	Bestätigung durch SO_3.

Hat man auf keinerlei Weise eine Säure gefunden, so ist auf die Abwesenheit einer solchen zu schließen. Es wird dann das übrige Verhalten des betreffenden Körpers zu erkennen geben, ob derselbe wirklich ein reines Oxyd gewesen, widrigenfalls irgendwo in der Untersuchung ein Fehler begangen worden sein muß.

B.

In Wasser und Säuren unauflösliche nicht metallische Stoffe.

Von den vielen unter diese Rubrik gehörigen Substanzen betrachte ich natürlich hier nur die von einfacher Zusammensetzung und häufigerem Vorkommen, nämlich die Schwefelsäuresalze der alkalischen Erden und des Bleioxyds, Kieselsäure und Silicate, Fluormetalle, Thonerde und deren Verbindungen mit Basen, Chromoxyd und Chromeisenstein, Zinnoxyd und Antimonsäure, Chlor-, Brom- und Jodsilber, einige

Schwefelmetalle, Kohle, Schwefel. Eine allgemeine Untersuchungsmethode läßt sich hierfür nicht angeben; folgende einzelne Versuche leiten aber sehr bald zum Resultat; man prüft auf diejenigen Stoffe zuerst, für welche die äußere Erscheinung am meisten spricht.

1) Schwefelsäuresalze. Prüfung mit Soda auf Kohle. Bei Abwesenheit von Blei und Kalk (geringe Löslichkeit in Wasser) ist Baryt von Strontian nicht leicht zu unterscheiden.

2) Kieselsäure und Silicate. Geben mit Phosphorsalz ein Kieselskelett. Die weitere Untersuchung der Silicate gehört zu den schwierigeren Arbeiten, die für jetzt noch zu unterlassen sind.

3) Fluormetalle. Prüfung mittelst Schwefelsäure.

4) Thonerde und Aluminate. Prüfung mittelst Kobaltlösung. Für die weitere Untersuchung gilt das unter 2) Gesagte.

5) Chromoxyd. Prüfung vor dem Löthrohr.

6) Zinnoxyd oder Antimonsäure. Prüfung vor dem Löthrohr und mit Schwefelammonium.

7) Chlor-, Brom- und Jodsilber. Sie geben mit Soda ein Silberkorn. Die Salzbildner erhält man durch Behandeln mit Zink und verdünnter Schwefelsäure in Lösung.

8) Schwefelblei und Schwefelquecksilber. Prüfung vor dem Löthrohr und im Kölbchen.

9) Kohle. Schwarze Farbe, Verbrennung vor dem Löthrohr.

10) Schwefel. Gelbe leichtverbrennliche Masse.

Endlich bleibt mir noch übrig, die

II.

Prüfung der metallischen Stoffe

anzugeben.

Man behandelt dieselben am besten mit

Salpetersäure. a. Erfolgt dadurch oder auf Zusatz von Wasser eine vollständige Lösung, so wird die Abwesenheit von Gold, Platin, Antimon und Zinn dargethan. Mit der Lösung verfährt man nach der gewöhnlichen Weise zur Ermittelung der Basen und erkennt so das Metall.

b. Erfolgt jedoch keine Lösung, so deutet der Rückstand, wenn er metallisch ist, auf Gold oder Platina (Lösung in Königswasser und Prüfung mit Chlorammonium), nicht metallisch ist auf Antimon oder Zinn. Unterscheidung durch heiße Lösung von Weinsteinsäure (Auflösung : Antimon; Nichtauflösung : Zinn).

(Bestätigende Proben nicht zu vergessen!!)

Hat man es nicht mit einem einfachen Metall, sondern mit einer Metalllegirung zu thun, so ist dies bei der Untersuchung zu berücksichtigen. Dieselbe ist dann ebenso zu machen, wie die

Analyse zusammengesetzter Substanzen.

Dieselbe wird zwar im Allgemeinen ähnlich ausgeführt, wie die der einfachen Verbindungen, unterscheidet sich aber von denselben wesentlich dadurch, daß es sich nicht allein um Nachweisung, sondern jedesmal um vollständige Ausfällung der einzelnen Substanzen handelt, indem nach Auffindung eines Stoffes derselbe erst gänzlich aus der Lösung entfernt werden muß, ehe mit der abfiltrirten Lösung die Untersuchung auf andere Stoffe weiter fortgesetzt werden kann. Wenn du diese Regel beobachtest, so kannst du nach den verschiedenen Angaben leichtere Analysen zusammengesetzter Verbindungen ausführen; auch habe ich schon früher bei der Untersuchung von Metallen die Methoden besprochen, Metalllegirungen zu analysiren. Hierauf verweise ich dich jetzt, indem du nun, nach erlangter größerer Uebung, ohne Zweifel im Stande sein wirst, die betreffenden Analysen verschiedener Metallgemische vorzunehmen. Sie bieten auch die Erleichterung, daß dabei keine Prüfung auf eine Säure angestellt zu werden braucht, indem Untersuchungen auf mehrere electronegative Substanzen immer mit Schwierigkeiten verbunden sind.

Außer jenen Versuchen kannst du einige Salzgemische, deren Bestandtheile nur einfache Trennungsmethoden bedingen, untersuchen; so thust du z. B. recht wohl, folgende Substanzen zu mischen und das Gemisch zu analysiren :

1) Salpetersaures Silberoxyd und salpetersaurer Baryt.

2) Schwefelsaures Kupferoxyd und Chlorcalcium.

3) Manganchlorür und Zinnchlorür.

4) Schwefelsaure Bittererde und schwefelsaures Chromoxyd.

5) Arsenige Säure in Kali gelöst.

6) Chlornatrium, Eisenchlorür und Kupferchlorid.

7) Schwefelsaures Kadmiumoxyd, schwefelsaures Zinkoxyd, schwefelsaure Thonerde.

Als Beispiel einer derartigen Untersuchung will ich hier die Beschreibung des Ganges folgen lassen, wie er sich für Nr. 2 herausstellt :

1) Die ursprüngliche Lösung giebt mit Salzsäure keinen Niederschlag. (Abwesenheit von Quecksilberoxydul, Silberoxyd und wahrscheinlich von Bleioxyd.)

2) Beim Einleiten von Schwefelwasserstoff entsteht ein schwarzer Niederschlag.

Das Durchleiten des Gases wird so lange fortgesetzt, bis eine abfiltrirte Probe beim weiteren Hindurchleiten keinen Niederschlag mehr zeigt, d. h. bis Alles durch dieses Reagenz Fällbare entfernt ist.

Die abfiltrirte Lösung zeigt beim Verdunsten auf Platinblech einen feuerbeständigen Rückstand : es ist also noch eine, durch Schwefelwasserstoff nicht fällbare Basis vorhanden. Man untersucht

a. den Niederschlag.

Derselbe zeigt sich nach dem Auswaschen mit schwefelwasserstoffhaltigem Wasser und bei Luftabschluß als unauflöslich in Schwefelammonium.

(Abwesenheit von Zinn, Arsen, Antimon u. s. w.)

Auflösung des Niederschlags in Salpetersäure.

(Abwesenheit von Quecksilber.)

Zusatz von Schwefelsäure.

Kein Niederschlag : Abwesenheit von Blei.

Zusatz von Ammoniak in Ueberschuß.

Kein Niederschlag : Abwesenheit von Wismuthoxyd.

Blaue Färbung : Anwesenheit von Kupferoxyd. Probe mit Soda auf Kohle : kein braungelber Beschlag : Abwesenheit von Kadmiumoxyd.

b. die Lösung.

Zusatz von Ammoniak und Schwefelammonium.

Kein Niederschlag.

(Abwesenheit der Oxyde der schweren Metalle, der Thonerde u. s. w.)

Zusatz von Salmiak und kohlensaurem Ammon.

Niederschlag : Baryt, Kalk oder Strontian.

(Nachdem durch weiteren Zusatz von kohlensaurem Natron kein Niederschlag mehr hervorgebracht wird, hinterläßt die abfiltrirte Lösung keinen feuerbeständigen Rückstand auf Platinblech : Abwesenheit von Kali und Natron.)

Auflösung des ausgewaschenen Niederschlags in Salzsäure.

Zusatz von Gypslösung zu einem Theile der Lösung.

Kein Niederschlag, auch nicht nach längerer Zeit : Abwesenheit von Baryt und Strontian.

Anwesenheit von Kalk.

Bestätigung in einem anderen Theil der Lösung durch oxalsaures Ammon.

Prüfung der ursprünglichen Lösung auf Ammon mittelst Kali : es entweicht kein Ammoniak : Abwesenheit von Ammon.

Die Prüfung auf Säuren erfolgt nach der Tafel 3; es ist nur auf solche Säuren zu achten, welche gleichzeitig mit Kupferoxyd und Kalk in Lösung sein können.

Weiter rathe ich dir für jetzt nicht, die analytischen Untersuchungen auszudehnen; es gehört zu einer vollständigen Analyse, welche die Trennung aller Gemische, welche möglicherweise vorkommen können, bewirken soll, eine weit ausführlichere Beschreibung der erforderlichen Scheidungen, als es im Plane dieser Belehrungen liegen konnte und ich muß dich in dieser Beziehung auf Specialwerke über analytische Chemie verweisen (1). Diese, wie alle ausführlicheren Werke chemischen oder technologischen Inhaltes kannst du, wenn du mit Fleiß und Aufmerksamkeit meine Mittheilungen benutzt hast, nunmehr leicht verstehen, und du magst dich je nach deiner Neigung, auf dem einen oder anderen Theile des weiten Gebietes der Chemie specieller umsehen.

Zum Schlusse will ich nur eine kurze Uebersicht der verschiedenen Arten analytischer Prüfung folgen lassen, damit du erforderlichen Falles gleich diejenige Stelle findest, welche dir die verlangte Anweisung giebt.

I. Untersuchung einfacher Substanzen.
- 1. In Wasser lösliche.
  - a. Aufsuchung der Base. S. 589 ff. und Tafel 3.
  - b. Aufsuchung der Säure. S. 593 und Tafel 2.
- 2. In Wasser unlösliche.
  - A. Nichtmetallische Stoffe.
    - a. In Säuren lösliche.
      - aa. Aufsuchung der Basis Tafel 3 und S. 589 ff.; für die Untersuchung des Schwefelammoniumniederschlags: Abänderung des Verfahrens nach S. 596.
      - bb. Aufsuchung der Säure S. 593. Tafel 2. Abänderung, namentlich für den Fall der Anwesenheit von phosphorsaurer oder oxalsaurer Erde. S. 597.
    - b. In Säuren unlösliche Stoffe. S. 598.
  - B. Metallische Stoffe. S. 598.

II. Untersuchung zusammengesetzter Substanzen. S. 599.

---

(1) Besonders empfehlenswerth ist die vortreffliche Schrift: Anleitung zur chemischen Analyse von Dr. H. Will. Leipzig und Heidelberg, bei Winter.

Wenn ich mit diesem kurzen Abriß der analytischen Chemie meine Briefe beende, so soll damit nicht gesagt sein, daß Analysen die Krone chemischer Kenntnisse und Geschicklichkeit seien. Ich schließe nur deshalb hiermit und nicht mit einem anderen Theile der Chemie, weil ich die Kenntniß der vorher gegebenen Thatsachen als zur Anstellung von Analysen durchaus nothwendig erachte. Im Uebrigen halte ich dafür, daß jene Kenntnisse selbst, so wie die früher erworbene und vielfach angewandte Geschicklichkeit und Gewandtheit in practischen Arbeiten aller Art weit wichtiger ist und weit höher steht, als die Kunst, Analysen zu machen. So wirst du es auch bestimmt in Zukunft finden: jede Arbeit chemischer Natur, sei sie synthetischer, analytischer oder eigentlich experimenteller, versuchender Art, wird dir keine unüberwindlichen Schwierigkeiten bieten und deinem weiteren Studium somit in keinerlei Weise eine Schranke entgegenstehen.

Alphabetisches Register.

I. Theil bis S. 128; II. Theil bis S. 487; III. Theil bis S. 602.

(Auf die Namen in dem Verzeichniß S. 501 ff. und in den Tabellen 1—3 ist hier nicht hingewiesen.)

A.

B.

L.

M.

U.

V.

W.

Z.

Verbesserungen.

Erster Theil.

S. X und 47 fehlen in der Ueberschrift nach „des Chromoxyds" die Worte : „es wasserfreien Borares, des Chromroths".

S. 6 Zeile 29 von unten lies Höhe statt Durchmesser.

S. 3: Z. 13 v. u. l. VIII st. IV.

S. 6: sind in dem Schema die Worte : „verbinden sich zu salzsaurem Kalk" ungekehrt zu setzen.

S. 6: Z. 10 v. o. fehlt die laufende Nr. (XXXII) für das Präparat „kohlensures Ammon".

Zweiter Theil.

S. 21 fehlt die Ueberschrift. (Aus dem Register zu ergänzen.)

Figur 124 ist umzukehren.

S. 27 Z. 10 v. o. l. Wassermenge st. Massermenge.

Figur 146 ist so umzukehren, daß die Hand eine horizontale Lage erhält.

S. 35 Z. 17 v. u. l. 8 HO st. 9 HO.

S. 44 Z. 2 und 9 v. o. l. Ammon st. Ammoniak.

In d: Ueberschrift des 70. Briefs sind die letzten Worte von „Kohlensaures Anmon" an zu streichen.

S. 42 Z. 9 v. u. l. „dunkler und endlich braun" st. „heller und endlich weiß".

S. 42 Z. 7 u. 8 v. u. l. „Manganoxydul" st. „Eisenoxydhydrat" u. umgekehrt.

S. 42 Z. 6 v. u. l. „dabei immer mehr" st. „indessen bald auch wieder".

S. 42 Z. 3 u. 2 v. u. ist „Niederschlag" mit „Lösung" zu vertauschen.

S. 42 Z. 1 l. „reinem" st. „süßem".

S. 4: Z. 3 u. 4 v. o. l. „wirf denselben als unrein weg" st. „löse denselben u. s. w."

S. 4: Z. 7 v. o. l. „ursprünglichen" st. „abfiltrirten".

S. 4: Z. 8 v. o. l. „auf andere Weise" st. „noch".

Druck von Wilhelm Keller in Gießen.

Uebersichtstafel der

Namen der Oxyde	Verhalten der Lösungen zu							
	Kalihydrat	Ammoniak	Kohlens. Kali	Kohlens. Ammon.	Schwefelwasserstoff	Schwefelammonium	Kaliumeisencyanür	Kaliumeisencyanid
Kobaltoxydul.	Blauer Niederschlag, an der Luft grün oder blaugrün werdend, beim Erhitzen roth; in Kali löslich.	Blauer Niederschlag, beim Abschluß der Luft rosenroth, beim Zutritt der Luft grün werdend, im Ueberschuß löslich.	Rosenrother Niederschlag, beim Kochen violett oder blau werdend.	Rosenrother Niederschlag, im Ueberschuß oder in Salmiak löslich.	—	Schwarzer Niederschlag, in Salzsäure nicht löslich.	Grüner Niederschlag.	Brauner Niederschlag.
Nickeloxyd.	Apfelgrüner Niederschlag, an der Luft unveränderlich, in Kali löslich.	Geringe Fällung, in größerer Menge mit blauer Farbe löslich; in dieser Lösung durch Kali ein Niederschlag.	Aehnlich wie Kali.	Apfelgrüner Niederschlag, im Ueberschuß mit blauer Farbe löslich.	—	Schwarzer Niederschlag, in Salzsäure nicht löslich.	Weißer Niederschlag.	Gelbgrüner Niederschlag.
Bleioxyd.	Weißer Niederschlag, in großem Ueberschuß löslich.	Weißer Niederschlag, im Ueberschuß unlöslich.	Weißer Niederschlag, in Kali löslich.	Wie kohlens. Kali.	Schwarzer Niederschlag, in Schwefelammonium unlöslich.	Schwarzer Niederschlag.	Weißer Niederschlag.	—
Wismuthoxyd.	Weißer Niederschlag im Ueberschuß unlöslich.	Wie Kali.	Wie Kali.	Wie Kali.	Schwarzer Niederschlag, in Schwefelammonium unlöslich.	Schwarzer Niederschlag.	Weißer Niederschlag.	Blaßgelber Niederschlag.
Kupferoxydul (als Kupferchlorür).	Weißer Niederschlag.	Farblose, sehr schnell blau werdende Lösung.	Gelber Niederschlag.	Wie Ammoniak, die Kohlensäure entweicht.	Schwarzer Niederschlag.	Schwarzer Niederschlag.	Weißer Niederschlag, an der Luft braun werdend.	Brauner Niederschlag.
Kupferoxyd.	Blauer Niederschlag, durch Kochen schwarz werdend.	Grünlicher Niederschlag, schon bei geringer Menge mit tiefblauer Farbe löslich.	Wie Kali.	Wie Ammoniak.	Schwarzer Niederschlag, in Schwefelammonium unlöslich.	Wie Schwefelwasserstoff.	Rothbrauner Niederschlag.	Gelbgrüner Niederschlag.
Silberoxyd.	Brauner Niederschlag, in Ammoniak löslich.	Wie Kali.	Weißer Niederschlag, im Ammoniak löslich.	Weißer Niederschlag, im Ueberschuß löslich.	Schwarzer Niederschlag, in Schwefelammonium unlöslich.	Wie Schwefelwasserstoff.	Weißer Niederschlag.	Brauner Niederschlag.
Quecksilberoxydul.	Schwarzer Niederschlag, im Ueberschuß unlöslich.	Schwarzer Niederschlag, im Ueberschuß unlöslich, mit Salpetersäure wieder weiß.	Schmutzig gelber Niederschlag, beim Kochen schwarz werdend.	Grauer oder schwarzer Niederschlag.	Schwarzer Niederschlag, in Schwefelammonium unlöslich.	Wie Schwefelwasserstoff.	Weißer Niederschlag.	Rothbrauner Niederschlag.
Quecksilberoxyd.	Gelber Niederschlag, im Ueberschuß unlöslich.	Weißer Niederschlag, im Ueberschuß unlöslich.	Rothbrauner Niederschlag.	Wie Ammoniak.	Niederschlag, der bei geringer Menge des Fällungsmittels weiß, bei größerer schwarz ist, in Schwefelammonium unlöslich.	Wie Schwefelwasserstoff.	Weißer Niederschlag, beim Stehen blau werdend.	—
Zinnoxydul.	Weißer Niederschlag, im Ueberschuß löslich, beim Erhitzen schwarz werdend.	Weißer Niederschlag, im Ueberschuß unlöslich, beim Kochen schwarz werdend.	Weißer Niederschlag unter Brausen, beim Kochen schwarz werdend.	Weißer Niederschlag, im Ueberschuß unlöslich.	Dunkelbrauner Niederschlag, in Schwefelammonium löslich.	Wie Schwefelwasserstoff.	Weißer Niederschlag.	Weißer Niederschlag.
Zinnoxyd (Zinnsäure) (als Zinnchlorid).	Weißer Niederschlag, im Ueberschuß löslich.	Weißer Niederschlag, im Ueberschuß unlöslich.	Weißer Niederschlag unter Brausen, im Ueberschuß löslich.	Wie Ammoniak.	Nach einiger Zeit gelbe Fällung, in Kali und in Schwefelammonium löslich.	Wie Schwefelwasserstoff.	Weißer Niederschlag.	—
Antimonoxyd.	Weißer Niederschlag, im Ueberschuß löslich.	Weißer Niederschlag, im Ueberschuß unlöslich.	Wie Kali.	Wie Ammoniak.	Rother Niederschlag, in Schwefelammonium löslich.	Wie Schwefelwasserstoff.	Weißer Niederschlag.	—
Arsenige Säure.	—	Beim Zusatz von Salmiak und Bittersalz kein Niederschlag.	—	—	Gelber Niederschlag, löslich in Ammoniak, in Schwefelammonium und in Salpetersäure, durch Säure aus dieser Lösung fällbar.	Wie Schwefelwasserstoff.	—	—
Arsensäure.	—	Beim Zusatz von Salmiak und Bittersalz krystallinischer Niederschlag.	—	—	Erst nach dem Vermischen mit schwefliger Säure sogleich fällbar; der Niederschlag verhält sich wie der der arsenigen Säure.	Wie Schwefelwasserstoff.	—	—
Chromoxyd.	Hellgrüner Niederschlag, im Ueberschuß löslich, durch Kochen fällbar.	Graublauer Niederschlag.	Wie Kali.	Wie Ammoniak.	—	Grauer Niederschlag von Oxydhydrat.	—	—
Goldoxyd (Goldchlorid).	Nach einiger Zeit geringer schwarzer Niederschlag.	Röthlicher Niederschlag von Knallgold.	Erst beim Erhitzen voluminöser Niederschlag.	Wie Ammoniak.	Schwarzer Niederschlag, löslich in Schwefelammonium und in Königswasser; unlöslich in Salpetersäure.	Wie Schwefelwasserstoff.	Grüne Färbung.	—
Platinoxyd (Platinchlorid).	Gelber Niederschlag (vollständig bei Zusatz von Salzsäure), durch Glühen Platin und KCl gebend.	Wie Kali, durch Glühen Platin gebend.	Wie Kali.	Wie Ammoniak.	Schwarzbrauner Niederschlag, löslich in Schwefelammonium u. in Königswasser, nicht in Salpetersäure.	Wie Schwefelwasserstoff.	Niederschlag von Kaliumplatinchlorid.	Niederschlag von Kaliumplatinchlorid.

…en der Metalloxyde.

Zu Stammer, chem. Laboratorium, S. 579 gehörig.

Oxalsäure	Anderen Reagentien	Verhalten der trockenen Verbindungen: Boraxperle Oxydation	Boraxperle Reduction	Phosphorsalz Oxydation	Phosphorsalz Reduction	Soda (mit Cyankalium)	Kobaltlösung	Besondere Reactionen	Bezeichnung der besonders characteristischen Reactionen
…ßer Niederschlag.	Cyankalium: rothbrauner Niederschlag, im Ueberschuß löslich.	Blaue Perle		Blaue Perle		Zu grauem magnetischem Pulver reducirbar.			Die wasserhaltigen Salze sind roth, die wasserfreien blau. Kali, Löthrohr.
…blaugrauer Niederschlag, in Ammoniak löslich.	Cyankalium: weißlicher Niederschlag, im Ueberschuß löslich.	Röthliche Farbe	Das Metall wird reducirt	Röthliche Farbe	Nicht reducirbar	Zu einem weißen, metallischen magnetischen Pulver reducirbar.			Die wasserhaltigen Salze sind grün, die wasserfreien gelb. Ammoniak, Schwefelammonium.
…ßer Niederschlag, in Kali löslich.	Salzsäure: in concentrirter Lösung krystallinischer Niederschlag in Wasser löslich. Zink: fällt metallisches Blei. Schwefelsäure: in der verdünntesten Lösung weißer Niederschlag, der durch Schwefelwasserstoff schwarz wird.	Gelbliches Glas	Auf Kohle zu Metall reducirbar	Wie Borax		In der Reductionsflamme auf Kohle zum dehnbaren Metallkorn reducirbar; die Kohle beschlägt sich gelb.	—	—	Schwefelsäure, Salzsäure, Schwefelwasserstoff, Löthrohr.
…h längerer Zeit …ne weiße Fällung.	Wasser: weiße Fällung.	Gelb	Zu Metall reducirbar	Wie Borax		Auf Kohle zum spröden Korn mit gelblichem Beschlag reducirbar.			Wasser, Schwefelammonium, Löthrohr.
…ßer Niederschlag, bläulich werdend.	Jodkalium: weißer Niederschlag.	Wie Kupferoxyd				Wie Kupferoxyd			Durch Salpetersäure in Kupferoxydulsalze überführbar.
…ulich weißer Niederschlag.	Eisen: fällt metallisches Kupfer. Kali und Zucker: gelber Niederschlag.	Grün	Braunroth	Warm: grün, kalt: blau	Roth	Auf Kohle zu rothen Metallflittern reducirbar; durch Abschlämmen im Mörser zu erkennen.			Ammoniak, Schwefelwasserstoff, Eisen, Blutlaugensalz, Löthrohr (Soda).
…ßer Niederschlag, in Ammoniak und in Salpetersäure löslich.	Salzsäure: weißer Niederschlag, in Ammoniak leicht, in Salpetersäure nicht löslich. Phosphorsaures Natron: gelber Niederschlag, in Salpetersäure und in Ammoniak löslich. Eisenvitriol: fällt weißes metallisches Silber.	Milchweiß	Zu Metall reducirbar	Gelblich		Zu Metall reducirbar (dehnbares Korn).		Für sich auf Kohle reducirbar.	Salzsäure, phosphorsaures Natron, Ammoniak, Löthrohr.
…ßer Niederschlag.	Zink u. Kupfer: fällen das Metall. Salzsäure: weißer Niederschlag, durch Ammoniak schwarz werdend. Eisenvitriol: fällt das Metall.	—	—	—	—	In einer Glasröhre zu sublimirendem Metall (auch durch Kalk) reducirbar.		Die Salze sind flüchtig.	Salzsäure. Soda.
…derschlag erst …ei Zusatz von Ammoniak.	Zink u. Kupfer fällen das Metall, Eisenvitriol nicht.	—	—	—	—	Wie Quecksilberoxydulsalz.	—	Die Verbindungen sind flüchtig.	Schwefelwasserstoff, Soda, die Salze werden durch Wasser gefällt.
…ßer Niederschlag, in Kali löslich.	Goldchlorid: purpurbrauner Niederschlag.	Klare und farblose Gläser				Zu dehnbarem Metallkorn reducirbar.		Schwefelzinn bedeckt die Kohle mit weißem, nicht flüchtigem Beschlag.	Schwefelwasserstoff, Soda, Goldchlorid.
—	Goldchlorid: keine Fällung. Zink: Fällung, erst von etwas Zinn, dann von Oxydhydrat.	Wie das Zinnoxydul						Wie Zinnoxydul.	Schwefelwasserstoff, Soda, Goldchlorid.
…ßer Niederschlag.	Im Wasserstoffapparat: Antimonwasserstoff (Antimonflecken). Salpeters. Silberoxyd: in der Lösung des Oxyds in Kali entsteht ein schwarzer Niederschlag. Wasser: fällt die Lösung, der Niederschlag in Weinsteinsäure löslich.	Klares helles Glas	Das Metall wird reducirt	Wie Borax		Zu sprödem, lange Rauch entwickelnden Metall reducirbar, welches die Kohle beschlägt.	—	—	Schwefelwasserstoff, salpetersaures Silberoxyd, Soda, Antimonwasserstoff.
	Goldchlorid: Fällung von metallischem Gold. Kupfer: metallische Fällung. Im Marsh'schen Apparat: Arsenwasserstoff (Arsenflecken).	—	—	—	—	Entwickelung der Arsendämpfe auf Kohle. Metallspiegel beim Erhitzen im Kölbchen.		Mit Kohle in einer Glasröhre: Metallspiegel.	Schwefelwasserstoff, Marsh'-Probe (Unterscheidung von Antimon), Löthrohr.
	Wie arsenige Säure.	—	—	—	—	Wie arsenige Säure.		Wie arsenige Säure.	Wie oben. Unterschied: Ammoniak mit Salmiak und Bittersalz.
—		Grün	Grün	Grün	Grün	In der Oxydationsflamme gelbe Masse von chromsaurem Natron.			Grüne Farbe der Lösungen, Löthrohr.
…t metallisches Gold.	Eisenoxydulsalze u. Metalle fällen das Gold metallisch; ebenso mehre organische Verbindungen. Zinnchlorür: Purpurbrauner Niederschlag.	Keine Lösung, sondern Reduction zu Metall				Gelbes, dehnbares Metallkorn.			Eisenvitriol, Oxalsäure.
—	Zink: fällt schwarzes Metallpulver.	Wird nicht gelöst, sondern reducirt				Reduction, das Metall unschmelzbar.			Gelbe Farbe der Lösungen, Schwefelwasserstoff, Ammoniak u. s. w.

Uebersichtstafel der

Namen der Oxyde	Verhalten der Lösungen zu							
	Kalihydrat	Ammoniak	Kohlens. Kali	Kohlens. Ammon.	Schwefelwasserstoff	Schwefelammonium	Kaliumeisencyanür	Kaliumeisencyanid
Kali.	—	—	—	—	—	—	—	—
Natron.	—	—	—	—	—	—	—	—
Ammon.	Beim Erhitzen wird Ammoniak entwickelt (Nebel mit Salzsäure).	—	—	—	—	—	—	—
Kalk.	Nur bei concentrirter Lösung ein Niederschlag.	—	Weißer Niederschlag.	Weißer Niederschlag.	—	—	Weißer Niederschlag.	
Baryt.	Nur in concentrirter Lösung ein weißer Niederschlag.	—	Weißer Niederschlag.	Weißer Niederschlag.	—	—	Gelblicher Niederschlag, in conc. Lösung gleich, in verdünnter noch einiger Zeit.	—
Strontian.	Nur in concentrirter Lösung ein weißer Niederschlag.	—	Weißer Niederschlag.	Weißer Niederschlag.	—	—	Kein Niederschlag.	—
Magnesia.	Weißer Niederschlag, in der Kälte in Salmiak löslich.	Weißer Niederschlag (unvollständig), in Salmiak löslich.	Weißer Niederschlag, in Salmiak löslich.	Nur beim Kochen (in Salmiak löslicher) Niederschlag.	—	—	In concentr. Lösung oder bei Zusatz von Salmiak: weißer Niederschlag.	—
Thonerde.	Flockiger Niederschlag, im Ueberschuß löslich, durch Kochen nicht wieder fällbar, unlöslich in Salmiak.	Flockiger Niederschlag, im Ueberschuß unlöslich, unlöslich in Salmiak.	**In geringer Menge: kein Niederschlag;** in großer Menge: Niederschlag unter Entweichung von Kohlensäure, unlöslich in Salmiak.	Wie kohlens. Kali.	—	Weißer Niederschlag, in Kali löslich.	Nach einiger Zeit Niederschlag.	—
Manganoxydul.	Weißer Niederschlag, an der Luft braun werdend.	Weißer Niederschlag, an der Luft braun werdend; Salmiak verhindert die Fällung, doch wird die Lösung an der Luft braun.	Weißer Niederschlag, an der Luft unveränderlich, in Salmiak fast nicht löslich.	Wie kohlens. Kali.	—	Fleischrother Niederschlag, an der Luft braun werdend.	Weißer Niederschlag.	Brauner Niederschlag.
Manganoxyd.	Dunkelbrauner Niederschlag, in Salmiak unlöslich.	Wie Kali.	Wie Kali.	Wie Kali.	Weißer Niederschlag von Schwefel.	Fleischrother Niederschlag.	Graugrünlicher Niederschlag.	Brauner Niederschlag.
Eisenoxydul.	Weißer Niederschlag, an der Luft grau, grün u. endlich braun werdend.	Wie Kali. Beim Zusatz von Salmiak entsteht kein Niederschlag, sondern erst beim Zutritt von Luft ein rothbrauner.	Aehnlich wie Kali.	Wie kohlens. Kali.	—	Schwarzer Niederschlag.	Hellblauer, (eigentlich weißer) Niederschlag, an der Luft dunkelblau werdend.	Dunkelblauer Niederschlag.
Eisenoxyd.	Brauner Niederschlag.	Wie Kali.	Wie Kali.	Wie Kali.	Weißer Niederschlag von Schwefel, unter Reduction zu Eisenoxydul.	Schwarzer Niederschlag.	Dunkelblauer Niederschlag.	—
Zinkoxyd.	Weißer Niederschlag, im Ueberschuß löslich, durch Kochen fällbar.	Weißer Niederschlag, im Ueberschuß leicht löslich.	Weißer Niederschlag, in Kali oder Ammoniak leicht löslich.	Weißer Niederschlag, im Ueberschuß löslich.	Weißer Niederschlag, in Schwefelammonium unlöslich.	Weißer Niederschlag, unlöslich im Ueberschuß, so wie in Alkalien.	Weißer Niederschlag.	Gelbrother Niederschlag.
Kadmiumoxyd.	Weißer Niederschlag, im Ueberschuß unlöslich.	Weißer Niederschlag, im Ueberschuß löslich.	Weißer Niederschlag.	Weißer Niederschlag, im Ueberschuß unlöslich.	Gelber Niederschlag, in Schwefelammonium unlöslich.	Gelber Niederschlag.	Weißer Niederschlag.	Gelber Niederschlag.

en der Metalloxyde.

Zu Stammer, chem. Laboratorium, S. 579 gehörig.

Oxalsäure	Anderen Reagentien	Verhalten der trockenen Verbindungen: Boraxperle Oxydation	Boraxperle Reduction	Phosphorsalz Oxydation	Phosphorsalz Reduction	Soda (mit Cyankalium)	Kobaltlösung	Besondere Reactionen	Bezeichnung der besonders characteristischen Reactionen
—	Weinsteinsäure: krystallinischer Niederschlag. Platinchlorid: gelber Niederschlag. Kieselfluorwasserstoff: gelatinöser Niederschlag.	—	—	—	—	—	—	Violette Färbung der Löthrohrflamme.	Weinsteinsäure, Platinchlorid, Färbung der Flamme.
—	Kieselfluorwasserstoff: in concentrirter Lösung gelatinöser Niederschlag.	—	—	—	—	—	—	Gelbe Färbung der Löthrohrflamme.	Löslichkeit der Salze, Färbung der Flamme.
—	Salpetersaures Quecksilberoxydul zeigt freies Ammoniak durch einen schwarzen Niederschlag an. Platinchlorid: gelber Niederschlag, beim Glühen reines Platina gebend.	—	—	—	—	—	—	Beim Glühen: Entweichen der Salze oder von Ammoniak.	Flüchtigkeit der Verbindungen, Erhitzen mit Kali.
Weißer Niederschlag.	Schwefelsäure: in concentrirter Lösung weißer Niederschlag, in Wasser löslich. Schwefelsaurer Kalk: kein Niederschlag. Kieselfluorwasserstoff: kein Niederschlag.					Unschmelzbar.	—	Röthliche Flamme.	Schwefelsaurer Kalk, Oxalsaures Ammon. Kieselfluorwasserstoff.
Weißer Niederschlag.	Kieselfluorwasserstoff: krystallinischer Niederschlag. Schwefelsäure und ihre Salze: weißer Niederschlag.	—	—	—	—	Schmelzbar.	—	Gelblich-grüne Färbung der Flamme.	Schwefelsäure und alle ihre Salze (schwefelsaurer Kalk). Kieselfluorwasserstoff.
Weißer Niederschlag.	Schwefelsäure: in verdünnter Lösung erst nach einiger Zeit ein Niederschlag. Kieselfluorwasserstoff: kein Niederschlag.	—	—	—	—	Schmelzbar.	—	Carminrothe Färbung der Flamme.	Färbung der Flamme, Schwefelsäure, Kieselfluorwasserstoff. Chromsaures Kali.
Weißer Niederschlag, in Salmiak löslich.	Phosphorsaures Natron mit Salmiak: krystallinischer Niederschlag.	—	—	—	—	—	Blaßrothe Farbe	—	Löslichkeit der Niederschläge in Salmiak. Phosphorsaures Natron.
—		Klares Glas		Wie Borax		—	Blaue Farbe	—	Ammoniak, Kali, Salmiak, Löthrohr.
Krystallinischer Niederschlag, in Salmiak löslich.		Amethystrothe Perle	Farblos	Wie Borax		(Unter Salpeterzusatz) blaugrüne Farbe.	—	—	Schwefelammonium, Ammoniak, Löthrohr.
—		Wie das Manganoxydul					—	—	Schwefelammonium, Löthrohr, Ammoniak u. s. w.
Gelber Niederschlag.	Galläpfelaufguß: anfangs keine Fällung; an der Luft schwarzer Niederschlag. Phosphorsaures Natron: weißer Niederschlag, an der Luft blau werdend. Salpetersäure: braunschwarze Färbung.	Warm gelb oder roth; kalt farblos oder gelb	Unter Zinnzusatz: grün	Aehnlich wie Borax		—	—	—	Schwefelammonium, Salpetersäure, Blutlaugensalz, Ammoniak.
—	Gallöpfelaufguß: schwarzer Niederschlag. Schwefelcyankalium: blutrothe Färbung.	Wie die Eisenoxydulsalze				—	—	—	Schwefelwasserstoff, Ammoniak, Schwefelcyankalium, Blutlaugensalz.
Weißer Niederschlag.		Farblos	Ebenso	Wie Borax		Weißer Beschlag der Kohle, durch die innere Flamme verschwindend.	Grüne Farbe		Schwefelammonium, Kali, Salmiak, Löthrohr.
Weißer Niederschlag, in Ammoniak löslich.		Gelblich	—	Gelblich	—	Braungelber Beschlag.			Schwefelwasserstoff, kohlensaures Ammon.

Verhalten der Säuren (Amphidsalze) und Salzbi

Tabelle Nr. 2.

Namen	Verhalten der trockenen Verbindung beim Erhitzen mit concentrirter Schwefelsäure	Verhalten		
		Salzsäure oder Salpetersäure	Chlorcalcium	
Kieselsäure.	—	Gallertartige Fällung.	—	
Borsäure.	—	Krystallin. Fällung der conc. Lösung.	Weißer Niederschlag, in Essigsäure und in Salmiak löslich.	Gelbli cum fung
Phosphorsäure.	—	—	—	Gelbli unlö
Arsensäure.	—	—	Weißer Niederschlag, in Essigsäure ohne Brausen und in Salmiak löslich.	Wie P
Schweflige Säure.	Entwicklung von schwefliger Säure.	Entwicklung von schwefliger Säure.	In conc. Lösung: weißer Niederschlag.	Rothbr Koch
Schwefelsäure.	—	—	In conc. Lösung: weißer Niederschlag.	
Jodsäure.	—	—	—	
Chlorsäure.	Entwicklung von grünem Gas.	—	—	
Unterchlorige Säure.	Entwicklung von Chlor.	—	—	
Salpetersäure.	Entwicklung von (farbloser) Salpetersäure, bei Zusatz von Eisenvitriol von rothen Dämpfen.	—	—	
Salpetrige Säure.	Rothe Dämpfe, auch durch verdünnte Säure.	—	—	
Kohlensäure.	Entwicklung von Kohlensäure, Kalkwasser fällend.	Entwicklung von Kohlensäure.	Weißer, in Säure unter Brausen löslicher Niederschlag.	
Chromsäure.	Entwicklung von Sauerstoff, unter Farbeveränderung.	—	—	
Jod.	Violettes Gas.	bei Salpetersäure: Abscheidung von Jod.	—	
Brom.	Entwicklung von braunem Gas.		—	
Chlor.	Entwicklung von (rauchender) Salzsäure (Silberlösung am Glasstab fällend).	—	—	
Fluor.	Entwicklung von (rauchender und Glas ätzender) Flußsäure.		—	
Schwefel. (Sulfüre.)	Entwicklung von Schwefelwasserstoff.	Gelbliche oder weiße Fällung, z. Th. Entwicklung von HS.		
Cyan.	Entwicklung von Kohlenoxyd.	Entwicklung von Blausäure.		Nach Schn rothe
Oxalsäure.	Entwicklung von Kohlensäure und Kohlenoxyd.	—	Weißer Niederschlag, in Essigsäure unlöslich.	

Haloidsalze und Haloidsäuren) gegen Reagentien.

Zu Stammer, chem. Laboratorium, S. 587 gehörig.

Lösung zu			Eigenthümliche Kennzeichen.
	salpetersaurem Silberoxyd	Indigolösung.	
	—	—	Vor dem Löthrohr erfolgt durch Phosphorsalz keine Lösung.
Cur- der Lö- .	Weißer Niederschlag, in Essigsäure löslich.	—	Bei Gegenwart von Salzsäure wird eingetauchtes Curcumapapier nach dem Trocknen braun. Nach Zusatz von Schwefelsäure: grüne Weingeistflamme.
rschlag, re.	Gelber Niederschlag.	—	Aus neutraler Lösung durch Salmiak, Ammoniak und Bittersalz fällbar. In der sauren Lösung bringt molybdänsaures Ammon einen gelben Niederschlag hervor.
	Braunrother Niederschlag.	—	Reaction auf Kohle.
beim .		—	Die freie Säure färbt chromsaures Kali grün. Chlorbaryum: weißer in Säure löslicher Niederschlag.
	—	—	Auch in saurer verdünnter Lösung mit Chlorbaryum: weißer Niederschlag. Mit Soda auf Kohle: Schwefelreaction.
	Weißer Niederschlag, in Ammoniak löslich.	Auf Säurezusatz: Entfärbung.	Auf Kohle verpuffend. Nach dem Glühen: Reactionen auf Jod.
		Unter Säurezusatz und Erwärmen: Entfärbung.	Auf Kohle verpuffend. Nach dem Glühen: Reactionen auf Chlor.
		Im freien Zustand und als Salz: Entfärbung.	—
		Im freien Zustand: Entfärbung; bei Salzen auf Zusatz von Schwefelsäure.	Verpuffung auf Kohle. Dunkle Färbung von Eisenvitriol auf Zusatz von Schwefelsäure.
		—	—
		—	—
	Rother Niederschlag.	Beim Kochen mit Salzsäure: Entfärbung.	Farbe der Verbindung. Nach der Reduction: Reaction auf Chromoxyd.
	Gelblicher Niederschlag, in Ammoniak löslich.	—	Das freigemachte Jod bläut Stärkekleister.
	Weißer Niederschlag, in Salpetersäure unlöslich, in Ammoniak löslich.	Im freien Zustand: Entfärbung.	Das (durch Zusatz von Chlorwasser) freigemachte Brom färbt Stärkekleister gelb, ebenso Aether.
	Wie Brom.	Im freien Zustand: Entfärbung.	Mit Schwefelsäure und Braunstein: Entwicklung von Chlor.
		—	—
	Schwarzer Niederschlag, in Ammoniak löslich.	Alkalische Schwefelmetalle: Entfärbung.	Der freigemachte Schwefelwasserstoff bräunt Bleizucker.
n mit blut-	Weißer Niederschlag, in Salpetersäure löslich.		Oxydhaltiger Eisenvitriol: blauer Niederschlag.
	Weißer Niederschlag, unlöslich in Essigsäure.		Nach dem Glühen entwickelt der Chlorcalciumniederschlag mit Säuren Kohlensäure.

Tabelle Nr. 3.

Tabelle für die Aufsuchung d

Lösung. Durchleiten von **HS**, bis die umgeschüttelte Lösung danach riecht

Niederschlag. Derselbe ist

- rein weiß und brennbar, besteht aus S. Fe_2O_3, Cr_2O_3. Die gelbe Flüssigkeit wurde
  - farblos **Fe_2O_3.** Bestätigung durch Blutlaugensalz u. s. w. und durch den weiteren Verlauf der Untersuchung.
  - grün **Cr_2O_3.** Bestätigung durch das Löthrohr und durch die Reaction der grünen Lösung auf Cr_2O_3.
- Gefärbt und besteht aus einem Schwefelmetalle. Man wäscht mit Wasser und HS aus und setzt auf dem Filter gelbes **NH_4S** zu
  - Auflösung. Zusatz von verdünnter **SO_3** der entstehende Niederschlag ist
    - rein weiß, verbrennlich, S Abwesenheit eines in **NH_4S** löslichen Schwefelmetalls
    - gelb oder orange As, Sn Sb. Erwärmen mit $2 NH_4O, 3 CO_2$
      - Keine Lösung **Sb, As**
        - Unterscheidung und Bestätigung vor dem Löthrohr und im Wasserstoffapparat mittelst der ursprünglichen Lösung. Unterscheidung der Orydationsstufen mittelst der charakteristischen Merkmale.
      - Auflösung **Sn** Prüfung vor dem Löthrohr. Unterscheidung der Orydationsstufen durch **HS** in der ursprünglichen Lösung.
    - dunkel **Pt, Au.** Prüfung mit **FeO, SO_3**, vor dem Löthrohr und mit **AmCl**
  - Rückstand Behandlung mit conc. **NO_5**
    - Rückstand
      - schwarz **HgO,** bestätigt auf trockenem Wege.
      - weiß **PbO.**
    - Lösung PbO, BiO_3, CuO, CdO. Zusatz von **SO_3**
      - Niederschlag **PbO.** Bestätigung vor dem Löthrohr
      - Lösung Zusatz von NH_3, aq. im Ueberschuß
        - Lösung
          - farblos **CdO.** Bestätigung: Löthrohr.
          - blau **CuO.** Bestätigung: Ferrocyankalium.
        - Niederschlag **BiO_3** Bestätigung: feine Auflösung in wenig HCl trübt sich durch **HO.**

n einer einfachen Salzlösung.

Zu Stammer, chem. Laboratorium, S. 591 gehörig.

g

Niederschlag
PbO, Hg_2O, AgO.
Zusatz von Wasser

Auflösung des Niederschlags
PbO
Bestätigung mit SO_3, HS u. s. w.

Niederschlag bleibt ungelöst.
Zusatz von
NH_3 aq.,
der Niederschlag

färbt sich schwarz
Hg_2O.
Bestätigung auf trockenem Wege.

löst sich
AgO.
Bestätigung vor dem Löthrohr und mit phosphors. Natron.

Lösung.
Zusatz von
NH_3 aq. und
NH_4S

Niederschlag.
[B]ehandlung mit verdünnter
HCl

Lösung.
Uebersättigung dieser oder der ursprünglichen Lösung mit
KO, HO

Rückstand
Auflösung des Niederschlags in **HCl**, Zusatz von
NH_4Cl und
NH_3 aq.

[Lö]sung
[M]nO.
[Best]ätigung [vor] dem [Löt]hrohr.

Niederschlag
Fe.
Bestätigung und Unterscheidung der beiden Oxydationsstufen durch Blutlaugensalz.

Lösung
Cr_2O_3, ZnO,
Al_2O_3
längeres Kochen

Die Lösung bleibt klar. Theilung in 2 Theile

1.
Zusatz von
HS :
weißer Niederschlag
ZnO.
Bestätigung : Löthrohr.

2.
Zusatz von
NH_4Cl :
Niederschlag
Al_2O_3.
Bestätigung : Löthrohr.

Niederschlag
Cr_2O_3
Bestätigung : Löthrohr.

Lösung
Zusatz von
NH_4Cl, NH_3 aq. und
2 NH_4O, 3 CO_2

Niederschlag
BaO, SrO, CaO.
Zusatz von
CaO, SO_3

Kein Niederschlag :
CaO
Bestätigung : oxalsaures Ammon.

Niederschlag

sogleich :
BaO.

nach einiger Zeit :
SrO.

Bestätigung : Kieselfluorwasserstoff, chromsaurer Strontian.

Lösung.
Zusatz von
2 NaO, HO, PO_5

Niederschlag
MgO.
Bestätigung : Löthrohr.

Lösung
NaO, KO,
NH_4O.
Die ursprüngliche Substanz ist

nicht flüchtig.
Zusatz von
T

Niederschlag
KO.

Lösung
NaO.

Bestätigung : Alkoholflamme.

flüchtig :
NH_4O.
Bestätigung : Kali.